Lecture Notes in Mathematics

Edited by A. Dold and B. Eckmann

Series: Institut de Mathématiques, Université de Strasbourg
Adviser: P.A. Meyer

920

Séminaire de Probabilités XVI 1980/81

Edité par J. Azéma et M. Yor

Springer-Verlag
Berlin Heidelberg New York 1982

Editeurs
Jacques Azéma
Marc Yor
Laboratoire de Calcul des Probabilités, Université Paris VI
4, place Jussieu – Tour 56, 75230 Paris Cédex 05, France

AMS Subject Classifications (1980): 60GXX, 60HXX, 60JXX

ISBN 3-540-11485-8 Springer-Verlag Berlin Heidelberg New York
ISBN 0-387-11485-8 Springer-Verlag New York Heidelberg Berlin

CIP-Kurztitelaufnahme der Deutschen Bibliothek
Séminaire de Probabilités: Séminaire de Probabilités ... – Berlin;
Heidelberg; New York: Springer
ISSN 0720-8766
15. 1980/81
[Hauptbd.]. – 1982.
(Lecture notes in mathematics; Vol. 920: Ser. Inst. de Math., Univ. de Strasbourg)
ISBN 3-540-11485-8 (Berlin, Heidelberg, New York)
ISBN 0-387-11485-8 (New York, Heidelberg, Berlin)
NE: GT
Séminaire de Probabilités: Séminaire de Probabilités ... – Berlin;
Heidelberg; New York: Springer
ISSN 0720-8766
15. 1980/81.
Suppl. → Géométrie différentielle stochastique

Printing and binding: Beltz Offsetdruck, Hemsbach/Bergstr.
2141/3140-543210

SEMINAIRE DE PROBABILITES XVI

TABLE DES MATIERES

AVERTISSEMENT

Nous publions cette année le séminaire en deux volumes. Cela est dû pour une grande part à l'explosion de la géométrie différentielle stochastique que nous avons regroupée dans un deuxième fascicule. On y trouvera les contributions d'Azencott, Darling, Emery, Meyer et Schwartz.

J.AZEMA - M.YOR.

SUR LES RESULTATS DE FEYEL CONCERNANT LES EPAISSEURS

Michel TALAGRAND

0 - *INTRODUCTION.*

Soit K un compact, que l'on supposera métrisable, ce cas étant seul envisagé ici. On renvoie à [1] pour les définitions concernant les capacités. Pour une capacité C, on définit son épaisseur :

$$e(C) = \operatorname{Sup}\{\alpha \; ; \text{ il existe une famille } (A_i)_{i \in I} \text{ non dénombrable de compacts disjoints telle que pour } i \in I,\ C(A_i) \geq \alpha\}.$$

On dénote par $\mathcal{C}_K$ l'ensemble des capacités C sur K telles que $C(K) \leq 1$. Feyel [3] montre que si (Ω,Σ,μ) est un espace mesuré, et $\phi : \Sigma \to \mathcal{C}_K$ est mesurable, alors $e\circ\phi$ est mesurable, et que si pour tout ω, $\phi(\omega)$ est alternée d'ordre deux, alors $\int e(\phi(\omega))\,d\mu(\omega) = e(\int \phi(\omega)\,d\mu(\omega))$. Toute capacité alternée d'ordre deux est sup des mesures qu'elle domine. On va montrer d'abord que le résultat de Feyel ne s'étend pas si on suppose seulement que chaque $\phi(\omega)$ est sup de mesures. On donnera ensuite une démonstration "probabiliste" du résultat de Feyel, basée sur les idées de [3] et qui permettra de l'étendre à un cadre un peu plus général.

I - *UN EXEMPLE.*

On désigne par K l'ensemble de Cantor $\{0,1\}^{\mathbb{N}}$, et par λ sa mesure canonique.

Théorème 1 : Il existe un espace compact Ω, une probabilité μ sur Ω, et une application continue ϕ de Ω dans $\mathcal{C}_K$, avec $\phi(\omega)(K) = 1 = e(\phi(\omega))$ pour $\omega \in \Omega$, et telle que la capacité $C = \int \phi(\omega)\,d\mu(\omega)$ soit absolument continue par rapport à λ. Autrement dit, on a

$$\forall \varepsilon,\ \exists \alpha,\quad \lambda(A) \leq \alpha \Longrightarrow C(A) \leq \varepsilon \qquad \forall A \text{ compact}.$$

Preuve : Ecrivons $\mathbb{N} = \cup I_n$, où les I_n sont disjoints et $\operatorname{card} I_n = 2^{6n+3}$. Soit $\Omega = \prod_n I_n$, muni de la mesure canonique μ. Pour $\omega = (i(n))_n \in \Omega$, $u \in K$, soit

$$K(\omega,u) = \{z \in K \; ; \; z(i(n)) = u(n)\}$$

et soit $\mu(\omega,u)$ la mesure naturelle sur $K(\omega,u)$.

Posons $\phi(\omega) = \operatorname{Sup}_{u \in K} \mu(\omega,u)$. Il est clair que l'application $\omega \to \phi(\omega)$ est continue.

D'autre part, pour $u \in K$, $\phi(\omega)(K(\omega,u)) = 1$, donc $e(\phi(\omega)) = 1$ puisque $u \neq u' \Longrightarrow K(\omega,u) \cap K(\omega,u') = \emptyset$.

Posons $C = \int \phi(\omega)\, d\mu(\omega)$. On va montrer que pour tout ensemble ouvert-fermé A de K, on a pour tout p

$$C(A) \leq 2^{-p} + 2^{p}\lambda(A). \qquad (1)$$

ce qui suffira, car alors $\lambda(A) \leq 2^{-2p} \Longrightarrow C(A) \leq 2^{-p+1}$.

Pour tout entier n, et $v \in K_n = \{0,1\}^n$, $\omega = (i(n)) \in \Omega$, soit

$$K_n(\omega,v) = \{z \in K \; ; \; \forall p \leq n, \; z(i(p)) = v(p)\}$$

et $\mu_n(\omega,v)$ la mesure naturelle de $K_n(\omega,v)$.

Soit m un entier tel que A ne dépende que des coordonnées dans $\bigcup_{p\leq m} I_p$. On va prouver par induction décroissante sur n que pour $n \leq m$, on a

$$C(A) \leq 2^{-n} + \int_\Omega \sup_{v\in K_n} \mu_n(\omega,v)\,(A)\, d\mu(\omega) . \qquad (2)$$

Puisque $\mu_n(\omega,v)\,(A) \leq 2^n\,\lambda(A)$, ceci implique (1).

Pour $n = m$, alors (2) découle du fait aisément vérifié que

$$\phi(\omega)\,(A) = \sup_{v\in K_m} \mu_m(\omega,v)\,(A).$$

On peut donc supposer (2) établie au rang n. Il existe une fonction mesurable $\omega \to v(\omega)$ de Ω dans K_n telle que :

$$\sup_{v\in K_n} \mu_n(\omega,v)\,(A) = \mu_n(\omega,v(\omega))(A).$$

Pour $u \in K_n$, on pose $H_u = v^{-1}(\{u\})$. Désignons par u' la projection de u dans K_{n-1}. Puisque

$$\mu_{n-1}(\omega,u')\,(A) \leq \sup_{w\in K_{n-1}} \mu_{n-1}(\omega,w)\,(A)$$

et que card $K_n \leq 2^n$, il suffit de montrer que

$$E = \int_{\omega\in H_u} \mu_n(\omega,u)(A)\, d\mu(\omega) \leq 2^{-2n} + \frac{1}{2}\int_{\omega\in H_u} \mu_{n-1}(\omega,u')(A)\, d\mu(\omega). \qquad (3)$$

On fixe désormais μ. Soient $\Omega_1 = \prod_{p\leq n} I_p$, ν_1 sa mesure canonique, et p_1 la projection de Ω sur Ω_1. Il est clair que $K_n(\omega,u)$ ne dépend que de $p_1(\omega)$, et que l'on a pu choisir la fonction $v \to v(\omega)$ de sorte qu'il en soit de même de H_u. Avec des abus de notations évidents, on a donc en considérant que $H_u \subset \Omega_1$,

$$E = \int_{\eta\in H_u} \mu_n(\eta,u)\,(A)\, d\nu_1(\eta) .$$

Soient p la projection de Ω_1 sur $\Omega_2 = \prod_{p \leq n-1} I_p$, et, pour $\xi \in \Omega_2$, soit $h(\xi) = \mathrm{card}(p^{-1}(\xi) \cap H_u)$. Posons :

$$B = \{\eta \in \Omega_1 \; ; \; h(p(\eta)) \leq 2^{4n+2}\} .$$

Puisque $\mathrm{card}\, I_n = 2^{6n+3}$, il est clair que l'on a $\nu_1(H_u \cap B) \leq 2^{-2n-1}$, donc

$$\int_{\eta \in H_u \cap B} \mu_n(\eta,u)\,(A)\, d\nu_1(\eta) \leq 2^{-2n-1} .$$

Si ν_2 est la mesure canonique de Ω_2, on a

$$\int_{\eta \in H_u \cap B^c} \mu_n(\eta,u)\,(A)\, d\nu_1(\eta) = \int_{\xi \in p(B^c)} g(\xi)\, d\nu_2(\xi)$$

où l'on a posé

$$g(\xi) = (\mathrm{card}\, I_n)^{-1} \sum_{p(\eta)=\xi} \mu_n(\eta,u)\,(A) .$$

Pour établir (3), il suffit de montrer que pour tout ξ fixé dans Ω_2,

$$g(\xi) \leq (\mathrm{card}\, I_n)^{-1}\, h(\xi)\, \mu_{n-1}(\xi,u')\,(A) + 2^{-2n-1} . \tag{4}$$

En effet, on aura alors

$$\int_{\xi \in p(B^c)} g(\xi)\, d\nu_2(\xi) \leq 2^{-2n-1} + \int_{\xi \in p(B^c)} (\mathrm{card}\, I_n)^{-1}\, h(\xi) \mu_{n-1}(\xi,u')(A)\, d\nu_2(\xi)$$

$$= 2^{-2n-1} + \int_{\eta \in H_u \cap B^c} \mu_{n-1}(\eta,u')\,(A)\, d\nu_1(\eta)$$

puisque $\mu_{n-1}(\eta,u')$ ne dépend que de $p(\eta)$.

Pour $i \in I_n$, soit $G_i = \{z \in K_{n-1}(\xi,u') \; ; \; z(i) = u(n)\}$. Il est clair que si $p(\eta) = \xi$, on a

$$\mu_n(\eta,u)\,(A) = 2\, \mu_{n-1}(\xi,u')\,(A \cap G_{\eta(n)}) .$$

Pour établir (4), il suffit donc de montrer que si $J \subset I_n$ est un ensemble de cardinal $a \geq 2^{4n+2}$ on a

$$\frac{2}{a} \sum_{i \in J} \theta(A \cap G_i) \leq \theta(A) + 2^{-2n-1}$$

où l'on a posé pour simplifier $\theta = \mu_{n-1}(\xi,u')$.

Or, les ensembles G_i sont indépendants pour θ, et de mesure $\frac{1}{2}$. On a donc

$$\left(\int \left|\frac{1}{a} \sum_{i \in J} \chi_{G_i} - \frac{1}{2}\right| d\theta\right)^2 \leq \int \left|\frac{1}{a} \sum_{i \in J} \chi_{G_i} - \frac{1}{2}\right|^2 d\theta = \frac{1}{4a}.$$

Ainsi

$$\left|\frac{2}{a}\sum_{i\in J}\theta(A\cap G_i) - \theta(A)\right| \leq 2\int_A \left|\frac{1}{a}\sum_{i\in J}\chi_{G_i} - \frac{1}{2}\right| \leq \frac{1}{\sqrt{a}}$$

ce qui suffit.

II - CAPACITES ETALANTES.

On suppose ici que le compact de base est l'ensemble de Cantor $K = \{0,1\}^{\mathbb{N}}$. On note $\mathcal{A}_n$ l'algèbre engendrée par les n premières coordonnées.

On dit que $\mathcal{A}_n$ sépare deux fermés L_1 et L_2 de K s'il existe $A \in \mathcal{A}_n$ avec $L_1 \subset A$, $L_2 \subset A^c$.

On appelle μ_n la probabilité sur $\mathcal{A}_n$ donnant masse 2^{-2^n} à chaque point.

Définition 2 : Une capacité C sur K sera dite étalante si elle vérifie la propriété suivante :

"$\forall \varepsilon > 0$, $\exists m \in \mathbb{N}$, pour toute famille $A_1,\ldots,A_m$ de sous-compacts disjoints de K, et tout n tel que $\mathcal{A}_n$ sépare les A_i, on a

$$\int_{A\in\mathcal{A}_n} C\Big(\big(\bigcup_{i\leq m} A_i\big)\cap A\Big)\, d\mu_n(A) \geq \operatorname*{Inf}_{i\leq m} C(A_i) - \varepsilon". \tag{5}$$

La preuve de l'assertion suivante est aisée et laissée au lecteur :

Exemple 3 : Pour $k \in \mathbb{N}$, la capacité sur C donnée par $C(A) = 0$ si $\operatorname{card} A \leq k-1$, $\operatorname{card} A = 1$ sinon, est étalante, et n'est pas sup de mesures si $k > 1$.

Proposition 4 : Toute capacité alternée d'ordre 2 est étalante.

On va montrer plus précisément que si $A_1,\ldots,A_m$ est une famille de compacts de K séparés par $\mathcal{A}_n$, et si $\forall i \leq m$, $C(A_i) \geq \gamma$, on a

$$\int_{A\in\mathcal{A}_n} C\Big(\big(\bigcup_{i\leq m} A_i\big)\cap A\Big)\, d\mu_n(A) \geq \gamma(1-2^{-m}). \tag{6}$$

La preuve s'effectue par induction sur m. C'est évident pour $m = 0$. Supposons donc (6) établie pour $m-1$. Soit $E \in \mathcal{A}_n$, avec $A_m \subset E$, $A_i \cap E = \emptyset$ pour $i < m$. Pour $A \in E$, soit $\tilde{A} = (A\cap E^c)\cup(E\setminus A)$. Pour tout $A \in \mathcal{A}_n$, on a en posant $B = \bigcup_{i\leq m} A_i$, $B' = \bigcup_{i<m} A_i$:

$$C(A\cap B) + C(\tilde{A}\cap B) \geq C((A\cup\tilde{A})\cap B) + C(A\cap\tilde{A}\cap B) \geq C(A_m) + C(A\cap B').$$

Puisque A et $\tilde{A}$ ont même loi, on en déduit

$$2\int_{\mathcal{A}_n} C(B\cap A)\,d\mu_n(A) \geq \gamma + \int_{\mathcal{A}_n} C(A\cap B')\,d\mu_n(A) \geq \gamma + \gamma(1-2^{-m-1})$$

d'après l'hypothèse de récurrence, et ceci est le résultat cherché.

Théorème 5 : Soit (Ω,Σ,μ) un espace mesuré complet et $\omega \to \phi(\omega)$ une application mesurable de Ω dans $\mathcal{E}_K$. Supposons que pour chaque $\omega, \phi(\omega)$ soit étalante, et soit $C = \int \phi(\omega)\,d\mu(\omega)$. Alors $e(C) = \int e(\phi(\omega))\,d\mu(\omega)$.

Preuve : Nous n'allons pas expliquer en détail pourquoi la construction qui va suivre peut s'effectuer de façon mesurable. Ce serait fastidieux, et cela n'utilise pas d'idée nouvelle. Le point essentiel est que si pour une capacité C il existe une famille non dénombrable $(K_i)_{i\in I}$ de compacts disjoints telle que $C(K_i) \geq \alpha \quad \forall i \in I$, alors il existe une telle famille indexée continuement par l'ensemble $\{0,1\}^{\mathbb{N}}$ [2].

Soit $\eta > 0$, et soit $\mathcal{K}$ l'ensemble des compacts de K, muni de la topologie usuelle. On va, par induction sur n, construire des suites $m(n)$ et $k(n)$ d'entiers, des ensembles mesurables décroissants E_n, des fonctions mesurables $\omega \to L(\omega,n) \in \mathcal{K}$, de sorte que les conditions suivantes soient vérifiées, pour tout n et $\omega \in E_n$

$$\phi(\omega)\,(L(\omega,1)) \geq e(\phi(\omega)) - \frac{\eta}{2} \tag{7}$$

$$\forall B \in \mathcal{A}_{k(n-1)}, \quad \forall \omega \in E_n$$

$$\mu_n(\{A \in \mathcal{A}_{k(n)}\ ;\ \phi(\omega)\,(L(\omega,n)\cap A\cap B) \leq \phi(\omega)\,(L(\omega,n-1)\cap B) - \eta 2^{-n-1}\}) \leq \eta 2^{-2n-1} \tag{8}$$

"Il existe une famille $(K_i)_{i\in I}$ non dénombrable, de compacts disjoints de K, tels que la restriction de ϕ à $L(\omega,n)$ soit point de condensation des restrictions de ϕ aux K_i". (9)

$$\mu(E_{n-1}\setminus E_n) \leq \eta 2^{-n}, \quad E_0 = \Omega\,. \tag{10}$$

Le démarrage ne posant pas de difficultés, supposons tous ces objets construits an rang n. Pour $\omega \in E_n$, soit $m(\omega)$ le plus petit entier tel que $\phi(\omega)$ satisfasse (5) avec $\varepsilon = \eta^2\,2^{-3n-4}$. C'est une fonction mesurable. On peut donc trouver $m(n+1)$ assez grand pour que

$$\mu(\{\omega \in E_n\ ;\ m(\omega) \geq m(n+1)\}) \leq \eta\,2^{-n-2}.$$

Il existe un voisinage $V(\omega)$ de $L(\omega,n)$ tel que pour tout $B \in \mathcal{A}_{k(n)}$ on ait

$$\phi(\omega)\,(V(\omega)\cap B) \leq \phi(\omega)\,(L(\omega,n)\cap B) + \eta^2\,2^{-3n-3}$$

et l'on peut supposer $\omega \to V(\omega)$ mesurable. D'après (9), pour chaque ω existe donc une famille non dénombrable $(K_i)_{i \in I}$ de compacts disjoints de $V(\omega)$ tels que

$$\forall i, \ \forall B \in \mathcal{A}_{k(n)}, \quad \phi(\omega)\ (L(\omega,n) \cap B) - \eta^2\ 2^{-3n-4} \leq \phi(\omega)\ (K(\omega,i) \cap B).$$

Ecrivant $I = J \times [1,m(n+1)]$ et $L_j = \bigcup_{p \leq m(n+1)} K(j,p)$, on voit que les restrictions de ϕ à L_j ont des points de condensation. On peut ainsi trouver $m(n+1)$ applications mesurables $\omega \to K(\omega,i)$ de Ω dans $\mathcal{K}$, qui vérifient les conditions suivantes, où l'on pose $L(\omega,n+1) = \bigcup_{i \leq m(n+1)} K(\omega,i)$:

(11) L'analogue de (9).

(12) Les compacts $(K(\omega,i))_{i \leq m(n+1)}$ sont 2 à 2 disjoints.

(13) Pour $B \in \mathcal{A}_{k(n)}$, $i \leq m(n+1)$

$$\phi(\omega)(L(\omega,n) \cap B) - \eta^2\ 2^{-3n-4} \leq \phi(\omega)(K(\omega,i) \cap B) \leq$$

$$\phi(\omega)(L(\omega,n+1) \cap B) \leq \phi(\omega)(L(\omega,n) \cap B) + \eta^2\ 2^{-3n-3}.$$

Il existe alors $k(n+1)$ tel que si on pose $E_{n+1} = \{\omega \in E_n\ ;\ m(\omega) \leq m(n+1)$ et $\mathcal{A}_{k(n+1)}$ sépare les $K(\omega,i)$, $i \leq m(n+1)\}$ on ait $\mu(E_n \setminus E_{n+1}) \leq \eta 2^{-n-1}$. Pour tout ω on pose $L(\omega,n+1) = \bigcup_{i \leq m(n+1)} K(\omega,i)$. Puisque (10) et (11) sont vérifiées par construction, seule est à vérifier (8). Or, puisque $\phi(\omega)$ est étalante, pour tout $A \in \mathcal{A}_{k(n)}$ on a

$$\int \phi(\omega)\ (L(\omega,n+1) \cap A \cap B)d\mu_{n+1}(B) \geq \phi(\omega)(L(\omega,n) \cap A) - \eta^2\ 2^{-3n-3}$$

d'après (14) et (5), et aussi $\phi(\omega)(L(\omega,n+1) \cap A \cap B) \leq \phi(\omega)(L(\omega,n) \cap A) + \eta^2\ 2^{-3n-3}$ toujours d'après (14), ce qui implique (10) par un calcul facile, et termine la construction.

Soit $\Gamma = \Pi \mathcal{A}_{k(n)}$, muni de la mesure canonique ν produit des $\mu_{k(n)}$. Pour $\gamma \in \Gamma$, et $u \in \{-1,1\}^{\mathbb{N}}$, soit $A_n(\gamma,u) = \bigcap_{i \leq n} u(i)\ \gamma(i)$, ou pour $A \in \mathcal{A}_i$, $\varepsilon A = A$ si $\varepsilon = 1$ et $\varepsilon A = K \setminus A$ si $\varepsilon = -1$.

Fixons $\omega \in E = \cap E_n$. On montre par induction sur n que si on pose

$$F_n(\omega) = \{\gamma \in \Gamma\ ;\ \forall u \in \{-1,1\}^{\mathbb{N}},\ \phi(\omega)(A_n(\gamma,u)) \geq e(\phi(\omega)) - \eta(1-2^{-n-1})\}$$

on a

$$\nu(F_n(\omega)) \geq 1 - \eta(1 - 2^{-n}).$$

Pour $n = 0$, ceci n'est autre que (7), et le pas général de l'induction se fait sans peine à l'aide de (8), compte tenu qu'il y a 2^n ensembles de la forme $A_n(\gamma,u)$.

Ainsi, si $F(\omega) = \bigcap_n F_n(\omega)$, on a $\nu(F(\omega)) \geq 1-\eta$. Le théorème de Fubini montre qu'il existe $\gamma \in \Gamma$ tel que si on pose $H_\gamma = \{\omega \in E \ ; \ \gamma \in F(\omega)\}$

$$\mu(H_\gamma) \geq \mu(E) - \eta \geq 1-2\eta .$$

Pour ce γ, et pour $u \in \{-1,1\}^n$, on a

$$C(A_n(\gamma,u)) \geq \int_{\omega\in H_\gamma} \phi(\omega)(A_n(\gamma,u)d\mu(\omega) \geq \int_{\omega\in H_\gamma} (e(\phi(\omega)) - \eta)d\mu(\omega)$$

$$\geq \int e(\phi(\omega))\, d\mu(\omega) - 3\eta .$$

Ceci est vrai pour chaque n, et ainsi si on pose $A(u) = \bigcap_n A_n(\gamma,u)$, on a $C(A(u)) \geq \int e(\phi(\omega))\, d\mu(\omega) - 3\eta$. Puisque les $A(u)$ sont disjoints pour $u \neq u'$, et que η est arbitraire, on a montré que

$$e(C) \geq \int e(\phi(\omega))\, d\mu(\omega).$$

L'inégalité inverse est bien plus facile (aucune hypothèse sur les $\phi(\omega)$ n'étant nécessaire) et est laissée au lecteur, ce qui conclut la preuve du théorème.

Remarque : Le théorème 5 implique le résultat de Feyel sur tout compact, car il est facile de montrer que pour une capacité C sur L, on a $e(C) = \sup e(C_{|K})$ pour K homéomorphe à l'ensemble $\{0,1\}^{\mathbb{N}}$.

BIBLIOGRAPHIE.

[1] G. CHOQUET : Theorie of capacities, Ann. Int. Fourier 5, 1955, 131-295.

[2] C. DELLACHERIE : Capacités et processus stochastiques. Springer Verlag, 1972.

[3] D. FEYEL : A paraître.

[4] M. TALAGRAND : Sur deux résultats de Mokobodski concernant les ensembles à coupes dénombrables, à paraître.

Equipe d'Analyse, Tour 46
Université Paris VI
4 place Jussieu

75230 PARIS CEDEX 05

INTEGRALES DE CAPACITES FORTEMENT SOUS-ADDITIVES

par C. Dellacherie, D. Feyel et G. Mokobodzki

Après deux paragraphes introductifs, sur le contenu desquels nous reviendrons plus loin, cet exposé(1) reprend le travail [14] de Mokobodzki en lui apportant des améliorations notables. Rappelons d'abord, sous une forme appropriée pour la suite, quels étaient les résultats essentiels de [14]. Soient E un espace métrisable compact, $(\Omega,\underline{\underline{F}},P)$ un espace probabilisé complet et F un "compact aléatoire", i.e. un élément de la tribu produit $\underline{\underline{B}}(E)\times\underline{\underline{F}}$ à coupes F_ω compactes. Posons, pour $A\in\underline{\underline{B}}(E)$,

$$C_\omega(A)=0 \text{ si } A\cap F_\omega=\emptyset \quad , \quad C_\omega(A)=1 \text{ sinon}$$

puis, $\omega\to C_\omega(A)$ étant comme chacun sait mesurable,

$$C(A) = \int C_\omega(A)\,P(d\omega) = P[\pi((A\times\Omega)\cap F]$$

où π est la projection sur Ω. Chaque C_ω est une capacité fortement sous-additive (et même alternée d'ordre infini) majorée par 1, et il en est évidemment de même de l'intégrale $C=\int C_\omega\,d\omega$. Considérons les trois propriétés suivantes éventuellement vérifiées par le compact aléatoire F

(a) F_ω est p.s. fini, et $\omega\to\mathrm{card}\,F_\omega$ est intégrable

(b) F_ω est p.s. fini

(c) F_ω est p.s. dénombrable

Avec un peu de métier et de culture "classique", on voit sans peine que la capacité C vérifie alors respectivement les trois propriétés suivantes (où A parcourt $\underline{\underline{B}}(E)$ et m l'ensemble $\underline{\underline{M}}$ des mesures ≥ 0 bornées sur E)

(A) $\exists m\ \forall A\quad C(A)\leq m(A)$

(B) $\exists m\ \forall\varepsilon>0\ \exists\delta>0\ \forall A\quad m(A)<\delta \Rightarrow C(A)<\varepsilon$

(C) $\exists m\ \forall A\quad m(A)=0 \Rightarrow C(A)=0$

où, grâce au théorème de capacitabilité, on peut se contenter de faire parcourir à A l'ensemble $\underline{\underline{K}}$ des parties compactes de E. Résolvant des problèmes posés par Horowitz, Mokobodzki a établi dans [14] les réciproques (A) ⇒ (a) , (B) ⇒ (b) et (C) ⇒ (c) , les deux dernières au prix d'une belle virtuosité en théorie de la mesure, admirée du lecteur mais le laissant sur sa faim.

----

(1) rédigé par Dellacherie d'après une première rédaction de Feyel. Le rédacteur se permettra de mettre à mal la modestie de ses coauteurs.

(2) pour des raisons historiques (cf [8]), la propriété (C) se trouve notée (N) et la propriété (B) notée (S) dans la littérature.

Nous faisons maintenant une remarque élémentaire mais jetant quelque lumière sur les rapports "a priori" entre la première série de trois propriétés et la seconde, au prix, il est vrai, d'une interprétation différente de "F_ω est fini" dans (a) et (b). Considérant la mesure M_ω de comptage des points dans F_ω, qui est bornée (resp équivalente à une mesure bornée) ssi F_ω est fini (resp dénombrable), on voit qu'on peut écrire (a),(b),(c) en terme des C_ω comme suit

(a) C_ω vérifie p.s. (A) + une condition d'intégrabilité

(b) C_ω vérifie p.s. (B)

(c) C_ω vérifie p.s. (C)

si bien que les équivalences en question sont du type "$C = \int C_\omega d\omega$ vérifie la propriété (π) ssi presque toute C_ω vérifie (π)". Cela dit, les améliorations que nous apportons ici à [14] sont de trois ordres : plus grande généralité, plus grande clarté, et approfondissement. Plus précisément, au lieu de partir d'un compact aléatoire F, nous partirons d'une famille (C_ω) de capacités fortement sous-additives telle que $\omega \to C_\omega(A)$ soit intégrable pour tout $A \in \underline{\underline{B}}(E)$; cela amènera un meilleur décryptage de la situation, aboutissant finalement à des démonstrations "compréhensibles" des équivalences considérées (démonstrations devenant alors particulièrement simples quand on se replace dans le cadre de [14] que nous appellerons la "situation canonique"(1)) ; enfin, nous préciserons quantitativement le rapport entre (c) et (C) en montrant que "l'épaisseur de C est l'intégrale des épaisseurs des C_ω" ce qui, dans la situation canonique, s'écrit encore : la probabilité que F_ω ne soit pas dénombrable est la borne supérieure des t pour lesquels existe une famille non dénombrable (B_i) de boréliens disjoints avec $C(B_i) > t$ pour tout i.

Signalons en outre que Talagrand a aussi travaillé sur le sujet : il a obtenu dans [15] une généralisation des résultats de [14] dans une autre direction, ayant des applications à certains problèmes de convolution, et a par ailleurs montré dans [16] (dans ce volume) que le rapport de type intégral entre les épaisseurs évoqué ci-dessus est encore vrai pour certaines capacités non fortement sous-additives et faux pour d'autres (pour lesquelles on peut même avoir (B) sans avoir (b)).

Le §1 est un paragraphe de préliminaires qui, après une "prérédaction monstrueuse", a été réduit à l'essentiel pour une bonne compréhension de la suite - un appendice à l'exposé ayant servi d'exutoire au rédacteur. On y introduit essentiellement la notion de "capacité normale" (i.e., en gros, de capacité provenant d'une semi-norme croissante sur l'espace

----

(1) parce qu'il s'agit de la situation que l'on rencontre dans le théorème de représentation intégrale des capacités alternées d'ordre infini.

des fonctions continues - cf l'appendice !) : on regarde l'incidence des propriétés (A),(B) et (C) sur le comportement d'une telle capacité, et on définit et étudie l'épaisseur associée à une telle capacité. Le §2 est consacré aux capacités fortement sous-additives, leur normalité et leur épaisseur. Les §3 et §5 sont consacrés au vif du sujet ; nous avons tâché de faire en sorte que les idées et étapes essentielles des démonstrations paraissent au §3 sans avoir à utiliser la théorie des ensembles analytiques, et avons rejeté au §5 ce qui nécessitait de manière explicite l'usage de cette théorie. Le §4 est consacré à deux applications, à savoir le théorème sur les suites p.s. stationnaires de Feyel [10] et la résolution par Dellacherie de sa conjecture [7] sur les ensembles semi-polaires annoncée dans [8].

Quelques mots encore, pour finir, sur l'appendice. D'abord, il est signé du seul rédacteur parce que ce fut au départ son exutoire comme il a été dit plus haut mais aussi parce que le rédacteur n'a pas laissé le temps à ses deux complices d'en approuver le contenu. Maintenant, son contenu a deux fonctions : d'une part, apporter divers compléments aux deux premiers paragraphes de l'exposé (§1 à §6 de l'appendice) ; d'autre part, ébaucher une généralisation du cadre de l'exposé (§7 et §8) pour avoir la "vraie" généralisation de [14], où étaient considérés non seulement le cas d'un compact aléatoire mais aussi celui d'un analytique aléatoire. Nous avons en particulier cité aux §7 et §8 des résultats récents des trois auteurs (un pour chacun pour faire bonne mesure) - sans démonstrations, par faute de temps. La suite donc au prochain numéro.

1. PRELIMINAIRES

On travaille, dans tout le corps de cet exposé, sur un espace métrisable compact E ; on note $\underline{\underline{E}}$ sa tribu borélienne, $\underline{\underline{K}}$ l'ensemble de ses parties compactes muni de la topologie de Hausdorff et $\underline{\underline{M}}$ l'ensemble des mesures (positives) bornées sur $(E,\underline{\underline{E}})$ muni de la topologie vague.

Une fonction C de $\underline{\underline{E}}$ dans $\mathbb{R}_+$ sera appelée une <u>sous-mesure</u> sur E si elle est nulle en $\emptyset$, croissante, montante (i.e. $B_n \uparrow B \Rightarrow C(B_n) \uparrow C(B)$) et sous-additive. Soient C une sous-mesure et $\mathbb{P}$ l'ensemble des partitions boréliennes finies de E ; la fonction M sur $\underline{\underline{E}}$ définie par

$$M(B) = \sup_{\underline{\underline{P}} \in \mathbb{P}} \sum_{A \in \underline{\underline{P}}} C(A \cap B)$$

est appelée la <u>variation</u> de C. On voit sans peine que M est une mesure (σ-additive, mais non nécessairement σ-finie), et c'est évidemment la plus petite mesure majorant C.

La proposition suivante fournit un mode de calcul de la variation

PROPOSITION 1.- <u>Soit</u> $(\underline{\underline{P}}_n)$ <u>une suite de partitions boréliennes finies de</u> E <u>telle que tout élément de</u> $\underline{\underline{P}}_n$ <u>soit réunion d'éléments de</u> $\underline{\underline{P}}_{n+1}$ <u>et que la réunion des</u> $\underline{\underline{P}}_n$ <u>engendre la tribu</u> $\underline{\underline{E}}$. <u>Alors</u>, <u>pour toute sous-mesure</u> C, <u>la variation</u> M <u>est la limite croissante des sous-mesures</u> C_n <u>définies par</u> $C_n(B) = \sum_{A \in \underline{\underline{P}}_n} C(A \cap B)$.

DEMONSTRATION. Désignons par $\underline{\underline{A}}$ l'algèbre de Boole engendrée par les $\underline{\underline{P}}_n$ et par C_∞ la sous-mesure limite croissante des C_n. On a évidemment $C \leq C_\infty \leq M$ et on voit sans peine que, pour tout $B \in \underline{\underline{E}}$, la restriction de C_∞ à l'algèbre trace de $\underline{\underline{A}}$ sur B est additive, donc σ-additive car C_∞ est montante. Ainsi pour $B \in \underline{\underline{E}}$ soit on a $C_\infty(B) = +\infty$ et donc $C_\infty(B) = M(B)$, soit on a $C_\infty(B) < +\infty$ et le théorème d'extension d'une mesure bornée sur une algèbre de Boole assure que la restriction de C_∞ à $(B, \underline{\underline{E}}|_B)$ est une mesure, égale à celle de M par minimalité de M, d'où $C_\infty(B) = M(B)$.

Soient C une sous-mesure et Γ l'ensemble des $m \in \underline{\underline{M}}$ majorées par C. Nous dirons que C est une <u>sous-mesure normale</u> si $C(B) = \sup_{m \in \Gamma} m(B)$ pour tout $B \in \underline{\underline{E}}$ (si bien que C est le supremum "ponctuel" de Γ tandis que sa variation M en est le supremum "au sens des mesures"). Si C est une sous-mesure normale, on a $C(B) = \sup C(K)$, $K \subseteq B$, $K \in \underline{\underline{K}}$ pour tout borélien B et donc $m \in \underline{\underline{M}}$ est majorée par C dès qu'elle l'est sur $\underline{\underline{K}}$.

Nous dirons qu'une sous-mesure C est <u>contrôlée</u> par une sous-mesure C' si on a $\quad \forall B \in \underline{\underline{E}} \quad C'(B) = 0 \Rightarrow C(B) = 0$

et qu'elle est <u>contrôlée continûment</u> par C' si on a

$$\forall B \in \underline{\underline{E}} \quad \forall \varepsilon > 0 \quad \exists \delta > 0 \quad C'(B) < \delta \Rightarrow C(B) < \varepsilon \quad .$$

Nous retrouvons maintenant les propriétés envisagées dans l'introduction

PROPOSITION 2.- <u>Soit</u> C <u>une sous-mesure normale sur</u> E.

(A) <u>Elle est majorée par une mesure bornée ssi elle est</u> à variation bornée (<u>i.e.</u> <u>sa variation</u> M <u>est bornée</u>).

(B) <u>Elle est contrôlée continûment par une mesure bornée ssi elle est</u> séquentiellement continue (<u>i.e.</u> $B_n \to B \Rightarrow C(B_n) \to C(B)$).

(C) <u>Elle est contrôlée par une mesure bornée ssi elle est</u> mince (<u>i.e.</u> <u>toute famille de boréliens disjoints non</u> C-<u>négligeables est au plus dénombrable</u> ; <u>on dit aussi que</u> C <u>est</u> sans épaisseur).

DEMONSTRATION. Le point (A) est presqu'un pléonasme (et ne fait pas intervenir le caractère "normal" de C). La nécessité dans le point (C) est triviale, ainsi d'ailleurs que celle dans le point (B) une fois remarqué que C, étant montante et sous-additive, est séquentiellement continue dès qu'on a $B_n \downarrow \emptyset \Rightarrow C(B_n) \downarrow 0$. La suffisance dans le point (C) étant établie dans [6] (dans un cadre plus large), nous nous contentons de donner les grandes lignes d'une démonstration. On montre d'abord, à l'aide du théorème de Zorn que, si C est mince, alors toute famille (A_i) de boréliens admet un C-ess sup A au sens suivant : A est la réunion d'une sous-famille dénombrable et $C(A_i - A) = 0$ pour tout i. Cela étant on montre ensuite que, pour toute $m \in \underline{\underline{M}}$ contrôlée par C, il existe un borélien B_m portant m sur lequel C est contrôlée par m (prendre pour B_m le complémentaire d'un C-ess sup des H tels que $C(H) > 0$ et $m(H) = 0$) ; puis, on remarque qu'un C-ess sup des B_m pour m parcourant l'ensemble Γ des mesures majorées par C est nécessairement égal à E, à un ensemble C-négligeable près, d'où l'existence de $m \in \Gamma$ contrôlant C. Enfin, si C est séquentiellement continue, elle est évidemment mince, donc contrôlée par une mesure bornée m, et on voit aisément que m contrôle nécessairement C continûment à cause de la continuité séquentielle.

On appelle <u>épaisseur</u> d'une sous-mesure C la sous-mesure e définie par

$e(B) > t \Leftrightarrow$ il existe dans B une famille non dénombrable de boréliens disjoints (B_i) avec $C(B_i) > t$ pour tout i.

On sait dire peu de choses sur l'épaisseur sans supposer une "bonne régularité" de la sous-mesure qui l'engendre.

Nous dirons qu'une sous-mesure C est une <u>capacité normale</u> si c'est une sous-mesure normale finie qui descend sur les compacts (i.e. $K_n \downarrow K \Rightarrow C(K_n) \downarrow C(K)$). Nous allons voir que l'épaisseur d'une capacité normale est une sous-mesure normale. Nous rappelons d'abord un résultat de [6] dont nous verrons une généralisation en appendice

PROPOSITION 3.- <u>Soient</u> C <u>une capacité normale et</u> B <u>un borélien d'épaisseur</u> $>t$. <u>Il existe un compact</u> K <u>inclus dans</u> B <u>et une application continue surjective</u> Ψ <u>de</u> K <u>sur</u> $W = \{0,1\}^{\mathbb{N}}$ <u>tels que, pour tout</u> $w \in W$, <u>on ait</u>

$C(K_w) > t$ <u>où</u> $K_w = \Psi^{-1}(\{w\})$. <u>On dira que le couple</u> (K,Ψ) <u>est un</u> témoin d'ordre t de l'épaisseur de B.

COROLLAIRE.- <u>Si on a</u> $e(B) > t$, <u>alors</u>, <u>pour tout</u> $m \in \underline{\underline{M}}$, <u>il existe</u> $L \in \underline{\underline{K}}$ <u>inclus dans</u> B <u>tel que</u> $e(L) > t$ <u>et</u> $m(L) = 0$.

DEMONSTRATION. Soient (K,Ψ) un témoin d'ordre t de $e(B)$ et ϕ une surjection continue de W sur W telle que chaque $\phi^{-1}(\{w\})$ soit non dénombrable. Posons $L_w = \Psi^{-1}[\phi^{-1}(\{w\})]$: on a $e(L_w) > t$ pour tout $w \in W$ tandis que, pour $m \in \underline{\underline{M}}$, on a évidemment $m(L_w) = 0$ pour la plupart des $w \in W$.

Voici maintenant le résultat annoncé plus haut

THEOREME 1.- <u>L'épaisseur</u> e <u>d'une capacité normale</u> C <u>est une sous-mesure normale</u>.

DEMONSTRATION. Il suffit de prouver que, si (K,Ψ) est un témoin d'ordre t de l'épaisseur de B, alors il existe $m \in \underline{\underline{M}}$ majorée par e et telle que $m(B) \geq t$. Et, pour avoir cela, il suffit de montrer l'existence d'une application borélienne $w \to m_w$ de W dans $\underline{\underline{M}}$ telle que, pour tout w, m_w soit de masse $\geq t$, portée par K_w et majorée par C : il n'y aura plus qu'à poser $m = \int m_w \, dw$ où dw est la mesure du jeu de pile ou face sur W. Désignons par (U_n) une base dénombrable de E stable pour les réunions finies : comme tout compact de E a un système fondamental de voisinages extrait de (U_n), une mesure m est majorée par une capacité normale C'(1) ssi on a $m(U_n) \leq C'(\overline{U}_n)$ pour tout n. Considérons alors la partie H de $W \times \underline{\underline{M}}$ définie comme suit

$$(w,m) \in H \iff m(E) \geq t \text{ et } \forall n \; m(U_n) \leq C(\overline{U}_n \cap K_w)$$

On voit sans peine que, pour n fixé, la fonction $w \to C(\overline{U}_n \cap K_w)$ est semi-continue supérieurement, si bien que H est un compact de $W \times \underline{\underline{M}}$. En outre ses coupes H_w sont non vides car $A \to C(A \cap K_w)$ est une capacité normale et on a $C(K_w) > t$. Une théorème classique de se[le]ction assure alors l'existence de notre application $w \to m_w$.

2. CAPACITES FORTEMENT SOUS-ADDITIVES

Nous dirons ici qu'une fonction C sur $\underline{\underline{E}}$ est une <u>capacité fortement sous-additive</u> si c'est une sous-mesure finie, descendante sur $\underline{\underline{K}}$, et fortement sous-additive (i.e. $C(A \cup B) + C(A \cap B) \leq C(A) + C(B)$). Le théorème de capacitabilité de Choquet [4] pour une telle fonction entraine qu'on a, pour tout borélien B,

$$\sup_{K \subseteq B,\ K \in \underline{\underline{K}}} C(K) = C(B) = \inf_{U \supseteq B,\ U \in \underline{\underline{U}}} C(U)$$

où $\underline{\underline{U}}$ est l'ensemble des ouverts de E.

----

(1) Nous signalons au passage qu'une sous-mesure normale C est une capacité normale ssi l'ensemble $\Gamma = \{m \in \underline{\underline{M}} : m \leq C\}$ est un compact de $\underline{\underline{M}}$.

Il est bien connu qu'une capacité fortement sous-additive est une capacité normale mais, comme il n'est pas facile d'en trouver une démonstration écrite, nous en donnons une (différente d'ailleurs de la démonstration traditionnelle) qui reposera sur trois lemmes ayant leur propre intérêt.

Le premier lemme jouera un rôle important dans toute la suite : c'est lui qui nous a amené à considérer des capacités fortement sous-additives dans nos problèmes d'intégrales de capacités.

LEMME 1.- Une fonction croissante C de $\underline{\underline{E}}$ dans $\mathbb{R}_+$ est fortement sous-additive ssi, pour tout $A \in \underline{\underline{E}}$, la fonction C^A de $\underline{\underline{E}}$ dans $\mathbb{R}_+$ définie par

$$C^A(H) = C(A \cup H) - C(A)$$

est sous-additive. La fonction C^A est alors elle-même fortement sous-additive, majorée par C, et c'est une capacité si C en est une.

DEMONSTRATION. Si C est fortement sous-additive, on a $C^A \leq C$ et

$$C[A \cup (H_1 \cup H_2)] + C[A \cap (H_1 \cup H_2)] \leq C(A \cup H_1) + C(A \cup H_2)$$

d'où la forte sous-additivité de C^A en retranchant deux fois $C(A)$ aux deux membres. Réciproquement, si $C^{A \cap B}$ est sous-additive, on a

$$C(A \cup B) - C(A \cap B) \leq C(A) - C(A \cap B) + C(B) - C(A \cap B)$$

d'où la forte sous-additivité de C en ajoutant deux fois $C(A \cap B)$ aux deux membres. Enfin, pour $K \subseteq L$, on a $C^L = (C^K)^L$ et donc $C^L \leq C^K$ si C^K est sous-additive, ce qui implique $C(A \cup L) - C(A \cup K) \leq C(L) - C(K)$: la descente de C sur $\underline{\underline{K}}$ entraine donc celle de C^A. Le reste de l'énoncé est évident.

Le second lemme est consacré au cas où E est fini

LEMME 2.- Supposons E fini, composé de n points $x_1, \dots, x_n$ et posons $K_i = \{x_1, \dots, x_i\}$ pour $i = 1, \dots, n$. Si C est une capacité fortement sous-additive, l'unique mesure m telle que $m(K_i) = C(K_i)$ pour $i = 1, \dots, n$ est majorée par C.

DEMONSTRATION. Nous raisonnons par récurrence sur la taille de n. Le cas $n = 2$ étant trivialement résolu, nous supposons $n > 2$ et posons $E_1 = \{x_1, x_2, \dots, x_{n-1}\}$, $E_2 = \{x_2, \dots, x_{n-1}, x_n\}$. Nous munissons E_1 de la capacité fortement sous-additive C_1, restriction de C à E_1, et E_2 de la capacité fortement sous-additive C_2, restriction à E_2 de la capacité $C^{\{x_1\}}$ (notation du lemme précédent). Par hypothèse de récurrence, la mesure m_1 sur E_1 telle que $m_1(K_i) = C(K_i)$ pour $i = 1, 2, \dots, n-1$ est majorée par C_1 et la mesure m_2 sur E_2 telle que $m_2(K_i - \{x_1\}) = C^{\{x_1\}}(K_i)$ pour $i = 2, \dots, n-1, n$ est majorée par C_2. Comme m_1 (resp m_2) est la restriction à E_1 (resp E_2) de notre mesure m, il est alors clair que m est majorée par C.

Le dernier lemme, dont l'énoncé est emprunté à [3], exprime de manière adéquate que notre espace E est compact (appliqué à la mesure simplement additive associée à un ultrafiltre, il exprime que ce dernier converge)

LEMME 3.- Soit u une mesure simplement additive (finie) sur E et posons, pour tout ouvert V de E,

$$u^{*}(V) = \sup u(K) , K \subseteq V , K \text{ compact}$$

puis, pour tout borélien B,

$$u^{*}(B) = \inf u^{*}(V) , V \supseteq B , V \text{ ouvert}$$

On définit ainsi une "vraie" mesure u^{*} (i.e. σ-additive) ayant même masse que u.

DEMONSTRATION. Comme u est en particulier fortement sous-additive, un résultat bien connu de Choquet [4] entraine que u^{*} est une capacité fortement sous-additive. Comme u^{*} est manifestement additive sur $\underline{\underline{K}}$, elle l'est aussi sur $\underline{\underline{E}}$ par capacitabilité, et c'est donc une "vraie" mesure. Enfin, on a évidemment $u(E) = u^{*}(E)$.

Nous en venons aux rapports entre capacités normales et capacités fortement sous-additives. Le point a) est emprunté à [2].

PROPOSITION 4.- a) Une capacité normale C est fortement sous-additive ssi, pour tout $K, L \in \underline{\underline{K}}$ tels que $K \subseteq L$, il existe $m \in \underline{\underline{M}}$ majorée par C telle qu'on ait $m(K) = C(K)$ et $m(L) = C(L)$.

b) Toute capacité fortement sous-additive C est normale. De plus, pour toute famille de compacts $(K_i)_{i \in I}$ totalement ordonnée par inclusion, il existe $m \in \underline{\underline{M}}$ majorée par C telle que $m(K_i) = C(K_i)$ pour tout $i \in I$.

DEMONSTRATION. La condition du point a) entraine clairement la forte sous-additivité de C sur $\underline{\underline{K}}$, qui s'étend à $\underline{\underline{E}}$ par capacitabilité, et sa nécessité est évidemment impliquée par le "de plus" du point b). Par ailleurs, dans ce point b), le caractère "normal" résulte aussi, par capacitabilité, de ce "de plus" qui est donc la seule chose qui nous reste à démontrer. Soient donc C une capacité fortement sous-additive et (K_i) une famille totalement ordonnée de compacts. Pour p,q entiers, donnons-nous p éléments $K_1, \ldots, K_p$ de la famille (K_i) et q boréliens $B_1, \ldots, B_q$ et désignons par $\underline{\underline{A}}$ l'algèbre de Boole finie engendrée par ces p+q boréliens. Choisissons un point x dans chaque atome de $\underline{\underline{A}}$ et appliquons le lemme 2 à l'ensemble fini ainsi obtenu : cela donne une mesure v sur $\underline{\underline{A}}$ de masse C(E) portée par la réunion des points x, majorée par la restriction de C à $\underline{\underline{A}}$ et telle qu'on ait $v(K_1) = C(K_1), \ldots, v(K_p) = C(K_p)$; en outre v, étant atomique, est aussi une mesure sur $\underline{\underline{E}}$. Comme l'ensemble des mesures simplement additives sur $\underline{\underline{E}}$ de masse C(E) est compact pour la convergence simple sur $\underline{\underline{E}}$, on déduit aisément de ce qui précède l'existence d'une mesure simplement additive u sur $\underline{\underline{E}}$ majorée par C et telle qu'on ait $u(K_i) = C(K_i)$ pour tout élément K_i de notre famille. Maintenant, la mesure $u^{\#}$ du lemme 3 est majorée par u sur les ouverts ; elle est donc majorée par C sur les ouverts et par suite sur tout $\underline{\underline{E}}$. Et, comme $u^{\#}$ majore u sur $\underline{\underline{K}}$ (car u et $u^{\#}$ ont même masse), on a nécessairement $u^{\#}(K_i) = C(K_i)$ pour tout i. C'est fini.

Nous achevons ce paragraphe avec un résultat nouveau sur l'épaisseur d'une capacité fortement sous-additive

THEOREME 2.- <u>L'épaisseur</u> e <u>d'une capacité fortement sous-additive</u> C <u>est une sous-mesure normale fortement sous-additive</u>.

DEMONSTRATION. Le fait que e soit une sous-mesure normale résulte de la proposition 4 et du théorème 1. Passons à la forte sous-additivité. Soient A,B deux boréliens tels que $e(A \cap B) > a$ et $e(A \cup B) > b$; nous devons montrer qu'on a alors $e(A) + e(B) > a + b$. Pour cela, nous allons démontrer qu'il existe un témoin (K^1, Ψ^1) d'ordre a de $e(A \cap B)$ et un témoin (K^2, Ψ^2) d'ordre b de $e(A \cup B)$ tels que $K^1 \cap K^2 = \emptyset$; posant alors $L_w = K_w^1 \cup K_w^2$ pour tout $w \in W$, on aura grâce à la forte sous-additivité de C

$$C(A \cap L_w) + C(B \cap L_w) \geq C(K_w^1) + C(K_w^2) > a + b$$

et, les L_w étant deux à deux disjoints, on aura bien $e(A) + e(B) > a + b$. Maintenant, pour obtenir nos témoins à domaines disjoints, il suffit de trouver un borélien B_1 inclus dans $A \cap B$ et d'épaisseur $> a$, et un borélien B_2 inclus dans $A \cup B$, disjoint de B_1 et d'épaisseur $> b$. Or soit m une mesure majorée par e telle que $m(A \cap B) > a$ et soit (K, Ψ) un témoin d'ordre b de $e(A \cup B)$: on a $e(K_w) > b$ pour tout $w \in W$ tandis qu'on a $m(K_w) = 0$ sauf pour un ensemble (au plus) dénombrable de w. On peut alors prendre pour B_2 un K_w tel que $m(K_w) = 0$ et pour B_1 la trace de B_2^c sur $A \cap B$. C'est fini.

3. INTEGRALE DE CAPACITES FORTEMENT SOUS-ADDITIVES

Nous nous donnons désormais, en plus de notre espace E, un espace probabilisé complet $(\Omega, \underline{\underline{F}}, P)$. Une famille $(\phi_\omega)_{\omega \in \Omega}$ de fonctions de $\underline{\underline{E}}$ dans $\overline{\mathbb{R}}_+$ sera dite <u>mesurable</u> si la fonction $\omega \to \phi_\omega(B)$ est $\underline{\underline{F}}$-mesurable pour tout $B \in \underline{\underline{E}}$; on note alors $\int \phi_\omega \, d\omega$ la fonction $B \to \int \phi_\omega(B) \, d\omega$ et la famille (ϕ_ω) est dite <u>intégrable</u> si cette fonction est finie.

La proposition 1 entraine clairement le résultat suivant

THEOREME 3.- <u>Soit</u> (C_ω) <u>une famille mesurable de sous-mesures</u>. <u>La famille</u> (M_ω) <u>de leurs variations est mesurable et</u> $\int M_\omega \, d\omega$ <u>est égale à la variation</u> M <u>de la sous-mesure</u> $C = \int C_\omega \, d\omega$. <u>En particulier</u>, C <u>est à variation bornée ssi</u> (M_ω) <u>est intégrable</u>.

Nous désignons désormais par $(C_\omega)_{\omega\in\Omega}$ une famille intégrable de capacités fortement sous-additives et posons $C = \int C_\omega d\omega$; il est clair que C est aussi une capacité fortement sous-additive. S'il existe une partie mesurable F de $E\times\Omega$ à coupes F_ω compactes tel que $C_\omega(B) = 0$ ou 1 suivant que $B\cap F_\omega$ est vide ou non, nous dirons que nous sommes "dans la situation canonique " (les capacités C_ω et la capacité C sont alors des capacités alternées d'ordre infini suivant la terminologie de [4]).

Nous passons maintenant à l'étude de la continuité séquentielle. Nous établissons d'abord un lemme simple mais crucial (dont nous donnerons une version plus sophistiquée en appendice)

LEMME 4.- Soient ϕ une fonction croissante, montante, de $\underline{\underline{E}}$ dans $\mathbb{R}_+$ et m une mesure bornée. Pour tout entier k il existe un ouvert V tel que $\phi(V) \geq k\,m(V)$ et qu'on ait $\phi(V\cup H) - \phi(V) \leq k\,m(H)$ pour tout $H\in\underline{\underline{E}}$.

DEMONSTRATION. Parmi les ouverts W vérifiant $\phi(W) \geq km(W)$ [noter que $W = \emptyset$ convient], choisissons-en un, maximal [cela existe car E est à base dénombrable et m montante], que nous notons V. On a alors

$$\phi(V\cup H) - \phi(V) \leq k[m(V\cup H) - m(V)] \leq km(H)$$

pour tout ouvert H, et donc pour tout borélien H par classe monotone [car ϕ monte, et m monte et descend].

REMARQUE.- Comme on a $m(V) \leq \phi(V)/k \leq \phi(E)/k$, on voit que m(V) est petit pour k grand. Donc, si ϕ se trouve être une sous-mesure contrôlée continûment par m, on peut, pour $\varepsilon>0$ fixé, choisir k pour avoir $\phi(V) < \varepsilon$.

Nous conseillons au lecteur de faire un dessin dans la situation canonique pour apprécier la simplicité de la démonstration du théorème suivant dans cette situation (noter que, dans ce cas, on a évidemment $C(V) < \varepsilon$ ssi $P\{\omega : C_\omega(V) \neq 0\} < \varepsilon$).

THEOREME 4.- La capacité C est séquentiellement continue ssi C_ω est séquentiellement continue pour presque tout $\omega\in\Omega$.

DEMONSTRATION. La suffisance (qui est la partie la moins intéressante) résulte immédiatement du théorème de Lebesgue : si $C_\omega(B_n) \downarrow C_\omega(B)$ pour presque tout ω, alors $C(B_n) \downarrow C(B)$. Pour la nécessité, désignons par m une mesure bornée contrôlant continûment C et, à l'aide du lemme précédent et de sa remarque, choisissons pour tout entier n un entier k_n et un ouvert V_n avec $C(V_n) < 2^{-n}$ de sorte qu'on ait, pour tout $H\in\underline{\underline{E}}$,

$$C(V_n\cup H) - C(V_n) \leq k_n m(H) \quad .$$

Désignons par $\overline{C}$ l'une des capacités C_ω ou C et par $\overline{C}^n$ la fonction

$$H \to \overline{C}(V_n\cup H) - \overline{C}(V_n) \ ;$$

d'après le lemme 1, chaque $\overline{C}^n$ est une capacité fortement sous-additive et on vient de voir que C^n est majorée par la mesure bornée $k_n m$.

Comme on a évidemment $C^n = \int C^n_\omega \, d\omega$, on déduit du théorème 3 que la variation M^n_ω de C^n_ω est bornée pour presque tout ω. D'autre part la norme $C(V_n)$ dans $L^1(P)$ de $\omega \to C_\omega(V_n)$ est $< 2^{-n}$ et donc on a $\lim_n C_\omega(V_n) = 0$ p.s.. Finalement, comme on a pour tout $H \in \underline{\underline{E}}$

$$C_\omega(H) \leq C_\omega(V_n \cup H) = C_\omega(V_n) + C^n_\omega(H) \leq C_\omega(V_n) + M^n_\omega(H)$$

on voit que, pour presque tout ω, C_ω est continûment contrôlée par la mesure bornée $m_\omega = \sum_n 2^{-n} M^n_\omega / M^n_\omega(E)$ (avec $0/0 = 0$).

REMARQUES.- 1) Pour démontrer la nécessité, il n'est pas nécessaire de savoir a priori que les C_ω descendent sur $\underline{\underline{K}}$, et on obtient finalement que les C_ω descendent p.s. sur tout $\underline{\underline{E}}$.

2) Si on suppose seulement que nos capacités C_ω sont normales, la suffisance est encore vraie mais Talagrand a montré dans [16] (dans ce volume) que, dans ce cas, on peut avoir C séquentiellement continue alors que les C_ω ont une épaisseur non nulle.

3) Au cours de la démonstration on a de plus montré que, si les C_ω sont p.s. séquentiellement continues, il existe une famille mesurable (m_ω) de mesures p.s. bornées telle que m_ω contrôle continûment C_ω p.s.. On peut aussi établir cela en appliquant un théorème classique de section à la partie H de $\underline{\underline{M}} \times \Omega$ constituée des (m,ω) tels que m contrôle continûment C_ω (un calcul élémentaire montre en effet que H est une partie mesurable de $\underline{\underline{M}} \times \Omega$).

COROLLAIRE.- <u>Dans la situation canonique</u>, <u>la capacité</u> C <u>est séquentiellement continue ssi le compact aléatoire</u> F <u>a p.s. ses coupes finies</u>.

La connaissance de la variation M est suffisante pour décider si C est à variation bornée (rire !) ou si C est sans épaisseur (car C et M ont mêmes ensembles négligeables). Elle est cependant en général insuffisante pour décider si C est séquentiellement continue. Dans la situation canonique M peut être σ-finie sans que C soit séquentiellement continue (déjà vrai pour Ω réduit à un point), et C peut être séquentiellement continue sans que M soit σ-finie. Nous voyons maintenant un exemple de cette éventualité.

UN EXEMPLE, dans la situation canonique, d'une capacité C séquentiellement continue alors qu'il n'existe aucun compact K non C-négligeable tel que la restriction de C à K soit à variation bornée. On prend pour Ω et E le segment $[0,1]$, pour P la mesure de Lebesgue. On pose, pour tout $n \in \mathbb{N}$, $\Omega_n = [2^{-n}, 2^{-n+1}]$ et, pour n fixé, $I^k_n = [(k-1)2^{-n}, k\,2^{-n}]$ pour k variant de 1 à 2^n. On prend alors pour F la réunion des diagonales de tous les carrés $I^k_n \times \Omega_n$. Les coupes de F étant finies, la capacité C est séquentiellement continue, et est évidemment contrôlée par la mesure de Lebesgue. Mais, pour tout $B\in\underline{\underline{E}}$, l'intégrale de $\omega\to\mathrm{card}(B\cap F_\omega)$ sur Ω_n est égale à la mesure de Lebesgue de B, et donc son intégrale sur Ω vaut $+\infty$ si B n'est pas négligeable. Ainsi, la variation M de C ne prend que les valeurs 0 et $+\infty$.

Nous arrivons finalement à l'étude de l'épaisseur, qui sera complétée au §5. Nous désignons par e l'épaisseur de la capacité C et par $(e_\omega)_{\omega\in\Omega}$ la famille des épaisseurs des capacités C_ω ; nous supposerons connu dans ce paragraphe que $(e_\omega)_{\omega\in\Omega}$ est mesurable - cela sera établi au §5. Dans la situation canonique, on a $e_\omega(B)=0$ ou 1 suivant que $B\cap F_\omega$ est dénombrable ou non, et il est bien connu dans ce cas que (e_ω) est mesurable.

THEOREME 5.- <u>L'épaisseur</u> e <u>de</u> $C=\int C_\omega\,d\omega$ <u>est égale à</u> $\int e_\omega\,d\omega$, <u>intégrale des épaisseurs des</u> C_ω. <u>En particulier</u>, C <u>est sans épaisseur ssi</u> C_ω <u>est sans épaisseur pour presque tout</u> $\omega\in\Omega$.

DEMONSTRATION. On sait, d'après le théorème 2, que e et chaque e_ω est une sous-mesure normale fortement sous-additive, majorée respectivement par C et C_ω. Posons $f=\int e_\omega\,d\omega$; il est clair que f est une sous-mesure fortement sous-additive, majorée par C, et il est intuitif que f est normale (il suffit de choisir mesurablement m_ω proche de e_ω pour que $\int m_\omega\,d\omega$ soit proche de f) - cela sera établi au §5. Nous devons montrer que $e=f$; comme e et f sont normales(1), il nous suffit de voir que $e(K)=f(K)$ pour tout compact K et finalement que $e(E)=f(E)$, l'égalité pour $K\in\underline{\underline{K}}$ s'y ramenant par restriction. Nous montrons d'abord qu'on a $e(E)\leq f(E)$, ce qui est bien intuitif. Le cas $e(E)=0$ étant trivial, supposons qu'on ait $e(E)>t$ et soit (K,Ψ) un témoin d'ordre t de e(E) (cf la proposition 3, dont nous reprenons les notations). La fonction $(\omega,L)\to C_\omega(L)$ sur $\Omega\times\underline{\underline{K}}$ étant mesurable du couple (si (U_n) est une base dénombrable de E stable pour les réunions finies, on a $C_\omega(L)\geq s$ ssi on a $\forall n\ L\subseteq U_n\Rightarrow C_\omega(U_n)\geq s$), la fonction $(\omega,w)\to C_\omega(K_w)$ sur $\Omega\times W$ est mesurable du couple et on a alors, en utilisant le théorème de Fubini, dw étant la mesure du jeu de pile ou face sur W,

$$f(E)=\int e_\omega(E)\,d\omega\geq\int[\int C_\omega(K_w)\,dw]\,d\omega=\int[\int C_\omega(K_w)\,d\omega]\,dw=\int C(K_w)\,dw>t\,.$$

Nous montrons enfin qu'on a $e(E)\geq f(E)$, ce qui, même dans la situation canonique, est surprenant a priori(2). Nous commençons par établir un lemme qui, au passage, assure l'implication $e(E)=0\Rightarrow f(E)=0$ en y prenant pour m une mesure bornée contrôlant C.

----

(1) La normalité de f n'interviendra pas dans la démonstration de l'équivalence $e(E)=0\iff f(E)=0$.

(2) Etant donné le titre de [16], le sandwich ne peut cacher qu'en cet endroit le jambon s'est révélé supérieur au pain.

LEMME 5.- Soient $m \in \underline{\underline{M}}$ et $\varepsilon > 0$. Si on a $f(E) > \varepsilon$, alors il existe $K \in \underline{\underline{K}}$ tel qu'on ait $C(K) \geq \varepsilon$ et $m(K) = 0$.

DEMONSTRATION. Nous allons construire par récurrence une suite décroissante (K_n) de compacts tels que $f(K_n) > 2^n m(K_n)$ et $f(K_n) > \varepsilon$: si K est l'intersection des K_n, on aura alors $m(K) = 0$ et $C(K) \geq \varepsilon$. Supposons K_{n-1} construit (avec $K_0 = E$) et restreignons nos fonctions $C_\omega, C, m, e_\omega, f$ à K_{n-1} sans changer de notations. En appliquant le lemme 4 avec $\phi = f$, $k = 2^n + 1$, on obtient un ouvert V_n de K_{n-1} tel que $f(V_n) \geq (2^n+1)\, m(V_n)$ (mais rien n'empêche pour l'instant d'avoir $f(V_n) = 0$) et qu'on ait

$$f(V_n \cup H) - f(V_n) \leq (2^n + 1)\, m(H)$$

pour tout borélien H de K_{n-1}. Posons $e^n_\omega(H) = e_\omega(V_n \cup H) - e_\omega(V_n)$; d'après le lemme 1, chaque fonction e^n_ω est une sous-mesure fortement sous-additive et il en est donc de même pour $f^n = \int e^n_\omega \, d\omega$. Or nous venons d'écrire que f^n est à variation bornée, et le théorème 3 entraine alors que e^n_ω est à variation bornée pour presque tout ω. Mais il résulte aisément du corollaire de la proposition 3 que e^n_ω ne peut être majorée par une mesure bornée que si elle est nulle. On a donc $e_\omega(V_n) = e_\omega(K_{n-1})$ p.s. d'où $f(V_n) = f(K_{n-1}) > \varepsilon$ (d'après l'hypothèse de récurrence), ce qui implique $f(V_n) > 0$ et donc $f(V_n) > 2^n m(V_n)$. Enfin V_n, ouvert de K_{n-1}, est limite d'une suite croissante de compacts ; comme f monte, il est alors clair qu'on peut trouver un compact K_n inclus dans V_n tel que

$$f(K_n) > 2^n m(K_n) \quad \text{et} \quad f(K_n) > \varepsilon .$$

La démonstration du lemme achevée, nous revenons à celle du théorème. Supposons qu'on ait $f(E) > t$ et, f étant normale, soit m une mesure majorée par f telle que $m(E) > t$. D'après le lemme, on peut trouver $K \in \underline{\underline{K}}$ tel que $m(K) = 0$ et $C(K) > t$. Soit alors $(K_i)_{i \in I}$ une famille maximale de compacts disjoints tels qu'on ait $m(K_i) = 0$ et $C(K_i) > t$ pour tout $i \in I$. Si I n'est pas dénombrable, la définition de l'épaisseur assure qu'on a $e(E) > t$. Si I était dénombrable, on aurait $m(\bigcup_i K_i) = 0$ et il existerait donc $L \in \underline{\underline{K}}$ disjoint des K_i et tel que $t < m(L) \leq e(L)$: appliquant le lemme à la restriction de notre situation à L, on trouverait $K \in \underline{\underline{K}}$ contenu dans L, et donc disjoint des K_i, tel que $m(K) = 0$ et $C(K) > t$, ce qui contredirait la maximalité de notre famille. C'est fini.

REMARQUES.- 1) Si on suppose seulement que nos capacités C_ω sont normales, on a encore l'inégalité $e \leq f$, mais nous avons déjà signalé plus haut qu'on peut alors avoir e nulle et f non nulle d'après [16].

2) Si les C_ω sont p.s. minces, il existe une famille (m_ω) de mesures p.s. bornées telle que m_ω contrôle C_ω p.s.. En situation canonique, il est bien connu qu'on peut trouver une telle famille mesurable, mais nous ne savons pas le démontrer dans le cas général. Si on regarde la

partie H de $\underline{\underline{M}}\times\Omega$ constituée des (m,ω) tels que m contrôle C_ω (cf la remarque 3) du théorème 4, mais le contrôle ici n'est pas continu), on obtient seulement par un calcul simple que H est dans $\underline{\underline{M}}\times\Omega$ le complémentaire d'une partie $\underline{\underline{B}}(\underline{\underline{M}})\times\underline{\underline{F}}$ - analytique et, en général, il faut ajouter des axiomes à la théorie habituelle des ensembles pour assurer qu'une telle partie admet une section mesurable.

COROLLAIRE.- *Dans la situation canonique, la capacité* C *est mince ssi le compact aléatoire* F *a p.s. ses coupes dénombrables*.

REMARQUE. Supposons plus généralement que F soit un borélien aléatoire (ou même un analytique aléatoire). Alors les C_ω et C ne sont plus des capacités mais sont encore de "bonnes" sous-mesures normales et fortement sous-additives. Et il est encore vrai que C est mince ssi les coupes F_ω sont p.s. dénombrables ; dans [14], la suffisance est établie grâce à un contrôle des C_ω mesurable en ω et la nécessité en se ramenant au cas F_ω compact grâce à un argument de capacitabilité. Nous verrons en appendice une généralisation du théorème 5 englobant ce résultat.

En théorie du potentiel, on a souvent affaire à une capacité C provenant d'une situation canonique et ayant la propriété suivante : tout compact K d'épaisseur nulle pour C est, à un ensemble C-négligeable près, la réunion d'une suite de compacts sur lesquels C est séquentiellement continue. Nous verrons un tel exemple au §4 et montrons maintenant que cette propriété n'est pas toujours vérifiée.

UN EXEMPLE, dans la situation canonique , d'une capacité C sans épaisseur alors qu'il n'existe aucun compact K non C-négligeable tel que la restriction de C à K soit séquentiellement continue. On prend pour Ω et E le segment $[0,1]$, pour P la mesure de Lebesgue. Sur Ω et sur E on considère tous les points de la forme $2^{-1} \pm 2^{-k}$, $k\in\mathbb{N}\cup\{\infty\}$, et on prend pour F la réunion des parallèles à la diagonale de $E\times\Omega$ issues de tous ces points. Les coupes de F étant dénombrables, C est mince, et est évidemment contrôlée par la mesure de Lebesgue. D'après le corollaire du théorème 4, la capacité C aura la propriété voulue si, pour tout compact K non négligeable, le compact aléatoire $(K\times\Omega)\cap F$ n'est pas p.s. à coupes finies. Or, pour K fixé, il résulte immédiatement du lemme suivant que p.s. sur K (considéré aussi comme une partie de Ω) les coupes de $(K\times K)\cap F$ sont infinies.

LEMME 6.- *Soient* K *un compact de* $\mathbb{R}$ *non négligeable pour la mesure de Lebesgue et* (a_k) *une suite injective de réels convergeant vers* 0 . *Pour presque tout* $x\in K$ *il existe une suite* (b_k) *extraite de* (a_k) *telle que les points* $x+b_k$, $k\in\mathbb{N}$, *appartiennent tous à* K .

DEMONSTRATION. Soit, pour tout n, une énumération $(s_p^n)_{p\in\mathbb{N}}$ de l'ensemble S_n des parties à n éléments de $\{a_1,\dots a_k,\dots\}$. Posons, pour tout n et tout $s_p^n = \{c_1,\dots,c_n\}\in S_n$,

$$L_n^p = \{x\in K : \exists y_1,\dots,y_n \in K \quad y_i = x+c_i \text{ pour } i=1,\dots,n\}$$

puis, pour tout n, $L_n = \bigcup_p L_n^p$. Chaque L_n^p est compact, la suite (L_n) est décroissante et, pour tout $x\in\bigcap_n L_n$, il existe une suite (b_k) extraite de (a_k) telle que $x+b_k \in K$ pour tout k. Il nous reste donc à démontrer que $L_n = K$ p.p. pour tout n. Or, un résultat classique assure que, pour tout borélien B non négligeable, l'ensemble $\{y-x\ ;\ x,y\in B\}$ contient un voisinage de 0. Cela implique que $K - L_1$ est négligeable, ainsi que chaque $L_n^p - L_{n+1}$ et donc chaque $L_n - L_{n+1}$. C'est fini.

4. INTERMEDE

Nous donnons ici deux belles applications des corollaires des théorèmes 4 et 5. La première a déjà été publiée dans [10] tandis que la seconde a été annoncée (comme imminente !) dans [8].

A. Une caractérisation des suites p.s. stationnaires

Nous nous donnons une suite (T_n) d'applications mesurables de Ω dans E et dirons qu'elle est p.s. stationnaire si, pour presque tout ω il existe une entier $N(\omega)$ tel que $T_n(\omega) = T_{n+1}(\omega)$ pour tout $n \geq N(\omega)$. Nous allons démontrer le résultat suivant

Pour que (T_n) soit p.s. stationnaire, il faut et il suffit que, pour tout fonction borélienne bornée f sur E, la suite des v.a. $f(T_n)$ converge p.s. (le "p.s." pouvant dépendre a priori de f).

La condition nécessaire est triviale ; la condition suffisante le serait aussi si le "p.s." ne dépendait pas de f : là réside tout le sel de cet énoncé. Nous démontrons la suffisance en deux étapes

1ère étape : La condition de l'énoncé entraine en particulier que la suite (T_n) admet une limite p.s. T (faire parcourir à f une suite de fonctions continues dense pour la convergence uniforme) et nous montrons dans cette première étape que, pour toute fonction borélienne bornée f, la suite $(f(T_n))$ converge p.s. vers f(T). Posons pour tout couple A,B de boréliens de E

$$m^A(B) = \int_A \lim 1_B(T_n)\, dP = \lim \int_A 1_B(T_n)\, dP$$

Le théorème de Vitali-Hahn-Saks (et donc, en dernier ressort, le théorème de Baire) entraine que, pour A fixé, $B \to m^A(B)$ est une mesure, et on a évidemment $m^A(f) = \int_A f(T)\, dP$ pour toute fonction continue f. On en déduit, par classes monotones, qu'on a encore $m^A(f) = \int_A f(T)\, dP$ pour toute fonction borélienne bornée f. Comme cela a lieu pour tout $A\in\underline{\underline{E}}$, on a donc $f(T) = \lim f(T_n)$ p.s..

<u>2ème étape</u> : Soit F le compact aléatoire constitué des graphes des T_n et de T, et soient C_ω,C les capacités associées à cette situation. Si (B_k) est une suite de boréliens décroissant vers $\emptyset$, alors, pour ω hors d'un ensemble négligeable (dépendant a priori de (B_k)), les fonctions 1_{B_k} sont continues sur F_ω d'après la première étape et donc on a $C_\omega(B_k)\downarrow 0$ d'après le lemme de Dini. Cela implique que C est séquentiellement continue et donc, d'après le corollaire du théorème 4, que presque toutes les coupes F_ω sont finies. D'où la conclusion.

REMARQUES.- 1) L'énoncé n'admet pas de variante dans laquelle la convergence en probabilité remplacerait la convergence presque-sûre. En effet, prenons $\Omega = E = [0,1]$ et pour P la mesure de Lebesgue puis, pour tout ω, posons $T_n(\omega) = \omega + \frac{1}{n}$ (mod 1). On sait que, pour toute fonction borélienne bornée f, la suite des $f(T_n)$ converge vers f dans L^1 alors que la suite (T_n) n'est douée d'aucune propriété de stationnarité.

2) En fait, si $\Omega = E$ est un groupe, P n'en étant pas forcément la mesure de Haar, l'énoncé implique que, pour toute suite (x_n) de v.a. convergeant vers 0 mais non stationnairement, il existe une fonction borélienne bornée f telle les fonctions $f_n(\omega) = f(\omega + x_n(\omega))$ ne convergent pas p.s. vers f.

3) On voit sans grand peine que la condition de l'énoncé est vérifiée dès qu'elle l'est lorsque f parcourt les indicatrices de compacts. En particulier, en 2), on peut prendre pour f une telle indicatrice.

B. <u>Une caractérisation des ensembles semi-polaires</u>

Renvoyant à [9] pour une étude systématique des ensembles semi-polaires dans un cadre plus large, nous supposerons ici que nous travaillons avec un semi-groupe borélien de Hunt (P_t) sur E vérifiant l'hypothèse (L) et adoptons les notations habituelles afférentes à cette situation. Nous prenons donc pour Ω l'ensemble des applications càdlàg de $\mathbb{R}_+$ dans E muni des applications coordonnées (X_t) et, λ désignant une probabilité de référence sur E, nous prenons pour P la mesure P^λ si bien que $H \in \underline{\underline{E}}$ est polaire ssi $P\{\exists t>0 : X_t \in H\}$ est nul.

On sait, d'après [5], que $B \in \underline{\underline{E}}$ est semi-polaire ssi l'une des trois conditions suivantes est vérifiée

(1) pour presque tout ω l'ensemble $\{t : X_t(\omega) \in B\}$ est dénombrable,

(2) tout borélien finement fermé inclus dans B contient un point irrégulier (pour ce finement fermé, supposé non vide),

(3) tout compact inclus dans B est semi-polaire.

Nous allons démontrer ici le résultat suivant, qui clot une conjecture de [7] (pour d'autres démonstrations, en partant de "contextes potentialistes"différents, voir [12],[1],[11])

<u>Pour que</u> $B\varepsilon\underline{\underline{E}}$ <u>soit semi-polaire, il faut et il suffit que</u> B <u>ne contienne pas de point régulier pour lui-même et qu'il porte une mesure bornée</u> m <u>telle que tout</u> $H\varepsilon\underline{\underline{E}}$ <u>inclus dans</u> B <u>et</u> m-<u>négligeable soit polaire</u>.

Il est bien connu que la condition de l'énoncé est nécessaire. Pour démontrer la suffisance, il est clair, d'après la caractérisation (3), qu'on peut supposer B compact et non polaire. D'autre part, quitte à remplacer la mesure m de l'énoncé par la mesure $m+m'$, m' définie par

$$m'(H) = \sum_n 2^{-n} P\{X_{T^n-} \varepsilon H\cap B\} \text{ pour } H\varepsilon\underline{\underline{E}}$$

où (T^n) est une suite de temps d'arrêt épuisant les sauts de (X_t), on peut supposer que, pour $H\varepsilon\underline{\underline{E}}$ inclus dans B, le fait que $m(H)=0$ implique que $P\{\exists t\ X_t\varepsilon H \text{ ou } X_{t-}\varepsilon H\}$ est nul, ce qui est (un peu) mieux que le fait que H soit polaire. Ceci dit, nous démontrons la suffisance en deux étapes.

<u>1ère étape</u> : Fixons $k\varepsilon\mathbb{N}$ et soit F le compact aléatoire défini par

$$x\varepsilon F_\omega \quad \text{ssi} \quad x\varepsilon B \text{ et } \exists t\leq k\ (X_t(\omega)=x \text{ ou } X_{t-}(\omega)=x)$$

puis C_ω,C les capacités associées à cette situation. L'existence de notre mesure m équivaut au fait que, pour tout k, la capacité C (dépendant de k) est sans épaisseur. Le corollaire du théorème 5 entraine alors que presque toutes les coupes F_ω sont dénombrables et donc que l'ensemble $\{x\varepsilon B : \exists t\ X_t(\omega)=x\}$ est dénombrable pour presque tout ω. Autrement dit, presque toutes les trajectoires rencontrent "spatialement" B suivant un ensemble dénombrable, et, d'après la caractérisation (1), il nous reste à démontrer qu'alors presque toutes les trajectoires rencontrent "temporellement" B suivant un ensemble dénombrable. C'est clairement le cas si presque toutes les trajectoires sont injectives (par exemple, si (P_t) est le semi-groupe de la chaleur). Le cas général demande encore du travail.

<u>2ème étape</u> : Nous raisonnons par l'absurde : nous supposons que B contient un borélien finement fermé A , non vide, tel que tout $x\varepsilon A$ soit régulier pour A (cf la caractérisation (2)) et montrons qu'il existe alors un $x\varepsilon A$ régulier pour lui-même, ce qui est exclu par hypothèse. Pour presque tout ω, l'ensemble $\{t : X_t(\omega)\varepsilon A\}$ est un parfait (non vide si ω rencontre A) pour la topologie droite sur $\mathbb{R}_+$ (cf [13]) et l'ensemble $\{x\varepsilon A : \exists t\ X_t(\omega)=x\}$ est dénombrable. Fixons un tel ω rencontrant A : le théorème de Baire pour la topologie droite entraine alors l'existence d'un $x\varepsilon A$ et d'un intervalle non vide $]u,v[$ de $\mathbb{R}_+$ tels qu'on ait $X_u(\omega)=x$ et $\{t\varepsilon]u,v[: X_t(\omega)\varepsilon A\} = \{t\varepsilon]u,v[: X_t(\omega)=x\}$, la perfection impliquant de plus que ce dernier ensemble est non vide. Laissons de nouveau ω varier et définissons un temps d'arrêt T par

$$T(\omega) = \inf\{t : X_t(\omega)\varepsilon A \text{ et } X_t(\omega)\neq X_0(\omega)\},$$

puis, pour tout $r\varepsilon\mathbb{Q}_+$, deux temps d'arrêt U_r et V_r par

$$U_r(\omega) = \inf\{t\geq r : X_t(\omega)\varepsilon A\} \quad , \quad V_r(\omega) = U_r(\omega) + (T\circ\Theta_{U_r})(\omega)$$

où (Θ_t) est le semi-groupe des translations sur Ω. On est assuré par ce qui précède qu'il existe un r tel que $P\{U_r < V_r\}$ soit >0 ; fixons un tel r et définissons un (dernier) temps d'arrêt S par $S = U_r$ sur $\{U_r < V_r\}$ et $S = +\infty$ ailleurs. On a $X_S\varepsilon A$ et $T\circ\Theta_S > 0$ sur $\{S<+\infty\}$ et la propriété de Markov forte entraine alors l'existence d'un $x\varepsilon A$ tel que $P^x\{T>0\}$. Or la définition de T , jointe au fait que x est régulier pour A , implique que cet x est régulier pour lui-même : c'est fini.

REMARQUE.- Supposons pour simplifier qu'aucun $x\varepsilon E$ ne soit régulier pour lui-même et soit c la capacité classique sur E définie pour tout $H\varepsilon\underline{\underline{E}}$ par $c(H) = E[\exp -T_H]$ où T_H est le temps d'entrée dans H. Nous venons de montrer qu'un compact K est semi-polaire ssi il est d'épaisseur nulle pour c . Or, si K est semi-polaire, on sait qu'il est, à un ensemble polaire près, la réunion d'une suite de compacts K_n ayant chacun un 1-potentiel d'équilibre majoré par une constante <1 , et il est (plus ou moins) bien connu que la restriction de c à un tel K_n est séquentiellement continue. Donc la capacité c (qui, étant alternée d'ordre infini provient d'une situation canonique d'après [4]) vérifie la propriété évoquée à la fin du §3.

5. ETUDE DE L'EPAISSEUR

Nous allons commencer par dégager un mode de calcul intéressant de l'épaisseur e_c d'une capacité normale c et, à cette fin, nous revenons d'abord sur la notion de témoin (cf proposition 3). Nous munissons l'ensemble $\underline{\underline{K}}(E\times W)$ des parties compactes de $E\times W$ de la topologie de Hausdorff et dirons qu'un élément L de cet ensemble est un <u>témoin</u> si c'est le graphe d'une application continue Ψ d'une partie compacte de E sur W. Ainsi, L_w désignant la coupe de L selon $w\varepsilon W$, L est un témoin ssi on a

$$\forall w \; L_w \neq \emptyset \quad \text{et} \quad \forall w \; \forall w' \; (w \neq w' \Rightarrow L_w \cap L_{w'} = \emptyset)$$

d'où l'on déduit sans peine

LEMME 7.- <u>L'ensemble</u> $\underline{\underline{T}}$ <u>des témoins est une partie</u> $\underline{\underline{G}}_\delta$ <u>de</u> $\underline{\underline{K}}(E\times W)$.

Par ailleurs, la définition de l'épaisseur jointe à la proposition 3 entraine immédiatement le résultat suivant

PROPOSITION 5.- <u>Soient</u> c <u>une capacité normale et</u> e_c <u>son épaisseur</u>. <u>Pour tout borélien</u> B, <u>on a</u>

$$e_c(B) = \sup_{L\varepsilon\underline{\underline{T}}} \int c(B\cap L_w)\, dw$$

<u>où</u> dw <u>est la mesure du jeu de pile ou face sur</u> W.

Nous passons amintenant à l'étude de la mesurabilité de l'application $c \to e_c$. On pourrait aborder cela en partant, comme plus haut, d'une famille mesurable $(c_\omega)_{\omega\in\Omega}$ de capacités normales, mais nous préférons ici voir les choses "canoniquement" en munissant l'ensemble des capacités normales d'une bonne topologie de sorte qu'une famille mesurable $(c_\omega)_{\omega\in\Omega}$ soit tout simplement une application mesurable de $(\Omega,\mathbb{F},P)$ dans cet ensemble muni de la tribu borélienne induite.

Pour simplifier, nous ne considérerons que des capacités normales c telles que $c(E)\leq 1$ et munissons l'ensemble $\mathbb{N}$ de ces capacités de la *topologie vague* définie comme suit. Désignant par $\mathbb{C}$ l'ensemble des fonctions continues sur E et par $\mathbb{S}$ celui des formes sous-linéaires p sur $\mathbb{C}$ telle que $0\leq p(f)=p(f^+)\leq\|f\|$, on définit une application $p\to\hat{p}$ de $\mathbb{S}$ dans $\mathbb{N}$ par $\hat{p}(B)=\sup_{m\in\mathbb{M},m\leq p} m(B)$ pour $B\in\mathbb{E}$, application qui est clairement surjective (mais non injective malgré le théorème de Hahn-Banach : voir l'appendice), et on identifie $\mathbb{N}$ au quotient de $\mathbb{S}$ par la relation $\hat{p}=\hat{q}$. On munit alors $\mathbb{N}$ de la topologie induite par la topologie de la convergence simple sur $\mathbb{C}$; c'est une topologie métrisable compacte et c'est aussi la topologie la moins fine sur $\mathbb{N}$ de sorte que, pour tout compact K (resp tout ouvert U) de E, la fonction $c\to c(K)$ (resp $c\to c(U)$) soit s.c.s. (resp s.c.i.). Nous laissons au lecteur le soin de vérifier nos assertions (passées ou à venir) concernant la topologie de $\mathbb{N}$, toutes (plus ou moins) bien connues : par exemple, le fait que la fonction $(c,K)\to c(K)$ est s.c.s. sur $\mathbb{N}\times\mathbb{K}$, que les fonctions $c\to c(K)$, $K\in\mathbb{K}$, engendrent la tribu borélienne de $\mathbb{N}$ et que l'ensemble $\{(m,c) : m\leq c\}$ est compact dans $\mathbb{M}\times\mathbb{N}$. La seconde assertion implique évidemment la mesurabilité de $\omega\to c_\omega$ si la famille $(c_\omega)_{\omega\in\Omega}$ est mesurable, et la troisième implique aisément la réciproque en écrivant, pour B borélien,

$$c_\omega(B)>t \quad \text{ssi} \quad \exists m\in\mathbb{M} \quad m\leq c_\omega \text{ et } m(B)>t$$

car $(\Omega,\mathbb{F},P)$ est complet. On prendra garde que, pour $B\in\mathbb{E}$, la fonction $c\to c(B)$ est en général seulement *analytique* (i.e. l'ensemble $\{c : c(B)>t\}$ est analytique dans $\mathbb{N}$ pour tout réel t), ce qui ne l'empêche pas d'être, comme chacun sait, universellement mesurable.

Les points b),c) du théorème suivant permettent de compléter la démonstration du théorème 5 (mesurabilité de $(e_\omega)_{\omega\in\Omega}$, normalité de $\int e_\omega\, d\omega$). On désigne par $\mathbb{N}_2$ l'ensemble des $c\in\mathbb{N}$ qui sont fortement sous-additives (dites aussi "alternées d'ordre 2") : c'est un compact de $\mathbb{N}$.

THEOREME 6.- a) *La fonction* $(c,K)\to e_c(K)$ *est analytique sur* $\mathbb{N}\times\mathbb{K}$ *et, pour tout borélien* B, *la fonction* $c\to e_c(B)$ *est analytique sur* $\mathbb{N}$.

b) *Il existe une partie analytique* $\mathbb{A}$ *de* $\mathbb{M}\times\mathbb{N}$ *telle que, pour* c *fixée, on ait* $e_c(B)=\sup_{(m,c)\in\mathbb{A}} m(B)$ *pour tout borélien* B.

c) *Pour toute probabilité* Q *sur* $\mathbb{N}$, *la sous-mesure* $f=\int e_c\, dc$ *est normale* (*et est égale à l'épaisseur de* $\int c\, dc$ *si* Q *est portée par* $\mathbb{N}_2$).

DEMONSTRATION. On voit sans peine que $(c,K,L,w) \to c(K\cap L_w)$ est une fonction s.c.s. sur $\underline{\underline{N}}\times\underline{\underline{K}}\times\underline{\underline{K}}(E\times W)\times W$ si bien que $(c,K,L) \to \int c(K\cap L_w)\,dw$ est une fonction s.c.s. sur $\underline{\underline{N}}\times\underline{\underline{K}}\times\underline{\underline{K}}(E\times W)$. D'après la proposition 5, on a

$$e_c(K) > t \quad \text{ssi} \quad \exists L \; L\in\underline{\underline{T}} \text{ et } \int c(K\cap L_w)\,dw > t$$

d'où l'analyticité de $(c,K) \to e_c(K)$ en utilisant le lemme 7. Pour achever la démonstration de a), nous rappelons l'une des formes du théorème de capacitabilité de Choquet : pour $B\in\underline{\underline{E}}$, il existe une partie analytique $\underline{\underline{B}}$ de $\underline{\underline{K}}$ constituée de compacts contenus dans B telle que, pour toute capacité g , on ait $g(B) = \sup_{K\in\underline{\underline{B}}} g(K)$. Cette égalité vaut donc pour toute mesure bornée g, et finalement pour toute sous-mesure normale g. Comme, pour c fixée, e_c est une sous-mesure normale, on a donc

$$e_c(B) > t \quad \text{ssi} \quad \exists K \; K\in\underline{\underline{B}} \text{ et } e_c(K) > t$$

d'où l'analyticité de $c \to e_c(B)$ pour $B\in\underline{\underline{E}}$ fixé. Passons au point b). Nous prenons pour $\underline{\underline{A}}$ la partie de $\underline{\underline{M}}\times\underline{\underline{N}}$ définie par

$$(m,c)\in\underline{\underline{A}} \quad \text{ssi} \quad \exists L \; (L\in\underline{\underline{T}} \text{ et } m \leq \int c_w\,dw)$$

où c_w est l'élément $B \to c(B\cap L_w)$ de $\underline{\underline{N}}$; comme $\{(c,L,m) : m \leq \int c_w\,dw\}$ est une partie compacte de $\underline{\underline{N}}\times\underline{\underline{K}}(E\times W)\times\underline{\underline{M}}$, l'ensemble $\underline{\underline{A}}$ est analytique. Et l'égalité $e_c(B) = \sup_{(m,c)\in\underline{\underline{A}}} m(B)$ pour c fixée a été vue au cours de la démonstration du théorème 1 (c'est elle qui nous a permis d'affirmer que la sous-mesure e_c est normale). Démontrons enfin le point c). Fixons $B\in\underline{\underline{E}}$ et soit $c \to u(c)$ une fonction borélienne positive majorée partout et égale Q-p.p. à la fonction universellement mesurable $c \to e_c(B)$. Puis, pour $\varepsilon>0$ fixé, soit $\underline{\underline{H}}$ la partie analytique de $\underline{\underline{M}}\times\underline{\underline{N}}$ définie par

$$(m,c) \in \underline{\underline{H}} \quad \text{ssi} \quad (m,c)\in\underline{\underline{A}} \text{ et } m(B) > u(c) - \varepsilon$$

où $\underline{\underline{A}}$ a été définie ci-dessus. D'après un théorème classique de section, il existe une application Q-mesurable $c \to m_c$ de $\underline{\underline{N}}$ dans $\underline{\underline{M}}$ de graphe contenu dans $\underline{\underline{H}}$, et la mesure $m = \int m_c\,dc$ est alors une mesure majorée par f telle que $m(B) > f(B) - \varepsilon$, d'où la normalité de f. Quant à la parenthèse du point c), c'est évidemment un rappel, dans notre contexte canonique, de l'énoncé du théorème 5.

REMARQUES.- 1) La "mesurabilité" de $(c,K) \to e_c(K)$ ne peut être améliorée. Si c est la capacité telle que $c(B) = 0$ ou 1 suivant que B est vide ou non, alors on a $e_c(B) = 0$ ou 1 suivant que B est dénombrable ou non, et il est bien connu que, pour E non dénombrable, l'ensemble des compacts non dénombrables est une partie analytique non borélienne de $\underline{\underline{K}}$.

2) Le lecteur aura soupçonné, à juste titre, que, dans les propositions 3 et 5 et dans le théorème 6, on peut prendre plus généralement B analytique après avoir étendu convenablement c et e_c aux ensembles analytiques - nous verrons en appendice que toute extension "convenable" de c et e_c aux analytiques fournit le même résultat.

BIBLIOGRAPHIE

[1] ANCONA (.), MOKOBODZKI (G.) : Exposé au Séminaire de Théorie du Potentiel, Paris, Nov 1981 (à paraitre aux L.N.)

[2] ANGER (B.) : Kapazitaeten und obere Einhuellende von Massen (je n'ai qu'un preprint de cet article, datant de 1972)

[3] CALBRIX (J.) : Mesures non σ-finies : désintégrations et quelques autres propriétés (Ann Inst H. Poincaré, Section B, 17, p 75-95, 1981)

[4] CHOQUET (G.) : Theory of Capacities (Ann Inst Fourier Grenoble 5, p 131-295, 1955)

[5] DELLACHERIE (C.) : Ensembles aléatoires I,II (Sém Proba III, L.N. n°88, p 97-136, Springer 1969)

[6] : Capacités et Processus stochastiques (Springer, Ergebn. der Math. N°67, Heidelberg 1972)

[7] : Une conjecture sur les ensembles semi-polaires (Sém Proba VII, L.N. n°321, p 51-57, Springer 1973)

[8] : Appendice à l'exposé de Mokobodzki (Sém Proba XII, L.N. n°649, p 509-511, Springer 1978)

[9] : La structure des ensembles semi-polaires (manuscrit semi-clandestin de 1979, devrait paraitre un jour...)

[10] FEYEL (D.) : Ensembles singuliers associés aux espaces de Banach réticulés (Ann Inst Fourier Grenoble 31, p 196-223 1981)

[11] : Exposé au Séminaire de Théorie du Potentiel, Paris, Nov 1981 (à paraitre aux L.N.)

[12] HANSEN (W.) : Semi-polar sets and Quasi-balayage (à paraitre ; j'ai un preprint de 1981)

[13] MEYER (P.A.) : Processus de Markov (L.N. n°26, 189 pages, Springer 1967)

[14] MOKOBODZKI (G.) : Ensembles à coupes dénombrables et capacités dominées par une mesure (Sém Proba XII, L.N. n°649, p 491-508, Springer 1978)

[15] TALAGRAND (M.) : Sur deux résultats de Mokobodzki concernant les ensembles à coupes dénombrables (à paraitre ; j'ai un preprint de 1980)

[16] : Sur les résultats de Feyel concernant les épaisseurs (dans ce volume)

APPENDICE A L'EXPOSE PRECEDENT

par C. Dellacherie

1. SOUS-MESURES PLUS OU MOINS MINCES

On se donne ici un espace mesurable "abstrait" $(E,\underline{\underline{E}})$ et on appelle <u>sous-mesure</u> sur $(E,\underline{\underline{E}})$ une application C de $\underline{\underline{E}}$ dans $\overline{\mathbb{R}}_+$ nulle en $\emptyset$, croissante, montante et sous-additive. On trouvera dans [18] et [19] une méthode très intéressante pour construire des sous-mesures.

La <u>variation</u> M de la sous-mesure C est la plus petite mesure majorant C ; une extension immédiate de la proposition 1 de l'exposé montre que, si $(\underline{\underline{P}}_i)$ est une famille "filtrante" de $\underline{\underline{E}}$-partitions finies de E engendrant la tribu $\underline{\underline{E}}$, alors on a, pour tout $B\in\underline{\underline{E}}$,

$$M(B) = \sup_i \sum_{A\in\underline{\underline{P}}_i} C(A\cap B),$$

la famille $(\underline{\underline{P}}_i)$ pouvant être choisie dénombrable si $\underline{\underline{E}}$ est séparable.

La sous-mesure C est dite à <u>variation bornée</u> si M est une mesure bornée, <u>séquentiellement continue</u> si $B_n \to B$ implique $C(B_n) \to C(B)$, et <u>mince</u> (ou <u>sans épaisseur</u>) si, $\mathbb{D}$ désignant l'ensemble des familles d'éléments disjoints de $\underline{\underline{E}}$, on a

$$\forall (B_i)\in\mathbb{D} \quad \{i : C(B_i)>0\} \text{ est dénombrable.}$$

Nous voyons maintenant que, même sans "normalité" (cf la proposition 2 de l'exposé), il est possible de caractériser de manière similaire ces trois propriétés

PROPOSITION 1.- a) <u>La sous-mesure</u> C <u>est à variation bornée ssi on a</u>

$$\forall (B_i)\in\mathbb{D} \quad \textstyle\sum_i C(B_i) \text{ est fini}$$

b) <u>La sous-mesure</u> C <u>est séquentiellement continue ssi on a</u>

$$\forall \varepsilon>0 \;\; \forall (B_i)\in\mathbb{D} \quad \{i : C(B_i)>\varepsilon\} \text{ est fini}$$

DEMONSTRATION. La nécessité des conditions est triviale. Supposons la condition de a) vérifiée et soit $(A_i)\in\mathbb{D}$ maximale telle que l'on ait $0 < M(A_i) < \infty$ pour tout i : comme $\sum_i C(A_i)$ est fini, (A_i) est dénombrable (éventuellement vide) et on voit que $\sum_i M(A_i)$ est fini en approchant $M(A_i)$ à 2^{-i} près par une somme de valeurs de C prises sur une partition finie de A_i. Donc, quitte à se restreindre au complémentaire de $\bigcup_i A_i$, on peut supposer que M ne prend que les valeurs 0 et ∞. Mais, dans ces conditions, $C(B)>0$ implique $M(B)=\infty$ et donc l'existence de B^1,B^2 disjoints dans B tels que $C(B^1)>0$ et $C(B^2)>0$. On en déduit, si M prend la valeur ∞, l'existence d'une suite décroissante (B_n) telle qu'on ait $C(B_n-B_{n+1})>0$ et donc $M(B_n-B_{n+1})=\infty$ pour tout n. D'où, en approchant $M(B_n-B_{n+1})$ par une somme de valeurs de C prise sur une partition finie de B_n-B_{n+1}, on déduit l'existence de $(D_n)\varepsilon\mathbb{D}$ telle que $\sum_n C(D_n)=\infty$, ce qui contredit notre hypothèse. Supposons la condition de b) vérifiée ; elle est équivalente, grâce à la sous-additivité, à la condition

(+) $\forall\varepsilon>0\ \forall B\varepsilon\underline{\underline{E}}\ \forall(B_i)\varepsilon\mathbb{D}\quad \{i : C(B\cup B_i)-C(B)>\varepsilon\}$ est fini

et, sans utiliser à nouveau la sous-additivité, nous allons montrer que (+) jointe à la montée de C implique la descente de C et donc finalement le résultat voulu. Fixons $B\varepsilon\underline{\underline{E}}$, posons $D(H)=C(B\cup H)-C(B)$ pour tout $H\varepsilon\underline{\underline{E}}$ et soit $B_n\downarrow B$: nous devons montrer que $D(H_n)\downarrow 0$ où $H_n=B_n-B$. Or, si on avait $\inf_n D(H_n)>\varepsilon>0$, alors, comme D est montante, on pourrait trouver une sous-suite (n_k) telle qu'on ait $D(H_{n_k}-H_{n_{k+1}})>\varepsilon$ pour tout k ce qui contredirait (+).

REMARQUES.- 1) Il est tentant de conjecturer que, comme pour a), il est possible de trouver pour b) une borne uniforme en $(B_i)\varepsilon\mathbb{D}$ (pour ε fixé). A notre connaissance, le problème est ouvert, et une réponse négative entrainerait une solution négative à un problème de Maharam cité plus loin.

2) La propriété de minceur implique aussi une propriété apparemment plus forte, utilisée d'ailleurs dans la démonstration de la proposition 2 de l'exposé : si C est mince, alors, pour toute famille $(B_i)_{i\varepsilon I}$ d'éléments de $\underline{\underline{E}}$, il existe une partie dénombrable J de I tel que l'ensemble $B_i-(\bigcup_{j\varepsilon J}B_j)$ soit C-négligeable pour tout $i\varepsilon I$. Il est remarqué dans [22] que la démonstration de cela n'utilise pas les propriétés de définition d'une sous-mesure.

3) Afin d'illustrer la richesse de la langue française, disons que $B\varepsilon\underline{\underline{E}}$ est <u>ténu</u> (resp <u>menu</u>, <u>mince</u>) relativement à une sous-mesure C si la restriction de C à $(B,\underline{\underline{E}}_{|B})$ est à variation bornée (resp séquentiellement continue, mince). Nous avons vu au cours de l'exposé que, même dans une situation très régulière, une sous-mesure C non triviale peut être séquentiellement continue (resp mince) alors que tout ensemble ténu (resp menu) est C-négligeable.

2. CONTROLE D'UNE SOUS-MESURE PAR UNE AUTRE

Rappelons que, étant données deux sous-mesures C_1 et C_2 sur l'espace mesurable $(E,\underline{\underline{E}})$, on dit que C_1 <u>contrôle</u> C_2 si $C_1(B)=0$ implique $C_2(B)=0$ et que le contrôle est <u>continu</u> si pour tout $\varepsilon>0$ il existe $\delta>0$ tel que $C_1(B)<\delta$ implique $C_2(B)<\varepsilon$.

En général, C_1 peut contrôler C_2 sans la contrôler continûment, même si C_2 est mince. Cependant, si C_2 est séquentiellement continue (en particulier, si C_2 est une mesure bornée), C_1 contrôle continûment C_2 dès qu'elle la contrôle (en effet, sinon, il existerait une suite (B_n) avec $C_1(B_n) < 2^{-n}$ et $C_2(B_n) > \varepsilon > 0$; posant $B = \limsup B_n$, on aurait alors $C_1(B) = 0$ et $C_2(B) \geq \varepsilon$).

Voici le lemme-clé pour l'étude du contrôle continu, que l'on comparera au lemme 4 de l'exposé

LEMME 1.- <u>Soient</u> C_1 <u>et</u> C_2 <u>deux sous-mesures</u> ; <u>on suppose</u> C_2 <u>finie</u>. <u>Pour tout entier</u> k, <u>il existe</u> $A \varepsilon \underline{\underline{E}}$ <u>tel que</u> $C_2(A) \geq k C_1(A)$ <u>et qu'on ait</u>

$$[C_2(A \cup H) - C_2(A)] \leq k[C_1(A \cup H) - C_1(A)]$$

<u>pour tout</u> $H \varepsilon \underline{\underline{E}}$.

DEMONSTRATION. Nous allons montrer que, pour k fixé, il existe $A \varepsilon \underline{\underline{E}}$ vérifiant $C_2(A) \geq k C_1(A)$ (ce qui implique $C_1(A) < \infty$) et maximal au sens suivant : pour $H \varepsilon \underline{\underline{E}}$, la relation $C_2(A \cup H) \geq k C_1(A \cup H)$ implique l'égalité $C_2(A \cup H) = C_2(A)$. Alors, pour $H \varepsilon \underline{\underline{E}}$, on aura ou bien $C_2(A \cup H) = C_2(A)$, et donc trivialement l'inégalité de l'énoncé, ou bien $C_2(A \cup H) < k C_1(A \cup H)$, d'où l'on déduit l'inégalité de l'énoncé en retranchant $C_2(A)$ au premier membre et $k C_1(A)$ au second. Pour trouver A, nous désignons par I l'ensemble des ordinaux dénombrables et nous construisons par récurrence transfinie une suite transfinie croissante $(A_i)_{i \varepsilon I}$ d'éléments de $\underline{\underline{E}}$ comme suit : on pose $A_0 = \emptyset$; si A_i est construit, nous regardons s'il existe $B \varepsilon \underline{\underline{E}}$ contenant A_i et vérifiant

$$C_2(B) > C_2(A_i) \quad , \quad C_2(B) \geq k C_1(B)$$

s'il en existe, nous prenons pour A_{i+1} un de ces B et, s'il n'en existe pas, nous posons $A_{i+1} = A_i$; enfin, si j est un ordinal limite et A_i construit pour $i < j$, nous posons $A_j = \bigcup_{i<j} A_i$, la montée de C_1 assurant qu'on a encore $C_2(A_j) \geq k C_1(A_j)$ si on a $C_2(A_i) \geq k C_1(A_i)$ pour tout $i < j$. Maintenant, les $C_2(A_i)$, i parcourant I, forment une suite transfinie croissante de réels, qui est donc stationnaire à partir d'un certain ordinal dénombrable i_0 : il ne reste plus qu'à prendre $A = A_{i_0}$.

REMARQUES.- 1) La sous-additivité ne joue aucun rôle là-dedans (sauf si on veut majorer $C_1(A \cup H) - C_1(A)$ par $C_1(H)$ dans l'inégalité) et seule la montée de C_1 a été utilisée. Par ailleurs, ce lemme plus général aurait pu être utilisé dans l'exposé à la place du lemme 4 : le fait que, dans ce dernier, V soit ouvert n'intervient nulle part sérieusement (dans la démonstration du lemme 5 de l'exposé, on peut passer de V_n borélien à K_n compact par capacitabilité, f étant normale).

2) Comme on a $C_1(A) \leq C_2(E)/k$, on voit que $C_1(A)$ est petit pour k grand, et donc aussi $C_2(A)$ si C_2 est continûment contrôlée par C_1.

Comme application de ce lemme, nous donnons une nouvelle démonstration d'un résultat ancien de Mokobodzki (publié tardivement dans [24])

PROPOSITION 2.- Toute mesure bornée m contrôlée par une sous-mesure C est équivalente à une mesure bornée m' majorée par C.

DEMONSTRATION. Le contrôle étant nécessairement continu, pour $\varepsilon > 0$ on peut trouver d'après le lemme un entier k et un élément A de $\underline{\underline{E}}$ tels que $m(A) < \varepsilon$, $C(A) < \infty$ et qu'on ait, pour tout $H \in \underline{\underline{E}}$ disjoint de A,

$$m(H) = m(A \cup H) - m(A) \leq k[C(A \cup H) - C(A)] \leq k\,C(H)$$

si bien que, sur A^c, la mesure m est majorée par kC. Comme on peut recommencer avec les restrictions de m et C à A, on voit que, finalement, il existe une suite d'entiers (k_n) et une suite (B_n) d'éléments disjoints de $\underline{\underline{E}}$ épuisant E pour m de sorte que la restriction m_n de m à B_n soit majorée par celle de $k_n C$. Il ne reste plus alors qu'à prendre pour m' la mesure $\sum_n 2^{-n} m_n/k_n$.

REMARQUES.- 1) Cet énoncé se trouve aussi démontré, pour C séquentiellement continue, dans [17]. On prendra garde que le mot "dominé" a des sens très différents dans [24] et dans [17].

2) On voit aisément que toute mesure bornée m est somme d'une mesure contrôlée par C et d'une mesure portée par un élément B de $\underline{\underline{E}}$ tel que $C(B) = 0$ (prendre pour B un représentant de l'ess sup pour m des $H \in \underline{\underline{E}}$ tels que $m(H) > 0$ et $C(H) = 0$). Ainsi, si la sous-mesure C se trouve être contrôlée par une mesure bornée m (ce qui implique que C est mince), on voit que, finalement, C est contrôlée par une mesure qu'elle majore.

3. SOUS-MESURES PLUS OU MOINS NORMALES

Nous dirons qu'une sous-mesure C sur l'espace mesurable $(E, \underline{\underline{E}})$ est accessible si, pour tout $B \in \underline{\underline{E}}$ tel que $C(B) > 0$, il existe une mesure bornée m contrôlée par C telle que $m(B) > 0$. D'après la proposition 2, cela revient à dire que C est contrôlée par la sous-mesure C' définie par

$$C'(B) = \sup\{\, m'(B)\ ,\ m' \text{ mesure bornée} \leq C \,\}.$$

La sous-mesure C, qui majore évidemment C', est dite normale si elle est égale à C'. Toute sous-mesure à variation bornée est évidemment accessible (mais pas nécessairement normale, même pour E fini : voir par exemple [23]).

La proposition 2 de l'exposé s'étend au cas d'une sous-mesure accessible, avec la même démonstration. Nous récrivons l'énoncé

PROPOSITION 3.- Une sous-mesure accessible C est mince (resp séquentiellement continue) ssi il existe une mesure bornée m qui la contrôle (resp contrôle continûment).

Disons qu'une sous-mesure C non triviale est <u>totalement inaccessible</u> si, pour toute mesure bornée m, il existe $B\in\underline{\underline{E}}$ portant m et C-négligeable, soit encore d'après la proposition 2, si la seule mesure bornée majorée par C est la mesure triviale. Voici deux exemples de telles sous-mesures : le premier appartient au "folklore" ; le second semble peu connu alors qu'il est bien plus intéressant (nous le retrouverons aux §4 et §5)

EXEMPLES.- 1) On prend pour E un espace métrisable compact parfait (et pour $\underline{\underline{E}}$ sa tribu borélienne) et on pose, pour $B\in\underline{\underline{E}}$, $C(B)=0$ ou 1 suivant que B est maigre ou non. Il est bien connu que la sous-mesure C ainsi définie est mince et totalement inaccessible (et qu'en outre on a "bien souvent" $C(B)=1$ tandis que $C(K)=0$ pour tout compact K inclus dans B).

2) Davies et Rogers ont construit dans [20] un espace métrique compact (E,d) et une fonction croissante continue h de $\mathbb{R}_+$ dans $\mathbb{R}_+$ tels que la h-mesure de Hausdorff Λ^h ne prenne que les valeurs 0 et ∞ et soit totalement inaccessible. Rappelons brièvement la construction de Λ^h à partir de la distance d et la fonction h. Pour $B\in\underline{\underline{E}}$ non vide, soit $\mathbb{R}_\varepsilon(B)$ l'ensemble des recouvrements dénombrables $\underline{\underline{R}}$ de B par des ensembles A de diamètre $d(A)\leq\varepsilon$, $\varepsilon>0$ fixé, et posons

$$\Lambda^h_\varepsilon(B) = \inf_{\underline{\underline{R}}\in\mathbb{R}_\varepsilon(B)} \sum_{A\in\underline{\underline{R}}} h[d(A)]$$

On définit ainsi, pour chaque $\varepsilon>0$, une sous-mesure Λ^h_ε (la sous-additivité est triviale, mais la montée est loin de l'être !) et, quand ε décroit vers 0, Λ^h_ε croît vers Λ^h, qui est une mesure. Par ailleurs, on voit aisément que les sous-mesures Λ^h_ε et la mesure Λ^h ont les mêmes ensembles négligeables. Maintenant, si $d(E)=a$, on voit aussi aisément que Λ^h_a descend sur les compacts, et est donc une capacité - nous dirons donc que c'est une <u>sous-mesure capacitaire</u>. Revenons alors à l'exemple de Davies et Rogers : Λ^h_a y est une sous-mesure capacitaire totalement inaccessible ; cependant, elle n'est pas mince.

Ainsi, il peut exister sur un espace métrisable compact une sous-mesure capacitaire totalement inaccessible. Et une telle sous-mesure C est pathologique au sens de [23],[17],[25] : la seule mesure <u>simplement</u> additive, bornée, u majorée par C est la mesure triviale (en effet, comme C est une capacité, la mesure $u^\#$ du lemme 3 de l'exposé, qui a même masse que u, est encore majorée par C : on a $u^\#\leq u$ sur les ouverts, donc $u^\#\leq C$ sur les ouverts, d'où sur les compacts et finalement sur les boréliens par capacitabilité).

Par contre, on ne sait toujours pas (à notre connaissance) s'il existe une sous-mesure séquentiellement continue (sur une espace abstrait, ou sur un espace métrisable compact - cela revient au même) qui ne soit pas accessible : c'est le problème des "sous-mesures de Maharam" abordé dans [23],[17],[25]. En fait, je ne connais même pas d'exemple, sur un espace métrisable compact, de sous-mesure capacitaire et mince qui ne soit pas accessible. Enfin, un problème du même genre est, à ma connaissance, toujours ouvert en théorie des mesures de Hausdorff, à savoir si, sur un espace métrique compact, une h-mesure mince est nécessairement σ-finie (ou, tout au moins, accessible).

4. NORMALITE ET FORTE SOUS-ADDITIVITE

Les lemmes 1 et 2 de l'exposé sont encore valables si on travaille sur un espace mesurable $(E,\underline{\underline{E}})$, et une démonstration analogue au début de celle de la proposition 4 de l'exposé permet d'établir le résultat (plus ou moins) bien connu suivant

PROPOSITION 4.- <u>Une fonction croissante</u> C <u>de</u> $\underline{\underline{E}}$ <u>dans</u> $\mathbb{R}_+$, <u>nulle en</u> $\emptyset$, <u>est fortement sous-additive ssi</u>, <u>pour tout</u> $A,B \in \underline{\underline{E}}$ <u>tels que</u> $A \subseteq B$, <u>il existe une mesure simplement additive</u> u <u>majorée par</u> C <u>telle qu'on ait</u> $u(A) = C(A)$ <u>et</u> $u(B) = C(B)$. <u>De plus</u>, <u>si</u> C <u>est fortement sous-additive</u>, <u>alors</u>, <u>pour toute famille</u> $(B_i)_{i\in I}$ <u>d'éléments de</u> $\underline{\underline{E}}$ <u>totalement ordonnée par inclusion</u>, <u>il existe une mesure simplement additive</u> u <u>majorée par</u> C <u>telle qu'on ait</u> $u(B_i) = C(B_i)$ <u>pour tout</u> $i\in I$.

qui implique, de manière évidente,

COROLLAIRE.- <u>Une sous-mesure finie</u>, <u>fortement sous-additive et séquentiellement continue</u>, <u>est nécessairement normale</u>.

Supposant maintenant E métrisable compact, nous apportons quelques précisions sur "l'écart" existant entre normalité et forte sous-additivité. D'abord, étant donné le point a) de la proposition 4 de l'exposé, on voit aisément que "la plupart" des capacités normales ne sont pas fortement sous-additives : dans le cas où $C(B) = \sup\ (m_1(B),m_2(B))$ où m_1 et m_2 sont deux mesures distinctes de masse 1, C n'est fortement sous-additive que si m_1 et m_2 sont des mesures de Dirac. Ensuite, comme toute sous-mesure à valeurs dans $\{0,1\}$ est fortement sous-additive, il n'est pas étonnant qu'il existe des sous-mesures fortement sous-additives qui ne sont pas normales (telle est la sous-mesure associée à la catégorie de Baire au §3). Cela dit, il est quand même surprenant qu'il existe une telle sous-mesure vérifiant le théorème de capacitabilité : c'est le cas pour la sous-mesure C obtenue à partir de la sous-mesure capacitaire Λ_a^h de Davies et Rogers en posant $C(B) = 0$ ou 1 suivant que $\Lambda_a^h(B) = 0$ ou est >0 (noter que C est limite d'une suite croissante de capacités).

5. SOUS-MESURES NORMALES ET FORMES SOUS-LINEAIRES

Nous nous contenterons de considérer le cas où E est un espace métrisable compact. Notant $\underline{\underline{B}}^+$ l'ensemble des fonctions boréliennes ≥ 0, nous dirons qu'une application p de $\underline{\underline{B}}^+$ dans $\overline{\mathbb{R}}_+$ est une <u>sous-intégrale</u> si elle est nulle en 0, croissante, montante et sous-linéaire, et que c'est une sous-intégrale <u>normale</u> si on a $p(f) = \sup m(f)$, $m \in \underline{\underline{M}}$, $m \leq p$ pour tout $f \in \underline{\underline{B}}^+$ où, évidemment, "$m \leq p$" signifie "$\forall g \in \underline{\underline{B}}^+$ $m(g) \leq p(g)$". Enfin nous dirons que la sous-intégrale p est <u>capacitaire</u> si elle est finie et descendante sur l'ensemble $\underline{\underline{C}}^+_\delta$ des fonctions s.c.s. ≥ 0 finies. Un argument de capacitabilité montre qu'une sous-intégrale normale ou capacitaire est uniquement déterminée par sa restriction à $\underline{\underline{C}}^+_\delta$, et même, dans le cas capacitaire, par sa restriction à l'ensemble $\underline{\underline{C}}^+$ des fonctions continues ≥ 0 grâce à la descente. La proposition suivante est alors une conséquence simple du théorème de Hahn-Banach

PROPOSITION 5.- <u>Toute sous-intégrale capacitaire</u> p <u>est normale, et l'application qui à</u> p <u>associe</u> $\{m \in \underline{\underline{M}} : m \leq p\}$ <u>est une bijection de l'ensemble des sous-intégrales capacitaires sur celui des parties convexes compactes héréditaires de</u> $\underline{\underline{M}}$.

REMARQUES.- 1) La bijection s'étend aux topologies : la topologie de la convergence simple sur $\underline{\underline{C}}^+$ pour les sous-intégrales capacitaires (que nous avons introduite au §5 de l'exposé) correspond à la topologie de Hausdorff sur les convexes compacts héréditaires de mesures.

2) Donc, contrairement à ce qui se passait pour les sous-mesures, ici "capacitaire" implique "normale". On retrouve cependant le décalage en considérant des sous-intégrales un peu moins régulières que les capacitaires : la semi-norme "du type L_∞" associée à la h-mesure de Davies et Rogers fournit une sous-intégrale sous-modulaire, égale à la limite d'une suite croissante de "capacités fonctionnelles", et pourtant totalement inaccessible.

Toute sous-mesure normale c s'étend en une sous-intégrale normale $\bar{c}$ par $\bar{c}(f) = \sup m(f)$, $m \in \underline{\underline{M}}$, $m \leq c$ et inversement toute sous-intégrale (normale ou non) p induit une sous-mesure $\hat{p}$ par $\hat{p}(B) = p(1_B)$. Dans un sens on a clairement $\hat{\bar{c}} = c$ et dans l'autre $\bar{\hat{p}} \geq p$ sans qu'il y ait forcément égalité : même pour p capacitaire, on peut avoir $m \leq \hat{p}$ sans avoir $m \leq p$ car il y a trop peu d'indicatrices de compacts dans $\underline{\underline{C}}^+_\delta$. Ainsi une capacité normale c peut avoir un prolongement en une sous-intégrale capacitaire autre que $\bar{c}$: cela n'a rien d'exceptionnel comme nous allons le voir à propos des capacités fortement sous-additives.

Un autre procédé, classique depuis [4], pour étendre une capacité positive c (sans hypothèse de sous-additivité) en une "capacité fonctionnelle" $\check{c}$ est de poser $\check{c}(f) = \int_0^\infty c(\{f \geq t\})\,dt$ ($= \int_0^\infty c(\{f > t\})\,dt$) pour toute $f \in \underline{\underline{B}}^+$. Rappelons que cela ne fournit une fonctionnelle sous-additive, et donc une sous-intégrale, que si c est fortement sous-additive. Et on a alors $\check{c}(f) = \bar{c}(f)$: comme $m(f) = \int_0^\infty m(\{f \geq t\})\,dt$ pour toute $m \in \underline{\underline{M}}$, on a $\bar{c}(f) \leq \check{c}(f)$ dès que c est une sous-mesure normale et, si c est une capacité fortement sous-additive, la proposition 4 de l'exposé implique que pour toute $f \in \underline{\underline{C}}_\delta^+$ il existe $m \leq c$ telle que $m(\{f \geq t\}) = c(\{f \geq t\})$ pour tout t, d'où l'égalité $\bar{c}(f) = \check{c}(f)$ pour $f \in \underline{\underline{C}}_\delta^+$ puis pour $f \in \underline{\underline{B}}^+$ par capacitabilité. Cela n'implique nullement que, pour c capacité fortement sous-additive, $\bar{c}$ en soit le seul prolongement en une sous-intégrale : les sous-intégrales capacitaires p rencontrées couramment en théorie du potentiel, qui sont du type "$p(f) = \sup m(f)$, m balayée de ε_x", induisent une capacité $\hat{p}$ alternée d'ordre infini dont, la plupart du temps, le prolongement $\bar{\hat{p}}$ est distinct de p (et moins intéressant que p !).

6. EXTENSIONS D'UNE SOUS-MESURE A L'ENSEMBLE DES PARTIES

Lorsqu'on dispose d'une sous-mesure c sur un espace mesurable $(E,\underline{\underline{E}})$, on peut l'étendre en une sous-mesure c^* sur $(E,\underline{\underline{P}}(E))$ par le procédé habituel d'extériorisation : on pose $c^*(A) = \inf c(B)$, $B \supseteq A$, $B \in \underline{\underline{E}}$ pour tout $A \in \underline{\underline{P}}(E)$. Si de plus c est normale, il existe un autre prolongement naturel de c en une sous-mesure c^+ sur $(E,\underline{\underline{P}}(E))$: il est obtenu en posant $c^+(A) = \sup m^*(A)$, $m \in \underline{\underline{M}}$, $m \leq c$ pour tout $A \in \underline{\underline{P}}(E)$. On a évidemment $c^+ \leq c^*$ mais pour tout $A \notin \underline{\underline{E}}$ il existe une sous-mesure normale c telle que $c^+(A) = 0$ et $c^*(A) \neq 0$ (il suffit de prendre pour $\{m \in \underline{\underline{M}} : m \leq c\}$ l'ensemble des mesures de Dirac ε_x où x parcourt A^c). Bien entendu, on a $c^+ = c^*$ lorsque c est une sous-mesure normale mince.

Même si c est une capacité normale sur E métrisable compact, on ne peut espérer avoir, en général, l'égalité $c^+(A) = c^*(A)$ pour toute partie universellement mesurable A (et même pour toute partie coanalytique : voir [21] pour un contre-exemple sous l'axiome V = L de Goedel). Cependant le théorème de capacitabilité assure que, dans ce cas, on a l'égalité $c^+(A) = c^*(A) = \sup c(K)$, $K \subseteq A$, $K \in \underline{\underline{K}}$ pour toute partie analytique A, et, d'après [21], ce résultat est encore vrai si on suppose seulement que c est une sous-mesure analytique, i.e. une sous-mesure finie telle qu'il existe une partie analytique γ de $\underline{\underline{M}}$ de sorte que $c(B) = \sup_{m \in \gamma} m(B)$ pour tout $B \in \underline{\underline{E}}$ (une telle sous-mesure est évidemment normale).

On a vu au cours du §5 de l'exposé (cf théorème 6-b)) que l'épaisseur e d'une capacité normale c est une sous-mesure analytique : on a donc $e^+(A) = e^*(A)$ pour tout analytique A. Mais l'épaisseur admet d'autres prolongements naturels que e^+ et e^* : en revenant à la définition de e au §1 de l'exposé et en y prenant $B\in \underline{\underline{P}}(E)$ quelconque (mais en y gardant les B_i boréliens), ou encore en étendant convenablement la formule de la proposition 5 de l'exposé (y remplacer c par c^+ ou $c^{\#}$ et l'intégrale par l'intégrale supérieure). Toutes ces extensions, distinctes en général sur $\underline{\underline{P}}(E)$, coincident sur les analytiques : elles sont toutes majorées par $e^{\#}$, coincident avec e sur les compacts, et on a $e^{\#}(A) = \sup e(K)$, $K \subseteq A$, $K\in\underline{\underline{K}}$ pour A analytique.

7. SOUS-MESURES ET SOUS-INTEGRALES ANALYTIQUES

Nous travaillons ici sur un espace métrisable compact E et, comme nous avons déjà défini ci-dessus la notion de sous-mesure analytique, nous développerons ici plutôt le côté "sous-intégrale", laissant au lecteur le soin d'ajuster vocabulaire et notations au cas des sous-mesures.

Etant donnée une sous-intégrale normale p telle que $p(1) < \infty$, nous dirons qu'une partie π de $\underline{\underline{M}}$ est une <u>assise</u> de p (et notons $p = p_\pi$) si on a $p(f) = \sup_{m\in\pi} m(f)$ pour tout $f\in\underline{\underline{B}}^+$. La sous-intégrale p admet en général de nombreuses assises et, parmi elles, une <u>assise maximale</u> $\Pi(p)$ égale à $\{m\in\underline{\underline{M}} : m \leq p\}$. Lorsque π est compact, la sous-intégrale p_π est capacitaire et, d'après le théorème de Hahn-Banach, le compact $\Pi(p)$ est l'enveloppe convexe héréditaire fermée de π ou encore, ce qui revient au même pour π compact, l'enveloppe fortement convexe héréditaire de π (rappelons qu'une partie bornée A de $\underline{\underline{M}}$ est dite fortement convexe si, pour toute probabilité Q sur $\underline{\underline{M}}$ telle que $Q^{\#}(A) = 1$, le barycentre de Q appartient à A). Signalons au passage que p_π est séquentiellement continue ssi $\Pi(p_\pi)$ est $\underline{\underline{B}}^+$- compact - nous notons ainsi le fait d'être compact pour la topologie de la convergence simple sur $\underline{\underline{B}}^+$, topologie bien plus fine que la topologie vague (et bien moins fine que la topologie de la norme où $\|m_1 - m_2\| = \sup |m_1(f) - m_2(f)|$, $f\in\underline{\underline{C}}$, $\|f\| \leq 1$ pour $m_1, m_2 \in \underline{\underline{M}}$).

La sous-intégrale normale p est dite <u>analytique</u> si elle admet une assise analytique π. On voit sans peine que l'assise maximale $\Pi(p)$ est fortement convexe et le théorème de Hahn-Banach entraine encore qu'elle est l'enveloppe convexe héréditaire $\underline{\underline{B}}^+$- fermée de l'assise π : cela ne fait pas intervenir l'analyticité de π et, en retour, cela ne permet pas de démontrer que $\Pi(p)$ est analytique si π l'est - du moins à première vue. On a cependant le résultat suivant, dû à Mokobodzki

THEOREME 1.- <u>Si</u> π <u>est une partie analytique bornée de</u> $\underline{\underline{M}}$, <u>alors</u> $\Pi(p_\pi)$ <u>est l'enveloppe fortement convexe héréditaire normiquement fermée de</u> π. <u>Cela implique que</u> $\Pi(p_\pi)$ <u>est analytique</u>.

REMARQUES.- 1) On obtient donc une bijection naturelle entre les sous-intégrales analytiques et certaines parties convexes de $\underline{\underline{M}}$.

2) On a vu plus haut que, même pour π compact, l'assise maximale $\Gamma(c_\pi)$ de la sous-mesure c_π peut être strictement plus grande que l'assise maximale $\Pi(p_\pi)$ de la sous-intégrale p_π. Je ne sais pas si $\Gamma(c_\pi)$ est encore analytique pour π analytique.

3) La proposition 5 et le théorème 1 suggèrent fortement que, pour ce qui nous concerne, la notion de "sous-intégrale" est plus intéressante que celle de "sous-mesure". Nous avons cependant, dans l'exposé, privilégié la notion de "sous-mesure" car il eût semblé sans doute artificiel d'introduire l'épaisseur comme sous-intégrale.

Voici, pour terminer, un résultat sur l'épaisseur d'une sous-mesure analytique. L'ensemble des capacités normales y est muni de la topologie vague introduite au §5 de l'exposé

THEOREME 2.- _L'épaisseur_ e _d'une sous-mesure analytique_ c _est elle-même une sous-mesure analytique_. _De plus_, _il existe une partie analytique_ G _de l'espace des capacités normales telle qu'on ait_

$$c(A) = \sup_{g\in G} g(A) \quad , \quad e(A) = \sup_{g\in G} e_g(A)$$

pour toute partie analytique A _de_ E, _où_ e_g _est l'épaisseur de_ g.

Cela implique que les propositions 3 et 5 de l'exposé sont encore vraies si c y est une sous-mesure analytique (et B y est analytique dans E).

8. INTEGRALE DE SOUS-MESURES FORTEMENT SOUS-ADDITIVES

Les résultats du §3 de l'exposé peuvent être étendus selon deux directions : en considérant un espace mesurable abstrait $(E,\underline{\underline{E}})$ en ce qui concerne les théorèmes 3 et 4, et en considérant des sous-mesures analytiques C_ω sur E métrisable compact en ce qui concerne le théorème 5.

Voyons d'abord, rapidement, le premier type de généralisation. On a vu aux §1 et §4 de cet appendice qu'on pouvait étudier la structure des sous-mesures à variation bornée et des sous-mesures séquentiellement continues, fortement sous-additives, dans un cadre abstrait. Et le lecteur s'est sans doute aperçu que, pour démontrer les théorèmes 3 et 4 de l'exposé, il suffisait de travailler sur un espace mesurable séparable $(E,\underline{\underline{E}})$ - la séparabilité étant sans doute indispensable pour le calcul simultané des variations sur une même suite de partitions. Or, il est bien connu que, quitte à passer au quotient selon les atomes, un espace mesurable séparable a même structure qu'un espace métrisable séparable E muni de sa tribu borélienne $\underline{\underline{E}}$. Un tel espace se plonge dans un espace métrisable compact E° et une sous-mesure C sur $(E,\underline{\underline{E}})$ induit une sous-mesure C° sur $(E^\circ,\underline{\underline{E}}^\circ)$ en posant $C^\circ(B) = C(B\cap E)$ pour tout $B\in\underline{\underline{E}}^\circ$. Et C° se trouve être à variation bornée (resp séquentiellement continue, fortement sous-additive) ssi C l'est. On voit finalement qu'on peut ramener aisément la situation abstraite envisagée à la situation topologique de l'exposé. Le premier type de généralisation est donc quelque peu illusoire.

Par contre, la généralisation du théorème 5 de l'exposé, en y conservant E métrisable compact (on pourrait y prendre plus généralement E souslinien, mais ce serait en fait une "généralisation illusoire" comme ci-dessus), mais en considérant des sous-mesures analytiques C_ω est intéressante (et non triviale). Pour simplifier, nous supposerons ici que notre espace probabilisé $(\Omega,\underline{\underline{F}},P)$ est constitué d'un espace métrisable compact Ω muni de la tribu complétée $\underline{\underline{F}}$ de sa tribu borélienne pour une probabilité P. Nous dirons alors qu'une famille $(\phi_\omega)_{\omega\in\Omega}$ de sous-mesures normales finies sur E est une <u>famille analytique de sous-mesures</u> s'il existe une partie analytique γ de $\underline{\underline{M}}\times\Omega$ telle que, pour tout $\omega\in\Omega$, la coupe $\gamma(\omega)$ soit une assise de ϕ_ω - ce qui implique que chaque ϕ_ω est une sous-mesure analytique. Nous avons vu deux exemples d'une telle famille au cours de l'exposé : à la remarque suivant le corollaire du théorème 5 (extension de la situation canonique au cas où F est une partie analytique de $E\times\Omega$), et au point b) du théorème 6. Il est vrai, sans être évident, que l'intégrale $\int\phi_\omega d\omega$ d'une famille analytique (ϕ_ω) de sous-mesures est une sous-mesure analytique si elle est finie.

Nous nous donnons maintenant une famille analytique $(C_\omega)_{\omega\in\Omega}$ de sous-mesures sur E. D'abord, une extension du théorème 2 de l'appendice permet de montrer que la famille $(e_\omega)_{\omega\in\Omega}$ des épaisseurs correspondantes est aussi une famille analytique de sous-mesures. Et on a alors le résultat suivant, dû à Feyel, en supposant $(C_\omega)_{\omega\in\Omega}$ intégrable

THEOREME 3.- <u>Si chaque</u> C_ω <u>est fortement sous-additive</u>, <u>alors l'épaisseur</u> e <u>de</u> $C=\int C_\omega d\omega$ <u>est égale à</u> $\int e_\omega d\omega$, <u>intégrale des épaisseurs des</u> C_ω.

9. DERNIERE MINUTE

Louveau saurait résoudre, d'une manière très précise, le problème posé à la remarque 2) suivant le théorème 5 de l'exposé (extension du théorème de Lusin-Novikov sur les boréliens à coupes dénombrables). Comme c'est "tout frais", nous n'en dirons pas plus dans ce volume.

BIBLIOGRAPHIE

Pour [1] à [16], voir la bibliographie de l'exposé précédent.

[17] CHRISTENSEN (J.P.R.) : Some results with relation to the control measure problem (L.N. n°644, p ?, Springer 1978)

[18] DAVIES (R.O.) : Measure of Hausdorff type (J london Math Soc 1, p 30-34, 1969)

[19] : Sion-Sjerve measures are of Haussdorf type (J London Math Soc 5, p 526-528, 1972)

[20] DAVIES (R.O.), ROGERS (C.A.) : The problem of subsets of finite positive measure (Bull London Math Soc 1, p 47-54, 1969)

[21] DELLACHERIE (C.) : Sur la construction des noyaux boréliens (Sém Proba X, L.N. n°511, p 545-577, Springer 1976)

[22] DELLACHERIE (C.), MOKOBODZKI (G.) : Deux propriétés des ensembles minces (Sém Proba XII, L.N. n°649, p 564-566, 1978)

[23] HERER (W.), CHRISTENSEN (J.P.R.) : On the existence of pathological submeasures and the construction of exotic topological groups (Math Ann 213, p 203-210, 1975)

[24] MOKOBODZKI (G.) : Domination d'une mesure par une capacité (Sém Proba XII, L.N. n°649, p 489-490, Springer 1978)

[25] TALAGRAND (M.) : A simple example of pathological submeasure (Math Ann 252, p 97-102, 1980)

A MARTINGALE APPROACH TO SOME WIENER-HOPF PROBLEMS, I,

by

R.R. London, H.P. McKean, L.C.G. Rogers, and David Williams

This is one of two companion papers. This paper, I, studies how certain of "Feller's Brownian motions on $[0,\infty)$" may be obtained from Brownian motion via time-substitutions based on fluctuating clocks. Paper II starts afresh with a look at time substitutions for symmetrizable Markov chains; and in that context it is possible to see rather more clearly what is going on. Much of the fascination of Wiener-Hopf theory lies in the difficulty of obtaining explicit answers in concrete cases. The second half of Paper II is a detailed analysis, partially motivated by our study of the chain case, of a concrete example of the problem discussed here in Paper I; and whether or not it makes good reading, it was fun to do.

1. Introduction and summary

1.1. Let $\{B_t : t \geq 0\}$ be a Brownian motion on $\mathbb{R}$ with $B_0 = 0$. Let $\{L_t(x) : t \geq 0,\ x \in \mathbb{R}\}$ denote the jointly continuous local-time process of B, normalised so that for each x,

$$|B_t - x| - L_t(x)$$

is a martingale. Hence L is twice the standard Brownian local time of Itô-McKean [4].

Let m be a measure on $(-\infty,0]$. [Note. 'Measure' always implies: 'taking values in $[0,\infty]$'.]

Define the additive functionals:

$$\text{(1a)} \qquad \phi_t^+ \equiv \int_0^t I_{(0,\infty)}(B_s)\,ds, \qquad \phi_t^- \equiv \int_{(-\infty,0]} L_t(x)\,m(dx),$$

$$\phi_t \equiv \phi_t^+ - \phi_t^- ,$$

the random time changes:

(1b) $\sigma_t^+ \equiv \inf\{u:\phi_u^+ > t\}, \qquad \sigma_t^- = \inf\{u:\phi_u^- > t\},$

$\tau_t^+ \equiv \inf\{u:\phi_u > t\}, \qquad \tau_t^- = \inf\{u:\phi_u < -t\},$

and the time-changed processes:

(1c) $X_t^+ \equiv B(\sigma_t^+), \qquad X_t^- \equiv B(\sigma_t^-),$

$Y_t^+ \equiv B(\tau_t^+), \qquad Y_t^- \equiv B(\tau_t^-).$

In these definitions, we make the usual conventions:

$$t \geq 0, \qquad \inf \emptyset \equiv \infty, \qquad B_\infty \equiv \partial \quad \text{(coffin state)}$$

and allow the usual notational switches $B(t) \equiv B_t$, etc..

Note that ϕ^- can be the most general continuous increasing additive functional which grows only when $B \in (-\infty,0]$. See §5.9 of Itô-McKean [4]. Notice however that we do not require m to be σ-finite; for example, we allow m to assign infinite mass to a singleton set $\{\xi\}$ with $\xi \leq 0$. Define:

$$a \equiv \inf\{u:m[u,0] < \infty\} \geq -\infty.$$

Then as far as the process Y^+ is concerned, the values of m in $(-\infty,a)$ are irrelevant; they come into play only when B has entered $(-\infty,a)$, but by that time, ϕ^- is infinite and Y^+ is dead. We therefore make the convention:

(2) <u>if</u> $a \equiv \inf\{u:m[u,0] < \infty\} > \infty$, <u>then</u>

$m[a,0] = \infty,$

$m(-\infty,a) = 0$ <u>if</u> $m(a,0) < \infty,$

$m(-\infty,a] = 0$ <u>if</u> $m(a,0) = \infty.$

We emphasize that throughout the whole paper, m is understood to satisfy convention (2).

The possibility that ϕ^- can jump to infinity requires us to specify the lifetimes $\zeta(X^-)$ of X^- and $\zeta(Y^-)$ of Y^- more precisely. Let $\rho^- \equiv \inf\{t: \phi_t^- = \infty\}$. Then

(3) $$\zeta(X^-) \equiv \lim_{s \uparrow \rho^-} \phi_s^-, \qquad \zeta(Y^-) \equiv -\inf_{s<\rho^-} \phi_s.$$

1.2. We wish to study the law of the process Y^+. It is easy to show that

4(i) Y^+ is a strong Markov process with state-space $[0,\infty)$;

and it is clear that

4(ii) Y^+ behaves as a Brownian motion while inside the open interval $(0,\infty)$,

so that if G^+ is the infinitesimal generator of Y^+, then $G^+f = \frac{1}{2}f''$ within $(0,\infty)$.

The results 4(i) and 4(ii) exactly comprise the statement that Y^+ is a Feller Brownian motion in the sense of §5.7 of Itô-McKean [4]. Now the domain of the infinitesimal generator of an arbitrary Feller Brownian motion Z is specified by a side condition of the following type:

(5) $$p_1 f(0) - p_2 f'(0) + \tfrac{1}{2}p_3 f''(0) = \int_{(0,\infty)} [f(x) - f(0)]p_4(dx)$$

where p_1, p_2 and p_3 are nonnegative constants, p_4 is a measure on $(0,\infty)$ such that

(6) $$\int (1 - e^{-x})p_4(dx) < \infty,$$

and $f'(0) = f'(0+)$, $f''(0) = f''(0+)$.

Condition (5) must be non-trivial in that $(p_1, p_2, p_3, p_4) \neq (0,0,0,0)$. The law of Z is completely determined by the quadruple (p_1, p_2, p_3, p_4) of 'characteristics'. Moreover, the law of Z determines the quadruple of 'characteristics' provided we consider quadruples projectively (identifying two quadruples which are (strictly positive) scalar multiples of a fixed quadruple). The number p_1 corresponds to the killing rate at 0, p_2 to the continuous-exit rate at 0, p_3 to the degree of stickiness at 0, and p_4 is the Lévy kernel describing jumps from 0 back into $(0,\infty)$. Different normalisations of the quadruple of characteristics correspond to different normalisations of the 'local time' of Z at 0. (We have put 'local time' in quotes because Z may visit 0 only at a discrete set of times.)

1.3. One of the principal results of this paper is the following theorem.

(7) THEOREM. *Let* Z *be a Feller Brownian motion with characteristics* (p_1, p_2, p_3, p_4). *Then there exists a measure* m *on* $(-\infty, 0]$ *such that* Z *is identical in law to the time-changed process* Y^+ *if and only if*

$$(8) \qquad p_3 = 0 \quad \text{and} \quad p_4(dx) = dx \int_{(0,\infty)} e^{-rx} J(dr)$$

for some measure J *on* $(0,\infty)$ *satisfying the following obvious equivalent to (6)*:

$$(9) \qquad \int [r(r+1)]^{-1} J(dr) < \infty .$$

Moreover, the measure m *is then uniquely determined by the law of* Y^+ *(equivalently by the triple* (p_1, p_2, J)).

[*Note*. The probabilistic reason why $p_3 = 0$ for Y^+ is 'obvious', for we need only show that

$$\text{measure } \{t : Y_t^+ = 0\} = 0,$$

and this 'must' hold since ϕ^+ has 'no $L_t(0)$ component'. We shall give a proper (analytic) proof later.]

Of course, the 'abstract' statement of Theorem 7 needs to be complemented by the more interesting solution to the 'practical' problem: How does one make explicit the one-one correspondence between measures m and triples (p_1, p_2, J) (considered projectively)? The solution is described in §1.7 after we have introduced the necessary terminology.

1.4. Our basic method is the 'martingale-problem' approach to this type of problem employed in Barlow-Rogers-Williams [1] and Rogers-Williams [6].

For each $\theta > 0$, we find a bounded function f_θ on $\mathbb{R}$ such that

(10) $\quad M_t^\theta \equiv \exp(\frac{1}{2}\theta^2\phi_t)f_\theta(B_t)$ defines a martingale M^θ.

Since M^θ is bounded on each interval of the form $[0, \tau_t^+]$, we may apply the optional-sampling theorem to deduce that

$$\exp(\tfrac{1}{2}\theta^2 t)f_\theta(Y_t^+) \text{ is a martingale,}$$

whence, with G^+ again denoting the infinitesimal generator of Y^+, we have

(11) $\quad f_\theta \in \mathcal{D}(G^+) \quad (\text{and } G^+ f_\theta = -\frac{1}{2}\theta^2 f_\theta).$

Our hope is that on feeding the information (11) into formula (5), we can determine the characteristics (p_1, p_2, p_3, p_4) of Y^+; and this proves to be justified.

Note. We need to be rather careful in checking the validity of the above application of the optional-sampling theorem because of the possibility that $\tau_t^+ = \infty$. Now, of course, $f_\theta(\partial) = 0$, by the usual convention. So the essential thing to prove is that (except on a null set of ω)

$$[-\infty < \phi_u < t\ (\forall u)] \implies [\lim_{u\to\infty} M_u^\theta = 0].$$

But it is easy to show that if $-\infty < \phi_u < t\ (\forall u)$, then $\phi_u \to -\infty$. (For example, consider the Lévy process $\phi \circ \Lambda^{-1}$ introduced later.)

1.5. Consider the problem of finding a bounded function f_θ on $\mathbb{R}$ such that M^θ, as defined at (10), is a martingale. Since we must have $\frac{1}{2}f''_\theta = -\frac{1}{2}\theta^2 f_\theta$ on $(0,\infty)$, we can take:

$$(12) \qquad f_\theta(x) = f_\theta(0)\cos\theta x + \theta^{-1}\sin\theta x \quad \text{on} \quad (0,\infty).$$

We have chosen the normalisation: $f'_\theta(0) = 1$ for reasons which will emerge later.

Recall the definitions of σ^+ and $X^+ \equiv B(\sigma^+)$ at (1b) and (1c). Of course X^+ is a reflecting Brownian motion with standard local time at 0 before t equal to $\Lambda(\sigma_t^+)$, where Λ is standard local time at 0 for B:

$$\Lambda(t) \equiv \tfrac{1}{2}L_t(0).$$

With apologies for the conflicting use of σ's (!), we define:

$$\mathcal{F}(t) \equiv \sigma\{B(s):s \le t\}, \qquad \mathcal{G}(t) \equiv \sigma\{X_s^+ : s \le t\} \subset \mathcal{F}(\sigma_t^+).$$

Since the martingale M^θ is bounded on each interval of the form $[0,\sigma_t^+]$, the optional-sampling theorem implies that

$$M^\theta(\sigma_t^+) = \exp[\tfrac{1}{2}\theta^2 t - \tfrac{1}{2}\theta^2\phi^-(\sigma_t^+)]f_\theta(X_t^+)$$

is a martingale relative to the filtration $\{\mathcal{F}(\sigma_t^+)\}$. Hence, the 'optional projection'

$$E[M^\theta(\sigma_t^+)\,|\,\mathcal{G}_t]$$

defines a martingale relative to the filtration $\{\mathcal{G}(t)\}$. Utilising the independence of the 'up' and 'down' excursion processes from 0, and some standard independent-increment properties, we have:

$$(13)\qquad E[M^\theta(\sigma_t^+)|\mathcal{G}_t] = \exp[\tfrac{1}{2}\theta^2 t - \tfrac{1}{2}\theta^2 c_\theta \Lambda(\sigma_t^+)]f_\theta(X_t^+),$$

where c_θ is determined via the equation:

$$(14)\qquad \exp(-c_\theta t) = E\exp[-\tfrac{1}{2}\theta^2\phi^-(\Lambda^{-1}(t)],$$

where, of course, $\Lambda^{-1}(t) \equiv \inf\{u:\Lambda(u) > t\}$. The fact that the expression at (13) defines a martingale implies that

$$f_\theta \in \mathcal{D}(\mathcal{A}_\theta) \quad\text{and}\quad \mathcal{A}_\theta f = -\tfrac{1}{2}\theta^2 f ,$$

where $\mathcal{A}_\theta$ is the infinitesimal generator of elastic Brownian motion with killing constant c_θ. See §2.3 of Itô-McKean [4]. Hence, f_θ must satisfy the boundary condition:

$$f'_\theta(0) = c_\theta f_\theta(0),$$

and we have (using (14)):

$$\begin{aligned} f_\theta(0) = c_\theta^{-1} &= \int_{[0,\infty)} \exp(-c_\theta t)dt \\ &= E\int_{[0,\infty)} \exp[-\tfrac{1}{2}\theta^2\phi^-(\Lambda^{-1}(t))]dt \\ &= E\int_{[0,\zeta(X^-))} \exp(-\tfrac{1}{2}\theta^2 t)d\Lambda(\sigma_t^-) . \end{aligned}$$

By a further elementary application of the optional-sampling theorem to (10), the reader can easily show that

(15) $$f_\theta(x) = E^x \int_{[0,\zeta(X^-))} \exp(-\tfrac{1}{2}\theta^2 t)\, d\Lambda(\sigma_t^-) \qquad (a < x \le 0)$$

where a is as in (2), and E^x is the usual expectation associated with the law P^x of B started at x.

1.6. Suppose for a moment that m is finite and strictly positive on every compact subinterval of $(-\infty,0]$. Then X^- is a diffusion process on $(-\infty,0]$ and $\Lambda(\sigma_t^-)$ is the standard local time of X^- at 0. See §5.4 of Itô-McKean [4]. Hence,

(16) $$f_\theta(x) = r_\lambda(x,0) \qquad (\lambda \equiv \tfrac{1}{2}\theta^2)$$

where $r_\lambda(.,.)$ is the resolvent density function for X^- relative to the measure 2m. In particular, the function f_θ on $(-\infty,0]$ may be calculated as the unique bounded non-negative solution of the equations:

(17) $$\frac{d}{dm}\frac{d}{dx} f_\theta = \theta^2 f_\theta \text{ on } (-\infty,0), \quad f_\theta'(0) = 1.$$

See §5.4 of Dym-McKean [2]. [Remark. Since the first equation at (17) implies that f_θ is absolutely continuous relative to Lebesgue measure with a density f_θ' satisfying,

$$f_\theta'(c) - f_\theta'(b) = \theta^2 \int_{(b,c]} f_\theta(x)m(dx) \qquad (b < c).$$

it follows that $f_\theta'(0)$ is well-defined.] It is a standard piece of spectral theory (see §5.5 of Dym-McKean [2]) that

$$f_\theta(0) = r_\lambda(0,0) = \int_{[0,\infty)} \frac{G(dr)}{r^2 + \theta^2}$$

for some measure G on $[0,\infty)$.

If we relax the assumption that m is finite and strictly positive on every compact subinterval of $(-\infty,0]$, then (17) still holds, but now we have

$$(18) \qquad f_\theta(0) = \gamma + \int_{[0,\infty)} \frac{G(dr)}{r^2 + \theta^2},$$

where $-\gamma = \inf\{u \le 0 : m[u,0] = 0\}$ and G is again a measure on $[0,\infty)$.

[Note. A certain amount of poetic licence may be needed in the interpretation of (17) when $m[a,0] = \infty$ for some a. Then $f_\theta(a) = 0$, and we may need licence to interpret $0 \times \infty$].

We thought it instructive to derive the analytic form of f_θ from the assumption that M^θ is a martingale. We leave the reader to check the converse result, the one we really need: viz., that if f_θ has the analytic form we have described, then M^θ is indeed a martingale.

1.7. The deep and very remarkable inverse spectral theorem of Krein (see Dym-McKean [2]) tells us that (17) and (18) put measures m satisfying (2) into one-one correspondence with pairs (γ, G), where

$$(19) \qquad \infty \ge \gamma \ge 0, \quad \int (r^2+1)^{-1} G(dr) < \infty, \quad \text{and} \quad G = 0 \ \text{if} \ \gamma = \infty.$$

We shall prove that if the pair (γ, G) satisfies (19), and if $f_\theta(0)$ is defined by (18) and f_θ on $(0,\infty)$ via (12), then the quadruple (p_1, p_2, p_3, p_4) is determined uniquely (modulo multiplication by scalars) by the fact that f_θ satisfies (5) for all $\theta > 0$. If we temporarily assume (8), we are led via (18), (12), and (5) to the relation:

$$(20)\qquad \gamma + \int_{[0,\infty)} \frac{G(dr)}{r^2+\theta^2} = \frac{p_2 + \int_{(0,\infty)} \frac{J(dr)}{r^2+\theta^2}}{p_1 + \theta^2 \int_{(0,\infty)} \frac{J(dr)}{r(r^2+\theta^2)}}$$

But we shall prove analytically that equation (20) sets up a one-one correspondence between pairs (γ, G) satisfying (19) and triples (p_1, p_2, J) (considered projectively) where $p_1 \geq 0$, $p_2 \geq 0$, and J satisfies (9). Hence, of course (8) must hold, because of the fact that $(p_1, p_2, 0, p_4)$ is determined by the values $f_\theta(0)$.

We sketch a proof that

$$(21)\qquad p_2 + \int \frac{J(dr)}{r^2+\theta^2} = E \int_{[0,\zeta(Y^-))} \exp(-\tfrac{1}{2}\theta^2 t)\, d\Lambda(\tau_t^-),$$

so that the numerator on the right-hand side of (20) may be regarded as the 'resolvent density' $\tilde{r}_\lambda^-(0,0)$ for the process Y^-. This means that the J measure arises from the spectral decomposition of the transition semigroup of the Y^- process. At first sight, equation (21) is therefore rather surprising because, except in trivial cases, the process Y^- is not symmetrizable. (In general, Y^- will make jumps from 0, but not to 0.)

1.8. We are of course aware that (20) corresponds to a Wiener-Hopf factorization of the Lévy (independent-increments) process $\phi \circ \Lambda^{-1}$, and that, especially, the fine Greenwood-Pitman paper [3] provides much probabilistic insight.

However, it would be totally wrong to imagine that everything of interest in the present paper can be attributed in some way to the 'dominant' rôle of the process $\phi \circ \Lambda^{-1}$. Indeed, Paper II makes it clear that the way in which the spectral decomposition of the transition semigroup of Y^- governs the law of Y^+ reflects a general principle for Markov processes. Paper II also gives some explanation, rather than only verification, of why the p_4 measure for Y^+ is completely monotone.

1.9. In §3, we show that the martingales M^θ at (10) form a 'full' family in a stronger sense than is implicit in various uniqueness assertions made above. In particular, we show that for $x < 0$, the P^x law of Y_0^+ is UNIQUELY determined by the Wald identity (optional-sampling result):

$$E^x f_\theta(Y_0^+) = f_\theta(x) \qquad \forall\theta > 0.$$

This key uniqueness theorem is obtained as a consequence of the Wiener-Hopf factorization (20) of $f_\theta(0)$.

Acknowledgement. The work of one of us (Rogers) was partially funded by the Science Research Council.

H.P. McKean gratefully acknowledges the partial support of the National Science Foundation under Grant No. NSF-MCS 7900813. Reproduction in whole or in part is permitted for any purpose of the U.S. Government.

2. Proofs.

2.1. Let m be given. For $\theta > 0$, the value $f_\theta(0)$ corresponding to m has the form:

(22) $$f_\theta(0) = \gamma + \int_{[0,\infty)} \frac{G(dr)}{r^2 + \theta^2}$$

where γ and G are as at (19). Also,

$$f_\theta(x) = f_\theta(0)\cos\theta x + \theta^{-1}\sin\theta x \qquad (x \in [0,\infty)),$$

and f_θ satisfies Feller's side condition (5). Hence, we have the key relation:

(23) $$f_\theta(0)[p_1 - \tfrac{1}{2}\theta^2 p_3 + \int (1 - \cos\theta x)p_4(dx)]$$

$$= p_2 + \int (\theta^{-1}\sin\theta x)p_4(dx).$$

[Note. The 'extreme' cases:

$m(-\infty,0] = 0$ corresponding to $f_\theta(0) = \infty$ and $(p_1,p_2,p_3,p_4) = (0,1,0,0,)$,

and

$m\{0\} = \infty$ corresponding to $f_\theta(0) = 0$ and $(p_1,p_2,p_3,p_4) = (1,0,0,0)$,

will henceforth be ignored.]

(24) LEMMA. $p_3 = 0$.

Proof. We examine the orders of magnitude of the various expressions occurring in (23). First, note that

$$\left|\int (\theta^{-1}\sin\theta x)p_4(dx)\right| \le \int_0^\delta xp_4(dx) + \theta^{-1}\int_\delta^\infty p_4(dx).$$

Given $\varepsilon > 0$, we can first choose δ so that the first term on the right-hand side is less than $\frac{1}{2}\varepsilon$, and then choose θ_0 so large that the second term is less than $\frac{1}{2}\varepsilon$ when $\theta > \theta_0$. Hence,

$$\int (\theta^{-1}\sin\theta x)p_4(dx) = o(1) \quad \text{as} \quad \theta \uparrow \infty.$$

Next,

$$\left|\int (1-\cos\theta x)p_4(dx)\right| \le \int_0^1 |1-\cos\theta x|p_4(dx) + 2\int_1^\infty p_4(dx)$$

$$\le \theta\int_0^1 xp_4(dx) + 2\int_1^\infty p_4(dx) = O(\theta).$$

Since we are ignoring the case when $f_\theta(0) = 0, \forall\theta$, we see from (22) that $\theta^2 f_\theta(0) \uparrow K \in (0,\infty]$ as $\theta \uparrow \infty$. On dividing (23) by $\theta^2 f_\theta(0)$, we see that

$$-\tfrac{1}{2}p_3 + O(\theta^{-1}) = \frac{p_2}{\theta^2 f_\theta(0)} + o(1).$$

If $K = \infty$, we see that $p_3 = 0$, and if $K < \infty$, we obtain $-\frac{1}{2}p_3 = K^{-1}p_2$, so that (since $p_2 \ge 0$ and $p_3 \ge 0$) we must have $p_3 = p_2 = 0$. □

[Note. The reader should perform the exercise of spelling out the more informative probabilistic proof described after the statement of Theorem 7.]

(25) THEOREM. The quadruple $(p_1, p_2, 0, p_4)$ is uniquely determined (modulo scalar multiples) by the fact that equation (23) holds for every $\theta > 0$.

Proof. This proof is a modification of the proof due to Kingman which was given in §5 of Rogers-Williams [6].

Let

$$\mathbb{H} \equiv \{z \in \mathbb{C} : \text{Im}(z) \ge 0\}, \quad \mathbb{H}^+ \equiv \{z \in \mathbb{C} : \text{Im}(z) > 0\}.$$

Define a mapping $h : \mathbb{H} \to \mathbb{C}$ as follows:

$$(26) \qquad h(z) \equiv p_1 - izp_2 + \int_{(0,\infty)} (1 - e^{izx})p_4(dx).$$

(Thus, $h(z)$ measures the extent to which $x \mapsto e^{izx}$ fails to satisfy Feller's condition (5).) Then h is continuous on $\mathbb{H}$ and analytic in $\mathbb{H}^+$. It is clear that

$$\mathrm{Re}(h) \geq 0 \text{ on } \mathbb{H}, \quad \mathrm{Re}(h) > 0 \text{ on } \mathbb{H}^+.$$

(Recall that $p_1 = 0$ and p_4 is the zero measure exactly when $m(-\infty,0] = 0$. This case is one which we have agreed to ignore.) It follows that the function:

$$\log h = \log|h| + i \arg(h)$$

may be defined as an analytic function on $\mathbb{H}^+$ with $\arg(h)$ taking values in $(-\frac{\pi}{2}, \frac{\pi}{2})$. Now, for $\theta \in \mathbb{R}\backslash\{0\}$, equation (23) states that

$$(27) \qquad f_\theta(0)\mathrm{Re}(h(\theta)) = -\theta^{-1}\mathrm{Im}(h(\theta)).$$

If $\mathrm{Re}(h(\alpha)) = 0$ for some $\alpha \in \mathbb{R}\backslash\{0\}$, then $p_1 = 0$ and p_4 is concentrated on a series of points in arithmetical progression, and $\{\theta \in \mathbb{R} : \mathrm{Re}(h(\theta)) = 0\}$ is countable. Hence, in every case, for almost all $\theta \in \mathbb{R}$,

$$(28) \qquad \lim_{z\to\theta} \arg(h(z)) = \arg(h(\theta)) = -\tan^{-1}[\theta f_\theta(0)].$$

Since the boundary values of the bounded harmonic function $\arg h(z)$ on $\mathbb{H}^+$ are known almost everywhere on $\mathbb{R}$, the function $\arg h(z)$ is determined in $\mathbb{H}^+$. Hence the function $\log h(z)$ is determined in $\mathbb{H}^+$ up to an additive constant, so that the function $h(z)$ is determined in $\mathbb{H}^+$ up to a multiplicative constant. In particular, the values

$$(29) \qquad h(i\theta) = p_1 + p_2\theta + \int (1 - e^{-\theta x})p_4(dx) \qquad (\theta > 0)$$

are determined up to a constant multiplier; and, by standard results, so too is the quadruple $(p_1,p_2,0,p_4)$. □

Note. In §3 below, we present a deeper uniqueness result which is more useful in practice.

2.2. We continue on the course mapped out in §1.7. If we assume (8) and substitute (8) and (22) into (23), then we obtain the following equation, previously labelled as (20):

$$(30) \qquad \gamma + \int \frac{G(dr)}{r^2+\theta^2} = \frac{p_2 + \int \frac{J(dr)}{r^2+\theta^2}}{p_1 + \theta^2 \int \frac{J(dr)}{r(r^2+\theta^2)}}$$

We shall prove the following theorem.

(31) THEOREM. Equation (30) sets up a one-one correspondence between pairs (γ,G) satisfying (19) and triples (p_1,p_2,J) (considered modulo scalar multiples) where $p_1 \geq 0$, $p_2 \geq 0$, and J satisfies (9).

Let us briefly recall the logic of the situation. A measure m determines a pair (γ,G). Part of Theorem 31 guarantees the existence of a triple (p_1,p_2,J) such that (30) holds. Theorem 25 guarantees that

$$(32) \qquad p_4(dx) = dx \int e^{-rx} J(dr)$$

and also that (p_1,p_2,J) is unique. Conversely, if a triple (p_1,p_2,J) is given, then Theorem 31 guarantees the existence of a unique pair (γ,G) such that (30) holds, and Krein's inverse spectral theorem guarantees existence and uniqueness of the corresponding m.

Remarks on Theorem 31.

(a) On substituting equation (32) into the definition of $h(iz)$, where h is as at (26), we obtain

$$h(iz) = p_1 + p_2 z + \int (1 - e^{-zx}) p_4(dx)$$

$$= p_1 + p_2 z + \int \frac{zJ(dr)}{r(r+z)},$$

so that if $z = \alpha + i\beta$, then

$$\text{(33)} \qquad \operatorname{Im} h(iz) = p_2 \beta + \int \frac{\beta}{|r+z|^2} J(dr).$$

Now, we already know from the proof of Theorem 25 that $\operatorname{Im}(h(iz))$ defines a nonnegative harmonic function in the first quadrant. From the analytic point of view, the fact that (33) holds - equivalently, the fact that p_4 has the form (32) - exactly corresponds to the fact that $\operatorname{Im}(h(iz))$ extends to a nonnegative harmonic function on the whole of $\mathbb{H}^+$, and that J 'reflected in 0' is the Poisson representing measure of this function. See §1.2 of Dym-McKean [2]. We are unable to give a direct proof of the described extension property of $\operatorname{Im}(h(iz))$.

(b) Theorem 31 is 'similar in spirit' to a number of known results. For example, see Kingman [5] and work of Reuter and others cited therein.

(c) As remarked earlier, some kind of explanation (rather than verification) of Theorem 31 is provided in Paper II.

2.3. Obtaining (p_1, p_2, J) from (γ, G): discrete case. On taking $z = \theta^2$, we see that the following Lemma states that if $\gamma = 0$ and G consists of atoms of masses G_i at points $\sqrt{(\mu_i)}$ $(0 \le i \le n)$, then (30) holds where $p_1 = p_2 = 0$ and J consists of atoms of masses J_i at $\sqrt{(\nu_i)}$ $(0 \le i \le n)$.

(34) LEMMA. Suppose that $G_i > 0$ $(0 \le i \le n)$ and that

$$0 = \mu_0 < \mu_1 < \ldots < \mu_n .$$

Then there exist strictly positive constants J_i $(0 \le i \le n)$ and ν_i $(0 \le i \le n)$ with

$$\mu_0 < \nu_0 < \mu_1 < \nu_1 < \ldots < \mu_n < \nu_n \tag{35}$$

such that for all z in $\mathbb{C}$ (with the obvious interpretation at various poles)

$$\sum_i \frac{G_i}{z + \mu_i} = \frac{\displaystyle\sum_i \frac{J_i}{z + \nu_i}}{\displaystyle z \sum_k \frac{J_k}{(z + \nu_k)\sqrt{(\nu_k)}}} . \tag{36}$$

Proof of Lemma 34. First, assume that (36) holds. Let $z \to -\nu_j$ in (36) to obtain:

$$\sum_i \frac{G_i}{\mu_i - \nu_j} = -\frac{1}{\sqrt{(\nu_j)}} .$$

Hence, the values ν_j must be roots of the equation:

$$\sum_i \frac{G_i}{x - \mu_i} = \frac{1}{\sqrt{x}} . \tag{37}$$

But, on sketching the graphs of the two sides of (37), we see that (37) has exactly $(n+1)$ roots $\nu_0, \nu_1, \ldots, \nu_n$ within $(0,\infty)$, and that the order-relations (35) hold.

On putting $z = -\mu_i (i \ne 0)$ in (36), we obtain:

(38) $$\sum_k \frac{J_k}{(\nu_k - \mu_i)\sqrt{(\nu_k)}} = 0 \qquad \text{for } i \neq 0.$$

We are entitled to augment (38) by the 'normalisation' condition:

(39) $$\sum_k \frac{J_k}{\sqrt{(\nu_k)}} = 1.$$

Some elementary manipulations on determinants allow us to solve (38) and (39) explicitly to obtain:

(40) $$\frac{J_k}{\sqrt{(\nu_k)}} = \frac{\prod_{j\neq 0} (\nu_k - \mu_j)}{\prod_{j\neq k} (\nu_k - \nu_j)},$$

and it is immediate from (35) that $J_k/\sqrt{(\nu_k)} > 0$, so that $J_k > 0$.

Now, we can multiply (36) by

$$\left[\sum_k \frac{J_k}{(z+\nu_k)\sqrt{(\nu_k)}}\right]\left[\prod_{i=0}^{n} (z+\mu_i)\right]\left[\prod_{j=0}^{n} (z+\nu_j)\right].$$

Then (36) asserts the equality of two polynomials P and Q (say) where P-Q is of degree at most $2n + 1$. But what we have proved is that if we <u>define</u> $\nu_0, \nu_1, \ldots, \nu_n$ to be the roots of (37) satisfying (35) and <u>define</u> the constants J_k via (40), then the polynomials P and Q agree at all $(2n+2)$ points listed at (35). Hence the polynomials P and Q are identical, and the lemma is proved. □

2.4. <u>Obtaining</u> (p_1, p_2, J) <u>from</u> (γ, G): <u>general case</u>. Now let (γ, G) be any pair satisfying (19). For $\theta > 0$, we can write

$$\gamma + \int_{[0,\infty)} \frac{G(dr)}{r^2 + \theta^2} = \int_{[0,\infty]} \frac{r^2 + 1}{r^2 + \theta^2} \hat{G}(dr)$$

where

$$\text{(41)} \qquad \hat{G}(dr) = (r^2 + 1)^{-1} G(dr) \quad \text{on} \quad (0,\infty), \quad \hat{G}\{\infty\} = \gamma.$$

Since we are ignoring the case when $\gamma = \infty$, the measure $\hat{G}$ is a bounded measure on $[0,\infty]$. In the sense of weak* convergence of bounded measures on $[0,\infty]$, we can approximate $\hat{G}$ by measures $\hat{G}^{(n)}$ each consisting of an atom at 0 together with a finite number of atoms within $(0,\infty)$. From Lemma 34, we know that

$$\text{(42)} \qquad \int_{[0,\infty]} \frac{r^2 + 1}{r^2 + \theta^2} \hat{G}^{(n)}(dr) = \frac{\int_{[0,\infty]} \frac{r(r+1)}{r^2 + \theta^2} \hat{J}^{(n)}(dr)}{\int_{[0,\infty]} \frac{\theta^2(r+1)}{r^2 + \theta^2} \hat{J}^{(n)}(dr)}$$

for some atomic measure $\hat{J}^{(n)}$ on $[0,\infty]$ which we can take to be a probability measure. If $\hat{J}$ is any weak* limit of $\hat{J}^{(n)}$ as $n \to \infty$, we have

$$\gamma + \int_{[0,\infty)} \frac{G(dr)}{r^2 + \theta^2} = \frac{\int_{[0,\infty]} \frac{r(r+1)}{r^2 + \theta^2} \hat{J}(dr)}{\int_{[0,\infty]} \frac{\theta^2(r+1)}{r^2 + \theta^2} \hat{J}(dr)}$$

$$= \frac{p_2 + \int_{(0,\infty)} \frac{J(dr)}{r^2 + \theta^2}}{p_1 + \theta^2 \int_{(0,\infty)} \frac{J(dr)}{r(r^2 + \theta^2)}},$$

where

$$J(dr) = r(r+1)\hat{J}(dr) \quad \text{on} \quad (0,\infty),$$

$$p_1 = \hat{J}\{0\}, \quad p_2 = \hat{J}\{\infty\}.$$

<u>2.5.</u> <u>Obtaining</u> (γ,G) <u>from</u> (p_1,p_2,J). Because the weak*-convergence argument goes through smoothly, it is enough to deal with the case when $p_1 = p_2 = 0$ and J consists of finitely many atoms. So, assume that J_i $(0 \le i \le n)$ and $\nu_i (0 \le i \le n)$ <u>are strictly positive numbers, and that</u>

$$\nu_1 < \nu_2 < \dots < \nu_n.$$

We must show that (36) holds where $\mu_0 = 0$ and μ_i $(1 \le i \le n)$ and G_i $(0 \le i \le n)$ are strictly positive.

Clearly, we define $\mu_1, \mu_2, \dots, \mu_n$ to be the unique numbers satisfying the order relations (35) which are roots of the equation:

$$\Sigma \frac{J_k}{(\nu_k - x)\sqrt{(\nu_k)}} = 0.$$

We put $\mu_0 = 0$. On comparing the residues of the two sides of (36) at $z = -\mu_i$, and using l'Hopital's rule in the usual way, we see that we must take

$$(43) \qquad G_i = \frac{\sum_k \frac{J_k}{\nu_k - \mu_i}}{\sum_k \frac{J_k \sqrt{(\nu_k)}}{(\nu_k - \mu_i)^2}} \qquad (i = 1,2,\dots,n)$$

But for $\mu > 0$,

$$\sum_{\nu_k > \mu} \frac{J_k}{\nu_k - \mu} > \sqrt{\mu} \sum_{\nu_k > \mu} \frac{J_k}{(\nu_k - \mu)\sqrt{(\nu_k)}},$$

$$-\sum_{\nu_k > \mu} \frac{J_k}{\nu_k - \mu} < -\sqrt{\mu} \sum_{\nu_k < \mu} \frac{J_k}{(\nu_k - \mu)\sqrt{(\nu_k)}}.$$

Hence for $i = 1,2,\ldots,n$,

$$\sum_k \frac{J_k}{\nu_k - \mu_i} > \sqrt{(\mu_i)} \sum \frac{J_k}{(\nu_k - \mu_i)\sqrt{(\nu_k)}} = 0,$$

and $G_i > 0$. Of course,

(44) $$G_0 = (\Sigma J_i/\nu_i)(\Sigma J_k/\nu_k^{3/2}) > 0.$$

To show that (36) must hold if the G_i $(0 \le i \le u)$ are defined via (43) and (44), we can apply the 'polynomial' argument at the end of §2.3, or else appeal to the Mittag-Leffler theorem.

The proof of Theorem 31 is now complete.

<u>2.6. Notes on equation (21)</u>. The Greenwood-Pitman paper [3] explains very clearly the probabilistic significance of equation (20) viewed as a Wiener-Hopf factorization of $\phi \circ \Lambda^{-1}$, and equation (21) makes up one part of the Greenwood-Pitman path decomposition.

The partial result provided by equation (21) also admits a direct proof by our martingale method. If m consists only of a finite number of atoms within $(-\infty,0]$, then we can find a bounded function g_θ on $\mathbb{R}$ such that

$$N_t^\theta \equiv \exp(-\tfrac{1}{2}\theta^2 t) g_\theta(B_t) \text{ defines a martingale } N^\theta \;;$$

and we can prove (21) by applying the optional-sampling theorem to N^θ. A weak*-convergence argument completes the proof.

Paper II points to a simple proof of (21), and to some substantial generalisations.

3. The key uniqueness theorem

Let f_θ, M^θ, p_1, p_2, J, etc. have their now-familiar significance.

Suppose that B starts at x where $x < 0$. By applying the optional-sampling theorem to the martingale M^θ of (10) at time τ_t^+, we obtain:

(45) $$E^x f_\theta(Y_t^+) = e^{-\frac{1}{2}\theta^2 t} f_\theta(x) \qquad (\forall\theta > 0).$$

We shall prove that _the_ P^x _law of_ Y_t^+ _is uniquely determined by (45)_.

Now, if $p_1 = 0$, then the P^x law of Y_t^+ is a _probability_ measure, while, if $p_1 > 0$, then the P^x law of Y_t^+ is a measure of total mass less than 1. The desired uniqueness result is therefore an immediate consequence of the following theorem.

(46) THEOREM.

(i) _Suppose that_ μ_1 _and_ μ_2 _are probability measures on the open interval_ $(0,\infty)$ _such that_

(47) $$\int_{(0,\infty)} f_\theta(y)\mu_1(dy) = \int_{(0,\infty)} f_\theta(y)\mu_2(dy), \qquad \forall\theta > 0.$$

Then $\mu_1 = \mu_2$.

(ii) _Suppose that_ $p_1 > 0$. _If_ μ_1 and μ_2 _are finite measures on_ $(0,\infty)$ _such that (47) holds, then_ $\mu_1 = \mu_2$.

Notes.

(a) Observe that part (i) would be false if the interval $(0,\infty)$ were replaced by $[0,\infty)$. For if $p_1 = p_2 = 0$ and p_4 is a probability measure, then in the functional notation for measures, we have $p_4(f_\theta) = \delta_0(f_\theta)$, $\forall\theta > 0$, where δ_0 is the unit mass at 0.

(b) The case when $f(0) = \infty$ must of course be interpreted as the cosine-transform theorem. We continue to ignore that case.

Proof of (i). Suppose that μ_1 and μ_2 are probability measures on $(0,\infty)$ such that (47) holds. Because of the Wiener-Hopf factorization (30), we may rewrite (47) as follows:

$$\text{(48)} \qquad \int F_\theta(y)\mu_1(dy) = \int F_\theta(y)\mu_2(dy), \qquad \forall\theta > 0,$$

where

$$F_\theta(y) = \left[\theta p_2 + \int \frac{\theta r K(dr)}{r^2 + \theta^2}\right]\cos\theta y + \left[p_1 + \int \frac{\theta^2 K(dr)}{\theta^2 + r^2}\right]\sin\theta y,$$

$K(dr)$ being the $r^{-1}J(dr)$ of our previous notation. Recall that

$$\int (r+1)^{-1}J(dr) < \infty.$$

As before, define

$$\mathbb{H} \equiv \{z \in \mathbb{C} : \operatorname{Im}(z) \geq 0\}, \qquad \mathbb{H}^+ \equiv \{z \in \mathbb{C} : \operatorname{Im}(z) > 0\},$$

$$h(z) \equiv p_1 - ip_2 z - \int \frac{izK(dr)}{r - iz}.$$

Then h is analytic in $\mathbb{H}^+$ and continuous on $\mathbb{H}$. Moreover, if $z = a + ib$ (of course, a no longer has the significance it had at (2)), then

$$(49) \qquad \operatorname{Re}h(z) = p_1 + ap_2 + \int \frac{b(r+b) + a^2}{(r+b)^2 + a^2} K(dr) > 0 \quad \text{on} \quad \mathbb{H}\setminus\{0\},$$

so that $h \neq 0$ on $\mathbb{H}\setminus\{0\}$.

For $j = 1,2$, define $\tilde{\mu}_j : \mathbb{H} \to \mathbb{C}$ by the equation:

$$(50) \qquad \tilde{\mu}_j(z) \equiv \int (1 - e^{izy})\mu_j(dy) = 1 - \int e^{izy}\mu_j(dy),$$

and for $z \in \mathbb{H}\setminus\{0\}$, define:

$$(51) \qquad \Psi_j(z) \equiv \tilde{\mu}_j(z)/h(z).$$

Then Ψ_j is analytic in $\mathbb{H}^+$ and continuous on $\mathbb{H}\setminus\{0\}$.

Now, equation (48) states that

$$(52) \qquad \operatorname{Im}\Psi_1(\theta) = \operatorname{Im}\Psi_2(\theta), \qquad \forall\theta > 0.$$

Moreover, it is trivially true that

$$(53) \qquad \operatorname{Im}\Psi_1(i\theta) = \operatorname{Im}\Psi_2(i\theta), \qquad \forall\theta > 0,$$

because both sides of (53) are zero. We would like to conclude that

$$(54) \qquad \operatorname{Im}\Psi_1(z) = \operatorname{Im}\Psi_2(z) \quad \text{for all } z \text{ in the first quadrant.}$$

To do this, we need to establish appropriate growth conditions. But let us assume for the moment that (54) is proved. Then

$$\Psi_1(z) = \Psi_2(z) + c \quad \text{in the first quadrant,}$$

where c is a real constant. Thus, from (50) with z equal to (or, if you prefer, tending to) $i\theta$ with $\theta > 0$, we obtain

$$(55)\qquad \int (1-e^{-\theta y})\mu_1(dy) = \int (1-e^{-\theta y})\mu_2(dy) + c[p_1 + p_2\theta + \int (1-e^{-\theta y})p_4(dy)].$$

By examining what happens when $\theta \to \infty$, it is trivial to show that $c = 0$. [Note that it is here that we need the fact that the μ_j are probability measures on $(0,\infty)$ not $[0,\infty)$.] Hence $\mu_1 = \mu_2$.

We must now prove (54). To ensure that a function g, which is harmonic in the open first quadrant and continuous on the closed first quadrant except perhaps at 0, is determined by its values on the edges of the quadrant, it is enough to show that g is bounded near 0 and that $g(z) = O(|z|)$ as $|z| \to \infty$. We apply this principle not to the function $\Psi_j(z)$ but to the function $\Psi_j(1/z)$, that is, to the function $\Psi_j \circ z^{-1}$ defined on the fourth quadrant. Translating back to the first quadrant, we see that to prove (54), we need to establish:

(56) $\qquad \Psi_j(z)$ is bounded near ∞ (within the first quadrant),

(57) $\qquad z\Psi_j(z) \to 0$ as $z \to 0$ (within the first quadrant).

Note that $|\tilde{\mu}_j| \le 2$ on $\mathbb{H}$. From (49), $|h| \ge p_1$ on $\mathbb{H}$, so that if $p_1 > 0$ then (see (50)) $|\Psi_j| \le 2p_1^{-1}$ on $\mathbb{H}$, and (56) and (57) follow.

It remains to prove (56) and (57) when $p_1 = 0$. [As usual, we ignore the case when ($p_2 \ne 0$ and) the measure K is zero. The theorem is classical in that case.] From (49),

$$|h(z)| \ge \int \frac{b(r+b) + a^2}{(r+b)^2 + a^2} K(dr)$$

$$\ge \frac{1}{2}\int \frac{a^2 + b^2}{r^2 + a^2 + b^2} K(dr) \ge \frac{1}{2}\int \frac{1}{r^2 + 1} K(dr)$$

when $|z| \geq 1$; and (56) follows. Next,

$$z\Psi_j(z) = \tilde{\mu}_j(z) / [-ip_2 - i\int \frac{K(dr)}{r - iz}].$$

But $\tilde{\mu}_j(z) \to 0$ as $z \to 0$, and if $a^2 + b^2 \leq \varepsilon^2$, then

$$|p_2 + \int \frac{K(dr)}{r - i\theta}| \geq p_2 + \int \frac{(b+r)K(dr)}{(r+b)^2 + a^2}$$

$$\geq p_2 + \frac{1}{2}\int \frac{rK(dr)}{r^2 + \varepsilon^2}$$

The result (57) follows, and the proof of part (i) of the theorem is complete. □

Proof of (ii). Assume that $p_1 > 0$. Suppose that μ_1 and μ_2 are finite measures on $(0,\infty)$. Using the modified definitions:

$$\tilde{\mu}_j(z) \equiv \int e^{izy}\mu_j(dy) \qquad (j = 1,2),$$

we transfer the proof of part (i) in the obvious way, the bound $|\Psi_j| \leq p_1^{-1}$ making everything easy. □

REFERENCES

1. M.T. BARLOW, L.C.G. ROGERS, and DAVID WILLIAMS, Wiener-Hopf factorization for matrices, Séminaire de Probabilités XIV, Springer Lecture Notes in Math. 784, 324-331, 1980.

2. H. DYM and H.P. McKEAN, Gaussian processes, function theory, and the inverse spectral problem, Academic Press, New York, 1976.

3. Priscilla GREENWOOD and Jim PITMAN, Fluctuation identities for Lévy processes and splitting at the maximum, Adv. Appl. Prob. 12, 893-902, 1980.

4. K. ITÔ and H.P. McKEAN, Diffusion processes and their sample paths, Springer, Berlin, 1965.

5. J.F.C. KINGMAN, Markov transition probabilities, II; Completely monotone functions, Z. Wahrscheinlichkeitstheorie & verw. Geb. 6, 248-270, 1967.

6. L.C.G. ROGERS and DAVID WILLIAMS, Time-substitution based on fluctuating additive functionals (Wiener-Hopf factorization for infinitesimal generators), Séminaire de Probabilités XIV, Springer Lecture Notes in Math. 784, 332-342.

R.R.L., Department of Mathematics, University College, Singleton Park, SWANSEA SA2 8PP, Great Britain

H.P. McK., Courant Institute of Mathematical Sciences, New York University, 251 Mercer Street, NEW YORK, N.Y. 10012, U.S.A.

L.C.G.R., Department of Statistics, University of WARWICK, CU4 7AL, Great Britain.

D.W., Department of Mathematics, University College, Singleton Park, SWANSEA SA2 8PP, Great Britain.

A MARTINGALE APPROACH TO SOME WIENER-HOPF PROBLEMS, II,

by

R.R. London, H.P. McKean, L.C.G. Rogers, and David Williams

To a large extent, this paper, II, may be read independently of Paper I.

Please see the introductory remarks to Paper I for a brief indication of the relationship between the two papers.

PART A. A NEW LOOK AT THE MARKOV-CHAIN CASE

1. Fluctuating clocks for Markov chains. Let E be a finite set, let X be an irreducible Markov chain on E with Q-matrix Q, and let m denote the unique invariant probability measure for X. For $x \in E$, P^x denotes the law of X when $X_0 = x$. Let v be a map $v: E \to \mathbb{R} \setminus \{0\}$, and put $E^+ \equiv v^{-1}(0,\infty)$, $E^{-1} \equiv v^{-1}(-\infty,0)$. We suppose that both E^+ and E^- are non-empty. For $t \geq 0$, define

$$(1.1)\quad \phi_t \equiv \int_0^t v(X_s)ds,\ \tau_t^+ \equiv \inf\{s:\phi_s > t\},\quad \tau_t^- \equiv \inf\{s:-\phi_s > t\},$$

$$Y_t^+ \equiv X(\tau_t^+),\quad Y_t^- \equiv X(\tau_t^-).$$

It is elementary to prove that Y^+ and Y^- are Markov chains on E^+ and E^- respectively. We suppose that

$$(1.2)\quad Vm(E) > 0,$$

where Vm is the signed measure on E with $Vm(x) \equiv v(x)m(x)$. Then Y^+ has infinite lifetime, and Y^- has finite lifetime. Let G^+ be the $E^+ \times E^+$ matrix which is the Q-matrix of Y^+, and let G^- be the Q-matrix of Y^-. Let Π^+ and Π^- (respectively) be the $E^- \times E^+$ and $E^+ \times E^-$

matrices with entries:

$$(1.3)\qquad \Pi^+(b,a) \equiv P^b[Y_0^+ = a],\quad \Pi^-(a,b) \equiv P^a[Y_0^- = b],\quad \text{for } a \in E^+,\ b \in E^-.$$

Let V be the diagonal matrix diag(v(i)), or, in other words, the operator of multiplication by v. The partitioning $E = E^+ \cup E^-$ of E induces the partitioning:

$$V^{-1}Q = \begin{pmatrix} A & B \\ -C & -D \end{pmatrix}$$

of the matrix $V^{-1}Q$. It is obvious from the probabilistic interpretation that

$$(1.4)\qquad G^+ = A + B\Pi^+,\quad \Pi^+ = \int_0^\infty e^{tD}Ce^{tG^+}dt,$$

so that

$$(1.5)\qquad \Pi^+G^+ = \int_0^\infty e^{tD}Ce^{tG^+}G^+dt = -C-D\Pi^+$$

(by integration by parts). On combining (1.4) and (1.5) with their 'minus' analogues, we obtain the 'Wiener-Hopf factorization' of $V^{-1}Q$:

$$(1.6)\qquad \begin{pmatrix} I & \Pi^- \\ \Pi^+ & I \end{pmatrix}^{-1} \begin{pmatrix} A & B \\ -C & -D \end{pmatrix} \begin{pmatrix} I & \Pi^- \\ \Pi^+ & I \end{pmatrix} = \begin{pmatrix} G^+ & 0 \\ 0 & -G^- \end{pmatrix}.$$

It is easy to see that the matrix inverse occurring on the left-hand side of (1.6) exists because of assumption (2.2).

The existence of the factorization (1.6) was proved by a different (martingale) method in Barlow-Rogers-Williams [1]. It was also shown there that the factorization (1.6) is <u>unique</u> in the strong sense now to be explained.

Suppose that Π^+, Π^-, G^+ and G^- are any four matrices (on $E^- \times E^+$, $E^+ \times E^-$, $E^+ \times E^+$ and $E^- \times E^-$ respectively) such that every eigenvalue of G^+ has nonpositive real part, every eigenvalue of G^- has negative real part, and (1.6) holds. Then Π^+ and Π^- must be as at (1.3), and (hence) G^+ and G^- must be the Q-matrices of Y^+ and Y^- respectively.

So as not to look for difficulties, we shall assume throughout the remainder of this paper that

(1.7, Assumption) $V^{-1}Q$ has $(|E|)$ distinct eigenvalues. It is then easy to prove the uniqueness assertion for the factorization (1.6) stated above, for it hinges on the following lemma.

(1.8) LEMMA. Let $f = \binom{f^+}{f^-}$ be a function on E (with restrictions f^+ and f^- to E^+ and E^- respectively.)

(i) If $V^{-1}Qf = \alpha f$ for some α with nonpositive real part, then

$$f = \binom{I}{\Pi^+}f^+, \quad \text{and} \quad G^+f^+ = \alpha f^+.$$

(ii) If $V^-Qf = \beta f$ for some β with strictly positive real part, then

$$f = \binom{\Pi^-}{I}f^-, \quad \text{and} \quad G^-f^- = -\beta f^-.$$

It follows that $V^{-1}Q$ has exactly $|E^+|$ eigenvalues of non-positive real part, and $|E^-|$ eigenvalues of strictly positive real part.

2. A spectral expansion for Π^+. Let

$$\beta_1, \beta_2, \ldots, \beta_k \qquad (k = |E^-|)$$

be the eigenvalues of $V^{-1}Q$ of strictly positive real part. From Lemma 1.8, we know that (with $\sigma(.)$ denoting spectrum):

(2.1) $\sigma(G^-) = \{-\beta_1, -\beta_2, \ldots , -\beta_k\}$.

Now it follows quickly from (1.6) that

(2.2) $D + \Pi^+B \;=\; (I - \Pi^+\Pi^-)G^-(I - \Pi^+\Pi^-)^{-1}$,

so that the matrix $D + \Pi^+B$ is similar to the matrix G^-. By standard matrix theory, there exist $E^- \times E^-$ matrices $J_1, J_2, \ldots , J_k$ such that (with I^- denoting the identity $E^- \times E^-$ matrix):

(2.3) $J_i^2 = J_i, \quad \sum_i J_i = I^-, \quad J_i(D + \Pi^+B) = -\beta_i J_i$.

From (1.4) and (1.5),

(2.4) $C + D\Pi^+ + \Pi^+A + \Pi^+B\Pi^+ \;=\; 0,$

Hence,

$$J_iC + J_i\Pi^+A - \beta_iJ_i\Pi^+ \;=\; 0$$

and so

$$J_i\Pi^+ \;=\; J_iC(\beta_i - A)^{-1} .$$

Since $\Sigma J_i = I^-$, we have proved the following theorem.

(2.5) THEOREM.

$$\Pi^+ \;=\; \sum_i J_iC(\beta_i - A)^{-1} .$$

Now, for $\lambda > 0$, the matrix $C(\lambda - A)^{-1}$ has an obvious significance as the Laplace transform of an entrance law from E^- to E^+ for a chain Z with Q-matrix

$$\begin{pmatrix} A & B \\ C & D \end{pmatrix} .$$

We obtain such a chain Z via the classical time-substitution:

$$(2.6)\qquad Z_t \equiv X(\rho_t), \quad \text{where} \quad \rho_t \equiv \inf\{u: \int_0^u |v(X_s)|ds > t\} .$$

We have shown that

(2.7) <u>for</u> $b \in E^-$, <u>the law</u> $\Pi^+(b,\cdot)$ <u>of</u> Y_0^+ <u>under</u> P^b <u>is a 'mixture' of Laplace transforms of entrance laws for</u> Z <u>from</u> E^- <u>to</u> E^+ <u>with Laplace-transform parameters</u> $\beta_1, \beta_2, \ldots, \beta_k$, <u>the eigenvalues of</u> $-G^-$.

It should be noted that the 'symmetric appearance' of (2.4) suggests that a dual form of the second equation at (1.4) must hold:

$$(2.8)\qquad \Pi^+ = \int_0^\infty e^{t(D+\Pi^+B)}Ce^{tA}dt ,$$

and that it is (2.8) which provides the motivation for Theorem 2.5. We shall now see that (2.8) is best proved by a time-reversal argument.

3. <u>Time-reversal</u>. Suppose now that X_0 is chosen according to the invariant measure m. Then the time-reversal X^* of X is a Markov chain with Q-matrix Q^* which is the adjoint of Q on $L^2(E,m)$:

$$(Q^*f)_x = \sum_{y\in E} q^*_{xy}f_y, \quad \text{where} \quad q^*_{xy} = m_y q_{yx} m_x^{-1} .$$

For an $E^- \times E^+$ matrix $H = (h_{ba})$, define H^* to be the $E^+ \times E^-$ matrix with $h^*_{ab} \equiv m_b h_{ba} m_a^{-1}$; and so on. By simple algebraic operations on (1.4),

$$(3.1)\qquad \begin{pmatrix} I & (\Pi^+)^* \\ (\Pi^-)^* & I \end{pmatrix}^{-1} \begin{pmatrix} A^* & C^* \\ -B^* & -D^* \end{pmatrix} \begin{pmatrix} I & (\Pi^+)^* \\ (\Pi^-)^* & I \end{pmatrix} = \begin{pmatrix} (A+\Pi^-C)^* & 0 \\ 0 & -(D+\Pi^+B)^* \end{pmatrix} ,$$

and this is the unique Wiener-Hopf factorization of $V^{-1}Q^*$. The probabilistic interpretation now implies that

$$(\Pi^+)^* = \int_0^\infty e^{tA^*}C^*e^{t(D+\Pi^+B)^*}dt,$$

and equation (2.8) follows on taking adjoints on $L^2(E,m)$.

4. The 'symmetrizable' case. The most interesting case is that in which

(4.1) $Q = Q^*$,

that is, in which $m_x q_{xy} = m_y q_{yx}$ and X is 'symmetrizable' (identical in law to its time-reversal X^*).

Assume now that (4.1) holds. Then, on comparing (1.4) with (3.1), we see that

(4.2) $(\Pi^+)^* = \Pi^-, \quad (\Pi^-)^* = \Pi^+, \quad G^+ = (A+\Pi^-C)^*, \quad G^- = (D+\Pi^+B)^*.$

Let us now follow up some of the 'algebra' of the situation.

The operator $V^{-1}Q$ is self-adjoint relative to the indefinite inner-product defined as follows:

$$\langle f,g\rangle_{Vm} \equiv \sum_{x\in E} f_x \bar{g}_x v_x m_x ,$$

$\bar{g}_x$ denoting the complex conjugate of g_x. If f^+ and g^+ are vectors on E^+, define

$$\langle f^+,g^+\rangle_+ \equiv \langle f,g\rangle_{Vm}, \quad \text{where } f \equiv \binom{I}{\Pi^+}f^+ , \quad g \equiv \binom{I}{\Pi^+}g^+.$$

Then

$$\langle f^+,g^+\rangle_+ = \langle f^+,(I-\Pi^-\Pi^+)g^+\rangle_{(Vm)^+} ,$$

the inner product on the right being the inner product in $L^2(E^+,(Vm)^+)$, $(Vm)^+$ being the restriction of Vm to E^+. From (4.2), the matrix $(I - \Pi^-\Pi^+)$ is self-adjoint on $L^2(E^+,(Vm)^+)$. Further, since $\Pi^-\Pi^+$ is substochastic and definitely not stochastic, it is easily shown that $(I - \Pi^-\Pi^+)$ is strictly positive-definite. (For example, one can express $(I - \Pi^-\Pi^+)^{-\frac{1}{2}}$ by binomial expansion.) In particular, if f is an eigenvector of $V^{-1}Q$ corresponding to an eigenvalue α of nonpositive real part, then

$$\langle f,f\rangle_{Vm} = \langle f^+,f^+\rangle_+ > 0$$

and we can use the old-familiar argument to show that α is real:

$$\alpha\langle f,f\rangle_{Vm} = \langle V^{-1}Qf,f\rangle_{Vm} = \langle f,V^{-1}Qf\rangle_{Vm}$$

$$= \langle f,\alpha f\rangle_{Vm} = \overline{\alpha}\langle f,f\rangle_{Vm},$$

so that $\alpha = \overline{\alpha}$.

Analogously, if f^- and g^- are vectors on E^-, define

$$\langle f^-,g^-\rangle_- \equiv \langle f,g\rangle_{Vm}, \quad \text{where } f \equiv \binom{\Pi^-}{I}f^-, \quad g \equiv \binom{\Pi^-}{I}g^-,$$

so that

$$\langle f^-,g^-\rangle_- = -\langle f^-,(I - \Pi^+\Pi^-)g^-\rangle_{(Vm)^-}$$

where $(Vm)^-$ is <u>minus</u> the restriction of Vm to E^- (so that $Vm = (Vm)^+ - (Vm)^-$). Then $\langle\cdot,\cdot\rangle_-$ is a negative-definite inner-product, and we can show as above that if β is an eigenvalue of $V^{-1}Q$ with strictly positive real part, then $-\beta$ is an eigenvalue of G^- and β is real.

Thus, <u>every</u> eigenvalue of $V^{-1}Q$ is real, and the usual undergraduate method shows that eigenvectors of $V^{-1}Q$ corresponding to different eigenvalues are orthogonal for the inner product $\langle\cdot,\cdot\rangle_{Vm}$. As a consequence

G^- has real eigenvalues and eigenvectors which are orthogonal relative to the inner-product $\langle\cdot,\cdot\rangle_-$. Hence,

(4.3) G^- <u>is self-adjoint relative to the inner-product</u> $\langle\cdot,\cdot\rangle_-$. Since we know from (4.2) that $G^- = (D+\Pi^+B)^*$, the result (4.3) does in fact follow immediately from (2.2). However, the inner-product concepts prove to give a helpful way of thinking about things.

Take m-adjoints in (2.3):

(4.4) $(J_i^*)^2 = J_i$, $\Sigma J_i^* = I^-$, $G^-J_i^* = -\beta_i J_i^*$.

For $1 \le i \le k$, let $\Psi_i = (\Psi_i(b) : b \in E^-)$ be a real eigenvector of G^- corresponding to $-\beta_i$, and normalise the Ψ_i so that

$$\langle\Psi_i,\Psi_j\rangle_- = -\delta_{ij}.$$

Then, for any vector η on E^-, we have

$$J_i^*\eta = -\langle\eta,\Psi_i\rangle_-\Psi_i = \Psi_i\Psi_i^*(I-\Pi^+\Pi^-)\eta,$$

where, for $b \in E^-$, $\Psi_i^*(b) \equiv \Psi_i(b)m(b)$. Hence,

(4.5) $$J_i = (I-\Pi^+\Pi^-)\Psi_i\Psi_i^*.$$

5. <u>Recapitulation</u>. Let us collect together some of the facts which we have established for the case when X is symmetrizable.

Firstly, we know that the eigenvalues $-\beta_1,-\beta_2,\ldots,-\beta_k$ of G^- are real and negative; and from (4.4) we have the resolvent expansion:

(5.1) $$(\lambda - G^-)^{-1} = \sum_{i=1}^{k} \frac{J_i^*}{\lambda + \beta_i} \qquad (\lambda > 0).$$

Secondly, we have:

(5.2) $$\Pi^+ = \sum_{i=1}^{k} J_i C(\beta_i - A)^{-1}$$

(restating (2.5)); and, since this is now an expansion of Π^+ in terms of real matrices, the 'interpretation' (2.6) is a little more meaningful. Finally, we have (4.5).

6. <u>A special case</u>. We now make the further assumption that E^- contains a 'special' state labelled 0 such that jumps from E^- to E^+ can be made only from state 0. It follows from the symmetrizability assumption that jumps from E^+ to E^- can only be made <u>to</u> state 0.

We shall prove under this assumption that

(6.1) $$J_i(0,0) \geq 0 \qquad (\forall i),$$

so that, from (5.2), $\Pi^+(0,\cdot)$ is a convex combination of the Laplace transforms of the entrance law for Z from 0 into E^+ of parameters $\beta_1, \beta_2, \ldots, \beta_k$. Moreover, we have, from (5.1) and the fact that $J_i^*(0,0) = J_i(0,0)$,

(6.2) $$(\lambda - G^-)^{-1}(0,0) = \sum_i \frac{J_i(0,0)}{\lambda + \beta_i} .$$

<u>Note on the 'Brownian' case</u>. In the 'Brownian' case considered in Paper I, the entrance law of Z from 0 into $(0,\infty)$ is of course identical to the entrance law of a reflecting Brownian motion from 0 into $(0,\infty)$. The Laplace transform of this entrance law with parameter $\beta = \frac{1}{2}r^2$ $(r > 0)$ is well known to be the measure

$$2e^{-rx}dx$$

(in terms of the standard local time at 0). An 'explanation' of the fundamental formula:

$$(6.3) \qquad p_4(dx) = dx \int e^{-rx} J(dr)$$

from Paper I - with J a <u>(nonnegative)</u>measure - is therefore now before us; and the way in which the measure J in (6.3) features in the resolvent of Y^- in equation (21) of Paper I corresponds exactly to our equation (6.2) □

<u>Proof of inequality (6.1)</u>. Because of (4.5), we need only show that

(6.4) $(f^- - \Pi^+\Pi^- f^-)(0)$ <u>and</u> $f^-(0)$ <u>have the same sign</u> whenever

$f = \binom{f^+}{f^-} = \binom{\Pi^-}{I} f^-$ is an eigenvector of $V^{-1}Q$ corresponding to an eigenvalue $\beta > 0$. (For we can take $\beta = \beta_i$ and $f^- = \Psi_i$.) Now since $Qf = \beta Vf$,

$$\exp(-\beta\phi_t) f(X_t)$$

is a local martingale under every P^y measure. Let

$$\eta \equiv \inf\{t : X_t \in E^-\}.$$

Let $x \in E^+$. Then, under P^x,

$$\exp(-\beta\phi_{t\wedge\eta}) f(X_{t\wedge\eta})$$

is a bounded local martingale, and hence a martingale. Hence, for $x \in E^+$,

$$(6.5) \qquad f(x) = (\Pi^- f^-)(x) = E^x[\exp(-\beta\phi_\eta) f(X_\eta)] = E^x[\exp(-\beta\phi_\eta)] f(0)$$

since we are assuming that X can enter E^- from E^+ only at the point 0. Obviously, we need only prove (6.4) under the assumption that $f^-(0) > 0$. But then, from (6.5),

$$(\Pi^- f^-)(x) \le f^-(0) \qquad (\forall x \in E^+),$$

and, since Π^+ is substochastic (in fact, stochastic),

$$(\Pi^+\Pi^- f^-)(0) \le f^-(0),$$

and the result (6.4) follows. □

7. Another expression for π^+. Now that the reader has seen that the chain case can indeed throw light on the diffusion case, perhaps he will tolerate one further small rephrasing of the analytic form of π in the general 'symmetrizable' case for chains. The reader will appreciate that what is merely a trivial rephrasing in the finite-dimensional case may correspond to something deeper in the infinite-dimensional context.

So, let X be symmetrizable. Every eigenvalue of $V^{-1}Q$ is real. If $k = |E^-|$, then we can find k linearly independent real eigenvectors f_i $(1 \le i \le k)$ of $V^{-1}Q$ with corresponding eigenvalues positive. Each f_i has the form

$$f_i = \begin{pmatrix} \pi^- \\ I \end{pmatrix} \Psi_i$$

where Ψ_i is the restriction of f_i to E^-. We can (and do) choose the f_i so that

(7.1) $$\langle f_i, f_j \rangle_{Vm} = \langle \Psi_i, \Psi_j \rangle_- = -\delta_{ij} .$$

Let $\xi_i = (I - \pi^+\pi^-)\Psi_i$. Then

(7.2) $$\langle \Psi_i, \xi_j \rangle_{(Vm)^-} = -\langle \Psi_i, \Psi_j \rangle_- = \delta_{ij} ,$$

so that (ξ_i) is a dual basis for (Ψ_i) relative to the classical inner product:

$$\langle \Psi, \xi \rangle_{(Vm)^-} = \sum_{b \in E^-} \Psi(b)\xi(b)|V(b)|m(b)$$

for real vectors on E^-.

Moreover,

$$J_i = \xi_i \Psi_i^*$$

and

$$\pi^+ = \sum_i J_i \pi^+ = \sum_i \xi_i (\pi^- \Psi_i)^*.$$

Thus,

$$(7.3) \qquad \pi^+(b,a) = \left(\sum_{i=1}^{k} \xi_i(b) f_i(a)\right) m(a), \qquad (b \in E^-,\ a \in E^+).$$

PART B. DETAILED CALCULATIONS FOR A DIFFUSION EXAMPLE.

8. Let B be a Brownian motion, and let

$$\phi_t \equiv \int_0^t I_{(0,\infty)}(B_s)ds - \int_0^t I_{[-1,0]}(B_s)ds.$$

For $t \geq 0$, let

$$\tau_t^+ \equiv \inf\{u:\phi_u > t\}, \qquad \tau_t^- \equiv \inf\{u:\phi_u < -t\},$$

$$Y_t^+ = B(\tau_t^+), \qquad Y_t^- \equiv B(\tau_t^-).$$

Here, we clearly have a 'symmetrizable' situation with $m(dx) = dx$ on $[-1,\infty)$,

and

$$V = \begin{cases} 1 & \text{on } (0,\infty), \\ -1 & \text{on } [-1,0]. \end{cases}$$

The Operator $\mathcal{A}$ (say) corresponding to $V^{-1}Q$ is the operator with

$$f = \begin{cases} \tfrac{1}{2}f'' & \text{on } (0,\infty) \\ -\tfrac{1}{2}f'' & \text{on } [-1,0] \end{cases}$$

where

$$\mathcal{D}(A) = C^1[-1,\infty) \cap C^2(-1,0) \cap C^2(0,\infty)$$
$$\cap \{f : f'(-1) = f'(-1+) = 0\}.$$

We hope that the reader will allow a notational shift which proves to be convenient. We shift $[-1,0]$ to $[0,1]$. Thus, we shall write:

y for a typical point of $(0,\infty)$

x in $[0,1]$ for the point which is really the point $x-1$ in $[-1,0]$.

This will become clear in a moment. Actually, there is rather more than mere notational convenience involved here ... .

With this understanding, note that

A has the bounded eigenfunction g, where

$g_\theta(x) = \cosh\theta x$ on $[0,1]$ (really, $\cosh\theta(x+1)$ on $[-1,0]$),

$g_\theta(y) = \cosh\theta\cos\theta y + \sinh\theta\sin\theta y$ on $(0,\infty)$,

corresponding to the NEGATIVE eigenvalue $-\frac{1}{2}\theta^2$.

By analogy with (1.8.i), or directly from the martingale argument in Paper I, we know that if

(8.1) $\pi(x,dy) = P^x[Y_0^+ \in dy]$,

then

(8.2) $$\int_y \pi(x,dy)(\cosh\theta\cos\theta y + \sinh\theta\sin\theta y) = \cosh\theta x.$$

Moreover, we know from Part 3 of Paper I that

(8.3) the measure $\pi(x,\cdot)$ on $(0,\infty)$ is uniquely determined by the fact that (8.2) holds for all $\theta > 0$.

We note that:

A has the bounded eigenfunction f_n, where

$$f_n(x) = \cos\alpha_n x/\cos\alpha_n \quad \text{on } [0,1],$$

$$f_n(y) = e^{-\alpha_n y} \quad \text{on } (o,\infty),$$

<u>corresponding to the POSITIVE eigenvalue</u> $\frac{1}{2}\alpha_n^2$, <u>where</u>

$$\alpha_n = (n+\tfrac{1}{4})\pi, \quad n = 0,1,2,\ldots$$

We note that

$$\langle f_m, f_n\rangle_{Vm} = -\delta_{mn}.$$

From (7.3), we expect that

$$\text{(8.4)} \qquad \pi(x,dy) = \pi(x,y)dy$$

where

$$\text{(8.5)} \qquad \pi(x,y) = \sum_{n\geq 0} H_n(x)e^{-\alpha_n y}$$

and the 'dual basis' H_n satisfies:

$$\text{(8.6)} \qquad \int_0^1 H_m(x)\cos\alpha_n x dx = \delta_{mn}\cos\alpha_n.$$

Moreover, since $\pi^+ = (\pi^-)^*$, we expect that

$$P^y[Y_0^- \in dx] = dx\pi(x,y),$$

and, by analogy with (1.8.ii), that

$$\text{(8.7)} \qquad \int_0^1 \pi(x,y)\cos\alpha_n x\, dx = e^{-\alpha_n y}\cos\alpha_n.$$

The problem is that equation (8.2) for π, equation (8.7) for π, and equations (8.6) for the H_m, are none of them of conventional form.

It was only after very considerable effort - and a remarkable piece of luck - that we discovered that for $0 < x < 1$,

$$(8.8) \qquad \pi(x,y) = \frac{\cosh \tfrac{1}{2}\pi y(\cos \tfrac{1}{2}\pi x \sinh \tfrac{1}{2}\pi y)^{\frac{1}{2}}}{2^{\frac{1}{2}}(\sinh^2 \tfrac{1}{2}\pi y + \cos^2 \tfrac{1}{2}\pi x)} .$$

9. Evaluation of some integrals. Let us now verify that if π is defined as at (8.8), then

$$(9.1) \qquad \int (\cosh\theta \cos\theta y + \sinh\theta \sin\theta y)\pi(x,y)\,dy = \cosh\theta x, \quad \text{when} \quad 0 < x < 1, \ \theta > 0.$$

Consider the contour integral

$$\oint \frac{\cosh \tfrac{1}{2}\pi z(\sinh \tfrac{1}{2}\pi z)^{\frac{1}{2}}}{\sinh^2 \tfrac{1}{2}\pi z + \cos^2 \tfrac{1}{2}\pi x} e^{i\theta z} dz$$

around the contour:

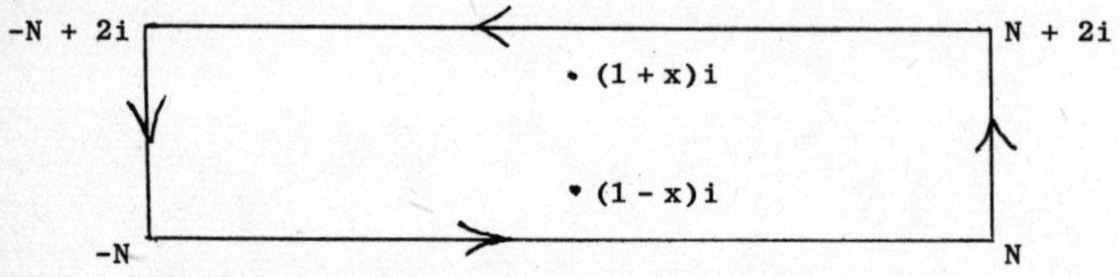

There is no problem with the square root because

$\operatorname{Im} \sinh \tfrac{1}{2}\pi z \geq 0$ inside and on the contour. It is trivial that the contribution from the 'vertical' parts of the contour tends to 0 as $N \to \infty$, so that we can 'take $N = \infty$'.

The poles occur when

$$\sinh \tfrac{1}{2}\pi z = \pm i \cos \tfrac{1}{2}\pi x,$$

and so the only poles within the contour are at

$(1+x)i$ and $(1-x)i$.

The residues at these poles are found to be

$$\frac{e^{-\theta(1+x)}}{\pi(i\cos\frac{1}{2}\pi x)^{\frac{1}{2}}} \quad \text{and} \quad \frac{e^{-\theta(1-x)}}{\pi(i\cos\frac{1}{2}\pi x)^{\frac{1}{2}}} \quad \text{respectively.}$$

Because

$$\cosh\tfrac{1}{2}\pi(z+2i) = -\cosh\tfrac{1}{2}\pi z$$

$$\sinh\tfrac{1}{2}\pi(z+2i) = -\sinh\tfrac{1}{2}\pi z\,,$$

the total contribution to $\oint$ from the horizontal parts of the contour is

$$(1+ie^{-2\theta})\int_{-\infty}^{\infty} \frac{\cosh\frac{1}{2}\pi z(\sinh\frac{1}{2}\pi z)^{\frac{1}{2}}}{\sinh^2\frac{1}{2}\pi z + \cos^2\frac{1}{2}\pi x} e^{i\theta z} dz.$$

It is now a straightforward exercise to deduce the desired result (9.1) from the Residue Theorem.

<u>Because of (8.3)</u>, <u>we have now determined the law of</u> Y_0^+.

****

We can prove in a similar fashion that if π is again defined via (8.8), then (8.7) holds. This time, we evaluate

$$\oint \frac{(\cos\frac{1}{2}\pi z)^{\frac{1}{2}} e^{i\alpha_n z}}{\sinh^2\frac{1}{2}\pi y + \cos^2\frac{1}{2}\pi x} dz$$

around the contour

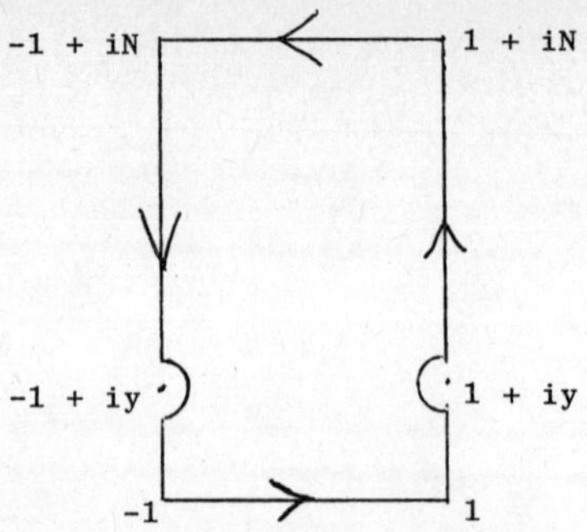

****

Next, notice that if π is defined as at (8.8), then π has the form (8.5) as can be seen by binomial expansion; and then (8.6) follows from (8.7). It is interesting to note that

$$H_0(x) = (\cos \tfrac{1}{2}\pi x)^{\frac{1}{2}} .$$

10. <u>A brief sketch of our route to (8.8)</u>. Some interesting complex analysis underlies this work, and it is very likely that it will be taken up by some of us in a further paper. In particular, the contours used in §9 relate to our problem in a fascinating way.

For now, we explain briefly how we arrived at the formula (8.8).

We began by solving for this example the problem considered in Paper I, namely, that of determining the law of Y^+. We assume now that the reader is familiar with the results of Paper I.

[At this point, DW apologizes - for the fault is his - for the fact that the notation in these two papers could have been better integrated. But there are not enough letters to go round, and one needs an enormous number of letters to describe certain Wiener-Hopf expansions which make essential companions to those mentioned in this paper.]

The bounded eigenfunction h (say) of A $(=\frac{1}{2}\operatorname{sgn}(x)D^2)$ corresponding to eigenvalue $-\frac{1}{2}\theta^2$ and normalized so that $h_\theta'(0) = 1$, is given on $(0,\infty)$ by

$$h_\theta(y) = \theta^{-1}\coth\theta\cos\theta y + \theta^{-1}\sin\theta y.$$

Hence, since p_1 and p_2 are obviously zero, we must find a measure J on $(0,\infty)$ such that

$$(10.1)\qquad \frac{\cosh\theta}{\theta\sinh\theta} = \frac{\displaystyle\int\frac{J(dr)}{r^2+\theta^2}}{\displaystyle\theta^2\int\frac{J(dr)}{r(r^2+\theta^2)}}$$

But one of the recurring themes of these two papers is that J must be supported by r-values such that $\frac{1}{2}r^2$ is a positive eigenvalue of A. Thus J must be supported by the set

$$\{\alpha_0,\alpha_1,\alpha_2,\ldots\},\quad\text{where}\quad \alpha_n = (n+\tfrac{1}{4})\pi.$$

We shall write $\alpha_n H_n = J\{\alpha_n\}$. Then (10.1) takes the form:

$$\frac{\cosh\theta}{\sinh\theta} = \frac{\displaystyle\Sigma\frac{\alpha_n H_n}{\alpha_n^2+\theta^2}}{\displaystyle\theta\Sigma\frac{H_n}{\alpha_n^2+\theta^2}}.$$

Write $i\theta$ for θ and rearrange to get:

$$(10.2)\qquad \frac{\cos\theta-\sin\theta}{\cos\theta+\sin\theta} = \frac{\displaystyle\Sigma\frac{H_n}{\alpha_n+\theta}}{\displaystyle\Sigma\frac{H_n}{\alpha_n-\theta}}.$$

Note that the two sides have the same zeros in $\mathbb{C}$ and the same poles (with correct residues) in $\mathbb{C}$. It follows from Paper I that amongst non-negative sequences, the sequence H_n is unique modulo multiplication by a constant.

We discovered that

$$(10.3) \qquad H_n = \frac{\Gamma(n+\frac{1}{2})}{\Gamma(n+1)} \qquad \text{(modulo a constant multiplier)}$$

by considering the Mittag-Leffler expansion of

$$\operatorname{cosec}(z-\tfrac{\pi}{4}) \prod_{k=1}^{\infty} \left(1 - \frac{z^2}{(k-\frac{1}{4})^2\pi^2}\right),$$

and then discovered that applied mathematicians had spotted (10.3). (But we have found the Mittag-Leffler technique useful in other probabilistic examples.) For (H_n) as at (10.3),

$$(10.4) \qquad \Sigma \frac{H_n}{\alpha_n + \theta} = \frac{\Gamma(\frac{1}{4}+\frac{\theta}{\pi})}{\Gamma(\frac{3}{4}+\frac{\theta}{\pi})} .$$

Since we now know the measure J, we can calculate the Lévy measure for Y^+. We find that

$$p_4(y,\infty) = \frac{\text{constant}}{\sqrt{(\sinh \frac{1}{2}\pi y)}} .$$

The calculation of $\pi(x,y)$ seems to be altogether more challenging.

Since we know the Lévy measure for Y^+, we can show by entirely standard arguments that

$$(10.5) \qquad P^0[Y_t^+ \in dy] = b_y(t)dy \qquad (t > 0,\ y > 0)$$

where, for $\gamma > 0$,

$$(10.6)\qquad \int_{(0,\infty)} e^{-\frac{1}{2}\gamma^2 t} b_y(t)\,dt = \frac{\sum_n \frac{2\alpha_n H_n}{\gamma^2-\alpha_n^2}\left(e^{-\alpha_n y}-e^{-\gamma y}\right)}{\sum_m \frac{\gamma H_m}{\alpha_m+\gamma}}$$

From (10.6) and (10.2), it follows that if

$$(10.7)\qquad \gamma_k = (k+\tfrac{1}{2})\pi, \qquad k = 0,1,2,\ldots$$

$$(10.8)\qquad \int_{(0,\infty)} e^{-\frac{1}{2}\gamma_k^2 t} b_y(t)\,dt = \frac{1}{\gamma_k r_k}\sum_n \frac{2\alpha_n H_n}{\gamma_k^2-\alpha_n^2} e^{-\alpha_n y},$$

where

$$r_k = \sum_n \frac{H_n}{\alpha_n+\gamma_k} = \frac{\Gamma(k+\frac{3}{4})}{\Gamma(k+\frac{5}{4})}.$$

But it is probabilistically obvious - compare the second equation at (1.4), and use the strong Markov theorem for rigour - that

$$(10.9)\qquad \pi(x,y) = \int_{(0,\infty)} a_x(t)\,b_y(t)\,dt \qquad (0 \le x < 1,\ y \ge 0)$$

where for $0 \le x < 1$,

$$(10.10)\qquad a_x(t)\,dt = P^x[\text{RBM first hits } 1 \text{ within } (t,t+dt)],$$

where RBM signifies a Brownian motion reflected at 0.

It is well known that, for $\gamma > 0$,

$$\int_{(0,\infty)} e^{-\frac{1}{2}\gamma^2 t} a_x(t)\,dt = \frac{\cosh \gamma x}{\cosh \gamma} = \sum_k \frac{(-1)^k \gamma_k \cos \gamma_k x}{\frac{1}{2}\gamma_k^2 + \frac{1}{2}\gamma^2}$$

$$= \int_{(0,\infty)} e^{-\frac{1}{2}\gamma^2 t} \Big(\sum_k R_k(x) e^{-\frac{1}{2}\gamma_k^2 t}\Big), \quad R_k(x) = (-1)^k \gamma_k \cos \gamma_k x .$$

Hence

$$(10.11) \qquad a_x(t) = \sum_k R_k(x) e^{-\frac{1}{2}\gamma_k^2 t} .$$

On putting together (10.8), (10.9), and (10.11), we see that

$$(10.12) \qquad \pi(x,y) = \sum_n H_n(x) e^{-\alpha_n y} \qquad \text{(Cheers!)}$$

where

$$(10.13) \qquad H_n(x) = 2\alpha_n H_n \sum_k \frac{(-1)^k \gamma_k \cos \gamma_k x}{\gamma_k r_k (\gamma_k^2 - \alpha_n^2)} .$$

But

$$\frac{\cos \alpha_n x}{\cos \alpha_n} = \sum_k \frac{(-1)^k 2\gamma_k \cos \gamma_k x}{\gamma_k^2 - \alpha_n^2} ,$$

so that

$$(10.14) \qquad H_n(x) = \alpha_n H_n \int_{-1}^{1} g(x-u) \frac{\cos \alpha_n u}{\cos \alpha_n}\, du,$$

where

$$(10.15) \qquad g(x) = \sum_k \frac{1}{(k+\frac{1}{2})\pi} \frac{\Gamma(k+\frac{5}{4})}{\Gamma(k+\frac{3}{4})} \cos(k+\tfrac{1}{2})\pi x.$$

Do note the range of integration in (10.14).

As a consequence of a preposterous guess, we were able to sum this series and show that

$$(10.16) \qquad g(x) = \frac{\sqrt{\pi}}{8} \int_{(x,1)} (\sin\tfrac{1}{2}\pi u)^{-\frac{3}{2}} du \qquad (0 < x < 1).$$

Formula (8.8) now follows on putting together (10.12), (10.14), and (10.16).

Of course, you may well feel that there is just as much chance of guessing (8.8) as of guessing that the sum of (10.15) is given by (10.16); and you may well be right! But we have told it the way it happened. The fact that (10.15) and (10.16) do agree follows from our uniqueness theorems and the calculations in §9; but we intend to indicate a direct proof of this fact and related facts elsewhere.

Acknowledgements.

The work of one of us (Rogers) was partially funded by the Science Research Council.

H.P. McKean gratefully acknowledges the partial support of the National Science Foundation under Grant No. NSF-MCS 7900813. Reproduction in whole or in part is permitted for any purpose of the U.S. Government.

Margaret Brook has our best thanks for her splendid typing.

REFERENCES

1. M.T. BARLOW, L.C.G. ROGERS, and DAVID WILLIAMS, Wiener-Hopf factorization for matrices, Séminaire de Probabilités XIV, Springer Lecture Notes in Math. 784, 324-331, 1980.

2. H. DYM and H.P. McKEAN, Gaussian processes, function theory, and the inverse spectral problem, Academic Press, New York, 1976.

3. Priscilla GREENWOOD and Jim PITMAN, Fluctuating identities for Lévy processes and splitting at the maximum, Adv. Appl. Prob. 12, 893-902, 1980.

4. K. ITÔ and H.P. McKEAN, Diffusion processes and their sample paths, Springer, Berlin, 1965.

5. J.F.C. KINGMAN, Markov transition probabilities, II; completely monotone functions, Z. Wahrscheinlichkeitstheorie & verw. Geb. 6, 248-270, 1967.

6. L.C.G. ROGERS and DAVID WILLIAMS, Time-substitution based on fluctuating additive functionals (Wiener-Hopf factorization for infinitesimal generators), Séminaire de Probabilités XIV, Springer Lecture Notes in Math. 784, 332-342.

R.R.L., Department of Mathematics, University College, Singleton Park, SWANSEA, SA2 8PP, Great Britain.

H.P. McK., Courant Institute of Mathematical Sciences, NEW YORK University, 251 Mercer Street, New York, N.Y.10012.

L.C.G.R., Department of Statistics, University of WARWICK, Coventry CU4 7AL, Great Britain.

D.W., Department of Mathematics, University College, Singleton Park, SWANSEA, SA2 8PP, Great Britain.

A 'POTENTIAL-THEORETIC' NOTE ON THE QUADRATIC WIENER-HOPF EQUATION FOR Q-MATRICES

by

David Williams

The only prerequisite for this note is Section 1 of Part A of the immediately-preceding Paper II by London, McKean, Rogers, and myself. The notation of that section will be used without further comment.

The quadratic matrix equation:

$$C + D\Pi^{+} + \Pi^{+}A + \Pi^{+}B\Pi^{+} = 0 \tag{1}$$

follows immediately from equations (1.4) and (1.5) of Paper II. Equation (1) played an important part in Section 2 of Paper II.

The matrix Π^{+} is characterized by Lemma 1.8 of Paper II in the case when $V^{-1}Q$ is diagonalizable, and by an analogous result (see the Barlow-Rogers-Williams paper referred to in Paper II) in general. However, it is not clear from these characterizations that Π^{+} is even real, far less substochastic.

Even from the point of view of the *theory*, it therefore seems desirable to develop an alternative approach to the algebra of the problem. Moreover, for *practical* purposes, it is important to develop efficient algorithms for numerical computations which do not rely on calculation of (possibly complex) eigenvalues and eigenvectors. It is hoped to say more in this direction in future publications.

Here is a first step,

THEOREM. *Suppose that* Z *is a non-negative* $E^{-} \times E^{+}$ *matrix such that*

$$C + DZ + ZA + ZBZ \le 0. \tag{2}$$

Then

$$Z \geq \Pi^{+}.$$

Remark. It will be seen that the system of equations (4) below gives an 'algorithm' for computing Π^{+} as the limit of a monotone increasing sequence, and does at least exhibit Π^{+} as a positive matrix. As a computational algorithm, the system (4) is almost unimaginably inefficient - for reasons which will be immediately apparent to the reader.

The argument around (6i) below shows that if (2) holds, so that

$$-(DZ + ZA) \geq C + ZBZ,$$

and if we define Y via the equation

$$-(DY + YA) = C + ZBZ,$$

then $Z \geq Y \geq \Pi^{+}$. Thus we might hope that in certain circumstances we might obtain a decreasing sequence converging to Π^{+}.

In general, it is not at all easy to find any solution of the inequality (2). I am grateful to Chris Rogers for correcting my ridiculous claim (in a first draft of this note) to have found an explicit solution of (2) in the general case.

PROOF OF THEOREM. Consider the effect of replacing

$$\begin{pmatrix} A & B \\ C & D \end{pmatrix} \text{ by } \begin{pmatrix} A & B \\ \rho C & D \end{pmatrix} \text{ where } 0 < \rho < 1.$$

We have:

$$\rho C + D\Pi^{+}(\rho) + \Pi^{+}(\rho)A + \Pi^{+}(\rho)B\Pi^{+}(\rho) = 0, \tag{3}$$

where

$$\Pi^{+}(\rho) = \sum_{n\geq 1} \rho^{n}\Gamma_{n}^{+},$$

where for $n \in \mathbb{N}$, $i \in E^{-}$, and $j \in E^{+}$,

$$\Gamma_{n}^{+}(i,j) = P^{i}[X(\tau_{0}^{+}) = j,\ \begin{array}{l}\tau_{0}^{+} \text{ falls within the n-th excursion} \\ \text{from } E^{-} \text{ into } E^{+}\end{array}].$$

On comparing coefficients of powers of ρ in (3), we have

$$-(D\Gamma_1^+ + \Gamma_1^+ A) = C. \tag{4i}$$

$$-(D\Gamma_2^+ + \Gamma_2^+ A) = \Gamma_1^+ B \Gamma_1^+, \tag{4ii}$$

$$-(D\Gamma_3^+ + \Gamma_3^+ A) = \Gamma_1^+ B \Gamma_2^+ + \Gamma_2^+ B \Gamma_1^+ , \tag{4iii}$$

etc., etc..

Now, it is a strictly elementary exercise to prove that if R is any $E^- \times E^+$ matrix, then the equation

$$-(D\Gamma + \Gamma A) = R$$

has the unique solution:

$$\Gamma = \int_{t=0}^{\infty} e^{tD} R e^{tA} dt. \tag{5}$$

Suppose that Z is a non-negative $E^- \times E^+$ matrix such that

$$C + DZ + ZA + ZBZ \le 0.$$

Then

$$-(DZ + ZA) \ge C + ZBZ \ge C. \tag{6i}$$

Since (5) exhibits Γ as an increasing function of R, we have (on comparing (6i) with (4i)):

$$Z \ge \Gamma_1^+ . \tag{7i}$$

Hence

$$-(DZ + ZA) \ge C + \Gamma_1^+ B \Gamma_1^+. \tag{6ii}$$

On comparing (6ii) with (4i) + (4ii), we see that

$$Z \ge \Gamma_1^+ + \Gamma_2^+. \tag{7ii}$$

The proof is concluded by the obvious induction argument.

Remark. Consider now the effect of replacing

$$\begin{pmatrix} A & B \\ C & D \end{pmatrix} \quad \text{by} \quad \begin{pmatrix} A & B \\ C & D-\lambda I \end{pmatrix}.$$

We are led to the fact that the $E^- \times E^+$ matrix W defined by

$$W_{ij}(t) = P^i[\phi^-(\tau_0^+) \in dt;\ X(\tau_0^+) = j]/dt$$

satisfies the 'delayed Ricatti' equation:

$$W'(t) = DW(t) + W(t)A + \int_0^t W(s)BW(t-s)ds, \qquad (8)$$

$$W(0) = C.$$

Equation (8) is, of course, the Kolmogorov 'backwards, forwards, and sideways' equation for our problem. It was equation (8) and certain analogues which motivated our various excursions into Wiener-Hopf theory.

University College,
Swansea.

Université de Strasbourg
Séminaire de Probabilités 1980/81

NOTE SUR LES PROCESSUS D'ORNSTEIN-UHLENBECK

par P.A. Meyer

Il s'agit ici du processus d'Ornstein-Uhlenbeck en dimension infinie, introduit par Malliavin dans [1], étudié ensuite par Stroock [1], et par D. Williams (dans des notes non publiées). Je trouve qu'il ne s'agit pas là d'un simple outil pour développer le << calcul de Malliavin >>, mais d'un objet très intéressant en lui même pour les probabilistes, et je vais chercher ici à en présenter les propriétés essentielles. Cette note doit presque tout aux trois auteurs cités plus haut, mais j'ai essayé d'affranchir certains énoncés de Stroock de restrictions techniques, sans importance pour l'application aux théorèmes de Malliavin, mais peu satisfaisantes en elles mêmes.

I. MESURES GAUSSIENNES EN DIMENSION FINIE

1. Nous allons introduire des notations que nous conserverons intégralement en dimension infinie. On désigne par E un espace vectoriel de dimension finie, par E' son dual, par $\{\ ,\ \}$ la forme bilinéaire de dualité. Les éléments de E' sont désignés par des lettres grecques $\alpha,\beta,\ldots$ On se donne sur E une mesure gaussienne μ centrée de covariance q :

(1) $$q(\alpha,\beta) = \int\{\alpha,x\}\{\beta,x\}\mu(dx)$$

On connaît alors la transformée de Fourier de μ : écrivant $q(\alpha)$ pour $q(\alpha,\alpha)$ et $e_\alpha(x)$ pour $e^{i\{\alpha,x\}}$, on a

(2) $$\hat{\mu}(\alpha) = \int e_\alpha(x)\mu(dx) = e^{-q(\alpha)/2}$$

On peut alors faire entrer μ dans un semi-groupe de convolution de mesures gaussiennes μ_t

(3) $$\hat{\mu}_t(\alpha) = e^{-tq(\alpha)/2}$$

La mesure μ_t est image de μ par l'homothétie de rapport $\sqrt{t}$. On peut alors associer à μ un <u>semi-groupe de transition</u> (Π_t)

(4) $$\Pi_t(x,f) = \int f(x+y)\mu_t(dy)$$

un <u>laplacien</u> A, générateur de ce semi-groupe, un <u>opérateur carré du champ</u> Γ ainsi défini, si f et g sont deux fonctions complexes

(5) $$\Gamma(f,g) = A(f\bar{g}) - fA\bar{g} - \bar{g}Af \quad (1)$$

1. Cet opérateur est le double de celui que nous avons considéré dans des exposés antérieurs (vol.X et XV).

et enfin, un mouvement brownien (X_t) à trajectoires continues, admettant (Π_t) comme semi-groupe de transition. Sauf mention du contraire, nous le prendrons issu de 0. Ce processus est stable d'ordre 2 (le processus cX_t a même loi que le processus $X_{c^2 t}$).

Notons quelques formules que l'on retrouvera en dimension infinie.

(6) $\quad \Pi_t e_\alpha = e^{-tq(\alpha)/2} e_\alpha \; ; \; Ae_\alpha = -\frac{1}{2}q(\alpha)e_\alpha \; ; \; \Gamma(e_\alpha, e_\beta) = q(\alpha,\beta)e_{\alpha-\beta}$.

2. Le processus d'Ornstein-Uhlenbeck associé à μ est la diffusion admettant le générateur

$$Lf(x) = Af(x) - \frac{1}{2}\{df_x, x\}$$

à interpréter ainsi : la différentielle de f en x est une forme linéaire sur E, que l'on applique au vecteur x lui même. D'aprés la méthode d'Ito pour construire les diffusions, on cherchera à construire la diffusion Y^x, gouvernée par L et issue de x, comme solution de l'équation différentielle stochastique (dite équation de Langevin)

$$Y_t = x - \frac{1}{2}\int_0^t Y_s ds + X_t$$

Posant $Y_t = e^{-t/2}Z_t$, on est ramené à une équation très simple en Z, d'où la solution explicite

$$Y_t = e^{-t/2}x + e^{-t/2}\int_0^t e^{s/2} dX_s$$

Donc Y_t est un processus gaussien non centré, avec

$$m_t = \mathbb{E}[Y_t] = e^{-t/2}x \quad , \; \mathbb{E}[\{\alpha, Y_s - m_s\}\{\beta, Y_t - m_t\}] = q(\alpha,\beta)e^{-(s+t)/2}(e^{s\wedge t}-1)$$

Mais alors, en comparant les covariances, on s'aperçoit que le processus gaussien

(7) $$\overline{Y}_t = e^{-t/2}(x + X_{e^t-1})$$

est identique en loi à (Y_t), donc est aussi un processus de diffusion gouverné par L. Il est encore plus simple de faire entrer x dans X en laissant libre la v.a. X_0, et de réaliser le processus d'O-U comme

(7') $$Y_t = e^{-t/2} X_{e^t-1}$$

J'ai trouvé cette construction extrêmement simple du processus d'O-U dans les notes de Williams, et elle nous servira constamment.

Utilisons la pour calculer le semi-groupe d'Ornstein-Uhlenbeck

(8) $$P_t(x,f) = \mathbb{E}^x[f\circ Y_t] = \mathbb{E}[f(e^{-t/2}x + \sqrt{1-e^{-t}}\, X_1)]$$

Un calcul très simple nous donne

$$P_t(x, e_\alpha) = e^{-q(\alpha)(1-e^{-t})/2} e_{\alpha e^{-t/2}}(x)$$

Cela prend une forme beaucoup plus agréable si l'on introduit les fonctions, proportionnelles aux e_α

(9) $$\varepsilon_\alpha = e^{i\{\alpha,.\}+q(\alpha)/2}$$

la formule précédente s'écrivant simplement

(10) $$P_t\varepsilon_\alpha = \varepsilon_{\alpha e^{-t/2}}$$

Prenons des α_i $(i=1,\dots,n)$ orthonormés pour la forme quadratique q, et $\alpha = \lambda_1\alpha_1+\dots+\lambda_n\alpha_n$; soit λ le vecteur de composantes $(\lambda_1,\dots,\lambda_n)$ dans $\mathbb{R}^n$, et ξ le vecteur de composantes $(\{\alpha_1,x\},\dots\{\alpha_n,x\})$; alors $\varepsilon_\alpha(x) = e^{i\lambda.\xi+|\lambda|^2/2}$. Si l'on se rappelle la <u>série génératrice des polynômes d'Hermite</u>

$$e^{\lambda.\xi-|\lambda|^2/2} = \Sigma\, \lambda_1^{p_1}\dots\lambda_n^{p_n}H_{p_1,\dots,p_n}(\xi_1,\dots,\xi_n)/p_1!\dots p_n!$$

et qu'on écrit (10), on obtient

(11) $$P_t(H_{p_1,\dots,p_n}(\{\alpha_1,.\},\dots,\{\alpha_n,.\})) = $$
$$= e^{-t(p_1+..+p_n)/2}H_{p_1,..,p_n}(\{\alpha_1,.\},..\{\alpha_n,.\})$$

le cas particulier le plus important étant celui oú n=1 : si $q(\alpha)=1$

(11') $$P_t(H_k\circ\{\alpha,.\}) = e^{-kt/2}H_k\circ\{\alpha,.\}$$

et donc, pour le générateur L

(12) $$L(H_k\circ\{\alpha,.\}) = -\frac{k}{2}H_k\circ\{\alpha,.\} .$$

3. Nous démontrons maintenant une propriété fondamentale du semi-groupe d'O-U : <u>il est symétrique par rapport à la mesure</u> μ, autrement dit, si f et g sont deux fonctions boréliennes bornées, on a

(13) $$< f,P_tg >_\mu = < P_tf,g >_\mu$$

Il suffit de traiter le cas où $f=e_\alpha$, $g=e_\beta$. Posons aussi $e^{-t/2}=r$, $\sqrt{1-e^{-t}} = s$ (donc $r^2+s^2=1$). D'après (8), on a $< f,P_tg >_\mu$ = $\mathbb{E}[f(H)g(rH+sK)]$, où $H=X_0$ et $K=X_1-X_0$ sont indépendantes et de loi μ. Il s'agit de démontrer que ceci est symétrique en α et β ; or cela vaut $\mathbb{E}[\exp(i\{\alpha+r\beta,H\}+i\{s\beta,K\})] = \exp(-\frac{1}{2}(q(\alpha+r\beta)+q(s\beta)))$, et $q(\alpha+r\beta)+q(s\beta) = q(\alpha)+2rq(\alpha,\beta)+(r^2+s^2)q(\beta)$ est bien symétrique.

Une conséquence importante de (13) : prenant g=1, on voit que la mesure μ est <u>invariante</u> par le semi-groupe (P_t)

REMARQUE. La construction du processus d'O-U à partir du mouvement brownien semble très spéciale, alors qu'elle peut se rattacher à un principe de symétrisation très général : soient f et g deux fonctions complexes, combinaisons linéaires finies de caractères e_α ; on vérifie sans peine la formule

$$-< f,\overline{Lg} >_\mu = \frac{1}{2}\int \Gamma(f,g)(x)\mu(dx)$$

Du côté droit, en intégrant l'opérateur carré du champ du mouvement brownien par rapport à une mesure positive, on obtient une forme bilinéaire symétrique et positive. Du côté gauche, on a la forme de Dirichlet du processus d'Ornstein-Uhlenbeck. Donc, de manière formelle, la recette pour la symétrisation par rapport à une mesure μ est la suivante : intégrer par rapport à μ l'opérateur carré du champ (défini sur le domaine du générateur), et examiner si la forme bilinéaire obtenue peut être considérée comme une forme de Dirichlet d'un semi-groupe symétrique.

4. Soit h une application linéaire de E dans un espace de dimension finie $\overline{E}$, et soit $\overline{\mu}$ la mesure gaussienne image $h(\mu)$. Nous pouvons associer à $\overline{\mu}$ un semi-groupe de convolution $(\overline{\mu}_t)$, un semi-groupe brownien $(\overline{\Pi}_t)$, un semi-groupe d'Ornstein-Uhlenbeck $(\overline{P}_t)$, un générateur d'O-U $\overline{L}$.

Il est d'abord clair que $\overline{\mu}_t$ est la mesure image $h(\mu_t)$: en effet, μ_t est image de μ par l'homothétie de rapport $\sqrt{t}$, et h est linéaire. Il en résulte sans peine que, si f est une fonction bornée sur $\overline{E}$

$$(\overline{\Pi}_t f)\circ h = \Pi_t(f\circ h) \quad , \quad (\overline{P}_t f)\circ h = P_t(f\circ h) \quad (\text{ cf. } (8))$$

En particulier, si f appartient au domaine de $\overline{L}$, $f\circ h$ appartient au domaine de L, et $(\overline{L}f)\circ h = L(f\circ h)$. D'autre part, le processus $(h\circ X_t)$ est un processus à accroissements indépendants à valeurs dans $\overline{E}$, et on voit aussitôt que c'est un mouvement brownien associé à $\overline{\mu}$. Il en résulte que si Y est un processus d'O-U à valeurs dans E, issu de $x\in E$, le processus $(h\circ Y_t)$ est un processus d'O-U à valeurs dans $\overline{E}$, issu de $h(x)$. Cela se voit sur (7') de manière évidente.

II. EXTENSION A LA DIMENSION INFINIE

1. Toute la suite sera consacrée à un processus très concret, mais déroulons d'abord quelques plates généralités. Soit E un e.v.t. localement convexe, soit E' un sous-espace du dual de E, séparant E (la forme bilinéaire de dualité notée $\{\ ,\ \}$ comme plus haut). Il sera bon de supposer que E est polonais : alors les formes $\{\alpha,.\}$, $\alpha\in E'$, engendrent la tribu borélienne de E. Considérons une mesure gaussienne μ sur E ; nous pouvons plonger μ dans un semi-groupe de mesures gaussiennes (μ_t est l'image de μ par l'homothétie de rapport $\sqrt{t}$), définir la forme quadratique q sur E', les fonctions e_α et ε_α , les semi-groupes (Π_t) et (P_t), vérifier les formules (10), (11). (12),(13) (symétrie de (P_t) par rapport à μ). Enfin, la propriété I.4 s'étend sans difficulté à une application linéaire h de E dans un espace vectoriel $\overline{E}$ (il n'est pas nécessaire que $\overline{E}$ soit de dimension finie, ni que h soit continue : borélienne suffit). Tout cela est évident.

Les théorèmes usuels de construction de processus de Markov permettent de construire le « mouvement brownien » (X_t), et le processus (Y_t) défini par (7') est alors un « processus d'Ornstein-Uhlenbeck », mais nous ne chercherons pas à établir qu'il en existe des versions à trajectoires continues - dans le cas concret que nous allons étudier, ce sera vrai parce que "bien connu" . Le cas général est dû à Gross pour les Banach (J. Funct. Anal. 1, 1967), étendu par L. Schwartz (Ann. Inst. Fourier 27-3, 1977, p. 274) et H. Sato (1980) aux e.v.t.l.c..

2. Nous prenons désormais comme espace d'états E l'espace de toutes les applications continues w de $\mathbb{R}_+$ dans $\mathbb{R}^d$, nulles en 0. La coordonnée d'indice s sur cet espace sera notée $w(s)=B_s(w)$. La topologie sur E sera la topologie (polonaise) de la convergence compacte ; la tribu borélienne $\underline{\underline{F}}^\circ$ est engendrée par les coordonnées B_s , et l'on a sur E une filtration naturelle $\underline{\underline{F}}^\circ_s=\underline{\underline{T}}(B_r,r\leq s)$.

Nous munissons E d'une mesure gaussienne μ, la mesure de Wiener, pour laquelle le processus (B_s) est le mouvement brownien standard des probabilistes, issu de 0 (la normalisation signifie que le générateur est $\Delta/2$, ou que $B^i_sB^j_s-\delta^{ij}s$ est une martingale).

Il nous faut aussi définir l'espace E', et la forme bilinéaire de dualité $\{\ ,\ \}$: nous prendrons pour E' un espace assez petit, celui des applications α de $\mathbb{R}_+$ dans $\mathbb{R}^d$, à variation finie et à support compact, avec $\{\alpha,w\} = -\int w_s\cdot d\alpha_s$ [1] (le . représente un produit scalaire dans $\mathbb{R}^d$: cette intégrale est donc une somme de d intégrales relatives aux composantes). Comme w est nulle en 0, α nulle a l'infini, on peut aussi écrire cela comme une intégrale stochastique élémentaire

(14) $$\{\alpha,w\} = \int \alpha_s\cdot dB_s(w)$$

et il est clair alors que la forme $q(\alpha,\beta)$ sur E' est donnée par

(15) $$q(\alpha,\beta) = \int\alpha_s\cdot\beta_s\, ds$$

Parmi les fonctions α figurent des fonctions a variation finie purement atomiques, et les caractères e_α correspondants sont du type

$$\exp[i(u_1\cdot B_{s_1} + u_2\cdot(B_{s_2}-B_{s_1})+\ldots+u_n\cdot(B_{s_n}-B_{s_{n-1}}))$$

Il en résulte en particulier que les caractères e_α correspondant aux α à support dans $[0,s]$ suffisent à engendrer $\underline{\underline{F}}^\circ_s$.

Pour l'instant, nous n'avons décrit que l'espace d'états. Maintenant il faut construire un mouvement brownien à valeurs dans cet espace, i.e. sur un espace probabilisé $(\Omega,\underline{\underline{G}},P)$ un processus gaussien (X_t), à accroissements indépendants et homogènes, à valeurs dans E, tel que la loi de

---

1. La notation $\int$ sans indication de bornes désigne une intégrale de 0 à $+\infty$, la notation $\int^t$ une intégrale de 0 à t .

X_1 soit μ . Et pour cela nous considérons un drap brownien (X_{st}), indexé par $\mathbb{R}^2_+$, nul sur les axes, a trajectoires continues, et nous posons

$$X_t(\omega)\in E = (s \longmapsto X_{st}(\omega))$$

et ce processus à valeurs dans E satisfait à toutes les conditions exigées, et ses trajectoires sont continues. Le processus d'Ornstein-Uhlenbeck issu de x (x∈E est une trajectoire) vaut alors

$$Y_t(\omega) = e^{-t/2}(x + X_{e^t-1}(\omega)).$$

3. Cette section constitue une petite digression, destinée à faire comprendre les profondes différences entre les mouvements browniens en dimension finie et infinie, et les raisons pour lesquelles, en dimension infinie, le processus d'O-U est plus important que le mouvement brownien. Il y en a une première, évidente, c'est que le mouvement brownien en dimension infinie n'a plus de << mesure de Lebesgue >> invariante. Mais surtout, alors qu'en dimension finie les mesures μ_t sont toutes équivalentes pour t>0, en dimension infinie elles sont deux à deux étrangères. De manière précise, désignons par W_t l'ensemble des w∈E possédant la propriété suivante :

$$\text{pour tout s dyadique, } \Sigma_{k=0}^{2^m-1}(B^i_{t^m_{k+1}}(w)-B^i_{t^m_k}(w))(B^j_{t^m_{k+1}}(w)-B^j_{t^m_k}(w)) \longrightarrow \delta^{ij}st$$

$$\text{pour } 1 \leqq {i \atop j} \leqq d$$

où l'on a posé $t^m_k=sk2^{-m}$. Alors un théorème célèbre de P.Lévy affirme que W_t porte μ_t, et il est clair que les W_t sont deux à deux disjoints, que W_t est l'image de $W=W_1$ par l'homothétie de rapport $\sqrt{t}$. Comme le suggère McKean (Geometry of differential space, Ann. Prob. 1, 1973), on doit imaginer W_t comme la << sphère >> de rayon $\sqrt{t}$ dans E, et μ_t comme la << répartition uniforme >> sur cette sphère.

On peut préciser cela encore davantage(1). Revenons au cas de la dimension finie n, et considérons un processus de Markov produit (R_t,Y_t), où (R_t) est un processus de Bessel de " dimension" n , et (Y_t) est un mouvement brownien sphérique standard a valeurs dans S^{n-1} ; ce processus est à valeurs dans $\mathbb{R}_+\times S^{n-1}$, et si la mesure initiale ne charge pas $\{0\}\times S^{n-1}$, nous pouvons définir le processus à valeurs dans $\mathbb{R}^n$

$$(16) \qquad X_t = R_t\, Y_{\int_0^t ds/R_s^2}$$

qui est un mouvement brownien dans $\mathbb{R}^n$. Ici faisons la même chose, en prenant pour (Y_t) le processus d'Ornstein-Uhlenbeck, et pour (R_t) le << processus de Bessel de dimension infinie >>, i.e. le processus

1. Les questions qui suivent sont traitées de manière plus approfondie par Y.Hasegawa, Proc. Japan Acad. 58, 1980.

déterministe à valeurs dans $\mathbb{R}_+$

$$R_{s+t} = (R_s^2+t)^{1/2}$$

Prenons par exemple $R_0=1$: alors $\int^t ds/R_s^2 = \log(1+t)$, et en prenant $t=e^u-1$, la formule (16) s'écrit

$$X_{e^u-1} = e^{u/2}Y_u$$

c'est à dire (7'). Autrement dit, le processus d'Ornstein-Uhlenbeck s'interprête comme le << mouvement brownien en dimension infinie sur la sphère W >> , tandis que la << partie radiale >> du mouvement brownien X est déterministe en dimension infinie.

REMARQUE. La mesure μ étant invariante pour le semi-groupe (P_t), et portée par W, on a $P^\mu\{Y_t \notin W\}=0$ pour tout t fixé, mais on ignore si W est un véritable espace d'états pour le processus d'Ornstein-Uhlenbeck, i.e. si le complémentaire de W est μ-polaire.[1]

5. Nous abordons maintenant, en suivant Stroock, les questions vraiment importantes, celles qui ne dépendent pas uniquement du caractère gaussien de la mesure μ, mais du fait qu'il s'agit vraiment de la mesure de Wiener. Il s'agit de savoir comment le semi-groupe (P_t) opère sur les variables aléatoires définies comme intégrales stochastiques browniennes

$$f(w) = \int u_s(w)\cdot dB_s(w)$$

où (u_s) est un processus prévisible par rapport à $(\underline{\underline{F}}_s)$ à valeurs dans $\mathbb{R}^d$. Une telle v.a. est en réalité une <u>classe</u> pour μ, mais comme μ est invariante par le semi-groupe, la classe P_tf sera bien définie sous réserve d'intégrabilité.

Nous commençons par définir sans ambiguïté P_tf , comme $P_t(f^+)-P_t(f^-)$ avec la convention $\infty-\infty=0$. On vérifie que la classe de P_tf ne dépend que de la classe de f (cf. ci-dessus), et que si f est $\underline{\underline{F}}^\circ_s$-mesurable, il en est de même de P_tf (par classes monotones on se ramène au cas où f est bornée, puis où $f=e_\alpha$ ou ε_α , $\alpha\in E'$ étant à support dans $[0,u]$; on a alors $P_t\varepsilon_\alpha = \varepsilon_{\alpha e^{-t/2}}$, d'où le résultat désiré). Un nouveau raisonnement par classes monotones, à partir du cas des processus prévisibles étagés, montrera que

(17) si (u_s) est un processus prévisible, le processus $(P_tu_s)_s$ est prévisible

Nous démontrons ensuite un lemme, utile dans la manipulation d'intégrales stochastiques.

LEMME 1. <u>Soit</u> (u_s) <u>un processus mesurable à valeurs dans</u> $\mathbb{R}^d$. <u>On a pour</u> $1\le p\le\infty$

(18) $$\mu[(\int|P_tu_s|^2ds)^{p/2}] \le \mu[(\int|u_s|^2ds)^{p/2}]$$

1. Cela vient d'être établi par D. Williams.

(Nous écrivons μ et non pas $\mathbb{E}$, pour éviter des confusions possibles avec la loi du processus d'O-U).

DEMONSTRATION. Pour $p\geq 2$, on remarque que P_t diminue la norme dans $\underline{\underline{L}}^{p/2}(\mu)$ (c'est vrai pour tout noyau sousmarkovien N tel que $\mu N\leq\mu$). Donc

$$\mu((P_t(\int |u_s|^2 ds)^{p/2}) \leq \mu((\int |u_s|^2 ds)^{p/2})$$

après quoi on utilise l'inégalité $|P_t u_s|^2 \leq P_t(|u_s|^2)$. Pour $1\leq p<2$ on utilise un argument de dualité :

$$\mu[(\int |P_t u_s|^2 ds)^{p/2}]^{1/p} = \sup_h \mu[\int P_t u_s \cdot h_s \, ds \,]^{(1)}$$

h parcourant l'ensemble des processus mesurables bornés tels que $\|(\int |h_s|^2 ds)^{1/2}\|_{\underline{\underline{L}}^q(\mu)} \leq 1$ ($1/p+1/q=1$). On utilise alors la symétrie de (P_t) par rapport à μ pour écrire $u_s \cdot P_t h_s$ au lieu de $P_t u_s \cdot h_s$, et on écrit

$$|\mu[\int u_s \cdot P_t h_s ds]| \leq \mu[(\int |u_s|^2 ds)^{p/2}]^{1/p} \mu[(\int |P_t h_s|^2 ds)^{q/2}]^{1/q}$$

et on applique à la dernière intégrale le résultat précédent, puisque $q>2$ (le cas $q=\infty$ exige une discussion spéciale). Cette démonstration est empruntée à Stein.

Le théorème suivant est le plus important de cette section.

THEOREME 2. <u>Soit</u> f <u>une v.a. définie comme intégrale stochastique</u>

(19) $$f = \int u_s \cdot dB_s$$

<u>Si</u> f <u>appartient à l'espace</u> $\underline{\underline{H}}^1$, <u>alors</u> $P_t f$ <u>appartient à l'espace</u> $\underline{\underline{H}}^1$ <u>et l'on a</u>

(20) $$\|P_t f\|_{\underline{\underline{H}}^1} \leq \|f\|_{\underline{\underline{H}}^1} \,, \quad P_t f = e^{-t/2} \int P_t u_s \cdot dB_s{}^{(2)} \,.$$

DEMONSTRATION. Nous utilisons sur $\underline{\underline{H}}^1$ la norme quadratique : $\|f\|_{\underline{\underline{H}}^1} = \mu[(\int |u_s|^2 ds)^{1/2}]$. Alors la première relation (20) a déjà été établie, et pour établir la seconde il suffit de raisonner sur un ensemble de variables aléatoires f total dans $\underline{\underline{H}}^1$. Nous prendrons f de la forme (19), avec

$$u_s = hI_{]r,r']}(s) \quad (h \ \underline{\underline{F}}^{\circ}_r\text{-mesurable bornée, } r<r'<\infty)$$

et alors $f = h\cdot(B_{r'} - B_r)$. Nous allons montrer que

(21) $$\Pi_t(x,f) = \Pi_t(x,h)\cdot(B_{r'}(x)-B_r(x))$$

et (20) en résultera, car $P_t(x,f) = \Pi_{1-e^{-t}}(e^{-t/2}x,f)$ (cf. (7)). Pour prouver (21), nous utilisons le drap brownien (X_{st}) de II.2 ; on a

---

1. On ne restreint pas la généralité en vérifiant (18) pour un processus (u_s) borné et nul pour $s>s_0$. Les intégrales écrites ont alors certainement un sens.
2. Pour appliquer P_t à une variable aléatoire à valeurs dans $\mathbb{R}^d$, on l'applique coordonnée par coordonnée.

$X_t = X_{.t}$, donc $f(x+X_t) = h(x+X_t)\cdot(B_{r'}(x)-B_r(x)+X_{r't}-X_{rt})$. et en prenant l'espérance, comme h est $\underline{\underline{F}}_r^\circ$-mesurable, $X_{r't}-X_{rt}$ disparaît, et il reste simplement $\Pi_t(x,h)\cdot(B_{r'}(x)-B_r(x))$. ∎

REMARQUES. a) Dans la formule (19), prendre une espérance conditionnelle par rapport à $\underline{\underline{F}}_r^\circ$ (pour μ) revient à remplacer u_s par $u_s I_{\{s\leq r\}}$. Donc il résulte de (20) que P_t <u>commute aux espérances conditionnelles browniennes</u>. Ou encore, si (M_s) est une martingale , $(P_t M_s)_s$ en est une aussi. On vérifie aisément (d'abord dans la classe $\underline{\underline{H}}^1$ par convergence dominée, puis par passage à la limite grâce à l'inégalité de Doob) que si (M_s) est continue , $(P_t M_s)_s$ est également continue, sans avoir à en reprendre une modification.

Il y a sans doute[1] une démonstration plus élémentaire de la commutation de P_t avec les espérances conditionnelles, car nous avons utilisé la propriété de représentation prévisible du mouvement brownien ! Je me demande si le processus $(P_t M_s)_{s,t}$ est continu en ses deux paramètres.

b) Puisque (P_t) opère sur $\underline{\underline{H}}^1$, par dualité et symétrie il opère sur BMO.

c) Remarque importante pour la suite : tout ce que nous avons fait pour le semi-groupe (P_t) peut se faire pour sa résolvante $(R_\lambda)_{\lambda>0}$, et la formule (20) prend la forme

(21) Si $f\in\underline{\underline{H}}^1$, on a $R_\lambda f = R_\lambda(\int u_s\cdot dB_s) = \int R_{\lambda+1/2}u_s\cdot dB_s$

Remarquons que toute fonction f, appartenant à $\underline{\underline{H}}^1$ et <u>d'intégrale nulle</u> par rapport à μ, admet une représentation (19) et une seule. Lorsque $\lambda\to 0$, $R_\lambda f$ converge dans $\underline{\underline{H}}^1$ vers

(22) $$Rf = \int R_{1/2}u_s\cdot dB_s$$

et nous avons un splendide opérateur potentiel récurrent, défini sur les fonctions de $\underline{\underline{H}}^1$ d'intégrale nulle, continu pour toutes les normes $\underline{\underline{L}}^p$ et pour la norme de BMO. En revanche, j'ignore s'il peut être prolongé aux fonctions de $\underline{\underline{L}}^1$ d'intégrale nulle.

III. QUESTIONS DE DOMAINES

1. Nous faisons maintenant reparaître le processus (Y_t) et sa loi $\mathbb{P}^\mu$, qui avaient disparu depuis un moment, et la filtration naturelle complétée $(\underline{\underline{G}}_t)$ du processus (Y_t), qui satisfait aux conditions habituelles. Nous démontrons :

LEMME 3 . <u>Toute martingale locale càdlàg</u>. (M_t) <u>de la filtration</u> $(\underline{\underline{G}}_t)$ <u>est continue</u>, <u>et les mesures</u> $d\langle M,M\rangle_t$ <u>sont absolument continues par rapport à</u> dt (nous normalisons le crochet par la condition $\langle M,M\rangle_0=0$).

DEMONSTRATION. Il nous suffira de prouver ces résultats pour une martingale uniformément intégrable $M_t = \mathbb{E}[M|\underline{\underline{G}}_t]$, où M parcourt un ensemble

(1) En effet, cela peut se voir aussi par la décomposition de L^2 en chaos de Wiener (Hida p. 149).

total de $\underline{\underline{L}}^1(\mathbb{P}^\mu)$. Soit h une application de E dans $\overline{E}=\mathbb{R}^n$, de la forme $h(x)=(\{\alpha_1,x\},\ldots,\{\alpha_n,x\})$, avec $\alpha_1,\ldots,\alpha_n \in E'$, et soient $\overline{\mu}=h(\mu)$, $\overline{Y}_t = h\circ Y_t$, et $\underline{\underline{\overline{G}}}_t$ la filtration naturelle de $\overline{Y}$, augmentée des ensembles de mesure nulle. Reprenons le raisonnement du n° I.4 : il nous montre en fait que le processus $(\overline{Y}_t)$ est un processus de Markov admettant $(\overline{P}_t)$ comme semi-groupe de transition, par rapport à la filtration $(\underline{\underline{G}}_t)$. Par conséquent, si M est une v.a. $\underline{\underline{\overline{G}}}_\infty$-<u>mesurable</u> et intégrable, on a

$$\overline{M}_t = \mathbb{E}[M|\underline{\underline{\overline{G}}}_t] = \mathbb{E}[M|\underline{\underline{G}}_t] = M_t \quad \text{p.s.}$$

(raisonner par classes monotones à partir du cas où M est de la forme $f_1\circ\overline{Y}_{t_1}\ldots f_k\circ\overline{Y}_{t_k}$). Mais $(\overline{Y}_t)$ est une excellente diffusion, et il est classique que $(\overline{M}_t)$ est continue, et $d\langle\overline{M},\overline{M}\rangle_t = d[\overline{M},\overline{M}]_t$ est absolument continue par rapport à dt ; d'où la même chose pour (M_t). On conclut en remarquant que les v.a. M du type précédent, lorsque h varie, forment un ensemble total dans $\underline{\underline{L}}^1(\mathbb{P}^\mu)$.

2. Soient $\dot{f}$ et $\dot{g}$ deux classes pour l'égalité μ-p.p. (très vite nous confondrons fonctions et classes, mais pour l'instant la distinction doit être soulignée) . <u>Nous disons que</u> $\dot{f}\in\underline{\underline{D}}^0(L)$ <u>et</u> $L\dot{f}=\dot{g}$ s'il existe des représentants f,g de ces deux classes tels que

1) Le processus $(f\circ Y_t)$ est $\mathbb{P}^\mu$-indistinguable d'une semimartingale càdlàg. (en fait, continue d'après 3) plus bas).

2) Le processus $\int^t |g|\circ Y_s ds$ est ($\mathbb{P}^\mu$-p.s.) à valeurs finies ($t<\infty$).

3) Le processus $C_t^f = f\circ Y_t - \int^t g\circ Y_s ds$ est une $\mathbb{P}^\mu$-martingale locale.

On remarquera que la fonction g peut être choisie arbitrairement dans la classe $\dot{g}$, mais que f est déterminée par la condition 1) à un ensemble μ-polaire près : nous dirons que f est un <u>représentant précisé</u> de $\dot{f}$, et nous choisirons toujours un tel représentant, sans mention spéciale. Mais notre définition se prête bien à l'itération : on dit que $\dot{f}\in\underline{\underline{D}}_2^0$ si $\dot{f}\in\underline{\underline{D}}^0$ et $Lf\in\underline{\underline{D}}^0$, et on définit $L^2f=L(Lf)$, etc.

Rappelons rapidement la démonstration d'un théorème fondamental de Kunita et Watanabe :

THEOREME 4. <u>$\underline{\underline{D}}^0(L)$ est une algèbre</u>.

DEMONSTRATION. Soit $f\in\underline{\underline{D}}^0(L)$, soit $M_t=C_t^f$, $g=Lf$ et $A_t=\int^t g\circ Y_s ds$. D'après le théorème de Motoo et le lemme 3, la fonctionnelle additive absolument continue $d\langle M,M\rangle_t$ peut s'écrire $h(Y_t)dt$, h étant une fonction positive. (voir le sém. V, p. 231, la très jolie démonstration de Getoor). D'autre part, $(f^2\circ Y_t)$ est une semimartingale continue, donc admet une décomposition canonique $f^2\circ Y_t=N_t+B_t$, où N est une martingale locale, B un processus prévisible à variation finie nul en 0. Notons ~ l'égalité modulo les martingales locales. En élevant au carré la relation $f\circ Y_t=M_t+A_t$, on a

$$d(f^2\circ Y_t) = dM_t^2 + 2M_t dA_t+2A_t dM_t+2A_t dA_t = dM_t^2+2f\circ Y_t dA_t+2A_t dM_t$$
$$\sim d\langle M,M\rangle_t+2f\circ Y_t dA_t = (h+2fg)\circ Y_t dt$$

Mais on a aussi $d(f^2\circ Y_t) \sim dB_t$. L'unicité de la décomposition canonique entraîne que $dB_t=(h+2fg)\circ Y_t dt$: cela signifie que $f^2 \in \underline{\underline{D}}^0(L)$ et $L(f^2) = h+2fLf$ μ-p.p.. Cela entraîne le théorème.

Comme dans la formule (5), nous définirons alors l'<u>opérateur carré du champ</u> sur $\underline{\underline{D}}^0\times\underline{\underline{D}}^0$ par la formule

(23) $$\Gamma(u,v) = L(uv) -uLv-vLu \quad \mu\text{-p.p.} \quad (u,v\in\underline{\underline{D}}^0)$$

et nous pouvons écrire

$$< C^u,C^v>_t = \int^t\Gamma(u,v)\circ Y_s\, ds$$

avec $\int^t|\Gamma(u,v)|\circ Y_s ds < \infty$ p.s. pour t fini. On remarquera que ce crochet est aussi celui des semimartingales $u\circ Y$, $v\circ Y$. C'est sans doute pourquoi Stroock note $\langle u,v\rangle$ pour $\Gamma(u,v)$.

Comme $\Gamma(f,f)$ est positive pour toute fonction $f\in\underline{\underline{D}}^0$ (μ-p.p.), on démontre très aisément l'<<inégalité de Schwarz >>

(24) $$|\Gamma(u,v)| \leqq \Gamma(u,u)^{1/2}\Gamma(v,v)^{1/2} \quad \mu\text{-p.p.} .$$

Une application très simple de la formule d'Ito donne alors

THEOREME 5. <u>Soient</u> $f_1,\dots,f_n$ <u>des fonctions appartenant à</u> $\underline{\underline{D}}^0(L)$, h <u>une fonction de classe</u> $\underline{\underline{C}}^2$ <u>sur</u> $\mathbb{R}^n$. <u>Alors la fonction</u> $f=h(f_1,\dots,f_n)$ <u>appartient à</u> $\underline{\underline{D}}^0(L)$, <u>et l'on a</u>

(25) $$Lf = \Sigma_i\, D_i h(f_1,\dots,f_n)Lf_i + \tfrac{1}{2}\Sigma_{ij}\, D_{ij}h(f_1,\dots,f_n)\Gamma(f_i,f_j)$$

et, pour toute fonction $g\in\underline{\underline{D}}^0(L)$

(26) $$\Gamma(f,g) = \Sigma_i\, D_i h(f_1,\dots,f_n)\Gamma(f_i,g) .$$

3. A côté de $\underline{\underline{D}}^0(L)$, nous aurons besoin des <u>générateurs classiques</u> : (P_t) induit un semi-groupe fortement continu sur tous les espaces $\underline{\underline{L}}^p(\mu)$ ($1\leq p<\infty$), et nous pouvons définir de manière classique le domaine $\underline{\underline{D}}^p(L)$ du générateur sur $\underline{\underline{L}}^p(\mu)$. Introduisant la résolvante (R_λ) ($\lambda>0$), nous avons les résultats classiques

(27) $$f\in\underline{\underline{D}}^p \text{ et } Lf=g \iff f\in\underline{\underline{L}}^p, g\in\underline{\underline{L}}^p \text{ et } P_t f-f = \int^t P_s g ds \ \mu\text{-p.p..}$$
$$\iff f\in\underline{\underline{L}}^p, g\in\underline{\underline{L}}^p \text{ et pour un } \lambda>0 \text{ (tout } \lambda>0 \text{) } f=R_\lambda(\lambda f-g) .$$

(28) $\underline{\underline{D}}^p(L)$ est un espace de Banach pour la norme $\|f\|_{\underline{\underline{D}}^p} =\|f\|_{\underline{\underline{L}}^p}+\|Df\|_{\underline{\underline{L}}^p}$

(pour p=2, on prendra plutôt $(\|f\|_2^2+\|Lf\|_2^2)^{1/2}$, pour avoir un espace de Hilbert). Une conséquence intéressante de (27) : μ étant invariante, on a

(29) $\mu(Lf)=0$ pour tout $f\in\underline{\underline{D}}^1(L)$.

Quelles sont les relations entre ces espaces ? Tout d'abord, on a

$$f\in\underline{\underline{D}}^p \text{ et } Lf=g \iff f\in\underline{\underline{D}}^1,\ Lf=g\ ,\ \text{et } f,g\in\underline{\underline{L}}^p$$

(c'est clair sur (27)). Ensuite, si $f\in\underline{\underline{D}}^1(L)$ et $Lf=g$, alors on a aussi $f\in\underline{\underline{D}}^0(L)$ et $Lf=g$ au sens de $\underline{\underline{D}}^0(L)$: en effet, le processus $f\circ Y_t-\int^t g\circ Y_s ds$ est une martingale d'après (27), il faut seulement choisir un représentant de f qui la rende continue, et ce représentant sera $R_\lambda((\lambda f_\circ-g_\circ)^+)$ - $R_\lambda((\lambda f_\circ-g_\circ)^-)$ avec la convention $\infty-\infty=0$, $f_\circ$ et $g_\circ$ étant deux représentants arbitrairement choisis des classes f et g.

Inversement, supposons $f\in\underline{\underline{D}}^0(L)$ et $Lf=g$: à quelle condition peut on affirmer que $f\in\underline{\underline{D}}^1(L)$? Une condition nécessaire est $f\in\underline{\underline{L}}^1$, $g\in\underline{\underline{L}}^1$, mais je suis certain qu'elle n'est pas suffisante. On obtient une condition nécessaire et suffisante (peu maniable) en ajoutant l'existence d'une fonction positive h et d'un $\lambda>0$, tels que $R_\lambda h$ soit fini μ-p.p. et majore $|f|$ (la condition est suffisante, car la martingale locale C^f est majorée en valeur absolue par $R_\lambda h\circ Y_t+\int^t|g\circ Y_s|ds$, qui appartient à la classe (D) sur tout intervalle fini ; elle est nécessaire, car $|f|\leqq R_\lambda(\lambda|f|+|g|)$)

Voici deux exemples qui marqueront bien la différence entre $\underline{\underline{D}}^0$ et $\underline{\underline{D}}^p$:

a) Dans le cas du mouvement brownien dans $\mathbb{R}^n$, le potentiel f d'une mesure positive portée par un ensemble polaire appartient à $\underline{\underline{D}}^0$, avec $Lf=0$, mais C^f n'est pas une vraie martingale, donc $f\notin\underline{\underline{D}}^1$.

b) Si deux fonctions f et g sont telles que $R_\lambda(\lambda|f|+|g|)$ soit finie μ-p.p., et que $f=R_\lambda(\lambda f-g)$ (sans hypothèse d'intégrabilité), alors on a $f\in\underline{\underline{D}}^0$ et $Lf=g$ (C^f est une vraie martingale pour toute loi P^x , où x est tel que $R_\lambda(x,\lambda|f|+|g|)<\infty$).

4. Cette section est une digression, introduisant un problème dont nous nous occuperons pendant tout le paragraphe IV : existe t'il des inégalités contrôlant la norme de $\Gamma(f,f)$ dans $\underline{\underline{L}}^p$?

Par exemple, en théorie classique du mouvement brownien dans $\mathbb{R}^n$, si f est une bonne fonction, et si l'on pose $\Delta f=g$, $D_kf=h$, on a entre les transformées de Fourier de f,g,h

$$\hat{h}(u) = iu_k\hat{f}(u) = (iu_k/|u|)(|u|/1+|u|^2)(1+|u|^2)\hat{f}(u)$$

On montre que $|u|/1+|u|^2$ est transformée de Fourier d'une mesure bornée Θ. Donc

$$D_kf = R_k(\Theta*(f-g)) \quad \text{où } R_k \text{ est une transformée de Riesz,}$$

donc D_k est un opérateur borné sur $\underline{\underline{D}}^p$ ($1<p<\infty$), ce qui entraîne

$$\|\sqrt{\Gamma(f,f)}\|_{\underline{\underline{L}}^p} \leq c_p\|f\|_{\underline{\underline{D}}^p}$$

Examinons ce que l'on peut dire sans étude approfondie.

1) Soient f et g deux éléments de $\underline{\underline{D}}^p$ et $\underline{\underline{D}}^q$ respectivement, où p et q sont conjugués et tous deux finis. D'après l'inégalité de Kunita-Watanabe on a

$$\mathbb{E}[\int^1 |d\langle C^f, C^g\rangle_t|] \leq c_p \,\mathbb{E}[|C_1^f|^p]^{1/p} \,\mathbb{E}[|C_1^g|^q]^{1/q}$$

soit encore, la mesure μ étant invariante

(30) $$\mu(|\Gamma(f,g)|) \leq c'_p \|f\|_{\underline{\underline{D}}^p} \|g\|_{\underline{\underline{D}}^q}$$

La fonction fg appartient à $\underline{\underline{L}}^1$, $L(fg)= fLg+gLf+\Gamma(f,g)$ aussi, et enfin $\sup_{t\leq 1} |fg\circ Y_t| \leq (\sup |f\circ Y_t|)(\sup |g\circ Y_t)$ est intégrable d'après l'inégalité de Doob. Donc en fait $fg\in\underline{\underline{D}}^1$, et on a d'apres (30)

(31) $$\|fg\|_{\underline{\underline{D}}^1} \leq c''_p \|f\|_{\underline{\underline{D}}^p} \|g\|_{\underline{\underline{D}}^q}$$

Remarquons aussi que $\int L(fg)\mu = 0$ (29), donc

(32) $$\mu(\Gamma(f,g)) = -\langle f,Lg\rangle_\mu - \langle g,Lf\rangle_\mu = -2\langle f,Lg\rangle$$

(on a utilisé la symétrie), que l'on rapprochera de la remarque du n°I.3.

2) Soit $f\in\underline{\underline{D}}^p$, avec $1<p\leq 2$; d'après les inégalités de Burkholder, nous avons $\mathbb{E}[\langle C^f, C^f\rangle_1^{p/2}] \leq c_p \|f\|^p_{\underline{\underline{D}}^p}$. D'autre part

$$\langle C^f, C^f\rangle_1^{p/2} = (\int^1 \Gamma(f,f)\circ Y_s ds)^{p/2} \geq \int^1 \Gamma(f,f)^{p/2}\circ Y_s ds$$

donc

(33) $$\|\sqrt{\Gamma(f,f)}\|_{\underline{\underline{L}}^p} \leq c_p \|f\|_{\underline{\underline{D}}^p} \qquad \text{pour } 1<p\leq 2$$

Malheureusement, cela ne dit rien pour $p>2$, qui est le cas intéressant. Pour $p=\infty$, on peut dire quelque chose, d'apparemment inutile : fixons $\lambda>0$, et soit $f\in\underline{\underline{D}}^1$ telle que f et $R_\lambda(|Lf|)$ appartiennent à $\underline{\underline{L}}^\infty$ (cette condition ne dépend pas de λ) ; alors $R_\lambda(\Gamma(f,f))$ appartient à $\underline{\underline{L}}^\infty$.

3) Le moyen qu'utilise Stroock pour tourner ces difficultés consiste à introduire l'espace $\underline{\underline{K}}^p$ des fonctions $f\in\underline{\underline{D}}^p$ telles que $\sqrt{\Gamma(f,f)}\in\underline{\underline{L}}^p$ (en fait, son exposant p est toujours ≥ 2, et il note cet espace $\underline{\underline{K}}^{p/2}$). Nous tâcherons de nous en passer dans la suite.

5. Nous arrivons maintenant aux résultats importants pour le << calcul de Malliavin>> : il s'agit de savoir comment L (puis Γ dans la section suivante) opèrent sur les intégrales stochastiques browniennes.[1]

Nos notations dans toute la fin du paragraphe seront les suivantes : nous avons deux variables aléatoires

(34) $$f = \int u_s\cdot dB_s \quad , \quad g = \int h_s ds$$

où (u_s) est un processus prévisible à valeurs dans $\mathbb{R}^d$, (h_s) un processus prévisible réel (la prévisibilité de h ne servira pas dans ce paragraphe).

1. Ce paragraphe peut être omis pour l'abord des théorèmes d'intégrales singulières 13 et 14.

D'après le théorème de dérivation de Mokobodzki, pour toute fonction $a\in\underline{\underline{D}}^1$, $(P_t a-a)/t$ converge μ-p.s. vers Lf. Nous conviendrons donc de définir le processus prévisible (Lh_s) comme $\liminf_t (P_t u_s-u_s)/t$.

THEOREME 6. 1) Supposons que pour presque tout s on ait $u_s\in\underline{\underline{D}}^1$, $h_s\in\underline{\underline{D}}^1$, avec

(35.a)) $(\int |u_s|^2+|Lu_s|^2)ds)^{1/2}\in \underline{\underline{L}}^1$, (35.b)) $\int(|h_s|+|Lh_s|)ds \in \underline{\underline{L}}^1$
(en particulier, $f\in\underline{\underline{H}}^1$) . Alors on a $f\in\underline{\underline{D}}^1$, $g\in\underline{\underline{D}}^1$, et

(36) $$Lf = \int (Lu_s-\frac{1}{2}u_s)\cdot dB_s \quad , \quad Lg = \int Lh_s ds$$

(en particulier, $Lf\in\underline{\underline{H}}^1$).

2) Inversement, supposons que f appartienne à $\underline{\underline{D}}^1$, soit d'intégrale nulle, et que f et Lf appartiennent à $\underline{\underline{H}}^1$. Alors dans l'unique représentation de f comme intégrale stochastique, $f=\int u_s\cdot dB_s$, on peut affirmer que $u_s\in\underline{\underline{D}}^1$ pour presque tout s et que (35.a)) est satisfaite, et donc Lf est donnée par (36).

DEMONSTRATION. Le cas de g est à peu près trivial : on a d'après (35.b)) $g\in\underline{\underline{L}}^1$, posons $m=\int Lh_s ds\in\underline{\underline{L}}^1$; une application immédiate du théorème de Fubini montre que $P_t g-g=\int^t P_s m ds$, donc $g\in\underline{\underline{D}}^1$ et $Lg=m$.

Pour étudier f, nous posons $n = \int(Lu_s-\frac{1}{2}u_s)\cdot dB_s\in\underline{\underline{H}}^1$. Nous avons d'après (21)

$$R_\lambda f = \int R_{\lambda+1/2}u_s\cdot dB_s \qquad R_\lambda n = \int R_{\lambda+1/2}(Lu_s-\frac{1}{2}u_s)\cdot dB_s$$

et donc $R_\lambda(\lambda f-n)= \int R_{\lambda+1/2}((\lambda+\frac{1}{2})u_s-Lu_s)\cdot dB_s = \int u_s\cdot dB_s=f$.

Passons à 2). Puisque $f\in\underline{\underline{H}}^1$, $\int f\mu=0$, nous pouvons écrire f sous la forme $\int u_s\cdot dB_s$, avec $(\int|u_s|^2 ds)^{1/2}\in\underline{\underline{L}}^1$ - ce qui entraîne $\int_0^t\mu(|u_s|)ds <\infty$ pour t fini, donc $u_s\in\underline{\underline{L}}^1$ pour presque tout s. De même, nous pouvons écrire $Lf = \int v_s\cdot dB_s$, avec les mêmes propriétés. Comme nous avons $f=R_\lambda(\lambda f-Lf)$, la formule (21) nous donne $f=\int R_{\lambda+1/2}(\lambda u_s-v_s)\cdot dB_s$, et l'unicité de la représentation prévisible entraîne $u_s=R_{\lambda+1/2}(\lambda u_s-v_s)$ pour presque tout s, donc aussi $u_s\in\underline{\underline{D}}^1$, $v_s=Lu_s-\frac{1}{2}u_s$.

REMARQUE. Soit $f\in\underline{\underline{D}}^1$, et soit $Lf=\int v_s\cdot dB_s\in\underline{\underline{H}}^1$. Posons $f'=-RLf=-\int R_{1/2}v_s\cdot dB_s$ (22), qui appartient à $\underline{\underline{H}}^1\cap\underline{\underline{D}}^1$ avec $Lf'=\int v_s\cdot dB_s=Lf$. La fonction f-f' appartient à $\underline{\underline{D}}^1$ avec L(f-f')=0, donc elle est invariante par le semi-groupe et intégrable, et le théorème ergodique entraîne qu'elle est constante. autrement dit, $f\in\underline{\underline{D}}^1$ et $Lf\in\underline{\underline{H}}^1$ entraîne $f=\mu(f)-RLf \in \underline{\underline{H}}^1$. On en déduit pour p>1

$$\text{si } f\in\underline{\underline{D}}^1 \ , \ \|f\|_{\underline{\underline{L}}^p} \leq c_p(|\mu(f)|+\|Lf\|_{\underline{\underline{L}}^p})$$

6. Nous allons dans cette section calculer (avec les notations (34)) les quantités $\Gamma(f,f)$, $\Gamma(g,g)$, $\Gamma(f,g)$. Nous renforcerons les hypothèses (35) en supposant

(37.a)) $\int(\|u_s\|^2_{\underline{\underline{L}}^2}+\|Lu_s\|^2_{\underline{\underline{L}}^2})ds < \infty$, (37.b)) $\int(\|h_s\|_{\underline{\underline{L}}^2}+\|Lh_s\|_{\underline{\underline{L}}^2})ds < \infty$

en particulier, f et g appartiennent à $\underline{\underline{D}}^2$. Nous introduirons les deux processus

$$f_s=\int^s u_r\cdot dB_r \quad , \quad g_s = \int^s h_r dr$$

D'après les calculs faits précédemment, $\|f_s\|_{\underline{\underline{D}}^2}$ et $\|g_s\|_{\underline{\underline{D}}^2}$ sont bornés.

Si l'on pose $v_s=Lu_s-\frac{1}{2}u_s$, $k_s=Lh_s$, on a

(38) $\quad f = \mu(f) - \frac{1}{2}\int R_{1/2}v_s ds \quad , \quad g = \int\mu(h_s)ds - \int Rk_s ds$.

FORMULE POUR $\Gamma(g,g)$. On a

(39) $\quad \Gamma(g,g) = 2\int \Gamma(g_s,h_s)ds$

DEMONSTRATION. Nous écrivons d'abord les formules d'intégration par parties classiques

$$g^2 = \int 2g_sh_s ds \quad , \quad 2gLg = \int 2(h_sLg_s+g_sLh_s)ds$$

Ensuite, nous calculons $L(g^2)$ par application de la formule (36). Pour cela, il nous faut vérifier que

$$\int|g_sh_s|ds \in \underline{\underline{L}}^1 \quad , \quad \int(|g_sLh_s|+|h_sLg_s|+|\Gamma(g_s,h_s)|)ds \in \underline{\underline{L}}^1$$

A gauche, nous majorons par ($\sup_s|g_s|)(\int|h_s|ds)$, produit de deux éléments de $\underline{\underline{L}}^2$. A droite, les deux premiers termes se traitent de même. Quant au dernier, on écrit $\mu(|\Gamma(g_s,h_s)|)\leq c\|g_s\|_{\underline{\underline{D}}^2}\|h_s\|_{\underline{\underline{D}}^2}$; le premier facteur est borné, le second intégrable en s .

Dans ces conditions, on a $L(g^2)=\int 2(g_sLh_s+h_sgL_s+\Gamma(g_s,h_s))ds$, et on a (39) en formant $L(g^2)-2gLg$.

FORMULE POUR $\Gamma(f,f)$. On a

(40) $\quad \Gamma(f,f) = \int 2\Gamma(f_s,u_s)\cdot dB_s + \int(|u_s|^2+\Gamma(u_s',u_s))ds$

où $\Gamma(u_s',u_s)$ est une notation abrégée pour $|u_s|^2-2u_s\cdot Lu_s = \Sigma_i \Gamma(u_s^i,u_s^i)$ - le ' désigne la transposition des matrices.

La justification sera beaucoup plus délicate que ci-dessus. On commence par écrire les formules banales d'intégration par parties

(41) $\quad f^2=2\int f_s df_s+\int d\langle f,f\rangle_s = \int 2f_su_s\cdot dB_s + \int|u_s|^2ds$

$$2fLf = 2\int(f_sd(Lf)_s+Lf_sdf_s+d\langle f,Lf\rangle_s) =$$

$$2\int(f_s(Lu_s-\tfrac{1}{2}u_s)\cdot dB_s + Lf_su_s\cdot dB_s + u_s\cdot(Lu_s-\tfrac{1}{2}u_s)ds\ )$$

Maintenant, appliquons formellement (36) à (41) pour calculer $\underline{L}(f^2)$

$$Lf^2 = 2\int (L(f_s u_s) - \tfrac{1}{2} f_s u_s)\cdot dB_s + \int L|u_s|^2 ds$$

et formons $L(f^2)-2fLf$, nous obtenons (40). Tout revient donc à justifier ce calcul formel. Remarquons qu'il n'y a aucune difficulté quant au terme $\int |u_s|^2 ds$, les hypothèses (35.b)) étant satisfaites. La difficulté tient donc à l'intégrale stochastique

$$\phi = \int f_s u_s \cdot dB_s \ ,$$

pour laquelle il faut vérifier les hypothèses (35.a)). Nous commençons par le cas simple où $f = -\int R_{1/2} v_s \cdot dB_s$, (v_s) étant un processus prévisible à valeurs dans $\mathbb{R}^d$ du type

(42) $$v_s = \Sigma_i \, a_i I_{]r_i, r_{i+1}]}(s)$$

chaque a_i étant une v.a. à valeurs dans $\mathbb{R}^d$, dont chaque composante est un polynôme (de degré au plus n_i) en un nombre fini de formes linéaires $\{\alpha_{ik}, \cdot\}$, les $\alpha_{ik} \in E'$ ayant leur support dans $[0,r_i]$. Il résulte de (11) que $P_t v_s$ est du même type, et $u_s = -R_{1/2} v_s$ aussi. Sur l'intervalle $]r_i, r_{i+1}]$ on peut donc écrire

$$f_s u_s^i = b^i + c^i (B_s^i - B_r^i)$$

où b^i et c^i sont des polynômes. On a alors, d'après un cas particulier trivial de (36)

$$L(f_s u_s^i) = Lb^i + (Lc^i - \tfrac{1}{2} c^i)(B_s^i - B_r^i)$$

et comme Lc^i, c^i, Lb^i sont des polynômes, donc appartiennent à tout $\underline{\underline{L}}^p$, on voit que $\|L(f_s u_s)\|_2$ est une fonction bornée à support compact sur $\mathbb{R}_+$. Dans ce cas l'hypothèse (35.a)) est satisfaite, et la formule (40) aussi.

Nous remarquons maintenant que l'espace des fonctions f d'intégrale nulle, appartenant à $\underline{\underline{D}}^2$, pour lesquelles (40) a lieu est <u>fermé</u>. Soient en effet des f^n appartenant à cet espace, et convergeant dans $\underline{\underline{D}}^2$ vers f ; nous écrivons $Lf^n = \int v_s^n \cdot dB_s$, $Lf = \int v_s \cdot dB_s$, où $\int \mu(|v_s^n - v_s|^2) ds \to 0$, et nous avons $f^n = \int u_s^n \cdot dB_s$, $f = \int u_s \cdot dB_s$ avec $u_s^n = -R_{1/2} v_s^n$, $u_s = -R_{1/2} v_s$. Nous avons $|\sqrt{\Gamma(f,f)} - \sqrt{\Gamma(f^n,f^n)}| \leq \sqrt{\Gamma(f-f^n, f-f^n)}$, donc le côté gauche tend vers 0 dans $\underline{\underline{L}}^2$, et $\Gamma(f^n,f^n) \to \Gamma(f,f)$ dans $\underline{\underline{L}}^1$. On vérifie sans peine que $\int |u_s^n|^2 ds$ converge dans $\underline{\underline{L}}^1$ vers $\int |u_s|^2 ds$. D'autre part, on a

$$\int |\Gamma(u_s^{ni}, u_s^{ni}) - \Gamma(u_s^i, u_s^i)| d\mu ds \leq \int |\sqrt{\Gamma}_n - \sqrt{\Gamma}| (\sqrt{\Gamma}_n + \sqrt{\Gamma}) d\mu ds$$
$$\leq (\int |\sqrt{\Gamma}_n - \sqrt{\Gamma}|^2 d\mu ds)^{1/2} \ (2\int \Gamma_n d\mu ds + 2\int \Gamma d\mu ds)^{1/2}$$

Comme $\mu(\Gamma(u_s^{ni}, u_s^{ni})) = \mu((u_s^{ni})^2)$, le second facteur est borné. Le premier se majore par $(\int \Gamma(u_s^{ni} - u_s^i, u_s^{ni} - u_s^i) d\mu ds)^{1/2}$ et tend vers 0 pour la même raison.

En racapitulation de tout ceci, nous avons que

$$\Gamma(f^n,f^n)-\int(|u_s^n|^2+\Gamma(u_s^{n\prime},u_s^n))ds = \int 2\Gamma(f_s^n,u_s^n)\cdot dB_s = J^n$$

converge dans $\underline{\underline{L}}^1$ vers $\Gamma(f,f)-\int(|u_s|^2+\Gamma(u_s',u_s))ds$, v.a. d'espérance nulle, que nous noterons J . Introduisant les martingales J_s^n, J_s , nous savons qu'il existe un processus prévisible (j_s) tel que $\int|j_s|^2ds$ soit p.s. fini et que $J_s=\int^s j_r\cdot dB_r$ pour tout $s\leq\infty$. D'après un résultat de Yor, nous savons aussi qu'il existe des temps d'arrêt T_k tendant vers l'infini, tels que $(J^n)^{T_k}$ tende vers J^{T_k} dans $\underline{\underline{H}}^1$ pour tout k : il en résulte que $\Gamma(f_s^n,u_s^n)\to j_s$ en mesure sur $\mathbb{R}_+\times E$ muni de la mesure dsdμ. Mais d'autre part, pour presque tout s $\Gamma(f_s^n,u_s^n)$ converge dans $\underline{\underline{L}}^1$ vers $\Gamma(f_s,u_s)$. Il en résulte que les processus $\Gamma(f_s,u_s)$ et j_s sont égaux dsdμ-p.p., et la formule (40) est vraie pour f.

Il reste donc seulement à vérifier que les v.a. f du type construit plus haut (au moyen de polynômes) sont denses dans l'espace des v.a. de $\underline{\underline{D}}^2$ d'intégrale nulle. Il suffit pour cela de savoir approcher les processus prévisibles étagés usuels

$$v_s = \Sigma_i\ \varphi_i I_{]r_i,r_{i+1}]}(s)$$

où φ_i est $\underline{\underline{F}}^{\circ}_{r_i}$-mesurable bornée, par des processus du type (42). Cela revient à approcher φ_i dans $\underline{\underline{L}}^2$ par des polynômes du type considéré. On se ramène par classes monotones au cas où φ_i est fonction d'un nombre fini de formes linéaires $\{\alpha_{ik},\cdot\}$, et l'on se trouve alors ramené au fait qu'en dimension finie, les polynômes sont denses dans l'espace $\underline{\underline{L}}^2$ d'une mesure gaussienne.

FORMULE POUR $\Gamma(f,g)$. On a

(43) $$\Gamma(f,g) = \int\Gamma(u_s,g_s)\cdot dB_s + \int\Gamma(f_s,h_s)ds.$$

Pour voir cela, on écrit les formules d'intégration par parties

(44) $$fg = \int f_sdg_s+g_sdf_s = \int g_su_s\cdot dB_s + \int f_sh_sds$$

$$fLg = \int f_sd(Lg)_s+Lg_sdf_s = \int Lg_su_s\cdot dB_s + \int f_sLh_sds$$

$$gLf = \int g_s(Lu_s-\tfrac{1}{2}u_s)\cdot dB_s + \int Lf_sh_sds \quad \text{de même}$$

Tout le problème consiste, comme plus haut, à justifier l'application des formules (36) à la fonction (44). Nous donnerons moins de détails que précédemment : le terme $\int f_sh_sds$ ne crée pas de problème, en remarquant que $\sup_s|f_s|\in\underline{\underline{L}}^2$ et que $\|L(f_sh_s)\|_{\underline{\underline{L}}^1}\leq c\|f_s\|_{\underline{\underline{D}}^2}\|h_s\|_{\underline{\underline{D}}^2}$. Il faut donc examiner seulement l'intégrale stochastique

$$\phi = \int g_su_s\cdot dB_s$$

Pour le traiter, on raisonne comme dans la discussion précédente, en posant de plus $k_s=Lh_s$, $h_s=\mu(h_s)-R(k_s)$, et en approchant (k_s) aussi par des processus étagés polynômiaux.

Récapitulons les trois formules obtenues :

THEOREME 7 . Considérons une v.a. de $\underline{\underline{D}}^2(L)$, du type

$$\varphi = \int u_s \cdot dB_s + \int h_s ds$$

avec $\int \|u_s\|^2_{\underline{\underline{D}}^2} ds < \infty$, $\int \|h_s\|_{\underline{\underline{D}}^2} ds < \infty$. La v.a. φ_s est l'intégrale correspondante sur $[0,s]$. On a alors

(45) $$\Gamma(\varphi,\varphi) = 2\int \Gamma(\varphi_s,u_s)\cdot dB_s + \int (2\Gamma(\varphi_s,h_s)+|u_s|^2+\Gamma(u_s',u_s))ds \ .$$

6. Notre but dans cette section va être de calculer l'opérateur carré du champ Γ. Nous commençons par introduire une notation, et démontrer un petit lemme technique. Soit $f\in\underline{\underline{D}}^1$ et soit $g=Lf$; nous dirons que $f\in\underline{\underline{D}}^{1+}$ si f et g appartiennent à $\underline{\underline{H}}^1(\mu)$ [j'ignore quelle relation cela peut avoir avec le fait que la martingale C^f appartient à $\underline{\underline{H}}^1(P^\mu)$ sur tout intervalle fini]. On vérifie sans peine que (P_t) est fortement continu sur $\underline{\underline{H}}^1$, et que $\underline{\underline{D}}^{1+}$ est le domaine de son générateur.

Nous appellerons polynômes trigonométriques sur E les combinaisons linéaires de "caractères" e_α , $\alpha\in E'$, et polynômes sur E les éléments de l'algèbre engendrée par les formes $\{\alpha,\cdot\}$.

LEMME 8. L'espace des polynômes trigonométriques est dense dans les espaces $\underline{\underline{D}}^p$ (p>1) et dans $\underline{\underline{D}}^{1+}$ (bien sûr, il s'agit ici de fonctions complexes).

DEMONSTRATION. Nous traitons le cas de $\underline{\underline{D}}^{1+}$, par exemple. Soit $f\in\underline{\underline{D}}^{1+}$; on peut la supposer d'intégrale nulle. Si l'on pose alors $Lf=\int v_s \cdot dB_s$, avec $(\int |v_s|^2 ds)^{1/2} \in \underline{\underline{L}}^1$, on a $f=-\int R_{1/2} v_s \cdot dB_s$. Approchant alors (v_s) par des processus prévisibles (v_s^n) étagés du type (42), on sait que les f^n correspondantes convergent vers f dans $\underline{\underline{D}}^{1+}$, donc il suffit de savoir approcher les f^n elles mêmes. Or fixons n , et omettons le de la notation : $f=f^n$ est un polynôme $P(\{\alpha_1,\cdot\},\ldots,\{\alpha_k,\cdot\})$ en un nombre fini de formes linéaires $\alpha_i\in E'$, que l'on peut supposer orthonormées pour q. Utilisant la propriété I.4, on est ramené à trouver sur $\mathbb{R}^k$ des polynômes trigonométriques Q_i tels que $P-Q_i$ converge vers 0 pour $i\to\infty$ dans tous les $\underline{\underline{L}}^p$ de la mesure gaussienne standard, de même que toutes ses dérivées jusqu'à l'ordre 2. Cela ne pose pas de problème.

Maintenant, nous calculons l'opérateur carré du champ pour un polynôme trigonométrique. Nous remarquons que, pour une fonction qui ne dépend que d'un nombre fini de formes linéaires $\{\alpha_i,\cdot\}$, on est ramené à un calcul en dimension finie (pour un e_α , à un calcul en dimension 1!). Or en dimension finie, le processus d'Ornstein-Uhlenbeck et le mouvement brownien ont même opérateur carré du champ. Un calcul immédiat donne alors

(46) $$\Gamma(e_\alpha,e_\beta) = q(\alpha,\beta)e_{\alpha-\beta}$$

[On peut aussi arriver directement à cette formule, à partir des relations $P_t\varepsilon_\alpha = \varepsilon_{\alpha e^{-t/2}}$ (10) ; $\varepsilon_\alpha\varepsilon_\beta = \varepsilon_{\alpha+\beta}e^{-q(\alpha,\beta)}$, d'où l'on tire

(47) $$L\varepsilon_\alpha = -\frac{1}{2}(i\{\alpha,.\}+q(\alpha))\varepsilon_\alpha$$

et (46) par la définition de Γ].

Soit $\xi\in E$; la translation $x\overset{\tau_\xi}{\mapsto}x+\xi$ ne transforme pas en général la mesure μ en une mesure équivalente, et on ne peut donc la faire opérer sur les classes pour l'égalité μ-p.p.. Mais supposons que ξ soit absolument continue, avec une dérivée (notée ξ' ou $\dot\xi$) de carré intégrable sur $\mathbb{R}^+$. La formule de Cameron-Martin nous dit que la loi image de μ est absolument continue par rapport à μ , avec la densité

(48) $$\exp(\int\dot\xi_s\cdot dB_s - \frac{1}{2}\int|\dot\xi_s|^2ds)$$

qui appartient à tout $\underline{\underline{L}}^p(\mu)$. Bien que $\dot\xi$ n'appartienne pas nécessairement à E',[1] rien n'empêche de noter $\int|\dot\xi_s|^2ds=q(\dot\xi)$, et $\varepsilon_{-i\dot\xi}$ cette densité.[1]

Nous notons alors $\nabla_\xi f$, de manière générale, la limite de $\frac{1}{t}(f\circ\tau_{t\xi}-f)$ lorsque $t\to0$, en un sens qu'il faudra préciser à chaque fois (dans $\underline{\underline{L}}^p$, p.s., etc.). Par exemple, il est clair que, si $\alpha\in E'$

(49) $$\nabla_\xi(e_\alpha) = i\{\alpha,\xi\}e_\alpha \qquad (\{\alpha,\xi\} = \int\alpha_s\cdot d\xi_s = \int\alpha_s\cdot\dot\xi_s ds)$$

les quotients différentiels convergeant uniformément sur E. Par conséquent, si nous choisissons des ξ_n du type ci-dessus dont les dérivées forment une base orthonormale de $\underline{\underline{L}}^2(\mathbb{R}^+,\mathbb{R}^d)$, nous avons

$$\Gamma(e_\alpha,e_\beta) = \Sigma_n \nabla_{\xi_n}(e_\alpha)\overline{\nabla_{\xi_n}(e_\beta)}$$

Il en résulte que, pour tout polynôme trigonométrique f

$$\Gamma(f,f) = \Sigma_n |\nabla_{\xi_n} f|^2$$

et il en résulte que les opérateurs ∇_ξ (où $\dot\xi$ parcourt la boule unité de $\underline{\underline{L}}^2(\mathbb{R}_+,dx)$ se prolongent par continuité en des opérateurs bornés de $\underline{\underline{D}}^p(L)$ dans $\underline{\underline{L}}^p$ ($1<p\leq2$: cf (33) ; pour p=1 je ne sais rien). Soit g un polynôme trigonométrique ; pour tout k, on a $\Sigma_{n\leq k} |\nabla_{\xi_n} f||\nabla_{\xi_n} g| \leq \sqrt{\Gamma(f,f)}\sqrt{\Gamma(g,g)}$ lorsque f est un polynôme trigonométrique, puis lorsque f est quelconque dans $\underline{\underline{D}}^p(L)$. On peut alors faire tendre k vers l'infini, et définir l'opérateur linéaire continu $f\mapsto \Sigma_n \nabla_{\xi_n} f\overline{\nabla_{\xi_n} g}$ de $\underline{\underline{D}}^p$ dans $\underline{\underline{L}}^0$, (continu, parce que limite simple d'opérateurs continus), qui coïncide avec $f\mapsto\Gamma(f,g)$ lorsque f est un polynôme trigonométrique, donc pour

1. La complétion de E' par rapport à la norme q est $L^2(\mathbb{R}_+,\mathbb{R}^d)$ (mais les formes linéaires correspondantes sont définies p.p. seulement). Ce complété $\overline{E}'$ s'envoie dans E par intégration en t, et son image est l'espace $\underline{\underline{CM}}$ des fonctions de Cameron-Martin, donnant les translations permises de Ω

$f\in\underline{\underline{D}}^p$. On prolonge ensuite à g de la même manière. Enonçons le résultat :

THEOREME 9.(+) Soit $\underline{\underline{CM}}$ le sous espace de E formé des applications $\xi\in E$, absolument continues et dont la dérivée appartient à $\underline{\underline{L}}^2(\mathbb{R}^+)$. Soit (ξ_n) une suite d'éléments de $\underline{\underline{CM}}$ dont les dérivées forment une base orthonormale de $\underline{\underline{L}}^2(\mathbb{R}^+,\mathbb{R}^d)$.

a) Pour tout $\xi\in\underline{\underline{CM}}$, ∇_ξ est un opérateur continu de $\underline{\underline{D}}^p(L)$ dans $\underline{\underline{L}}^p$ $(1<p\leq 2)$

b) Pour tout $f\in\underline{\underline{D}}^p$, $p>1$, on a

(50) $$\Gamma(f,f) = \Sigma_n|\nabla_{\xi_n}f|^2$$

DEMONSTRATION. $\underline{\underline{CM}}$ veut dire Cameron-Martin. Remarquons que nous avons vu un résultat bien plus fort que a) : pour $1<p\leq 2$ l'opérateur $f\mapsto(\nabla_{\xi_n}f)_{n\in N}$ est borné de $\underline{\underline{D}}^p(L)$ dans $\underline{\underline{L}}^p(\ell^2)$.

Notons l'expression de l'adjoint formel de ∇_ξ :

LEMME 10. Soient f et g deux polynômes trigonométriques. Alors pour $\xi\in\underline{\underline{CM}}$ on a

(51) $$\int(\nabla_\xi f)\overline{g}\,\mu = \int f\,\overline{(\nabla_\xi+\phi_\xi I)g}\,\mu$$

où ϕ_ξ est la fonction (définie μ-p.p.) $x\mapsto\{\dot{\xi},x\}=\int\dot{\xi}_s\cdot dx_s$.

DEMONSTRATION. On part de la formule (49) pour obtenir

$$\int\nabla_\xi e_\alpha\,\overline{e_\beta}\,\mu = i\{\alpha,\xi\}e^{-\frac{1}{2}q(\alpha-\beta)} \qquad \text{et de même}$$

$$\int e_\alpha\,\overline{\nabla_\xi e_\beta}\,\mu = i\{\beta,\xi\}e^{-\frac{1}{2}q(\alpha-\beta)}$$

Tout revient donc à établir que

$$\int\{\dot{\xi},.\}e_{\alpha-\beta}\,\mu = i\{\alpha-\beta,\xi\}e^{-\frac{1}{2}q(\alpha-\beta)}$$

Lorsque $\dot{\xi}$ est à support compact et à variation finie, $\{\dot{\xi},.\}$ est une forme linéaire sur E entier, et il s'agit d'une formule classique sur les moments des mesures gaussiennes. On en déduit le cas général par un passage à la limite.

REMARQUE. La formule s'étend aussitôt au cas où $f\in\underline{\underline{D}}^2$, g étant un polynôme trigonométrique, puisque nous savons que ∇_ξ est un opérateur continu de $\underline{\underline{D}}^2$ dans $\underline{\underline{L}}^2$. Considérons maintenant des polynômes trigonométriques g_n qui convergent dans $\underline{\underline{D}}^2$ vers une fonction g ; du côté gauche, $\int\nabla_\xi f\overline{g_n}\mu$ converge vers $\int\nabla_\xi f\overline{g}\mu$; de même, du côté droit, $\int f\overline{\nabla_\xi g_n}\mu$ converge vers $\int f\overline{\nabla_\xi g}\mu$. Par différence, $\int f\phi\overline{g_n}\mu$ converge. Comme cela a lieu pour tout $f\in\underline{\underline{L}}^2$, nous en déduisons que ϕg appartient à $\underline{\underline{L}}^2$ pour tout $g\in\underline{\underline{D}}^2$, et l'opérateur de multiplication par ϕ_ξ est borné sur $\underline{\underline{D}}^2$ (non sur $\underline{\underline{L}}^2$, car ϕ_ξ appartient à tout $\underline{\underline{L}}^p$, p fini, mais n'est pas bornée).

1. Cet énoncé doit être considéré comme classique, mais je n'en connais pas l'origine exacte.

Nous concluons cette section sur un lemme analytique. Seul le premier résultat (à peu près évident) sera utilisé dans la suite.

LEMME 11. Soient $f\in \underline{\underline{D}}^2$, $\xi\in \underline{\underline{CM}}$. Notons ϕ_ξ la " fonction linéaire" $\int \dot{\xi}_s . dB_s$ sur E. Alors on a

1) $\nabla_\xi P_t f = e^{-t/2} P_t \nabla_\xi f$

2) $P_t(\phi_\xi f) = e^{-t/2}\phi_\xi P_t f + (1-e^{-t})P_t\nabla_\xi f$.

DEMONSTRATION. Pour 1), supposons que f soit un polynôme trigonométrique. Ecrivons

$$e^{t/2}(P_t f(x+h\xi)-P_t f(x))/h = (\text{ cf. formule (8)})$$

$$= \frac{1}{he^{-t/2}}\int (f(e^{-t/2}(x+h\xi)+\sqrt{\ldots}\,y)-f(e^{-t/2}x+\sqrt{\ldots}\,y))\mu(dy)$$

Le côté droit tend vers $P_t\nabla_\xi f$, le côté gauche vers $e^{t/2}\nabla_\xi P_t f$. Le résultat s'étend ensuite à $\underline{\underline{D}}^2$ par densité.

Pour 2), nous pouvons supposer que $\int_0^\infty |\dot{\xi}_s|^2 ds = 1$, et nous borner au cas où f est un polynôme trigonométrique en un nombre fini de "formes linéaires" $\phi_\xi = \phi_{\xi_0}$, $\phi_{\xi_1},\ldots,\phi_{\xi_n}$, où $\dot{\xi}_0,\ldots,\dot{\xi}_n$ sont orthogonaux et normés dans $L^2(\mathbb{R}_+,\mathbb{R}^d)$. Par projection, nous sommes ramenés à un problème sur la mesure gaussienne standard sur $\mathbb{R}^{n+1}$: montrer que $P_t(x_0 f)=e^{-t/2}x_0 P_t f$ $+(1-e^{-t})P_t D_0 f$, où $x_0,\ldots,x_n$ sont les coordonnées, $D_0,\ldots,D_n$ les dérivées partielles correspondantes. Il suffit de traiter le cas où f est de la forme $g(x_0)h(x_1,\ldots,x_n)$, et on se trouve ramené à la dimension 1, oì il s'agit de montrer que

$$\int g(e^{-t/2}x+\sqrt{1-e^{-t}}\,y)(e^{-t/2}x+\sqrt{\ldots}\,y)\mu(dy)= e^{-t/2}x\int g(e^{-t/2}x+\sqrt{\ldots}\,y)\mu(dy)$$
$$+ (1-e^{-t})\int g'(e^{-t/2}x+\sqrt{\ldots}\,y)\mu(dy)$$

qui se ramène à une intégration par parties triviale sur le dernier terme.

REMARQUE.[1] Soient ξ et η deux fonctions de Cameron-Martin. La « forme linéaire » $\{\dot{\xi},\omega\}$ vaut $\int_0^\infty \dot{\xi}_s . dB_s(\omega)$, donc $\{\dot{\xi},\omega+h\eta\}-\{\dot{\xi},\omega\}=hq(\dot{\xi},\dot{\eta})$, et

$$\nabla_\eta\{\dot{\xi},.\} = q(\dot{\xi},\dot{\eta})$$

Introduisons alors les opérateurs

$$A_\xi f= \tfrac{1}{2}\{\dot{\xi},.\}f \quad (\text{ multiplication par la "forme linéaire"}\{\dot{\xi},.\})$$

$$B_\xi f = \nabla_\xi f - \tfrac{1}{2}\{\dot{\xi},.\}f \quad (\text{l'adjoint formel de } B_\xi \text{ est } B_{-\xi}\text{: lemme 10})$$

Nous avons les relations de commutation suivantes, bien connues en mécanique quantique

$$[A_\xi,A_\eta] = 0 \quad , [A_\xi,B_\eta] = -\tfrac{1}{2}q(\dot{\xi},\dot{\eta}) \quad , [B_\xi,B_\eta] = 0$$

et d'après le lemme 11 $[L,A_\xi]= \frac{1}{2}B_\xi$, $[L,B_\xi] = \frac{1}{2}A_\xi$.

1. Voir le livre de Hida " Brownian motion". Il faudrait adjoindre à cette liste d'opérateurs le "shift" θ_t du mouvement brownien lui même.

IV . O-U et L-P

Ce titre signifie que nous allons maintenant étudier $\|\sqrt{\Gamma(f,f)}\|_{\underline{\underline{L}}^p}$ (et en particulier résoudre la question laissée en suspens dans la section III.5), au moyen de la théorie de Littlewood-Paley-Stein.

1. Nous définissons le semi-groupe de Cauchy (ou de Poisson) associé à (P_t), c'est à dire

$$Q_t = \int \mu_t(ds)P_s$$

où (μ_t) est le semi-groupe stable d'ordre 1/2 sur $\mathbb{R}_+$, caractérisé par sa transformée de Laplace :

$$\int \mu_t(ds)e^{-ps} = e^{-t\sqrt{p}} \tag{52}$$

Nous noterons C le générateur infinitésimal de (Q_t). On a $C=-\sqrt{-L}$ au sens suivant : si $f\in\underline{\underline{D}}^2(L)$, alors $f\in\underline{\underline{D}}^2(C)$, Cf appartient à $\underline{\underline{D}}^2(C)$, et $C^2f=-L$ (cela se voit très bien, par exemple, sur la représentation spectrale du semi-groupe). On montre assez facilement - on peut utiliser pour cela la représentation explicite des mesures μ_t

$$\mu_t(ds) = \frac{t}{2\sqrt{\pi}}\, e^{-t^2/4s}s^{-3/2}ds \qquad \text{(sém. X, p. 127)}$$

que, pour $t>0$, $f\in\underline{\underline{L}}^2$, Q_tf appartient à $\underline{\underline{D}}^2(L)$ et à $\underline{\underline{D}}^2(C)$, et que

$$\frac{d}{dt}Q_tf = CQ_tf = \int \mu_t'(ds)P_sf \tag{53}$$

où μ_t' est une mesure bornée, non positive, sur $\mathbb{R}_+$ (dont la masse tend vers l'infini lorsque $t\to 0$).

Nous voulons appliquer le théorème de Littlewood-Paley-Stein . Que dit ce théorème ? Soit $h\in\underline{\underline{L}}^2$, et soit $h_t=Q_tf$ pour $t>0$. Définissons la fonction de Littlewood-Paley G_h par

$$G_h^2(x) = \int_0^\infty t\left(\frac{d}{dt}h(x,t)\right)^2dt$$. Alors on a une équivalence de normes :

$$c_p\|h\|_{\underline{\underline{L}}^p} \geqq \|G_h\|_{\underline{\underline{L}}^p} \geqq c_p'\|h\|_{\underline{\underline{L}}^p} \quad \text{pour } 1<p<\infty \tag{54}$$

où l'inégalité de droite suppose de plus que h soit " sans partie invariante" , c'est à dire que Q_th tende vers 0 dans $\underline{\underline{L}}^2$ pour $t\to\infty$. Plus généralement, si (h_n) est une suite de fonctions de $\underline{\underline{L}}^2$ satisfaisant chacune à la condition ci-dessus, on a la même équivalence entre

$$\|(\Sigma_n h_n^2)^{1/2}\|_{\underline{\underline{L}}^p} \quad \text{et} \quad \|(\Sigma_n G_{h_n}^2)^{1/2}\|_{\underline{\underline{L}}^p}$$

Ce théorème est susceptible d'une démonstration probabiliste : voir l'article récent de Varopoulos (J. Funct. Anal.,1980) et mes exposés sur la question dans les volumes X et XV du séminaire. Signalons aussi que cet énoncé est vrai avec P_t à la place de Q_t : c'est la forme originale de Stein, valable pour tout semi-groupe markovien symétrique, et apparemment plus profonde que la précédente, puisqu'elle a résisté jusqu'à maintenant aux tentatives de démonstration par les martingales !

2. Voici d'abord la démonstration formelle : il restera à vérifier les détails, ce que nous ferons dans un paragraphe ultérieur.

Nous partons d'une bonne fonction $f \in \underline{\underline{D}}^2(L)$, d'intégrale nulle, admettant une représentation

(55) $\quad f = \int u_s \cdot dB_s \ , \ Lf = \int v_s \cdot dB_s \qquad (u_s = -R_{1/2} v_s \ )$

Le processus (v_s) sera un très bon processus étagé, que nous choisirons plus tard. Nous poserons

(56) $\quad g = \int Cu_s \cdot dB_s \quad , \quad \bar{g}_t = \int Q_t Cu_s \cdot dB_s \quad , \ g_t = P_t g$

Nous partons du lemme 11, pour écrire, avec $\xi \in \underline{\underline{CM}}$

$$P_r \nabla_\xi f = e^{r/2} \nabla_\xi P_r f = \nabla_\xi \int P_r u_s \cdot dB_s$$

intégrons par rapport à la mesure bornée $\mu_t'(dr)$ (53)

$$\frac{d}{dt} Q_t \nabla_\xi f = \nabla_\xi \int \frac{d}{dt} Q_t u_s \cdot dB_s = \nabla_\xi \bar{g}_t$$

élevons au carré, intégrons en t, nous voyons apparaître à gauche la fonction $G^2_{\nabla_\xi f}$. Faisons parcourir maintenant à ξ une suite (ξ_n), telle que les dérivées $\dot{\xi}_n$ forment une base orthonormale de $\underline{\underline{L}}^2(\mathbb{R}_+, \mathbb{R}^d)$, et sommons en n . Du côté gauche, nous trouvons $\Sigma_n G^2_{\nabla_{\xi_n} f}$, et du côté droit, d'après le théorème 9, nous trouvons

$$\Sigma_n \int t(\nabla_{\xi_n} \bar{g}_t)^2 dt = \int t\Gamma(\bar{g}_t, \bar{g}_t) dt$$

Prenons la racine carrée, et appliquons du côté gauche le théorème de Littlewood-Paley-Stein. Nous obtenons le résultat suivant :

LEMME (à justifier en détail). <u>Pour</u> $1<p<\infty$, <u>on a une équivalence de normes dans</u> $\underline{\underline{L}}^p$ <u>entre</u>

(57) $\quad (\ \Sigma_n (\nabla_{\xi_n} f)^2)^{1/2} = \sqrt{\Gamma(f,f)} \quad$ <u>et</u> $\quad (\int t\Gamma(\bar{g}_t, \bar{g}_t) dt \ )^{1/2}$

<u>à condition toutefois que chaque fonction</u> $\nabla_{\xi_n} f$ <u>soit sans partie invariante</u>.

Il faut maintenant étudier le côté droit. Nous avons

$$\int P_r Cu_s \cdot dB_s = e^{r/2} P_r \int Cu_s \cdot dB_s = e^{r/2} P_r g$$

$$\bar{g}_t = \int Q_t Cu_s \cdot dB_s = \int \mu_t(dr) e^{r/2} P_r g$$

et par conséquent, $\sqrt{\Gamma}$ se comportant comme une norme hilbertienne

$$\sqrt{\Gamma(\bar{g}_t, \bar{g}_t)} \leqq \int \mu_t(dr) e^{r/2} \sqrt{\Gamma(g_r, g_r)} \qquad g_r = P_r g$$

La mesure μ_t étant de masse 1, nous en déduisons

$$\Gamma(\overline{g}_t,\overline{g}_t) \leqq \int \mu_t(dr)e^r \Gamma(g_r,g_r)$$

Nous intégrons en t . On voit aussitôt que $\int t\mu_t(dr)dt = dr$ (regarder les transformées de Laplace). Donc

(58) $$\int t\Gamma(\overline{g}_t,\overline{g}_t)dt \leqq \int e^r\Gamma(g_r,g_r)dr$$

Maintenant, nous allons utiliser une inégalité de Littlewood-Paley relativement triviale, établie dans le sém. X, p. 138 - nous y reviendrons. Elle nous dit que, pour toute fonction h, on a une inégalité du type

(59) $$\|h\|_{\underline{\underline{L}}^p} \geqq c_p\| (\int P_t\Gamma(h_t,h_t)dt)^{1/2}\|_{\underline{\underline{L}}^p} \quad \text{pour } p\geqq 2$$
$$\geqq c_p\| (\int (P_t(\sqrt{\Gamma(h_t,h_t)})^2dt)^{1/2}\|_{\underline{\underline{L}}^p} \quad \text{pour } 1<p\leqq 2 \text{ (1)}$$

avec $h_t=P_th$. Maintenant, remarquons (lemme 11)

(60) $$\nabla_{\xi_n} P_th_t = e^{-t/2}P_t\nabla_{\xi_n} h_t$$

Remplaçons ξ par ξ_n , posons pour un instant $\nabla_{\xi_n} h_t=j_n$, et utilisons l'inégalité suivante, où Θ est une mesure

$$\Theta((\Sigma_n j_n^2)^{1/2}) \geqq (\Sigma_n \Theta(j_n)^2)^{1/2}$$

avec $\Theta = P_t(x,.)$; il vient

$$P_t(\sqrt{\Gamma(h_t,h_t)}) = P_t((\Sigma_n j_n^2)^{1/2}) \geqq (\Sigma_n(P_tj_n)^2)^{1/2}$$
$$\text{(cf. (60))} \quad = (\Sigma_n(\nabla_{\xi_n} P_th_t\, e^{t/2})^2)^{1/2} = e^{t/2}\sqrt{\Gamma(h_{2t},h_{2t})}$$

donc dans les deux cas de (59), nous avons

(61) $$\|h\|_{\underline{\underline{L}}^p} \geqq c_p\| (\int e^t\Gamma(h_{2t},h_{2t})dt)^{1/2}\|_{\underline{\underline{L}}^p}$$
$$= c'_p\| (\int e^{t/2}\Gamma(h_t,h_t)dt)^{1/2}\|_{\underline{\underline{L}}^p}$$

Appliquant cela à P_uh au lieu de h , nous avons (en récrivant c_p pour c'_p)

$$e^{u/4}\|h_u\|_{\underline{\underline{L}}^p} \geqq c_p\|(\int_u^{\infty} e^{t/2}\Gamma(h_t,h_t)dt)^{1/2}\|_{\underline{\underline{L}}^p}$$

Cela s'interprète ainsi : pour u>0, considérons le processus $J_t^u = I_{]u,\infty[}(t)e^{t/4}\sqrt{\Gamma(h_t,h_t)}$; alors sa norme dans $\underline{\underline{L}}^p(\mu,\underline{\underline{L}}^2(\mathbb{R}_+,ds))$ est majorée par $a_pe^{u/4}\|P_uh\|_{\underline{\underline{L}}^p}$. Mais alors, par convexité, la norme du processus $\int e^{u/4}J_t^u du$ est majorée par $a_p\int e^{u/2}\|P_uh\|_{\underline{\underline{L}}^p}$ du . Autrement dit (en changeant de constante a_p et en prenant h=g)

$$\|(\int e^{t/2}(e^{t/4}-1)^2\Gamma(g_t,g_t)dt)^{1/2}\|_{\underline{\underline{L}}^p} \leqq a_p\int e^{u/2}\|P_ug\|_{\underline{\underline{L}}^p} du$$

donc $$\|(\int_1^{\infty} e^t\Gamma(g_t,g_t)dt)^{1/2}\|_{\underline{\underline{L}}^p} \leqq a'_p \int e^{u/2}\|P_ug\|_{\underline{\underline{L}}^p} du$$

1. Et aussi pour p>2, car l'inégalité précédente est plus forte que celle-ci.

Quant à $\|(\int_0^1 e^t\Gamma(g_t,g_t)dt)^{1/2}\|_{\underline{\underline{L}}^p}$, comme e^t et $e^{t/2}$ sont comparables sur [0,1], il n'est pas nécessaire de chercher plus loin que (61). Autrement dit, nous avons obtenu tout ce que la méthode de Littlewood-Paley peut nous donner :

LEMME . Si le lemme précédent est correct, $\|\sqrt{\Gamma(f,f)}\|_{\underline{\underline{L}}^p}$ est majorée par une quantité de la forme

$$(62) \qquad a\|g\|_{\underline{\underline{L}}^p} + b\int e^{u/2}\|P_u g\|_{\underline{\underline{L}}^p}du$$

où a et b sont des constantes (dépendant de p).

3. Maintenant, il va falloir montrer que $\|P_u g\|_{\underline{\underline{L}}^p}$ est à décroissance suffisamment rapide, et justifier les détails. Pour cela, nous allons avoir besoin de quelques résultats auxiliaires, que nous développons dans cette section.

Soit $f\in\underline{\underline{L}}^2$. Nous définissons par récurrence l'expression " f est d'ordre $\geqq k$ " de la manière suivante : toute fonction est d'ordre $\geqq 0$; pour $k\geqq 1$, f est d'ordre $\geqq k$ si et seulement si $\mu(f)=0$ et, dans la représentation $f=\int u_s\cdot dB_s$, u_s est d'ordre $\geqq k-1$ pour presque tout s. En fait nous n'aurons pas besoin des ordres élevés : le raisonnement précédent sera justifié lorsque f est d'ordre $\geqq 2$, et il faudra savoir se ramener à ce cas.

Voici une manière évidente de développer f suivant les ordres croissants : on écrit $J_0(f)=\mu(f)$, $K_0(f) = f-\mu(f)$. Puis on pose $K_0(f)=\int u_s\cdot dB_s$, $J_1(f) = \int\mu(u_s)\cdot dB_s$, $K_1(f)=\int u_s^!\cdot dB_s$, où $u_s^!=u_s-\mu(u_s)$. On pose alors $u_s^! = \int u_{ss_1}^!\cdot dB_{s_1}$ (NB : comme $u_s^!$ est un vecteur, $u_{ss_1}^!$ est une matrice), de sorte que $K_1(f)=\int dB_s\cdot\int u_{ss_1}^!\cdot dB_{s_1}$, intégrale stochastique itérée (comme $u_s^!$ est $\underline{\underline{F}}_s$-mesurable, $u_{ss_1}^!=0$ pour $s_1>s$). On écrit alors $J_2(f)= =\int dB_s\cdot\int\mu(u_{ss_1}^!)\cdot dB_{s_1}$, $K_2(f)=\int dB_s\cdot\int u_{ss_1}^1\cdot dB_{s_1}$, où $u_{ss_1}^1=u_{ss_1}^!-\mu(u_{ss_1}^!)$. On écrit $u_{ss_1}^1 = \int u_{ss_1s_2}^!\cdot dB_{s_2}$ et on continue. Il est clair que ce que l'on fait ainsi, c'est développer f suivant les chaos de Wiener successifs : $J_0(f)$ est une constante, $J_1(f)$ une intégrale stochastique ordinaire (de processus déterministe), $J_2(f)$ une intégrale stochastique double (de processus déterministe), etc. Nous dirons qu'une fonction f est exactement d'ordre n si elle appartient au n-ième chaos de Wiener (la fonction 0 est exactement de tout ordre), et d'ordre $\leqq n$ si elle appartient à la somme des n premiers chaos.

Nous aurons besoin de connaître les propriétés de continuité des projecteurs J_0, J_1 et K_1 . Tout d'abord, on a $\|J_0(f)\|_{\underline{\underline{L}}^p}$, $\|K_0(f)\|_{\underline{\underline{L}}^p}\leqq\|f\|_{\underline{\underline{L}}^p}$. Ensuite, le lemme 1 (appliqué au noyau sous-markovien qui à f associe la fonction constante $\mu(f)$) montre que $\|J_1 f\|_{\underline{\underline{H}}^p} \leq \|K_0 f\|_{\underline{\underline{H}}^p}$ pour $1 \leq p < \infty$, donc pour $1<p<\infty$ J_1 est continu de $\underline{\underline{L}}^p$ dans $\underline{\underline{L}}^p$. Il en est donc de même de $K_1 = I - J_0 - J_1$.

On sait depuis Wiener que toute fonction $f \in \underline{\underline{L}}^2$ admet un développement suivant les chaos de Wiener, convergent dans $\underline{\underline{L}}^2$

(63) $$f = \Sigma_{k \geq 0} f_k$$

sur lequel P_t opère de la manière suivante

64) $$P_t f = \Sigma_n e^{-tk/2} f_k \qquad \text{(cf. (20))}$$

on connaît donc explicitement la décomposition spectrale de (P_t). Notons quelques autres formules qui en résultent aussitôt

(65)
$$Q_t f = \Sigma_k e^{-t\sqrt{k/2}} f_k$$
$$Lf = \Sigma_k - \frac{k}{2} f_k \qquad \text{(si } f \in \underline{\underline{D}}^2(L))$$
$$Cf = \Sigma_k -\sqrt{k/2}\, f_k \qquad \text{(si } f \in \underline{\underline{D}}^2(C))$$
$$Rf = 2\Sigma_k \frac{1}{k} f_k \qquad \text{si } f_0 = 0$$
$$Vf = \sqrt{2}\, \Sigma_k \frac{1}{\sqrt{k}} f_k \qquad \text{si } f_0 = 0$$

(Rappelons que R est l'opérateur potentiel de (P_t) (cf. (22)) ; on désigne par V l'opérateur potentiel de (Q_t)).

A côté de ces opérateurs, nous en considérerons d'autres, définis seulement pour les fonctions d'ordre ≥ 1 : si $f = \int u_s \cdot dB_s$, nous poserons

(66) $$\tilde{P}_t f = \int P_t u_s \cdot dB_s = e^{t/2} P_t f$$

et à partir de là, nous définirons de la manière évidente $\tilde{Q}_t f = \int \mu_t(ds) \tilde{P}_s f$ etc. Nous aurons besoin de calculer ces opérateurs .

Nous dirons que f est <u>élémentaire</u> , si $f = \mu(f) + \int u_s \cdot dB_s$, où (u_s) est un processus prévisible étagé (à valeurs dans $\mathbb{R}^d$)

(67) $$u_s = \Sigma_m \, a_m \, I_{]r_m, r_{m+1}]}(s) \qquad (r_0 = 0 < r_1 \ldots < r_M < \infty)$$

chaque v.a. a_m ayant des composantes a_m^i ($i \leq d$) dont chacune est une combinaison linéaire finie de polynômes d'Hermite en un nombre fini de formes linéaires $\langle \alpha_j, \cdot \rangle$, les $\alpha_j \in E'$ étant à support dans $[0, r_m]$. Séparant les polynômes d'Hermite relatifs aux divers degrés :

$$u_s = \Sigma_{k \geq 0} \, u_s^k \quad , \quad u_s^k = \Sigma_m \, a_m^k \, I_{]r_m, r_{m+1}]}$$

avec $P_t a_m^k = e^{-tk/2} a_m^k$. Nous avons donc

$$f = \mu(f) + \Sigma_{k,m} \, a_m^k \cdot (B_{r_{m+1}} - B_{r_m})$$
$$P_t f = \mu(f) + \Sigma_{k,m} \, e^{-t/2} P_t a_m^k \cdot (B_{r_{m+1}} - B_{r_m}) \qquad \text{(cf. (20))}$$

d'où il résulte sans peine que f admet un développement fini suivant les chaos de Wiener, avec

(68) $\qquad f_0=\mu(f) \quad , \quad f_k = \int u_s^{k-1}.dB_s \quad$ pour $k\geqq 1$

Mais alors, il est facile de calculer $\tilde{P}_t f$: si f est d'ordre $\geqq 1$

(69)
$$\tilde{P}_t f = \Sigma_{k\geqq 1} e^{-t(k-1)/2} f_k$$
$$\tilde{Q}_t f = \Sigma_{k\geqq 1} e^{-t\sqrt{k-1/2}} f_k$$
$$\tilde{C} f = \Sigma_{k\geqq 1} -\sqrt{k-1/2}\, f_k$$
$$\tilde{V} f = \sqrt{2}\, \Sigma_{k\geqq 1} \frac{1}{\sqrt{k-1}} f_k \qquad (\text{ f d'ordre } \geqq 2 \text{ })$$

Toutes ces transformations sont données par des multiplicateurs opérant sur le développement de f suivant les chaos de Wiener. On voit que l'on a

(70) $$\tilde{C}f = TCf$$

où T correspond au multiplicateur nul au rang 0, et valant $\sqrt{1-1/k}$ au rang $k\geqq 1$. Or on peut écrire $\sqrt{1-1/k} = 1 - \Sigma_{i\geqq 1} a_i/k^i$, où les a_i sont positifs et de somme 1. Cela signifie que

$$T = I - \Sigma_{i\geqq 1} a_i (\tfrac{R}{2})^i$$

Mais par ailleurs, l'opérateur R/2 est égal, sur une fonction d'ordre $\geqq 1$ $f=\int u_s.dB_s$, à $\int \frac{1}{2} R_{1/2} u_s.dB_s$, et d'après le lemme 1 cet opérateur est une contraction dans tout espace $\underline{\underline{H}}^p$ (ou plus exactement, dans $\underline{\underline{H}}^p_0$, sous-espace de $\underline{\underline{H}}^p$ formé des fonctions d'intégrale nulle). Donc T est aussi borné dans tout $\underline{\underline{H}}^p_0$, et comme les normes de $\underline{\underline{H}}^p$ et de $\underline{\underline{L}}^p$ sont équivalentes, T est borné dans $\underline{\underline{L}}^p_0$ pour $1<p<\infty$.

Lorsque f appartient à $\underline{\underline{L}}^2$, on sait calculer exactement les normes de $P_t f$, $J_0 f$, $J_1 f$ en fonction des f_k, et il en résulte en particulier que l'opérateur $T_t = P_t(I-J_0-J_1)$ a une norme $\leqq e^{-t}$ dans $\underline{\underline{L}}^2$. On sait que sa norme sur $\underline{\underline{L}}^p$ (p>2) est finie ; notons la c_p. Le théorème de Riesz-Thorin nous dit que si $r>p$, avec $\frac{1}{p} = \frac{u}{p} + \frac{1-u}{r}$, on a

$$c_p \leqq e^{-ut} c_r^{1-u}$$

Prenant r grand, on peut rendre u arbitrairement voisin de 1. Remarquons d'autre part que, P_t étant une contraction de $\underline{\underline{L}}^p$, c_r peut être calculé en fonction de la norme de J_1 seul, et donc c_r peut être choisi indépendamment de t. Autrement dit, pour p>2, on a $\|T_t\|_{\underline{\underline{L}}^p} \leqq Ae^{-ut}$, u étant arbitrairement voisin de 1 et A étant une constante (dépendant de u). Par dualité, T_t étant symétrique (J_0 et J_1 étant des projecteurs spectraux pour P_t), on a le même résultat par conjugaison pour p<2. En particulier :

(71) $\quad$ si f est d'ordre $\geqq 2$, on a $\|P_t f\|_{\underline{\underline{L}}^p} \leqq Ae^{-t(1-\varepsilon)} \|f\|_p$ $\quad$ ($\varepsilon>0$ arbitraire)

Les opérateurs de dérivation ∇_ξ ne sont pas donnés par des multiplicateurs, mais le lemme 11 nous dit que

$$(71)\qquad \begin{aligned} \nabla_\xi P_t f &= e^{-t/2} P_t \nabla_\xi f = e^{-t} \tilde{P}_t \nabla_\xi f \quad (\text{ f d'ordre } \geq 0) \\ P_t \nabla_\xi f &= e^{t/2} \nabla_\xi P_t f = \nabla_\xi \tilde{P}_t f \quad (\text{ f d'ordre } \geq 1) \end{aligned}$$

Enfin, remarquons que <u>si</u> f <u>est d'ordre</u> ≥ 2 , $P_t \nabla_\xi f = e^{t/2} \nabla_\xi P_t f$ tend vers 0 dans $\underline{\underline{L}}^2$ lorsque $t \to \infty$: en effet, on a

$$e^{t/2} P_t f = \Sigma_{k \geq 2} \; e^{t/2} e^{-tk/2} f_k \text{ , qui tend vers 0 dans } \underline{\underline{L}}^2$$

et de même $e^{t/2} P_t L f$ tend vers 0 dans $\underline{\underline{L}}^2$. Donc $e^{t/2} P_t f$ tend vers 0 dans $\underline{\underline{D}}^2(L)$, et nous savons (th. 9) que ∇_ξ est continu de $\underline{\underline{D}}^2(L)$ dans $\underline{\underline{L}}^2$. Il en résulte que $Q_t \nabla_\xi f \to 0$ dans $\underline{\underline{L}}^2$ lorsque $t \to \infty$.

4. Nous reprenons maintenant, en les justifiant, les raisonnements formels du n°2. Nous considérons une fonction f, <u>élémentaire et d'ordre</u> ≥ 2, admettant donc un développement fini

$$f = \Sigma_{k \geq 2} \; f_k$$

nous posons $g = \tilde{C} f$, et nous démontrons (le lemme est numéroté, parce que cette fois nous le prouvons)

LEMME 12. <u>On a pour</u> $1<p<\infty$ $\|\sqrt{\Gamma(f,f)}\|_{\underline{\underline{L}}^p} \leq c_p \|g\|_{\underline{\underline{L}}^p}$.

DEMONSTRATION. Nous reprenons au début la démonstration formelle du n°2, en examinant les détails. Après (56), il n'y a pas de problème dans les dérivation sous le signe d'intégrale stochastique : le processus (u_s) est étagé, il s'agit de sommes finies. Dans l'application du théorème de L-P-S, formule (57), nous avons dit plus haut que (f étant d'ordre ≥ 2) les $\nabla_{\xi_n} f$ n'ont pas de partie invariante : donc l'équivalence de normes a bien lieu.

Nous laissons de côté pour l'instant les inégalités de martingales (59) : nous les établirons rapidement ci-dessous , pour la commodité du lecteur. La formule (62) est alors justifiée.

Comme la fonction g est d'ordre ≥ 2, nous avons d'après (71) avec $\varepsilon = 1/4$ $\|P_u g\|_{\underline{\underline{L}}^p} \leq A e^{-3u/4} \|g\|_{\underline{\underline{L}}^p}$. Si l'on porte cela du côté droit de (62), il reste simplement la norme de g, et le lemme 12 est établi.

DEMONSTRATION DES INEGALITES DE MARTINGALES.

Nous commençons par le cas $p>2$. Rappelons que $h=g$ a un développement fini $h = \Sigma_k h_k$ suivant les chaos de Wiener - il importe peu ici que h soit d'ordre ≥ 2 . Considérons sur l'espace $\hat{E} = E \times \mathbb{R}$ un processus de Markov $Z_t = (Y_t, x_t)$, produit du processus d'O-U (Y_t) par une translation uniforme (x_t) à vitesse unité vers la gauche. Soit $\hat{L}$ son générateur : formellement on a $\hat{L} = L^\dagger - D_\to$ (L opérant "verticalement" à t fixé, et D "horizontalement") à x fixé) ; donc aussi l'opérateur carré du champ $\hat{\Gamma}$ se réduit à $\hat{\Gamma}(h,k)=\Gamma(h,k)$ opérant à t fixé. Ces résultats formels ne sont pas faciles à préciser, mais heureusement nous ne les utiliserons que dans un cas trivial : celui de la fonction

$$h(x,t) = \Sigma_k h_k(x)e^{-tk/2} \quad \text{(somme \underline{finie} ; } t\in]-\infty,+\infty[\text{)}$$

qui se décompose en produits d'une fonction de x par une fonction de t. Nous obtenons alors les résultats suivants :

1) $M_t = h(Y_t,x_t)$ est une martingale locale continue

2) $<M,M>_t = \int_0^t \gamma(Y_s,x_s)ds$ où $\gamma(x,t) = \Gamma(h_t,h_t)(x)$

Prenons comme loi initiale $\mu_a=\mu\otimes\varepsilon_a$, avec $a>0$, et arrêtons le processus à l'instant a . La martingale locale arrêtée vaut

$$M_t = P_{a-t}(Y_t,h) \text{ si } t<a \quad , \quad h(Y_a) \text{ si } t\geqq a$$

qui est une vraie martingale, et les inégalités de Burkholder nous disent que, pour tout $p>1$

$$c_p\|M_a\|_{\underline{\underline{L}}^p} \geqq \|(\int_0^a \Gamma(h_{a-s},h_{a-s})\circ Y_s ds)^{1/2}\|_{\underline{\underline{L}}^p}$$

La loi de Y_a étant μ , du côté gauche nous avons simplement $\|h\|_{\underline{\underline{L}}^p}$. Du côté droit, nous écrivons (comme $p\geqq 2$) $\|\ \|^{1/2}_{\underline{\underline{L}}^{p/2}}$ et nous utilisons le fait que l'espérance conditionnelle diminue la norme dans $\underline{\underline{L}}^{p/2}$; nous minorons donc le côté gauche en remplaçant $\int_0^a \Gamma(\ )\circ Y_s ds$ par son espérance conditionnelle par rapport à Y_a , qui vaut (le semi-groupe étant symétrique)

$$\int_0^a P_{a-s}(Y_a,\Gamma(h_{a-s},h_{a-s})ds$$

la loi de Y_a étant μ, nous avons prouvé

$$c_p \|h\|_{\underline{\underline{L}}^p} \geqq \| \int_0^a P_{a-s}(\cdot,\Gamma(h_{a-s},h_{a-s}))ds \|_{\underline{\underline{L}}^p}$$

et il ne reste plus qu'à poser a-s=u et à faire tendre a vers $+\infty$.

Le cas $p<2$ est un peu plus délicat. On applique à la martingale (M_t) arrêtée à l'instant a, comme ci-dessus, la formule d'Ito pour la fonction de classe $\underline{\underline{C}}^2$ $F(u) = (\varepsilon+u^2)^{p/2}$ $(\varepsilon>0)$, puis on fait tendre ε vers 0. Après quelques calculs laissés au lecteur, il vient

$$E[|M_a|^p] = E[|M_0|^p + \frac{1}{2}\int_0^a p(p-1)|M_s|^{p-2}d<M,M>_s]$$

(1): on peut ! c'est une formule d'Ito pour fonction convexe.

autrement dit, la même chose que si l'on pouvait[(1)] directement appliquer la formule d'Ito à $F(u)=|u|^p$. Maintenant, nous écrivons $|M_s|=|h_{a-s}(Y_s)|$, $d<M,M>_s = k^2_{a-s}\circ Y_s$, où $k_s=\sqrt{\Gamma(h_s,h_s)}$, et nous avons obtenu l'égalité suivante, après conditionnement par la valeur terminale :

$$(72) \qquad \mu(|h|^p) = \mu(|P_a h|^p) + \frac{p(p-1)}{2}\int_0^a <\mu,P_{a-s}(|h_{a-s}|^{p-2}k^2_{a-s})>ds$$

où d'ailleurs le P_{a-s} dans le dernier terme peut être supprimé à volonté, puisque μ est invariante. Posons $m_t=|h_t|^{p-2}k_t^2$, donc $k_t=|h_t|^{1-p/2}m_t^{1/2}$. D'après Schwarz

$$P_t(k_t)^2 \leqq P_t(|h_t|^{2-p})P_t(m_t) \leqq P_t(|h_t|)^{2-p}P_t(m_t) \quad \text{puisque } 1<p\leqq 2$$

$$\leqq P_t(m_t) \sup_t P_t(|h_t|)^{2-p}$$

La quantité qui nous intéresse est $\|J\|_{\underline{L}^p}$, avec $J^2=\int P_t(k_t)^2dt$ (cf.(59)) Posons $h^\times = \sup_t P_t|h|$ (qui majore aussi $\sup_t P_t|h_t|$) : d'après le théorème ergodique de Stein,[1] on a $\|h^\times\|_{\underline{L}^p} \leqq c_p\|h\|_{\underline{L}^p}$. L'inégalité précédente nous donne

$$J^2 \leqq (h^\times)^{2-p} \int_0^\infty P_t(m_t)dt$$

$$J^p \leqq (h^\times)^{(2-p)p/2} (\int_0^\infty P_t(m_t)dt)^{p/2}$$

$$\|J\|_{\underline{L}^p}^p \leqq \|h^\times\|_{\underline{L}^p}^{(2-p)p/2} E[\int P_t(m_t)dt]^{p/2}$$

d'après Hölder avec les exposants 2/2-p et 2/p . D'après (72), le dernier terme à droite est majoré par $c_p(\|h\|_{\underline{L}^p}^p)^{p/2}$, et il reste enfin $\|J\|_{\underline{L}^p}^p \leqq c_p\|h\|_{\underline{L}^p}^p$, le résultat désiré.

REMARQUE. Nous avons recopié servilement le séminaire X, p. 135, démonstration elle même recopiée sur Stein.

On aurait pu se simplifier la vie pour p<2, car dans la démonstration du lemme, après (59), on a eu du mal à se débarrasser des P_t dans $P_t\Gamma$, $P_t\sqrt{\Gamma}$, alors qu'ici on vient de se fatiguer pour les introduire (il aurait été plus simple de considérer k_t au lieu de P_tk_t). Mais les P_t sont inévitables pour p>2, et il aurait fallu disjoindre les deux cas dans la démonstration du lemme, après (59).

La démonstration du lemme 12 est donc achevée, et la partie compliquée de l'exposé aussi.

5. Cette section contient les résultats intéressants de l'exposé. Nous commençons par un résultat qui correspond exactement, en dimension finie, à la théorie des transformations de Riesz.

THEOREME 13. Soit $f\in\underline{D}^2(L)$. Alors pour tout $p\in]1,\infty[$ on a une équivalence de norme dans $\underline{L}^p$ entre Cf et $\sqrt{\Gamma(f,f)}$.

DEMONSTRATION. Il suffit de faire parcourir à f un ensemble dense dans $\underline{D}^2(L)$, et nous prendrons l'ensemble des fonctions élémentaires. D'autre part, nous pouvons supposer f d'intégrale nulle. Nous pouvons écrire comme après (67)

$$f = \int u_s\cdot dB_s = \Sigma_{k\geqq 0} \int u_s^k\cdot dB_s = \{\alpha,\cdot\} + \Sigma_{k\geqq 1} \int u_s^k\cdot dB_s$$

où $\alpha\in E'$ provient du terme de rang 0, et où le dernier terme, que nous

1. Qui se réduit en fait pour p>1 à l'inégalité de Doob.

noterons f', est d'ordre $\geqq 2$. Pour simplifier, écrivons α au lieu de $\{\alpha,.\}$; nous avons

$$P_t\alpha = e^{-t/2}\alpha \ , \ Q_t\alpha = e^{-t/\sqrt{2}}\alpha \ , \ L\alpha = -\frac{1}{2}\alpha \ , \ C\alpha = -\alpha/\sqrt{2}$$

D'autre part, x^2-1 étant un polynôme d'Hermite, on a si $q(\alpha)=1$ $L(\alpha^2-1)=-(\alpha^2-1)$, donc $\Gamma(\alpha,\alpha)=L(\alpha^2)-2\alpha L(\alpha)=1$. D'où en général

(73) $$\Gamma(\alpha,\alpha) = q(\alpha)$$

Posons $k=Cf$; nous avons $k= -\alpha/\sqrt{2} + k'$, avec k' d'ordre $\geqq 2$. On voit donc que $\alpha = -\sqrt{2}\, J_1(k)$, et par conséquent

$$\|\alpha\|_{\underline{\underline{L}}^p} \leqq c_p \|k\|_{\underline{\underline{L}}^p}$$

Comme toutes les normes $\underline{\underline{L}}^p$ sont équivalentes sur le premier chaos de Wiener, nous avons aussi, en prenant la norme $\underline{\underline{L}}^2$

(74) $$\sqrt{q(\alpha)} \leqq c_p \|k\|_{\underline{\underline{L}}^p}$$

D'autre part, d'après (70), nous avons $\|\tilde{C}f\|_{\underline{\underline{L}}^p} \leqq c_p \|k\|_{\underline{\underline{L}}^p}$. Mais $\tilde{C}f=\tilde{C}f' = \int Cu_s . dB_s$ contrôle d'après le lemme 12 la norme dans $\underline{\underline{L}}^p$ de $\sqrt{\Gamma(f',f')}$. Et finalement, on a

$$\sqrt{\Gamma(f,f)} \leqq \sqrt{\Gamma(f',f')} + \sqrt{\Gamma(\alpha,\alpha)} \ (= \sqrt{q(\alpha)} \ )$$

d'où la première moitié de l'équivalence,

$$\|\sqrt{\Gamma(f,f)}\|_{\underline{\underline{L}}^p} \leqq c_p \|k\|_{\underline{\underline{L}}^p} \quad .$$

Pour établir l'autre moitié, nous admettons pour un instant[1] le résultat facile suivant : soit $\underline{\underline{L}}^p_0$ le sous-espace d'intégrale nulle de $\underline{\underline{L}}^p$. Alors V est borné de $\underline{\underline{L}}^p_0$ dans $\underline{\underline{L}}^p_0$. Nous voulons majorer $|\int kg\mu|$, où g parcourt la boule unité de $\underline{\underline{L}}^q$ (q est l'exposant conjugué de p), par une quantité de la forme $c_p \|\sqrt{\Gamma(f,f)}\|_{\underline{\underline{L}}^p}$. Nous pouvons supposer g d'intégrale nulle, et poser $h=-Vg$, de sorte que $Ch=g$. Nous avons alors

$$|\int kg\mu| = |\int CfCh\mu| = |\int \Gamma(f,h)|_\mu \quad (\text{ polarisation de } \langle Cf,Cf\rangle_\mu = \langle C^2f,f\rangle_\mu = -\langle Lf,f\rangle_\mu = \int\Gamma(f,f)\mu \ )$$

$$\leqq \int \sqrt{\Gamma(f,f)}\sqrt{\Gamma(h,h)}\mu$$

$$\leqq \|\sqrt{\Gamma(f,f)}\|_p \|\sqrt{\Gamma(h,h)}\|_q$$

On utilise alors la première moitié de l'équivalence, pour remplacer le dernier terme par $c_p\|Ch\|_q = c_p\|g\|_q \leqq c_p$. Pour être tout à fait correct, il aurait fallu prendre g dans $\underline{\underline{D}}^2(L)$: peu importe. Le théorème est établi.

Démontrons maintenant le petit résultat sur V dont nous nous sommes servis : il s'agit des potentiels analogues aux potentiels de Riesz, et leur théorie est absolument triviale.

1. Voir le théorème 14

Nous désignons, pour $0<\varepsilon\leq 1$, par (μ_t^ε) le semi-groupe de convolution stable d'ordre ε sur $\mathbb{R}_+$, i.e.

$$\int \mu_t^\varepsilon(ds)e^{-ps} = e^{-tp^\varepsilon}$$

Il lui correspond un semi-groupe sur E , $Q_t^\varepsilon = \int \mu_t^\varepsilon(ds)P_s$ ($Q_t=Q_t^{1/2}$, $P_t=Q_t^1$) et nous noterons R^ε l'opérateur potentiel correspondant (on a $R^1=R$, $R^{1/2}=V$). Cet opérateur vaut $+\infty$ sur les constantes.

THEOREME 14. <u>Si</u> f <u>appartient à</u> $\underline{\underline{L}}_0^p$, R^ε <u>existe et appartient à</u> $\underline{\underline{L}}_0^p$, <u>avec</u>

(75) $$\|R^\varepsilon f\|_{\underline{\underline{L}}^p} \leq c_{p,\varepsilon}\|f\|_{\underline{\underline{L}}^p}$$

DEMONSTRATION. On écrit $f=\int u_s \cdot dB_s$. Alors d'après (20) $R^\varepsilon f = \int A^\varepsilon u_s \cdot dB_s$, où $A^\varepsilon = c_\varepsilon \int s^{\varepsilon-1}e^{-s/2}P_s ds$; A^ε est un noyau borné, et on applique le lemme 1.

REMARQUE. On peut montrer, d'après les "inégalités de Sobolev logarithmiques", que les R^ε améliorent très légèrement l'intégrabilité, appliquant $\underline{\underline{L}}^p$ dans $\underline{\underline{L}}^p\log^{p\varepsilon}\underline{\underline{L}}$: voir l'exposé dans ce même volume, sur ce sujet.

Nous pouvons maintenant résoudre complètement la question posée au paragraphe III, n°4, formule (33) : les espaces $\underline{\underline{D}}^p$ et $\underline{\underline{K}}^p$ de Stroock sont identiques.

COROLLAIRE 15. <u>Soit</u> $f\in\underline{\underline{D}}^2(L)$, <u>d'intégrale nulle</u>. <u>Alors on a</u>

(76) $$\|\sqrt{\Gamma(f,f)}\|_{\underline{\underline{L}}^p} \leq c_p\|Lf\|_{\underline{\underline{L}}^p}$$

DEMONSTRATION. Il suffit de remarquer que Cf=VLf, et d'appliquer les théorèmes 13 et 14.

En particulier, les inégalités $|\nabla_\xi f| \leq \sqrt{\Gamma(f,f)}$ si $q(\dot{\xi})\leq 1$ entraînent que les ∇_ξ sont des opérateurs continus sur $\underline{\underline{D}}^p(L)$ pour tout p, complétant ainsi le théorème 9, a) - ils sont même continus sur $\underline{\underline{D}}^p(C)$. Utilisant le lemme 10, on voit alors que l'opérateur de multiplication par $\{\dot{\xi},.\}$ est continu de $\underline{\underline{D}}^p(L)$ dans $\underline{\underline{L}}^p$, de $\underline{\underline{D}}^p(C)$ dans $\underline{\underline{L}}^p$ (toujours pour $1<p<\infty$) : pour $\underline{\underline{D}}^p(L)$, cela résulte des inégalités de Sobolev logarithmiques, la fonction $\{\dot{\xi},.\}$ étant une v.a. gaussienne, donc exponentiellement intégrable.

Comme en dimension finie, on a mieux : reprenons l'opérateur T de la formule (70), et remarquons que T transforme les fonctions d'ordre ≥ 1 en fonctions d'ordre ≥ 2, avec $\widetilde{\nabla}T = V-J_1V$

THEOREME 16. <u>Soient</u> ξ <u>et</u> η <u>deux éléments de</u> $\underline{\underline{CM}}$, <u>avec</u> $q(\dot{\xi})\leq 1$, $q(\dot{\eta})\leq 1$. <u>L'opérateur</u> $\nabla_\xi\nabla_\eta$ (<u>défini sur les polynômes trigonométriques</u>) <u>est prolongeable à</u> $\underline{\underline{D}}^p(L)$, <u>avec</u>

(77) $$\|\nabla_\xi\nabla_\eta f\|_{\underline{\underline{L}}^p} \leq c_p\|f\|_{\underline{\underline{D}}^p(L)}$$

<u>où</u> c_p <u>dépend seulement de</u> p.

DEMONSTRATION. On peut supposer f d'intégrale nulle. Ecrivant $f=J_1f+f'$, on constate que $\|f\|_{\underline{\underline{D}}^p(L)}$ contrôle $\|f'\|_{\underline{\underline{D}}^p(L)}$, et que $\nabla_\xi\nabla_\eta$ a même valeur sur f et sur f'. Il suffit donc de traiter le cas où f est d'ordre $\geqq 2$.

D'après le théorème 13, les opérateurs $\nabla_\xi V$, $\nabla_\eta V$, sont bornés de $\underline{\underline{L}}^p_0$ dans $\underline{\underline{L}}^p_0$, avec des normes dépendant seulement de p. Donc si f est une fonction d'ordre $\geqq 2$, on a

$$\|\nabla_\xi V\nabla_\eta VTf\|_{\underline{\underline{L}}^p} \leqq c_p\|f\|_{\underline{\underline{L}}^p}$$

$\underline{T}$ étant borné (voir après (70)). Mais d'après (71) on a $V\nabla_\eta=\nabla_\eta\tilde{V}$, puis $\tilde{V}VT = R$ sur les fonctions d'ordre $\geqq 2$, soit

$$\|\nabla_\xi\nabla_\eta Rf\|_{\underline{\underline{L}}^p} \leqq c_p\|f\|_{\underline{\underline{L}}^p} \quad \text{si f est d'ordre } \geqq 2$$

Remplaçant f par Lf, on obtient le résultat désiré.

6. Nous allons examiner maintenant quelles conséquences entraînent les résultats précédents en dimension finie.

Nous nous bornons au cas où d=1. Nous allons nous intéresser seulement à des v.a. sur E de la forme

(78) $$f(x) = \mathbf{f}(B_1(x),B_2(x)-B_1(x),\dots,B_n(x)-B_{n-1}(x))$$

où $\mathbf{f}$ est une fonction sur $\mathbb{R}^n$. Remarquons que $B_k(x)-B_{k-1}(x)=\{\alpha_k,x\}$, où $\alpha_k=I_{]k-1,k]}$; les α_k forment un système orthonormal dans $\underline{\underline{L}}^2(\mathbb{R}_+)$, et la loi image de μ par l'application linéaire $(\{\alpha_k,\cdot\})_{k=1,\dots,n}$ est la mesure $\boldsymbol{\mu}$ gaussienne standard sur $\mathbb{R}^n$. Si f correspond à $\mathbf{f}$ par (78), P_tf correspond à $\mathbf{P}_t\mathbf{f}$, où $(\mathbf{P}_t)$ est le semi-groupe d'Ornstein-Uhlenbeck sur $\mathbb{R}^n$. D'autre part, si nous prenons $\xi_k(s)=0$ pour $s\leqq k-1$, $s-k+1$ pour $k-1\leqq s\leqq k$, 1 pour $s\geqq k$, nous avons $\xi_k\in\underline{\underline{CM}}$, $q(\xi_k)=1$, et l'application à f de l'opérateur ∇_{ξ_k} correspond à l'application à $\mathbf{f}$ de l'opérateur de dérivée partielle D_k.

Abandonnons maintenant les lettres grasses, et représentons la fonction f (ex $\mathbf{f}$) sur $\mathbb{R}^n$, par son développement d'Hermite, supposé fini pour simplifier

(79) $$f = \Sigma_{k\geqq 1}\ H_k(f)$$ où $H_k(f)$ est un polynôme appartenant à la valeur propre $-\frac{k}{2}$ de L .

Nous supposons essentiellement ici que f est d'intégrale nulle, de sorte que le développement commence à k=1.

Notre résultat sur les " potentiels de Riesz" va signifier ici que les opérateurs R^ε, transformant f en

(80) $$f^{(\varepsilon)} = \Sigma_{k\geqq 1}\ \frac{1}{k^\varepsilon}H_k(f) \qquad (0<\varepsilon\leqq 1)$$

appliquent $\underline{\underline{L}}^p$ dans $\underline{\underline{L}}^p$.

Ensuite, le théorème 13 nous permet d'introduire le système des " transformées de Riesz" de f, c'est à dire des fonctions $D_i Vf$ $(V=R^{1/2})$. Si on les note $\rho_i f$, on a

(81) $$\|(\Sigma_i(\rho_i f)^2)^{1/2}\|_{\underline{\underline{L}}^p} \leqq c_p\|f\|_{\underline{\underline{L}}^p}$$ (c_p ne dépend pas de la dimension n)

Lorsque n=1, on peut expliciter ρf : écrivons $f=\Sigma_{k\geq 1} a_k H_k$, où H_k est le polynôme d'Hermite usuel de degré k. Alors $Vf = \Sigma_{k\geq 1} \frac{1}{\sqrt{k}} a_k H_k$, et en dérivant et en tenant compte de la relation $DH_k=kH_{k-1}$ (qui se voit aussitôt sur la fonction génératrice) on trouve $\rho f = \Sigma_{k\geq 1} \sqrt{k}\, a_k H_{k-1}$. Cet opérateur est connu depuis longtemps (voir B. Muckenhoupt. Hermite conjugate expansions. TAMS 139,1969, 243-260).

REMARQUE. Le théorème 13 permet aussi d'établir des théorèmes de commutateurs, en dimension infinie, et aussi en dimension finie comme on vient de le voir. Voici ce que l'on obtient sans aucun mal (mais qui n'a peut être pas d'intérêt non plus).

THEOREME 17 . Soient p et q deux exposants conjugués finis, et soient f et g deux éléments de $\underline{\underline{D}}^p(L)$ et $\underline{\underline{D}}^q(L)$ respectivement. Alors on a

(82) $$\|L(gf)-gLf\|_{\underline{\underline{L}}^1} \leq c_p\|f\|_{\underline{\underline{D}}^p(C)}\|g\|_{\underline{\underline{D}}^q(L)}$$

DEMONSTRATION. Nous écrivons la différence au premier membre comme $fLg + \Gamma(f,g)$. Le premier terme se majore par $\|f\|_{\underline{\underline{L}}^p}\|g\|_{\underline{\underline{D}}^q(L)}$ dans $\underline{\underline{L}}^1$.
Le second se majore par $\sqrt{\Gamma(f,f)}\sqrt{\Gamma(g,g)}$, auquel on applique l'inégalité de Hölder et les théorèmes 13 (pour f) et 15 (pour g).

7. RECHERCHE D'UN ESPACE DE FONCTIONS-TEST

Supposons que nous soyons en dimension finie, avec la mesure gaussienne standard μ , et le laplacien d'Ornstein-Uhlenbeck correspondant L. Définissons l'espace $\underline{S}(\mu)$ comme l'ensemble des fonctions f telles que $f\in\underline{\underline{D}}^2(L)$, $Lf\in\underline{\underline{D}}^2(L)$, $L^2f\in\underline{\underline{D}}^2(L)$... ce qui revient à dire que toutes les distributions L^nf (au sens usuel) sont dans $\underline{\underline{L}}^2(\mu)$ (donc f est C^∞ au sens usuel). Si l'on développe f suivant les espaces propres de L dans $\underline{\underline{L}}^2(\mu)$: $f = \sum_k f_k$ avec $Lf_k=-\frac{k}{2}f$, la condition $f\in\underline{S}(\mu)$ signifie que la suite $(\|f_k\|)$ est à décroissance rapide. Soit $g(x)=f(x)\exp(-|x|^2/4)$, $g_k(x)=f_k(x)\exp(-|x|^2/4)$; alors $g\in\underline{\underline{L}}^2(dx)$, et $Hg_k=-(k+\frac{1}{2})g_k$, où H est l'opérateur $\Delta-\frac{1}{4}|x|^2I$ (oscillateur harmonique).
La condition de décroissance rapide entraîne qu'en fait g appartient à

l'espace $\underline{\underline{S}}$ de Schwartz usuel, et l'on peut montrer (en s'appuyant sur des lemmes de Sobolev : voir B.Simon, Distributions and their Hermite expansions, J. of Math. Physics 12, 1971, 140-147) que $S(\mu)$ est exactement l'ensemble des fonctions de la forme $ge^{|x|^2/4}$, où g parcourt l'espace $\underline{\underline{S}}$ usuel. Noter que $\underline{\underline{S}}(\mu)$ n'est pas une algèbre : il contient la fonction $e^{|x|^2/8}$, mais non son carré.

Le problème que nous voulons poser est celui du choix d'un bon espace de « fonctions-test » en dimension infinie. Un choix naturel me semble être le suivant :

DEFINITION. Sur l'espace du mouvement brownien, on notera $\underline{\underline{T}}$ l'espace des fonctions $f\in\bigcap_p \underline{\underline{D}}^p(L)$ telles que $Lf\in\bigcap_p \underline{\underline{D}}^p(L)$, $L^2f\in\bigcap_p \underline{\underline{D}}^p(L)$...

Par exemple, si $\xi_1,\dots,\xi_n$ sont des « formes linéaires » sur Ω (définies p.p.) du type $\omega\mapsto\int_0^\infty u_s.dB_s(\omega)$, avec $u_1,\dots,u_n\in\underline{\underline{L}}^2(\mathbb{R}_+,\mathbb{R}^d)$, et si F est une fonction C^∞ à croissance lente sur $\mathbb{R}^n$ ($|D^\alpha F|$ est majoré par un polynôme pour tout multiindice α), alors $F(\xi_1,\dots,\xi_n)$ appartient à $\underline{\underline{T}}$.

L'intérêt de cet espace vient du théorème suivant (probablement connu des physiciens depuis les travaux de Nelson).

THEOREME 18. Soit $\xi\in\underline{\underline{CM}}$ (autrement dit, $\dot{\xi}\in\underline{\underline{L}}^2(\mathbb{R}_+,\mathbb{R}^d)$). Alors $\underline{\underline{T}}$ est stable par l'opérateur de dérivation ∇_ξ, et par l'opérateur $M_{\dot{\xi}}$ de multiplication par la"forme linéaire" $\{\dot{\xi},\omega\}=\int_0^\infty \dot{\xi}_s.dB_s(\omega)$.

DEMONSTRATION. Définissons l'espace $\underline{\underline{D}}^p(L^n)$ comme l'espace des fonctions f "n fois dérivables dans $\underline{\underline{L}}^p$" : $f\in\underline{\underline{D}}^p(L)$,... $L^{n-1}f\in\underline{\underline{D}}^p(L)$, avec la norme $\sum_0^n \|L^kf\|_{\underline{\underline{L}}^p}$. Nous supposons ici $p\geq 2$, donc $Lf,\dots,L^nf$ se calculent au moyen de multiplicateurs sur le développement $f=\sum f_k$ de f suivant les chaos de Wiener, et l'on a $f=f_o+R^n(L^nf)$; comme R est borné de $\underline{\underline{L}}^p_0$ dans lui-même, on voit que la norme de $\underline{\underline{D}}^p(L^n)$ peut être remplacée par $|f_o|+\|L^nf\|_p$. Nous allons montrer que ∇_ξ et M_ξ sont des opérateurs bornés de $\underline{\underline{D}}^p(L^n)$ dans $\underline{\underline{D}}^p(L^{n-1})$, et cela suffira.

Approchant L^nf dans $\underline{\underline{L}}^p$ par des fonctions ne dépendant que d'un nombre fini de formes linéaires,(1) nous pouvons nous ramener au cas où f elle même est fonction C^∞ d'un nombre fini de"formes linéaires", parmi lesquelles figure la fonction $j=\{\dot{\xi},.\}$. Il n'y a aucune difficulté alors à écrire des expressions telles que $L^n(\nabla_\xi f)$, qui a priori n'ont pas de sens : il s'agit en fait, par projection, d'opérateurs différentiels ordinaires portant sur des fonctions C^∞.

Démontrons le théorème pour n=1. Soit $f\in\underline{\underline{D}}^p(L)$. Alors $Cf=VLf\in\underline{\underline{L}}^p$ (th. 14), donc $\sqrt{\Gamma(f,f)}\in\underline{\underline{L}}^p$ (th. 13). D'après le th. 9, incluant un multiple

1. Rappelons que la coordonnée B_t^i est la forme linéaire correspondant à $\dot{\xi}_t^j=I_{[0,t]}$ si $j=i$, 0 sinon

de ξ dans une base orthonormale, on voit que $\nabla_\xi f \in \underline{\underline{L}}^p$. Plus précisément, que l'on a un opérateur borné de $\underline{\underline{D}}^p(L)$ dans $\underline{\underline{L}}^p$.

D'autre part, notons j la forme linéaire $\{\xi,.\}$. D'après l'inégalité de Sobolev logarithmique, établie ailleurs dans ce volume, on peut affirmer en fait que f appartient à l'espace d'Orlicz $\underline{\underline{L}}^p \log^p \underline{\underline{L}}$, donc $|f|^p$ appartient à $\underline{\underline{L}}^1 \log^p \underline{\underline{L}}$. Pour vérifier que $M_\xi f \in \underline{\underline{L}}^p$, c'est à dire que $|j|^p|f|^p$ est intégrable, il suffit de vérifier que $|j|^p$ appartient à l'espace d'Orlicz dual. Or il est classique (voir par exemple Nobelis-Nanopoulos, Sém. XII p. 573 et bas de la page 606) que ce dual est l'espace d'Orlicz $\underline{\underline{L}}\exp(\underline{\underline{L}}^{1/p})$. Autrement dit, il suffit de vérifier que pour λ assez grand $E[|j|^p \exp(|j|/\lambda)]<\infty$, ce qui a lieu en fait pour tout $\lambda>0$. Ici encore, il faudrait être plus précis et dire que M_ξ est un opérateur borné de $\underline{\underline{D}}^p(L)$ dans $\underline{\underline{L}}^p$.

On passe au cas général par récurrence sur n, que nous illustrerons sur le cas n=2. Introduisons les opérateurs $A_\xi = \frac{1}{2}M_\xi$, $B_\xi = \nabla_\xi - \frac{1}{2}M_\xi$. Nous savons (cf. la remarque après le lemme 11) que

$$[L,A_\xi] = \frac{1}{2}B_\xi \ , \ [L,B_\xi] = \frac{1}{2}A_\xi$$

Soit $f \in \underline{\underline{D}}^p(L^2)$; alors f, Lf, appartiennent à $\underline{\underline{D}}^p(L)$, donc $A_\xi f, B_\xi f, A_\xi Lf$, $B_\xi Lf$ appartiennent à $\underline{\underline{L}}^p$ d'après le résultat précédent. Utilisant les commutateurs, on voit que ceux-ci appartiennent à $\underline{\underline{L}}^p$, donc aussi $LA_\xi f$, $LB_\xi f$, et en définitive $A_\xi f$, $B_\xi f$ appartiennent à $\underline{\underline{D}}^p(L)$, le résultat cherché.

Maintenant, faisons une conjecture. Nous allons passer la fin de cet exposé à en établir les premières étapes.

CONJECTURE. $\underline{\underline{T}}$ est une algèbre.

Cela découlera de la conjecture plus précise suivante :

CONJECTURE. Si $f \in \underline{\underline{D}}^{2p}(L^n)$, $g \in \underline{\underline{D}}^{2p}(L^n)$, $1<p<\infty$, alors $fg \in \underline{\underline{D}}^p(L^n)$.

DEMONSTRATION pour n=1. Nous pouvons supposer que f et g sont des polynômes trigonométriques pour que tout ait un sens : le problème est de majorer les normes dans $\underline{\underline{L}}^p$ de fg et de L(fg). Pour fg, c'est Hölder . Pour L(fg), nous écrivons $L(fg) = fLg+gLf+\Gamma(f,g)$; les deux premiers termes marchent par Hölder. Nous majorons le dernier

$$\|\Gamma(f,g)\|_{\underline{\underline{L}}^p} \leq \|\sqrt{\Gamma(f,f)}\|_{\underline{\underline{L}}^{2p}} \|\sqrt{\Gamma(g,g)}\|_{\underline{\underline{L}}^{2p}}$$

à une constante près, nous pouvons majorer $\|\sqrt{\Gamma}\|$ par $\|C\| = \|VL\|$ (th. 13 et 14), et c'est terminé.

DEMONSTRATION pour n = 2 . Ici nous allons travailler dans le cas où f=g ; le cas général s'en déduit par polarisation. Comme plus haut, on peut supposer que f est un polynôme trigonométrique. Il s'agit de majorer les normes dans $\underline{\underline{L}}^p$ de f^2, $L(f^2)$, $L^2(f^2)$ en fonction des normes dans $\underline{\underline{L}}^{2p}$ de f, Lf, L^2f . Pour les deux premières c'est déjà fait. Pour la dernière, nous écrivons $L^2(f^2)= L(L(f^2))=L(2fLf+\Gamma(f,f))$, et le premier terme est déjà connu par la première étape. Reste le dernier terme, $L\Gamma(f,f)$.

Pour cela, nous allons utiliser le théorème 9 : $\Gamma(f,f)=\sum_n(\nabla_{\xi_n}f)^2$: comme L est un opérateur fermé, il nous suffit de démontrer que $\sum L(\nabla_{\xi_n})^2$ a une limite dans $\underline{\underline{L}}^p$. Nous écrivons (indice n omis)

$$L(\nabla_\xi f)^2= 2\,\nabla_\xi f\; L\nabla_\xi f + \Gamma(\nabla_\xi f,\nabla_\xi f)$$

Dans le premier terme, nous utilisons la commutation $L\nabla_\xi=\nabla_\xi L+ \frac{1}{2}\nabla_\xi$ pour transformer l'expression en

$$2\,\nabla_\xi f\;\nabla_\xi Lf + (\nabla_\xi f)^2 + \Gamma(\nabla_\xi f,\nabla_\xi f)$$

et nous sommons en n : le premier terme va nous donner $2\Gamma(f,Lf)\in\underline{\underline{L}}^p$, le second $\Gamma(f,f)\in\underline{\underline{L}}^p$. Le troisième est positif , et comme l'intégrale du tout reste égale à 0, le troisième terme converge dans $\underline{\underline{L}}^1$, et nous pouvons écrire une formule que je trouve intéressante

$$(83)\qquad L\Gamma(f,f) = 2\Gamma(f,Lf) + \Gamma(f,f)+ \sum_n \Gamma(\nabla_{\xi_n} f,\nabla_{\xi_n}f)$$

qui donne des inégalités, sachant simplement que le dernier terme est positif (par exemple, en intégrant :$2E[\Gamma(f,Lf)]=-E[fL^2f+(Lf)^2]= -2E[(Lf)^2]$, $E[\Gamma(f,f)]=-E[fLf]$, d'où $2E[(Lf)^2]\geq -E[fLf]=E[(Cf)^2]$, qui est connue : elle exprime que la norme de V dans $\underline{\underline{L}}^2$ est $\leq\sqrt{2}$, qui se voit sur les multiplicateurs d'Hermite).

Les deux premiers termes à droite de (83) sont dans $\underline{\underline{L}}^p$, avec des normes bornées en fonction des normes de f, Lf, L^2f dans $\underline{\underline{L}}^{2p}$. Reste donc le dernier terme.

Pour cela, il nous faut un lemme étendant les théorèmes 13 et 14 aux espaces de Hilbert, extension d'ailleurs tout à fait classique. Soit A une application d'un $\underline{\underline{L}}^p$ dans un $\underline{\underline{L}}^p$; notons $\underline{\underline{A}}$ l'extension de A aux suites de fonctions : si $\underline{\underline{f}}=(f_n)$ est une suite d'éléments de $\underline{\underline{L}}^p$, $\underline{\underline{A}}(\underline{\underline{f}})$ est la suite (Af_n). Alors si A est borné de $\underline{\underline{L}}^p$ dans $\underline{\underline{L}}^{p'}$, $\underline{\underline{A}}$ est borné de $\underline{\underline{L}}^p(\ell^2)$ dans $\underline{\underline{L}}^{p'}(\ell^2)$, c.à.d.

$$\|(\Sigma\,(Af_n)^2)^{1/2}\|_p \leq c\,\|(\Sigma\, f_n^2\,)^{1/2}\|_p \qquad (1\leq p<\infty\,)^{(1)}$$

La démonstration est très simple : il suffit de raisonner sur des suites finies. Soit $(\varepsilon_n(t))$ le système des fonctions de Rademacher (jeu de pile ou face !) sur [0,1]. On écrit que A est borné de $\underline{\underline{L}}^p$ dans $\underline{\underline{L}}^p$

1. Ce résultat peut être précisé, avec une démonstration plus compliquée. Cf. Stein, Singular integrals... exercice 7.12 p. 115.

pour la fonction (somme finie) $\Sigma_n \varepsilon_n(t)f_n$, soit

$$\|\Sigma_n \varepsilon_n(t)Af_n\|_p^p \leq C\|\Sigma_n \varepsilon_n(t)f_n\|_p^p$$

on intègre en t, et on applique l'inégalité de Khintchine. Plus généralement, l'inégalité de Khintchine (qui n'est qu'une inégalité de Burkholder !) s'applique dans un espace de Hilbert $\mathcal{H}$

$$\int \|\Sigma_n \varepsilon_n(t)a_n\|_{\mathcal{H}}^p dt \sim (\Sigma_n \|a_n\|^2)^{1/2} \quad (a_n \in \mathcal{H},\ 1 \leq p < \infty)$$

et on voit que si A est lui même un opérateur $f \mapsto (A_k f)_k$ borné de $\underline{\underline{L}}^p$ dans $\underline{\underline{L}}^p(\ell^2)$, alors l'opérateur $(f_n) \mapsto (A_k f_n)_{k,n}$ est borné de $\underline{\underline{L}}^p(\ell^2)$ dans $\underline{\underline{L}}^p(\ell^2 \otimes \ell^2)$ (suites doubles de carré sommable)

Nous pouvons maintenant étendre le th. 13. Celui-ci peut s'énoncer de la manière suivante : l'opérateur A qui à f d'intégrale nulle associe la suite $(\nabla_{\xi_k} Vf)$ ou $(\nabla_{\xi_k} Rf)$ est borné de $\underline{\underline{L}}^p$ dans $\underline{\underline{L}}^p(\ell^2)$. Donc on a aussi

$$\|(\Sigma(\nabla_{\xi_k} Rf_n)^2)^{1/2}\|_p \leq c\|(\Sigma f_n^2)^{1/2}\|_p$$

Soit $f \in \underline{\underline{D}}^p(L^2)$; prenons $Rf_n = \nabla_{\xi_n} f$, soit $f_n = -L\nabla_{\xi_k} f = -\nabla_{\xi_k} Lf - \frac{1}{2}\nabla_{\xi_k} f$

Nous obtenons

$$\|(\Sigma_{kn}(\nabla_{\xi_k}\nabla_{\xi_n} f)^2)^{1/2}\|_p \leq c(\|\sqrt{\Gamma(\tfrac{1}{2}f+Lf,\ \tfrac{1}{2}f+Lf)}\|_p$$

et la fonction à l'intérieur de $\|\ \|_p$ à gauche est exactement le dernier terme de (83).

Il est clair que l'on a des majorations analogues pour $\sqrt{\Sigma(\nabla_{\xi_j}\nabla_{\xi_k}\nabla_{\xi_n} f)^2}$, $f \in \underline{\underline{D}}^p(L^3)$, etc. Ce qui m'arrête dans la démonstration, c'est plutôt la complexité combinatoire des calculs nécessaires pour se réduire à cette forme, et ce volume XVI est déjà assez gros.

REFERENCES

MALLIAVIN (P.). Stochastic calculus of variations and hypoelliptic operators. Proc. Intern. Conf. on Stoch. Diff. Eqs., Kyoto 1976, p. 195-263. New York, Wiley 1978.

STROOCK (D.). The Malliavin Calculus and its applications to 2d order parabolic differential equations. Math. Systems Th. 13, 1981, p. (partie II non encore parue).

APPENDICE : UN RESULTAT DE D. WILLIAMS

Williams vient de donner une réponse positive au problème posé à la fin de la section II.3 : le complémentaire de la << sphère >> W_1 est effectivement μ-polaire. Il se peut qu'il rédige lui même ce résultat, et ceci n'est qu'une rédaction provisoire.[1]

Nous fixons s dyadique, posons $t_k^m = sk2^{-m}$. La remarque cruciale de Williams est la suivante :

Si x est une fonction (déterministe) continue à valeurs dans $\mathbb{R}^d$, la variance de la somme

$$\sum_{k=0}^{2^m-1} (x^i(t_{k+1}^m)-x^i(t_k^m))(B^i_{t_{k+1}^m} - B^i_{t_k^m}) \quad \text{sous la loi } \mu ,$$

vaut $s2^{-m}\sum (x^i(t_{k+1}^m)-x^i(t_k^m))^2$, majoré par $s.\ \sup_k (x^i(\ )-x^i(\ ))^2$

Nous allons en déduire que, si x n'appartient pas elle même à W_1 , la mesure $P_t(x,.)$ <u>ne charge pas</u> W_1.

Puisque $x\notin W_1$, il existe un s dyadique, et une composante i, une suite $(p_m) \to \infty$ (on écrira simplement p pour p_m) tels que

$$\sum_{k=0}^{2^p-1} (x^i(t_{k+1}^p)-x^i(t_k^p))^2 \to \sigma \neq s \quad (\sigma \text{ peut être } +\infty)$$

Utilisant la majoration précédente, et la continuité uniforme de (x^i), nous voyons que la variance écrite plus haut tend vers 0. Le lemme de Borel-Cantelli nous permet d'extraire une suite (q_m) de (p_m) telle que, en écrivant q au lieu de q_m

$$\sum_{k=0}^{2^q-1} (x^i(\ )-x^i(\ ))(B^i(\ )-B^i(\ )) \to 0 \text{ p.s.}$$

Mais alors, soit ω la fonction $e^{-t/2}x + \sqrt{1-e^{-t}}w$, avec $w\in W_1$; on a pour μ-presque tout $w\in W_1$

$$\lim \sum_{k=0}^{2^q-1} (B^i_{t_{k+1}^m}(\omega)-B^i_{t_k^m}(\omega))^2 = e^{-t}\sigma + (1-e^{-t})s \neq s$$

et par conséquent $\omega\notin W_1$ (μ-p.s.).

Prenons maintenant comme loi initiale μ , et supposons que le processus (Y_s) rencontre W_1^c avec probabilité positive entre 0 et t. Utilisant le théorème de section, il existe un temps d'arrêt T tel que $T\leq t$, $P\{T<t, Y_T\in W_1^c\} > 0$. Par la propriété de Markov forte et le résultat précédent, $P\{Y_t\in W_1^c\} \geq \int_{\{T<t,Y_T\in W_1^c\}} P_{t-T}(Y_T,W_1^c) = P\{T<t,Y_T\in W_1^c\} > 0$, ce qui est absurde, puisqu'on sait que $Y_t\in W_1^c$ p.s. (résultat qu'on aurait d'ailleurs pu démontrer directement, par les mêmes considérations que ci-dessus).

1. D. Williams a préféré laisser les choses ainsi. Nous le remercions d'avoir confié ce résultat au Séminaire.

Université de Strasbourg
Séminaire de Probabilités 1980/81

REMARQUES SUR LE PROCESSUS D'ORNSTEIN UHLENBECK EN DIMENSION INFINIE

par D. Bakry

Le processus d'Ornstein-Uhlenbeck en dimension infinie, introduit par Malliavin, est un processus à valeurs dans un espace de trajectoires. Il peut donc être considéré aussi comme processus à deux paramètres. Nous allons faire ici quelques remarques à ce sujet.

1. Nous désignons par E l'espace $\underline{\underline{C}}(\mathbb{R}_+,\mathbb{R})$ des applications continues de $\mathbb{R}_+$ dans $\mathbb{R}$, muni de la topologie de la convergence compacte (pour laquelle il est polonais) et de la tribu borélienne correspondante $\underline{\underline{E}}^\circ$. On pose comme d'habitude $w(s)=X_s(w)$ pour $w\in W$; la tribu $\underline{\underline{E}}^\circ$ est alors engendrée par les applications X_s, $s\in\mathbb{R}_+$.

On note par μ la mesure de Wiener sur E, pour laquelle les fonctions X_s constituent un mouvement brownien standard, avec $X_0=0$ p.s..

On sait (voir dans ce volume le travail de Meyer sur le processus d'Ornstein-Uhlenbeck, auquel on renvoie par la référence (OU) dans la suite de cette note) que E peut être muni d'un semi-groupe (P_t) de noyaux markoviens μ-symétriques, définis par la formule (8) de (OU)

(1) $$P_t(w,f) = \int f(e^{-t/2}w+\sqrt{1-e^{-t}}\,\hat{w})\mu(d\hat{w})$$

Rappelons aussi la définition de diverses fonctions introduites dans (OU) :

- Les fonctions linéaires $w\mapsto \{\alpha,w\} = \int_{0-}^{\infty}\alpha(s)dX_s(w) = -\int_{0-}^{\infty}X_s(w)d\alpha_s$, où α est nulle sur $\mathbb{R}_-$, à variation finie et à support compact sur $\mathbb{R}_+$. On pose $q(\alpha) = \int_0^\infty a^2(s)ds$.
- Les fonctions $e_\alpha(w)=e^{i\{\alpha,w\}}$, et leurs combinaisons linéaires , appelées polynômes trigonométriques.
- Les fonctions $\varepsilon_\alpha = e^{+q(\alpha)/2}e_\alpha$, sur lesquelles P_t opère par la formule très simple

(2) $$P_t\varepsilon_\alpha = \varepsilon_{\alpha e^{-t/2}}$$ (formule (10) de (OU)).

2. Nous désignons par Ω l'ensemble des applications continues de $\mathbb{R}_+$ dans E. Nous posons $Y_t(\omega)=\omega(t)$ et (comme $Y_t(\omega)$ est elle même une trajectoire)

$$Y_{s,t}(\omega) = X_s(Y_t(\omega))$$

de sorte que Ω s'identifie aussi à l'ensemble des applications continues de $\mathbb{R}_+^2$ dans $\mathbb{R}$. Nous notons $\underline{\underline{F}}^\circ$ la tribu sur Ω engendrée par les applications Y_t à valeurs dans $(E,\underline{\underline{E}}^\circ)$, ou par les applications Y_{st} à valeurs dans $\mathbb{R}$. Enfin, P sera la loi P^μ sur Ω, pour laquelle le processus (Y_t) est markovien, admettant (P_t) comme semi-groupe de transition et μ comme loi initiale.

Nous introduisons sur l'espace Ω une double filtration :

$$\text{(3)}\qquad \begin{aligned} \underline{\underline{F}}_s^1 &= \underline{\underline{F}}_{s\infty}^\circ = \sigma(Y_{uv}\ ,\ u\leqq s,\ v\in\mathbb{R}_+) \\ \underline{\underline{F}}_t^2 &= \underline{\underline{F}}_{\infty t}^\circ = \sigma(Y_{uv}\ ,\ u\in\mathbb{R}_+,\ v\leqq t) = \sigma(Y_v,\ 0\leqq v\leqq t) \end{aligned}$$

La seconde est la filtration naturelle du processus (Y_t).

3. Il existe un moyen plus explicite de construire la loi P. Considérons sur un espace probabilisé $\bar{\Omega}$ un mouvement brownien standard $(B_s)_{s\geqq 0}$ issu de 0, un drap brownien $(D_{st})_{s,t\geq 0}$ nul sur les axes, tous deux à trajectoires continues, et indépendants. Posons

$$\underline{\underline{H}}_s^\circ = \sigma(B_r,\ r\leqq s\ )\ ,\quad \underline{\underline{K}}_{st}^\circ = \sigma(W_{qr}\ ,\ q\leqq s,\ r\leqq t\ )$$

et enfin (cf. (OU), formule (7))

$$Y_t(\bar{\omega}) = (\ s\mapsto e^{-t/2}(\ B_s(\bar{\omega}) + D_{s,e^t-1}(\bar{\omega}))$$

Alors (Y_t) sur $\bar{\Omega}$ est un processus à valeurs dans W, à trajectoires continues, et de loi P. Dans cette réalisation, les tribus $\underline{\underline{F}}_s^1$ et $\underline{\underline{F}}_t^2$ se lisent $\underline{\underline{H}}_s^\circ\vee\underline{\underline{K}}_{s\infty}^\circ$ et $\underline{\underline{H}}_\infty^\circ\vee\underline{\underline{K}}_{\infty t}$. Il est bien connu que les filtrations du drap brownien satisfont à la condition de commutation (F4) de Cairoli-Walsh. Comme les tribus $\underline{\underline{H}}$ et $\underline{\underline{K}}$ sont toutes indépendantes, nous en déduisons en revenant sur Ω :

PROPOSITION 1. Sur Ω , les espérances conditionnelles par rapport aux filtrations $(\underline{\underline{F}}_s^1)$ et $(\underline{\underline{F}}_t^2)$ commutent.

Cela s'étend aux filtrations obtenues en rendant continues à droite $(\underline{\underline{F}}_s^1)$ et $(\underline{\underline{F}}_t^2)$, et en les enrichissant des ensembles de mesure nulle.

REMARQUE. Pour construire la famille $(\underline{\underline{F}}_t^2)$ définitive, on part de $(\underline{\underline{F}}_{\infty t}^\circ)$, on la rend continue à droite, et on l'enrichit des P-négligeables. On montre en théorie des processus de Markov, pour les semi-groupes de Feller, que la première de ces deux opérations est inutile : l'enrichissement suffit à rendre la filtration continue à droite. Ici, (P_t) n'est pas fellérien sur E. Mais si f est une fonction continue bornée sur E dépendant seulement d'un nombre fini de coordonnées $X_{s_1},\ldots,X_{s_n}$, P_tf ou $R_\lambda f$ (R_λ est la résolvante) ne dépend que de ces mêmes coordonnées, et est continue sur E. Il en résulte sans difficulté une transposition du raisonnement classique, et la propriété mentionnée plus haut pour $(\underline{\underline{F}}_{\infty t})$.

On a une propriété analogue pour l'autre filtration. Notons $\xi_s(\omega)$ la trajectoire $t \mapsto X_s(Y_t(\omega))=Y_{st}(\omega)$. Alors le processus (ξ_s) à valeurs dans W est un processus à accroissements indépendants et homogènes, issu de 0 (la trajectoire identiquement nulle), dont l'accroissement $\xi_t-\xi_s$ a pour loi ν_{t-s} , la loi du processus d'Ornstein-Uhlenbeck réel associé à la mesure gaussienne centrée sur $\mathbb{R}$ de variance t-s. Il est bien connu que la filtration naturelle d'un p.a.i. possède la propriété cherchée.

4. Dans (OU), Meyer signale que le semi-groupe d'Ornstein-Uhlenbeck transforme les martingales en martingales : soit f une fonction bornée sur W, et soit $f_s=E_\mu[f|\underline{\underline{E}}_s]$, l'espérance conditionnelle brownienne de f. En réalité, f_s est une μ-classe , mais (comme μ est invariante par le semi-groupe), P_tf_s est bien définie en tant que μ-classe, et l'on a

$$P_tf_s = E_\mu[P_tf|\underline{\underline{E}}_s] .$$

Meyer a posé la question suivante : si l'on prend pour (f_s) une version continue de la martingale, peut on affirmer que le processus (P_tf_s) est continu en ses deux indices ? D'autre part, possède t'il des propriétés intéressantes en tant que processus à deux indices ? Nous allons répondre au moins partiellement à ces questions.

Tout d'abord, nous allons définir f_s <u>sans aucune ambigüité</u>. Il existe en effet un procédé, dû à Dawson et présenté dans le Sém. Prob. VII, p. 555, pour calculer les martingales d'un processus de Markov. La recette de Dawson est la suivante. On part de la fonction f(w) sur W, supposée $\underline{\underline{E}}^\circ$-mesurable bornée ou positive. On fabrique une fonction $\varphi(w,s,\tilde{w})$ sur $W\times\mathbb{R}_+\times W_0$ (ce dernier, l'espace des trajectoires nulles en 0) en posant

$$\varphi(w,s,\tilde{w}) = f(w/s/\tilde{w}) \quad \text{où} \quad X_r(w/s/\tilde{w}) = X_r(w), \ r\leq s$$
$$= X_s(w)+ X_{r-s}(\tilde{w}), \ r\geq s$$

et enfin, on pose $f_s(w)=\Pi_s(w,f)= E_\mu[\varphi(w,s,.)]$. Il s'agit en fait d'une version de la martingale $E_\mu[f|\underline{\underline{E}}_s]$, indistinguable de la version continue.

En particulier, si l'on prend $f(w) = \{\alpha,w\} = \int_{0-}^\infty \alpha_r dX_r(w)$, on a $\varphi(w,s,\tilde{w}) = \int_{0-}^s \alpha_r dX_r(w) + \int_s^\infty \alpha_{r-s} dX_r(\tilde{w})$. On en déduit sans peine

$$\Pi_s \ \varepsilon_\alpha = \varepsilon_{I_{[0,s]}\alpha}$$

et comme $P_t\varepsilon_\alpha = \varepsilon_{\alpha e^{-t/2}}$, on voit que <u>les noyaux P_t et Π_s commutent sans aucun ensemble exceptionnel</u>.

En ce qui concerne la continuité de $P_tf_s=P_t\Pi_sf$ en (s,t), elle est évidente lorsque f est un ε_α , donc lorsque f est un polynôme trigonométrique. Pour savoir l'étendre à l'adhérence des polynômes trigonométriques pour une norme convenable, il suffit de savoir majorer en probabilité $\sup_{s,t}|P_tf_s|$ en fonction de $\|f\|$.

Cette méthode permet de montrer que $P_t f_s$ est continue en ses deux arguments lorsque f appartient à l'espace d'Orlicz $L\log^2 L$. Mais en fait on peut dire un peu mieux. Supposons seulement $f \in L\log L$. Alors, d'après le lemme de Rota (Dellacherie-Meyer, Probabilités et Potentiel B, V-64), on peut affirmer que $\sup_t P_t|f| \in \underline{\underline{L}}^1$, et le raisonnement précédent entraîne que $P_t f$ est continu en t pour presque tout w. Mais alors la projection optionnelle sur la filtration $(\underline{\underline{F}}_s)$ du mouvement brownien du processus $(P_t f)_t$ se prête à l'application des théorèmes de Millet-Sucheston [1] (théorèmes 4c et 6 p. 47) : le processus $(\Pi_s P_t(w,f))$ est continu en ses deux paramètres, pour presque tout $w \in E$.

5. Il nous reste à trouver une interprétation de ce processus à deux indices. Pour cela, nous nous placerons pour commencer sur un intervalle $t \in [0,a]$, et nous utiliserons la réversibilité du processus d'Ornstein-Uhlenbeck $(Y_t)_{0 \leq t \leq a}$: posant

$$\hat{F}^a_{\infty t} = \sigma(Y_u,\ t \leq u \leq a)\ ,\quad \hat{\underline{\underline{F}}}_{\infty t} = \bigvee_a \hat{\underline{\underline{F}}}^a_{\infty t} \quad \text{(filtrations décroissantes)}$$

et appliquant la proposition 1 au processus (Y_{a-t}), nous voyons que les espérances conditionnelles par rapport à $\underline{\underline{F}}_{sa}$ et $\hat{\underline{\underline{F}}}^a_{\infty t}$ commutent. Faisant alors tendre a vers $+\infty$, nous voyons que la filtration croissante $(\underline{\underline{F}}_{s\infty})$ et la filtration décroissante $(\hat{\underline{\underline{F}}}_{\infty t})$ satisfont à (F4).

Soit f une fonction positive ou bornée sur E. Il est clair sur la représentation du processus d'Ornstein-Uhlenbeck utilisée pour prouver la proposition 1 que l'on a

$$E[f\circ Y_0 | \underline{\underline{F}}_{s\infty}] = \Pi_s f(Y_0)$$

car Y_0 a pour loi μ, et il est indépendant du drap brownien (D_{st}). Prenant une espérance conditionnelle par rapport aux tribus du futur $\hat{\underline{\underline{F}}}_{\infty t}$, et utilisant la réversibilité du processus d'Ornstein-Uhlenbeck, nous avons l'interprétation cherchée

$$E[f\circ Y_0 | \underline{\underline{F}}_{s\infty} \cap \hat{\underline{\underline{F}}}_{\infty t}] = P_t \Pi_s f(Y_t)\ . \tag{4}$$

Référence

[1]. Bakry (D.). Limites quadrantales des martingales à deux indices. Processus aléatoires à deux indices, Colloque E.N.S.T.-C.N.E.T. Paris 1980. Lecture Notes in M. 863, Springer-Verlag.

D. Bakry
Département de Mathématiques
Université de Monastir
TUNISIE

Université de Strasbourg
Séminaire de Probabilités 1980/81

SUR LES INEGALITES DE SOBOLEV LOGARITHMIQUES. I

par D. Bakry et P.A. Meyer

Gross a montré dans [2] que le théorème d'hypercontractivité de Nelson (dont il existe, rappelons le, une lumineuse démonstration probabiliste due à Neveu [3]) est équivalent à une inégalité du type de Sobolev par rapport à la mesure gaussienne standard sur $\mathbb{R}$. D'autres inégalités de Sobolev très intéressantes ont été étudiées par Feissner [1]. Nous nous proposons ici de présenter les inégalités de Gross et de Feissner sous un jour un peu différent, et d'en donner une version plus générale. Ces résultats seront améliorés dans un second travail.

Cet exposé est rédigé de manière entièrement autonome, à l'exception du théorème de Nelson lui même. En particulier, nous avons redémontré en dimension 1 certains résultats établis directement en dimension infinie dans un article de P.A. Meyer (ce volume). La raison pour laquelle nous avons fait cela est d'ordre pédagogique mais soulignons que tous les résultats établis ici sont corrects en dimension infinie.

I. NOTATIONS

μ est la mesure gaussienne standard sur $\mathbb{R}$ (de densité $(2\pi)^{-1}e^{-x^2/2}$), et (P_t) est le semi-groupe d'Hermite, ou d'Ornstein-Uhlenbeck

$$P_t f(x) = \int f(e^{-t/2}x + \sqrt{1-e^{-t}}\,y)\mu(dy)$$

Il est bien connu que (P_t) est un semi-groupe de noyaux markoviens, que (P_t) admet μ comme mesure invariante symétrique, et que dans $L^2(\mu)$ l'opérateur borné P_t admet la décomposition spectrale

$$(1) \qquad P_t = \int_{[0,\infty[} e^{-\lambda t} dE_\lambda$$

où la résolution de l'identité E_λ est purement discrète : le spectre comporte les points demi-entiers $n/2$ $(n=0,1,\ldots)$, le sous-espace $\mathcal{H}_n$ correspondant étant de dimension 1, et engendré par le n-ième polynôme d'Hermite H_n (il s'agit ici des polynômes d'Hermite donnés par la série génératrice

$$e^{tx - t^2/2} = \sum_n t^n H_n(x)/n!$$

Le générateur infinitésimal de (P_t) sera noté A : sur une « bonne » fonction f , on a $Af(x) = \frac{1}{2}(D^2f(x)-xDf(x))$. L'opérateur carré du champ $\Gamma(f,f) = A(f^2)-2fAf$ est donc égal à $(Df)^2$. Pour la comparaison avec Gross, on notera que son opérateur N satisfait à $\langle Nf,f\rangle_\mu = \mu((Df)^2) = -2\langle Af,f\rangle_\mu$ Donc N=-2A, ce qui explique de légères différences dans les formules.

Nous désignons par J le projecteur de $L^2(\mu)$ sur $L^2_0(\mu)$ (la présence du 0 en indice indique qu'il s'agit de fonctions d'intégrale nulle). J est en fait un noyau (non positif) et un opérateur de norme 1 dans L^2, de norme 2 dans L^∞ (donc de norme ≤ 2 dans tout L^p par interpolation).

Si m est une fonction borélienne bornée sur $[0,\infty[$, nous notons T_m l'opérateur sur $L^2(\mu)$ correspondant au « multiplicateur » m :

(2) $$T_m = \int_{[0,\infty[} m(\lambda)dE_\lambda$$

Par exemple, $J=T_m$ avec $m = I_{]0,\infty[}$.

Nous disons que m est un <u>multiplicateur pour</u> L^p si T_m satisfait à une inégalité du type $\|T_m f\|_{L^p} \leq c\|f\|_{L^p}$, de sorte que T_m opère aussi de L^p dans lui même (sauf mention du contraire, nos multiplicateurs et nos espaces L^p sont <u>complexes</u>).

II. POTENTIELS DE RIESZ POUR (P_t)

Soit ε un nombre complexe tel que $\Re\varepsilon \geq 0$. Nous désignerons par R^ε l'opérateur sur L^2 de multiplicateur $\lambda^{-\varepsilon}I_{\{\lambda>0\}}$

(3) $$R^\varepsilon = \int_{]0,\infty[} \lambda^{-\varepsilon}dE_\lambda$$

Puisque 0 est exclu, l'intégrale est étendue en réalité de 1/2 à $+\infty$, et le multiplicateur est borné malgré l'apparence ! Il est clair que la fonction $\varepsilon \mapsto R^\varepsilon$ est continue dans le demi-plan fermé (pour la topologie forte des opérateurs) et holomorphe dans le demi-plan ouvert.

Pour $\Re\varepsilon>0$, on peut en donner une représentation explicite : si f est une fonction de L^2, écrivons son développement $f=\sum_{n\geq 0} f_k$, avec $f_k \in \mathcal{H}_k$ Alors $P_t f = \sum_{k\geq 0} e^{-nt/2} f_k$, et l'on a donc

(4) $$\|P_t f\|_{L^2} \leq e^{-t/2}\|f\|_{L^2} \quad \text{si } f_0=0, \text{ i.e. si } \mu(f)=0 .$$

L'intégrale

(5) $$\underline{R}^\varepsilon f = \frac{1}{\Gamma(\varepsilon)}\int_0^\infty t^{\varepsilon-1}P_t f dt$$

existe donc au sens fort dans L^2_0, et l'opérateur $\underline{R}^\varepsilon$ est borné. Une interversion d'intégrations sans mystère montre qu'on fait $\underline{R}^\varepsilon = R^\varepsilon$. En particulier, R^1 est (comme opérateur borné de L^2_0 dans L^2_0) l'inverse de l'opérateur non borné -A de L^2_0 dans L^2_0 , et $R^{1/2}$ est l'inverse de -C, où C est le générateur infinitésimal du semi-groupe de Cauchy (ou de Poisson) associé à (P_t)

$$Q_t = \frac{t}{2\sqrt{\pi}} \int e^{-t^2/4s} s^{-3/2} P_s ds$$

de sorte que Q_t correspond au multiplicateur $e^{-t\sqrt{\lambda}}$, et -C au multiplicateur $\sqrt{\lambda}$.

Il est clair sur la formule (3) que l'on a $R^{\varepsilon}R^{\eta} = R^{\varepsilon+\eta}$ si les parties réelles de ε et η sont $\geqq 0$.

Nous nous proposons maintenant de montrer que les R^{ε} opèrent sur L^p pour $1<p<\infty$. Nous commençons par le cas où $\Re\varepsilon>0$. Tout d'abord, $R^{\varepsilon}f = R^{\varepsilon}Jf$, donc il suffit de traiter le cas où f est d'intégrale nulle. On a ensuite

$$\|R^{\varepsilon}f\|_{L^p} \leqq |\Gamma(\varepsilon)|^{-1}\int_0^{\infty} t^{\Re\varepsilon - 1} \|P_t f\|_{L^p}\, dt$$

et finalement il suffit de montrer que, pour $f\in L^p_0$, on a une inégalité de la forme $\|P_t f\|_p \leqq ae^{-bt}\|f\|_p$. Or ceci résulte du théorème de Riesz-Thorin : l'opérateur P_tJ a une norme au plus 2 dans L^{∞}, au plus $e^{-t/2}$ dans L^2, donc si $p>2$, sa norme est au plus $2^{1-2/p}e^{-t/p}$ dans L^p ; le cas où $1<p<2$ se traite par passage à l'adjoint.

Le cas où $\Re\varepsilon=0$ est beaucoup plus délicat : il résulte du théorème suivant, dû à Stein. Voir Stein [4], p. 121, cor. 3 :

THEOREME 1. <u>Soit</u> m <u>une fonction sur</u> $[0,\infty[$ <u>de la forme</u>

(6) $$m(\lambda) = \lambda\int_0^{\infty} e^{-\lambda u}M(u)du$$

<u>où</u> M <u>est une fonction (complexe) telle que</u> $|M(u)|\leqq K$. <u>Alors</u> m <u>est un multiplicateur pour</u> L^p, <u>et la norme de</u> T_m <u>dans</u> L^p <u>peut être majorée en fonction de</u> K <u>seulement</u>.

Ici nous prenons $M(u)=e^{i\alpha u}$ (α réel) ; alors $m(\lambda)=\Gamma(1+i\alpha)\lambda^{-i\alpha}$, et nous voyons que T_m opère sur L^p , avec une norme majorée par $c_p|\Gamma(1+i\alpha)|^{-1}$.

III. L'INEGALITÉ DE SOBOLEV LOGARITHMIQUE

Rappelons le théorème d'hypercontractivité de Nelson :

THEOREME 2. <u>Soient</u> p <u>et</u> q <u>deux exposants tels que</u> $1\leqq p\leqq q\leqq 1+e^t(p-1)$. <u>Alors</u> P_t <u>est un opérateur borné de</u> L^p <u>dans</u> L^q, <u>de norme exactement égale à</u> 1.

A partir de ce théorème, Gross démontre l'<u>inégalité de Sobolev logarithmique</u> (qui lui est en fait équivalente, mais nous ne nous occupons pas ici de cette équivalence) : contrairement à notre habitude, nous l'énonçons ici pour f <u>réelle</u> .

THEOREME 3. <u>Supposons que l'on ait</u> $f\in L^2$, f <u>appartenant au domaine de</u> A <u>dans</u> L^2. <u>Alors</u> $f^2\log|f|$ <u>est intégrable, et l'on a</u>

(7) $$\mu(f^2\log|f|) \leqq \|f\|_2^2\log\|f\|_2 - 2\langle Af,f\rangle_{\mu}$$

Nous allons transformer cet énoncé. Nous remarquons que si f appartient au domaine de A, elle appartient au domaine de $C=-\sqrt{-A}$, et $-\langle Af,f\rangle = \langle Cf,Cf\rangle$. Prenons alors $g\in L^2_0$, $f=R^{1/2}g$; si g appartient au domaine de

C, f appartient au domaine de A, et on peut appliquer à f la formule précédente, qui nous donne

$$\mu((R^{1/2}g)^2\log|R^{1/2}g|\ ) \leqq 2\|g\|_2 + \|R^{1/2}g\|_2^2 \log\|R^{1/2}g\|_2$$

Nous remarquons maintenant que $R^{1/2}$ est borné de L^2_0 dans lui-même, et que le domaine de C est dense dans L^2_0 ; cette inégalité s'étend donc à tout L^2_0. Introduisant l'espace d'Orlicz $L^2\log_+L$ (1) associé à la fonction de Young $x^2\log x I_{\{x\geqq 1\}}$, nous pouvons énoncer l'inégalité de Sobolev logarithmique, avec une certaine perte d'information quant aux constantes, sous la forme suivante :

COROLLAIRE 4. $R^{1/2}$ <u>est un opérateur borné de</u> L^2 <u>dans</u> $L^2\log_+L$.

Avec deux remarques : la première, c'est que nous avons écrit L^2 et non L^2_0 , car avec notre définition de $R^{1/2}$, J est caché dedans ! Ensuite, ce résultat s'étend trivialement des fonctions réelles aux fonctions complexes.

La question naturelle est maintenant : que peut on dire de R^ε en général ? Cette question a été abordée par Feissner [1], à une nuance près : Feissner ne s'intéresse pas à $R^{1/2} = (-A)^{-1/2}J$, mais à $(I-A)^{-1/2}$. Nous reviendrons plus loin sur la comparaison entre les résultats de Feissner et les nôtres.

IV. UNE INEGALITE DE SOBOLEV LOGARITHMIQUE POUR R^ε

Dans cette section, nous allons établir une inégalité de Sobolev logarithmique facile et grossière : elle n'entraîne pas l'inégalité de Gross, qui tombe dans le cas limite $\alpha=p\varepsilon$ ($p=2$, $\varepsilon=1/2$). De même, Feissner démontre pour $p=2$, ε entier certaines inégalités qui tombent dans le cas limite. En revanche, pour $\varepsilon=1/2$, $p>2$, nous obtenons un résultat meilleur que celui de Feissner (th. 4.3, p.57) - ou plutôt, nous montrerons plus loin qu'il est meilleur.

On supposera ε réel : l'extension au cas complexe découle du résultat de Stein pour $\varepsilon=i\alpha$.

THEOREME 5. <u>Soient</u> $p>1$, $r\geqq 0$, $\varepsilon>0$. <u>Alors</u> R^ε <u>est un opérateur borné de</u> L^p <u>dans</u> $L^p\log^r L$ <u>si</u> $r<p\varepsilon$. (1) (Pour le cas $r=p\varepsilon$, voir l'exposé II).

Nous commençons par réduire le problème à une situation plus simple. Nous pouvons d'abord nous limiter aux fonctions réelles. Ensuite, soit $f\in L^p_0$, et soit $q=1+e(p-1)>p$. Coupons $R^\varepsilon f$ donné par (5) en deux :

---

1. La fonction $x^p\log_+^r x$ est croissante si $p>1$, $r\geqq 0$. Elle est convexe sur $[0,\infty[$ si $r\geqq 1$, et on peut alors s'en servir pour définir l'espace $L^p\log^r L$. Si $0<r<1$, elle est au moins convexe sur $[e,\infty[$, et on utilisera une fonction de Young ϕ égale à $x^p\log^r x$ sur $[e,\infty[$ (par ex. $\phi(x)=x^p$ pour $x<e$).

$$V^{\varepsilon}f = \int_0^1 t^{\varepsilon-1}P_t f dt \quad , \quad W^{\varepsilon}f = \int_1^{\infty} t^{\varepsilon-1}P_t f dt$$

(nous avons supprimé le facteur constant $1/\Gamma(\varepsilon)$). Nous écrivons le second terme

$$P_1(\int_0^{\infty}(1+t)^{\varepsilon-1}P_t f dt\ )$$

et l'inégalité $\|P_t f\|_p \leqq ae^{-bt}\|f\|_p$ vue plus haut montre que la parenthèse définit un opérateur borné de L_0^p dans lui même. Comme P_1 applique L^p dans L^q d'après le th.2, il est inutile de nous occuper de W^{ε}, qui améliore l'exposant principal p : toute la difficulté concerne V^{ε}.

Mais l'intégration dans V^{ε} est étendue de 0 à 1, et pour l'étude de $V^{\varepsilon}f$ il n'est plus nécessaire de supposer f d'intégrale nulle : <u>désormais nous supposons</u> f <u>positive</u> de norme $\|f\|_{L^p} \leqq 1$.

Nous posons $p=1+a$ ($p>1$ reste fixé ci-dessous) ; nous fixons aussi $r>0$. Nous désignons par A,B... des quantités qui dépendent seulement de p et de r. La démonstration repose sur le lemme suivant :

LEMME. <u>Soit</u> $g_t = P_t f$ ($0\leqq t\leqq 1$). <u>Alors on a</u>

(8) $$\mu(g_t^p \log_+^r g_t) \leqq \left(\frac{A}{t}\log\frac{1}{t} \right)^r$$

Cette propriété, et la remarque suivante, vont entraîner immédiatement le théorème :

REMARQUE. Si h est une fonction positive, et si $\mu(h^p\log_+^r h)\leqq\Theta$, on a $\|h\|_{L^p\log^r L}\leqq C(1\vee\Theta)^{1/p}$. On a en effet en posant $(1\vee\Theta)^{1/p}=u$: $\mu(\phi(\frac{h}{u})) \leqq \phi(e)+ \mu((h/u)^p\log_+^r(h/u))\leqq \phi(e)+ \frac{1}{u^p}\mu(h^p\log_+^r h) \leqq \phi(e)+1$, quantité fixe. Pour $r\geqq 1$, on prend $\phi(x)=x^p\log_+^r x$ et il est inutile d'ajouter $\phi(e)$. On conclut en remarquant que ϕ et $\phi/(\phi(e)+1)$ définissent des normes équivalentes.

Alors (8) nous donne $\|g_t\|_{L^p\log_+^r L} \leqq C\left(1\vee(\frac{A}{t}\log\frac{1}{t})^{r/p}\right)$. Multipliant par $t^{\varepsilon-1}$ et intégrant de 0 à 1, nous obtenons

$$\|\int_0^1 t^{\varepsilon-1}g_t dt\|_{L^p\log_+^r L} \leqq C\int_0^1 t^{\varepsilon-1}(1\vee \frac{A}{t}\log\frac{1}{t})^{r/p}dt$$

qui converge si $\varepsilon>r/p$, i.e. si $r<p\varepsilon$.

Reste donc à démontrer (8). Comme c'est une majoration à t fixe, nous poserons $P_t f=g$. Nous allons appliquer le théorème de Nelson avec les exposants $p=1+a$ et $q=1+a+at\leqq 1+ae^t$.

Nous partons de l'égalité

$$\mu(g^p\log_+^r g\ ) = \int_1^{\infty} \mu\{g>\lambda\}\lambda^{p-1}(p\log^r\lambda+r\log^{r-1}\lambda)d\lambda$$

et nous majorons $\mu\{g>\lambda\}$ par $\mu(g^q)/\lambda^q$. Si l'on se rappelle que $q-p=at$, et que l'on pose $\lambda=e^{atu}$, on obtient une inégalité du type

$$\mu(g^p\log_+^r g) \leqq \mu(g^q)\left(\frac{A}{t^{r+1}}+\frac{B}{t^r}\right) \leqq \mu(g^q)\frac{A}{t^{r+1}}$$

puisque $t\leqq 1$. Pour améliorer cela, nous remplaçons f par cf, g par cg, avec $c<1$. Eliminant c^p des deux côtés, il nous reste à droite $c^{q-p}=c^{at}$, soit

(9) $$\mu\left(g^p(\log g-\log\tfrac{1}{c})^r I_{\{g>1/c\}}\right) \leqq c^{at}\frac{A}{t^{r+1}}\mu(g^q)$$

Du côté gauche cette parenthèse est bien ennuyeuse, mais il y a un cas au moins où elle ne gêne pas : celui où $0<r<1$, et où nous pouvons écrire

$$(\log g-\log\tfrac{1}{c})^r \geqq \log^r g-\log^r\tfrac{1}{c} \qquad \text{sur } \{g>1/c\}$$

Nous avons dans ce cas

$$\mu(g^p\log^r g I_{\{g>1/c\}}) \leqq c^{at}\frac{A}{t^{r+1}}\mu(g^q)+\mu(g^p)\log^r\frac{1}{c}$$

et bien évidemment

$$\mu(g^p\log_+^r g\, I_{\{g\leqq 1/c\}}) \leqq \mu(g^p)\log^r\frac{1}{c}$$

Nous ajoutons, et du côté gauche il y a $\mu(g^p\log_+^r g)$, qui ne contient plus c. Du côté droit, l'idée est de tâcher de gagner une unité sur l'exposant en t. Nous prenons donc $c^{at}=t$, soit $\log\frac{1}{c}=\frac{1}{at}\log\frac{1}{t}$.

Si l'on se rappelle que $g=P_t f$ avec $\|f\|_p=1$, donc $\|g\|_q\leqq 1$, il reste

$$\mu(g^p\log_+^r g) \leqq \frac{A}{t^r}+B\left(\frac{1}{t}\log\frac{1}{t}\right)^r \leqq A\left(\frac{1}{t}\log\frac{1}{t}\right)^r$$

c'est à dire l'inégalité cherchée, dans le cas où $r<1$.

Supposons maintenant $r>1$, et revenons à (9). Nous écrivons la parenthèse du côté gauche

$$\log^r g\left(1-\log\tfrac{1}{c}\,/\,\log g\right)^r = \log^r g\,(1-u)^r$$

avec $0\leqq u\leqq 1$, et par convexité $(1-u)^r \geqq 1-ru$. Donc

$$\mu(g^p\log_+^r g\, I_{\{g>1/c\}}) \leqq c^{at}\frac{A}{t^{r+1}}\mu(g^q)+r\log\frac{1}{c}\,\mu(g^p\log_+^{r-1}g)$$

$$\mu(g^p\log_+^r g\, I_{\{g\leqq 1/c\}}) \leqq \mu(g^p)\log^r\frac{1}{c} \qquad \text{(ajouter à la précédente)}$$

d'où en remplaçant comme ci-dessus $\mu(g^p)$, $\mu(g^q)$ par 1, c^{at} par t

$$\mu(g^p\log_+^r g) \leqq A\left(\frac{1}{t}\log\frac{1}{t}\right)^r+B\left(\frac{1}{t}\log\frac{1}{t}\right)\mu(g^p\log_+^{r-1}g)$$

et on voit alors que la formule (8) passe de l'intervalle]0,1] à]1,2],]2,3], etc. Le théorème est établi.

V. COMPARAISON AVEC LES RESULTATS DE FEISSNER

Lorsque $p>2$, nous voyons que $R^{1/2}$ applique L^p dans $L^p\log^r L$ pour $r<p/2$, tandis que Feissner remplace ce dernier espace par $L^p\log L$. Notre résultat donne donc un exposant meilleur. Cependant, il ne peut être directement comparé au théorème de Feissner, car celui-ci concerne, non $R^{1/2}$, mais

$(I-A)^{-1/2}$. Quelle relation y a t'il entre ces deux opérateurs ?

$R^{1/2}$ correspond au multiplicateur $\lambda^{-1/2}I_{\{\lambda>0\}}$, $(I-A)^{-1/2}$ au multiplicateur $1/(1+\lambda)^{1/2}$. Le projecteur J étant borné dans tout L^p, nous pouvons aussi bien considérer $1/(1+\lambda)^{1/2}\ I_{\{\lambda>0\}}$, et il nous suffit alors de démontrer que le multiplicateur qui fait passer de $R^{1/2}$ à cet opérateur, soit $(\lambda/1+\lambda)^{1/2}$, opère sur tout L^p. Cela résulte du lemme suivant (classique) :

LEMME. <u>Pour tout</u> $\varepsilon>0$, <u>tout</u> $p>0$, $\frac{\lambda^\varepsilon}{(p+\lambda)^\varepsilon}$ <u>est transformée de Laplace d'une mesure bornée</u> Θ (<u>non nécessairement positive</u>).

Alors l'opérateur de multiplicateur $(\lambda/p+\lambda)^\varepsilon$ est égal à $\int P_t\Theta(dt)$, et il est clair qu'il est borné sur L^p.

Voici la démonstration sommaire du lemme : $p/p+\lambda$ est transformée de Laplace de la mesure $\rho(dt)= pe^{-pt}dt$ de masse 1 . D'autre part, $(1-x)^\varepsilon$ s'écrit $\sum a_k x^k$ avec $\sum |a_k|<\infty$. Alors on a

$$\left(\frac{\lambda}{p+\lambda}\right)^\varepsilon = \left(1-\frac{p}{p+\lambda}\right)^\varepsilon = \sum a_k\left(\frac{p}{p+\lambda}\right)^k$$

et on a $\Theta = \sum a_k\rho^k$ (puissances de convolution de ρ) .

VI. QUELQUES REMARQUES SUR L'INEGALITE DE GROSS

Ce paragraphe est plutôt de nature << philosophique >>, et nous ne donnerons pas tous les détails. Recopions l'inégalité de Gross (qui échappe, comme nous l'avons vu, au théorème 5) : si $f\in\underline{\underline{D}}_2(A)$, le domaine de A dans L^2, on a

(10) $$\mu(f^2\log|f|) \leqq \|f\|_2^2\log\|f\|_2 - 2\langle Af,f\rangle_\mu$$

L'inégalité sous cette forme exige que f soit << deux fois dérivable >>, mais si l'on remplace $-2\langle Af,f\rangle$ par $\mu(\Gamma(f,f))$, c'est à dire ici $\mu(f'^2)$, on obtient que si f appartient à l'espace de Dirichlet usuel, on a

(11) $$\mu(f^2\log|f|) \leqq \|f\|_2^2\log\|f\|_2 + \mu(\Gamma(f,f))$$

avec une conséquence intéressante : on sait que les contractions opèrent sur l'espace de Dirichlet avec diminution de la norme (on a même mieux : si φ est une con-traction, on a $\Gamma(\varphi\circ f,\varphi\circ f)\leqq\Gamma(f,f)$ p.p.). Donc si l'on écrit (11) pour la fonction <u>positive</u> $|f|$, on ne l'affaiblit pas, et donc il suffit d'établir (10) aussi pour une fonction positive, ce qui permet d'en simplifier un peu la démonstration. En fait, comme l'espace de Dirichlet admet aussi des troncations, il suffit de traiter le cas où f est positive bornée, et (quitte à ajouter $\varepsilon>0$) où f est strictement positive bornée.

Voici maintenant notre remarque : Gross établit aussi une inégalité dans L^p, qu'il écrit ainsi (nous nous bornons au cas où f est positive, pour les raisons qui viennent d'être expliquées ; le coefficient diffère de celui de Gross par un facteur 2)

$$(12) \qquad \mu(f^p \log f) \leqq \|f\|_p^p \log\|f\|_p - \frac{p}{p-1}\langle f^{p-1}, Af\rangle$$

et nous nous demandons comment transformer cette formule en une formule seulement « une fois différentiable ». Pour cela, supposant f strictement positive et bornée, nous appliquons la " formule d'Ito" à la fonction x^p de classe C^2 sur un intervalle contenant les valeurs de f

$$A(f^p) = pf^{p-1}Af + \tfrac{1}{2}p(p-1)f^{p-2}\Gamma(f,f)$$

(ici, une relation triviale entre dérivées !), et comme $\mu(A(f^p))=0$, il nous reste

$$(13) \qquad \mu(f^p \log f) \leqq \|f\|_p^p \log\|f\|_p + \tfrac{p}{2}\mu(\, f^{p-2}\Gamma(f,f))$$

et il n'est pas difficile maintenant d'étendre cette formule à une fonction non nécessairement positive, en remplaçant simplement f par $|f|$. Nous n'en dirons pas plus sur ce sujet.

Dans l'exposé II, nous utiliserons la méthode d'interpolation complexe pour établir un résultat analytique beaucoup plus fort que le théorème 5 (et contenant en particulier le cas limite du th. 5).

REFERENCES

[1]. FEISSNER (G.F.). Hypercontractive semigroups and Sobolev's inequality. Trans. Amer. M. Soc. 210, 1975, p. 51-62.

[2]. GROSS (L.). Logarithmic Sobolev inequalities. Amer. J. Math. 97, 1976, p.1061-1083.

[3]. NEVEU (J.). Sur l'espérance conditionnelle par rapport à un mouvement brownien. Ann. Inst. H. Poincaré, XII, 1976, p 105-110.

[4]. STEIN (E.M.). Topics in harmonic analysis related to the Littlewood Paley theory. Annals of Math. Studies 63, Princeton 1970.

Université de Strasbourg
Séminaire de Probabilités 1980/81

SUR LES INEGALITES DE SOBOLEV LOGARITHMIQUES. II

par D. Bakry et P.A. Meyer

Ce travail est la suite de l'exposé précédent, qu'il complète en établissant un résultat plus fort (grâce à la méthode d'interpolation complexe). Nous allons examiner comment les opérateurs R^{ε}, avec $\Re(\varepsilon)\geq 0$, opèrent sur les espaces d'Orlicz $L^p\log^r L$, pour $1<p<\infty$ et r réel - espaces définis dans l'exposé de ce volume << Interpolation entre espaces d'Orlicz >>. Notre but est d'établir le théorème suivant :

THEOREME 6 [(1)]. <u>Si</u> $\Re z=\varepsilon\geq 0$, <u>l'opérateur</u> R^z <u>applique</u> $L^p\log^r L$ <u>dans</u> $L^p\log^{r+p\varepsilon}L$.

I. EXTENSION DU THEOREME DE STEIN

Notre première tâche va consister à regarder ce qui se passe pour $\varepsilon=0$, c'est à dire pour $z=i\alpha$. Pour faire cela, nous ne pouvons nous référer au travail original de Stein (cf. le théorème 1) ; il nous faut utiliser la démonstration probabiliste du théorème de Stein, due à Varopoulos [1], et présentée dans le volume précédent (voir l'exposé sur la théorie de Littlewood-Paley). Cette démonstration concerne une classe un peu plus restreinte de multiplicateurs , donnés par

(14) $$m(\lambda) = \lambda\int_0^{\infty} e^{-2u\sqrt{\lambda}}uM(u)du$$

où M est une fonction complexe, bornée en module par K. Cette classe est << plus restreinte >> que celle de Stein, en raison de la formule

$$e^{-2u\sqrt{\lambda}} = \int e^{-\lambda s}\mu_{2u}(ds) \quad , \quad \mu_{2u}(ds) = \frac{u}{\sqrt{\pi}}e^{-u^2/s}\, s^{-3/2}ds \ ,$$

mais pour $M(u) = u^{2i\alpha}$, on trouve le multiplicateur qui nous concerne :

(15) $$m(\lambda)=c(\alpha)\lambda^{-i\alpha} \qquad \text{avec} \quad c(\alpha) = \Gamma(2+2i\alpha)/2^{2+2i\alpha}$$

de sorte que l'opérateur T_m sur L^2 vaut $c(\alpha)R^{i\alpha}$. Maintenant, comment passe t'on de f à $T_m f$? Le procédé utilisé consiste (sans vouloir donner trop de détails) à utiliser un espace probabilisé $(\Omega,\underline{\underline{F}},\underline{\underline{F}}_t,P)$ et à construire une martingale continue X et une v.a. Y telles que

- X_{∞} sous P a même loi que f sous μ , Y a même loi que $T_m f$;
- On passe de X à Y par la succession des opérations suivantes : former l'intégrale stochastique $\int_0^t M(u)dX_u$; la projeter sur l'espace stable engendré par un mouvement brownien de la même filtration, ce qui donne une martingale Z ; prendre l'espérance conditionnelle de la v.a. terminale Z_{∞} par rapport à une tribu convenable.

Soit maintenant Φ une fonction de Young modérée et à conjuguée

(1) Le numérotage des énoncés et des formules fait suite à celui de l'exposé précédent

modérée, comme les fonctions définissant les espaces $L^p\log^r L$ pour $p>1$.
On a la chaîne d'inégalités suivantes

- f et X_∞ ont même norme dans l'espace d'Orlicz $\Phi(L)$
- La norme de X_∞ permet de majorer celle de X^*, l'inégalité de Doob étant vraie pour les fonctions de Young comodérées (résultat dû à Dellacherie. Voir Prob. et Pot. VI. (104.6)).
- Comme Φ est modérée, l'inégalité de Burkholder-Davis-Gundy nous permet de remplacer X^* par $[X,X]_\infty^{1/2} = \langle X,X\rangle_\infty^{1/2}$ (X est continue).
- L'intégrale stochastique de M(u) bornée par K, puis la projection orthogonale, fournissent une martingale Z telle que $\langle Z,Z\rangle \leqq K\langle X,X\rangle$. L'inégalité de Burkholder-Davis-Gundy permet alors de majorer la norme de Z^*, donc de Z_∞.
- Enfin, l'espérance conditionnelle diminue la norme dans $\Phi(L)$. Et pour finir, nous avons obtenu le résultat désiré. De manière explicite :

THEOREME 7. Soit Φ une fonction de Young modérée et comodérée. Alors les opérateurs $\Gamma(2+2i\alpha)R^{i\alpha}$ sont uniformément bornés dans l'espace d'Orlicz $\Phi(L)$.

II. PRINCIPE DE LA DEMONSTRATION DU THEOREME 6

Nous introduisons maintenant la terminologie de l'interpolation entre espaces d'Orlicz : l'espace d'Orlicz $L^p\log^r L$ sera noté $E(\frac{1}{p}, -\frac{r}{p})$, parce qu'il admet un générateur concave qui vaut $x^{1/p}\log^{-r/p}x$ pour x grand. L'espace d'interpolation entre E(a,b) et E(c,d) ($0<a,c<1$; b et d réels) est pour la valeur t du paramètre d'interpolation $E((1-t)a+tc, (1-t)b+td)$. Le théorème 6 nous dira que R^z applique E(a,b) dans $E(a,b-\varepsilon)$. Le théorème 7 nous dit que $R^{i\alpha}$ est borné de E(a,b) dans lui même. Ajouter à cela qu'il est classique que le dual de $L^p\log^{mp}L$ est $L^q\log^{-mq}L$, où m est réel, et p et q sont conjugués. Avec notre notation, le dual de E(a,b) est E(1-a,-b).

Ecrivons d'autre part dans ce langage les résultats de Feissner, établis pour un opérateur étroitement lié à $R^{1/2}$, comme s'ils étaient établis pour $R^{1/2}$ lui-même : $R^{1/2}$ applique $L^2\log^n L$ dans $L^2\log^{n+1}L$ pour n entier (de signe quelconque), soit $E(\frac{1}{2},-\frac{n}{2})$ dans $E(\frac{1}{2}, \frac{-n}{2}-\frac{1}{2})$. Une première interpolation va nous donner que $R^{1/2}$ applique $E(\frac{1}{2},d)$ dans $E(\frac{1}{2}, d-\frac{1}{2})$ pour tout d réel, ce qui entre dans le théorème 6. Il est un peu plus agréable d'écrire ce résultat pour $R^1=R^{1/2}R^{1/2}$:

(16) $\qquad R^1$ est un opérateur borné de $E(\frac{1}{2}, d)$ dans $E(\frac{1}{2}, d-1)$.

Nous allons interpoler entre ce résultat et le théorème de Stein. La représentation spectrale (3)

$$R^z = \int_{[1/2,\infty[} \lambda^{-z} dE_\lambda$$

montre que l'application $z \mapsto R^z$, considérée comme prenant ses valeurs dans l'espace des opérateurs bornés de L^2, est continue sur la bande $0 \leq x \leq 1$ pour la topologie forte, holomorphe, et uniformément bornée en norme. Nous allons étudier ses limites au bord.

Nous utilisons l'équivalent de Stirling pour $\Gamma(x+iy)$ (x fixé), c.à d. $\Gamma(x+iy) \sim \sqrt{2\pi} e^{-\pi|y|/2} |y|^{x-1/2}$, pour remplacer le malcommode $\Gamma(2+2iy)$ dans le théorème 7 par $\Gamma(1+iy)^2$, dont le rapport au précédent est borné. Considérons donc la fonction

$$H_z = \left(\frac{\Gamma(1+z)}{1+z} \right)^2 R^z \tag{17}$$

qui, considérée dans l'espace des opérateurs sur L^2, possède les mêmes propriétés que R^z. Pour $\Re z=0$

(18) $\quad H_{iy}$ est bornée (uniformément) de $E(a,b)$ dans lui même.

Pour $\Re z=1$, nous écrivons $\Gamma(2+iy)=(1+iy)\Gamma(1+iy)$, et donc

$$H_{1+iy} = \left(\frac{1+iy}{2+iy} \right)^2 R^1(\Gamma(1+iy)^2 R^{iy})$$

de sorte que, par les résultats de Stein et de Feissner

(19) $\quad H_{1+iy}$ est bornée (uniformément) de $E(\frac{1}{2}, d)$ dans $E(\frac{1}{2}, d-1)$

Le théorème de Calderón va alors nous donner que, pour $0<t<1$

(20) $\quad R^t$ est borné de $E(a(1-t)+\frac{t}{2}, b(1-t)+dt)$ dans $E(a(1-t)+t/2, b(1-t)+dt-t)$

Fixons nous u et v ($0<u<1$, v réel), et choisissons t assez petit pour que $\frac{t}{2} < u \wedge (1-u)$. Alors $a=(u-\frac{t}{2})/1-t$ appartient à l'intervalle $]0,1[$. Choisissons aussi $b=0$ et $d=v/t$. Nous voyons alors que

(21) $\quad R^t$ est borné de $E(u,v)$ dans $E(u,v-t)$

Ce résultat est établi seulement pour t petit, mais s'étend à tout $t>0$, car $R^{nt}=(R^t)^n$. Pour obtenir le résultat analogue pour R^{t+iy}, on l'écrit $R^t R^{iy}$ et on applique le théorème de Stein une nouvelle fois.

On voit donc que le théorème 6 est ramené à la vérification des résultats de Feissner, sous une forme légèrement modifiée.

III. SUR LES INEGALITES DE FEISSNER

Nous avons ramené la vérification du théorème 6 à celle du fait suivant : $R^{1/2}$ applique $L^2\log^n L$ dans $L^2\log^{n+1} L$ pour $n \in \mathbb{Z}$. Comme $R^{1/2}$ est self-adjoint, et le dual de $L^2\log^r L$ est $L^2\log^{-r} L$ (Krasnosel'skii et Rutickii, Ie partie, § 7), il suffit de traiter le cas où $n \in \mathbb{N}$. D'autre part, comme dans l'exposé I, nous pouvons ramener l'étude de $R^{1/2}$ à celle de l'opérateur $T = \int_0^1 s^{-1/2} P_s ds$, qui est un vrai noyau borné. Rappelons (inégalité de Gross) que T est borné de L^2 dans $L^2\log L$

donc de $L^2\log^{-1}L$ dans L^2. Nous notons que T est positif, borné de L^1 dans L^1, de L^∞ dans L^∞. Nous utiliserons aussi le fait que l'espace mesuré est fini.

Le raisonnement se fait par récurrence. Plutôt que de le faire de manière formelle, nous illustrerons les deux premiers pas. Nous désignons par C une quantité qui ne dépend pas des fonctions considérées, mais peut varier de place en place. Commençons par une remarque :

REMARQUE. Soit f positive, de norme $\leqq 1$ dans $L^p\log^{rp}L$. Alors la norme de $f\log^k f$ dans $L^p\log^{r(p-k)}L$ est bornée par C (k entier).

Voici le principe d'une démonstration, qui ne mérite pas d'être mise en forme : dire que $\|f\|$ est bornée revient à écrire que l'on a sur $\{f>C\}$ une majoration de la forme $f\leqq h^{1/p}\log^{-r}h$, où h est positive d'intégrale majorée par C. On a alors une inégalité analogue pour $|f\log^k f|$.

Pas initial : montrer que T est borné de $L^2\log L$ dans $L^2\log^2 L$. Cela revient à montrer que si f et g sont positives, bornées, avec $\|f\|_{L^2 lgL}$ et $\|g\|_{L^2lg^{-2}L} \leqq 1$, on a $<Tf,g> \leqq C$. On écrit qu'il existe une fonction positive $\theta \geqq 1$, bornée, telle que $g\leqq\theta^{1/2}\log\theta$ et $\int\theta\leqq C$, et on pose $h=\theta^{1/2}$, qui appartient à L^2. On considère alors la fonction

$$a(z) = < T(\varphi^{2(1-z)}),h^{2z} > \qquad \varphi=1+f$$

qui est continue dans la bande fermée $0\leqq x\leqq 1$, bornée (f et h sont bornées), holomorphe dans la bande ouverte. En la regardant au bord, on trouve qu'elle est bornée par C (NB. On utilise ici le fait que T applique L^1 et L^∞ dans eux mêmes). Donc on a aussi $|a'(\frac{1}{2})|\leqq C$. Or $a'(\frac{1}{2})$ comporte deux termes, qui sont à des facteurs près

$$< T(\varphi\log\varphi),\ h > \quad \text{et} \quad < T(\varphi),\ h\log h >$$

Le premier se majore, car $\varphi\log\varphi$ reste borné dans $L^2\log^{-1}L$ par la remarque précédente, et T applique $L^2\log^{-1}L$ dans L^2, tandis que $h\in L^2$. Donc on majore aussi le dernier terme par différence. Mais $g\leqq 2h\log h$, donc on a majoré du même coup $<T(\varphi),g>$ et $<Tf,g>$ puisque $f\leqq\varphi$.

Pas suivant : montrer que T est borné de $L^2\log^3L$ dans $L^2\log^4L$ (ce qui se passe entre $L^2\log^2L$ et $L^2\log^3L$ découle par interpolation). Cette fois on prend $\|f\|_{L^2\log^3L} \leqq 1$, $\|g\|_{L^2\log^{-4}L} \leqq 1$, $g\leqq \theta^{1/2}\log^2\theta$ ($\theta\geqq 1$, bornée, $\int\theta\leqq C$) et on prend $h=\theta^{1/2}$. Considérant la même fonction a(z), on calcule sa dérivée seconde $a''(\frac{1}{2})$, majorée en module par C. Elle comporte trois termes : à des facteurs près

$$< T(\varphi\log^2\varphi),h > ,\ < T(\varphi\log\varphi),\ h\log h > ,\ < T\varphi\ ,\ h\log^2 h >$$

Si nous savons majorer les deux premiers par C, nous aurons aussi majoré le dernier, et donc aussi $< Tf,g >$.

D'après la remarque, la relation $\|\varphi\|_{L^2\log^3 L} \leqq C$ entraîne $\|\varphi\log\varphi\|_{L^2 \lg L}$ $\leqq C$ et $\|\varphi\log\varphi\|_{L^2\log^{-1}L} \leqq C$. Appliquant T, on voit que $T(\varphi\log\varphi)$ est borné dans $L^2\log^2 L$ et $T(\varphi\log^2\varphi)$ dans L^2. D'autre part, toujours d'après la remarque, les fonctions correspondantes hlogh et h sont bornées respectivement dans $L^2\log^{-2}L$ et L^2. Donc $< T(\varphi\log\varphi), h\log h >$ et $< T(\varphi\log^2\varphi, h >$ sont bien bornés.

Pas suivant : $L^2\log^5 L$ dans $L^2\log^6 L$ par triple dérivation, et on comble l'intervalle manquant par interpolation.

CONCLUSION. Dans le premier exposé, nous avons vu ce que peuvent donner les méthodes directes de majoration, à partir du théorème d'hypercontractivité : en aucun cas elles ne permettent d'obtenir le cas limite (R^ε applique L^p dans $L^p\log^{p\varepsilon}L$), et elles se prêtent mal à l'étude de R^ε opérant sur les espaces $L^p\log^k L$, $k\neq 0$ (nous avons eu peur de la complexité des calculs !).

Dans cet exposé-ci, nous avons obtenu le résultat général en nous appuyant sur deux résultats puissants : le théorème de Stein légérement amélioré, qui traite le cas de R^{ix}, et qui est valable pour tous les semi-groupes symétriques, et les inégalités de Gross et de Feissner, qui expriment l'hypercontractivité dans le cas de L^2. Il est étonnant que la méthode qui donne ces inégalités soit une méthode purement analytique de dérivation.

Dernière remarque : nous avons utilisé les propriétés suivantes du semi-groupe : la symétrie par rapport à une mesure finie (ce point est utilisé dans la démonstration des inégalités de Feissner ; il est possible que l'on puisse s'en passer) ; l'hypercontractivité (sous la forme des inégalités de Gross et de Feissner) ; enfin, la convergence exponentielle de $P_t f$ vers 0 pour f d'intégrale nulle.

REFERENCES. Voir l'exposé I, sauf
VAROPOULOS (N.). Aspects of probabilistic Littlewood-Paley theory. J. Funct. Anal. 38, 1980, p. 25-60.

Université de Strasbourg
Séminaire de Probabilités 1980/81

SUR UNE INEGALITE DE STEIN

par P.A. Meyer

Il y a cinq ans que cette note aurait dû être rédigée, mais il n'est jamais trop tard.

Dans son livre sur la théorie de Littlewood-Paley, Stein fait jouer un rôle crucial à une inégalité de martingales du type de Burkholder. Il énonce cette inégalité en temps discret, où l'on ne voit pas grand chose. Cette note consiste en une traduction et démonstration de la même inégalité en temps continu.

On se place sur $(\Omega,\underline{\underline{F}},P,(\underline{\underline{F}}_t))$ comme d'habitude, et on considère une martingale (X_t). Voici le théorème de Stein (chez Stein, $\varepsilon=1$) :

THEOREME. On a pour $1<p<\infty$, pour $\varepsilon>0$

$$(1)\qquad \sqrt{\varepsilon}\ \| (\int_0^\infty \frac{ds}{s^{1+2\varepsilon}} (\int_0^s t^\varepsilon dX_t)^2)^{1/2} \|_{L^p} \leq A_p\|X\|_{L^p}$$

DEMONSTRATION. Nous considérons un mouvement brownien standard (B_s), issu de 0 , défini sur $(\Omega',\underline{\underline{F}}',P',(\underline{\underline{F}}'_s))$, et nous construisons le produit $\overline{\Omega}=\Omega\times\Omega'$, $\overline{P}=P\times P'$. Si h est une v.a. sur Ω (resp. sur Ω'), nous convenons de noter encore par h la fonction $(\omega,\omega')\mapsto h(\omega)$ sur $\overline{\Omega}$ (resp. $h(\omega')$). Ainsi nous pouvons parler des tribus $\underline{\underline{F}}_t$ ou $\underline{\underline{F}}'_s$ (indépendantes) sur $\overline{\Omega}$.

Nous pouvons supposer que la martingale X est bornée dans L^p.

Considérons une fonction déterministe $a(s,t)$ sur $\mathbb{R}^2_+$, combinaison linéaire finie d'indicatrices de rectangles bornés. Nous allons évaluer de deux manières l'intégrale stochastique double (élémentaire) $\int a(s,t)dB_s dX_t = M(\omega,\omega')$.

1) Nous la considérons comme une intégrale stochastique $\int_0^\infty \varphi_s dB_s$, où $\varphi_s = \int a(s,t)dX_t$. Comme (B_s) est encore un m^t brownien par rapport à la filtration obtenue en ajoutant tout $\underline{\underline{F}}$ à $\underline{\underline{F}}'_0$, cette intégrale est une i.s. usuelle de processus prévisible, et nous avons (Burkholder)

$$(2)\qquad \|M\|_{L^p} \sim \| (\int_0^\infty ds\ (\int_0^\infty a(s,t)dX_t)^2)^{1/2}\|_{L^p}$$

2) Soit H l'espace de Hilbert $L^2(\underline{\underline{F}}')$, et considérons le processus déterministe/étagé à valeurs dans H $t\mapsto \psi_t$, où $\psi_t = \int a(s,t)dB_s$. Nous considérons le processus à valeurs dans H (intégrale stochastique élémentaire)

$$M_t = \int_0^t \psi_u dX_u$$

Ceci est en réalité une somme finie $\sum h_i(X_{t_{i+1}}-X_{t_i})$, avec des $h_i\in H$, donc (les X_t étant intégrables), M_t est une vraie martingale à valeurs dans H. Le processus croissant scalaire associé est $\int_0^t \|\psi_u\|^2 d[X,X]_u$, où

$$\|\psi_u\|^2 = \int P'(d\omega')(\int a(s,u)dB_s(\omega'))^2 = \int a^2(s,u)ds$$

On a de même

$$\|M_\infty\|_H^2 = \int M^2(\omega,\omega')P'(d\omega') = \int_0^\infty ds(\int a(s,t)dX_t)^2$$

Ecrivant alors l'inégalité de Burkholder vectorielle

(3) $$\| \|M_\infty\|_H \|_{L^p} \leqq c_p \| (\int_0^\infty \|\psi_u\|^2 d[X,X]_u)^{1/2} \|_{L^p}$$

et la rapprochant de (2), on trouve une inégalité

(4) $$\|(\int ds(\int a(s,t)dX_t)^2)^{1/2}\|_{L^p} \leqq c_p \|(\int d[X,X]_t(\int a^2(s,t)ds)^{1/2} \|_{L^p}$$

Ceci a été établi pour un processus a(s,t) très simple, mais il n'y a pas de difficulté à l'étendre aux processus a(s,t) " raisonnables" .

L'inégalité (1) concerne le cas où $a(s,t) = \frac{1}{s^{\varepsilon+1/2}} t^\varepsilon I_{\{t<s\}}$. On a alors $\int a^2(s,t)ds = t^{2\varepsilon}\int_t^\infty ds/s^{1+2\varepsilon} = \frac{1}{2\varepsilon}$. Du côté droit, nous avons donc simplement $c_p \frac{1}{\sqrt{2\varepsilon}} \|[X,X]_\infty^{1/2}\|_{L^p} \leqq \frac{1}{\sqrt{\varepsilon}} A_p \|X\|_{L^p}$.

Université de Strasbourg
Séminaire de Probabilités 1980/81

INTERPOLATION ENTRE ESPACES D'ORLICZ

par P.A. Meyer

Ayant eu besoin d'utiliser le théorème d'interpolation complexe de Calderòn-Lions, dans le cas particulier des espaces d'Orlicz modérés, je me suis aperçu que les résultats concernant ces espaces ne sont pas faciles à extraire du grand article de Calderòn (<< Intermediate spaces and interpolation, the complex method >>, Studia M. 24, 1964, p. 113-190). L'exposé suivant rendra peut être service, en servant d'introduction à ces très beaux travaux.

I. VARIATIONS SUR LE << THEOREME DES TROIS DROITES >>

La notation standard pour la variable complexe est $z=x+iy$, utilisée sans mention spéciale. Nous désignons par S la bande ouverte $0<x<1$ du plan complexe, par $\overline{S}$ la bande fermée, par $D=D_0\cup D_1$ sa frontière. Pour tout $z\in S$, H_z est la mesure harmonique au point z ; si f est une fonction bornée sur D, nous écrivons

(1) $$H_z(f) = \int f(iu)\mu_0(z,du) + \int f(1+iu)\mu_1(z,du)$$

et nous notons les points suivants :

a) $\mu_0(z,.)$ et $\mu_1(z,.)$ sont des mesures positives sur $\mathbb{R}$, de masses égales respectivement à $1-x$ et à x . Nous introduirons aussi les mesures de probabilité

$$\overline{\mu}_0(z,.) = \frac{1}{1-x}\mu_0(z,.) \quad , \quad \overline{\mu}_1(z,.) = \frac{1}{x}\mu_1(z,.)$$

b) Soient z et z' deux points de S . Alors les mesures $\mu_i(z,.)$ et et $\mu_i(z',.)$ sont absolument continues par rapport à la mesure de Lebesgue sur $\mathbb{R}$, et les rapports de leurs densités sont bornés supérieurement et inférieurement, de sorte que ces (quatre) mesures ont mêmes espaces L^p. En particulier, nous dirons qu'une fonction f sur D (resp. sur $\mathbb{R}$) est <u>harmoniquement intégrable</u> si elle est intégrable par rapport à $H_z(.)$ (resp. à $\mu_0(z,.)$ ou $\mu_1(z,.)$) pour <u>un</u> $z\in S$, et la propriété a alors lieu pour <u>tout</u> $z\in S$.

Nous disons qu'une fonction harmonique complexe f dans S est <u>poissonnienne</u> s'il existe deux fonctions harmoniquement intégrables f_0,f_1 sur $\mathbb{R}$ telles que l'on ait pour $z\in S$

(2) $$f(z) = \int f_0(u)\mu_0(z,du) + \int f_1(u)\mu_1(z,du)$$

Si l'on désire calculer les μ_i , on utilisera une représentation conforme $z\mapsto e^{\pi iz}$ de S sur le demi-plan supérieur, et l'expression bien connue

($H_z(du) = \Re(\frac{1}{\pi i}\frac{du}{z-u})$) de la mesure harmonique du demi-plan. Cette représentation conforme, ramenant à une situation plus familière, montre aussi que le caractère poissonnien de f signifie qu'une certaine martingale locale [(1)] construite sur l'espace du mouvement brownien est en réalité une martingale fermée à droite. Il en résulte :

si f et g sont harmoniques, g harmonique poissonnienne, et $|f|\leq|g|$, alors f est poissonnienne.

En particulier, toute fonction harmonique bornée est poissonnienne. Les fonctions $\sin \pi x e^{\pm\pi y}$ (continues sur $\bar{S}$ et nulles sur D) ne sont pas poissonniennes.

Voici l'inégalité fondamentale pour le théorème de Calderòn. Nous ne pousserons pas la discussion plus loin.

THEOREME 1. Soit f une fonction holomorphe poissonnienne, donnée par (2). Alors on a

$$(3) \qquad |f(z)| \leq \left(\int |f_0(u)|\bar{\mu}_0(z,du)\right)^{1-x} \left(\int |f_1(u)|\bar{\mu}_1(z,du)\right)^x$$

Démonstration. Notons $I_0^{1-x}I_1^x$ le second membre. Il est clair sur la représentation (2), écrite sous la forme

$$f(z) = (1-x)\int f_0(u)\bar{\mu}_0(z,du) + x\int f_1(u)\bar{\mu}_1(z,du)$$

que l'on a $|f(z)|\leq I_0 \vee I_1$. La fonction $e^{rz}f(z)$ est majorée en module par $e^r|f(z)|$, donc poissonnienne, et en lui appliquant le résultat précédent on obtient[(2)]

$$|f(z)| \leq e^{-rx}(I_0 \vee I_1 e^r) = e^{-rx}I_0 \vee e^{r(1-x)}I_1$$

On choisit r de manière à rendre égaux les deux termes du $\vee$, et on obtient alors (3). Cela nous suffit.

II. SUR LES ESPACES D'ORLICZ

Nous avons quelque part un espace probabilisé $(\Omega,\underline{\underline{F}},P)$ - en fait, tout s'étend aux mesures positives σ-finies, mais peu importe. Nous considérons une fonction de Young modérée Φ et l'espace d'Orlicz $\Phi(L)$ correspondant. Rappelons les définitions :

Φ est nulle en 0, croissante, convexe ; $\Phi(x)/x$ (ou de manière équivalente $\Phi'(x)$) tend vers l'infini pour $x\to\infty$; on a $x\Phi'(x)\leq p\Phi(x)$ pour tout x, où p est une constante (cela équivaut à la condition plus usuelle de modération $\Phi(2x)\leq k\Phi(x)$)

(1). Si T est le temps de sortie du demi-plan pour le mouvement brownien (B_t), $f(B_t)$ est une martingale locale sur l'intervalle $[0,T[$. Ce raisonnement montre aussi que f_0 et f_1 sont en un certain sens des limites de f au bord. (2) Ici on triche un peu : il faut encore identifier les "valeurs au bord" de $e^{rz}f(z)$ comme $e^{iru}f_0(u)$ et $e^{r+iru}f_1(u)$. Cf. note (1).

Pour simplifier, nous supposerons Φ strictement croissante.

$\Phi(L)$ est l'ensemble des v.a. complexes f sur Ω telles que $E[\Phi(\frac{|f|}{\lambda})] \leq 1$ pour λ assez grand, le plus petit λ possible étant par définition la norme $\|f\|_\Phi$.

Nous adopterons la convention de notation suivante : soit Φ une fonction positive, croissante, convexe, etc., <u>mais sur un intervalle</u> $[A,\infty[$ <u>seulement</u>, où $A \geq 0$. Nous supposerons que $A\Phi'(A) \geq \Phi(A)$ (c'est toujours possible, quitte à augmenter A). Alors Φ admet un prolongement $\hat{\Phi}$ en une fonction de Young modérée sur tout $\mathbb{R}$, et l'espace d'Orlicz $\hat{\Phi}(L)$ ne dépend ni de A, ni du prolongement utilisé. <u>Nous le noterons</u> $\Phi(L)$ <u>dans la suite</u>. Quant à la norme, elle dépend de $\hat{\Phi}$, mais nous choisirons arbitrairement un prolongement et conviendrons de la noter encore $\| \ \|_\Phi$. Cela nous permet de définir l'espace d'Orlicz noté $L^p\log^\alpha L$ pour tout $p>1$ et tout α réel (ces espaces nous intéressent à cause des inégalités de Sobolev logarithmiques).

Maintenant, nous adoptons le point de vue de Calderón : nous considérons une fonction m(x) sur $\mathbb{R}_+$, nulle en 0, croissante, concave, telle que $m'(x) \to 0$ ($x \to \infty$), ou de manière équivalente $m(x)/x \to 0$, et telle que $xm'(x) \geq \frac{1}{p}m(x)$. Soit Φ la fonction réciproque de m ; nous noterons Λ_m l'espace d'Orlicz $\Phi(L)$ (on a écrit tout ce qu'il faut pour que Φ soit une fonction de Young modérée !). La norme dans Λ_m (que nous noterons $[\![f]\!]_m$) est le plus petit $\lambda>0$ possédant la propriété

il existe $h \in \mathcal{B}_1^+$ (la boule unité positive de L^1) tel que
$|f| \leq \lambda m \circ h$ p.p.

Nous dirons que m est un <u>générateur concave</u> de l'espace $\Phi(L)$. Ce que nous avons dit plus haut pour les fonctions Φ définies seulement sur $[A,+\infty[$ s'applique évidemment aux m définis seulement sur $[B,\infty[$, avec mêmes abus de langage.

Les espaces d'Orlicz les plus couramment utilisés, après les L^p bien sûr, sont les $L^p\log^r L$ ($p>1$, r réel ; la fonction Φ correspondante est convexe pour x assez grand - par exemple pour $x \geq e$ si $r \geq 0$, $x \geq 1$ si $r \geq 1$). On ne peut donner explicitement la fonction Φ^{-1}, mais :

LEMME 1. <u>Le générateur concave</u> $m(x)=x^{1/p}\log^{-r/p}x$ (x assez grand) <u>engendre l'espace</u> $L^p\log^r L$ ($p>1$, r réel).

<u>Démonstration</u>. On laisse les détails au lecteur. Le point essentiel est de former $\Phi(m(x))$ et de s'assurer que cela vaut $p^{-r}x(1+o(1))$, de sorte que $\Phi(m(x))$ est compris entre Ax et Bx pour x grand.

LEMME 2. Soient m_o et m_1 deux générateurs concaves, et soit $s\varepsilon]0,1[$. Alors $m_s=m_o^{1-s}m_1^s$ est encore un générateur concave.

Démonstration. Pour vérifier que m_s est concave, on prend deux points u et v, une mesure $\Theta=p\varepsilon_u+q\varepsilon_v$ ($p\geq 0$, $q\geq 0$, $p+q=1$) ; on applique l'inégalité de Hölder aux fonctions m_o^{1-s} et m_1^s avec les exposants conjugués $1/1-s$ et $1/s$, et c'est ce qu'on veut. Le reste est à peu près évident.

III. LE THEOREME D'INTERPOLATION

Pour simplifier, nous allons raisonner sur des espaces mesurés finis, ce qui nous permettra de travailler sur L^∞ au lieu des fonctions simples. Nous considérons une famille $(T_z)_{z\varepsilon\overline{S}}$ d'opérateurs linéaires de L^∞ dans L^1 (ce pourrait être $L^\infty(\Omega)$ dans $L^1(\Omega')$, mais nous prendrons ici $\Omega=\Omega'$) possédant les propriétés suivantes

1) Pour $f\varepsilon L^\infty$, l'application $z\mapsto T_zf$ de $\overline{S}$ dans L^1 est continue, et holomorphe dans S.

2) Il existe un espace d'Orlicz modéré Λ_a tel que l'on ait, pour $f\varepsilon L^\infty$ $\|T_zf\|_{L^1} \leq c[\![f]\!]_a$ (c ne dépend pas de z).

En pratique, ce sera souvent un espace L^p.

Nous nous donnons maintenant quatre générateurs concaves m_o,m_1,n_o,n_1 et nous supposons que, pour $f\varepsilon L^\infty$

(4) $$[\![T_{iy}f]\!]_{n_o} \leq M_0[\![f]\!]_{m_o} \ , \ [\![T_{1+iy}f]\!]_{n_1}\leq M_1[\![f]\!]_{m_1}$$

Dans ces conditions, le théorème de Calderon nous dit que

THEOREME 2. On a $[\![T_sf]\!]_{n_s} \leq 2M_0^{1-s}M_1^s[\![f]\!]_{m_s}$, avec $m_s=m_o^{1-s}m_1^s$, $n_s=n_o^{1-s}n^s$.

Démonstration. 1) Nous prenons $f\varepsilon L^\infty$ telle que $[\![f]\!]_{m_s} \leq 1$, soit $|f|\leq m_s(h)$, où h est positive d'intégrale ≤ 1, inégalité que nous pouvons écrire

$$f = rm_o^{1-s}(h)m_1^s(h) \quad , \text{ avec } |r|\leq 1$$

Soit c une borne pour $|f|$, et soit Φ_s la fonction inverse de m_s ; on ne restreint pas la généralité en supposant h bornée par $\Phi_s(c)$. Nous posons alors pour tout $z\varepsilon\overline{S}$

$$g_z = rm_o^{1-z}(h)m_1^z(h)$$

fonction uniformément bornée par c sur $\overline{S}$, qui se réduit à f pour z=s. L'espace Λ_a fait maintenant une brève apparition : $z\mapsto g_z$, considérée comme élément de Λ_a, est continue sur $\overline{S}$ (par convergence dominée ; nous laisserons le lecteur vérifier ce point en général, mais en pratique il sera trivial, Λ_a étant un L^p), uniformément bornée, holomorphe dans S (il suffit de vérifier que son intégrale le long de tout cercle est nulle, et pour cela on vérifie que l'intégrale de $E[g_zj]$ est nulle pour

$j\in L^{\infty}$). Nous posons maintenant $T_z(g_z)=k_z$. Notons en les propriétés, que nous vérifierons ensuite, et qui seules interviendront dans la suite de la démonstration.

1) $z\mapsto k_z$ est une fonction continue bornée de $\overline{S}$ dans L^1, holomorphe dans S. Elle se réduit à $T_s f$ pour z=s.

2) On a $\|k_{iu}\|_{n_0} \leq M_0$ et $\|k_{1+iu}\|_{n_1} \leq M_1$

Pour vérifier la continuité, on écrit $\|T_z g_z - T_{z_0} g_{z_0}\|_1 \leq \|T_z(g_z-g_{z_0})\|_1 + \|(T_z-T_{z_0})g_{z_0}\|_1$. Pour le premier terme, on utilise le fait que T_z est uniformément borné de Λ_a dans L^1, et que $g_z\to g_{z_0}$ dans Λ_a (propriété 2) de T_z), et pour le second la propriété 1) de T_z^0 . Pour vérifier que k_z est uniformément bornée dans L^1, on utilise la propriété 2) de T_z. Nous laissons alors le lecteur vérifier l'holomorphie (sous la forme de la dérivabilité).

La propriété 1) nous permet de choisir une version de $k_z(\omega)$, mesurable par rapport au couple (z,ω) dans $\overline{S}$. Voici la partie délicate de la démonstration.

a) Considérons l'intégrale forte dans L^1

$$k'_z = \int k(iu)\mu_0(z,du) + \int k(1+iu)\mu_1(z,du)$$

et soit $j=L^{\infty}$. La fonction holomorphe $z\mapsto E[jk_z]$ est bornée, donc poissonnienne. Elle admet les limites au bord $E[jk_{iu}]$, $E[jk_{1+iu}]$ dans la topologie ordinaire, donc elle est intégrale de Poisson de ces fonctions, et donc elle coïncide avec $E[jk'_z]$. Donc $k_z=k'_z$.

b) Nous avons

$$\left\| \int |k(iu,\omega)|\mu_0(z,du)+\int|k(1+iu,\omega)|\mu_1(z,du)\right\|_1 \leq$$
$$\int \|k(iu)\|_1\mu_0(z,du) + \int \|k(1+iu)\|_1 \mu_1(z,du) < \infty$$

donc la v.a. figurant au premier membre est finie pour $\omega\notin N$ négligeable. Mais ce résultat d'intégrabilité harmonique ne dépend pas de z, et pour $\omega\notin N$ nous avons une fonction harmonique poissonnienne complexe

$$\hat{k}(\cdot,\omega) = \int k(iu,\omega)\mu_0(\cdot,du) +\int k(1+iu,\omega)\mu_1(\cdot,du)$$

Pour z fixé, le théorème de Fubini nous dit que si $j\in L^{\infty}$

$$E[j\hat{k}(z,\cdot)] = \int E[jk_{iu}]\mu_0(z,du) + \int E[jk_{1+iu}]\mu_1(z,du) = E[jk_z]$$

Donc $\hat{k}(z,\cdot)$ est un représentant de la classe k_z, et nous pouvons enlever le ^. Puisque $z\mapsto k_z$ est holomorphe à valeurs dans L^1, l'intégrale de $E[jk_z]$ le long de tout cercle est nulle. Prenant « suffisamment » de j et de cercles (en infinité dénombrable), on voit qu'il existe un ensemble négligeable $N'\supset N$ tel que, pour $\omega\notin N'$, $k(z,\omega)$ soit <u>holomorphe</u>.

c) La démonstration est virtuellement terminée : nous appliquons le th. 1 pour obtenir que, si $\omega \notin N'$

$$|k_z(\omega)| \leq (\int |k(iu,\omega)|\overline{\mu}_o(z,du))^{1-x}(\int |k(1+iu,\omega)|\mu_1(z,du)$$

Ecrivons maintenant que $[\![k(iu)]\!]_{n_o} \leq M_0$: cela signifie que la fonction

$$h_o(u,\omega) = \Psi_0(\frac{1}{M_0}|k(iu,\omega)|) \qquad (\Psi_0 \text{ inverse de } n_o)$$

a une intégrale ≤ 1 - noter qu'elle est mesurable du couple (u,ω) ! Nous avons $|k(iu,\omega)| = M_0 n_o(h_o(u,\omega))$, et par conséquent, en intégrant par rapport à la loi $\overline{\mu}_o(z,.)$ et un utilisant la concavité de n_o

$$\int |k(iu,.)|\overline{\mu}_o(z,du) \leq M_0 n_o(h_o(\omega)), \text{ où } h_o(\omega) = \int h_o(u,\omega)\overline{\mu}_o(z,du)$$

et h_o est positive d'intégrale ≤ 1. Faisant la même chose en 1, on obtient pour $z=s$

$$|T_s f| = |k_s| \leq M_0^{1-s}M_1^s\, n_o^{1-x}(h_o)n_1^x(h_1)$$

Posons $h = \frac{1}{2}(h_o+h_1)$, positive et d'intégrale ≤ 1 ; n_o et n_1 étant concaves, nous avons

$$n_o^{1-x}(h_o)n_1^x(h_1) \leq n_o^{1-x}(2h)n_1^x(2h) \leq 2^{1-x}2^x n_o^{1-x}(h)n_1^x(h)$$

et donc $[\![T_s f]\!]_{n_s} \leq 2M_0^{1-x}M_1^x$. Le théorème est établi.

REMARQUE. Lorsque $T_z=T$, un opérateur fixe, les conditions au bord sur T entraînent que T est continu de $\Lambda_{m_o+m_1}$ dans $\Lambda_{n_o+n_1}$, donc a fortiori dans L^1. En effet, si l'on a

$$|g| \leq \lambda(m_o(h)+m_1(h)) \qquad (\text{ h positive d'intégrale } \leq 1)$$

et si $A=\{m_o \circ h \geq m_1 \circ h\}$, $B=A^c$, on a $|gI_A| \leq 2\lambda m_o(h)$, $|gI_B| \leq 2\lambda m_1(h)$, donc $|T(gI_A)| \leq 2\lambda M_0 n_o(h'_o)$, $|T(gI_B)| \leq 2\lambda M_1 n_1(h'_1)$, et comme ci-dessus

$$|Tg| \leq 4\lambda(M_0+M_1)(n_o(h')+n_1(h')) \quad \text{avec} \quad h' = \frac{1}{2}(h'_o+h'_1)$$

Donc en fait l'hypothèse 2) sur T est automatiquement satisfaite dans ce cas.

GRANDES DEVIATIONS POUR CERTAINS SYSTEMES DIFFERENTIELS ALEATOIRES

M. BRANCOVAN, F. BRONNER, P. PRIOURET

0 - *INTRODUCTION.*

Dans cet exposé, on considère un processus à valeurs $\mathbb{R}^d$, x_t^ε, solution de :

(0.1) $$dx_t^\varepsilon = F(x_t^\varepsilon, Y_{t/\varepsilon})dt, \quad x_o^\varepsilon = x ,$$

où Y_t est un processus à valeurs dans un espace l.c.d. E. Il s'agit d'obtenir des évaluations asymptotiques lorsque ε tend vers 0 de $P[x^\varepsilon \in A]$ où $A \subset C([0,T],\mathbb{R}^d)$.

Très souvent Y_t sera un processus de Markov ergodique de probabilité invariante $\bar{\mu}$, et alors (Khas'minskii [7]) x^ε converge stochastiquement vers la solution $(\bar{x}_t)$ de :

(0.2) $$d\bar{x}_t = \bar{F}(\bar{x}(t))dt, \quad \bar{x}(o) = 0, \text{ où } \bar{F}(x) = \int_E F(x,y)d\bar{\mu}(y).$$

L'évaluation asymptotique obtenue sera un résultat de grande déviation de x^ε par rapport à $\bar{x}$.

Le travail de base sur le sujet est l'article [4] de Freidlin - voir aussi le livre de Ventcel' - Freidlin [10] - où il obtient cette évaluation sous l'hypothèse :

(0.3) $$\lim_{t\to+\infty} \frac{1}{t} \text{Log } E(\exp \int_0^t (\alpha, F(x,Y_s)ds)) = H(x,\alpha)$$

existe uniformément en x et est différentiable en α.

Notre but ici est d'établir ce résultat à partir d'une hypothèse de grandes déviations pour le processus Y, c'est-à-dire l'existence d'une fonctionnelle I telle que pour tout ensemble Γ de probabilités sur E on ait :

(0.4) $$P\left[\frac{1}{t}\int_0^t 1_{(\cdot)}(Y_s)ds \in \Gamma\right] \#\!\!\!\!= \exp(- t\, I(\Gamma)).$$

Voir Donsker - Varadhan [2].

Evidemment on sait (Varadhan [9]) que *(0.4)* implique l'existence de *(0.3)*, mais l'approche directe nous paraît présenter certains avantages : elle est plus naturelle pour un probabiliste et elle précise certains points de [4].

L'exemple type de ce genre de situation est le cas où Y_t est une diffusion régulière sur une variété compacte. Une étude détaillée de ce cas se trouve dans Brancovan - Bronner - Priouret [11].

Notations et hypothèses.

Dans toute la suite E est un espace localement compact de type dénombrable (l.c.d) et $\mathcal{E}$ sa tribu des boréliens. On note $\mathcal{M}_1(E)$ l'ensemble des probabilités sur $(E,\mathcal{E})$, que l'on munit de la topologie de la convergence étroite. On désigne par $C_{[0,T]}$ (resp. $C^x_{[0,T]}$) l'ensemble des fonctions continues ϕ de $[0,T]$ dans $\mathbb{R}^d$ (resp. des fonctions continues $\phi \in C_{[0,T]}$ telles que $\phi(0) = x$), $(T > 0$, x dans $\mathbb{R}^d$, $d \geq 1)$. On a choisi une norme notée $|\cdot|$ sur $\mathbb{R}^d$ et $C_{[0,T]}$ est muni de la topologie de la convergence uniforme, ($\|\cdot\|_T$: la norme uniforme).

On se donne dans tout ce qui suit la fonction $F : \mathbb{R}^d \times E \to \mathbb{R}^d$ définissant le système *(0.1)*, lipschitzienne de rapport K sur le produit $\mathbb{R}^d \times E$ et bornée (on pose $\|F\|_\infty = \sup\{|F(x,y)|,\ x \in \mathbb{R}^d,\ y \in E\}$).

On considère enfin le processus de Markov $Y = (\Omega, \mathcal{F}, \mathcal{F}_t, Y_t, P_y)$, à valeurs dans $(E,\mathcal{E})$.

On introduit pour tous $t > 0$, A de $\mathcal{E}$, et ω de Ω, le temps de séjour moyen de la trajectoire $Y_t(\omega)$ dans A :

$$L_t(\omega,A) = \frac{1}{t}\int_0^t 1_A(Y_s(\omega))ds.$$

Pour chaque ω de Ω, $L_t(\omega,\cdot) \in \mathcal{M}_1(E)$: $L_t(\cdot,\cdot)$ est une mesure aléatoire.

L'hypothèse de base sur Y dans tout ce qui suit consiste alors à supposer qu'il existe des résultats de grandes déviations, uniformément en l'état initial y, pour la famille $(L_t,\ t \to +\infty)$, analogues à ceux de Donsker et Varadhan [2].

A partir de maintenant on fait donc l'hypothèse suivante :

Hypothèse (H) :

Il existe une fonctionnelle $I : \mathcal{M}_1(E) \to \overline{\mathbb{R}}_+$ convexe et telle que

(i) Pour tout $a \in \mathbb{R}_+$, $\{\mu \in \mathcal{M}_1(E) \mid I(\mu) \leq a\}$ est étroitement compact; en particulier I est s.c.i.

(ii) Pour tout ouvert A de $\mathcal{M}_1(E)$

$$\varliminf_{t\uparrow\infty} \frac{1}{t} \operatorname{Log} P_y[L_t \in A] \geq -I(A)$$

(iii) Pour tout fermé A de $\mathcal{M}_1(E)$

$$\varlimsup_{t\uparrow+\infty} \frac{1}{t} \operatorname{Log} P_y[L_t \in A] \leq -I(A)$$

pour tout $y \in E$, les deux limites étant uniformes en y. On a posé

$$I(A) = \begin{cases} \inf\{I(\mu),\ \mu \in A\},\ A \subset \mathcal{M}_1(E) \\ +\infty \ \text{si } A \text{ est vide.} \end{cases}$$

On peut aussi introduire l'hypothèse plus complète suivante :

Hypothèse (H') :

(i) Le processus Y vérifie (H).

(ii) Il existe une et une seule probabilité $\bar{\mu} \in \mathcal{M}_1(E)$ telle que $I(\bar{\mu}) = 0$.

Cette hypothèse n'est pas nécessaire pour obtenir des résultats de grandes déviations pour le système *(0.1)* : (H) suffit. Toutefois elle est vérifiée dans de nombreux cas, notamment celui d'une diffusion sur une variété compacte. D'autre part, elle est plus satisfaisante que (H) car, $\bar{\mu}$ définissant le système limite "non perturbé" *(0.2)*, la fonctionnelle Λ que l'on va construire ne s'annule que sur les solutions de *(0.2)*. C'est alors une "vraie" fonctionnelle d'action.

I - CONSTRUCTION DE LA FONCTIONNELLE D'ACTION Λ.

Dans ce paragraphe on construit la fonctionnelle d'action Λ à partir de la fonctionnelle I de l'hypothèse (H). Pour cela on introduit une fonction $\lambda : \mathbb{R}^d \times \mathbb{R}^d \to \overline{\mathbb{R}}_+$.

1) Construction de λ.

Proposition (I.1): En posant pour tout couple $(a,b) \in \mathbb{R}^d \times \mathbb{R}^d$,

$$\text{(I.1)} \qquad \lambda(b,a) = \begin{cases} \inf\{I(\mu) \mid \mu \in \mathcal{M}_1(E),\ \int_E F(b,y)\,\mu(dy) = a\} \\ +\infty \ \text{ si l'ensemble entre accolades est vide} \end{cases}$$

on définit une fonction $\lambda : \mathbb{R}^d \times \mathbb{R}^d \to \overline{\mathbb{R}}_+$ vérifiant :

(i) <u>Pour tout</u> b <u>de</u> $\mathbb{R}^d$, $\lambda(b,a) = +\infty$ <u>dès que</u> $|a| > \|F\|_\infty$.

(ii) <u>La fonction</u> λ <u>est s.c.i sur</u> $\mathbb{R}^d \times \mathbb{R}^d$, <u>et convexe en son second argument</u>.

(iii) <u>Pour tous</u> b <u>de</u> $\mathbb{R}^d$ <u>et</u> $\alpha > 0$, $\{a \; ; \; \lambda(b,a) \leq \alpha\}$ <u>est compact</u>.

<u>Démonstration</u> :

Comme $\left|\int_E F(b,y)\,\mu(dy)\right| \leq \|F\|_\infty$, pour tous μ de $\mathcal{M}_1(E)$ et b de $\mathbb{R}^d$ l'ensemble entre accolades de *(I.1)* est vide si $|a| > \|F\|_\infty$, d'où (i).

Pour montrer (ii), on remarque que si :

$$\ell_0 = \liminf_{(a',b') \to (a,b)} \lambda(b',a') < +\infty ,$$

et si $\varepsilon > 0$ est donné, il existe une suite $((a_n,b_n), n > 0)$ de $\mathbb{R}^d \times \mathbb{R}^d$ et une suite $(\mu_n)_{n>0}$ de $\mathcal{M}_1(E)$, telles que, pour tout n, on ait

$$\lim (a_n,b_n) = (a,b) \; , \; \lambda(b_n,a_n) \leq \ell_0 + \frac{\varepsilon}{2} ,$$

ainsi que

$$\int_E F(b_n,y)\ \mu_n(dy) = a_n$$

et

$$\lambda(b_n,a_n) \leq I(\mu_n) \leq \lambda(b_n,a_n) + \frac{\varepsilon}{2} .$$

Par suite, μ_n appartient à $\{\mu \in \mathcal{M}_1(E) \mid I(\mu) \leq \ell_0 + \varepsilon\}$. Cet ensemble étant compact d'après l'hypothèse (H), il vient, pour toute valeur d'adhérence μ de la suite (μ_n), $I(\mu) \leq \ell_0 + \varepsilon$ et $\int_E F(b,y)\,\mu(dy) = a$. Il en résulte que $\lambda(b,a) \leq I(\mu) \leq \ell_0 + \varepsilon$ pour tout $\varepsilon > 0$, soit $\lambda(b,a) \leq \ell_0$, ce qui est bien la semi-continuité de λ.

On notera que (iii) découle aussitôt de (i) et de la semi-continuité de λ.
Enfin, la convexité par rapport au second argument se déduit facilement de la définition *(I.1)* et de convexité de I.

On pose maintenant pour tout couple (ϕ,ψ) de fonctions boréliennes de $[0,T]$ dans $\mathbb{R}^d$,

$$(I.2) \qquad \Lambda(\phi,\psi) = \begin{cases} \int_0^T \lambda(\phi_s,\dot{\psi}_s)ds & \text{si } \psi \text{ est absolument continue} \\ +\infty & \text{sinon.} \end{cases}$$

La fonctionnelle d'action pour le système *(0.1)* est alors

(I.2') $\Lambda(\phi) = \Lambda(\phi,\phi).$

Avant de voir que $\phi \to \Lambda(\phi)$ vérifie bien les propriétés de régularité que l'on souhaite, on va comparer cette fonctionnelle avec celle de Freidlin [4].

2) Lien avec la fonctionnelle de Freidlin.

Pour tous b et c de $\mathbb{R}^d$ on considère, lorsqu'elle existe, la limite

(I.3) $$h(b,c) = \lim_{t \uparrow +\infty} \frac{1}{t} \text{Log } E_y\left[\exp \int_0^t c \cdot F(b,Y_s)ds\right] \qquad (y \in E)$$

(le point désigne le produit scalaire de $\mathbb{R}^d$).

Dans [9] Varadhan démontre que l'hypothèse (H) implique l'existence de la limite *(I.3)*. En fait Varadhan ne suppose pas que les limites (ii) et (iii) de (H) sont uniformes; cependant, lorsqu'elles le sont, la limite *(I.3)* est aussi uniforme : cela se voit facilement en reprenant la démonstration de [9]. On a de plus :

(I.3') $$h(b,a) = \sup_{\mu \in \mathcal{M}_1(E)} \left[\int c \cdot F(b,z)\ \mu(dz) - I(\mu)\right].$$

La proposition suivante fait le lien entre les fonctions λ et h.

Proposition (I.2) : Sous l'hypothèse (H), pour tout b de $\mathbb{R}^d$, $\lambda(b,\cdot)$ est la transformée de Legendre $h^*(b,\cdot)$ de $h(b,\cdot)$, i.e.

$$\lambda(b,a) = h^*(b,a) = \sup_{c \in \mathbb{R}^d} (c \cdot a - h(b,c)).$$

Démonstration :

On note $\lambda^*(b,\cdot)$ la transformée de Legendre de $\lambda(b,\cdot)$.

Comme $\lambda(b,\cdot)$ est positive, s.c.i. et convexe, sa bi-transformée $\lambda^{**}(b,\cdot)$ est $\lambda(b,\cdot)$ (cf. Ekeland et Temam [3]). Il suffit donc de vérifier que, pour tout b, $\lambda^*(b,\cdot) = h(b,\cdot)$. Or,

$$\begin{aligned}
\lambda^*(b,a) &= \sup_c (c \cdot a - \lambda(b,c)) \\
&= \sup_c (c \cdot a - \text{Inf}\{I(\mu) \mid \mu \in \mathcal{M}_1(E), \int_E F(b,y)\ \mu(dy) = c\}) \\
&= \sup_c \sup \{(c \cdot a - I(\mu)) \mid \mu \in \mathcal{M}_1(E), \int F(b,y)\ \mu(dy) = c\} \\
&= \sup_c \sup \{\int_E a \cdot F(b,y)\ \mu(dy) - I(\mu) \mid \mu \in \mathcal{M}_1(E), \int F(b,y)\ \mu(dy) = c\} \\
&= \sup\{\int a \cdot F(b,y)\ \mu(dy) - I(\mu) \mid \mu \in \mathcal{M}_1(E)\} \\
&= h(b,a).
\end{aligned}$$

Freidlin dans [4] démontre des résultats de grandes déviations pour le système différentiel *(0.1)* en prenant pour hypothèse, lorsque Y est un Markov, l'existence de la limite *(I.3)* uniformément en y de E, et en supposant de plus que, pour tout b de $\mathbb{R}^d$, $h(b,\cdot)$ est différentiable.

Il contrôle alors les grandes déviations de *(0.1)* par la fonctionnelle

$$S(\phi) = \begin{cases} \int_0^T h^*(\phi_s,\dot{\phi}_s)ds & \text{si } \phi \text{ est absolument continue,} \\ +\infty & \text{sinon,} \end{cases}$$

qui coïncide avec $\Lambda(\cdot)$ d'après la proposition *(I.2)*.

L'hypothèse de différentiabilité de $h(b,\cdot)$ revient à supposer que $h^*(b,\cdot) = \lambda(b,\cdot)$ est strictement convexe, ce qui n'est pas nécessaire dans la démarche du présent exposé; cela est cependant vrai, comme on peut facilement le voir, pour une diffusion sur une variété compacte.

3) Propriétés de régularité de Λ.

Proposition (I.3): L'application $(\phi,\psi) \to \Lambda(\phi,\psi)$ définie par la formule *(I.2)* est s.c.i., pour la topologie de la convergence uniforme, sur l'ensemble des couples (ϕ,ψ) de fonctions boréliennes bornées.

Démonstration :

Elle repose sur le théorème suivant, qui se trouve pour l'essentiel dans Ioffe et Tikhomirov [6], et que l'on démontrera succintement en appendice pour la commodité du lecteur.

Théorème (A.1) : Soit $\lambda : \mathbb{R}^d \times \mathbb{R}^d \to \overline{\mathbb{R}}_+$ une fonction s.c.i., convexe en son second argument et vérifiant, pour un $B > 0$ et pour tout x de $\mathbb{R}^d$, $\lambda(x,y) = +\infty$ dès que $|y| > B$.

On suppose de plus que pour tout $x_0 \in \mathbb{R}^d$ il existe un voisinage V de x_0 et une fonction $\psi : \mathbb{R}^d \to \overline{\mathbb{R}}$ tels que :

(i) Pour tous x de V et y de $\mathbb{R}^d$, $\lambda(x,y) \geq \psi(y)$.

(ii) La transformée de Legendre ψ^* de ψ est partout $< +\infty$.

Alors l'application Λ, définie sur les couples (ϕ,ψ) de fonctions boréliennes bornées par :

$$\Lambda(\phi,\psi) = \begin{cases} \int_0^T \lambda(\phi_s,\dot{\psi}_s)ds & \text{\underline{si} } \psi \text{ \underline{est absolument continue},} \\ +\infty & \text{sinon,} \end{cases}$$

<u>est s.c.i. du couple pour la topologie de la convergence uniforme.</u>

Il suffit donc de vérifier que l'application λ définie par *(I.1)* satisfait aux hypothèses de la proposition *(A.1)*. Il y a juste pour cela à construire une fonction ψ vérifiant (i) et (ii). Or si on pose, pour $\varepsilon > 0$,

$$K^{\varepsilon}(x_0,y) = \{\mu \in \mathcal{M}_1(E) \mid |\int_E F(x_0,z)\,\mu(dz) - y| \leq \varepsilon\},$$

on peut prendre pour ψ :

$$\psi(y) = \inf\{I(\mu)\ ;\ \mu \in K^{\varepsilon}(x_0,y)\},\ (+\infty \text{ si } K^{\varepsilon}(x_0,y) = \emptyset).$$

En effet,

$$\lambda(x,y) = \inf\{I(\mu) \mid \mu \in \mathcal{M}_1(E),\ \int F(x,z)\,\mu(dz) = y\}\ ;$$

mais $\{\mu \in \mathcal{M}_1(E) \mid \int F(x,z)\,\mu(dz) = y\} \subset K^{\varepsilon}(x_0,y)$ dès que $|x - x_0| < \frac{\varepsilon}{K}$ (K étant la constante de Lipschitz de F), par suite,

$$\lambda(x,y) \geq \psi(y).$$

Mais, d'un autre côté, $K^{\varepsilon}(x_0,y)$ est vide dès que $|y| > \|F\|_\infty + \varepsilon$, donc, comme ψ est positive,

$$\psi^*(z) = \sup_{|y| \leq \|F\|_\infty + \varepsilon} [y\cdot z - \psi(y)] \leq |z|(\|F\|_\infty + \varepsilon) < +\infty.$$

Corollaire (I.4) : <u>La fonctionnelle</u> $\phi \rightarrow \Lambda(\phi) = \Lambda(\phi,\phi)$ <u>est s.c.i. sur</u> $C^x_{[0,T]}$; <u>de plus, pour tout</u> $\alpha > 0$,

$$K_\alpha = \{\phi \in C^x_{[0,T]} \mid \Lambda(\phi) \leq \alpha\}$$

<u>est compact</u>.

Il reste à vérifier que K_α est relativement compact. Mais, si ϕ est dans K_α, $\lambda(\phi_s,\dot{\phi}_s) < +\infty$ p.p., d'où $\|\dot{\phi}\|_\infty \leq \|F\|_\infty$. Il en résulte que K_α est un ensemble équi-continu de fonctions, et il suffit donc d'appliquer le théorème d'Ascoli.

Pour terminer ce paragraphe, on va montrer que, sous l'hypothèse (H'), Λ ne s'annule que sur les solutions du système déterministe *(0.2)*, ce qui justifie le terme "fonctionnelle d'action".

Proposition (I.5) : On suppose que le processus Y vérifie l'hypothèse (H'); alors $\Lambda(\phi)=0$ si et seulement si la fonction ϕ est continûment différentiable sur $[0,T]$ et est solution du système

$$(0.2)\qquad \dot{\phi}_t = \bar{F}(\phi_t) \qquad (\text{où } \bar{F}(x) = \int_E F(x,y)\,\bar{\mu}(dy)).$$

Démonstration :

On remarque d'abord que $\lambda(b,a)=0$ si et seulement si $a=\bar{F}(b)$. En effet, il existe μ telle que $\int F(b,y)\,\mu(dy)=a$ et $I(\mu)=\lambda(b,a)$, et $\bar{\mu}$ est la seule probabilité telle que $I(\mu)=0$. Il est donc facile de voir que si ϕ est solution de $\dot{\phi}_t=\bar{F}(\phi_t)$ $(t\in[0,T])$, alors $\Lambda(\phi)=0$. Inversement, si $\Lambda(\phi)=0$, ϕ est absolument continue, et, comme $\lambda(\phi_s,\dot{\phi}_s)=0$ pour presque tout s, on a presque partout $\dot{\phi}_s=\bar{F}(\phi_s)$. D'où, comme $s\to\bar{F}(\phi_s)$ est continue sur $[0,T]$, $\phi : t\to\phi_t=\phi_0+\int_0^t \bar{F}(\phi_s)ds$ est de classe C^1 et solution de $\dot{\phi}_t=F(\phi_t)$ pour tout $t\in[0,T]$.

II - GRANDES DEVIATIONS POUR LES PROCESSUS $X^{\varepsilon,\phi}$, ϕ EN ESCALIER.

On pose

$$X_t^{\varepsilon,\phi} = x + \int_0^t F(\phi_s, Y_{\frac{s}{\varepsilon}})ds$$

pour toute fonction en escalier $\phi = \sum_{k=0}^{n-1} \phi_k\, 1_{(t_k,t_{k+1})}$, $(\phi_k\in\mathbb{R}^d)$,

où $(t_k, k=0,\dots,n)$ est une subdivision de $[0,T]$. On donne maintenant, à l'aide de la fonctionnelle Λ du paragraphe *I*, des résultats de grandes déviations pour le processus $X^{\varepsilon,\phi}$.

PROPOSITION (II.1) : Pour tout état initial y de Y :

(i) Pour toute fonction $\psi\in C^x_{[0,T]}$ et tout réel $\delta>0$

$$(II.1)\qquad \underline{\lim}_{\varepsilon\downarrow 0}\ \varepsilon \operatorname{Log} P_y[\|X^{\varepsilon,\phi}-\psi\|<\delta] \ge -\Lambda(\phi,\psi)$$

(ii) Pour tout fermé A de $C^x_{[0,T]}$

$$(II.2)\qquad \overline{\lim}_{\varepsilon\downarrow 0}\ \varepsilon \operatorname{Log} P_y[X^{\varepsilon,\phi}\in A] \le -\inf\{\Lambda(\phi,\psi)\mid \psi\in A\},$$

les deux limites étant uniformes en $y\in E$.

Il s'agit donc de passer des grandes déviations de Y aux grandes déviations de $X^{\varepsilon,\phi}$. On a pour cela à effectuer des transformations préliminaires.

1) Transformations préliminaires.

Posons, f étant une fonction continue bornée de E dans $\mathbb{R}^d$ et Γ un borélien de $\mathbb{R}^d$,

$$A(t,f,\Gamma) = \{\mu \in \mathcal{M}_1(E) \mid t\mu(f) \in \Gamma\}.$$

L'ensemble $A(t,f,\Gamma)$ est ouvert (resp. fermé) si Γ est ouvert (resp. fermé) et, pour tout $t>0$,

$$\{\int_0^t f(Y_{\frac{s}{\varepsilon}})ds \in \Gamma\} = \{L_{t/\varepsilon} \in A(t,f,\Gamma)\}.$$

Plus généralement, pour $(t_k,\ k=0,\dots,n)$ une subdivision de $[0,T]$, $(\Gamma_k,\ k=0,\dots,n-1)$ une famille de boréliens de $\mathbb{R}^d$ et $(f_k,\ k=0,\dots,n-1)$ une famille de fonctions continues bornées de E dans $\mathbb{R}^d$, on pose $A_k = A(t_{k+1}-t_k, f_k, \Gamma_k)$. Alors,

Lemme (II.2) : Quel que soit y dans E on a :

(i) Pour toute famille d'ouverts $(\Gamma_k,\ k=0,\dots,n-1)$ de $\mathbb{R}^d$,

$$\varliminf_{\varepsilon\downarrow 0} \varepsilon \operatorname{Log} P_y\left[(\int_{t_k}^{t_{k+1}} f_k(Y_{\frac{s}{\varepsilon}})ds \in \Gamma_k),\ k=0,\dots,n-1\right]$$

$$\geq -\sum_{k=0}^{n-1} (t_{k+1}-t_k)\ I(A_k)$$

(ii) Pour toute famille de fermés $(\Gamma_k,\ k=0,\dots,n-1)$ de $\mathbb{R}^d$

$$\overline{\lim_{\varepsilon\downarrow 0}} \varepsilon \operatorname{Log} P_y\left[(\int_{t_k}^{t_{k+1}} f_k(Y_{\frac{s}{\varepsilon}})ds \in \Gamma_k),\ k=0,\dots,n-1\right]$$

$$\leq -\sum_{k=0}^{n-1} (t_{k+1}-t_k)\ I(A_k),$$

les deux limites étant uniformes en $y \in E$.

Démonstration :

En notant $\delta_k = t_{k+1}-t_k$ et Φ l'événement considéré, il vient,

$$\Phi = \{\int_0^{\delta_k} f_k(Y_{\frac{t_k+s}{\varepsilon}})ds \in \Gamma_k\ ;\ k=0,\dots,n-1\}.$$

On en déduit

$$P_y[\Phi] = E_y\left[1_{\{\int_0^{\delta_k} f_k(Y_{\frac{t_k}{\varepsilon}+s})ds\in\Gamma_k\ ;\ k=0,\dots,n-2\}}\ P_y\left[\int_0^{\delta_{n-1}} f_{n-1}(Y_{\frac{t_{n-1}}{\varepsilon}+s})ds\in\Gamma_{n-1} \,\middle|\, \mathcal{F}_{\frac{t_{n-1}}{\varepsilon}}\right]\right].$$

En appliquant la propriété de Markov, on obtient

$$P_y\left[\int_0^{\delta_{n-1}} f_{n-1}(Y_{\frac{t_{n-1}}{\varepsilon}+s})ds \in \Gamma_{n-1} \,\middle|\, \mathcal{F}_{\frac{t_{n-1}}{\varepsilon}}\right] =$$

$$= P_{Y_{\frac{t_{n-1}}{\varepsilon}}}\left[\int_0^{\delta_{n-1}} f_{n-1}(Y_{\frac{s}{\varepsilon}})ds \in \Gamma_{n-1}\right] = P_{Y_{\frac{t_{n-1}}{\varepsilon}}}\left[L_{\frac{\delta_{n-1}}{\varepsilon}} \in A_{n-1}\right].$$

Lorsque les Γ_k sont ouverts, la limite (ii) de (H) montre que pour tout $\eta > 0$, il existe $\varepsilon_0 > 0$ tel que, si $\varepsilon < \varepsilon_0$, on ait pour tout y de E, donc pour $y = Y_{\frac{t_{n-1}}{\varepsilon}}(\omega)$:

$$P_{Y_{\frac{t_{n-1}}{\varepsilon}}(\omega)}\left[L_{\frac{\delta_{n-1}}{\varepsilon}} \in A_{n-1}\right] \geq \exp\left(-\frac{\delta_{n-1}}{\varepsilon}(I(A_{n-1}) + \eta)\right).$$

Par suite, pour tout y de E :

$$P_y[\Phi] \geq P_y\left[\int_0^{\delta_k} f_k(Y_{\frac{t_k}{\varepsilon}+s})ds \in \Gamma_k\ ;\ k=0,\dots,n-2\right] \exp\left(-\frac{\delta_{n-1}}{\varepsilon}(I(A_{n-1}) + \eta)\right).$$

En raisonnant de proche en proche et en faisant tendre η vers zéro, on obtient la minoration (i).

Par une démarche analogue on obtient la majoration (ii) lorsque les Γ_k sont fermés.

Avant de démontrer la proposition *(II.1)* on va modifier l'écriture de l'inégalité (ii) du lemme *(II.2)*. Avec $f_k = F(\phi_k,\cdot)$, il vient,

$$I(A_k) = \inf\{I(\mu) \mid \mu \in \mathcal{M}_1(E),\ \delta_k \int_E F(\phi_k,y)\,\mu(dy) \in \Gamma_k\}$$

$$= \inf\{\lambda(\phi_k,a_k) \mid a_k \in \mathbb{R}^d,\ \delta_k\, a_k \in \Gamma_k\}$$

et, par suite,

$$\sum_{k=0}^{n-1} (t_{k+1}-t_k)\, I(A_k) = \sum_{k=0}^{n-1} \delta_k \inf\{\lambda(\phi_k,a_k) \mid a_k\in \mathbb{R}^d,\ \delta_k\, a_k \in \Gamma_k\}$$

$$= \inf\{ \sum_{k=0}^{n-1} \delta_k\, \lambda(\phi_k,a_k) \mid (a_k)_{k=0,\dots,n-1}\ ;\ \delta_k\, a_k \in \Gamma_k\ ,\ k=0,\dots,n-1\}.$$

Si l'on pose $\psi = \sum_{k=0}^{n-1} a_k\, 1_{(t_k,t_{k+1})}$, faire varier la famille (a_k) revient à faire varier ψ parmi toutes les fonctions en escalier adaptées à la subdivision (t_k). On peut donc récrire la majoration (ii) du lemme sous la forme

$$\overline{\lim_{\varepsilon\downarrow 0}}\ \varepsilon \operatorname{Log} P_y\left[\int_{t_k}^{t_{k+1}} F(\phi_k, Y_{\frac{s}{\varepsilon}})ds \in \Gamma_k\ ,\ k=0,\dots,n-1 \right]$$

(II.3)

$$\leq - \inf\{\int_0^T \lambda(\phi_s,\psi_s)ds \mid \psi \text{ en } (t_k) \text{ escalier}, \int_{t_k}^{t_{k+1}} \psi_s\, ds \in \Gamma_k,\ k=0,\dots,n-1\}$$

(ψ en (t_k) escalier signifie que ψ est constante sur les intervalles de la subdivision (t_k)).

2) <u>Démonstration de la minoration *(II.1)*</u>.

Soit $\delta>0$ fixé et $\psi \in C^x_{[0,T]}$ une fonction telle que $\Lambda(\phi,\psi)<+\infty$ (sinon la minoration *(II.1)* est évidente). Alors ψ est absolument continue et, pour presque tout s, $\lambda(\phi_s,\dot\psi_s)<+\infty$. Il en résulte que $\|\dot\psi\|_\infty \leq \|F\|_\infty$ ($\dot\psi$ considéré comme une classe de L^∞).

Maintenant, on peut choisir la subdivision (t_k) de $[0,T]$ adaptée à ϕ telle que $\sup_k |t_{k+1}-t_k| \leq \delta' = \frac{\delta}{4\|F\|_\infty} \wedge \frac{\delta}{2}$. Dans ces conditions, comme pour $t\in[t_k,t_{k+1}]$

$$|X_t^{\varepsilon,\phi} - \psi_t| = \left|\int_0^t [F(\phi_s,Y_{\frac{s}{\varepsilon}}) - \dot\psi_s]ds\right| \leq \left|\int_0^{t_k} (F(\phi_s,Y_{\frac{s}{\varepsilon}}) - \dot\psi_s)ds\right| + 2\,\|F\|_\infty (t-t_k),$$

on a,

$$A_\varepsilon^\delta = \{\, \|X^{\varepsilon,\phi}-\psi\|_T < \delta\} \supset \{ \sup_{1\leq k\leq n-1} \left|\int_0^{t_k} (F(\phi_s,Y_{\frac{s}{\varepsilon}}) - \dot\psi_s)ds\right| < \delta'\}.$$

Mais,

$$\{ \sup_{1\leq k\leq n-1} \left|\int_0^{t_k} [F(\phi_s,Y_{\frac{s}{\varepsilon}}) - \dot\psi_s]ds\right| < \delta'\} \supset \{\left|\int_{t_k}^{t_{k+1}} [F(\phi_k,Y_{\frac{s}{\varepsilon}}) - \dot\psi_s]ds\right| \leq \frac{\delta'}{n},\ k=0,\dots,n-1\}.$$

Par conséquent, en posant $\Gamma_k = \{x\in\mathbb{R}^d \mid |x - \int_{t_k}^{t_{k+1}} \dot\psi_s ds| < \frac{\delta'}{n}\}$, on obtient finalement

$$A_\varepsilon^\delta \supset \{\int_{t_k}^{t_{k+1}} F(\phi_k, Y_{\frac{s}{\varepsilon}})ds \in \Gamma_k \,,\ k = 0,\dots,n-1\}.$$

Mais Γ_k est ouvert; on peut donc appliquer le lemme *(II.2)*, minoration (i), pour obtenir, uniformément en $y \in E$

$$\underline{\lim}_{\varepsilon \downarrow 0} \varepsilon \operatorname{Log} P_y[A_\varepsilon^\delta] \geq - \sum_{k=0}^{n-1} (t_{k+1} - t_k)\, I(A_k),$$

où

$$A_k = \{\mu \in \mathcal{M}_1(E) \mid |(t_{k+1} - t_k) \int_E F(\phi_k, y)\, \mu(dy) - \int_{t_k}^{t_{k+1}} \dot{\psi}_s ds| < \frac{\delta'}{n}\}.$$

D'un autre côté, il résulte de la définition de $I(A_k)$ que, pour tout $k = 0,\dots,n-1$, on a

$$I(A_k) \leq \inf\{I(\mu) \mid \mu \in \mathcal{M}_1(E),\ \int F(\phi_k, y)\, \mu(dy) = \frac{1}{t_{k+1} - t_k} \int_{t_k}^{t_{k+1}} \dot{\psi}_s ds\} =$$

$$= \lambda(\phi_k, \frac{1}{t_{k+1} - t_k} \int_{t_k}^{t_{k+1}} \dot{\psi}_s ds).$$

La fonction $\lambda(\phi_k, \cdot)$ étant convexe, on en déduit

$$I(A_k) \leq \frac{1}{t_{k+1} - t_k} \int_{t_k}^{t_{k+1}} \lambda(\phi_k, \dot{\psi}_s) ds,$$

ce qui donne

$$\underline{\lim}_{\varepsilon \downarrow 0} \varepsilon \operatorname{Log} P_y[A_\varepsilon^\delta] \geq - \sum_{k=0}^{n-1} \int_{t_k}^{t_{k+1}} \lambda(\phi_k, \dot{\psi}_s) ds = - \Lambda(\phi, \psi)$$

uniformément en $y \in E$. Ceci est bien la minoration *(II.1)*.

3) Démonstration de la majoration *(II.2)*.

Comme la fonction F est bornée, on a pour toute fonction borélienne ϕ de $[0,T]$ dans $\mathbb{R}^d$

$$|X_t^{\varepsilon,\phi} - X_s^{\varepsilon,\phi}| \leq \|F\|_\infty\, |t - s| \qquad (0 \leq s \leq t \leq T).$$

Il en résulte que, lorsque ω parcourt Ω et ϕ l'ensemble des fonctions boréliennes de $[0,T]$ dans $\mathbb{R}^d$, la famille des trajectoires $(t \to X_t^{\varepsilon,\phi}(\omega), t \leq T)$ reste dans un compact Γ de $C^x_{[0,T]}$. On peut donc supposer le fermé A de *(II.2)* compact.

Pour tous ψ de $C^x_{[0,T]}$ et $\delta > 0$ on note $\bar{B}(\psi, \delta)$ la boule fermée $\{\theta \in C^x_{[0,T]} \mid \|\theta - \psi\|_T \leq \delta\}$. Soit (t_k) une subdivision adaptée à ϕ.

Pour toute $\psi \in C^x_{[0,T]}$ absolument continue,

$$\left|\int_{t_k}^{t_{k+1}} [F(\phi_k, Y_{\frac{s}{\varepsilon}}) - \dot\psi_s]ds\right| \le 2 \sup_{t\le T}\left|\int_0^t (F(\phi_s, Y_{\frac{s}{\varepsilon}}) - \dot\psi_s)ds\right| = 2\,\|X^{\varepsilon,\phi} - \psi\|_T .$$

Il en résulte que, si ψ est absolument continue, pour tout $y \in E$,

$$P_y[X^{\varepsilon,\phi} \in \bar B(\psi,\delta)] \le P_y\left[\left|\int_{t_k}^{t_{k+1}} [F(\phi_k, Y_{\frac{s}{\varepsilon}}) - \dot\psi_s]ds\right| \le 2\delta,\ k = 0,\dots,n-1\right].$$

En appliquant la formule *(II.3)* il vient, uniformément en $y \in E$:

$$\overline{\lim_{\varepsilon\downarrow 0}}\ \varepsilon \operatorname{Log} P_y[X^{\varepsilon,\phi} \in \bar B(\psi,\delta)] \le -\operatorname{Inf}\{\Lambda(\phi,\sigma) \mid \sigma \in B^\delta_\psi\},$$

où l'on a posé

$$B^\delta_\psi = \{\sigma : [0,T] \to \mathbb{R}^d \mid \sigma(0) = x,\ \Lambda(\phi,\sigma) < \infty,\ \dot\sigma \text{ en } (t_k) \text{ escalier et } \left|\int_{t_k}^{t_{k+1}} (\dot\sigma - \dot\psi)(s)ds\right| \le 2\delta\}.$$

Si on montre que, étant donné $\alpha > 0$, l'ensemble B^δ_ψ est contenu dans la boule $\bar B(\psi,\alpha)$ dès que δ et le pas de la subdivision (t_k) sont assez petits, on pourra déduire de la semi-continuité de $\Lambda(\phi,\cdot)$ qu'il existe pour tout $a < \Lambda(\phi,\psi)$ un $\delta_\psi > 0$ tel que

(II.4) $$\overline{\lim_{\varepsilon\downarrow 0}}\ \varepsilon \operatorname{Log} P_y[X^{\varepsilon,\phi} \in \bar B(\psi,\delta_\psi)] \le -a .$$

En effet, si α_ψ est tel que $\Lambda(\phi,\sigma) \ge a$ dès que $\|\sigma - \psi\|_T \le \alpha_\psi$ (s.c.i. de $\Lambda(\phi,\cdot)$), il suffit de prendre $\alpha = \alpha_\psi$ et de choisir $\delta = \delta_\psi$ et le pas de (t_k) pour que $B^{\delta_\psi}_\psi \subset B(\psi,\alpha_\psi)$.

Soit donc (t_k) une subdivision adaptée à ϕ, σ une fonction de B^δ_ψ. On remarque d'abord que, puisque $\Lambda(\phi,\sigma) < +\infty$, $\|\dot\sigma\|_\infty \le \|F\|_\infty$. Alors, si $\rho = \sup_{0\le k\le n-1} (t_{k+1} - t_k)$ et si t est dans $[t_k, t_{k+1}[$,

$$|\sigma(t) - \psi(t)| \le |\sigma(t) - \sigma(t_k)| + |\sigma(t_k) - \psi(t_k)| + |\psi(t_k) - \psi(t)|,$$

d'où

$$\|\sigma - \psi\|_T \le \|F\|_\infty \rho + 2n\delta + \sup(|\psi(t) - \psi(s)|,\ |t-s| < \rho).$$

On choisit d'abord ρ assez petit pour que le premier et le troisième termes soient majorés par $\frac{\alpha}{3}$, puis, la subdivision fixée, δ_ψ pour que $2n\delta_\psi < \frac{\alpha}{3}$.

Il reste à déduire la majoration *(II.2)* de *(II.4)*. Comme on peut supposer A compact dans *(II.2)*, cela résulte du lemme suivant :

Lemme (II.3) : Soit $(Z_t^\varepsilon,\ t\in[0,T],\ \varepsilon>0)$ une famille de processus sur $(\Omega,\mathcal{F},P)$ à valeurs dans $\mathbb{R}^d$ et d'état initial x. On suppose qu'il existe une fonctionnelle Λ sur $C^x_{[0,T]}$ telle que, pour toute fonction ψ de $C^x_{[0,T]}$ et tout $a<\Lambda(\psi)$ il existe $\delta_\psi>0$ tel que

$$\overline{\lim_{\varepsilon\downarrow 0}}\ \varepsilon \operatorname{Log} P[\|Z^\varepsilon-\psi\|_T \leq \delta_\psi] \leq -a.$$

Alors, pour tout compact A de $C^x_{[0,T]}$

$$\overline{\lim_{\varepsilon\downarrow 0}}\ \varepsilon \operatorname{Log} P[Z^\varepsilon\in A] \leq -\inf\{\Lambda(\psi),\ \psi\in A\}.$$

Démonstration :

Si $b=\inf\{\Lambda(\psi),\ \psi\in A\}=0$, le lemme est évident. Sinon, soit $a\in]0,b[$ et δ_ψ associé à ψ et a. Du recouvrement du compact A par les boules $B(\psi,\delta_\psi)$, ψ parcourant A, on extrait un recouvrement fini $(B(\psi_i,\delta_{\psi_i}),\ i=1,\dots,p)$. Alors,

$$P[Z^\varepsilon\in A] \leq P[Z^\varepsilon\in \bigcup_{i=1}^p B(\psi_i,\delta_{\psi_i})] \leq p \sup_{1\leq i\leq p} P[Z^\varepsilon\in B(\psi_i,\delta_{\psi_i})].$$

D'où

$$\overline{\lim_{\varepsilon\downarrow 0}}\ \varepsilon \operatorname{Log} P[Z^\varepsilon\in A] \leq -a.$$

III - GRANDES DEVIATIONS POUR LE SYSTEME (0.1).

1) Enoncé des résultats.

On donne ici les résultats de grandes déviations pour les solutions x^ε (lorsque ε tend vers 0) du système

$$(0.1)\qquad dx_t^\varepsilon = F(x_t^\varepsilon, Y_{\frac{t}{\varepsilon}})dt,\qquad x_0^\varepsilon = x\in\mathbb{R}^d,$$

où F est lipschitzienne bornée.

Théorème (III.1) : Si le processus Y vérifie l'hypothèse (H), on a, pour tout y de E, les limites, uniformes en y, suivantes :

(i) Pour tout ouvert A de $C^x_{[0,T]}$,

$$(III.1)\qquad \underline{\lim_{\varepsilon\downarrow 0}}\ \varepsilon \operatorname{Log} P_y[x^\varepsilon\in A] \geq -\inf\{\Lambda(\phi)\ ;\ \phi\in A\}$$

(ii) Pour tout fermé A de $C^x_{[0,T]}$,

(III.2) $$\overline{\lim_{\varepsilon\downarrow 0}}\ \varepsilon \operatorname{Log} P_y[x^\varepsilon \in A] \le -\inf\{\Lambda(\phi)\ ;\ \phi\in A\},$$

où Λ est la fonctionnelle définie par *(I.2')*.

Comme conséquence de la majoration *(III.2)* on a, sous l'hypothèse (H'), un résultat de convergence :

Théorème (III.2) : Si le processus Y vérifie l'hypothèse (H'), pour tout $\delta>0$, il existe $\gamma>0$ et $\varepsilon_0>0$ tels que, quels que soient $\varepsilon\le\varepsilon_0$ et y de E, on ait

$$P_y[\|x^\varepsilon-\bar{x}\|_T\ge\delta] \le \exp(-\frac{\gamma}{\varepsilon}).$$

2) Démonstration de la minoration *(III.1)*.

On va d'abord montrer que pour toute fonction ϕ de $C^x_{[0,T]}$ et tout $\delta>0$

(III.3) $$\underline{\lim_{\varepsilon\downarrow 0}}\ \varepsilon \operatorname{Log} P_y[\|x^\varepsilon-\phi\|_T<\delta] \ge -\Lambda(\phi)$$

uniformément en y.

Pour cela, on utilise le lemme suivant, démontré en fin de paragraphe pour plus de commodité.

Lemme (III.3) : Soit ϕ et ψ deux fonctions de $C^x_{[0,T]}$ telles que $\Lambda(\phi,\psi)<+\infty$. Pour toute suite (ϕ^n) de fonctions en escalier convergeant uniformément vers ϕ, il existe une suite (ψ^n) de fonctions de $C^x_{[0,T]}$ convergeant uniformément vers ψ et telle que

(i) $\Lambda(\phi^n,\psi^n) \le \Lambda(\phi,\psi) < +\infty$

(ii) $\lim_n \Lambda(\phi^n,\psi^n) = \Lambda(\phi,\psi)$.

Ce lemme (appliqué au cas $\psi=\phi$) entraîne facilement *(III.3)*. Soit, en effet, (ϕ^n) une suite de fonctions en escalier convergeant uniformément vers ϕ, et (ψ^n) la suite donnée par le lemme. On a :

$$|x_t^\varepsilon-\phi_t| \le |x_t^\varepsilon - X_t^{\varepsilon,\phi}| + |X_t^{\varepsilon,\phi}-X_t^{\varepsilon,\phi^n}| + |X_t^{\varepsilon,\phi^n}-\psi_t^n| + |\psi_t^n-\phi_t|$$

$$\le K\int_0^t |x_s^\varepsilon-\phi_s|ds + KT\,\|\phi-\phi^n\|_T + \|X^{\varepsilon,\phi^n}-\psi^n\|_T + \|\psi^n-\phi\|_T.$$

Soit, avec Gromwall,

$$\|x^\varepsilon-\phi\|_T \le e^{KT}\,[KT\,\|\phi-\phi^n\|_T + \|X^{\varepsilon,\phi^n}-\psi^n\|_T + \|\psi^n-\phi\|_T].$$

Pour n assez grand, on a donc, d'après la proposition *(II.1)*, uniformément en y,

$$\underline{\lim}_{\varepsilon\downarrow 0} \varepsilon \operatorname{Log} P_y [\|x^\varepsilon - \phi\|_T < \delta] \geq -\Lambda(\phi^n,\psi^n).$$

En faisant tendre n vers $+\infty$ on obtient, compte tenu du lemme *(III.3)*, la formule *(III.3)*.

Il reste à passer de *(III.3)* à *(III.1)*. Soit donc A un ouvert de $C^x_{[0,T]}$. Pour toute ϕ de A il existe $\delta > 0$ tel que $\{\theta \in C^x_{[0,T]}, \|\theta - \phi\|_T < \delta\} \subset A$; alors, pour toute ϕ de A, uniformément en y,

$$\underline{\lim}_{\varepsilon\downarrow 0} \varepsilon \operatorname{Log} P_y [x^\varepsilon \in A] \geq \underline{\lim}_{\varepsilon\downarrow 0} \varepsilon \operatorname{Log} P_y [\|x^\varepsilon - \phi\| < \delta] \geq -\Lambda(\phi),$$

ce qui donne bien *(III.1)*.

3) Démonstration de la majoration *(III.2)*.

On peut se limiter au cas où A est compact dans $C^x_{[0,T]}$, puisque l'ensemble des trajectoires $(x^\varepsilon_t, t \in [0,T], \varepsilon > 0)$ est équi-continu. On peut alors utiliser le lemme *(II.3)* à condition de montrer que pour toute fonction ψ de $C^x_{[0,T]}$ et tout $a < \Lambda(\psi)$ il existe un $\delta > 0$ tel que

$$\overline{\lim}_{\varepsilon\downarrow 0} \varepsilon \operatorname{Log} P_y [\|x^\varepsilon - \psi\|_T \leq \delta] \leq -a.$$

Mais $\Lambda(\cdot,\cdot)$, définie sur les couples (ϕ,θ) de fonctions boréliennes bornées, est s.c.i. au point (ψ,ψ). Il existe donc $\alpha > 0$ tel que $\Lambda(\phi,\theta) \geq a$ dès que $\|\phi - \psi\|_T \leq \alpha$ et $\|\theta - \psi\|_T \leq \alpha$. Si on pose $\delta = \frac{\alpha}{2KT+1}$ (K constante de Lipschitz de F), il vient, en choisissant ϕ en escalier, telle que $\|\phi - \psi\|_T \leq \delta$:

$$\begin{aligned} \|X^{\varepsilon,\phi} - \psi\|_T &\leq \|X^{\varepsilon,\phi} - X^{\varepsilon,\psi}\|_T + \|X^{\varepsilon,\psi} - x^\varepsilon\|_T + \|x^\varepsilon - \psi\|_T \\ &\leq KT\delta + (KT+1)\|x^\varepsilon - \psi\|_T , \end{aligned}$$

ce qui donne bien, compte tenu de la formule *(II.2)*

$$\begin{aligned} \overline{\lim}_{\varepsilon\downarrow 0} \varepsilon \operatorname{Log} P_y [\|x^\varepsilon - \psi\|_T \leq \delta] &\leq \overline{\lim}_{\varepsilon\downarrow 0} \varepsilon \operatorname{Log} P_y [\|X^{\varepsilon,\phi} - \psi\|_T \leq \alpha] \\ &\leq -\inf\{\Lambda(\phi,\theta);\ \theta \in C^x_{[0,T]}, \|\theta - \psi\|_T \leq \alpha\} \\ &\leq -a . \end{aligned}$$

Remarque :

On voit facilement que les trois formes suivantes sont équivalentes :

(III.2) Pour tout fermé A de $C^x_{[0,T]}$ $\overline{\lim}_{\varepsilon\downarrow 0} \varepsilon \operatorname{Log} P_y[x^\varepsilon \in A] \leq -\inf\{\Lambda(\phi),\ \phi\in A\}$.

(III.4) $(\forall \phi\in C^x_{[0,T]})\ (\forall a<\Lambda(\phi))\ (\exists \delta_\phi>0)\ \overline{\lim}_{\varepsilon\downarrow 0} \varepsilon \operatorname{Log} P_y[\|x^\varepsilon-\phi\|\leq\delta_\phi]\leq -a.$

(III.5) $(\forall\delta>0)\ (\forall\alpha>0)\ \overline{\lim}_{\varepsilon\downarrow 0}\varepsilon \operatorname{Log} P_y[d_T(x^\varepsilon,K_\alpha)>\delta]\leq -a$

où $d_T(\theta,K)=\inf(\|\theta-\phi\|_T,\ \phi\in K)$ et $K_\alpha=\{\phi\in C^x_{[0,T]}\mid \Lambda(\phi)\leq\alpha\}$,

toutes les limites étant uniformes en $y\in E$.

4) Démonstration du théorème *(III.2)* sous l'hypothèse (H').

C'est une conséquence de la majoration *(III.2)* et de la proposition *(I.5)*. Il vient en effet

$$\overline{\lim}_{\varepsilon\downarrow 0}\varepsilon \operatorname{Log} P_y[\|x^\varepsilon-\bar{x}\|_T\geq\delta]\ \leq\ -\inf\{\Lambda(\phi),\ \|\phi-\bar{x}\|_T\geq\delta\}.$$

Si la borne inférieure de droite est finie (sinon il n'y a rien à démontrer) on pose $2\gamma=\inf\{\Lambda(\phi)\mid \|\phi-\bar{x}\|\geq\delta\}$. Comme cette borne inférieure est effectivement atteinte (les $\{\Lambda\leq\alpha\}$ étant compacts), γ est strictement positif puisque $2\gamma=\Lambda(\phi_0)$ avec $\|\phi_0-\bar{x}\|_T\geq\delta$ et que Λ ne s'annule que sur $\bar{x}$.

Il existe donc $\varepsilon_0>0$ tel que si $\varepsilon<\varepsilon_0$

$$\varepsilon \operatorname{Log} P_y[\|x^\varepsilon-\bar{x}\|_T\geq\delta]\ \leq\ -2\gamma+\gamma=-\gamma,$$

ce qu'il fallait démontrer; ε_0 ne dépend du reste pas de y puisque les limites sont uniformes sur E.

5) Démonstration du lemme *(III.3)*.

Il reste à obtenir le lemme *(III.3)* pour que la démonstration du théorème *(III.1)* soit complète.

Soit donc données comme dans l'énoncé du lemme les fonctions ϕ,ψ et la suite (ϕ^n). On choisit d'abord un représentant borélien $\dot{\psi}$ de la dérivée de ψ et on pose

$$\mathcal{S}=\mathcal{S}(\dot{\psi})\ =\ \{s\in[0,T]\mid \lambda(\phi_s,\dot{\psi}_s)<+\infty\}.$$

C'est un borélien et, comme $\Lambda(\phi,\psi)$ est fini, $\mathcal{S}^c$ est de mesure nulle.

Soit $\varepsilon_n=K\|\phi^n-\phi\|_T$ (K constante de Lipschitz de F),

(III.6) $$K(n,s)\ =\ \{\mu\in\mathfrak{M}_1(E)\mid \left|\int F(\phi^n_s,y)\,\mu(dy)-\dot{\psi}_s\right|\leq\varepsilon_n\}$$

et

$$(III.7) \qquad I(n,s) = \inf\{I(\mu) \mid \mu \in K(n,s)\}.$$

On remarque d'abord que si $\mu \in \mathcal{M}_1(E)$ vérifie

$$\int_E F(\phi_s,y)\, d\mu(y) = \dot{\psi}_s$$

on a :

$$\left|\int_E F(\phi_s^n,y)\,\mu(dy) - \dot{\psi}_s\right| \leq \int_E |F(\phi_s^n,y) - F(\phi_s,y)|\,\mu(dy) \leq K\,\|\phi^n - \phi\|_T = \varepsilon_n ,$$

et donc $\mu \in K(n,s)$. Ce qui entraîne :

$$(III.8) \qquad \lambda(\phi_s,\dot{\psi}_s) = \inf\{I(\mu) \mid \int_E F(\phi_s,y)\,\mu(dy) = \dot{\psi}_s\} \geq I(n,s).$$

Donc, pour tout $s \in \mathcal{J}$, $K(n,s)$ est non vide; de plus, comme $K(n,s)$ est fermé, l'application s.c.i. I atteint son minimum sur $K(n,s)$, car ce minimum est atteint sur le compact $K(n,s) \cap \{I \leq \lambda(\phi_s,\dot{\psi}_s)\}$. Il existe donc $\mu_s^n \in K(n,s)$ telle que

$$(III.9) \qquad I(\mu_s^n) = I(n,s) \qquad (s \in \mathcal{J}).$$

On suppose pour le moment que l'on peut choisir un borélien $\tilde{\mathcal{J}} \subset \mathcal{J}$ tel que $\tilde{\mathcal{J}}^c$ soit Lebesgue-négligeable, puis les μ_s^n telles que pour tout n fixé l'application de $\tilde{\mathcal{J}}$ dans $\mathcal{M}_1(E)$ $s \to \mu_s^n$ soit borélienne.
On pose alors

$$(III.10) \qquad \begin{cases} a_s^n = \int_E F(\phi_s^n,y)\,\mu_s^n(dy) & s \in \tilde{\mathcal{J}} \\ a_s^n = 0 & s \notin \tilde{\mathcal{J}} . \end{cases}$$

Comme $s \to \phi_s^n$ est en escalier, $s \to a_s^n$ est borélienne et on peut poser

$$(III.11) \qquad \psi_t^n = x + \int_0^t a_s^n\, ds \qquad 0 \leq t \leq T.$$

La suite (ψ^n) ainsi définie possède les propriétés suivantes :

1) Pour tous s,t,n, $|\psi_t^n - \psi_s^n| \leq \|F\|_\infty |t-s|$, car $|a_s^n| \leq \|F\|_\infty$.

2) Pour tout n, $\|\psi^n - \psi\|_T \leq KT\,\|\phi^n - \phi\|_T$.

En effet, comme $\mu_s^n \in K(n,s)$, pour $s \in \tilde{\mathcal{J}}$

$$(III.12) \qquad |a_s^n - \dot{\psi}_s| = \left|\int_E F(\phi_s^n,y)\,\mu_s^n(dy) - \dot{\psi}_s\right| \leq \varepsilon_n = K\,\|\phi^n - \phi\|_T .$$

3) Pour tout n, $\lambda(\phi_s^n,\dot{\psi}_s^n) \leq \lambda(\phi_s,\dot{\psi}_s)$ p.p.

En effet, $\lambda(\phi_s^n, a_s^n) = \inf\{I(\mu) \mid \mu \in H(n,s)\}$ avec

$$H(n,s) = \{\mu \in \mathcal{M}_1(E) \mid \int_E F(\phi_s^n, y)\, \mu(dy) = a_s^n\}.$$

Mais, pour s dans $\tilde{\mathcal{J}}$, $\mu_s^n \in H(n,s)$ par définition de a_s^n, donc $\lambda(\phi_s^n, a_s^n) \leq I(\mu_s^n) = I(n,s) \leq \lambda(\phi_s, \dot{\psi}_s)$, d'après *(III.8)*. Comme $\tilde{\mathcal{J}}^c$ est négligeable, et $\dot{\psi}_s^n = a_s^n$ p.p., on a bien le résultat annoncé.

4) Pour presque tout s, $\lambda(\phi_s, \dot{\psi}_s) = \lim_n \lambda(\phi_s^n, \dot{\psi}_s^n)$.

En effet, d'après la propriété précédente

$$\overline{\lim}\, \lambda(\phi_s^n, \dot{\psi}_s^n) \leq \lambda(\phi_s, \dot{\psi}_s) \quad \text{p.p.},$$

et, d'après *(III.12)*, a_s^n converge vers $\dot{\psi}_s$ p.p., d'où, comme λ est s.c.i.,

$$\underline{\lim}_n\, \lambda(\phi_s^n, \dot{\psi}_s^n) \geq \lambda(\phi_s, \dot{\psi}_s) \quad \text{p.p.}$$

En conclusion, ψ^n converge uniformément vers ψ (voir 2)) et, comme $\int_0^T \lambda(\phi_s, \dot{\psi}_s) ds < +\infty$, les propriétés 3), 4) montrent que

$$\Lambda(\phi,\psi) = \int_0^T \lambda(\phi_s, \dot{\psi}_s) ds = \lim_n \int_0^T \lambda(\phi_s^n, \dot{\psi}_s^n) ds = \lim_n \Lambda(\phi^n, \psi^n).$$

Il reste à établir la mesurabilité admise pour que la démonstration soit complète. A cet effet, nous commençons par prouver le résultat suivant :

Lemme (III.4) : Soit $\phi : [0,T] \to \mathbb{R}^d$ en escalier et $\rho : [0,T] \to \mathbb{R}^d$ borélienne; on pose pour tout $\varepsilon > 0$

$$I(s,\varepsilon,\rho) = \inf\{I(\mu) \mid \mu \in \mathcal{M}_1(E), \ \left|\int F(\phi_s, y)\, \mu(dy) - \rho(s)\right| \leq \varepsilon\}.$$

Alors la fonction $I(\cdot,\varepsilon,\rho)$ est Lebesgue-mesurable dès qu'elle est finie presque partout.

Démonstration :

En décomposant $[0,T]$ suivant les intervalles où ϕ est constante, on est ramené au cas où $\phi \equiv b \in \mathbb{R}^d$.

On remarque également que, pour prouver le lemme, il suffit de montrer qu'il existe pour tout $\alpha > 0$ un borélien A_α de $[0,T]$, dont le complémentaire ait une mesure de Lebesgue $\ell(A_\alpha^c) \leq \alpha$, et tel que $I(\cdot,\varepsilon,\rho)$ soit borélienne sur A_α. Or, $\alpha > 0$ étant donné, le théorème d'Egoroff permet de construire un borélien A_α contenu dans $\{I(\cdot,\varepsilon,\rho) < \infty\}$ et une suite (ρ_n) de fonctions en escalier vérifiant

$\ell(A_\alpha^c) \leq \alpha$ et $\| 1_{A_\alpha}(\rho_n - \rho)\|_\infty \leq \frac{1}{n}$. Si on pose alors

$$K(s) = \{\mu \in \mathcal{M}_1(E) \mid |\int F(b,y)\, \mu(dy) - \rho(s)| \leq \varepsilon\}$$

$$K^n(s) = \{\mu \in \mathcal{M}_1(E) \mid |\int F(b,y)\, \mu(dy) - \rho_n(s)| \leq \varepsilon + \frac{1}{n}\},$$

il suffit de démontrer que $I(K^n(s))$ tend vers $I(K(s)) = I(s,\varepsilon,\rho)$ pour s appartenant à A_α : en effet, les ρ_n étant en escalier, il en est de même des $I(K^n(s))$, qui sont donc boréliennes. Mais, pour $s \in A_\alpha$, $K(s) \subset K^n(s)$, d'où $I(K^n(s)) \leq I(K(s)) = I(s,\varepsilon,\rho) < \infty$.

Pour tout n, il existe donc $\nu_s^n \in K^n(s)$, avec $I(\nu_s^n) = I(K^n(s))$. Comme, pour $s \in A_\alpha$ fixé, la suite (ν_s^n) est dans le compact $\{I \leq I(K(s))\}$, quelle que soit la valeur d'adhérence J de $(I(K^n(s)))_n$, il existe une suite d'entiers n_k tendant vers $+\infty$ telle que

- $\nu_s^{n_k}$ converge vers une probabilité $\nu \in K(s)$

- $\lim_k I(\nu_s^{n_k}) = \lim_k I(K^{n_k}(s)) = J.$

Alors, comme I est s.c.i. et $\nu \in K(s)$,

$$I(K(s)) \leq I(\nu) \leq \underline{\lim}_k\, I(\nu_s^{n_k}) = J \leq I(K(s)),$$

ce qui prouve que $I(K(s)) = \lim I(K^n(s))$, et achève la démonstration.

Ce lemme, appliqué à $\phi = \phi_n$, $\rho = \dot{\psi}$ et $\varepsilon = \varepsilon_n$, montre que $s \to I(s,\varepsilon_n,\dot{\psi}) = I(n,s)$ est Lebesgue-mesurable sur $[0,T]$ (puisque l'on sait déjà que $I(n,s) < \infty$ p.p. sur $[0,T]$). On peut donc trouver un borélien $\mathcal{S}_1$ de $[0,T]$ tel que $\ell(\mathcal{S}_1^c) = 0$ et que, pour tout n, la fonction $I(n,\cdot)\, 1_{\mathcal{S}_1}$ soit borélienne.

On pose alors $\tilde{\mathcal{S}} = \mathcal{S}_1 \cap \mathcal{S}$ et, μ_0 étant une probabilité quelconque sur E,

$$H_n = \{(s,\mu) \,/\, s \in \tilde{\mathcal{S}},\ \mu \in K(n,s),\ I(\mu) = I(n,s)\} + (\tilde{\mathcal{S}}^c \times \{\mu_0\}).$$

Il est facile de vérifier que H_n est un borélien de $[0,T] \times \mathcal{M}_1(E)$, dont les coupes $H_n(s,\cdot)$ $(s \in [0,T])$ sont compactes.
On en déduit, grâce à un résultat figurant au paragraphe IV de Dellacherie [1], que H_n admet une section par un graphe borélien, ce qui revient précisément à dire, en reprenant les notations du début, que l'on peut choisir les μ_s^n de façon que l'application $s \to \mu_s^n$ soit borélienne sur $\tilde{\mathcal{S}}$. En effet, il suffit, pour retrouver les hypothèses faites dans [1], d'identifier l'espace polonais $\mathcal{M}_1(E)$ à un G_δ du compact métrique $[0,1]^{\mathbb{N}}$, ce qui ne change pas la mesurabilité.

La démonstration du lemme *(III.3)* se trouve ainsi achevée.

Remarque finale sur l'hypothèse markovienne.

L'hypothèse Y markovien faite tout au long de l'exposé n'a été en fait utilisée que pour démontrer le lemme *(II.2)*. On peut donc, en prenant comme hypothèse les résultats de ce lemme, ne pas supposer Y markovien.
Posons pour tous $t_1 \le t_2$ de $\mathbb{R}_+$, ω de Ω et B de $\mathcal{E}$:

$$L_{[t_1,t_2]}(\omega,B) = \frac{1}{t_2-t_1}\int_{t_1}^{t_2} 1_B(Y_s(\omega))ds.$$

Alors $L_{[t_1,t_2]}(\omega,\cdot)$ est dans $\mathcal{M}_1(E)$, et la nouvelle hypothèse de grandes déviations pour Y se formule ainsi :

Hypothèse (H"). Il existe une fonctionnelle $I : \mathcal{M}_1(E) \to \overline{\mathbb{R}}_+$ s.c.i., convexe, telle que

(i) Pour tout $a \in \mathbb{R}_+$, $\{\mu \in \mathcal{M}_1(E) \mid I(\mu) \le a\}$ est compact.

(ii) Quels que soient le naturel n et le n-uplet donné $(t_1,\dots,t_n)$ de $\mathbb{R}_+^n$ on a (en posant $t_0=0$) :

a) Pour tous $A_0,\dots,A_{n-1}$ ouverts de $\mathcal{M}_1(E)$

$$\underline{\lim}_{\varepsilon\downarrow 0}\ \varepsilon \operatorname{Log} P_y\left[L_{[\frac{t_k}{\varepsilon},\frac{t_{k+1}}{\varepsilon}]} \in A_k,\ k=0,\dots,n-1\right] \ge -\sum_{k=0}^{n-1}(t_{k+1}-t_k)\, I(A_k)$$

b) Pour tous $A_0,\dots,A_{n-1}$ fermés de $\mathcal{M}_1(E)$

$$\overline{\lim}_{\varepsilon\downarrow 0}\ \varepsilon \operatorname{Log} P_y\left[L_{[\frac{t_k}{\varepsilon},\frac{t_{k+1}}{\varepsilon}]} \in A_k,\ k=0,\dots,n-1\right] \le -\sum_{k=0}^{n-1}(t_{k+1}-t_k)\, I(A_k),$$

les deux limites étant uniformes en $y \in E$.

Il est facile de voir que l'on obtient encore les résultats du théorème *(III.1)* sous l'hypothèse (H"), les démonstrations étant les mêmes que dans ce qui précède. On rapprochera cette hypothèse de celle faite par Freidlin dans [4] comme on l'a fait au paragraphe *I.2*).

Appendice.

On démontre le théorème *A.1* en suivant le chapitre 9 de [6]. Pour cela, on prouve d'abord le résultat suivant :

Lemme (A.2) : Soit λ une fonction s.c.i. sur $\mathbb{R}^d \times \mathbb{R}^d$. On suppose que pour un point donné x_0 de $\mathbb{R}^d$ il existe une fonction ψ de $\mathbb{R}^d$ dans $\overline{\mathbb{R}}$ et un voisinage V de x_0 tels que

(i) Pour tous x de V et y de $\mathbb{R}^d$, $\lambda(x,y) \geq \psi(y)$.

(ii) La transformée de Legendre ψ^* de ψ est partout $< +\infty$.

Alors, si l'on pose pour tous $\varepsilon > 0$ et y de $\mathbb{R}^d$

$$f_\varepsilon(y) = \inf\{\lambda(x,y) \mid x \in \mathbb{R}^d, \ |x - x_0| \leq \varepsilon\},$$

on a

$$\lim_{\varepsilon \downarrow 0} f_\varepsilon^{**} = \lambda_{x_0}^{**}, \quad \text{où } \lambda_{x_0} = \lambda(x_0, \cdot).$$

Démonstration du lemme.

Il suffit de prouver que $\inf_{\varepsilon>0} f_\varepsilon^* = \lambda_{x_0}^*$, ce qui se réduit, en fait, à $\inf_{\varepsilon>0} f_\varepsilon^* \leq \lambda_{x_0}^*$, l'inégalité inverse étant évidente.

Soit ε_0 tel que $f_{\varepsilon_0} \geq \psi$, donc $f_{\varepsilon_0}^* \leq \psi^* < +\infty$. On se limitera dans la suite à $\varepsilon \leq \varepsilon_0$.

Supposons alors, par l'absurde, qu'il existe $\delta > 0$ et z_0 de $\mathbb{R}^d$ tels que pour tout $\varepsilon > 0$

$$\lambda_{x_0}^*(z_0) + \delta < f_\varepsilon^*(z_0) = \sup_y [y.z_0 - f_\varepsilon(y)].$$

Choisissons y_ε tel que $\lambda_{x_0}^*(z_0) + \delta < y_\varepsilon.z_0 - f_\varepsilon(y_\varepsilon)$, puis x_ε vérifiant $|x_\varepsilon - x_0| \leq \varepsilon$ et $\lambda_{x_0}^*(z_0) + \delta < y_\varepsilon.z_0 - \lambda(x_\varepsilon, y_\varepsilon)$. La famille $\{y_\varepsilon, \ \varepsilon \leq \varepsilon_0\}$ est bornée. En effet, comme pour tout z

$$f_{\varepsilon_0}^*(z) \geq f_\varepsilon^*(z) \geq y_\varepsilon.z - f_\varepsilon(y_\varepsilon) \geq y_\varepsilon.z - \lambda(x_\varepsilon, y_\varepsilon) \geq y_\varepsilon.(z - z_0) + \lambda_{x_0}^*(z_0) + \delta,$$

et comme $f_{\varepsilon_0}^*$, convexe et partout finie, est continue, on a :

$$+\infty > \sup\{f_{\varepsilon_0}^*(z); \ |z - z_0| \leq 1\} \geq |y_\varepsilon| + \lambda_{x_0}^*(z_0) + \delta.$$

Soit alors ε_n une suite tendant vers zéro telle que $y_n = y_{\varepsilon_n}$ converge vers une limite y. La fonction λ étant s.c.i., l'inégalité

$$y_n.z_0 > \lambda(x_n, y_n) + \lambda_{x_0}^*(z_0) + \delta$$

entraîne

$$y.z_0 \geq \lambda(x_0, y) + \lambda_{x_0}^*(z_0) + \delta,$$

d'où l'on déduit :

$$\lambda_{x_0}^*(z_0) \geq y.z_0 - \lambda_{x_0}(y) \geq \lambda_{x_0}^*(z_0) + \delta,$$

ce qui est absurde.

Démonstration du théorème *(A.1)*.

On note $\mathcal{B}^x_{[0,T]}$ l'ensemble des fonctions ϕ boréliennes bornées de $[0,T]$ dans $\mathbb{R}^d$ telles que $\phi(0)=x$.

Soit $\Lambda_\alpha = \{(\phi,\psi)\in\mathcal{B}^x_{[0,T]}\times\mathcal{B}^x_{[0,T]} \mid \Lambda(\phi,\psi)\leq\alpha\}$. Il s'agit de démontrer que Λ_α est fermé. Soit $((\phi^n,\psi^n))_{n\geq 0}$ une suite convergeant uniformément vers (ϕ,ψ), avec (ϕ^n,ψ^n) dans Λ_α pour tout n. Alors, en particulier, $\|\dot\psi^n\|_\infty\leq B$, et la famille $(\dot\psi^n,\ n\in\mathbb{N})$ est faiblement relativement compacte dans $L^1([0,T])$, puisque équi-intégrable. Par un changement d'indice on peut donc supposer que $(\dot\psi^n)$ converge faiblement vers une fonction θ. Mais on a alors, pour tous $0\leq s\leq t\leq T$,

$$\psi(t)-\psi(s) = \lim_{n\to\infty}(\psi^n(t)-\psi^n(s)) = \lim_n \int_s^t \dot\psi^n(u)du = \int_s^t \theta(u)du.$$

Il en résulte que ψ est absolument continue et que $\dot\psi=\theta$ (égalité dans $L^1[0,T]$).

Posons $\varepsilon_n = \sup_{p\geq n}\|\phi^p-\phi\|_T$. Comme $\dot\psi$ appartient à la fermeture faible de $\{\dot\psi^p,\ p\geq n\}$, il existe, d'après un théorème de Mazur, une combinaison convexe

$$\chi^n = \sum_{j=1}^{j(n)} \alpha_{p_j^n}\,\dot\psi^{p_j^n} \qquad (p_j^n\geq n)$$

d'éléments $(\dot\psi^p,\ p\geq n)$ telle que $\|\chi^n-\dot\psi\|_1\leq\varepsilon_n$. De plus, pour tout $j\leq j(n)$, $\|\phi^{p_j^n}-\phi\|_T\leq\varepsilon_n$, car $p_j^n\geq n$.

En posant $h_\varepsilon(x_0,y) = \inf\{\lambda(x,y) \mid |x-x_0|\leq\varepsilon\}$, on a, pour tout s de $[0,T]$ $h_{\varepsilon_n}(\phi_s,\dot\psi_s^{p_j^n}) \leq \lambda(\phi_s^{p_j^n},\dot\psi_s^{p_j^n})$, puisque $|\phi_s^{p_j^n}-\phi_s|\leq\varepsilon_n$; d'où

$$\int_0^T h_{\varepsilon_n}(\phi_s,\dot\psi_s^{p_j^n})ds \leq \Lambda(\phi^{p_j^n},\psi^{p_j^n}) \leq \alpha,$$

puis, comme $\sum_{j=1}^{j(n)}\alpha_{p_j^n}=1$, $\alpha\geq\sum_{j=1}^{j(n)}\alpha_{p_j^n}\int_0^T h_{\varepsilon_n}(\phi_s,\dot\psi_s^{p_j^n})ds \geq \int_0^T\sum_{j=1}^{j(n)}\alpha_{p_j^n}\,h^{**}_{\varepsilon_n}(\phi_s,\dot\psi_s^{p_j^n})ds$

$$\geq \int_0^T h^{**}_{\varepsilon_n}(\phi_s,\chi_s^n)ds$$

(on s'est servi, successivement, de l'inégalité $h_{\varepsilon_n}\geq h^{**}_{\varepsilon_n}$, et de la convexité de $h^{**}_{\varepsilon_n}$ en la seconde variable).

Mais $(h^{**}_{\varepsilon_n})$ est une suite croissante de fonctions positives et s.c.i. en leur second argument. Quitte à extraire de (χ^n) une sous-suite convergeant p.p. vers $\dot{\psi}$, on peut donc écrire, pour tout n_0 fixé :

$$\int_0^T h^{**}_{\varepsilon_{n_0}}(\phi_s,\dot{\psi}_s)ds \le \int_0^T \underline{\lim}_{n\uparrow\infty} h^{**}_{\varepsilon_{n_0}}(\phi_s,\chi^n_s)ds \le$$

$$\le \underline{\lim}_{n\uparrow\infty} \int_0^T h^{**}_{\varepsilon_{n_0}}(\phi_s,\chi^n_s)ds \le \underline{\lim}_{n\uparrow\infty} \int_0^T h^{**}_{\varepsilon_n}(\phi_s,\chi^n_s)ds \le \alpha.$$

Comme, d'après le lemme, $\lambda = \lambda^{**} = \lim_{n_0} h^{**}_{\varepsilon_{n_0}}$, on a bien

$$\int_0^T \lambda(\phi_s,\dot{\psi}_s)ds \le \underline{\lim}_{n_0\uparrow\infty} \int_0^T h^{**}_{\varepsilon_{n_0}}(\phi_s,\dot{\psi}_s)ds \le \alpha,$$

ce que l'on voulait montrer.

BIBLIOGRAPHIE :

[1] C. DELLACHERIE : Ensembles analytiques : Théorèmes de séparation et applications. Sém. de Probabilités IX, Lecture Notes n° 465, Springer 1975, p. 336-372.

[2] M.D. DONSKER et S.R.S. VARADHAN : Asymptotic evaluation of certain Markov process expectations for large time, I, Comm. on pure and applied math., 28 (1975) p. 1-47 ; III, Comm. on pure and applied math., 29 (1976). p. 389-461.

[3] I. EKELAND et R. TEMAM : Convex Analysis and Variational problems, North Holland, 1977.

[4] M.I. FREIDLIN : The averaging principle and theorems on large deviations, Russian Math. Surveys, 33, 5 (1978), p. 117-176.

[5] J. GÄRTNER : On large deviations from the invariant measure, Th. of probability and its applications, 22, 1 (1977), p. 24-39.

[6] A.D. IOFFE et V.M. TIKHOMIROV : Teoriya ekstremal'nykh zadatch (Théorie des problèmes extrémaux), Naouka, Moscou 1974.

[7] R.Z. KHAS'MINSKII : On the averaging principle for Itô's stochastic differential equations, Kybernetika (Prague), 4 (1968), p. 260-277.

[8] R. ROCKAFELLAR : Convex analysis, Princeton Univ. Press, Princeton, N.J., 1970.

[9] S.R.S. VARADHAN : Asymptotic probabilities and differential equations, Comm. on pure and applied math., 19 (1966), p. 261-286.

[10] A.D. VENTCEL' et M.I. FREIDLIN : Flouktouatsii v dinamitcheskikh sistemakh pod deistviem malykh sloutchaïnykh vozmouchtchenii (Fluctuations dans les systèmes dynamiques sous l'action de petites perturbations aléatoires), Naouka, Moscou, 1979.

[11] M. BRANCOVAN, F. BRONNER et P. PRIOURET : Grandes déviations pour les solutions de certains sytèmes différentiels. Publications du Laboratoire de Probabilités, Université Paris VI, Paris, 1981.

Laboratoire de Probabilités, Université PARIS VI,

4, Place Jussieu, Tour 46, 75230 PARIS CEDEX 05.

REMARQUES SUR LES PETITES PERTURBATIONS DE SYSTEMES DYNAMIQUES.

par

Pierre PRIOURET (*)

Dans leur article fondamental [4], Ventcel' et Freidlin donnent des estimations asymptotiques des probabilités $P[y^\varepsilon \in A]$ lorsque y^ε est une diffusion sur une variété compacte de générateur $\varepsilon^2\Delta + b$, Δ étant un opérateur elliptique. Dans la dernière partie de son cours à l'école d'été de Saint-Flour [1], Azencott étend ce résultat à une large classe de Δ semi-elliptique sur une variété quelconque. La méthode utilisée par Azencott est d'établir d'abord les estimations sur un ouvert de $\mathbb{R}^d$ en "transportant" les résultats obtenus pour $\varepsilon\beta$, β mouvement brownien ; puis de les remonter sur la variété. Cependant, comme le fait remarquer Azencott à la fin de son cours, il reste encore deux questions : dans le cas $\mathbb{R}^d$, remplacer l'hypothèse σ de classe C^1 par σ lipschitzienne et sur une variété, de supprimer une hypothèse de rang constant de σ. C'est ce que nous faisons dans ce travail. Dans une permière partie, nous démontrons pour σ lipschitzienne, le résultat essentiel d'approximation d'Azencott (ce n'est pas un gain considérable, mais la méthode utilisée est quelque peu différente) puis, pour que ce texte soit lisible, nous indiquons rapidement comment ceci entraîne les estimations cherchées. Dans une deuxième partie nous recollons ces estimations lorsque A est un tube entourant une fonction ; ceci donne immédiatement la minoration puis la majoration en montrant que la loi de y^ε est "presque" portée par un compact. Nous remercions Mme Maurel et M. Brancovan pour de nombreuses et utiles remarques.

1 - <u>Première partie : Cas de $\mathbb{R}^d$</u>. On se donne sur $\mathbb{R}^d$ un champ de matrice $d \times p$ $\sigma(x)$ et des champs de vecteurs $b(x)$, $b_\varepsilon(x)$. On suppose :

(1) σ, b_ε, b sont uniformément lipschitziens, bornés en norme par M,

(2) b_ε tend vers b uniformément sur $\mathbb{R}^d$.

On note $y_t^\varepsilon = y_t^\varepsilon(x)$ la solution de l'E.D.S. :

(3) $$y_t^\varepsilon = x + \int_0^t b_\varepsilon(y_s^\varepsilon)ds + \varepsilon\int_0^t \sigma(y_s^\varepsilon)d\beta_s$$

où β est un mouvement brownien p-dimensionnel, défini sur $(\Omega, \underline{\underline{F}}_t, P)$.

(*) LABORATOIRE DE CALCUL DES PROBABILITES - 4 place Jussieu - Tour 56 - Couloir 56-66 - 3ème Etage - 75230 PARIS CEDEX 05

La méthode d'Azencott consiste à regarder où se trouve y_t^ε lorsque $\varepsilon\beta$ est près de f, ceci avec une erreur inférieure à $\exp(-R/\varepsilon^2)$. Commençons par examiner le cas où $f \equiv 0$, avec un "drift" légèrement différent.

On fixe un réel $T > 0$ et on note $\|u\| = \sup\{|u(t)| \; ; \; t \leq T\}$.

Proposition 1 : Soit $c_\varepsilon(s,x)$ et $c(s,x)$ des champs de vecteurs vérifiant :

$$(4) \qquad |c_\varepsilon(s,x)| + |c(s,x)| \leq \Phi(s),\; s \leq T \;\text{ avec } \int_0^T \Phi^2(s)ds < +\infty,$$

$$(5) \qquad |c(s,x) - c(s,y)| \leq \Psi(s)|x-y| \;\text{ avec } \int_0^T \Psi(s)ds = K < +\infty \;;\; s \leq T,\; x,y \in \mathbb{R}^d,$$

$$(6) \qquad c_\varepsilon \to c \;\text{ uniformément sur } [0,T] \times \mathbb{R}^d.$$

Supposons que x_t^ε et $h(t)$ vérifient pour un mouvement brownien β^ε,

$$(7) \qquad x_t^\varepsilon = x + \int_0^t c_\varepsilon(s,x_s^\varepsilon)ds + \varepsilon\int_0^t \sigma(x_s)d\beta_s^\varepsilon$$

$$(8) \qquad h(t) = z + \int_0^t c(s,h(s))ds.$$

Alors, pour tout $R > 0$, $\rho > 0$, il existe $\varepsilon_o > 0$, $\alpha > 0$, $r > 0$ tels que si $\varepsilon \leq \varepsilon_o$ et $|x-z| < r$, on a :

$$\varepsilon^2 \log P\left[\|x^\varepsilon - h\| > \rho,\; \|\varepsilon\beta^\varepsilon\| < \alpha\right] \leq -R.$$

Démonstration : Pour simplifier on écrira β pour β^ε.

Commençons par discrétiser le processus x_t^ε. Soit $n > 0$, $t_o = 0$, $t_1 = \frac{T}{n}, \ldots, t_n = T$ et :

$$x_t^{\varepsilon,n} = x_{t_k}^\varepsilon \quad \text{si } t_k \leq t < t_{k+1},\; k = 0,\ldots,n-1.$$

Lemme 2 : Pour tout $R > 0$, $\gamma > 0$, il existe $\varepsilon_o > 0$ et n tels que si $\varepsilon \leq \varepsilon_o$,

$$\varepsilon^2 \log P\left[\|x^\varepsilon - x^{\varepsilon,n}\| > \gamma\right] \leq -R.$$

En effet, $P\left[\|x^\varepsilon - x^{\varepsilon,n}\| > \gamma\right] = P\left[\bigcup_{k=0}^{n-1} \sup_{t_k \leq t < t_{k+1}} |x^\varepsilon(t) - x^{\varepsilon,n}(t)| > \gamma\right]$

$$\leq \sum_0^{n-1} P\left[\sup_{t_k \leq t < t_{k+1}} \left|\int_{t_k}^t c_\varepsilon(s,x_s^\varepsilon)ds\right| > \frac{\gamma}{2}\right] + P\left[\sup\left|\int_{t_k}^t \varepsilon\sigma(x_s^\varepsilon)d\beta_s\right| > \frac{\gamma}{2}\right].$$

Mais si $t_k \leq t < t_{k+1}$, $\left|\int_{t_k}^{t} c_\varepsilon ds\right| \leq \int_{t_k}^{t} \Phi(s)ds \leq \sqrt{\frac{T}{n}}\,\|\Phi\|_2$ et donc la probabilité du premier ensemble est nulle si $n \geq n_1$. Quant à la probabilité du second, elle est - inégalité exponentielle - majorée par $2d\exp(-\frac{n\gamma^2}{8TdM^2\varepsilon^2})$. Et finalement en choisissant un n assez grand,

$$\varepsilon^2 \log P\left[\|x^\varepsilon - x^{\varepsilon,n}\| > \gamma\right] \leq \varepsilon^2 \log 2dn - \frac{n\gamma^2}{8TdM^2} \leq -R \quad \text{si} \quad \varepsilon \leq \varepsilon_o.$$

Lemme 3 : Pour tout $R > 0$, $\rho > 0$, il existe $\varepsilon_o > 0$, $\alpha > 0$ tels que si $\varepsilon \leq \varepsilon_o$

$$\varepsilon^2 \log P\left[\left\|\varepsilon\int_0^{\cdot} \sigma(x_s^\varepsilon)d\beta_s\right\| > \rho \;;\; \|\varepsilon\beta\| < \alpha\right] \leq -R.$$

En effet $\left[\;—\;\right] \subset \{\|x^\varepsilon - x^{\varepsilon,n}\| > \gamma\} \cup \{\|\varepsilon\int_0^{\cdot} (\sigma(x_s^\varepsilon) - \sigma(x_s^{\varepsilon,n}))d\beta_s\| > \frac{\rho}{2},$

$$\|x^\varepsilon - x^{\varepsilon,n}\| \leq \gamma\} \cup \{\|\varepsilon\int_0^{\cdot} \sigma(x_s^{\varepsilon,n})d\beta_s\| > \frac{\rho}{2},\ \|\varepsilon\beta\| < \alpha\} = A \cup B \cup C.$$

Toujours d'après l'inégalité exponentielle, $P(B) \leq 2\exp(\frac{-\rho^2}{8T\varepsilon^2\gamma^2K^2d}) \leq \frac{1}{2}\exp(-\frac{R}{\varepsilon^2})$ si γ est choisi convenablement et $\varepsilon \leq \varepsilon_1$. D'après le lemme 2,

$P(A) \leq \frac{1}{2}\exp(-\frac{R}{\varepsilon^2})$ si n est choisi assez grand et $\varepsilon \leq \varepsilon_2$.

Alors sur $\{\varepsilon\|\beta\| < \alpha\}$, on a :

$$\left|\varepsilon\int_0^{t} \sigma(x_s^{\varepsilon,n})d\beta_s\right| = \varepsilon\left|\sum_{k=0}^{n-1} \sigma(x_{t_k})(\beta_{t_{k+1}\wedge t} - \beta_{t_k\wedge t})\right| \leq 2Mn\alpha$$

et $C = \emptyset$ si $\alpha < \rho/4Mn$.

Revenons à la démonstration de la proposition 1,

$$x_t^\varepsilon - h(t) = x-z + \int_0^t (c_\varepsilon(s,x_s^\varepsilon) - c(s,x_s^\varepsilon))ds + \int_0^t (c(s,x_s^\varepsilon) - c(s,h_s))ds + U_t^\varepsilon,$$

où $U_t^\varepsilon = \varepsilon\int_0^t \sigma(x_s^\varepsilon)d\beta_s$.

Comme c_ε tend vers c uniformément, on a pour $\varepsilon \leq \varepsilon_1$, et $|x-z| < \frac{\rho}{4} e^{-K}$

$|x_t - h(t)| \leq \frac{\rho}{2} e^{-K} + \|U_\varepsilon\| + \int_0^t \Psi(s)\cdot |x_s^\varepsilon - h(s)| ds$ d'où ([2] lemme 4.13 p. 130)

$$\|x^\varepsilon - h\| \leq \frac{\rho}{2} + \|U_\varepsilon\| e^K \quad \text{et donc}$$

$$P\left[\|x^\varepsilon - h\| > \rho,\ \|\varepsilon\beta\| < \alpha\right] \leq P\left[\|U_\varepsilon\| > \frac{\rho}{2} e^{-K},\ \|\varepsilon\beta\| < \alpha\right]$$

et il suffit d'appliquer le lemme 3.

Ceci fait, soit f une fonction continue à valeurs $\mathbb{R}^p$ telle que $\int_0^T |f'_s|^2 ds \leq a < +\infty$ et définissons des probabilités $\overline{P}^\varepsilon$ sur $(\Omega, \underline{\underline{F}}_T)$ par

$$\frac{d\overline{P}^\varepsilon}{dP} = \exp\left(\frac{1}{\varepsilon}\int_0^T (f'_s, d\beta_s) - \frac{1}{2\varepsilon^2}\int_0^T |f'_s|^2 ds\right) \ ; \tag{9}$$

alors (Girsanov)

$$\overline{\beta}_t^\varepsilon = \beta_t - \frac{1}{\varepsilon} f_t \quad \text{est un } (\Omega, \overline{P}^\varepsilon) \text{ brownien et} \tag{10}$$

$$\frac{dP}{d\overline{P}^\varepsilon} = \exp\left(-\frac{1}{\varepsilon}\int_0^t (f'_s, d\beta_s) + \frac{1}{2\varepsilon^2}\int_0^T |f'_s|^2 ds\right). \tag{11}$$

De plus (3) devient,

$$y_t^\varepsilon = x + \int_0^t c_\varepsilon(s, y_s^\varepsilon) ds + \varepsilon \int_0^t \sigma(y_s^\varepsilon) d\overline{\beta}_s^\varepsilon, \quad \overline{P}^\varepsilon \text{ p.s., où} \tag{12}$$

$$c_\varepsilon(s,y) = b_\varepsilon(y) + \sigma(y)\cdot f'_s. \tag{13}$$

Associons enfin à f, la solution g de

$$g_t = z + \int_0^t \{b(g_s) + \sigma(g_s)\cdot f'_s\} ds. \tag{14}$$

On notera $g = B_z(f)$; B_z est l'application introduite par Azencott dans son cours.

Théorème 4 : Sous les hypothèses (1), (2), on a, pour y^ε et g définies par (3), (14) : pour tout $R > 0$, $\rho > 0$, il existe $\varepsilon_0 > 0$, $\alpha > 0$, $r > 0$ tels que si $\varepsilon \leq \varepsilon_0$, $|z-x| < r$,

$$\varepsilon^2 \log P\left[\|y^\varepsilon - g\| > \rho,\ \|\varepsilon\beta - f\| < \alpha\right] \leq -R.$$

Démonstration : Posons $A = \{\|y^\varepsilon - g\| > \rho,\ \|\varepsilon\beta - f\| < \alpha\}$ et $U = \exp\left[-\frac{1}{\varepsilon}\int_0^T (f'_s, d\beta_s)\right]$.

On a, d'une part,

$$P\left[U > \exp(\frac{\lambda}{\varepsilon^2})\right] \leq P\left[\left|\int_0^T (f'_s, d\beta_s)\right| > \frac{\lambda}{\varepsilon}\right] \leq 2\exp(-\frac{\lambda^2}{2a\varepsilon^2}),$$

et d'autre part,

$$P\left[A \cap (U \leq \exp\frac{\lambda}{\varepsilon^2})\right] = \overline{E}^\varepsilon\{\frac{dP}{d\overline{P}^\varepsilon}\ ;\ A \cap (U \leq \exp\frac{\lambda}{\varepsilon^2})\} \leq \exp\frac{a}{2\varepsilon^2}\exp\frac{\lambda}{\varepsilon^2}\overline{P}^\varepsilon(A)$$

et donc,

$$P[A] \leq \exp\frac{a}{2\varepsilon^2}\cdot\exp\frac{\lambda}{\varepsilon^2}\overline{P}^\varepsilon(\|y^\varepsilon - g\| > \rho,\ \|\varepsilon\overline{\beta}^\varepsilon\| < \alpha) + 2\exp(-\frac{\lambda^2}{2a\varepsilon^2})$$

Mais le processus y^ε vérifie (12) relativement à $\overline{\beta}^\varepsilon$ et on est sous les conditions de la proposition 1. Etant donné R, on choisit λ assez grand pour que le dernier terme soit plus petit que $\exp(-R/\varepsilon^2)$ puis, par la proposition 1, ε_o, α, r tels que $\overline{P}^\varepsilon(\|y^\varepsilon - g\| > \rho,\ \|\varepsilon\overline{\beta}^\varepsilon\| < \alpha) \leq \exp(-\frac{R + \lambda + a/2}{\varepsilon^2})$, d'où le théorème.

Remarque : Dans le théorème 4, ε_o, α, r ne dépendent que de R, ρ et a et non de f.

2 - On notera $C(\mathbb{R}^p)$ l'espace des applications continues de $[0,T]$ dans $\mathbb{R}^p$ muni de la topologie de la convergence uniforme, $C^o(\mathbb{R}^p)$ celles qui, en plus, sont absolument continues, $C_x(\mathbb{R}^p)$, $C_x^o(\mathbb{R}^p)$ celles issues de x.

On posera pour $f \in C(\mathbb{R}^p)$,

(15) $$\tilde{\lambda}(f) = \frac{1}{2}\int_0^T |f'_t|^2 dt \quad \text{si } f \in C^o, \quad +\infty \quad \text{sinon.}$$

Alors on a le théorème suivant pour le mouvement brownien issu de 0, en notant $\tilde{\Lambda}(A) = \inf(\tilde{\lambda}(f),\ f \in A)$.

Théorème 5 : Soit A un borélien de $C_o(\mathbb{R}^p)$,

$$-\tilde{\Lambda}(\mathring{A}) \leq \underline{\lim}\ \varepsilon^2 \log P(\varepsilon\beta \in A) \leq \overline{\lim}\ \varepsilon^2 \log P(\varepsilon\beta \in A) \leq -\tilde{\Lambda}(\overline{A}).$$

Voir Azencott [1], proposition 3.6.

Considérons maintenant une matrice $d \times p$ σ, soit $\Sigma = \sigma\sigma^*$ et Q la forme quadratique sur $\mathbb{R}^d$ définie par $Q(v) = \langle v, \Sigma v\rangle$; on définit la forme quadratique conjuguée Q^* par :

(16) $\quad Q^*(v) = \inf\{|w|^2 \ ; \ w$ tel que $\sigma w = v\}$ ce qui équivaut à

(17) $\quad Q^*(v) = \sup\{2<t,v> - Q(t), \ t \in \mathbb{R}^d\}$.

Remarquons que $Q^*(v) \geq \frac{1}{\|\sigma\|^2} |v|^2$, que si Σ est inversible, $Q^*(v) = <v,\Sigma^{-1}v>$ et que si σ est $d \times d$ inversible $Q^*(v) = |\sigma^{-1}(v)|^2$.

On applique cela au champ de matrice $\sigma(x)$ et on définit,

(18) $\quad Q_x(v) = |\sigma\ (x)\cdot v|^2$,

et on note $Q^*_x(v)$ la forme quadratique conjuguée qui, vu (17) est s.c.i. en (x,v) et convexe en v, notons que $Q^*_x(v) \geq \frac{1}{M} |v|^2$. Si on pose,

(19) $\quad \nu(x,v) = Q^*_x(v - b(x))$

$\nu(x,v)$ a les mêmes propriétés et de plus, $\nu(x,v) \geq \frac{1}{2M^2} |v|^2 - 1$.

Posons, pour $g \in C(\mathbb{R}^d)$,

(20) $\quad \lambda(g) = \frac{1}{2} \int_0^T \nu(g_t, g'_t)dt$ si g est a.c., $+\infty$ sinon.

On voit que $\{\lambda(g) \leq a\}$ implique $\int_0^T |g'_t|^2 dt \leq 2MT + 4aM^2$ d'où l'on peut déduire que $\{\lambda \leq a\}$ est un compact de $C_x(\mathbb{R}^d)$.

On a les propriétés suivantes (Azencott [1], Proposition 2.10).

Proposition 6 : La fonctionnelle λ est s.c.i sur $C(\mathbb{R}^d)$ et $\{g \ ; \ \lambda(g) \leq a, \ |g_o| \leq b\}$ est compact. De plus, pour, $g \in C_x(\mathbb{R}^d)$,

(21) $\quad \lambda(g) = \inf\{ \tilde{\lambda}(f) \ ; \ f \in C_o(\mathbb{R}^d), \ g = B_x(f)\}$ - B_x défini par (14) - l'inf étant atteint si $\lambda(g) < +\infty$. Enfin $B_x(\{\tilde{\lambda} \leq a\}) = \{\lambda \leq a\}$.

Remarque : Evidemment si σ est $d \times d$ inversible,

$$\lambda(g) = \frac{1}{2} \int_0^T |\sigma^{-1}(g_t)\cdot(g'_t - b(g_t))|^2 dt.$$

Pour $\quad A \subset C(\mathbb{R}^d)$, on pose,

$$\Lambda(A) = \inf(\lambda g) \ ; \ g \in A)$$

et on peut énoncer.

Théorème 7 : Sous les hypothèses (1), (2), y^ε étant défini par (3), on a, pour tout $x \in \mathbb{R}^d$ et A borélien de $C_x(\mathbb{R}^d)$,

$$- \Lambda(\mathring{A}) \leq \underline{\lim}\, \varepsilon^2 \log P(y^\varepsilon(x) \in A) \leq \overline{\lim}\, \varepsilon^2 \log P(y^\varepsilon(x) \in A \leq - \Lambda(\bar{A}).$$

Démonstration : C'est celle du théorème 2.13 de [1] que nous reprenons pour la commodité du lecteur.

Minoration : On va montrer un résultat un peu plus général qui nous sera utile plus tard.

Proposition 8 : Soit $g \in C(\mathbb{R}^d)$ telle que $\lambda(g) < +\infty$ et $g(0) = z$. Pour tout $\eta > 0$, $\rho > 0$, il existe $\varepsilon_o > 0$ et $r > 0$ tels que si $\varepsilon \leq \varepsilon_o$ et $|x-z| < r$,

$$\varepsilon^2 \log P\left[\|y^\varepsilon(x) - g\| < \rho\right] \geq - \lambda(g) - \eta.$$

Soit f tel que $B_z(f) = g$ et $\lambda(g) = \tilde{\lambda}(f)$ - proposition 6 - et soit $R = \lambda(g) + \eta$, alors

$$P\left[\|y^\varepsilon - g\| < \rho\right] \geq P\left[\|\varepsilon\beta - f\| < \alpha\right] - P\left[\|y^\varepsilon - g\| > \rho, \|\varepsilon\beta - f\| < \alpha\right]$$

$$\geq P\left[\|\varepsilon\beta - f\| < \alpha\right] - \exp\left(-\frac{R}{\varepsilon^2}\right) \text{ si } \alpha \text{ est bien choisi et } |z-x| < r$$

- théorème 4 -.

Mais (théorème 5), si $\varepsilon \leq \varepsilon_1$, $-\lambda(g) - \eta/_2 = -\tilde{\lambda}(f) - \eta/_2 \leq \varepsilon^2 \log P(\|\varepsilon\beta - f\| < \alpha)$ $\leq \varepsilon^2 \log 2 + \mathrm{Max}(\varepsilon^2 \log P(\|y^\varepsilon - g\| < \rho), - R)$ mais comme $R = \lambda(g) + \eta$ ce max ne peut être $-R$ d'où le résultat.

Ceci fait, soit maintenant G un ouvert et $g \in G$ tel que $\lambda(g) < +\infty$, il existe $\rho > 0$ tel que $B(g,\rho) \subset G$ et donc, vu la proposition ci-dessus, $P\left[y^\varepsilon \in G\right] \geq P\left[\|y^\varepsilon - g\| < \rho\right]$ et $\underline{\lim}\, \varepsilon^2 \log P(y^\varepsilon \in G) \geq - \lambda(g)$; g étant arbitraire, on a la minoration cherchée.

Majoration : Soit $A = F$ fermé. Si $\Lambda(F) = 0$ il n'y a rien à montrer. Sinon soit $a > 0$ tel que $a < \Lambda(F)$ et soit $R > a$. Si $K_a = \{\lambda \leq a\}$ et $C_a = \{\tilde{\lambda} \leq a\}$, $K_a = B_x(C_a)$ - proposition 6 -. Soit $f \in C_a$, $g = B_x(f) \in K_a$ donc $\lambda(g) \leq a < \Lambda(F)$ d'où $g \notin F$ et il existe donc $\rho_f > 0$ tel que $B_x(g,\rho_f) \subset F^c$.

De plus, on peut trouver (théorème 4) $\alpha_f > 0$, $\varepsilon_f > 0$ tels que $\varepsilon \leq \varepsilon_f$, on ait,

$$P\left[\|y^\varepsilon - g\| > \rho_f, \ \|\varepsilon\beta - f\| < \alpha_g\right] \leq \exp(- R/_{\varepsilon^2}).$$

Comme $C_a \subset \bigcup_{f \in C_a} B(f,\alpha_f)$, on peut trouver $f_1,\dots,f_n \in C_a$ telles que, notant

$\alpha_k, \varepsilon_k, \rho_k, g_k$ pour $\alpha_{f_k}, \varepsilon_{f_k}, \rho_{f_k}, B_x(f_k)$, $C_a \subset \bigcup_1^n B(f_k,\alpha_k) = U$ ouvert et

$F \subset B^c(g_k,\rho_k)$ pour tout k. On a alors,

$$\{\varepsilon\beta \in U\} \cap \{y^\varepsilon \in F\} = \bigcup_1^n \{\|\varepsilon\beta - f_k\| < \alpha_k, \ y^\varepsilon \in F\}$$

$$\subset \bigcup_1^n \{\|\varepsilon\beta - f_k\| < \alpha_k, \ \|y^\varepsilon - g_k\| > \rho_k\}$$

et donc $P[\varepsilon\beta \in U, \ y^\varepsilon \in F] \leq n \exp(- R/_{\varepsilon^2})$ si $\varepsilon = \varepsilon_1 \wedge \dots \wedge \varepsilon_n$.

Finalement $P[y^\varepsilon \in F] \leq P[\varepsilon\beta \in U, \ y^\varepsilon \in F] + P[\varepsilon\beta \in U^c]$ et

$\overline{\lim}\ \varepsilon^2 \log P(y^\varepsilon \in F) \leq \mathrm{Max}(- R, \tilde{\lambda}(U^c)) \leq - a$ car $C_a \subset U$ et donc $\tilde{\lambda}(U^c) > 0$.

On aura aussi besoin de

Proposition 9 : Soit $g \in C(\mathbb{R}^d)$ tel que $g(0) = z$. Pour tout $a < \lambda(g)$, il existe $\rho > 0$, $\varepsilon_o > 0$ tels que si $\varepsilon \leq \varepsilon_o$ et $|x-z| < \rho$, alors,

$$\varepsilon^2 \log P[\|y^\varepsilon(x) - g\| < \rho] \leq - a.$$

Démonstration : Comme λ est s.c.i., il existe $\rho > 0$, $b \in]a,\lambda(g)[$ tels que si $\|\psi - g\| < 3\rho$, on ait, $\lambda(\psi) > b$. Supposons $|x-z| < \rho$ et soit $\tilde{g}_t = g_t + (x-z)$, $\tilde{g}_o = x$ et $P[\|y^\varepsilon(x) - g\| < \rho] \leq P[\|y^\varepsilon(x) - \tilde{g}\| < 2\rho]$ et vu le théorème 7 il existe $\varepsilon_o > 0$ tel que si $\varepsilon \leq \varepsilon_o$, $\varepsilon^2 \log P[\|y^\varepsilon - \tilde{g}\| < 2\rho] \leq - \Lambda(\overline{B}(\tilde{g},2\rho)) + (b-a)$.

Mais si $\|\psi - \tilde{g}\| < 2\rho$, $\|\psi - g\| < 3\rho$ et donc $\lambda(\psi) > b$ donc $\Lambda(\overline{B}(\tilde{g},2\rho)) > b$ d'où le résultat.

3 - Deuxième partie : Cas d'une variété. M désigne une variété connexe, à base dénombrable, de classe C^2, de dimension d. On se donne sur M un opérateur semi-elliptique Δ vérifiant $\Delta 1 = 0$, de classe C^o. C'est un opérateur de $C^2(M)$ dans $C^o(M)$ qui s'écrit, si (U,ϕ) est une carte locale

$$\Delta_\phi = \frac{1}{2} \Sigma a_{ij}^\phi(x) \frac{\partial^2}{\partial x^i \partial x^j} + \Sigma h_i^\phi(x) \frac{\partial}{\partial x^i}.$$

On fait l'hypothèse,

(H) il existe un atlas de M formé de cartes (U,ϕ) telles que $a^\phi = \sigma^\phi \cdot (\sigma^\phi)^*$ avec σ^ϕ matrice rectangulaire et σ^ϕ et h^ϕ localement lipschitziens.

Soit ∂ le point à l'infini de M - ∂ point isolé si M est compacte - et $\overline{M} = M \cup \partial$ le compactifié d'Alexandrov ; on note $\mathcal{E}(M)$ l'ensemble des applications f de $\mathbb{R}_+$ dans $\overline{M}$, continues telles que $f(t) = \partial$ entraîne $f(t+h) = \partial$ pour tout h. Pour $f \in \mathcal{E}(M)$, on note $\tau(f) = \inf(t \geq 0,\ f(t) = \partial)$. $\mathcal{C}(M)$ désigne le sous-espace des f telles que $\tau(f) = +\infty$. Donnons nous une suite de compacts (K_r) telles que $K_1 \subset \overset{\circ}{K}_2 \subset K_2 \subset \ldots$ avec $\cup K_r = M$ et soit

$\tau^r(f) = \inf(t \geq 0,\ f(t) \notin K_r)$, et soit $\pi_r : \mathcal{E}(M) \to \mathcal{C}(M)$, $f \rightsquigarrow f^r$ où $f^r(t) = f(t \wedge \tau^r)$; on munit $\mathcal{E}(M)$ de la topologie limite projective des π_r. On voit facilement que $f_n \to f$ dans $\mathcal{E}(M)$ ssi $f_n \to f$ uniformément sur $[0,u]$ pour tout $u < \tau(f)$.

On fait le choix sur M d'une distance riemannienne telle que $d(x,y) \to +\infty$ si $y \to \partial$ et on la prolonge à $\overline{M}$ par $d(x,\partial) = +\infty$. Alors pour $f,g \in \mathcal{E}(M)$, $0 \leq u < v$ on pose,

$$d_{u,v}(f,g) = \sup\{d(f(t),g(t))\ ;\ u \leq t \leq v\}. \tag{22}$$

Alors $V_\rho^u(f) = \{g\ ;\ d_{0,u}(f,g) < \rho\}$, $u < \tau(f)$, $\rho > 0$ forme une base de voisinage de f.

On définit de même $\mathcal{E}^T(M)$, $\mathcal{C}^T(M)$ pour les f définies sur $[0,T]$ et $\mathcal{E}_x^T(M)$, $\mathcal{C}_x^T(M)$ pour les f telles que $f(0) = x$. Evidemment $\mathcal{C}^T(M)$ désigne les applications continues de $[0,T]$ dans M et non dans $\overline{M}$.

On se donne maintenant des champs de vecteurs $b_\varepsilon(x)$, $b(x)$ et on suppose.

(H') b_ε et b sont localement lipschitziens et b_ε tend vers b uniformément sur tout compact.

On définit l'opérateur D_ε par :

$$D_\varepsilon u = \langle b_\varepsilon, du\rangle + \varepsilon^2 \Delta u. \tag{23}$$

On appellera <u>bonne carte</u> une carte (U,ϕ) vérifiant :

(i) $U \subset \overline{U}$ compact $\subset V$ carte et pour tout $x,y \in U$, $0 < k \leq \dfrac{\|\phi(x)-\phi(y)\|}{d(x,y)} \leq k' < +\infty$

(ii) il existe $\tilde{\sigma}$, $\tilde{h}$, $\tilde{b}_\varepsilon$, $\tilde{b}$ uniformément lipschitziens, bornés sur $\mathbb{R}^d$ telles que $a^\phi = \tilde{\sigma}\tilde{\sigma}^*$, $h^\phi = \tilde{h}$, $\tilde{b}_\varepsilon = b_\varepsilon^\phi$ sur $\phi(U)$ et $\tilde{b}_\varepsilon \to \tilde{b}$ uniformément.

On construit facilement un atlas de bonnes cartes.

Alors sur $(\Omega = \mathcal{E}(M)$, $\underline{\underline{F}}_t, \underline{\underline{F}}$ tribus usuelles, $y_t(\omega) = \omega(t))$, il existe, pour $x \in M$, une unique probabilité P_x^ε, telle que $P_x^\varepsilon(y_o = x) = 1$ et pour $f \in C_k^2$,

(24) $$f(y_t) - f(x) - \int_0^t D_\varepsilon(f(y_s))ds \quad \text{soit une} \quad (P_x^\varepsilon, \underline{\underline{F}}_t) \quad \text{martingale.}$$

On appellera le processus $X^\varepsilon = (\Omega, \underline{\underline{F}}_t, \underline{\underline{F}}, y_t, P_x^\varepsilon)$ la D_ε-diffusion - voir [3] par exemple -.

La propriété essentielle est la suivante ; si (U,ϕ) est une bonne carte et si $x \in U$, les processus, sur $\phi(U)$, $(\phi \circ y_t, P_x^\varepsilon)$ et $(y^\varepsilon ; P)$ tués à la sortie de $\phi(U)$ ont même loi ; y^ε étant la solution de $dy_t^\varepsilon = (\tilde{b}^\varepsilon + \varepsilon\tilde{h})(y_t^\varepsilon)dt + \varepsilon\tilde{\sigma}(y_t^\varepsilon)d\beta_t^\varepsilon, y_o^\varepsilon = \phi(x)$ et (β_t, P) un d-mouvement brownien.

Passons à la définition de la fonctionnelle λ. En chaque $x \in M$, l'opérateur Δ définit une forme quadratique Q_x sur $T_x^*(M)$ de composantes a^ϕ dans la carte locale (U,ϕ). Vu (H), Q_x est un champ de tenseurs localement lipschitzien. Alors la formule :

(25) $$Q_x^*(v) = \sup\{[2\langle v,w\rangle - Q_x(w)] \ ; \ w \in T_x^*(M)\}, \ v \in T_x(M)$$

définit un champ de formes quadratiques (éventuellement infinies) sur $T_x(M)$ et $(x,v) \rightsquigarrow Q_x^*(v)$ est s.c.i. sur le fibré tangent. Pour tout cela, voir le cours d'Azencott ([1], V.2). On pose, pour $f \in \mathcal{C}(M)$,

(26) $$\nu(x,v) = Q_x^*(v-b(x)), \quad v \in T_x(M), \ x \in M,$$

(27) $$\lambda_{u,v}(f) = \begin{cases} \dfrac{1}{2}\displaystyle\int_{u\wedge\tau(f)}^{v\wedge\tau(f)} \nu(f_t, f_t')dt & \text{si } f \text{ est a.c.} \\ +\infty & \text{sinon.} \end{cases}$$

La chose importante est que si $v < \tau(f)$ et si $f([u,v]) \subset U$ bonne carte,

(28) $$\lambda_{u,v}(f) = \frac{1}{2}\int_u^v \nu^\phi\{f_t^\phi, (f_t^\phi)'\}dt \quad \text{où } f^\phi = \phi \circ f \text{ et } \nu^\phi \text{ est définie par (19)}$$

relativement à $\tilde{\sigma}$ et $\tilde{b}$.

On fixe $T > 0$ et on pose $\lambda = \lambda_{0,T}$, puis, pour $A \subset \mathcal{C}^T(M)$

(29) $$\Lambda(A) = \mathrm{Inf}(\lambda(f) \ ; \ f \in A).$$

Nous voulons démontrer :

Théorème 10 : On suppose (H) et (H'). Alors la fonctionnelle λ est s.c.i, $\{f \; ; \lambda(f) \leq a$ et $f_o \in \Gamma$ compact$\}$ est compact et pour tout A borélien $\subset \mathcal{E}_x^T(M)$,

$$- \Lambda(\mathring{A}) \leq \underline{\lim}\; \varepsilon^2 \log P_x^{\varepsilon}(y \in A) \leq \overline{\lim}\; \varepsilon^2 \log P_x^{\varepsilon}(y \in A) \leq - \Lambda(\overline{A}).$$

Si la D_ε-diffusion a une durée de vie infinie, ce résultat est vrai dans $\mathcal{C}_x^T(M)$.

Remarques : L'hypothèse (H) est satisfaite dans les cas suivants (voir [2], III App)

(i) Δ est de classe C^1, elliptique.

(ii) Δ est de classe C^2.

(iii) $M = \mathbb{R}^d$ et $a = \sigma \cdot \sigma^*$ avec σ localement lipschitzien.

La suite de ce travail est consacrée à la démonstration du théorème 10. Nous allons d'abord étendre les estimations obtenues dans $\mathbb{R}^d$ à un tube sur la variété.

Recollement des estimations : Soit $f \in \mathcal{E}(M)$ et $0 < u < v$; nous dirons que (f,u,v) vérifie (P) si :

(i) $\tau(f) > v$,

(ii) pour tout $\eta > 0$, $\rho > 0$, il existe $\varepsilon_o > 0$ et $r > 0$ tels que si $\varepsilon \leq \varepsilon_o$,

$$d(f(u),x) < r, \quad \varepsilon^2 \log P_x^{\varepsilon}\Big[\sup_{t \leq v-u} d(y_t, f(u+t)) < \rho\Big] \geq - \lambda_{u,v}(f) - \eta,$$

(iii) pour tout a tel que $a < \lambda_{u,v}(f)$, il existe $\varepsilon_o > 0$, $\rho > 0$, $r > 0$ tels que

$$\varepsilon \leq \varepsilon_o, \; d(f(u),x)) < r, \; \varepsilon^2 \log P_x^{\varepsilon}\Big[\sup_{t \leq v-u} d(y_t, f(u+t)) < \rho\Big] \leq - a.$$

Nous dirons également que $(f,u,v,\alpha) \subset U$, bonne carte, si toute $g \in \mathcal{E}(M)$ telle que $d_{u,v}(f,g) < \alpha$ vérifie $g([u,v]) \subset U$. Alors,

1er) Si $f([u,v]) \subset U$, bonne carte, (f,u,v) vérifie (P). En effet on peut trouver α tel que $(f,u,v,\alpha) \subset U$ et (ii) et (iii) résultent des propositions 8 et 9 compte tenu du fait que pour $x,z \in U$, $0 < k \leq \dfrac{d(x,z)}{\|\phi(x)-\phi(z)\|} \leq k'$.

2è) Soit $0 \leq u < v < w$. Si (f,u,v) et (f,v,w) vérifient (P), (f,u,w) aussi. On suppose $u = 0$. Soit $A = P_x^{\varepsilon}\Big[\sup_{t \leq w} d(y_t, f(t)) < \rho\Big]$

$$A = P_x^\varepsilon\Big[\sup_{t\leq v} d(y_t,f(t)) < \rho,\ \sup_{s\leq w-v} d(y_s\circ\theta_v,\ f(v+s)) < \rho\Big]$$

$$= E_x^\varepsilon\Big[P_{y_v}^\varepsilon\big(\sup_{s\leq w-v} d(y_s,f(v+s)) < \rho\big)\ ;\ \sup_{t\leq v} d(y_t,f(t)) < \rho\Big]$$

Il suffit d'établir (ii) pour ρ petit. Comme (f,v,w) vérifie (P), on peut trouver $r_1 > 0$ et $\varepsilon_1 > 0$ tel que si $\rho > r_1$ et $\varepsilon \leq \varepsilon_1$, on ait,

$$A \geq \exp\big[-\lambda_{v,w}(f) - \eta/2\big] P_x^\varepsilon(\sup_{t\leq v} d(y_t,f(t)) < \rho)$$

$$\geq \exp\big[-\lambda_{v,w}(f) - \lambda_{o,v}(f) - \eta\big] \quad \text{si } \varepsilon \leq \varepsilon_2 \text{ et } |f(0) - x| < r_2,$$

$$\geq \exp\big[-\lambda_{o,w}(f) - \eta\big].$$

Soit maintenant $a < \lambda_{o,w}(f)$ et $a = a_1 + a_2$ avec $a_1 < \lambda_{o,v}(f)$, $a_2 < \lambda_{v,w}(f)$.

Comme (f,v,w) vérifie (P), on a pour $\rho < r_1$ et $\varepsilon \leq \varepsilon_1$,

$$A \leq \exp(-a_2) P_x^\varepsilon(\sup_{t\leq v} d(y_t,f(t)) < \rho) \leq \exp(-a_1-a_2)$$

si $\rho < \rho_2$, $\varepsilon \leq \varepsilon_2$ et $|f(0) - x| < r_2$.

3è) Soit $t < \tau(f)$. Alors $(f,0,t)$ vérifie (P).

On peut trouver $\varepsilon_o > 0$ tel que $(f,0,\varepsilon_o,\alpha_o) \subset U_o$ bonne carte, puis pour tout $0 < u \leq t$, $\varepsilon(u)$, $\alpha(u)$, U_u bonne carte tels que $(f,u-\varepsilon(u),u+\varepsilon(u),\alpha(u)) \subset U_u$ d'où, en recouvrant $[0,t]$, on construit $t_o = 0 < t_1 < t_2 < \ldots < t_n = t$, $\alpha > 0$ et $U_1,\ldots,U_n$ bonnes cartes telles que $(f,t_k,t_{k+1},\alpha) \subset U_k$. Alors les propriétés 1 et 2 ci-dessus montrent que $(f,0,t)$ vérifie (P). Notons que cette construction montre que λ est s.c.i sur $\mathcal{E}^T(M)$. En effet soit $f \in \mathcal{E}^T(M)$ et $a < \lambda(f)$, il existe $t < \tau(f)$ tel que $\lambda_{o,t}(f) > \lambda(f) - \eta$, puis α_k tel que si

$d_{t_k,t_{k+1}}(f,g) < \alpha_k$ alors $\lambda_{t_k,t_{k+1}}(g) > \lambda_{t_k,t_{k+1}}(f) - \eta/n$ d'où si $\overline{\alpha} = \inf \alpha_k$,

$\lambda(g) > \lambda_{o,t}(g) > \lambda_{o,t}(f) - \eta > \lambda(f) - 2\eta$ pour tout g tel que $d_{o,t}(f,g) < \overline{\alpha}$ qui est un voisinage de f dans $\mathcal{E}^T(M)$.

Ceci fait, établissons la minoration.

Proposition 11 : Soit $f \in \mathcal{C}_x^T(M)$, alors

(i) pour tout $\eta > 0$ et tout ouvert V_f contenant f, il existe $\varepsilon_o > 0$ tel que si $\varepsilon \leq \varepsilon_o$,

$$\varepsilon^2 \log P_x^\varepsilon[y \in V_f] \geq - \lambda(f) - \eta$$

(ii) pour tout $a < \lambda(f)$, il existe un voisinage V_f de f et ε_o tel que si $\varepsilon \leq \varepsilon_o$,

$$\varepsilon^2 \log P_x^\varepsilon[y \in V_f] \leq - a.$$

Démonstration :

(i) Si V_f est un ouvert contenant f, il existe $t \leq T$, $t < \tau(f)$ et $\rho > 0$ tel que $V_f \supset \{g \; ; \; d_{o,t}(f,g) < \rho\}$ alors comme $(f,0,t)$ vérifie (P), on a pour $\varepsilon \leq \varepsilon_o$,

$$\varepsilon^2 \log P_x^\varepsilon(y \in V_f) \geq - \lambda_{o,t}(f) - \eta \geq - \lambda(f) - \eta.$$

(ii) Comme $\lambda_{o,t}(f) \uparrow \lambda(f)$ lorsque $t \uparrow T \wedge \tau(f)$, il existe $t < T \wedge \tau(f)$ tel que $a < \lambda_{o,t}(f)$, alors toujours par la propriété (P), il existe $\rho > 0$, $\varepsilon_o > 0$ tels que $V_f = \{g, d_{o,t}(f,g) < \rho\}$ vérifie $\varepsilon^2 \log P_x^\varepsilon(y \in V_f) \leq - a$.

La propriété (i) de cette proposition montre que si G est un ouvert de $\mathcal{C}_x^T(M)$, alors pour tout $f \in G$, $\underline{\lim}\, \varepsilon^2 \log P_x^\varepsilon(y \in G) \geq - \lambda(f)$ et donc $\underline{\lim}\, \varepsilon^2 \log P_x^\varepsilon(y \in G) \geq - \Lambda(G)$. L'adaptation, dans le cas où la diffusion n'explose pas, à $\mathcal{C}_x^T(M)$ est immédiate.

Pour démontrer la majoration, on va utiliser

Proposition 12 : Pour tout $R > 0$, $x \in M$, il existe un compact H de $\mathcal{C}_x^T(M)$ et ε_o tel que pour $\varepsilon \leq \varepsilon_o$, $\varepsilon^2 \log P_x^\varepsilon(y \notin H) \leq - R$.

Admettons pour le moment cette proposition qui sera établie au paragraphe 4.
Soit alors F un fermé de $\mathcal{C}_x^T(M)$ et $a < \Lambda(F)$. Soit $R > a$ et H le compact de la proposition 12. A tout $f \in F$, on peut associer (proposition 11) un ouvert V_f tel que $\varepsilon^2 \log P_x^\varepsilon(y \in V_f) < - a$. On recouvre $H \cap F$ par ces ouverts et on construit ainsi $f_1, \ldots, f_n$ tels que $H \cap F \subset \bigcup_1^n V_{f_k}$. Alors

$$P_x^\varepsilon(y \in F) \leq P_x^\varepsilon(y \in F \cap H) + P_x^\varepsilon(y \notin H) \leq \sum_1^n P_x^\varepsilon(y \in V_{f_k}) + P_x^\varepsilon(y \in H),$$

$$\overline{\lim}\, \varepsilon^2 \log P_x^\varepsilon(y \in F) \leq \mathrm{Max}(- a, - R) \leq - a.$$

Pour le cas $\mathcal{C}_x^T(M)$ il suffit de remarquer qu'un fermé de $\mathcal{E}_x^T(M)$ est un fermé de $\mathcal{E}_x^T(M)$.

Il reste à montrer que $\{\lambda \leq a\} \cap \{f_o \in \Gamma\}$ est compact. Soit donc (f_n) telles que $\lambda(f_n) \leq a$ et $f_n(0) \to x$. Il suffit de montrer que, pour tout $r \in \underline{N}$, on peut trouver (n') telle que $f_{n'}^r$ converge uniformément sur $[0,T]$. (Rappelons que $f^r(t) = f(t \wedge \tau_r(f))$ où $\tau_r(f) = \inf(t, f(t) \notin K_r)$ avec $\bigcup_r K_r = M$). En effet par le procédé diagonal, on construira (n'') telle que $f_{n''}^r$ tende vers f^r pour tout r et donc dans $\mathcal{E}^T(M)$ et on conclut par la s.c.i de λ.

Donc r fixé, soit $U_1,\ldots,U_n$ un recouvrement de K_r par des bonnes cartes vérifiant :

(30) il existe $\rho > 0$ telle que si $x \in K$, $B(x,\rho) \subset U_q$ pour un q.

(31) les coefficients $\tilde{\sigma}$, $\tilde{b}$, $\tilde{b}^{\varepsilon}$, $\tilde{h}$ intervenant dans la définition d'une bonne carte sont (pour tout q) bornés par M.

(32) si $x,z \in U_q$, $0 < k < \dfrac{\|\phi_q(x)-\phi_q(z)\|}{d(x,z)} < \dfrac{1}{k}$.

Soit maintenant f_n telle que $d(f_n(0),x) < \frac{\rho}{2}$; supposons $B(x,\rho) \subset (U_1,\phi_1)$ et soit $u < \tau_{U_1}(f_n)$, alors on a (dans $\mathbb{R}^d$), $\lambda_{o,u}^{\phi_1}(f_n \circ \phi_1) \leq a$ et donc (voir paragraphe 2).

(33) $$\int_0^u \|(f_n \circ \phi_1)'_s|^2 ds \leq C = 2M^2(T + 2a).$$

On en déduit facilement l'existence d'un $\tau > 0$ ne dépendant que de ρ, M, k, a telle que $f_n([0,\tau]) \subset U_1$ et, de là, on construit une sous-suite, encore notée f_n, telle que f_n tende vers f uniformément sur $[0,\tau]$ et à fortiori f_n^r.

Alors $f_n^r(\tau) \to f(z)$ et supposons que $B(z,\rho) \subset (U_2,\phi_2)$. Soit n telle que $d(z,f_n^r(\tau)) < \frac{\rho}{2}$ et u tel que $\tau < u < \tau_{U_2}(f_n^r)$. Posons $v = \tau_r(f_n)$. Si $v \leq \tau$ alors $f_n^r(u) = f_n^r(\tau)$; si $u \geq v > \tau$, on a,

$$\lambda_{\tau,v}^{\phi_2}(f_n \circ \phi_2) \leq a \quad \text{et donc} \quad \int_\tau^v |(f_n \circ \phi_2)'_s|^2 ds \leq C.$$

Comme f_n^r est constant après v, on a dans tous les cas,

(34) $$\int_\tau^u |(f_n^r \circ \phi_2)'_s|^2 ds \leq C,$$

donc $f_n([\tau,2\tau]) \subset U_2$ pour <u>le même</u> τ <u>que ci-dessus</u> et de là, on déduit l'existence d'une sous-suite encore notée (f_n) telle que f_n^r tende uniformément vers f_r sur $[0,2\tau]$. Continuant ce procédé, on construit $f_{n'}$ telle que $f_{n'}^r$ converge uniformément vers f_r sur $[0,T]$.

<u>Remarque</u> : On peut démontrer le théorème 7 lorsque $\sigma \cdot \sigma^*$ est inversible en remplaçant l'hypothèse b_ε lipschitzien par b_ε borélien borné (et toujours tendant uniformément vers b lipschitzien). Il suffit pour cela de donner un sens faible à (3). Ceci permet dans le théorème 10 de remplacer <u>lorsque</u> Δ <u>est elliptique</u> l'hypothèse h^ϕ est localement lipschitzien, par h^ϕ borélien, localement borné.

4 - <u>Démonstration de la proposition 12.</u>

Lemme 13 : <u>Pour tout compact</u> K <u>de</u> M, <u>il existe</u> $\theta > 0$, $a > 0$, $b > 0$ <u>tels que pour tout</u> $\alpha > 0$, $u > 0$, $\varepsilon > 0$, $x \in K$, <u>on ait, en désignant par</u> τ_K <u>le temps de sortie de</u> K,

$$\log P_x^\varepsilon(\sup_{t \leq u} d(y_t,x) > \alpha,\ u < \tau_K) \leq a - \theta \frac{\alpha(\alpha - bu)}{u\varepsilon^2}.$$

<u>Démonstration</u> : On commence par recouvrir K par un nombre fini de bonnes cartes $U_1,\ldots,U_p$ vérifiant les conditions (30), (31), (32) ; le k choisi dans la suite étant celui de (32).

On voit alors que si $x \in K$ et $\alpha < \rho$,

$$P_x^\varepsilon(\sup_{t \leq u} d(y_t,x) > \alpha) \leq P\left[\sup_{t \leq u} |y^\varepsilon(x) - x| > k\alpha\right] \leq 2\exp\left(-A\,\frac{\alpha(\alpha - Bu)}{u\varepsilon^2}\right)$$ pour des constantes A,B ne dépendent que de M,k,d. Dans le cas général,

$$P_x^\varepsilon(\sup_{t \leq u} d(y_t,x) > \alpha,\ u \leq \tau_K) \leq \sum_{p=0}^{r-1} P_x^\varepsilon\left(\sup_{\frac{k}{r} \leq u < \frac{k+1}{r}u} d(y_t, y_{\frac{k}{n}}) > \frac{\alpha}{r},\ u < \tau_K\right)$$

$$\leq r \sup_{z \in K} P_z^\varepsilon\left(\sup_{t \leq \frac{u}{r}} d(y_t,z) > \frac{\alpha}{r}\right) \leq r^d \exp\left(-A\,\frac{\alpha(\alpha - Bur)}{ru\,\varepsilon^2}\right).$$

Ceci si $\frac{\alpha}{r} < \rho$.

Mais, par ailleurs, si $\sup_{z \in K} d(z,K^c) = C$, on a que $P_x^\varepsilon(\quad) = 0$ dès que $\alpha > C$; on peut donc se limiter à $\alpha \leq C$ et on choisit alors r tel que $\frac{C}{r} < \rho$, ce qui montre le lemme.

Revenons à la proposition. On suppose $T = 1$. Rappelons que l'on a choisi $K_1 \subset \overset{\circ}{K}_2 \subset K_2 \subset \dots$ avec $M = \cup K_n$ et poser $\tau_n(f) = \inf(t, f(t) \notin K_n)$. On définit alors pour toute suite de réels k_n tels que $0 < k_n < +\infty$,

$$H(k_n) = \bigcap_n \bigcap_p \{f \ ; \ \sup\{d(f(t),f(s)) \ ; \ |t-s| < \frac{1}{2p}, \ s,t < \tau_n(f)\} \leq 2k_n p^{-1/4}\}$$

Vu la définition de la topologie de $\mathcal{C}^1(M)$, $H(k_n)$ est compact

$$H^c(k_n) \subset \bigcup_n \bigcup_p \bigcup_{k=0}^{p=1} \{\sup(d(f(t),f(s)) \ ; \ s,t \in \left[\frac{k}{p}, \frac{k+1}{p}\right[, \ \frac{k+1}{p} < \tau_n(f)) > 2k_n p^{-1/4}\}$$

$$P_x^\varepsilon(H^c(k_n)) \leq \sum_n \sum_p p \sup_{z \in K_n} P_z^\varepsilon\left(\sup_{t \leq \frac{1}{p}} d(y_t, z) > k_n p^{-1/4}; \ \frac{1}{p} < \tau_n = \tau_{Kn}\right)$$

$$\leq \sum_n \sum_p p \exp(a_n - \frac{\theta_n k_n}{\varepsilon^2} (k_n p^{1/2} - b_n p^{-1/4})) \text{ - lemme 13 -.}$$

Supposons,

(35) $\quad \varepsilon \leq 1$ et $\theta_n k_n \geq 1$.

Alors,

$$\exp(\frac{\theta_n k_n}{2}) \sum_p p \exp(- \frac{\theta_n k_n}{\varepsilon^2} (k_n p^{1/2} - b_n p^{-1/4})) = \sum_p p \exp(- \frac{\theta_n k_n}{2}(k_n p^{1/2} - b_n p^{-1/4} - 1))$$

$$\leq \sum_p p \exp(- p^{1/2}) = C < +\infty, \text{ si on choisit}$$

(36) $\quad k_n \geq b_n + 2$; car $k_n p^{1/2} - b_n p^{-1/4} - 1 \geq (k_n - b_n - 1)p^{1/2}$ pour tout p.

Mais alors $\exp(\frac{2R}{\varepsilon^2}) P_x^\varepsilon(H^c(k_n)) \leq \sum_n C \exp(a_n - \frac{\theta_n k_n - 2R}{\varepsilon^2}) \leq C \sum_n \exp(-n) = C'$ en choisissant

(37) $\quad \varepsilon \leq 1$, $\theta_n k_n \geq 2R + n + a_n$.

Finalement $P_x^\varepsilon(H^c(k_n)) \leq C' \exp(- \frac{2R}{\varepsilon^2}) \leq \exp(- \frac{R}{\varepsilon^2})$ si $\varepsilon \leq \varepsilon_o$ et

$$k_n \geq \text{Max}(b_n + 2, \frac{2R + n + a_n}{\theta_n})$$

REFERENCES :

[1] R. AZENCOTT : Grandes déviations et applications. Ecole d'Eté de Probabilités de Saint-Flour VII-78. Lecture Notes in Math. Springer Verlag 1980.

[2] R.S. LIPTSER-A.N. SHYRYAYEV : Statistics of Random Processes I. Springer Verlag.

[3] P. PRIOURET : Diffusions et équations différentielles stochastiques. Ecole d'Eté de Probabilités de Saint-Flour III-73. Lecture Notes in Math. Springer Verlag (390).

[4] A.D. VENTSEL-M.I. FREIDLIN : On small random perturbations of dynamical systems. Russian Math. Surveys 25 (1970) p. 1-55.

Remarque : On a établi le théorème 10 pour les diffusions y^ε sur M en recollant les estimations obtenues à l'aide du théorème 4 pour $M = \mathbb{R}^d$. Or on sait (voir par exemple le livre de Ikeda - Watanabe Ch. V th. 1.1) qu'on peut obtenir la diffusion y^ε comme image d'un brownien d-dimensionnel. On peut donc songer à démontrer le théorème 10 en étendant le théorème 4 à une variété ; ceci par des méthodes proches de celles du paragraphe 3. Cependant la méthode consistant à recoller les estimations est un peu plus générale ; elle permet par exemple de traiter le cas où y^ε est de générateur $\varepsilon^2\Delta + b_\varepsilon$ avec Δ elliptique et b^ε borélien tendant vers b régulier - voir la remarque à la fin du paragraphe 3 -

LOCAL TIME AND PATHWISE UNIQUENESS FOR STOCHASTIC DIFFERENTIAL EQUATIONS

By Edwin Perkins

In this note we use the notion of local time of a semimartingale to obtain pathwise uniqueness results for one-dimensional Itô equations. The first such use of local time (to our knowledge) seems to be in [1] (see Th. II.3.1) . Since the well-known results of Yamada and Watanabe [4, Th.1] involve an approximation of $f(x) = |x|$ by C^2 functions and an application of Itô's lemma, it is not surprising that this approach simplifies matters somewhat. Although our main result (Cor. 2, Th. 4) is slightly more general than Th. 1 of [4] (since it also applies to certain diffusion coefficients which need not be Hölder continuous of any order (see Examples 3)), it is the simplicity of the proofs that we wish to stress.

We first consider equations with random diffusion coefficients and no drift, and then use a result of Zvonkin [5] to handle bounded measurable drifts.

Assume (Ω, F, P, F_t) satisfies the usual hypotheses and B_t is a $\{F_t\}$ - Brownian motion (in the usual sense). Unless otherwise indicated, we assume throughout this work that X_0 is an F_0-measurable random variable, $\sigma : [0,\infty) \times \mathbb{R} \times \Omega \to \mathbb{R}$ is jointly measurable, and $\sigma(s,\cdot,\cdot)$ is Borel $\times F_s$-measurable for all s . We say that $X(t,\omega)$ is a solution of

$$(1) \quad X(t) = X_0 + \int_0^t \sigma(s,X(s),\omega)\,dB(s)$$

with lifetime ρ if $T_n(X) = \inf\{t \mid |X(t)| > n\} \wedge n$ satisfy $\lim_{n\to\infty} T_n(X) = \rho > 0$ a.s. and X satisfies (1) on $[[0,\rho[[$ (we may set $X = \Delta$ on $[[\rho,\infty[[$). We say that pathwise uniqueness holds in (1) if whenever X_1 and X_2 are solutions of (1) with lifetimes ρ_1 and ρ_2 , respectively, then $\rho_1 = \rho_2$ and $X_1(t) = X_2(t)$ for all $t < \rho_1$ a.s.

If Y is a semimartingale, $L_t^x(Y)$ denotes its local time (see Meyer [2, p.365]) .

Theorem 1. Suppose there is a solution, X_1, of (1), and measurable mappings $\delta : \Omega \to (0,\infty)$ and $\rho : [0,\infty) \times \Omega \to [0,\infty]$ such that

(2) $\int_{0+} \rho^{-1}(z)dz = \infty$ a.s. (i.e. $\infty > \int_{\varepsilon}^{1} \rho^{-1}(z)dz$ increases to ∞ a.s. as $\varepsilon \to 0^+$)

(3) If $f(s,x,\omega) = \sup_{0<y<\delta(\omega)} \rho^{-1}(y)(\sigma(s,x+y,\omega) - \sigma(s,x,\omega))^2$, then

$$\int_0^{T_m(X_1)} f(s,X_1(s),\omega)ds < \infty \quad \text{for all } m \in \mathbb{N} \text{ a.s.}$$

Then pathwise uniqueness holds in (1).

Proof. If X_2 is another solution of (1), let $T_m = T_m(X_1) \wedge T_m(X_2)$ and $X_i^m(t) = X_i(t \wedge T_m)$. Define $\varepsilon_n(\omega)$ by $\int_{\varepsilon_n}^{n^{-1}} \rho^{-1}(z)dz = n$. Using the continuity of local time we see that w.p.1,

$$\begin{aligned} L_{T_m}^0(X_2^m - X_1^m) &= \lim_{n\to\infty} n^{-1} \int_{\varepsilon_n}^{n^{-1}} \rho^{-1}(x) L_{T_m}^x (X_2^m - X_1^m)dx \\ &\le \limsup_{n\to\infty} n^{-1} \int_0^{T_m} \rho^{-1}(X_2^m(s) - X_1^m(s))\, I(X_2^m(s) - X_1^m(s) \in (\varepsilon_n, n^{-1})) \\ &\qquad (\sigma(s,X_2^m(s)) - \sigma(s,X_1^m(s)))^2 ds \\ &\le \limsup_{n\to\infty} n^{-1} \int_0^{T_m} f(s,X_1(s))ds = 0 . \end{aligned}$$

Therefore

$$E(|X_2^m(t) - X_1^m(t)|) = E(L_{T_m \wedge t}^0 (X_2^m - X_1^m)) = 0 ,$$

and pathwise uniqueness follows.□

Corollary 2. Suppose there are measurable mappings $\delta : \Omega \to (0,\infty)$, $\rho : [0,\infty) \times \Omega \to [0,\infty]$, $c_m : [0,\infty) \times \Omega \to [0,\infty]$, and $g_m : \mathbb{R} \times \Omega \to [0,\infty]$ $(m \in \mathbb{N})$ such that in addition to (2) we have (w.p.1)

(4) $(\sigma(s,x+y,\omega) - \sigma(s,x,\omega))^2 \le \rho(y,\omega)(c_m(s,\omega) + \sigma(s,x,\omega)^2 g_m(x,\omega))$ for all $0 < y < \delta(\omega)$, $s \le m$ and $|x| \le m$.

(5) $c_m(\cdot,\omega)$ and $g_m(\cdot,\omega)$ are Lebesgue integrable over compacts.

Then pathwise uniqueness holds in (1) .

Proof. If f is as in Theorem 1, then for $s \le m$ and $|x| \le m$,

$$f(s,x,\omega) \le c_m(s,\omega) + g_m(x,\omega)\ \sigma(s,x,\omega)^2 .$$

Therefore if X is a solution of (1) ,

$$\begin{aligned}\int_0^{T_m(X)} f(s,X(s),\omega)ds &\le \int_0^m c_m(s,\omega)ds + \int_0^{T_m} g_m(X(s),\omega)\ \sigma^2(s,X(s),\omega)ds \\ &= \int_0^m c_m(s,\omega)ds + \int_{-m}^m g_m(x,\omega)L_x^{T_m}(X)dx \\ &< \infty \quad \text{a.s.}\end{aligned}$$

The result follows from Theorem 1. □

Remarks. 1) By being just a little more careful in the proofs of the previous two results one can weaken the hypotheses of Corollary 2 to the following:

Suppose there is a sequence of measurable functions $h_n : [0,\infty) \times \Omega \to [0,\infty)$ that integrate to one a.s. and satisfy $\{x | h_n(x) \ne 0\} \subset (0,\delta_n)$ for some random variables δ_n , decreasing to zero a.s., and for each $m \in \mathbb{N}$ there are sequences of functions $\{c_m^n | n \in \mathbb{N}\}$ and $\{g_m^n | n \in \mathbb{N}\}$, uniformly (Lebesgue) integrable on $[0,m]$ and $[-m,m]$, respectively, that satisfy

$$(\sigma(s,x+y,\omega) - \sigma(s,x,\omega))^2 \le h_n(y)^{-1}(c_m^n(s,\omega) + \sigma(s,x,\omega)^2\ g_m^n(x,\omega))$$

for all $s \le m$, $|x| \le m$ and $0 < y < \delta_n(\omega)$.

Note that the hypotheses of Corollary 2 imply the above conditions by taking $h_n(y) = \rho^{-1}(y) I(\varepsilon_n < y < n^{-1})$, where $\varepsilon_n(\omega)$ is defined by $\int_{\varepsilon_n}^{n^{-1}} \rho^{-1}(y)dy = 1$. An analagous modification may also be made in Theorem 1.

2) The above results also hold if B is replaced by a continuous local martingale M provided we assume slightly stronger measurability conditions on σ (such as $(s,\omega,x) \to \sigma(s,x,\omega)$ is $\mathcal{O} \times$ Borel-measurable, where $\mathcal{O}$ is the optional σ-field) to ensure that (1) makes sense, and replace ds with $d[M,M]_s$ in the integrability conditions on f and c_m (i.e. in (3) and (5)).

3) If we take $g_m = 0$ in Corollary 2 we obtain (essentially) Theorem 1 of Yamada and Watanabe [4]. It is interesting to note, however, that by setting $c_m = 0$ one can obtain pathwise uniqueness in cases not handled by that theorem, as the following examples show:

<u>Examples 3</u>. (i) $\sigma(x) = 1 + |x|^p$ for $p > 0$.

The mean value theorem shows that for some $c > 0$, and for all $0 < y < 1$,

$$(\sigma(x+y) - \sigma(x))^2 \le y(c \max(1,|x|^{p-1})) .$$

Since $\max(1,|x|^{p-1})$ is integrable over compacts, pathwise uniqueness follows from Corollary 2.

(ii) $\sigma(x) = 1 + [\log(|x|^{-1} \vee 2)]^{-p}$, for $p > 0$.

Note that σ is not Hölder continuous of any order at zero. Again, the mean value theorem shows that (4) holds for all $0 < y < 1/4$, with $\rho(y) = y|\log y|$, $g_m(x) = c|x|^{-1}(\log |x|^{-1})^{-(2p+1)} I_{[-3/4,1/2]}(x)$ and $c_m = 0$. Hence pathwise uniqueness holds.

Of course in the above examples, pathwise uniqueness also follows from a result of Nakao [3], stating that pathwise uniqueness holds in (1) if $0 < \varepsilon \le \sigma(s,x,\omega) = \sigma(x) \le M < \infty$ and σ is of bounded variation on compacts. By adding a non-negative function, $g(x)$, of unbounded variation on every interval of positive length, and satisfying Lévy's modulus of continuity for Brownian motion (for example, the absolute value of any "typical" Brownian path) to the above σ's one obtains a coefficient satisfying the hypotheses of Corollary 2 but neither the hypotheses of Nakao nor Yamada and Watanabe. □

Theorem 4. Suppose that $\sigma, b : [0,\infty) \times \mathbb{R} \to \mathbb{R}$ satisfy the following conditions:

(6) σ and σ^{-1} are bounded and continuous

(7) b is bounded and measurable

(8) There exists a non-decreasing $\rho : [0,\infty) \to [0,\infty]$ satisfying (2), functions $g : \mathbb{R} \to [0,\infty]$ and $c : [0,\infty) \to [0,\infty]$ that are integrable on compacts, and $\delta > 0$ such that for all $|y| < \delta$, and (s,x),

$$(\sigma(s,x+y) - \sigma(s,x))^2 \le \rho(|y|)(g(x) + c(s)) .$$

Then pathwise uniqueness holds in

(9) $$X(t) = X_0 + \int \sigma(s,X(s))dB(s) + \int b(s,X(s))ds .$$

Moreover there is a solution of (1) (with infinite lifetime) adapted to the filtration generated by X_0 and $B(t)$.

Proof. The last assertion follows from the first by means of Corollary 3 of [4].

Let X_1 and X_2 be solutions of (9) (with necessarily infinite lifetimes). By Theorems 2 and 3 of Zvonkin [5] there exist $T > 0$, depending only on the bounds of b, σ and σ^{-1}, and a mapping $u: [0,T] \times \mathbb{R} \to \mathbb{R}$ such that

(10) For each fixed t , $u(t,\cdot)$ is a bijection of $\mathbb{R}$ with inverse $v(t,\cdot)$.

(11) Both $u_x(t,x)$ and $v_x(t,x)$ are bounded and Hölder continuous of order α for each $\alpha < 1$.

(12) $Y_i(t) = u(t \wedge T, X_i(t \wedge T))$ $(i = 1,2)$ are solutions of

$$Y_i(t) = u(0,X_0) + \int_0^t \hat{\sigma}(s,Y_i(s))dB_s ,$$

where

$$\hat{\sigma}(s,x) = \begin{cases} u_x(s,v(s,x))\ \sigma(s,v(s,x)) & s \leq T \\ 0 & s > T \end{cases} .$$

We claim that $\hat{\sigma}$ satisfies the hypotheses of Theorem 1. Note that for $s \leq T$ and $0 < y < \delta$ there are positive constants $c_1, c_2, \ldots$ such that

$$\begin{aligned}(\hat{\sigma}(s,x+y) - \hat{\sigma}(s,x))^2 &\leq c_1((u_x(s,v(s,x+y)) - u_x(s,v(s,x)))^2 \\ &\quad + (\sigma(s,v(s,x+y)) - \sigma(s,v(s,x))^2) \\ &\leq c_2(y + \rho(c_3 y)(g(v(s,x)) + c(s))) \quad ((8) \text{ and } (11)) \\ &\leq (g(v(s,x)) + c(s) + 1)\ \tilde{\rho}(y) ,\end{aligned}$$

where $\tilde{\rho}(y) = c_4(y + \rho(c_3 y))$. It is easy to check that $\int_{0+} \tilde{\rho}(y)^{-1} dy = \infty$ (recall that ρ is non-decreasing) . Moreover,

$$\int_0^T g(v(s,Y_1(s)) + c(s) + 1\, ds = \int_0^T g(X_1(s))ds + \int_0^T (c(s)+1)ds$$

$$\leq c_5 \int_0^T g(X_1(s))\sigma^2(s,X_1(s))ds + \int_0^T c(s)ds + T$$

$$\leq c_5 \int_{-\infty}^{\infty} g(x)L_T^x(X_1)dx + \int_0^T c(s)ds + T$$

$$< \infty \quad \text{a.s.}$$

since $L_T^x(X_1)$ has compact support. Theorem 1 implies that $Y_1 = Y_2$, whence $X_1 = X_2$ on $[0,T]$ a.s. Finally we may prove that $X_1 = X_2$ by applying the above argument on each of the intervals $[iT,(i+1)T]$ as in the proof of Theorem 4 in [5]. □

Remark. An obvious stopping time argument shows that theorem remains valid if, instead of (8), there exist functions g_m, c_m, each integrable on compacts such that for all $|y| < \delta$, $s \leq m$ and $|x| \leq m$,

$$(\sigma(s,x+y) - \sigma(s,x))^2 \leq \rho(|y|)(g_m(x) + c_m(s)) .$$

References

1. N. El Karoui, M. Chaleyat-Maurel. Un problème de réflexion et ses applications au temps local et aux equations différentielles stochastiques sur $\mathbb{R}$. Cas continu. In: Temps locaux - Astérisque 52-53 (1978).

2. P.A. Meyer. Un cours sur les intégrales stochastiques. Séminaire de Probab. X , Springer lecture notes 511 (1976) .

3. S. Nakao, On the pathwise uniqueness of solutions of one-dimensional stochastic differential equations. Osaka J. Math. 9, 513-518 (1972) .

4. T. Yamada, S. Watanabe. On the uniqueness of solutions of stochastic differential equations. J. Math. Kyoto Univ. 11, 155-167 (1971) .

5. A.K. Zvonkin. A transformation of the phase space of a diffusion process that removes the drift. Math. U.S.S.R. Sbornik 22 129-149 (1974).

Department of Mathematics
University of British Columbia
Vancouver, B.C.
Canada V6T 1Y4

$L(B_t,t)$ is not a semimartingale

by

M.T Barlow

Let B be a one-dimensional Brownian motion, with $B_0 = 0$, and let $L(a,t)$, $a \in \mathbb{R}$, $t \geq 0$ be a continuous version of its local time. We shall show that the process Y, defined by $Y_t = L(B_t,t)$, is not a semimartingale. The essence of the proof is the remark that whereas the paths of a continuous semimartingale satisfy a Holder condition of order $\frac{1}{2} - \varepsilon$ almost everywhere, for any $\varepsilon > 0$, the paths of Y just fail to satisfy a Holder condition of order $\frac{1}{4}$.

For a process or function X set

$$D^{\alpha}(X) = \{t \geq 0 : \limsup_{\varepsilon \to 0} \varepsilon^{-1/\alpha} |X_{t+\varepsilon} - X_t| > 0\} \quad .$$

LEMMA <u>Let</u> $\alpha > 1$, <u>and</u> $f : \mathbb{R}_+ \to \mathbb{R}$ <u>be a function such that</u> $D^{\alpha}(f) = \phi$. <u>Let</u> $\tau(t)$ <u>be an increasing function, and</u> $g(t) = f(\tau(t))$. <u>Then</u> $|D^{\alpha}(g)| = 0$.

<u>Proof</u> By Lebesgue's density theorem, $\tau'(t)$ exists and is finite almost everywhere. For such a t

$$\begin{aligned}
&\limsup_{\varepsilon \to 0} \varepsilon^{-1/\alpha} |g(t+\varepsilon) - g(t)| \\
&\quad = \lim_{\delta \to 0} (\tau'(t))^{1/\alpha} \delta^{-1/\alpha} |f(\tau(t) + \delta) - f(\tau(t))| \\
&\quad = 0 \quad ,
\end{aligned}$$

so that $t \notin D^{\alpha}(g)$.

PROPOSITION Let X be a continuous semimartingale. Then for $\alpha > 2$, $|D^\alpha(X)| = 0$. a.s.

Proof Let $X = M + A^+ - A^-$ be the decomposition of X into the sum of a martingale and the difference of two increasing processes. It is plain that $D^\alpha(X) \subset D^\alpha(M) \cup D^\alpha(A^+) \cup D^\alpha(A^-)$. By the lemma, setting $f(t) = t$ and $\tau(t) = A_t^+$ or A_t^-, we have $|D^\alpha(A^+)| = |D^\alpha(A^-)| = 0$.

Now let τ_t be the right-continuous inverse of $\langle M \rangle$, and $U_t = M_{\tau_t}$. Then U is a Brownian motion, and $M_t = U_{\langle M \rangle_t}$. By Lévy's Hölder condition on the variation of Brownian paths, for $\alpha > 2$, $D^\alpha(U) = \phi$ a.s., and thus, by the lemma, $|D^\alpha(M)| = 0$ a.s.

THEOREM (i) For each $t > 0$, $B_t \in D^2(L(\cdot,t))$ a.s.

(ii) $D^4(Y)$ is of full Lebesgue measure a.s.

(iii) Y is not a semimartingale.

Proof From the results of Ray [1] on Brownian local time, $0 \in D^2(L(\cdot,t))$ a.s. Let t be fixed, and $\tilde{B}_s = B_t - B_{t-s}$ for $0 \le s \le t$. Then $\tilde{B}$ is a Brownian motion, and if $\tilde{L}$ denotes its local time, $\tilde{L}(a,t) = L(B_t - a,t)$, so that $B_t \in D^2(L(\cdot,t))$ whenever $0 \in D^2(\tilde{L}(\cdot,t))$, establishing (i).

We may restate (i) as follows: there exist $\mathcal{B}_t$-measurable random variables A_n and C with $|A_n - B_t| < 1/n$, and $C > 0$ a.s., such that

$$|L(A_n,t) - L(B_t,t)| \ge |A_n - B_t|^{\frac{1}{2}}.C \quad \text{for all } n .$$

If (a_n) is a sequence converging to 0, and $T_n = \inf\{t \ge 0\colon\ B_t = a_n\}$, then $P(T_n < a_n^2) = k > 0$, for some constant k. Thus $P(T_n < a_n^2$ for infinitely many $n) = 1$ by the Borel-Cantelli lemmas, and the Blumenthal 01 law.

Now let $S_n = \inf\{u > t: B_u = A_n\}$. By the preceding argument, and the Markov property of B at t,

$$S_n - t < (A_n - B_t)^2 \quad \text{for infinitely many } n \text{, a.s.}$$

Thus

$$\begin{aligned} &\limsup_{n\to\infty} (S_n - t)^{-\frac{1}{4}} |Y_{S_n} - Y_t| \\ &\qquad = \limsup_{n\to\infty} (S_n - t)^{-\frac{1}{4}} |L(A_n,t) - L(B_t,t)| \\ &\qquad \geq \limsup_{n\to\infty} (S_n - t)^{-\frac{1}{4}} |A_n - B_t|^{\frac{1}{2}} C \\ &\qquad \geq C \qquad \text{a.s.} \\ &\qquad > 0 \qquad \text{a.s.} \end{aligned}$$

Therefore $t \in D^2(Y)$ a.s., and (ii) follows by a Fubini argument. (iii) is an immediate consequence of (ii) and the proposition.

Reference

1. D.B. Ray : Sojourn times of a diffusion process. Illinois J. Math. 7; 615-630. (1963).

Statistical Laboratory,
16 Mill Lane,
Cambridge, CB2 1SB
England.

A NON REVERSIBLE SEMI-MARTINGALE

John B. Walsh
University of British Columbia

The time-reversal of a semi-martingale may fail to be a semi-martingale. Here is a simple example.

Let B_t be a standard Brownian motion and, inspired by Barlow's example in [1], let ϕ be a measurable function which maps $C[0,1]$ one-to-one into $[0,1]$. Let $T(\omega) = \phi(\{B_t(\omega),\ 0 \le t \le 1\})$, and define

$$X_t = \begin{cases} B_t & \text{if } 0 \le t \le 1 \\ B_1 & \text{if } 1 \le t \le T+1 \\ B_{t-T} & \text{if } t \ge 1+T . \end{cases}$$

Then X is just a Brownian motion with a flat spot of length $T \le 1$ interpolated from $t = 1$ to $t = T+1$. T is $\sigma\{X_s, s \le 1\}$ - measurable, so that it is easy to see that X is a martingale.

Now reverse X from $t = 2$: let $\tilde{X}_t = X_{2-t}$ for $0 \le t \le 2$. Let $(\tilde{F}_t)$ be the natural filtration of $\tilde{X}$. Note that T is $\tilde{F}_1$-measurable, hence so is $\{\tilde{X}_t, t \le 1\}$, since it is just the time-reversal of $\phi^{-1}(T)$. Consequently, $\tilde{F}_t = \tilde{F}_1$ for $t > 1$. Any martingale on these fields will be constant on $(1,2)$ and any semi-martingale will have finite variation there. But $\tilde{X}_t$ has infinite variation on $(1,2)$, so it is not a semi-martingale relative to the $(\tilde{F}_t)$. By Stricker's theorem [2], it can't be a semi-martingale relative to any filtration whatsoever.

References

[1] Barlow, M.T. On Brownian Local Time. Preprint.

[2] Stricker, C. Quasimartingales, martingales locales, semi-martingales, et filtrations naturelles, ZW 39, (1977) p 55-64.

TEMPS D'ARRÊT RICHES ET APPLICATIONS.

N. FALKNER, C. STRICKER et M. YOR

Soit $(\Omega,\mathcal{F},(\mathcal{F}_t),P)$ un espace probabilisé filtré, qui ne satisfait pas nécessairement les conditions habituelles, mais tel que $L^1(\Omega,\mathcal{F},P)$ soit séparable. Il est montré en [4] que si X est un processus continu, $(\mathcal{F}_t)$ adapté, à valeurs dans un espace métrisable et séparable E, si ζ est un temps d'arrêt et si E possède un recouvrement par des ouverts U satisfaisant à :

$$P[\exists\, t \in [0,\zeta[,\ X_t \notin U] = 1,$$

il existe alors des temps d'arrêt annonçables T tels que $P[0 < T < \zeta] = 1$ et que la tribu engendrée par X_T, notée $\sigma(X_T)$, soit égale à $\mathcal{F}_{T-}$ modulo les ensembles négligeables.

On appelle un tel temps d'arrêt <u>temps d'arrêt riche</u> (sous-entendu : relativement au couple $(X,(\mathcal{F}_t)_{t\geq 0})$).

Dans la présente Note, on utilise l'existence, établie en [3] (voir aussi [7]), de processus croissants qui engendrent la tribu prévisible, pour retrouver le résultat précédent lorsque $E = \mathbb{R}$, et que le processus X est issu de 0 et dépasse 1 p.s. avant l'instant ζ.

Auparavant, nous apportons quelques compléments aux résultats connus sur les processus qui engendrent la tribu prévisible.

Enfin, nous déduisons très simplement de l'existence des temps d'arrêt riches des contre-exemples - qui s'ajoutent à ceux de M. Barlow [1] et J. Walsh [5] - à certaines questions de théorie des semi-martingales.

1. Sur les processus qui engendrent la tribu prévisible.

1.1. Définition : <u>On dit qu'un processus</u> A <u>engendre la tribu prévisible</u> $\mathcal{P}$ <u>si pour tout ensemble</u> $H \in \mathcal{P}$, <u>il existe une fonction borélienne</u> f <u>telle que</u> $f(A)$ <u>soit indistinguable de</u> 1_H.

Un tel processus A possède les deux propriétés suivantes :

(i) <u>Pour tout processus prévisible</u> H, <u>il existe une fonction borélienne</u> f <u>telle que</u> H soit <u>indistinguable de</u> $f(A)$.

C'est une application immédiate du théorème de classe monotone.

(ii) Pour presque tout ω, $A_\bullet(\omega)$ est une fonction injective.

En effet, d'après (i), il existe une fonction borélienne f telle que, p.s., $f(A_s) = s$ pour tout $s \geq 0$. Ceci implique (ii).

1.2. Proposition : Si A engendre $\mathcal{P}$ et si A est continu et adapté, la filtration $(\mathcal{F}_t)_{t>0}$ est la filtration constante.

Démonstration : Comme $A_\bullet$ est une fonction injective d'après (ii) et une fonction continue par hypothèse, $A_\bullet$ est une bijection croissante ou décroissante de $[0,+\infty[$ sur son image par $A_\bullet$.

Or l'évènement "A est une fonction croissante" (resp. décroissante) appartient à $\mathcal{F}_{0+}$. On peut donc supposer par exemple que $A_\bullet$ est une fonction croissante. Si f est une fonction borélienne sur $\mathbb{R}$ telle que $f(A_s) = s$ pour tout $s \geq 0$, l'inverse (C_u) de A définie sur $[A_o, A_\infty[$ vérifie la relation $f(u) = C_u$. L'égalité $A_\infty = \inf\{u > A_o,\ f(u) = +\infty\}$ montre que C_u et par conséquent A_s sont mesurables par rapport à $\mathcal{F}_{0+}$. Comme $\mathcal{F}_{t-}$ est engendrée par A_t, on en déduit que $\mathcal{F}_t = \mathcal{F}_{0+}$ pour tout $t > 0$.

2. Temps d'arrêt riches.

On sait, d'après [3], qu'il existe des processus croissants A continus à gauche, qui engendrent la tribu prévisible, prennent leurs valeurs dans l'intervalle $[{}^1/_4,\ {}^3/_4]$, et tels que, pour tout temps d'arrêt T, $\sigma(A_T) = \mathcal{F}_{T-}$ modulo les ensembles négligeables. (1)

En toute rigueur, soulignons qu'en [3], il est supposé que les conditions habituelles sont vérifiées. Toutefois, une modification mineure de la construction faite en [3] entraîne le résultat ci-dessus sous notre seule hypothèse que $L^1(\Omega,\mathcal{F},P)$ est séparable, grâce aux remarques suivantes :

- pour tout t, $L^1(\Omega,\mathcal{F}_t,P)$ est séparable.
- les tribus prévisibles par rapport aux filtrations $(\mathcal{F}_{t-})$ et $(\mathcal{F}_{t+})$ sont identiques.

---

(1) Dans la suite, on écrira simplement : (mod. P).

2.1. Proposition : Soit X un processus continu, adapté, issu de 0, qui dépasse 1 avant le temps d'arrêt ζ. Si $T = \inf\{t \,/\, X_t \geq A_t\}$, T est un temps d'arrêt annonçable tel que $P[0 < T < \zeta] = 1$, $X_T = A_T$ et $\sigma(X_T) = \mathcal{F}_{T-}$ (mod. P).

Démonstration : Bien qu'on ne puisse pas choisir un processus A qui soit continu sauf dans le cas trivial où la filtration $(\mathcal{F}_t)$ est constante, on a l'égalité $X_T = A_T$. En effet, X et A étant continus à gauche, $X_T \leq A_T$ sur $\{0 < T < +\infty\}$. La croissance de A et la continuité à droite de X impliquent l'inégalité inverse, c'est-à-dire $X_T \geq A_T$ sur $\{T < +\infty\}$. Pour vérifier que T est un temps d'arrêt (nous rappelons au lecteur que la filtration $(\mathcal{F}_t)$ ne vérifie pas nécessairement les conditions habituelles), on pose pour chaque $\varepsilon > 0$:

$$T_\varepsilon = \inf\{t,\ X_t \geq A_t - \varepsilon\}.$$

Pour $\varepsilon > 0$ et $t \in [0,+\infty]$, on a : $T_\varepsilon > t$ si, et seulement si, $\exists\, \delta > 0$, δ rationnel, tel que pour tout rationnel $r \in [0,t]$, $X_r \leq A_r - \varepsilon - \delta$, ce qui montre que chaque T_ε est un temps d'arrêt et que la suite de temps d'arrêt $(n \wedge T_{2^{-n}})$ annonce T qui est aussi un temps d'arrêt.

2.2. Corollaire : Il existe des temps d'arrêt T, à valeurs dans un intervalle donné de $\mathbb{R}_+$, tels que $\sigma(T) = \mathcal{F}_{T-}$ (mod. P).

Démonstration : Prendre $X_t \equiv t$ $(t \geq 0)$.

3. Quelques contre-exemples.

Barlow [1] a prouvé l'existence de temps d'arrêt T pour la filtration naturelle du mouvement Brownien réel, issu de 0, tels que le processus de ses temps locaux $(L_T^x \,;\, x \in \mathbb{R})$ ne soit pas une semi-martingale pour sa filtration naturelle. La méthode de Barlow a permis à Walsh [5] de donner un exemple de semi-martingale $(X_t \,;\, t \leq 1)$ dont la retournée $(X_{1-t} \,;\, t \leq 1)$ n'est plus une semi-martingale pour sa filtration naturelle.

Nous montrons ci-dessous comment l'existence des temps d'arrêt riches nous permet de construire de tels contre-exemples.

$(\mathcal{F}_t, t \geq 0)$ désignera toujours, dans la suite, la filtration naturelle d'un mouvement Brownien réel $(B_t, t \geq 0)$ issu de 0.

3.1. Soit T temps d'arêt riche relatif au couple $(|B|\ ;\ (\mathcal{F}_t))$, construit à l'aide de la proposition 2.1 (on prend $\zeta \equiv \infty$). On a alors :

$$0 < T < \inf\{t : |B_t| = 1\}, \quad P \text{ p.s.}$$

$(B_{t\wedge T})_{0\leq t\leq\infty}$ est alors une martingale bornée. Si l'on note $X_t = B_{\phi(t)\wedge T}$ $(0 \leq t \leq 1)$, où $\phi : [0,1] \to [0,\infty]$ est continue, strictement croissante, et surjective, la filtration naturelle de $(X_{1-t}, t \leq 1)$ est la filtration constante égale à $(\mathcal{F}_t)$.

. Ainsi, si $(X_{1-t}, t \leq 1)$ était une semi-martingale par rapport à sa filtration naturelle, ce processus devrait être à variation finie, ce qui n'est pas. □

Introduisons maintenant A processus croissant, adapté, continu à gauche, engendrant la tribu prévisible, et à valeurs dans $[{}^1/_4,\ {}^3/_4]$. (L_t^x) désigne le processus bicontinu des temps locaux de B.

3.2. Définissons $T = \inf\{t\ ;\ -B_t \geq A_t\}$

$$R = \inf\{x\ ;\ L_T^x > 0\}.$$

La variable aléatoire R est p.s. égale à $-A_T$. Ainsi, la filtration naturelle du processus (L_T^x), indexé par $x \in \mathbb{R}$, ou seulement $x \geq -1$, est certainement constante pour $x \geq 0$, bien que le processus (L_T^x) ne soit pas à variation finie sur $[0,\infty[$: en effet, sa variation quadratique, en probabilité, sur l'intervalle $[0,x]$ est égale à $4\int_0^x L_T^y\,dy = 4\int_0^T 1_{(0\leq B_s\leq x)}\,ds$ (cf. [2]), quantité qui est strictement positive p.s.. Donc, (L_T^x) n'est pas une semi-martingale.

3.3. Nous donnons un contre-exemple encore plus simple à cette question : si $T = \inf\{t\ /\ L_t^0 \geq A_t\}$, la filtration naturelle du processus $(L_T^x, x \geq 0)$ est constante et égale à $\mathcal{F}_T$. Le même raisonnement que précédemment montre que $(L_T^x, x \geq 0)$ n'est pas une semi-martingale.

3.4. Notre dernier contre-exemple, un peu plus raffiné, fait appel aux résultats sur le grossissement avec une fin d'ensemble optionnel (ou prévisible).

Notons $L_t^* = \sup_{x\geq 0} L_t^x$, et $T = \inf\{t\ /\ L_t^* \geq A_t\}$.

Si le processus $(L_T^x, x \geq 0)$ était une semi-martingale pour sa filtration propre, il en serait de même pour $(L_T^{x+\rho} ; x \geq 0)$, où $\rho = \sup\{x \,/\, \sigma_x = L_T^x\}$, et $\sigma_x = \sup_{0 \leq y \leq x} L_T^y$.

Par ailleurs, on déduit de l'égalité : $L_T^\rho = L_T^* = A_T$ que la filtration naturelle de $(L_T^{x+\rho}, x \geq 0)$ est constante et égale à $\mathcal{H}_T$.

Or, toujours sous l'hypothèse que $(L_T^x, x \geq 0)$ est une semi-martingale, $(L_T^{x+\rho}, x \geq 0)$ ne peut être à variation finie, car sa variation quadratique, en probabilité, sur $[0,x]$ est $4 \int_0^x L_T^{y+\rho}\, dy$, quantité strictement positive.

3.5. *Remarques* :

1) Dans les contre-exemples *3.1.* et *3.3.*, on montre en fait que les processus considérés ne sont même pas des processus de Dirichlet pour leur filtration naturelle, c'est-à-dire qu'ils ne peuvent pas se décomposer en la somme d'une martingale (qui serait constante) et d'un processus à variation quadratique nulle.
(Voir A. Wang [6] pour des exemples de processus de Dirichlet qui ne sont pas des semi-martingales).

2) Les contre-exemples *3.2.* et *3.3.* correspondent exactement aux célèbres théorèmes de Ray - Knight qui affirment que si l'on remplace, dans la définition de T, (A_L) par une constante a, le processus $(L_T^x, x \in \mathbb{R})$ s'exprime simplement en termes de carrés de processus de Bessel, et, en particulier, est une semi-martingale...
On a simplement détruit ces résultats en important, via A, une information beaucoup trop grande.

3) On peut généraliser le contre-exemple *3.3.* en remplaçant (L_t^0) par $\int d\mu(x) L_t^x$, avec μ mesure positive, bornée, sur $\mathbb{R}_+$ (ou $\mathbb{R}$) à support compact. Par contre, on ne sait rien dire si le support de μ n'est pas compact (un cas intéressant est : $t \equiv \int dx\, L_t^x$; l'étude du processus $(L_t^x ; x \in \mathbb{R})$, pour t fixé, a été faite récemment par E. Perkins et T. Jeulin).

REFERENCES :

[1] M. BARLOW : On Brownian Local Time.
Sém. Probas XV. Lect. Notes in Maths 850. Springer (1981).

[2] N. BOULEAU, M. YOR: Sur la variation quadratique des temps locaux de certaines semi-martingales.
C.R.A.S. Paris, t. 292 (2 Mars 1981), 491-494.

[3] C. DELLACHERIE, C. STRICKER : Changements de temps et intégrales stochastiques.
Sém. Probas XI, Lect. Notes in Maths 581, Springer (1977).

[4] N. FALKNER : Construction of stopping times T such that $\mathcal{F}_T = \sigma(X_T)$ mod. P. Measure Theory, Oberwolfach 1979.
Lect. Notes in Maths. 794, p. 412-423. Springer (1980).

[5] J.B. WALSH : A non reversible semi-martingale. Dans ce volume.

[6] A.T. WANG : Quadratic variation of functionals of Brownian motion.
Ann. Probability 5, 1977, 756-769.

[7] P.A. MEYER, J.A.YAN: Génération d'une famille de tribus par un processus croissant. Sém. Probas IX, Lect. Notes in Maths 465, Springer (1975).

Adresses : N. FALKNER : Dpt. of Mathematics. Ohio State University.
231, West 18th Avenue Columbus, Ohio, 43210.

Ch. STRICKER : Inst. Recherche Math. Avancée.
rue du Général Zimmer. Strasbourg 67084.

M. YOR : Laboratoire de Calcul des Probabilités
4, place Jussieu, Paris (75230).

Séminaire de Probabilités XVI
1980 / 1981

LES INTERVALLES DE CONSTANCE DE $<X,X>$.

par C. STRICKER

Il est bien connu depuis l'article [1] que si X est une martingale locale continue , les intervalles de constance de $<X,X>$ et de X sont les mêmes . Que se passe-t-il dans le cas où X est seulement continue à droite ?

Soit X une martingale locale continue à droite sur un espace probabilisé filtré $(\Omega,\mathcal{F},(\mathcal{F}_t), P)$ vérifiant les conditions habituelles . Notons d'abord que si $D_r = \inf\{t>r, X_t \neq X_r\}$, $[X,X]_r = [X,X]_{D_r-}$ car on a $[X,X] = \lim \sum_i (X_{t_{i+1}} - X_{t_i})^2$, la limite étant prise en probabilité . Par contre si X désigne la martingale associée à un processus de Poisson, $[X,X]$ est constant en dehors des instants de sauts de X mais les intervalles de constance de X sont vides .

Examinons maintenant ce qui se passe pour le crochet oblique. Pour qu'il existe, nous devons supposer que X est localement de carré intégrable .

<u>PROPOSITION. X est constant sur les intervalles de constance de $<X,X>$. Réciproquement si X possède la propriété de représentation prévisible, $<X,X>$ est constant sur les intervalles de constance de X.</u>

<u>Démonstration.</u> Soit $D_r = \inf\{t>r, <X,X>_t > <X,X>_r\}$. On sait d'après [2] (lemme préliminaire 1.0.) qu'il existe une suite de temps d'arrêt T_n tendant en croissant vers D_r tels que $<X,X>_{T_n} = <X,X>_r$. Comme X est localement de carré intégrable , on peut supposer que $E[X_\infty]^2$ soit finie . Ainsi

pour tout $t \geq r$, $E[X_{t\wedge T_n} - X_r]^2 = E[\langle X,X\rangle_{t\wedge T_n} - \langle X,X\rangle_r] = 0$. Donc X est aussi constante sur $[r,D_r[$. Réciproquement supposons que X possède la propriété de représentation prévisible ; si $D_r = \inf\{t>r,\ X_t \neq X_r\}$, toute martingale locale est constante sur $[r,D_r[$ d'après les propriétés des intégrales stochastiques . C'est le cas en particulier de la martingale locale $M = A-B$ où A est le processus croissant $\Delta X^2_{D_r} I_{[D_r,+\infty[}$ et B la projection duale prévisible de A . Or $\langle X,X\rangle = \langle X^r,X^r\rangle + B$ sur l'intervalle $[0,D_r]$, si bien que $\langle X,X\rangle$ est constant sur $[r,D_r[$, et la proposition est démontrée .

REMARQUE. On ne peut guère améliorer la réciproque de cette proposition. En effet si T est un temps d'arrêt totalement inaccessible et si $\mathcal{F}_{T-} \neq \mathcal{F}_T$ on peut construire une martingale X telle que X soit constante sur $[0,T[$, mais pas $\langle X,X\rangle$. Prenons une variable aléatoire bornée Z de $\mathcal{F}_T$ n'appartenant pas à $\mathcal{F}_{T-}$ et posons $X_t = (Z-E[Z|\mathcal{F}_{T-}])I_{\{t\geq T\}}$. X est une martingale de carré intégrable constante sur $[0,T[$, mais la projection duale prévisible de $[X,X]$, qui est continue car T est totalement inaccessible , ne peut être constante sur $[0,T]$, sinon elle serait nulle, et la martingale X serait aussi nulle sur $[0,T]$.

REFERENCES.

[1] GETOOR R.K. et SHARPE M. : Conformal Martingales. Invent. Math. 16, 1972, p. 271-308.

[2] LENGLART E.,LEPINGLE D. et PRATELLI M. : Une Présentation Unifiée des Inégalités en Théorie des Martingales. Séminaire de Prob. XIV, Lecture Notes in M. 784, p. 26-48.

APPLICATION DE LA RELATION DE DOMINATION A CERTAINS RENFORCEMENTS DES INEGALITES DE MARTINGALES

M. YOR

1. E. Lenglart [9] a introduit la notion suivante, relative à deux processus définis sur un espace de probabilité filtré usuel $(\Omega, \mathcal{F}, \mathcal{F}_t, P)$.

Définition (1.1) : Un processus X, adapté, positif, à trajectoires continues à droite, est dominé par un processus croissant prévisible A, continu à droite, nul en 0, si, pour tout temps d'arrêt fini T, $E(X_T) \leq E(A_T)$.

Nota Bene : On prendra garde à ne parler de relation de domination entre X et A que lorsque les deux processus vérifient toutes les conditions demandées dans la définition ; en particulier, parce que la positivité de X et le caractère prévisible de A jouent un rôle essentiel dans la suite.

L'intérêt de la relation de domination réside dans le

Théorème (1.2) ([9], *Théorème 1, a))* : Si X est dominé par A, on a, pour tous $x,y > 0$: $P(X_\infty^* \geq x \; ; \; A_\infty \leq y) \leq \frac{1}{x} E[A_\infty \wedge y]$. (On note $X_t^* = \sup_{s \leq t} X_s$).

Afin d'appliquer le théorème (1.2), on introduit les notations suivantes :

- $z = (x,y)$ est le point générique de $\mathbb{R}_+^2$.
- si $\mu(dz)$ est une mesure de Radon positive sur $\mathbb{R}_+^2$, muni de sa tribu borélienne, on note $F_\mu(z) = \mu([0,x]\times[0,y])$ $(z \in \mathbb{R}_+^2)$.
- si $\phi : \mathbb{R}_+ \to \mathbb{R}_+$ est croissante, continue à droite, on note

$$\Phi(x) = \phi(x) + x \int_{]x,\infty[} \frac{d\phi(u)}{u}, \quad \text{si } x > 0 \quad {}^{(1)}$$

$$= \lim_{y \downarrow 0} \Phi(y), \text{ si } x = 0$$ (cette limite existe, et vaut $+\infty$ si Φ est identiquement infinie, et $\phi(0+)$ sinon).

---

(1) Dans la suite, on notera toujours $\int_x^\infty$ pour $\int_{]x,\infty[}$.

Remarquons que si $\phi(x) = x^p$ $(0 < p < 1)$, on a : $\Phi(x) = \frac{1}{1-p} x^p$.

On peut maintenant énoncer le

Théorème (1.3) : Soit X processus dominé par A. Alors :

1) si $\mu(dz)$ est une mesure de Radon positive sur $\mathbb{R}_+^2$, on a

$$(1.a)\qquad E\left[F_\mu(X_\infty^* \,;\, {}^1/A_\infty)\right]$$

$$\leq E\left[2F_\mu(A_\infty \,;\, {}^1/A_\infty) + A_\infty \int_{\{x>A_\infty \,;\, y\leq {}^1/A_\infty\}} \mu(dz)x^{-1} + \int_{\{y>{}^1/A_\infty\}} \mu(dz)\, [xy \vee 1]^{-1}\right]$$

2) si $\phi, \psi : \mathbb{R}_+ \to \mathbb{R}_+$ sont croissantes, et continues à droite, on a :

$$(1.b)\qquad E\left[\phi(X_\infty^*)\ \psi({}^1/A_\infty)\right]$$

$$\leq E\left[(\phi + \Phi)\ (A_\infty)\ \psi({}^1/A_\infty) + \int_{{}^1/A_\infty}^{\infty} d\psi(y)\ \Phi({}^1/y)\right]$$

En particulier, si $\phi(x) = x^p$, $\psi(y) = y^q$ $(0 \leq q < p < 1)$, on a

$$(1.b)_{p,q}\qquad E\left[(X_\infty^*)^p \,/\, A_\infty^q\right] \leq \left\{\frac{p}{p-q} + \frac{1}{1-p}\right\} E\left[A_\infty^{p-q}\right]$$

3) si $\phi : \mathbb{R}_+ \to \mathbb{R}_+$ est croissante, continue à droite, on a :

$$(1.c)\qquad E\left[\phi(X_\infty^*)\right] \leq E\left[(\phi + \Phi)\ (A_\infty)\right]$$

En particulier, si $\phi(x) = x^p$ $(0 < p < 1)$, on a $(1.b)_{p,o}$.

Remarques (1.4) :

1) Dans toute espérance où figure ${}^1/A_\infty$, on sous-entend que l'on intègre sur l'ensemble $\{A_\infty > 0\}$, conformément à la convention, usuelle en intégration : $\frac{1}{0} \cdot 0 = \infty \cdot 0 = 0$.

2) L'inégalité $(1.b)_{p,o}$ (resp : (1.c)) a été obtenue en [9], resp : [13].

Démonstration du théorème (1.3) :

a) 3) est un cas particulier de 2), où l'on prend $\psi \equiv 1$; 2) est un cas particulier de 1), où l'on prend $\mu(dz) = d\phi(x)\, d\psi(y)$; il reste à démontrer 1).

b) On a : $E\left[F_\mu(X^*_\infty\,;\, {}^1/A_\infty)\right]$

$$\leq E\left[F_\mu(A_\infty\,;\,{}^1/A_\infty) + \int d\mu(z)\, 1_{(A_\infty < x \leq X^*_\infty\,;\; y \leq {}^1/A_\infty)}\right]$$

$$\leq E\left[F_\mu(A_\infty\,;\,{}^1/A_\infty) + \int d\mu(z)\, 1_{(X^*_\infty \geq x > 0)}\, 1_{(A_\infty \leq \frac{1}{y} \wedge x)}\right]$$

$$\leq E\left[F_\mu(A_\infty\,;\,{}^1/A_\infty)\right] + \int_{(x>0)} d\mu(z)\, \frac{1}{x}\, E\left[A_\infty \wedge \frac{1}{y} \wedge x\right],$$

d'après le théorème (1.2). On obtient finalement la formule (1.a) en décomposant $\mathbb{R}^2_+$ en $\{x \leq A_\infty \wedge \frac{1}{y}\} + \{x > A_\infty \wedge \frac{1}{y}\}$

$$= \{x \leq A_\infty \leq \tfrac{1}{y}\} + \{x \leq \tfrac{1}{y}\,;\, A_\infty > \tfrac{1}{y}\} + \{x > A_\infty\,;\, A_\infty \leq \tfrac{1}{y}\} + \{xy > 1\,;\, A_\infty > \tfrac{1}{y}\}$$

Considérons maintenant M martingale locale continue, nulle en 0. On note $M^*_t = \sup_{s \leq t} |M_s|$; $\langle M \rangle$ est le processus croissant associé à M, et L^*_t le suprémum (en a) des temps locaux $(L^a_t)_{a \in \mathbb{R}}$ de M. Rappelons que, pour tout $p \in (0,\infty)$, il existe deux constantes universelles $0 < c_p < C_p < \infty$ telles que, si X et Y désignent deux des trois processus M^*, $\langle M \rangle^{1/2}$ et L^*, on a, pour tout temps d'arrêt T:

(1.d) $$c_p\, E\left[X^p_T\right] \leq E\left[Y^p_T\right] \leq C_p\, E\left[X^p_T\right]$$

(cf, Burkholder - Davis - Gundy [6] d'une part, et Barlow - Yor [2] d'autre part). Autrement dit, $c_p X^p$ est dominé par Y^p, lequel est dominé par $C_p X^p$.

On peut maintenant énoncer le résultat suivant, obtenu indépendemment par R. Gundy (cf. section 2.1) ci-dessous)

Théorème (1.5) : Soient $0 < q < p < \infty$. Il existe deux constantes universelles $0 < c_{p,q} < C_{p,q} < \infty$ telles que, si X et Y désignent 2 des 3 processus M^*, $\langle M\rangle^{1/2}$ et L^*, on a :

$$(1.e) \qquad c_{p,q}\, E\left[X_\infty^{p-q}\right] \leq E\left[Y_\infty^p \,/\, X_\infty^q\right] \leq C_{p,q}\, E\left[X_\infty^{p-q}\right]$$

Démonstration :

- L'inégalité de gauche découle aisément de (1.d), et de l'inégalité de Hölder.

- Pour obtenir l'inégalité de droite, on remarque que, pour $h > 1$, d'après (1.d), Y^{ph} est dominé par $C_{ph} \cdot X^{ph}$, puis on utilise l'inégalité $(1.b)_{p',q'}$, où

$$p' = \frac{1}{h}, \quad q' = \frac{q}{ph}. \quad \square$$

Une seconde application intéressante du théorème (1.3) concerne le couple formé par une sous-martingale locale prévisible $(Y_t, t \geq 0)$ nulle en 0 et son suprémum $S_t = \sup_{s \leq t} Y_s$. En effet, il a été remarqué en [13], à la suite de l'article de D. Burkholder [5], que $|Y|$ est dominé par $2S$ (1). On a donc, en conséquence de $(1.b)_{p,q}$ le

Théorème (1.6) : Soit $0 < q < p < 1$. Soit (Y_t) sous-martingale locale prévisible, nulle en 0, et $S_t = \sup_{s \leq t} Y_s$. Alors :

$$E\left[(Y_\infty^*)^{p-q}\right] \leq E\left[(Y_\infty^*)^p / S^q\right] \leq 2^p \left\{ \frac{p}{p-q} + \frac{1}{1-p} \right\} E\left[S^{p-q}\right]$$

Remarque (1.7) : Si $0 < q < 1$, il n'existe pas de constante universelle C_q telle que $E\left[Y_\infty^* \,/\, S_\infty^q\right] \leq C_q\, E\left[S^{1-q}\right]$.

---

(1) Lenglart m'a fait remarquer qu'il suffit en fait pour cela que Y soit un processus prévisible, nul en 0, tel que, pour tout temps d'arrêt (ou seulement, pour tout temps d'arrêt borné) T, $E[Y_T] \geq 0$.

En effet, si l'on prend pour Y le processus $B_{\cdot \wedge T_1}$, où (B_t) désigne le mouvement Brownien réel, et $T_1 = \inf\{t \mid B_t = 1\}$, on a : $E[Y^*_\infty] = \infty$, mais $S_\infty \equiv 1$.

2. Remarques et Compléments.

2.1) La motivation première de ce travail a été la démonstration par Garsia ([7] ; [8], p. 56 ; voir également P.A. Meyer [11], (31.6), p. 351) de l'inégalité de Davis :

$$(2.a) \qquad E\left[\langle M\rangle_\infty^{1/2}\right] \leq c\, E\left[M^*_\infty\right],$$

pour M martingale locale continue, nulle en 0, via l'inégalité de Fefferman.
(Davis et Garsia ne supposent pas M continue, et dans le cas général, il faut remplacer $\langle M\rangle$ par le crochet droit).
En fait, une conséquence de la démonstration de Garsia est le résultat plus fort

$$(2.b) \qquad E\left[\langle M\rangle_\infty / M^*_\infty\right] \leq c\, E\left[M^*_\infty\right].$$

Soulignons que, indépendamment de la démonstration de Garsia, cette inégalité est impliquée a fortiori par l'inégalité $E[L^*_\infty] \leq c\, E[M^*_\infty]$, déjà rappelée en (1.d), et l'inégalité trajectorielle : $\langle M\rangle_t \leq 2\, M^*_t\, L^*_t$.

Il était alors naturel de se poser la question de savoir si les espérances des rapports X^p_∞ / Y^q_∞ $(0 < q < p < \infty)$ étaient comparables à celles de X^{p-q}, X et Y ayant la même signification que dans l'énoncé du théorème (1.5).

Une réponse positive à cette question, en ce qui concerne $(M^*)^2 / \langle M\rangle^{1/2}$ (ie : $X = M^*$, $Y = \langle M\rangle^{1/2}$, $p = 2$, $q = 1$) a été obtenue par M. Barlow en Octobre 1980, à l'aide d'une variante de la technique employée en [2].

Nous avons ensuite appris, en Août 1981, de M. Silverstein, que R. Gundy avait résolu récemment ces questions par l'affirmative ; par ailleurs, une application de ces résultats au "Malliavin Calculus" figure en [3] (cet article, ainsi que le travail de Gundy paraîtront dans les "Proceedings of the Conference on Martingale Theory", Cleveland, 1981).

2.2) On donne maintenant quelques exemples de relation de domination, pour certains rapports de processus, que l'on obtient directement à l'aide du calcul stochastique.

Un des avantages de cette approche est que les constantes qui figurent dans les inégalités sont probablement assez "serrées".

Voici certainement l'exemple le plus simple

Lemme (2.1) : Soit X processus croissant, nul en 0, et Y sa projection duale prévisible. Alors, pour tout processus croissant prévisible A, et tout temps d'arrêt T, on a :

$$(2.c)\qquad E\left[X_T / A_T\right] \le E\left[\int_0^T \frac{dY_s}{A_s}\right].$$

Démonstration :

$$E[X_T/A_T] = E\left[(1/A_T)\int_0^T dX_s\right] \le E\left[\int_0^T \frac{dX_s}{A_s}\right] = E\left[\int_0^T \frac{dY_s}{A_s}\right].$$

On utilise le calcul stochastique de façon plus importante pour démontrer le

Lemme (2.2) : Soit $X = M + (C-D)$ un processus positif, où M est une martingale locale, C et D deux processus croissants prévisibles, et $M_o = C_o = D_o = 0$. Alors, pour tout processus croissant prévisible A (on peut supposer A seulement croissant, continu à droite, et adapté, si M est continue), et tout temps d'arrêt fini T, on a :

$$(2.d)\qquad E[X_T / A_T] \le E\left[\int_0^T \frac{dC_s}{A_s}\right].$$

En particulier, pour tout $q \in]0,1[$, on a :

$$(2.d)_q\qquad E[X_T / C_T^q] \le \frac{1}{(1-q)} E[C_T^{1-q}].$$

Démonstration : D'après la formule d'intégration par parties, on a :

$$X_T / A_T = \int_0^t (1/A_s)\, dX_s + \int_0^t X_{s-}\, d(1/A_s).$$

On utilise ensuite la décomposition : $dX_s = dM_s + dC_s - dD_s$, et le fait que l'intégrale $\int_0^t X_{s-}\, d(1/A_s)$ est négative ou nulle.

L'inégalité $(2.d)_q$ découle de (2.d), et de ce que : $C_t^{1-q} \geq (1-q) \int_0^t C_s^{-q}\, dC_s$.

Voici maintenant plusieurs applications du lemme (2.2) à certaines sous-martingales.

Proposition (2.3) : 1) Soit Y sous-martingale locale prévisible, avec $Y_o = 0$

On note $S_t = \sup_{(s\leq t)} Y_s$. Alors, on a, pour tout temps d'arrêt T fini :

$$E\left[|Y_T| \,/\, S_T^q\right] \leq \frac{2-q}{1-q} E\left[S_T^{1-q}\right] \tag{2.e}$$

2) Si (M_t) est une martingale locale continue, nulle en 0, et (L_t) est son temps local en 0, on a, pour tout temps d'arrêt fini T :

$$E\left[|M_T| \,/\, L_T^q\right] \leq \frac{1}{1-q} E\left[L_T^{1-q}\right]. \tag{2.f}$$

Démonstration : 1) On a :

$$E\left[\frac{|Y_T|}{S_T^q}\right] \leq E\left[\frac{S_T - Y_T}{S_T^q} + S_T^{1-q}\right]$$

On applique ensuite l'inégalité $(2.d)_q$, avec $X = S - Y$, et $C = S$.

2) On applique l'inégalité $(2.d)_q$ avec $X = |M|$, et $C = L$.

Proposition (2.4) : Soit M martingale locale continue, nulle en 0.

On note $S_t = \sup_{s\leq t} M_s$, $s_t = \inf_{s\leq t} M_s$, et $R_t = S_t - s_t$ $(\geq M_t^*)$.

On a, pour tout processus croissant (A_t), adapté, continu à droite, et tout temps d'arrêt T :

$$E\left[R_T^2 \,/\, A_T\right] \leq 4\, E\left[\int_0^T \frac{d\langle M\rangle_s}{A_s}\right]. \tag{2.g}$$

En particulier, si $q \in]0,2[$, on a :

$$E\left[R_T^2 / \langle M\rangle_T^{q/2}\right] \leq \frac{8}{2-q} E\left[\langle M\rangle_T^{1-q/2}\right]$$

Démonstration : On utilise l'inégalité trajectorielle :

$$R_t^2 \leq 2\{(S_t-M_t)^2 + (M_t-s_t)^2\},$$

puis l'inégalité (2.d) pour $X = (S-M)^2$ (resp : $X' = (M-s)^2$), sous-martingale locale, pour laquelle $C = \langle M\rangle$ (resp : $C' = \langle M\rangle$).

Remarques (2.5) :

1) Pour $A \equiv 1$, l'inégalité (2.g) est le renforcement de l'inégalité de Doob dans L^2, présenté par J. Pitman en [12].

2) Une autre démonstration de (2.g) peut être obtenue à l'aide du lemme (2.1) et des résultats de [1], où il est montré que, lorsque M est de carré intégrable, la projection duale prévisible de $(\alpha_t \overset{\text{déf}}{=} (I_0-M_\infty)^2 - (I_t-M_\infty)^2, t \geq 0)$ est $\langle M\rangle$.

3) On peut généraliser - mais nous ne détaillons pas - le résultat de la proposition (2.4) en montrant, par application conjointe de la formule d'Itô, et de la relation de domination, que, pour tout processus croissant adapté, continu à droite (A_t), et tout $p > 0$, $\sup_{s\leq t} (|M_s|^p / A_s)$ est dominé par un multiple (qui ne dépend que de p) de $\left(\int_0^t \frac{d\langle M\rangle_s}{A_s^{2/p}}\right)^{p/2}$.

2.3) La "nouveauté" des résultats du théorème (1.3) tient en l'exploitation systématique de la majoration (cf, théorème (1.2)) de la fonction de deux variables $P(X_\infty^* \geq x ; A_\infty \leq y)$. Dans les applications antérieures de la relation de domination (cf [9], [13]), on prenait toujours $x = y$.

Nous examinons maintenant les conséquences de la même idée, en ce qui concerne l'inégalité des "bons λ", qui constitue un des fondements - plus classique que la relation de domination - des inégalités de Burkholder - Davis - Gundy.

En [10] (voir la démonstration du lemme (1.1)), les auteurs montrent que : si r et a sont deux réels > 0, A et B deux processus croissants adaptés, continus à droite qui vérifient :

$$(2.h) \qquad E\left[(A_{T-} - A_{S-})^r\right] \leq a\, E\left[B^r_{T-}\ ;\ (S < T)\right]$$

pour tous les temps d'arrêt S et T tels que $S \leq T$ (on convient que $A_{o-} = B_{o-} = 0$)

alors, on a, pour tout $\beta > 1$, et tout $\delta > 0$,

$$(2.k) \qquad P(A_\infty \geq \beta\lambda\ ;\ B_\infty < \delta\lambda) \leq a \frac{\delta^r}{(\beta-1)^r} P(A_\infty \geq \lambda)$$

(on dit alors que le couple (A_∞, B_∞) vérifie l'inégalité des "bons λ" relative à la fonction $u(x) = ax^r$).

Une conséquence fondamentale (cf Burkholder [4]) de (2.k) est que, pour toute fonction $F : \mathbb{R}_+ \to \mathbb{R}_+$, continue, croissante, à croissance modérée, et nulle en 0, il existe une constante c, qui ne dépend que de (a,r,F) telle que

$$(2.l) \qquad E[F(A_\infty)] \leq c\, E[F(B_\infty)].$$

La condition (2.h) est satisfaite, grâce à l'inégalité (1.d), pour tout $r > 0$, avec une constante universelle a_r, par deux quelconques des processus M^*, $\langle M\rangle^{1/2}$ et L^A associés à une martingale locale continue M, nulle en 0.

Réécrivons maintenant l'inégalité (2.k) en posant $X = A_\infty$; $Y = B_\infty$; $x = \lambda$; $y = \delta\lambda$; $c = a / (\beta-1)^r$. Il vient :

$$(2.k') \qquad P[X \geq \beta x\ ;\ Y \leq y] \leq c \left(\frac{y}{x}\right)^r P(X \geq x),$$

ce qui entraîne, si l'on note $\tilde{X} = X^r$, $\tilde{Y} = Y^r$, et $\tilde{\beta} = \beta^r$:

$$(2.k'') \qquad P[\tilde{X} \geq \tilde{\beta} x\ ;\ \tilde{Y} \leq y] \leq c \left(\frac{y}{x}\right) P(\tilde{X} \geq x).$$

On compare, dans le lemme suivant, les inégalités de distribution qui figurent en (2.k"), et dans l'énoncé du théorème (1.2), ce qui revient à comparer la "puissance" respective de l'inégalité des "bons λ" et de la relation de domination.

Lemme (2.6) : Soient X et Y deux v.a. positives telles qu'il existe $\beta > 1$, et $c > 0$ vérifiant :

(2.m) pour tous $x > 0$, $y \geq 0$, $P[X \geq \beta x \,;\, Y \leq y] \leq c\,(\frac{y}{x})\,P(X \geq x)$.

Alors, il existe une constante C, qui ne dépend que de β et c, telle que :

(2.n) $P[X \geq x \,;\, Y \leq y] \leq \frac{C}{x}\,E[Y \wedge y]$.

Démonstration : a) Si l'on remplace (βx) par x en (2.m), on a, en posant $c' = c\beta$:

$$P[X \geq x \,;\, Y \leq y] \leq c'(\frac{y}{x})\,P[X \geq {}^{x}/_{\beta}]$$

b) On a :

$$P(X \geq x \,;\, Y \leq y) \leq P[Y \geq x \,;\, Y \leq y] + P[X \geq x \geq Y \,;\, Y \leq y]$$

$$\leq \frac{1}{x}\,E[Y \wedge y] + P[X \geq x \,;\, Y \leq x \wedge y]$$

$$\leq \frac{1}{x}\,E[Y \wedge y] + c'(\frac{x \wedge y}{x})\,P[X \geq {}^{x}/_{\beta}].$$

- Si ${}^{x}/_{\beta} \leq y$, on a : $(x \wedge y)\,P(X \geq {}^{x}/_{\beta}) \leq \beta\{\frac{x}{\beta}\,P(X \geq {}^{x}/_{\beta})\}$

$$\leq \beta\,E[X \wedge (\tfrac{x}{\beta})]$$

$$\leq \beta d\,E[Y \wedge (\tfrac{x}{\beta})] \qquad (*)$$

$$\leq \beta d\,E[Y \wedge y]$$

(l'existence d'une constante d permettant de justifier l'inégalité $(*)$ sera montrée au point c) de la démonstration).

- Si ${}^{x}/_{\beta} > y$, on a : $(x \wedge y)\ P(X \geq {}^{x}/_{\beta}) \leq y\,P(X \geq y)$

$$\leq E[X \wedge y]$$

$$\leq d\,E[Y \wedge y] \qquad (**)$$

(toujours d'après c) ci-dessous).

On obtient finalement (2.n) en prenant $C = 1 + c'\cdot\beta\cdot d$.

c) Il reste à montrer l'existence d'une constante d, qui ne dépend que de c et β, telle que : pour tout $z \geq 0$,

$$E[X \wedge z] \leq d\, E[Y \wedge z].$$

Posons $f(x) = x \wedge z$. On a : $f(\beta x) \leq \beta f(x)$, et donc :

$$E[f(X)] \leq \beta E[f(X/\beta)] \leq \beta \int df(x)\; P(X \geq \beta x)$$

$$\leq \beta \int df(x)\; \{P[X \geq \beta x\; ;\; Y \leq \delta x] + P[X \geq \delta x]\}$$

$$\leq \beta \int df(x)\; c\delta\; P(X \geq x) + \beta E[f(Y/\delta)]$$

$$\leq \beta c\delta\; E[f(X)] + \frac{\beta}{\delta} E[f(Y)],$$

et donc si δ vérifie : $1-\beta c\delta > 0$, on a :

$$E[f(X)] \leq \frac{\beta}{\delta[1-\beta c\delta]} E[f(Y)]. \quad \square$$

Ainsi, si X et Y sont deux variables positives qui satisfont à l'inégalité (2.k'), avec $\beta > 1$, c, $r > 0$, constantes données, il existe, d'après la démonstration du théorème (1.3), pour tous p,q avec : $\underline{0 \leq q < p < r}$, une constante C, qui ne dépend que de p,q,r,β,c, telle que :

$$\text{(2.p)} \qquad E[X^p / Y^q] \leq C\, E[Y^{p-q}].$$

Toutefois, pour poursuivre l'étude comparée de l'inégalité des "bons λ" et de la relation de domination, remarquons que l'inégalité (2.k') a des conséquences plus générales que (2.p). En effet, si l'on effectue les mêmes majorations que dans la démonstration du théorème (1.3), on obtient, si X et Y vérifient (2.k'), et si $\phi,\psi : \mathbb{R}_+ \to \mathbb{R}_+$ sont deux fonctions croissantes et continues à droite :

$$E[\phi(X)\psi(1/Y)] \leq E[\phi(Y)\psi(1/Y)] + c\, E\left[\int_{[0,\beta X]} d\phi(x)\{\psi(1/x) + \frac{1}{x^r}\int_{1/x}^{\infty} d\psi(y)\; 1/y^r\}\right]$$

En particulier, si p et q vérifient : $p,r > q$, on obtient, en prenant dans l'inégalité précédente $\phi(x) = x^p$, $\psi(y) = y^q$, l'existence de deux constantes C et C' qui ne dépendent que de c,β,p,q,r telles que :

$$E[X^p / Y^q] \leq C \{E[Y^{p-q}] + E[X^{p-q}]\}$$

$$\leq C' E[Y^{p-q}],$$

la dernière inégalité découlant de (2.ℓ).

REFERENCES :

[1] J. AZEMA, M. YOR : En guise d'Introduction (... aux Temps Locaux). Astérisque 52-53 (1978). Soc. Math. France.

[2] M.T. BARLOW, M. YOR : (Semi-)martingale inequalities and Local Times. Zeitschrift für Wahr., 55 (1981), 237-254.

[3] K. BITCHELER,, D. FONKEN : A simple version of the Malliavin Calculus in dimension one. Preprint (1981).

[4] D. BURKHOLDER : Distribution function inequalities for martingales. Ann. of Proba. 1, 1973, 19-42.

[5] D. BURKHOLDER : One-sided Maximal Functions and H^p. Journal of Funct. Analysis 18, 429-454, 1975.

[6] D. BURKHOLDER, B. DAVIS R. GUNDY : Integral inequalities for convex functions of operators on martingales. Proc. Sixth Berkeley Symp. Math. Statistics and Probability 2 (1972), 223-240.

[7] A. GARSIA : The Burgess Davis inequalities via Fefferman's inequalities. Arkiv für Math.,

[8] A. GARSIA : Martingale Inequalities : Seminar Notes on Recent Progress.
Benjamin (1973).

[9] E. LENGLART : Relation de domination entre deux processus.
Ann. Inst. H. Poincaré 13 (1977), 171-179.

[10] E. LENGLART, D. LEPINGLE, M. PRATELLI : Présentation unifiée de certaines inégalités de la théorie des martingales. Sém. Proba. XIV. Lect. Notes in Maths 784. Springer (1980).

[11] P.A. MEYER : Un cours sur les intégrales stochastiques.
Sém. Probas X, Lect. Notes 511, Springer (1976).

[12] J.W. PITMAN : A note on L_2 maximal inequalities.
Sém. Probas XV. Lect. Notes in Maths. 850.
Springer (1981).

[13] M. YOR : Les inégalités de sous-martingales comme conséquences de la relation de domination. Stochastics, (1979), vol. 3, p.1-15.

UNE DECOMPOSITION MULTIPLICATIVE DE LA VALEUR ABSOLUE D'UN MOUVEMENT BROWNIEN

Ch. YOEURP (*)

Nous considérons ici un espace probabilisé filtré $(\Omega,\mathcal{F},P,(\mathcal{F}_t))$ satisfaisant aux conditions habituelles, sur lequel est défini un mouvement brownien $W = (W_t)$ issu de 0.

Il n'est pas possible de représenter la sous-martingale positive $W = (|W_t|)$ comme produit d'une martingale locale positive et d'un processus croissant, mais cette représentation est possible pour une sous-martingale positive $X = (X_t)$ telle que X_t et X_{t-} ne s'annulent jamais [3]. Nous avons remarqué qu'une telle représentation est également obtenue en appliquant la formule d'Itô à $\text{Log } X_t$ et en regroupant convenablement les termes, puis en écrivant que $X_t = \exp(\text{Log } X_t)$. Cette remarque suggère, pour remplacer la décomposition multiplicative d'Itô de $|W|$, de chercher des processus prévisibles $\Phi = (\Phi_t)$ tels que les intégrales stochastiques $\int_0^t \Phi_s \, d(\text{Log}(|W_s| \vee \varepsilon))$ convergent, lorsque ε décroît vers 0.

Ce procédé, que l'on pourrait étendre à d'autres fonctions que la fonction logarithme, fait intervenir la valeur principale de Cauchy de certaines intégrales des temps locaux $(L_t^a)_{a \in \mathbb{R}}$ de W.

Avec l'aide et les notations du chapitre VI de [2], nous commençons par écrire une formule d'Itô généralisée. Rappelons tout d'abord que si $Z = (Z_t)$ est une semi-martingale réelle, il existe un processus $(a,t,\omega) \to (L_t^a(\omega))$, appelé processus des temps locaux de Z, défini sur $\mathbb{R} \times \mathbb{R}_+ \times \Omega$, qui est $\mathcal{B}_{\mathbb{R}} \times \mathcal{B}_{\mathbb{R}_+} \times \mathcal{F}$ mesurable, et qui vérifie les propriétés suivantes :

(ℓ-1) pour tout $a \in \mathbb{R}$, le processus $(t,\omega) \to L_t^a(\omega)$ est adapté croissant, continu, et la mesure aléatoire $dL_s^a(\omega)$ sur $\mathbb{R}_+$ est portée par l'ensemble $\{s \ / \ Z_s(\omega) = a\}$,

---

(*) Université Paris VI - Laboratoire de Probabilités - 4 place Jussieu - Tour 56 3ème Etage - 75005 PARIS CEDEX

(ℓ-2) pour toute fonction f borélienne, bornée sur $\mathbb{R}$, on a :

$$\int_0^t f(Z_s)d\langle Z^c,Z^c\rangle_s = \int_{-\infty}^{+\infty} f(a)L_t^a da \qquad \text{P-p.s.}$$

1. *Proposition :* (cf. la formule 2.6 de [2])

Soit f une fonction réelle, dont la dérivée seconde, au sens des distributions, est une mesure μ. Si f'_g désigne la dérivée à gauche de f en tout point de $\mathbb{R}$ (cette dérivée existe), on a :

$$(1) \quad f(Z_t) = f(Z_o) + \int_0^t f'_g(Z_{s-})dZ_s + \frac{1}{2}\int_{-\infty}^{+\infty} \mu(da)L_t^a + \sum_{0<s\leq t} (f(Z_s)-f(Z_{s-})-f'_g(Z_{s-})\Delta Z_s)$$

Voici un cas particulier du résultat précédent :

2. *Corollaire :*

Soit $f : \mathbb{R} \to \mathbb{R}$, fonction continue partout et de classe C^2 sauf en nombre fini de points $(x_i)_{i\in I}$, où les dérivées f' et f" ont des discontinuités de première espèce. On note f'_i le saut de f' en x_i : $f'_i = f'(x_i + 0) - f'(x_i - 0)$. On a alors :

$$(2) \quad f(Z_t) = f(Z_o) + \int_0^t f'_g(Z_{s-})dZ_s + \frac{1}{2}\left[\int_0^t f''(Z_s)d\langle Z^c,Z^c\rangle_s + \sum_{i\in I} f'_i L_t^{x_i}\right]$$

$$+ \sum_{0<s\leq t}\left[f(Z_s)-f(Z_{s-})-f'_g(Z_{s-})\Delta Z_s\right].$$

Démonstration :

La dérivée seconde de f au sens des distributions est donnée par : $\mu(da) = f''(a)da + \sum_{i\in I} f'_i\, \varepsilon_{x_i}(da)$, où ε_{x_i} désigne la mesure de Dirac en x_i.

La formule (2) découle alors de la formule (1) et de la propriété (ℓ-2). □

On est maintenant en mesure de démontrer le résultat principal suivant :

3. Théorème :

Soit $\Phi : \mathbb{R} \to \mathbb{R}$, une fonction continue, nulle en 0, et de classe $\mathbb{C}^2$ dans un voisinage de 0. Si $W = (W_t)$ est un mouvement brownien issu de 0, alors, la limite en probabilité de $\int_0^t \Phi_s(W_s) d \operatorname{Log}(|W_s| \vee \varepsilon)$, lorsque $\varepsilon \to 0$, existe et est égale à :

$$\int_0^t \frac{\Phi(W_s)}{W_s} dW_s - \frac{1}{2} \text{ v.p.} \int_{-\infty}^{+\infty} \frac{\Phi(a)}{a^2} L_t^a da$$

où v.p. désigne valeur principale.

Démonstration :

Nous appliquons la formule (2) à la fonction $f(x) = \operatorname{Log}(|x| \vee \varepsilon)$ et la semi-martingale $Z = W$:

$$\operatorname{Log}(|W_t| \vee \varepsilon) = \operatorname{Log} \varepsilon + \int_0^t \frac{I_{(|W_s|>\varepsilon)}}{W_s} dW_s - \frac{1}{2} \int_0^t \frac{I_{(|W_s|>\varepsilon)}}{W_s^2} ds + \frac{1}{2\varepsilon} (L_t^\varepsilon + L_t^{-\varepsilon}).$$

D'où, si $\Phi : \mathbb{R} \to \mathbb{R}$ est une fonction continue, on a :

$$(3) \quad \int_0^t \Phi(W_s) d \operatorname{Log}(|W_s| \vee \varepsilon) = \int_0^t \frac{\Phi(W_s)}{W_s} I_{(|W_s|>\varepsilon)} dW_s - \frac{1}{2} \int_0^t \frac{\Phi(W_s)}{W_s^2} I_{(|W_s|>\varepsilon)} ds$$

$$+ \frac{1}{2\varepsilon} (\Phi(\varepsilon) L_t^\varepsilon + \Phi(-\varepsilon) L_t^{-\varepsilon}).$$

(l'expression du dernier terme de droite est due à la propriété (ℓ-1) des temps locaux).

a - Il est facile de montrer que le premier terme du second membre de (3) converge en probabilité, lorsque $\varepsilon \to 0$, vers $\int_0^t \frac{\Phi(W_s)}{W_s} dW_s$, d'après les hypothèses sur Φ et d'après l'égalité $\int_0^t I_{(W_s=0)} dW_s = 0$, qui découle de ($\ell$-2).

b - Etudions maintenant la limite du deuxième terme du second membre de (3). D'après la propriété (ℓ-2) des temps locaux on a :

$$\int_0^t \frac{\Phi(W_s)}{W_s^2} I_{(|W_s|>\varepsilon)} ds = \int_{-\infty}^{-\varepsilon} \frac{\Phi(a)}{a^2} L_t^a da + \int_{\varepsilon}^{+\infty} \frac{\Phi(a)}{a^2} L_t^a da$$

$$= \int_{\varepsilon}^{+\infty} \left(\frac{\Phi(a)L_t^a + \Phi(-a)L_t^{-a}}{a^2} \right) da$$

Mais, au voisinage de 0, $\frac{\Phi(a)L_t^a + \Phi(-a)L_t^{-a}}{a^2}$ est équivalent à $\Phi'(0)\left(\frac{L_t^a - L_t^{-a}}{a}\right)$, car $\Phi(0) = 0$ et $\Phi \in C^2$. D'autre part, d'après un théorème de Ray ([1] page 70) :

$$P\left[\overline{\lim_{|x-y|=\delta}} \frac{|L_t^x - L_t^y|}{(2\delta \operatorname{Log} \frac{1}{\delta})^{1/2}} \le \sup_{x\in\mathbb{R}} |L_t^x|^{1/2}\right] = 1,$$

il existe un voisinage de 0, tel que $|L_t^a(\omega) - L_t^{-a}(\omega)| \le c_\varepsilon a^{1/4}$, et donc

$$\int_0^t \frac{\Phi(W_s)}{W_s^2} I_{(|W_s|>\varepsilon)} ds \xrightarrow[\varepsilon\to 0]{} \text{v.p.} \int_{-\infty}^{+\infty} \frac{\Phi(a)}{a^2} L_t^a da.$$

c - Il nous reste à étudier la convergence du dernier terme de (3). Comme précédemment, on voit qu'il est équivalent, lorsque $\varepsilon \to 0$, à : $\frac{1}{2}\Phi'(0)\,(L_t^{\varepsilon} - L_t^{-\varepsilon})$, qui converge vers 0, d'après la continuité de $a \to L_t^a(\omega)$. ([1] page 68-69).

Finalement, en faisant tendre ε vers 0, dans la formule (3), on obtient le résultat désiré.

BIBLIOGRAPHIE.

[1] ITÔ, K. ; Mc KEAN, H.P. : Diffusion processes and their sample paths. Springer (1965).

[2] MEYER, P.A. : "Un cours sur les intégrales stochastiques". Sém. Proba. Strasbourg X, Lecture Notes in Math. 511, Berlin, Springer, 1976.

[3] MEYER, P.A. ; YOEURP, Ch.: "Sur la décomposition multiplicative des sous-martingales positives". Sém. Proba. Strasbourg X, Lecture Notes in Math. 511, Berlin, Springer, 1976.

SUR LA TRANSFORMEE DE HILBERT DES TEMPS LOCAUX BROWNIENS, ET UNE EXTENSION DE LA FORMULE D'ITÔ

M. YOR (*)

Introduction :

Ce travail a trois origines :

- d'une part, l'existence, remarquée par Itô - Mc Kean ([6], p. 72, Problem 1) de la limite p.s., lorsque a et t sont fixés, et $\varepsilon \to 0$, de :

$$I_\varepsilon(a,t) \equiv \int_0^t \frac{ds}{(B_s-a)} 1_{\{|B_s-a|\geq\varepsilon\}} \equiv \int_\varepsilon^\infty \frac{dx}{x}(L_t^{a+x} - L_t^{a-x}),$$

  où (B_t) désigne le mouvement Brownien réel, et (L_t^y) une version bicontinue de ses temps locaux. Cette remarque a déjà été utilisée par C. Yoeurp [11].

- d'autre part, l'article de T. Yamada [10], où figurent des approximations du processus continu $(A_t^f, t \geq 0)$, d'énergie nulle, défini par la "formule d'Itô" :

$$f(B_t) = f(B_o) + \int_0^t f'(B_s)dB_s + \frac{1}{2} A_t^f, \tag{0.a}$$

  lorsque $f : \mathbb{R} \to \mathbb{R}$ admet une dérivée (au sens des distributions) f' dans L^2_{loc}. (voir les articles de A. Wang [9] et M. Fukushima [4] pour les premières études de A^f). En particulier, pour $f_a(x) \equiv (x-a)\log|x-a| - (x-a)$, T. Yamada [10] prouve que $A_t^{f_a} = \lim_{\varepsilon\to 0} I_\varepsilon(a,t)$.

- enfin le travail de R. Bass [2] qui associe au mouvement Brownien (B_t), à valeurs dans $\mathbb{R}^d$, la famille des temps locaux $(L_t^a(\theta)\ ;\ \theta \in S_{d-1},\ a \in \mathbb{R})$ des mouvements Browniens réels $(\theta\cdot B_t\ ;\ \theta \in S_{d-1})$. L'introduction de cette famille semble très prometteuse car, pour de "bonnes" fonctions $f : \mathbb{R}^d \to \mathbb{R}$, la fonctionnelle additive $\int_0^\cdot f(B_s)ds$ est représentable comme intégrale des temps locaux $L_\cdot^a(\theta)$, dans laquelle figure la transformée de Radon de f, (voir [2]).

(*) Membre du Laboratoire de Probabilités - 4 Place Jussieu - Tour 56 - 3ème Etage - Couloir 56-66 - 75005 PARIS CEDEX

Retournons au cadre unidimensionnel : on montre, au paragraphe 2, l'existence d'un processus $(\tilde{L}_t^a(\omega)\ ;\ t \geq 0,\ a \in \mathbb{R})$, bicontinu, qui coïncide p.s. avec $\lim_{\varepsilon \to 0} I_\varepsilon(a,t)$. Pour cela, nous sommes amené tout d'abord à préciser les propriétés de continuité, en (a,t), des temps locaux (L_t^a) du mouvement Brownien réel.

En fait, de façon à étendre également les résultats de continuité de Bass pour la famille $\{L_t^a(\theta)\}$, nous étudions, au paragraphe 1, la continuité des temps locaux $\{L_t^a(M^x)\}$ associés à une famille $(M^x, x \in \mathbb{R}^d)$ de martingales continues qui dépendent de façon lipschitzienne de x.

Enfin, on obtient, au paragraphe 3, des résultats d'approximation du processus A^f, lorsque $f \in C^2(\mathbb{R} \setminus \{0\})$.

<u>Notations</u> : $(\Omega, \mathcal{F}, (\mathcal{F}_t), P)$ désigne un espace de probabilité filtré usuel. Pour tout $p \in [1,\infty[$, et M martingale locale continue, on note $\|M\|_{H^p} = \|M^*\|_{L^p}$, avec $M^* = \sup_t |M_t|$. On associe à M la famille $(L_t^a(M)\ ;\ t \geq 0,\ a \in \mathbb{R})$ bicontinue des temps locaux de M

Enfin, les lettres c_p, C_p désignent des constantes universelles qui varient de place en place.

1. *Sur la continuité des temps locaux associés à une famille de martingales continues.*

Il est démontré en [1] que, pour tout $p \in [1,\infty[$, on a :

(1.a) $$\|L^*(M)\|_{L^p} \leq C_p \|M\|_{H^p},$$

où $L^*(M) = \sup_a L_\infty^a(M)$. Une conséquence intéressante de (1.a) est que, si M et N sont deux martingales locales continues, on a :

(1.b) $$\sup_{u \in \mathbb{R}} \|\sup_t |L_t^u(M) - L_t^u(N)|\|_{L^p} \leq C_p \|M-N\|_{H^p}^{1/2} \{\|M\|_{H^p}^{1/2} + \|N\|_{H^p}^{1/2}\}.$$

On en déduit le

Théorème (1.1) : <u>Soit</u> $p \in [1,\infty[$, $\lambda \in]0,1]$, <u>et</u> $(M^x, x \in \mathbb{R}^d)$ <u>une famille de martingales locales continues telle que</u> :

(1.c) $$\|M^x - M^y\|_{H^p} \leq C\,|x-y|^\lambda.$$

<u>Alors, si</u> $\lambda p > 2(d+1)$, <u>il existe une version, notée</u> $(L_t^a(x)\ ;\ t \geq 0,\ a \in \mathbb{R},\ x \in \mathbb{R}^d)$ <u>continue en</u> (a,t,x), <u>des temps locaux</u> $\{L_t^a(M^x)\}$.

<u>De plus, pour tous</u> $A > 0$, $\rho > 0$, <u>et</u> $\gamma \in \left]0\ ;\ \frac{\lambda}{2} - \frac{d+1}{p}\right[$ <u>il existe une v.a. finie</u> $H_{A,\rho,\gamma}$ <u>telle que : pour tous</u> a,b, <u>avec</u> $|a|, |b| \leq A$, <u>pour tous</u> x,y, <u>avec</u> $|x|, |y| \leq \rho$,

$$\sup_t |L_t^a(x) - L_t^b(y)| \leq H_{A,\rho,\gamma} \cdot \delta^\gamma, \tag{1.d}$$

<u>où</u> $\delta = \{(a-b)^2 + |x-y|^2\}^{1/2}$.

<u>Démonstration</u> : 1) D'après l'hypothèse (1.c), et l'inégalité (1.b), prise en $u = 0$, avec $M = M^x - a$, $N = M^y - b$, on a :

$$\|\sup_t |L_t^a(M^x) - L_t^b(M^y)|\|_{L^p} \leq C_{A,\rho} \quad \{|a-b| + |x-y|^\lambda\}^{1/2}$$

$$\leq C'_{A,\rho} \quad \{|a-b|^2 + |x-y|^2\}^{\lambda/4},$$

où $|a|, |b| \leq A$, $|x|, |y| \leq \rho$, et $C^{(')}_{A,\rho}$ désigne une constante qui dépend de C,A,ρ. D'après le lemme de Kolmogorov, il existe donc une version continue $L_t^a(x)$ de $\{L_t^a(M^x)\}$.

2) On obtient maintenant (1.d) par application du théorème de Garsia - Rodemich - Rumsey [5] (cf., également : Stroock - Varadhan [8], p. 47 et 60). Si B désigne une boule de $\mathbb{R}_x^d \times \mathbb{R}_a$, on a

$$\int_B dx\, da \int_B dy\, db \left(\frac{\sup_t |L_t^a(x) - L_t^b(y)|}{\delta^{\lambda'/2}} \right)^p < \infty, \quad P\text{-p.s.},$$

(on note $\delta = (|a-b|^2 + |x-y|^2)^{1/2}$) pour tout λ' tel que : $\frac{\lambda-\lambda'}{2} p + d > -1$, c'est-à-dire : $\gamma \equiv \frac{\lambda'}{2} - \frac{2(d+1)}{p} < \frac{\lambda}{2} - \frac{(d+1)}{p}$.

Il existe donc une variable aléatoire $H^{(')}$, finie P-p.s., telle que, pour tous (x,a), $(y,b) \in B$, on ait :

$$\sup_t |L_t^a(x) - L_t^b(y)| \leq H \int_0^{2\delta} \frac{du\, u^{\frac{\lambda'}{2} - 1}}{u^{2\frac{(d+1)}{p}}} = H' \cdot \delta^\gamma.$$

Corollaire (1.2) : Soit M martingale locale continue, à valeurs dans $\mathbb{R}^d$.

Il existe une version continue, notée $(L_t^a(\theta)\ ;\ t \geq 0,\ \theta \in S_{d-1},\ a \in \mathbb{R})$ des temps locaux $\{L_t^a(\theta \cdot M)\}$.

De plus, pour tout $\gamma \in]0, \frac{1}{2}[$, et tous $A > 0$, $T > 0$, il existe une v.a. finie $H_{T,A,\gamma}$ telle que : pour tous a,b, avec $|a|, |b| \leq A$, pour tous $\theta, \theta' \in S_{d-1}$,

$$\sup_{t \leq T} |L_t^a(\theta) - L_t^b(\theta')| \leq H_{A,T,\gamma} \cdot \delta^\gamma,$$

où $\delta = ((a-b)^2 + |\theta-\theta'|^2)^{1/2}$.

Démonstration : Par localisation, on peut supposer M uniformément bornée. On applique ensuite le théorème (1.1) à la famille $M^x = x \cdot M$ $(x \in \mathbb{R}^d)$, avec $\lambda = 1$, pour tout $p > 2(d+1)$.

Remarque : On obtient ainsi une famille continue $(L_t^a(x)\ ;\ a \in \mathbb{R},\ x \in \mathbb{R}^d,\ t \geq 0)$ mais on peut se restreindre à prendre $x \in S_{d-1}$, car pour tout $\rho \in \mathbb{R}$, on a l'égalité :

$L_t^{\rho a}(\rho x) = \rho L_t^a(x)$, à un ensemble négligeable près.

2. *Etude de la continuité de la transformée de Hilbert des temps locaux Browniens.*

Appliquons le corollaire (1.2) aux temps locaux (L_t^a) du mouvement Brownien réel (B_t). Pour tout (t,ω), $a \to L_t^a(\omega)$ est à support compact ; en conséquence, pour tous $T > 0$, $\varepsilon \in]0, \frac{1}{2}[$, il existe une v.a. finie $H_{T,\varepsilon}$ telle que :

$$\text{(2.a)} \qquad \sup_{t \leq T} |L_t^a - L_t^b| \leq H_{T,\varepsilon}\, |a-b|^{\frac{1}{2}-\varepsilon}.$$

D'autre part, on déduit de l'inégalité (1.a) appliquée à la martingale $(B_{t\wedge u} - B_{s\wedge u}\ ;\ u \geq 0)$, lorsque $0 < s < t < \infty$, que, pour tout $p \geq 1$:

$$\text{(2.b)} \qquad E\left[\sup_a |L_t^a - L_s^a|^p\right] \leq C_p\, |t-s|^{p/2}.$$

Le théorème de Garsia - Rodemich - Rumsey entraîne à nouveau, pour tout $T > 0$, et $\varepsilon \in]0, \frac{1}{2}[$, l'existence d'une v.a. $K_{T,\varepsilon}$ telle que : pour tout s,t, avec $|s|, |t| \leq T$,

$$\text{(2.c)} \qquad \sup_a |L_t^a - L_s^a| \leq K_{T,\varepsilon}\, |t-s|^{\frac{1}{2}-\varepsilon}.$$

Remarque : Le résultat (2.c) est probablement connu ; toutefois, dans Itô - Mc Kean ([6], p. 65, 9b)), on trouve seulement : $\overline{\lim}_{\substack{t-s=\delta\downarrow 0\\ s<t<1\\ a\in\mathbb{R}}} \dfrac{|L_t^a - L_s^a|}{(\delta(\log \frac{1}{\delta})^2)^{\frac{1}{3}}} = 0$, p.s.

On peut maintenant énoncer le

Théorème (2.1) : Soit (L_t^a) une version bicontinue des temps locaux Browniens. Alors :

(i) $P\left[\int_0^\infty \frac{dx}{x} |L_t^{a+x} - L_t^{a-x}| < \infty, \forall a,t\right] = 1$

(ii) Si l'on note $\tilde{L}_t^a = \int_0^\infty \frac{dx}{x} (L_t^{a+x} - L_t^{a-x})$, il existe, pour tous $T > 0$, $A > 0$, et $\varepsilon \in]0, \frac{1}{2}[$, deux variables finies $H_{T,A,\varepsilon}$ et $K_{T,A,\varepsilon}$ telles que :

(2.d) $\forall a,b : |a|, |b| \leq A, \quad \sup_{t\leq T} |\tilde{L}_t^a - \tilde{L}_t^b| \leq H_{T,A,\varepsilon} |a-b|^{\frac{1}{2}-\varepsilon}$,

(2.e) $\forall t,s : t,s \leq T, \quad \sup_{|a|\leq A} |\tilde{L}_t^a - \tilde{L}_s^a| \leq K_{T,A,\varepsilon} |t-s|^{\frac{1}{2}-\varepsilon}$.

Introduisons, en vue de la démonstration du théorème (2.1), quelques notations : pour tout intervalle I de $\mathbb{R}$, et tout $\alpha > 0$, notons $\Lambda_\alpha(I)$ l'espace des fonctions $f : I \to \mathbb{R}$ höldériennes d'ordre α, muni de la norme :

$$\|f\|_{\alpha,I} = \sup_{x\in I} |f(x)| + \sup_{\substack{x,y\in I\\ x\neq y}} \frac{|f(x)-f(y)|}{|x-y|^\alpha}.$$

On note encore $\Lambda_*(I) = \bigcap_{\alpha<1/2} \Lambda_\alpha(I)$. (On supprime partout l'indice I lorsque $I = \mathbb{R}$).

Le théorème (2.1) découle alors des arguments suivants, sans aucun doute très familiers aux analystes (voir, par exemple, P. Koosis [12], p. 140).

1) si $f : \mathbb{R} \to \mathbb{R}$ est à support compact, et appartient à Λ_*, on a, pour tout $a \in \mathbb{R}$: $\int \frac{dx}{x} |f(a+x) - f(a-x)| < \infty$, et si $\tilde{f}(a) = \int_0^\infty \frac{dx}{x} (f(a+x) - f(a-x))$, alors, pour tout $A > 0$, $\tilde{f} \in \Lambda_*([-A,A])$.

De plus, pour tout $\alpha \in]0, \frac{1}{2}[$, on peut estimer comme suit $\|\tilde{f}\|_{\Lambda_\alpha([-A,A])}$ en fonction de $\|f\|_{\Lambda_{\alpha'}}$, pour tout $\alpha' \in]\alpha, \frac{1}{2}[$: si f est nulle hors de $[-C,C]$, et si on note $\phi_a(x) = f(a+x)-f(a-x)$, on a, pour $|a|$, $|b| \leq A$, $\alpha' \in]0, \frac{1}{2}[$, $\eta > 0$:

$$|\tilde{f}(a)-\tilde{f}(b)| \leq \int_0^\eta \frac{dx}{x} \{|\phi_a(x)| + |\phi_b(x)|\} + \int_\eta^\infty \frac{dx}{x} |\phi_a(x)-\phi_b(x)|$$

$$\leq c_{\alpha'} \|f\|_{\Lambda_{\alpha'}} \{\eta^{\alpha'} + |a-b|^{\alpha'} [\log(C+A) - \log \eta]\}.$$

On prend maintenant $\eta = |a-b|$, et on majore $\eta^{\alpha'}|\log \eta|$ par un multiple, qui dépend de A, de η^α.

2) Soit $f : [0,T] \times \mathbb{R} \to \mathbb{R}$ une fonction telle que :

- il existe $C > 0$, tel que pour tout t, $f(t,\cdot) \equiv f_t(\cdot)$ est à support dans $[-C,C]$.
- pour tout $\alpha \in]0, \frac{1}{2}[$, $m_\alpha \equiv \sup_{t \leq T} \|f(t,\cdot)\|_{\Lambda_\alpha} < \infty$.
- pour tout $\alpha \in]0, \frac{1}{2}[$, $n_\alpha \equiv \sup_a \|f(\cdot,a)\|_{\Lambda_\alpha([0,T])} < \infty$.

Alors, pour tout $\alpha \in]0, \frac{1}{2}[$, $A > 0$, $\sup_{|a| \leq A} \|(\tilde{f}_\cdot)(a)\|_{\Lambda_\alpha([0,T])}$ est fini, et peut être majoré à l'aide de $C, A, m_{\alpha'}$ et $n_{\alpha'}$ pour $\alpha' \in]\alpha, \frac{1}{2}[$.

La démonstration est tout à fait semblable à celle du point 1) ci-dessus. □

Le module de continuité exact, pour $t > 0$ fixé, de $(L_t^a\ ;\ a \in \mathbb{R})$ est connu (cf. Itô - Mc Kean [6], p. 65). On a :

(2.f) $$\overline{\lim_{\delta \downarrow 0}} \sup_{a \in \mathbb{R}} \frac{|L_t^{a+\delta} - L_t^a|}{(\delta \log \frac{1}{\delta})^{1/2}} = 2(L_t^*)^{1/2}, \quad P\text{-p.s.}.$$

Ceci nous permet de raffiner, pour t fixé, celui de $(\tilde{L}_t^a\ ;\ a \in \mathbb{R})$.

Proposition (2.2) : <u>On a, pour tout</u> $A > 0$:

$$\overline{\lim_{\delta \downarrow 0}} \sup_{a \in A} \frac{|\tilde{L}_t^{a+\delta} - \tilde{L}_t^a|}{(\delta(\log \frac{1}{\delta})^3)^{1/2}} \leq 8(L_t^*)^{1/2} \quad P\text{-p.s.}.$$

Démonstration : Notons $\phi_a(x) = (L_t^{a+x} - L_t^{a-x})$, et $b = a + \delta$.

On a, pour tout $\eta > 0$:

$$|\tilde{L}_t^b - \tilde{L}_t^a| \leq \int_0^\eta \frac{dx}{x} \{|\phi_b(x)| + |\phi_a(x)|\} + \int_\eta^\infty \frac{dx}{x} |\phi_b(x) - \phi_a(x)|.$$

Pour tout $\varepsilon > 0$, il existe $\alpha_\varepsilon > 0$ tel que : pour tout $u \in \mathbb{R}$, et tout $x \in [0,\alpha_\varepsilon]$,

on ait : $|L_t^{u+x} - L_t^u| \leq (2+\varepsilon)\, (L_t^*)^{1/2} \sqrt{x \log \frac{1}{x}}$. D'où, en prenant $\eta = \delta \leq \alpha_\varepsilon$:

$$|\tilde{L}_t^b - \tilde{L}_t^a| \leq (2+\varepsilon)(L_t^*)^{1/2} \{\int_0^\delta dx\, 4\sqrt{\frac{\log 1/x}{x}} + 4\sqrt{\delta \log \frac{1}{\delta}} \int_\delta^{(B_t^*+\delta+|a|)} \frac{dx}{x}\}.$$

Notons $h(\delta) = \int_0^\delta dx \sqrt{\frac{\log 1/x}{x}} = \int_u^\infty dy\, e^{-y/2}\, y^{1/2}$, où $u = \log \frac{1}{\delta}$.

On montre aisément que, pour tout $C > 0$, il existe $u_C > 0$ tel que :

$$u \geq u_C \Longrightarrow h(\delta) = h(e^{-u}) \leq C\, u^{3/2}\, e^{-u/2} = C \sqrt{\delta(\log \frac{1}{\delta})^3}.$$

On a donc, pour δ suffisamment petit :

$$\frac{|\tilde{L}_t^b - \tilde{L}_t^a|}{(\delta(\log \frac{1}{\delta})^3)^{1/2}} \leq (2+\varepsilon)\ (L_t^*)^{1/2} \left[4C + 4\ (1 + \frac{\log(B_t^*+\delta+|a|)}{\log \frac{1}{\delta}})\right],$$

d'où :

$$\overline{\lim_{\delta\downarrow 0}}\ \sup_{|a|\leq A} \frac{|\tilde{L}_t^{a+\delta} - \tilde{L}_t^a|}{(\delta(\log \frac{1}{\delta})^3)^{1/2}} \leq 4\ (2+\varepsilon)\ (L_t^*)^{1/2}\ [1+C].$$

On obtient le résultat cherché en faisant tendre successivement C, puis ε, vers 0. □

En conclusion de ce paragraphe, explicitons la formule (0.a), pour $f_a(x) \equiv (x-a) \log|x-a| - (x-a)$. On montre aisément, à l'aide des régularités de $(L_t^a\ ;\ a \in \mathbb{R})$, que :

$$\tilde{L}_t^a = \lim_{\varepsilon\to 0} \int dx \frac{(x-a)L_t^x}{(x-a)^2+\varepsilon^2} = \lim_{\varepsilon\to 0} \int_0^t ds \frac{(B_s-a)}{(B_s-a)^2+\varepsilon^2}.$$

Posons $F_\varepsilon(x) = \frac{1}{2} \int_0^x du \log(u^2 + \varepsilon^2)$ et $F(x) = x \log |x| - x$.

On a, d'après la formule d'Itô usuelle :

$$F_\varepsilon(B_t-a) = F_\varepsilon(B_0-a) + \frac{1}{2}\int_0^t \log\left[(B_u-a)^2+\varepsilon^2\right]dB_u + \frac{1}{2}\int_0^t ds \frac{(B_s-a)}{(B_s-a)^2+\varepsilon^2}$$

d'où l'on déduit, en faisant tendre ε vers 0 :

$$F(B_t-a) = F(B_0-a) + \int_0^t \log|B_s-a|dB_s + \frac{1}{2}\tilde{L}_t^a.$$

3. Une extension de la formule d'Itô.

On travaille toujours dans le cadre unidimensionnel. Soit $T > 0$, et S une v.a. à valeurs dans $[0,T]$. Il a été prouvé, en [3], à l'aide de la formule de Tanaka, que l'application : $f \to \sum_{i=1}^n f_i(L_S^{a_{i+1}} - L_S^{a_i})$, ainsi définie sur les fonctions étagées $f : \mathbb{R} \to \mathbb{R}$, où $f(t) = \sum_{i=1}^n f_i 1_{]a_i,a_{i+1}]}(t)$, se prolonge de façon unique en une mesure vectorielle sur la tribu borélienne de $\mathbb{R}$, à valeurs dans $L^2(\mathcal{F},P)$. On note $\int f(a)\, d_a L_S^a$ l'intégrale de f, fonction borélienne bornée, par rapport à cette mesure vectorielle, et on a l'extension suivante de la formule d'Itô : si $F(x) = \int_0^x f(u)du$, alors :

$$\text{(3.a)} \qquad F(B_S) = F(B_0) + \int_0^S f(B_u)dB_u - \frac{1}{2}\int f(a)d_a L_S^a.$$

Voici quelques remarques sur cette identité :

1) Du caractère local de l'intégrale stochastique, on déduit que, si f et g sont boréliennes bornées, et $f = g$ sur $[-n,n]$, alors : $\int f(a)\, d_a L_S^a = \int g(a)\, d_a L_S^a$, sur $\{B_T^* \leq n\}$. Ceci permet d'étendre par localisation, la définition de $\int f(a) d_a L_S^a$ à toute fonction f borélienne, localement bornée.

2) D'autre part, si la variable S est telle que $\{L_S^a\ ;\ -\infty < a < \infty\}$ soit une semi-martingale, l'intégrale $\int f(a)\, d_a L_S^a$ est égale à l'intégrale stochastique de f par rapport à cette semi-martingale : ceci est une application du théorème de classe monotone, et du fait que l'intégrale stochastique par rapport à une semi-martingale est une mesure vectorielle à valeurs dans L^0.

Or, Perkins [7] vient de démontrer que, pour tout temps t constant, $\{L_t^a\ ;\ -\infty < a < \infty\}$ est une semi-martingale.

3) Ainsi, pour tout $t \geq 0$, et f localement bornée, on a : $A_t^F = -\int f(a)\, d_a L_t^a$,

si (A_t^F) est le processus continu associé à $F(B_t)$ par la formule (0.a). □

La représentation (3.a) rend très intuitif le résultat d'approximation suivant, fortement inspiré par le paragraphe 2 de [10].

Proposition (3.1) : Soit $F : \mathbb{R} \to \mathbb{R}$, de classe C^2 hors de l'origine, telle que $F' \in L^2_{loc}$. Alors, pour tout $p \in [1,\infty[$:

$$\text{(3.b)} \qquad \lim_{\varepsilon \to 0} E\left[\sup_{t \leq T} |A_t^F - \{\int_0^t ds\, F''(B_s)\, 1_{(|B_s| \geq \varepsilon)} + L_t^{\varepsilon} F'(\varepsilon) - L_t^{-\varepsilon} F'(-\varepsilon)|^p\right] = 0$$

Démonstration : Notons $F' = f$, et $f_\varepsilon(u) = f(u)\, 1_{(|u| \geq \varepsilon)}$.

On peut supposer $F(0) = 0$, et donc $F(x) = \int_0^x f(u)du$. Appliquons la formule (3.a) à $F_\varepsilon(x) = \int_0^x du\, f_\varepsilon(u)$:

$$\text{(3.c)} \qquad F_\varepsilon(B_t) = \int_0^t f_\varepsilon(B_u)dB_u - \frac{1}{2}\int f_\varepsilon(a) d_a L_t^a.$$

Par intégration par parties, on a :

$$\int_\varepsilon^\infty f(a) d_a L_t^a = - f(\varepsilon)L_t^\varepsilon - \int_\varepsilon^\infty dx\, F''(x) L_t^x,$$

et donc :

$$A_t^{F_\varepsilon} = \int_0^t ds\, F''(B_s)\, 1_{(|B_s| \geq \varepsilon)} + L_t^\varepsilon F'(\varepsilon) - L_t^{-\varepsilon} F'(-\varepsilon).$$

Enfin, (3.b) découle de ce que :

$$E\left[\sup_{t \leq T} \left|\int_0^t f(B_u)\, 1_{(|B_u| \geq \varepsilon)} dB_u\right|^p + \sup_{t \leq T} \left|\int_0^{B_t} du\, f(u)\, 1_{|u| \leq \varepsilon}\right|^p\right]$$

$$\leq C_p \left(\int_{-\varepsilon}^{\varepsilon} du\, f^2(u)\right)^{p/2} E\left[(L_T^*)^{p/2}\right] + \left(\int_{-\varepsilon}^{\varepsilon} du |f(u)|\right)^p E\left[(B_T^*)^p\right],$$

quantité qui tend vers 0 quand $\varepsilon \to 0$.

Remarques (3.2) : 1) On aurait bien sûr pu obtenir directement la décomposition de $F_\varepsilon(B_t)$ par application de la formule d'Itô - Tanaka.

2) Enfin, d'après les résultats du paragraphe 2, si F'' est impaire, $F'' \geq 0$ sur $(0,\infty)$, et $\int_{0+} dy\, F''(y) y^{\alpha} < \infty$, pour $\alpha \in]0, \frac{1}{2}[$, on a :

$$\lim_{\varepsilon \to 0} \text{p.s.} \sup_{t \leq T} \left| A_t^F - \int_0^t ds\, F''(B_s)\, 1_{|B_s| \geq \varepsilon} \right| = 0.$$

Références :

[1] M.T. BARLOW, M. YOR : (Semi-)Martingale inequalities and Local Times. Zeitschrift für Wahr., 55, 237-254 (1981).

[2] R. BASS : A Representation of Additive Functionals of d-dimensional Brownian motion. Preprint 1981.

[3] N. BOULEAU, M. YOR : Sur la variation quadratique des temps locaux de certaines semi-martingales. C.R.A.S. Paris, t. 292 (2 Mars 1981).

[4] M. FUKUSHIMA : A decomposition of additive functionals of finite energy. Nagoya Math. J. 74, 1979, 137-168.

[5] A. GARSIA, E. RODEMICH, H. RUMSEY : A real-variable lemma and the continuity of paths of some Gaussian processes. Indiana Math. J. 20, 1970, p. 565-578.

[6] K. ITO, H.P. Mc KEAN : Diffusion processes and their sample paths. Springer (1965).

[7] E. PERKINS : Local Time is a semi-martingale. Preprint.

[8] D.W. STROOCK, S.R.S. VARADHAN : Multidimensional Diffusion Processes. Springer (1979)

[9] A.T. WANG : Quadratic variation of functionals of Brownian motion. Ann. Prob. 5, 756-769 (1977).

[10] T. YAMADA : On some representations concerning stochastic integrals. Preprint.

[11] C. YOEURP : Une décomposition multiplicative de la valeur absolue d'un mouvement brownien. Dans ce volume.

[12] P. KOOSIS : Introduction to H^p spaces. LMS Lect. Notes Series 40 (1980).

Je remercie vivement T. Yamada pour une discussion sur son travail, et J. Azéma pour m'avoir communiqué le préprint de R. Bass.

SUR LA CONVERGENCE ABSOLUE DE CERTAINES INTEGRALES

T. JEULIN (*)

On cherche à donner des conditions nécessaires (et, si possible, suffisantes) pour que certaines intégrales soient absolument convergentes ; les critères énoncés découlent de propriétés élémentaires des réarrangements. J'espère que cette note démystifiera la démonstration d'un résultat sur le même sujet, établi antérieurement (voir [2], page 44), tout en le complétant.

I - *SUR LES REARRANGEMENTS DE VARIABLES ALEATOIRES.*

La donnée de base est un espace probabilisé complet $(\Omega,\mathcal{A},\mathbb{P})$ et notre point de départ est le résultat élémentaire suivant :

Lemme 1 : Soit X une variable aléatoire positive ; on note $F_X(u) = \mathbb{P}[X \leq u]$ la fonction de répartition de X ; f_X est le réarrangement croissant de X $(f_X(u) = \inf(v \mid F_X(v) \geq u)$; $0 \leq u \leq 1)$; enfin $\Phi_X(x) = \int_0^\infty du(x - F_X(u))_+$ $(0 \leq x \leq 1$; $y_+ = \sup(y,0))$.

a) Munissons $[0,1]$ de la mesure de Lebesgue λ ; la loi de f_X sous λ est la loi de X.

b) Φ_X est convexe, continue sur $[0,1]$, strictement positive sur $]F_X(0),1]$; $\Phi_X(0) = 0$, $\Phi_X(1) = \mathbb{E}[X]$. En outre $\Phi_X(x) = \int_0^x f_X(u)du$ et pour tout A de $\mathcal{A}$,

(*) $$\mathbb{E}[X ; A] \geq \Phi_X \circ \mathbb{P}[A].$$

c) Soit G une fonction croissante positive sur $\mathbb{R}_+$; on a

$\Phi_{G(X)}(x) = \int_0^x G\circ f_X(u)du$; en particulier, $\Phi_1(x) = x$ et pour $c > 0$ $\Phi_{cX} = c\Phi_X$.

(*) UNIVERSITE PARIS VI - Laboratoire de Probabilités - 4 place Jussieu - Tour 56
3ème Etage - 75005 PARIS CEDEX

En outre si Y est une variable aléatoire vérifiant $Y \geq X$, on a $\Phi_Y \geq \Phi_X$; pour toute suite de variables positives (X_n), $\liminf_{n \to \infty} \Phi_{X_n} \geq \Phi_U$ si $U = \liminf_{n \to \infty} X_n$.

Remarque : Supposons X intégrable et notons g_X le réarrangement décroissant de X : $g_X(u) = \sup(v \mid \mathbb{P}[X > v] \geq u)$ $(\sup \emptyset = 0)$; appliquons l'inégalité (*) à A^c ; comme $g_X(u) = f_X(1-u)$ λ p.s., on retrouve l'inégalité bien connu :

$$\mathbb{E}[X ; A] \leq \int_0^{\mathbb{P}[A]} g_X(u)du.$$

Démonstration :

a) Traduit la formule de changement de variable : pour h borélienne bornée),

$$\mathbb{E}[h(X)] = \int_{[0,\infty[} h(x)dF_X(x) = \int_0^1 h \circ f_X(u)du.$$

b) Etablissons (*), le reste est encore plus facile ! Pour A et B dans $\mathcal{A}$, on a trivialement $\mathbb{P}[A \cap B] \geq (\mathbb{P}[A] + \mathbb{P}[B] - 1)_+ = (\mathbb{P}[A] - \mathbb{P}[B^c])_+$.

Ainsi, par application du théorème de Fubini,

$$\mathbb{E}[X ; A] = \int_0^\infty \mathbb{P}[A ; u < X]du \geq \int_0^\infty (\mathbb{P}[A] - F_X(u))_+du = \Phi_X \circ \mathbb{P}[A].$$

c) $$\liminf_{n \to \infty} \Phi_{X_n}(x) \geq \int_0^\infty \liminf_{n \to \infty} (x - \mathbb{P}[X_n \leq u])_+du \geq \Phi_U(x)$$

Conservons les notations du lemme 1 et notons un autre résultat élémentaire :

Lemme 2 : Soit G une fonction croissante sur $\mathbb{R}_+$, avec $G(0) \geq 0$ et $G(x) > 0$ pour $x > 0$; notons γ son inverse continu à gauche et, pour $a > 0$, $g(a) = \liminf_{t \to +\infty} \frac{G(t-a)}{G(t)}$.

Soit Y une variable aléatoire réelle ; notons $T_Y(u) = \sup_{z \in \mathbb{R}} \mathbb{P}[|Y - z| \leq u]$.

a) pour tout réel z, $\Phi_{G(|Y-z|)}(x) \geq \int_0^\infty (x - T_Y \circ \gamma(u))_+du$.

b) Supposons la loi de Y diffuse et $\mathbb{P}[g(Y) = 0] = 0$; alors

$$\phi(G,Y,x) = \inf_{z\in\mathbb{R}} \frac{\Phi_{G(|Y-z|)}(x)}{1 + G(|z|)}$$ est strictement positif sur $]0,1]$ et pour $A \in \mathcal{A}$

et $z \in \mathbb{R}$,

$$E[G(|Y-z|) \; ; \; A] \geq (1 + G(|z|) \; \phi(G,Y,\mathbb{P}[A]).$$

Remarques : 1) P. Lévy désigne T_Y comme "fonction de concentration" de Y

2) si G est croissante modérée (i.e. $\delta = \sup_{x>0} \frac{G(2x)}{G(x)}$ est fini),

on a $g(a) \geq \frac{1}{\delta} > 0$ et $G(x+y) \leq \delta(G(x) + G(y))$.

Démonstration :

a) $$\Phi_{G(|Y-z|)}(x) = \int_0^\infty (x - \mathbb{P}[G(|Y-z|) \leq u])_+ du$$

$$= \int_0^\infty (x - \mathbb{P}[|Y-z| \leq \gamma(u)])_+ du \geq \int_0^\infty (x - T_Y \circ \gamma(u))_+ du$$

b) Remarquons que $G(x) > 0$ pour $x > 0$ implique : $\lim_{u\to 0_+} \gamma(u) = 0$; puisque la loi de Y est diffuse, T_Y est continue et $T_Y(0) = 0$; par suite, pour tout $x > 0$, $\int_0^\infty (x - T_Y \circ \gamma(u))_+ du$ est strictement positif ; d'après a), on a donc : $\inf_z \Phi_{G(|Y-z|)}(x) > 0$ pour tout $x > 0$.

En outre, d'après le lemme 1-c), avec $U_z = \frac{G(||z|-|Y||)}{G(|z|)}$ et $U = \liminf_{|z|\to\infty} U_z$,

on a : $\liminf_{|z|\to\infty} \frac{\Phi_{G(|Y-z|)}(x)}{1 + G(|z|)} \geq \liminf_{|z|\to\infty} \Phi_{U_z}(x) \geq \Phi_U(x)$ or $U = g(|Y|)$ et la condition $\mathbb{P}[g(|Y|) = 0] = 0$ donne $\mathbb{P}[U = 0] = 0$, soit $\Phi_U(x) > 0$ pour tout x.

II - REARRANGEMENTS DE PROCESSUS.

On suppose donnée sur $(\Omega,\mathcal{A},\mathbb{P})$ une filtration $(\mathcal{F}_t)_{t\geq 0}$ vérifiant les conditions habituelles. Soit R un processus mesurable positif fini ; on peut construire une famille $(r_\bullet(u), u\in\mathbb{R}_+)$ de processus optionnels, telle que :

i) pour tout $t\geq 0$ $u\to r_t(u)$ est croissante, continue à droite, majorée par 1 ;

ii) pour tout u, $r_\bullet(u)$ est une version de la projection optionnelle de $1_{\{R\leq u\}}$.

Notons $\rho_t(v) = \inf(u \mid r_t(u)\geq v)$ $(0\leq v\leq 1$; la famille de processus optionnels $(\rho_\bullet(v)\ ;\ 0\leq v\leq 1)$ est le réarrangement optionnel croissant de R : pour tout $t\geq 0$ $v\to\rho_t(v)$ est croissant, continu à gauche, et pour toute fonction borélienne bornée h sur $\mathbb{R}_+$, le processus optionnel $\int_0^1 h\circ\rho_\bullet(v)dv$ est une version de la projection optionnelle ${}^o(h(R))$ de $h(R)$.

Soit $A\in\mathcal{A}$ et $a_\bullet$ la version càd làg de la martingale $a_t = \mathbb{P}[A|\mathcal{F}_t]$; avec une démonstration analogue à celle du lemme 1, on a :

$$(**)\qquad {}^o(1_A R)_t \geq \int_0^\infty du(a_t - r_t(u))_+ = \int_0^{a_t}\rho_t(v)dv = \Phi_R(a_t).$$

(Remarquons que l'on peut naturellement remplacer les projections optionnelles par des projections prévisibles).

Si on se donne en plus de R un processus croissant optionnel C, on a, d'après ce qui précède, pour $A\in\mathcal{A}$:

$$\mathbb{E}\Big[\int_0^\infty R_t dC_t\ ;A\Big] = \mathbb{E}\Big[\int_0^\infty {}^o(1_A R)_t dC_t\Big] \geq \mathbb{E}\Big[\int_0^\infty\Big(\int_0^{a_t}\rho_t(v)dv\Big)dC_t\Big]$$

$$\geq \mathbb{E}\Big[\int_0^{a_*}dv\int_0^\infty\rho_t(v)dC_t\Big],$$

si $a_* = \inf_s a_s$; notons que $\{a_* > 0\}$ contient A (et lui est égal si A appartient à $\mathcal{F}_\infty$).

Prenons en particulier : $A_n = \{\int_0^\infty R_t dC_t \leq n\}$, $a^{(n)} = {}^o(1_{A_n})$;

$$n\,\mathbb{P}[A_n] \geq \mathbb{E}[\int_0^\infty R_t dC_t \; ; A_n] \geq \int_0^1 dv\,\mathbb{E}[\int_0^\infty \rho_t(v)dC_t \; ; v \leq a_*^{(n)}].$$

Pour $0 < x < 1$, $\{\int_0^\infty \rho_t(x)dC_t < +\infty\}$ contient $\{x < a_*^{(n)}\}$; lorsque n tend vers l'infini, on obtient :

Lemme 3 : Soit $A = \{\int_0^\infty R_t dC_t < +\infty\}$, $a_* = \inf_s a_s$; pour tout x de $]0,1[$, $\int_0^\infty \rho_t(x)dC_t$ est fini sur $\{x < a_*\}$.

Remarques :

- on a aussi la propriété (plus faible) : $\int_0^\infty \Phi_R(x)dC_t$ est fini sur $\{x < a_*\}$.

- la même conclusion subsiste si on remplace C par un processus croissant optionnel formel au sens de L. Schwartz.

III - APPLICATIONS.

1) Le premier exemple est tiré de [2] : le processus R est "indépendant" de la filtration $(\mathfrak{F}_t)$ au sens suivant : il existe une mesure μ sur $\mathbb{R}_+$ telle que, pour toute fonction borélienne positive h sur $\mathbb{R}_+$

$${}^o(h(R)) = \int_{\mathbb{R}_+} h(x)\;\mu(dx).$$

On peut prendre $\rho(v) = \inf(u) \mid \mu([0,u] \geq v)$ et on a :

$$\int_0^\infty \rho_t(x)dC_t = \rho(x)\int_0^\infty dC_t \quad (0\cdot\infty = 0).$$

Par suite :

a) si $\mu(\{0\}) = 0$, $\{\int_0^\infty dC_t < +\infty\}$ contient $\{\int_0^\infty R_t dC_t < +\infty\}$; si de plus $\int x \, d\mu(x)$ est fini, les deux ensembles sont égaux, d'après le "théorème de Borel - Cantelli" de P. Lévy.

b) si $\mu(\{0\}) < 1$ et $\mathbb{P}\left[\int_0^\infty R_t dC_t < +\infty\right] = 1$, $\int_0^\infty dC_t$ est p.s. fini.

c) soit $y > 0$ et $T = \inf(t, a_t \leq y)$; d'après le théorème d'arrêt,

$$\mathbb{P}[A] = \mathbb{E}[a_T] = y\,\mathbb{P}[a_* \leq y] + \mathbb{P}[A\ ;\ a_* > y] \leq y + (1-y)\,\mathbb{P}[a_* > y].$$

On a donc en général :

$$\mathbb{P}\left[\int_0^\infty R_t dC_t < +\infty\right] \leq \mu(\{0\}) + \mu(]0,\infty[)\,\mathbb{P}\left[\int_0^\infty dC_t < +\infty\right].$$

2) Prenons maintenant $R_t = G(|\overline{R}_t - V_t|)$, où

- V est un processus optionnel ;

- G est croissante positive sur $\mathbb{R}_+$, strictement positive sur $]0,\infty[$ et telle que $g(a) = \liminf_{t\to+\infty} \frac{G(t-a)}{G(t)}$ soit strictement positive $(a \geq 0)$;

- $\overline{R}$ est un processus mesurable "indépendant" de la filtration $\mathcal{F}_t$:

$^{o}(h(\overline{R})) = \int h(y)\,\mu(dy)$ pour toute fonction h borélienne bornée sur $\mathbb{R}$, avec μ probabilité diffuse sur $\mathbb{R}$.

En appliquant le lemme 2, on a : $\Phi_R(x) \geq \phi(x)\ (1 + G(|V|))$, où ϕ est une fonction (déterministe) strictement positive sur $]0,1]$.

$\{\int_0^\infty G(|\overline{R}_s - V_s|)dC_s < +\infty\}$ est donc contenu dans $\{\int_0^\infty (1 + G(|V_s|))dC_s < +\infty\}$; si on suppose de plus G modérée et $\int G(|y|)\,\mu(dy) < +\infty$, les deux ensembles sont égaux.

3) Comme cas particulier des exemples précédents, prenons la filtration $\mathcal{F}_t$ constante : $\mathcal{F}_o$ est la tribu engendrée par les ensembles de mesure nulle de $\mathcal{A}$, $\mathcal{F}_t = \mathcal{F}_o$ pour tout t.

Soit X un processus sur $\mathbb{R}_+^*$, tel que X_t ait une loi indépendante de t et ν une mesure σ-finie sur R_+^* ; alors :

- si $\nu(\mathbb{R}_+^*)$ est infini, $\mathbb{P}\left[\int_{\mathbb{R}_+^*} |X_t|\nu(dt) < +\infty\right]$ est majoré par $\mathbb{P}[X_1 = 0]$;

- si $\mathbb{P}[X_1 = 0] < 1$ et $\mathbb{P}\left[\int_{\mathbb{R}_+^*} |X_t|\nu(dt) < +\infty\right] > 0$, on a nécessairement $\nu(\mathbb{R}_+^*) < +\infty$;

- supposons la loi de X_1 diffuse ; pour toute fonction mesurable b et toute croissante modérée G telle que $\mathbb{E}[G(|X_1|)]$ soit fini,

$\mathbb{P}\left[\int_{\mathbb{R}_+^*} G(|X_t - b(t)|)\, \nu(dt) < +\infty\right]$ vaut 1 ou 0 selon que $\int_{\mathbb{R}_+^*} (1 + G\circ|b|)d\nu$ est fini ou non.

On peut ainsi énoncer la

Proposition 4 : <u>Soit X un processus mesurable tel que X_t ait une loi indépendante de t et diffuse, b et c deux fonctions boréliennes sur $\mathbb{R}_+$ et ν une mesure positive σ-finie sur $\mathbb{R}_+^*$. Notons $Y_t = b(t)\, X_t + c(t)$.</u>

a) <u>Pour tout réel $\alpha > 0$ tel que $E[|X_1|^\alpha]$ soit fini, $\mathbb{P}\left[\int |Y_t|^\alpha \nu(dt) < +\infty\right]$ vaut 1 ou 0 selon que $\int (|b| + |c|)^\alpha d\nu$ est fini ou non.</u>

b) <u>La même conclusion subsiste pour $-1 < \alpha < 0$ lorsque la loi de $|X_1|$ a une densité g à variation finie sur $\mathbb{R}_+^*$ vérifiant $\int_{\mathbb{R}_+^*} (1 + y^\alpha)\, y|dg(y)| < +\infty$.</u>

c) <u>Si $\int (|b| + |c|)^\alpha d\nu$ est infini, on a toujours $\mathbb{P}\left[\int |Y_t|^\alpha \nu(dt) < +\infty\right] = 0$.</u>

<u>Démonstration</u> : Le cas $\alpha \geq 0$ résulte immédiatement de ce qui précède ; regardons b) et c) et supposons : $\mathbb{P}\left[\int |Y_t|^\alpha \nu(dt) < +\infty\right] = x_o > 0$; on a alors :

$$x_o \leq \mathbb{P}\left[\int (|b(t)|\,|X_t| + |c(t)|)^\alpha\, \nu(dt) < +\infty\right].$$

Prenons $R_t = (|b(t)||X_t| + |c(t)|)^\alpha$; soit $H(y) = \mathbb{P}\left[|y| \leq |X_1|\right]$, K son inverse sur $]0,1[$; un calcul immédiat donne, pour $0 < v < 1$,

$$\rho_t(v) = (|b(t)|\ K(v) + |c(t)|)^\alpha$$

et le lemme 3 nous dit que, pour $0 < v < x_o$, $\int (|b(t)|\ K(v) + |c(t)|)^\alpha\ \nu(dt)$ est fini ; puisque $K(v)$ est fini, $\mathbb{P}\left[\int_0^\infty |Y_t|^\alpha\ \nu(dt) < +\infty\right] > 0$ impose donc $\int (|b| + |c|)^\alpha\ d\nu < +\infty$.

Pour achever la démonstration (de b)) il suffit de montrer qu'il existe deux constantes $0 < a < A < +\infty$, telles que, pour y et z réels, on ait :

$$a(|y| + |z|)^\alpha \leq \mathbb{E}\left[|y\ X_1 + z|^\alpha\right] \leq A(|y| + |z|)^\alpha.$$

Tout revient à étudier les deux fonctions (définies sur $\mathbb{R}_+^*$) :

$$f(z) = \mathbb{E}\left[(|X_1| + z)^\alpha\right] = \int_0^\infty (x + z)^\alpha\ \ g(x)dx$$

et :

$$\overline{f}(z) = \mathbb{E}\left[||X_1| - z|^\alpha\right] = \int_0^\infty |x-z|^\alpha\ g(x)dx \quad (= \int_0^\infty dg(t) \int_0^t |x-z|^\alpha\ dx).$$

Comme $\alpha > -1$, on montre aisément que f et $\overline{f}$ sont continues, tendent vers $\mathbb{E}\left[|X_1|^\alpha\right]$ (qui est fini) en 0, et sont équivalentes à z^α quand z tend vers $+\infty$.

Corollaire (cf. [3], *Théorème 3) :* <u>Soit</u> $\mathbb{Z}$ <u>un processus gaussien et</u> ν <u>une mesure positive</u> σ-<u>finie sur</u> $\mathbb{R}$; <u>pour</u> $\alpha > -1$, $\mathbb{P}\left[\int_{\mathbb{R}} |Z_t|^\alpha\ \nu(dt) < +\infty\right]$ <u>vaut</u> 1 ou 0 <u>selon que</u> $\int_{\mathbb{R}} \{\mathbb{E}[Z_t^2]\}^{\alpha/2}\ \nu(dt)$ <u>est fini ou non</u>.

Notons que les méthodes utilisées sont beaucoup trop grossières pour que l'on puisse améliorer le point c) de la proposition 4 ; les conditions données s'appliquent en effet aussi bien à $Y_t = b(t)X_t + c(t)$ qu'à $b(t)X_1 + c(t)$!

4) Un dernier exemple illustre ce fait : $(B_t)_{t \geq 0}$ est un mouvement brownien issu de 0 et $S_t = \sup_{s \leq t} X_s$; pour tout t, S_t et $|B_t|$ ont la même loi, celle de $\sqrt{t}\,|B_1|$. Or, pour tout $0 < a < b < +\infty$, et tout $c \geq 1$, $\mathbb{P}\left[\int_a^b \frac{dt}{S_t^c} < +\infty\right]$ vaut 1, tandis que $\mathbb{P}\left[\int_a^b \frac{dt}{|B_t|^c} < +\infty\right]$ est exactement la probabilité que B ne s'annule pas sur $[a,b]$ (et vaut donc $1 - \frac{2}{\pi} \operatorname{Arctg} \sqrt{\frac{b}{a} - 1}$).

BIBLIOGRAPHIE :

[1] BLACKWELL D., DUBINS L.E. : A converse to the dominated convergence theorem. (Ill. J. of Math., t. 7, 1963, 508-514).

[2] JEULIN T. : Semi-martingales et grossissement d'une filtration. (L.N. in Math. 833, 1980, 44-45).

[3] VARBERG D.E. : Equivalent gaussian measures with a particularly simple Radon - Nikodym derivative. (Ann. Math. Stat. 38, 1967, 1027-1030).

Algèbres de Lie nilpotentes, formule de Baker-Campbell-Hausdorff et intégrales itérées de K.T. Chen

Michel FLIESS
et
Dorothée NORMAND-CYROT
Laboratoire des Signaux & Systèmes
C.N.R.S. - E.S.E.
Plateau du Moulon
91190 Gif-sur-Yvette

INTRODUCTION

Yamato [19] a montré que la solution de l'équation différentielle stochastique

$$dq = A_o(q)\, dt + \sum_{i=1}^{n} A_i(q)\, db_i \tag{1}$$

est fonction C^∞ d'un nombre fini d'intégrales itérées $\int_o^t d\xi_{j_\nu} \ldots d\xi_{j_o}$ si, et seulement si, l'algèbre de Lie engendrée par les champs de vecteurs A_o, A_1, ..., A_n, supposés C^∞, est nilpotente. L'équation (1) doit être interprétée au sens de Stratonovich; b_1, ..., b_n sont des browniens. L'intégrale itérée stochastique $\int_o^t d\xi_{j_\nu} \ldots d\xi_{j_o}$ est définie par récurrence sur la longueur :

- $\xi_o(\tau) = \tau$, $\xi_i(\tau) = b_i(\tau)$ $(i=1,\ldots,n)$,
- $\int_o^L d\xi_j = \xi_j(t)$ $(j=0,1,\ldots,n$; on suppose $b_i(o) = 0$, $i = 1, \ldots, n)$,
- $\int_o^t d\xi_{j_\nu} \ldots d\xi_{j_o} = \int_o^t d\xi_{j_\nu}(\tau) \int_o^\tau d\xi_{j_{\nu-1}} \ldots d\xi_{j_o}$, où la dernière intégration

est prise au sens de Stratonovich.

Yamato note que ce résultat généralise des calculs de Gaveau [7] à propos de diffusions sur des groupes nilpotents. Comme le souligne Kunita [13], ces développements participent de la vogue actuelle de la géométrie différentielle stochastique (cf. Meyer [16]).

La démonstration originale de Yamato, qui fait appel à la théorie géométrique des équations linéaires aux dérivées partielles du premier ordre, est complexe et, certainement, peu naturelle. C'est pourquoi, Kunita [12, 13], d'une part, Krener et Lobry [11], de l'autre, ont proposé des approches différentes qui seront analysées plus loin.

Ici, le second théorème fondamental de Lie permet de se ramener aux liens algébriques, connus depuis plus de vingt ans, entre formule de Baker-Campbell-Hausdorff et intégrales itérées de K.T. Chen. Est ainsi obtenue une expression intrinsèque de la solution, indépendante de tout choix de coordonnées. Le résultat de Yamato nous semble passablement étranger au cadre stochastique dans lequel il a, jusqu'à présent, été énoncé. Aussi commençons-nous par traiter les équations déterministes. Le cas stochastique s'en déduit par transfert[(1)].

Disons, pour terminer, que les intégrales itérées ont été introduites comme un instrument important en topologie par Chen [4] et qu'elles sont utilisées en [6] pour l'étude des fonctionnelles causales non linéaires.

Les auteurs tiennent à remercier I. Kupka, C. Lobry, P.A. Meyer et H.J. Sussmann pour d'utiles conversations et commentaires.

[(1)] Nous donnons, en fait, deux démonstrations. La première s'appuie sur la formule fondamentale de [6] donnant le développement fonctionnel d'une équation différentielle forcée. La seconde, qui n'est qu'esquissée à la fin de l'article, se ramène au cas matriciel en utilisant le fait que tout groupe de Lie nilpotent, simplement connexe, admet une représentation linéaire fidèle de dimension finie.

I - PROLÉGOMÈNES ALGÉBRIQUES

Considérons un chemin C_{t_o,t_1} de $\underline{R}^{n+1}$ donné par n+1 fonctions $\xi_o, \xi_1, \ldots, \xi_n$: $[t_o, t_1] \to \underline{R}$ continues, à variations bornées. On définit l'intégrale itérée $\int_{t_o}^{t} d\xi_{j_\nu} \ldots d\xi_{j_o}$ par récurrence sur la longueur

$$\int_{t_o}^{t} d\xi_j = \xi_j(t) - \xi_j(t_o) \quad (j = 0, 1, \ldots, n)$$

$$\int_{t_o}^{t} d\xi_{j_\nu} \ldots d\xi_{j_o} = \int_{t_o}^{t} d\xi_{j_\nu}(\tau) \int_{t_o}^{\tau} d\xi_{j_{\nu-1}} \ldots d\xi_{j_o},$$ où la dernière intégration

est au sens de Stieltjes.

Soit $\underline{R} \ll X \gg$ la $\underline{R}$ - algèbre des séries formelles, à coefficients réels, en les indéterminées associatives $x_j \in X$ $(j = 0, 1, \ldots, n)$ (non commutatives si $n \geq 1$). Associons à C_{t_o,t_1} la série (exponentielle) de Chen [2] dans $\underline{R} \ll X \gg$:

$$e(C_{t_o,t_1}) = 1 + \sum_{\nu \geq o} \sum_{j_o,\ldots,j_\nu = o}^{n} x_{j_\nu} \ldots x_{j_o} \int_{t_o}^{t_1} d\xi_{j_\nu} \ldots d\xi_{j_o}$$

On montre (Chen [3]) que cette série caractérise le chemin C_{t_o,t_1} à une translation près.

Venons-en aux propriétés algébriques.

Fait 1 - Prenons deux chemins C_{t_o,t_1} et C_{t_1,t_2} $(t_o < t_1 < t_2)$ définis par $\xi_j^{(1)} : [t_o,t_1] \to \underline{R}$ et $\xi_j^{(2)} : [t_1,t_2] \to \underline{R}$ $(j = 0, 1, \ldots, n)$ que nous mettons bout-à-bout de façon à obtenir le chemin C_{t_o,t_2} donné par

$$\xi_j(\tau) = \begin{cases} \xi_j^{(1)}(\tau) & \text{si } t_o \leq \tau \leq t_1 \\ \xi_j^{(2)}(\tau) - \xi_j^{(2)}(t_1) + \xi_j^{(1)}(t_1) & \text{si } t_1 \leq \tau \leq t_2 \end{cases}$$

La série de Chen $e(C_{t_o,t_2})$ est égale au produit $e(C_{t_1,t_2})\, e(C_{t_o,t_1})$ des séries de Chen des chemins (cf. Chen [2]). Il faut faire attention à l'ordre du produit, ce dernier étant évidemment non commutatif.

Fait 2 - Chen [2] et Ree [18][(2)] ont généralisé la formule de Baker-Campbell-Hausdorff (cf. Bourbaki [1]) en considérant le logarithme $h(C_{t_o,t_1})=\mathrm{Log}\, e(C_{t_o,t_1})$ d'une série de Chen. Cela est possible puisque toute série de Chen est de la forme 1+U où le terme constant de U est nul. Il vient

$$h(C_{t_o,t_1}) = \Omega_1 + \Omega_2 + \Omega_3 + \dots,$$

où Ω_1, Ω_2, Ω_3, ... sont des polynômes de Lie homogènes de degré 1,2,3, ... On obtient

$$\Omega_1 = \sum_{j=o}^{n} x_j \int_{t_o}^{t_1} d\xi_j = \sum_{j=o}^{n} x_j(\xi_j(t_1) - \xi_j(t_o)),$$

$$\Omega_2 = \frac{1}{2} \sum_{j_o,j_1=o}^{n} [x_{j_1}, x_{j_o}] \int_{t_o}^{t_1} d\xi_{j_1}\, d\xi_{j_o},$$

$$\Omega_3 = \frac{1}{6} \sum_{j_o,j_1,j_2=o}^{n} ([x_{j_2}, [x_{j_1}, x_{j_o}]] + [[x_{j_2}, x_{j_1}], x_{j_o}]) \int_{t_o}^{t_1} d\xi_{j_2}\, d\xi_{j_1}\, d\xi_{j_o}.$$

Ici, le crochet de Lie $[x_j, x_{j'}]$ est défini par

$$[x_j, x_{j'}] = x_j x_{j'} - x_{j'} x_j .$$

Plus généralement, on peut écrire :

$$h(C_{t_o,t_1}) = \sum_{\nu\geq o} \sum_{j_o,\dots,j_\nu=o}^{n} L_{j_\nu\dots j_o} \int_{t_o}^{t_1} d\xi_{j_\nu} \dots d\xi_{j_o}, \qquad (2)$$

où $L_{j_\nu\dots j_o}$ est une combinaison linéaire de crochets d'ordre $\nu+1$ des indéterminées $x_o, x_1, \dots, x_n$.

---

(2) L'article de Ree qui utilise les propriétés du mélange [6] ("shuffle product" en anglais) est d'une grande richesse combinatoire.

II - ÉQUATIONS DÉTERMINISTES

a) - Présentation

Considérons le système différentiel

$$\dot{q}(t) = A_o(q) + \sum_{i=1}^{n} u_i(t) \; A_i(q) \tag{3}$$

L'état q appartient à une variété Q, C^∞-différentielle, de dimension N. Les champs de vecteurs A_o, A_1, ..., A_n sont aussi C^∞. Ils engendrent une algèbre de Lie L nilpotente de classe p : la série centrale descendante de L est nulle à partir du terme d'ordre p+1. Comme il est nécessaire de le faire dans le cas stochastique, on suppose les champs de vecteurs A_o, A_1, ..., A_n complets, c'est-à-dire tels que les groupes à un paramètre qu'ils engendrent soient toujours définis. Les entrées u_1, ..., u_n sont continues par morceaux.

Définissons, ici, le crochet de Lie $[A_j, A_{j'}]$ par

$$[A_j, A_{j'}] = A_{j'} A_j - A_j A_{j'}$$

La différence avec le paragraphe I s'expliquera par la suite. Le champ de vecteurs $A_{j_\nu \ldots j_o}$ s'obtient en substituant dans l'expression $L_{j_\nu \ldots j_o}$ de la formule (2) A_j à x_j. L'intégrale itérée $\int_o^t d\xi_{j_\nu} \ldots d\xi_{j_o}$ se calcule comme au paragraphe I, en posant $\xi_o(\tau) = \tau$, $\xi_i(\tau) = \int_o^\tau u_i(\sigma)\, d\sigma$ (i = 1, ..., n).

Le théorème suivant est le résultat principal de cet article.

Théorème 1 - La solution de l'équation (3) est une fonction C^∞ d'un nombre fini d'intégrales itérées, donnée par la formule

$$q(t) = \exp\Big(\sum_{\nu=o}^{p-1} \sum_{j_o, \ldots j_\nu = o}^{n} A_{j_\nu \ldots j_o} \int_o^t d\xi_{j_\nu} \ldots d\xi_{j_o}\Big).\; q(o). \tag{4}$$

D'après Palais [17], on sait que tout champ de vecteurs de L est complet. En effet, L est de dimension finie et engendrée par A_o, A_1, ..., A_n qui sont complets. Cela montre que l'expression (4) est toujours définie. Cette formule une fois prouvée, la dépendance C^∞ en fonction des intégrales itérées découle des résultats classiques sur la dépendance paramétrique des solutions d'équations différentielles ordinaires.

b) - Démonstration.

L'algèbre de Lie L étant de dimension finie, on peut appliquer la globalisation, due à Palais [17](voir aussi Kobayashi [10], chap. I, § 3), du second théorème fondamental de Lie [14], chap. 25, § 111-114.

Il existe un groupe de Lie G, d'algèbre de Lie $\hat{L}$, isomorphe à L, agissant sur la variété Q de la façon C^∞ suivante :

Notons A un élément quelconque de L et $\hat{A}$ son correspondant dans $\hat{L}$. Soient e^{tA} le groupe à un paramètre engendré par A et $e^{t\hat{A}}$ l'élément de G donné par l'application exponentielle. Pour tout $q \in Q$, on pose

$$e^{t\hat{A}}.q = e^{tA}.q .$$

Introduisons le système différentiel sur G

$$\dot{g}(t) = \hat{A}_o(g) + \sum_{i=1}^{n} u_i(t)\, \hat{A}_i(g). \tag{5}$$

g(o) est l'élément neutre de G. Les champs de vecteurs $\hat{A}_o(g)$, $\hat{A}_1(g)$, ..., $\hat{A}_n(g)$ sont invariants à droite et correspondent à A_o, A_1, ..., A_n. Les équations (3) et (5) sont liées par la propriété fondamentale

$$q(t) = g(t).\, q(o).$$

La démonstration se ramène alors à celle du lemme suivant :

Lemme. - La solution de (5) est donnée par

$$g(t) = \exp\Big(\sum_{\nu=o}^{p-1} \sum_{j_o,\dots,j_\nu=o}^{n} \hat{A}_{j_\nu \dots j_o} \int_o^t d\xi_{j_\nu} \dots d\xi_{j_o} \Big).$$

Notons, d'abord, qu'en vertu des faits 1 et 2 du paragraphe I, on peut écrire :

$$\exp\Big(\sum_{\nu=o}^{p-1} \sum_{j_o,\dots,j_\nu=o}^{n} \hat{A}_{j_\nu \dots j_o} \int_o^{t+\delta} d\xi_{j_\nu} \dots d\xi_{j_o} \Big) =$$

$$\exp\Big(\sum_{\nu=o}^{p-1}\sum_{j_o,\ldots,j_\nu=o}^{n}\hat{A}_{j_\nu\ldots j_o}\int_t^{t+\delta}d\xi_{j_\nu}\ldots d\xi_{j_o}\Big).\exp\Big(\sum_{\nu=o}^{p-1}\sum_{j_o,\ldots,j_\nu=o}^{n}\hat{A}_{j_\nu\ldots j_o}\int_o^{t}d\xi_{j_\nu}\ldots d\xi_{j_o}\Big)$$

Prenons sur G un système de coordonnées locales $g = (g^1, \ldots g^d)$,

d'origine $g(t) = \exp\Big(\sum_{\nu=o}^{p-1}\sum_{j_o,\ldots,j_\nu=o}^{n}\hat{A}_{j_\nu\ldots j_o}\int_o^{t}d\xi_{j_\nu}\ldots d\xi_{j_o}\Big)$. Comme G est analytique, il existe une formule de Taylor permettant d'écrire, pour δ suffisamment petit,

$$g^k(t+\delta) = \sum_{\mu\geq o}\frac{1}{\mu!}(\hat{A})^\mu\, g^k\big|_{g(t)} \quad (k=1, \ldots, d) \tag{6}$$

où $\hat{A} = \sum_{\nu=o}^{p-1}\sum_{j_o,\ldots,j_\nu=o}^{n}\hat{A}_{j_\nu\ldots j_o}\int_t^{t+\delta}d\xi_{j_\nu}\ldots d\xi_{j_o}$.(3) La barre $|_{g(t)}$ désigne l'évaluation en g(t).

Le fait 2 du paragraphe I conduit à développer (6) :

$$g^k(t+\delta) = g^k(t) + \sum_{\nu\geq o}\sum_{j_o,\ldots,j_\nu=o}^{n}\hat{A}_{j_o}\ldots\hat{A}_{j_\nu}\, g^k\big|_{g(t)}\int_t^{t+\delta}d\xi_{j_\nu}\ldots d\xi_{j_o}.$$

Notons l'ordre inverse des suites $\hat{A}_{j_o}\ldots\hat{A}_{j_\nu}$ et $\int_t^{t+\delta}d\xi_{j_\nu}\ldots d\xi_{j_o}$, qui explique la définition du crochet de Lie prise ici. On retrouve la formule, dite fondamentale, de [6] qui exprime le développement fonctionnel de la solution d'un système différentiel forcé. g vérifie donc l'équation (5).

Remarques - (i) Si l'on ne supposait pas la complétude des champs de vecteurs, il suffirait d'utiliser la version originale du second théorème fondamental de Lie [14], qui est locale (voir Bourbaki [1] pour une présentation moderne). Il faut alors prendre le temps t et les entrées u_i petits.

---

(3) Nous confondons les éléments de $\hat{L}$ et les champs de vecteurs sur G, invariants à droite.

(ii) Il nous semble indispensable pour pouvoir appliquer, d'une manière ou d'une autre, la formule de Baker-Campbell-Hausdorff, d'utiliser le second théorème fondamental de Lie. Quoique Kunita le fasse en [13], il s'en abstient en [12], où sa mise en oeuvre de la formule de Baker-Campbell-Hausdorff repose sur une interprétation littérale de la notion exponentielle e^{tA} pour le groupe à un paramètre associé à un champ de vecteurs A. Or, e^{tA} ne doit pas être confondue avec une "véritable" exponentielle $1 + \frac{tA}{1!} + \frac{t^2 A^2}{2!} + \ldots$, surtout si A est supposé C^∞ et non analytique.

III - ÉQUATIONS DIFFÉRENTIELLES STOCHASTISQUES

Reprenons l'équation différentielle stochastique (1) où q, A_o, A_1, ..., A_n obéissent aux mêmes hypothèses qu'en (3). Le principe de transfert dû à Malliavin [15], partie II, chap. I, et qui consiste à "régulariser" les browniens par des fonctions C^∞, permet d'énoncer l'équivalent stochastique du théorème 1.

Théorème 2 - La solution de l'équation (1) est une fonction C^∞ d'une nombre fini d'intégrales itérées stochastiques, donnée par la formule

$$q(t) = \exp\Big(\sum_{\nu=o}^{p-1} \sum_{j_o,\ldots,j_\nu=o}^{n} A_{j_\nu\ldots j_o} \int_o^t d\xi_{j_\nu}\ldots d\xi_{j_o}\Big).\ q(o)\ .$$

Remarques - (i) Notre définition de l'intégrale itérée stochastique, donnée dans l'introduction, reprend celle de Yamato [19]. On trouvera en [5] une construction par approximations polygonales utilisant les séries de Chen. Il est clair que cette intégrale diffère de celle que l'on obtiendrait à partir de l'intégrale multiple de Wiener et Itô [9]. Pourtant, Kunita [12, 13] et Krener et Lobry [11] affirment, à notre avis à tort, employer cette dernière qui, n'obéissant pas aux règles de calcul ordinaires, ne redonnerait pas des formules identiques à celles du cas déterministe. Etayons cela en considérant le système au sens de Stratonovich

$$\begin{cases} dq^1 = db_1 \\ dq^2 = q^1\, db_1 \end{cases} \qquad (q^1(o) = q^2(o) = o).$$

il vient $q^1(t) = \int_o^t db_1 = b_1(t)$, $q^2(t) = \int_o^t db_1(\tau) \int_o^\tau db_1(\sigma) = \frac{(b_1(t))^2}{2}$. Avec Wiener - Itô, on obtiendrait un polynôme d'Hermite.

(ii) Comme en [5], on peut employer le théorème 2 à étudier la stabilité de la solution par rapport à des approximations des browniens.

IV - DEUX EXEMPLES SIMPLES

a) Champs de vecteurs commutatifs

Supposons qu'en (1), les champs de vecteurs A_o, A_1, ..., A_n commutent deux à deux, c'est-à-dire que $[A_j, A_{j'}] = 0$. Alors le théorème 2 montre que la solution s'écrit

$$q(t) = \exp\left(tA_o + \sum_{i=1}^{n} b_i(t)\, A_i\right).\, q(o).$$

b) Champs de vecteurs linéaires

Soit le système différentiel au sens de Stratonovich

$$dq(t) = \left(M_o\, dt + \sum_{i=1}^{n} M_i\, db_i\right) q(t). \tag{7}$$

L'état q appartient à $\underline{R}^N$. Les matrices M_o, M_1, ..., M_n sont carrées, d'ordre N. Avec le formalisme des champs de vecteurs, il lui correspond une équation de type (1) où $q = (q^1, \ldots, q^N)$ et

$$A_j(q) = [\, q^1, \ldots, q^N \,]\ {}^tM_j \begin{bmatrix} \partial/\partial q^1 \\ \vdots \\ \partial/\partial q^N \end{bmatrix} \qquad (j = 0, 1, \ldots, n)$$

(${}^tM_j$ désigne la matrice transposée de M_j).

Supposons l'algèbre de Lie matricielle engendrée par M_o, M_1, ..., M_n nilpotente, de classe p. En raison de la transposition, le crochet de Lie $[M_j, M_{j'}]$ est défini , ici, par

$$[M_j, M_{j'}] = M_j M_{j'} - M_{j'} M_j .$$

Soit $M_{j_\nu \ldots j_o}$ la matrice obtenue en substituant M_j à x_j dans $L_{j_\nu \ldots j_o}$ de la formule (2). Le théorème 2 donne :

$$q(t) = \exp\left(\sum_{\nu=o}^{p-1} \sum_{j_o, \ldots, j_\nu = o}^{n} M_{j_\nu \ldots j_o} \int_o^t d\xi_{j_\nu} \ldots d\xi_{j_o}\right).\, q(o). \tag{8}$$

Remarques - (i) On sait (cf. [5]) pouvoir écrire la solution de (7) sous la forme

$$q(t) = (1 + \sum_{\nu \geq o} \sum_{j_o, \ldots, j_\nu = o}^{n} M_{j_\nu} \ldots M_{j_o} \int_o^t d\xi_{j_\nu} \ldots d\xi_{j_o}) . q(o)$$

qui est une série p.s. absolument convergente. Prenons alors le logarithme de la résolvante

$$1 + \sum_{\nu \geq o} \sum_{j_o, \ldots, j_\nu = o}^{n} M_{j_\nu} \ldots M_{j_o} \int_o^t d\xi_{j_\nu} \ldots d\xi_{j_o} \qquad (9)$$

Le fait 2 du paragraphe 1 conduit à retrouver la formule (8).

Il importe de noter que l'équation (1) peut se ramener à (7). En effet, la formule de Baker-Campbell-Hausdorff permet de doter l'algèbre de Lie nilpotente L, engendrée par A_o, A_1, ..., A_n, d'une structure de groupe nilpotent, simplement connexe (cf. Bourbaki [1], chap. III, § 9.5). Ce groupe opère canoniquement sur la variété Q et, comme il est simplement connexe, admet une représentation linéaire fidèle de dimension finie (cf. Hochschild [8], chap. XVIII, § 3). Un avantage de cette méthode est qu'une fois démontrée la convergence de (9), il n'est plus besoin d'un principe de transfert général pour passer du déterministe au stochastique.

(ii) Si l'algèbre de Lie engendrée par M_o, M_1, ..., M_n est nilpotente, on sait pouvoir triangulariser simultanément ces matrices. Avec Krener et Lobry [11], on en déduit que q(t) est fonction d'un nombre fini d'intégrales itérées.

CONCLUSION

Comme Kunita [13] et Krener et Lobry [11], nous pourrions passer aux algèbres de Lie résolubles. Pour ne pas trop allonger, nous ne le ferons pas d'autant plus qu'il suffit d'employer les mêmes techniques, à savoir second théorème fondamental de Lie et intégrales itérées de Chen que, dans le cas stochastique, il ne faut point confondre avec l'intégrale multiple de Wiener - Itô.

Enfin, il est clair que l'on obtiendrait les mêmes résultats avec l'équation au sens de Stratonovich

$$dq = \sum_{j=o}^{n} A_j(q) \, d\xi_j ,$$

où les ξ_j sont des semi-martingales continues.

BIBLIOGRAPHIE.

[1] BOURBAKI (N.) - Groupes et algèbres de Lie, Chap. II et III, Hermann, Paris, 1972.

[2] CHEN (K.T.) - Integrations of paths, geometric invariants and a generalized Baker-Hausdorff formula, Ann. of Math., 65, 1957, p. 163-178.

[3] CHEN (K.T.) - Integrations of paths - a faithful representation of paths by non-commutative formal power series, Trans. Amer. Math. Soc., 89, 1958, p. 395-407.

[4] CHEN (K.T.) - Iterated path integrals, Bull. Amer. Math. Soc., 83, 1977, p. 831-879.

[5] FLIESS (M.) - Stabilité d'un type élémentaire d'équations différentielles stochastiques à bruits vectoriels, Stochastics, 4, 1981, p. 205-213.

[6] FLIESS (M.) - Fonctionnelles causales non linéaires et indéterminées non commutatives, Bull. Soc. Math. France, 109, 1981, p. 3-40.

[7] GAVEAU (B.) - Principe de moindre action, propagation de la chaleur et estimées sous-elliptiques sur certains groupes nilpotents, Acta Math., 139, 1977, p. 95-153.

[8] HOCHSCHILD (G.) - La structure des groupes de Lie (traduit de l'anglais), Dunod, Paris, 1968.

[9] ITÔ (K.) - On multiple Wiener integrals, J. Math. Soc. Japan, 3, 1951, p. 157-169.

[10] KOBAYASHI (S.) - Transformation groups in differential geometry, Springer-Verlag, Berlin, 1972.

[11] KRENER (A.J.) et LOBRY (C.) - The complexity of stochastic differential equations, Stochastics, 4, 1981, p. 193-203.

[12] KUNITA (H.) - On the representation of solutions of stochastic differential equations, in "Séminaire de Probabilités XIV 1978/79" (Réd. J. Azéma et M. Yor), Lect. Notes Math. 784, p. 282-304, Springer-Verlag, Berlin, 1980.

[13] KUNITA (H.) - On the decomposition of solutions of stochastic differential equations, in "Stochastic Integrals" (Réd. D. Williams), Lect. Notes Math. 851, p. 213-255, Springer-Verlag, Berlin, 1981.

[14] LIE (S.) - Theorie der Transformationsgruppen, 3.Bd.,Teubner, Leipzig, 1893 (Réimpression : Chelsea, New York, 1970).

[15] MALLIAVIN (P.) - Stochastic calculus of variations and hypoelliptic operators, in "Proc. Internat. Symp. Stochastic Differential Equations" (Réd. K. Itô), p. 195-263, Wiley, New York, 1978.

[16] MEYER (P.A.) - Géométrie stochastique sans larmes, in "Séminaire de Probabilités XV 1979/80"(Réd. J. Azéma et M. Yor), Lect. Notes Math. 850, p. 44-102, Springer-Verlag, Berlin, 1981.

[17] PALAIS (R.) - A global formulation of the Lie theory of transformation groups, Mem. Amer. Math. Soc. 22, Providence, R.I., 1957.

[18] REE (R.) - Lie elements and an algebra associated with shuffles, Ann. of Math., 68, 1958, p. 210-220.

[19] YAMATO (Y.) - Stochastic differential equations and nilpotent Lie algebras, Z. Wahr. verw. Geb., 47, 1979, p. 213-229.

SUR LE FLOT D'UNE EQUATION DIFFERENTIELLE STOCHASTIQUE

par Are UPPMAN

Le but de cet exposé est de présenter des démonstrations nouvelles et, je l'espère, simples, des théorèmes de continuité, d'injectivité, de surjectivité et de différentiabilité par rapport à la valeur initiale x de la solution X^x de l'équation

$$(1) \qquad X = x + \int F(X)_- dZ$$

où F est localement lipschitzienne et Z une semimartingale continue. Comme application nous donnons une formule de type "variation de la constante" dans le cas où F est linéaire.

Je tiens ici à vivement remercier Erik Lenglart pour toute l'aide qu'il m'a apporté dans ce travail. Je suis également reconnaissant à M. P.A. Meyer de m'avoir envoyé son article "Flot d'une équation différentielle stochastique" [4] qui m'a constamment servi de fil directeur dans l'adaptation de la méthode des exponentielles (voir [7]) aux démonstrations des théorèmes sur le flot données dans cet exposé.

Donnons brièvement un rappel historique puisé dans l' article cité de Meyer. C'est Neveu qui le premier démontre un théorème de continuité de la solution X^x en fonction de la valeur initiale x dans son cours de 3e cycle de 1973 [6] pour les équations du type classique gouvernées par des termes en dB_t et dt. Malliavin a démontré, pour les équations du type classique sur les variétés, que si l'équation différentielle stochastique est très bonne, on peut trouver une version de $X(t,\omega,x)$ qui soit C^∞ en x. Malliavin a également démontré l'injectivité des applications $x \mapsto X(t,\omega,x)$ dans le cas du processus de Wiener (par l'argument du retournement du temps) et Bismut a démontré la surjectivité dans le cas de $\mathbb{R}^n$. Plus récemment (1980) le cas général de l'injectivité a été traité sans retournement du temps, d'abord l'injectivité dite faible par Emery [1] et indépendamment par nous-même [7] : pour x et y distincts donnés on a p.s. pour tout t $X(t,\omega,x) \neq X(t,\omega,y)$;

ensuite l'injectivité dite forte par Kunita [3] : on a p.s. pour tous x et y distincts et tout t $X(t,\omega,x) \neq X(t,\omega,y)$; une des "difficultés" de la théorie tient justement en cela: montrer que le p.s. ne dépend pas du paramètre x dans l'équation (1). Enfin Kunita a démontré la surjectivité de lapplication $X(t,\omega,\cdot)$ pour t fixé (pouvant cependant dépendre de ω).

Tous nos résultats - à l'exception des théorèmes de dérivation - sont valables pour des équations à valeurs dans $\mathbb{R}^m$. En revanche, sous une hypothèse d'analyticité sur F dans le cas d'une équation à valeurs dans le corps des complexes $\mathbb{C}$, nous montrons que $X(t,\omega,x)$ dépend analytiquement de x.

L'application du théorème d'homéomorphisme à l'étude des équations différentielles stochastiques linéaires est à notre connaissance originale (bien qu'étant une transposition directe d'une méthode classique en théorie des fonctions).

NOTATIONS, PRELIMINAIRES.

Précisons maintenant les notations employées.

Tous les processus étudiés sont définis sur un espace de probabilité filtré $(\Omega, \mathcal{F}, \mathcal{F}_t, P)$ vérifiant les conditions habituelles, i.e. $(\mathcal{F}_t)_{t\in\mathbb{R}}$ est une famille croissante de sous-tribus de $\mathcal{F}$, toutes complétées par l'ensemble des P-négligeables de $\mathcal{F}$ et vérifiant la condition de continuité à droite $\mathcal{F}_t = \bigcap_{t<s} \mathcal{F}_s$.

Toutes les égalités (inégalités) de processus, toute unicité de solution, s'entendent à une indistinguabilité près.

$\mathbb{D}^n$ (resp. $\mathbb{D}^{n,m}$) désigne l'ensemble des processus adaptés cadlag à valeurs dans $\mathbb{R}^n$ (resp. l'espace $\mathbb{R}^{n,m}$ des matrices (n,m)); $\mathbb{D}(\mathbb{R}^n)$ (resp. $\mathbb{D}(\mathbb{R}^{n,m})$) désigne l'ensemble des fonctions cadlag de $\mathbb{R}_+$ dans $\mathbb{R}^n$ (resp. $\mathbb{R}^{n,m}$) , et nous munissons ces derniers de la convergence uniforme sur tout compact (rappelons qu'il s'agit d'une topologie métrisable).

Les normes euclidiennes sur $\mathbb{R}^n$ et $\mathbb{R}^{n,m}$ sont toutes notées $\| \ \|$ sans indice.

Un processus X de $\mathbb{D}$ appartient à $\mathcal{S}^r$, $r \in [1,\infty]$, si et seulement si la v.a. $X^* = \sup_t |X_t|$ appartient à L^r, et sa norme dans $\mathcal{S}^r$ est $\|X\|_{\mathcal{S}^r} = \|X^*\|_{L^r}$.

Sauf spécification expresse du contraire, Z désigne dans

la suite une semimartingale continue à valeurs dans $\mathbb{R}^m$. Si $X\in\mathbb{D}^{n,m}$ l'intégrale de X par rapport à Z est le vecteur de $\mathbb{R}^n$ noté $\int X_- dZ$ dont la i-ième composante est $\Sigma_j \int X^i_{j-} dZ^j$ où X^i_j est le j-ième élément de la i-ième ligne de X, et où Z^j est la j-ième composante de Z.

Dans le cas où Z est réelle on pose $\|Z\|_{H^\infty} = \inf \| [M,M]^{\frac{1}{2}}_\infty + \int_0^\infty |dA| \|_{L^\infty}$ où le inf porte sur toutes les décompositions Z = M + A , M étant une martingale locale et A un processus à variation finie. Si X est également à valeurs dans $\mathbb{R}$ on a l'inégalité d'Emery (voir Meyer [5])

$$\|\int X_- dZ\|_{S^r} \leq k_r \|X\|_{S^r} \|Z\|_{H^\infty}$$

où k_r est une constante ne dépendant que de r. Dans le cas où $X = (X^{ij})$ appartient à $\mathbb{D}^{n,m}$ et $Z = (Z^j)$ est à valeurs dans $\mathbb{R}^m$ on pose pour $r\in[1,\infty]$ $\|X\|_{S^r} = \max_{ij} \|X^{ij}\|_{S^r}$ et $\|Z\|_{H^\infty} = \max_j \|Z^j\|_{H^\infty}$. Il vient donc

$$\|\int X_- dZ\|_{S^r} \leq m(\max_{ij} \|\int X^{ij}_- dZ^j\|_{S^r}) \leq mk_r \max_{ij} (\|X^{ij}\|_{S^r} \|Z^j\|_{H^\infty})$$

(2) $$\|\int X_- dZ\|_{S^r} \leq mk_r \|X\|_{S^r} \|Z\|_{H^\infty}$$

On établit également sans peine les inégalités

(3) $$\|\int X_- dZ\|_{H^\infty} \leq m \|X\|_{S^\infty} \|Z\|_{H^\infty}$$

(4) $$\|X\cdot Y\|_{S^r} \leq m \|X\|_{S^p} \|Y\|_{S^q} \qquad (r,p,q \geq 1 \text{ et } 1/r = 1/p + 1/q)$$

(où le produit matriciel X•Y est supposé avoir un sens...) à partir des inégalités similaires pour X, Y et Z réels.

Dans la suite nous aurons affaire à des familles $(C^\alpha, \alpha\in I)$ d'éléments de $\mathbb{D}^n$ ou $\mathbb{D}^{n,m}$ où I est une partie ouverte de $\mathbb{R}^p$.

DEFINITION:-Nous dirons que (C^α) est uniformement localement (u.l.) dans S^r ($r\in[1,\infty]$) s'il existe une suite (T_n) de t.a. et une suite de constantes (c_n) telles que $T_n \uparrow \infty$ et pour tous n et α $\|(C^\alpha)^{T_n}\|_{S^r} \leq c_n$
(Noter que (C^α) u.l. dans S^r implique (C^α) u.l. dans S^p pour $1\leq p\leq r$)

-Nous dirons que (C^α) est S^r- lipschitzienne si

$$C^{\alpha\beta} = (C^\alpha - C^\beta)/\|\alpha - \beta\| \qquad (\alpha,\beta)\in I^2\text{-diagonale}$$

est une famille u.l. dans S^r.

Nous appliquerons aux familles Sr-Lipschitziennes le lemme de Kolmogorov, dont voici l'énoncé:

Soient Δ l'ensemble des dyadiques de $\mathbb{R}^p$ et E un espace métrique complet pour une distance d. Pour tout $\alpha\in I\cap\Delta$ soit ξ_α une v.a. à valeurs dans E. On suppose qu'il existe des constantes $\varepsilon>0$, $C>0$, $r>p$ telles que $E(d(\xi_\alpha,\xi_\beta)^\varepsilon) \leq C\|\alpha - \beta\|^r$. Alors pour presque tout ω l'appliquation $\alpha \mapsto \xi_\alpha(\omega)$ sur $\Delta\cap I$ est prolongeable en une application continue de I dans E;

sous la forme suivante:

LEMME 0

Soient r un élément de $]p,\infty[$ et $(C^\alpha,\alpha\in I)$ une famille S^r-lipschitzienne sur tout compact de I. Alors le processus $\xi_\alpha(\omega) = C^\alpha_\cdot(\omega)$ à valeurs dans $\mathbb{D}(\mathbb{R}^n)$ ou $\mathbb{D}(\mathbb{R}^{n,m})$ possède une version continue.
(on dira plus brièvement: alors $\alpha\mapsto C^\alpha$ est continue).

Comme d'habitude $\mathcal{E}(Z)$ désigne la semimartingale exponentielle de Z, i.e. la solution unique de l'équation $X = 1 + \int X_-dZ$. Rappelons que, Z étant continue, on a $\mathcal{E}(Z) = \exp(Z-Z_0-\frac{1}{2}\langle Z,Z\rangle)$ et que dans ce cas, si H est une deuxième semimartingale, la solution unique de l'équation $X = H + \int X_-dZ$ est la semimartingale

$$\mathcal{E}_H(Z)_t = \mathcal{E}(Z)_t\left[H_0 + \int_0^t \mathcal{E}(Z)_s^{-1}\, d(H-\langle H,Z\rangle)_s\right]$$

(voir [8]).

Les lemmes 1 et 2 nous serviront constamment. $(C^\alpha,\alpha\in I)$ y désigne une famille d'éléménts de $\mathbb{D}^m$, I étant un ouvert de $\mathbb{R}^p$. Posons $1/r = 1/q + 1/q'$. (Précisons que, conformément à nos notations, $\int C^\alpha_-dZ$ est la semimartingale réelle $\Sigma_j\int C^\alpha_{j-}dZ^j$, où C^α_j et Z^j désignent les composantes dans $\mathbb{R}^m$ respectivement de C^α et de Z).

LEMME 1

Si (C^α) est u.l. dans S^∞ alors $\mathcal{E}(\int C^\alpha dZ)$ est u.l. dans S^r pour tout $r\in[1,\infty[$.

LEMME 2

Si (C^α) est u.l. dans $S^{q'}$ et S^q-lipschitzienne pour un $r > p$, alors $\alpha\mapsto\int C^\alpha dZ$ et $\alpha\mapsto\langle\int C^\alpha dZ,\int C^\alpha dZ\rangle$ possèdent des versions continues.

Démonstration du lemme 1
Soit (T_n) une suite de t.a. telle que $T_0=0$, $T_n\uparrow\infty$ et $\|(C^\alpha)^{T_n}\|_{S^\infty}\le c_n$ (c_n constante). Il suffit de démontrer que le lemme est vrai avec $(C^\alpha)^{T_n}$ à la place de C^α, nous supposons donc C^α borné par c dans S^∞.
Posons Z = M + A où M est une martingale locale continue et A un processus à variation finie continue. Définissons la suite de t.a. (T_n) par $T_0=0$ et pour $k\geq 0$

$$T_{k+1} = \inf\{t\geq T_k:\ \langle M,M\rangle_t - \langle M,M\rangle_{T_k}\geq\varepsilon^2 \text{ ou } \int_{T_k}^t|dA_s|\geq\varepsilon\}$$

Alors on a

$$\|(\int C^{\alpha} dZ)^{T_k} - (\int C^{\alpha} dZ)^{T_{k-1}}\|_{H^\infty} \leq 2c\varepsilon$$

On en déduit que si $\varepsilon < 1/4cmk_r$ où pour r donné la constante k_r provient de (2), alors (T_n) vérifie pour tout n et tout α

$$\|\int C^{\alpha} d(Z^{T_n} - Z^{T_{n-1}})\|_{H^\infty} \leq \frac{1}{2mk_r}$$

Posons $X = \mathcal{E}(\int C^{\alpha} dZ)$, on peut écrire:

$$X^{T_n} = 1 + \sum_{k=1}^{n} (X^{T_k} - X^{T_{k-1}})$$

avec

$$X^{T_k} = X^{T_{k-1}} + \int X^{T_k} C^{\alpha} d(Z^{T_k} - Z^{T_{k-1}})$$

Or l' inégalité (2) montre que $\xi \mapsto X^{T_{k-1}} + \int \xi C^{\alpha} d(X^{T_k} - X^{T_{k-1}})$ est alors une contraction dans S^r $(r \in [1,\infty[)$ de rapport $\leq 1/2$. Comme l'image de 0 est 0 on a $\|X^{T_k} - X^{T_{k-1}}\|_{S^r} \leq 2\|X^{T_{k-1}}\|_{S^r}$ et donc $\|\mathcal{E}(\int C^{\alpha} dZ)^{T_n}\|_{S^r} \leq 3^n$

Démonstration du lemme 2

Utilisant (2) et (3) on obtient: pour tout t.a. T:

$$\|(\int C^{\alpha} dZ)^T - (\int C^{\beta} dZ)^T\|_{S^r} \leq mk_r \|\alpha - \beta\| \|(C^{\alpha\beta})^T\|_{S^r} \|Z^T\|_{H^\infty}$$

$$\|\langle \int C^{\alpha} dZ, \int C^{\alpha} dZ\rangle^T - \langle \int C^{\beta} dZ, \int C^{\beta} dZ\rangle^T\|_{S^r} \leq mk_r \|\alpha - \beta\| \|(C^{\alpha\beta})^T\|_{S^q} \|(C^{\alpha} + C^{\beta})^T\|_{S^{q'}} \|\langle Z, Z\rangle^T\|_{H^\infty}$$

On en déduit que les deux familles sont S^r-lipscitziennes, puis on applique le lemme 0.

CAS LIPSCHITZIEN

Considérons l'équation (1). Dans toute la suite x est un élément de $\mathbb{R}^n$, Z une semimartingale continue à valeurs dans $\mathbb{R}^m$, et F une fonctionnelle de $\mathbb{D}^n$ dans $\mathbb{D}^{n,m}$ vérifiant la condition de non-anticipativité

$$\forall T \text{ t.a. } \forall X, Y \in \mathbb{D}^n \quad X^{T-} = Y^{T-} \quad \text{implique} \quad F(X)^{T-} = F(Y)^{T-}.$$

et, dans ce paragraphe, la condition de Lipschitz suivante:

(5) Il existe un processus réel C cadlag adapté tel que $\forall X, Y \in \mathbb{D}^n \quad \|F(X) - F(Y)\| \leq C\|X - Y\|$

Sous ces hypothèses nous avons besoin d'un théorème d'existence et d'unicité de la solution de (1). Pour celà nous donnons la proposition ci-après où l'hypothèse (5) sur F est remplacée par l'hypothèse plus faible

(5') Il existe un processus réel C cadlag adapté tel que

$$\forall X,Y \in \mathbb{D}^n \quad (F(X) - F(Y))^* \leq C(X - Y)^*$$

(l'hypothèse classique où C ne dépend ni de ω ni de t, ou seulement de ω, en est évidemment un cas particulier). Rappelons que l'unicité s'entend à une indistinguabilité près.

PROPOSITION

Sous les conditions citées l'équation (1) possède une solution et une seule.

Demonstration

La démonstration que nous donnons est dûe à E. Lenglart.
Quitte à prendre C+1 on peut supposer $C \geq 1$. Posons

$$\widetilde{F}(X) = F(X)/C \qquad \text{et} \qquad \widetilde{Z} = \int C_{-} dZ$$

L'équation (1) est alors équvalente à

$$(1') \qquad X = x + \int \widetilde{F}(X)_{-} d\widetilde{Z}$$

où $\widetilde{F}$ est non-anticipative et lipschitzienne de constante c = 1 (!) et il est alors bien connu que (1') possède une solution et une seule (voir p.ex. [2]).

REMARQUE. Z étant continue, la solution de (1) possède une version continue en t, dans la suite on la note X^x.

Le lemme suivant, conséquence facile du théorème de changement de variable d'Ito, nous servira constamment:

LEMME 3

La famille $(X^x, x \in \mathbb{R}^n)$ est S^r-lipschitzienne pour tout $r \in 2\mathbb{N}$. Plus précisement, pour x et $y \in \mathbb{R}^n$ donnés, il existe des proc. prévisibles a_i^{xy} et b_{ij}^{xy} $(i,j=1,\ldots,m)$ u.l. dans S^∞ et tes que

$$(7) \qquad \|X^x - X^y\|^r = \|x - y\|^r \mathcal{E}\left(\sum_i \int a_i^{xy} dZ^i + \sum_{ij} \int b_{ij}^{xy} d\langle Z^i, Z^j\rangle\right)$$

Démonstration

Posons $u = X^x - X^y$, $v = F(X^x)_- - F(X^y)_-$, notons u_k la k-ième composante de u et v_i la i-ième colonne de v. Le théorème d'Ito donne alors pour tout r élément de $2\mathbb{N}$:

$$(8) \quad \|u\|^r = \|x-y\|^r + \sum_k \int r\|u\|^{r-2} u_k du_k + \frac{1}{2}\sum_{kl} \int r\left[(r-2)\|u\|^{r-4} u_k u_l + \delta_l^k \|u\|^{r-2}\right] d\langle u_k, u_l\rangle$$

Soit alors

et
$$a_i^{xy} = r\|u\|^{-2}(u,v_i)1_{\{u\neq 0\}}$$
$$b_{ij}^{xy} = r/2\left[(r-2)\|u\|^{-2}(u,v_i) + \delta_j^i\right]\|u\|^{-2}(u,v_j)1_{\{u\neq 0\}}$$
où (u,v_i) est le produit scalaire dans $\mathbb{R}^n$ de u et v_i. On vérifie que
$$|a_i^{xy}| \leq |r|C_- \quad \text{et} \quad |b_{ij}^{xy}| \leq \left[|r(r-2)|/2 + 1\right]C_-$$
et que les a et b sont prévisibles. Remarquant que u_k s'écrit $\sum_i v_i^k dZ^i$, où v_i^k est la k-ième composante de v_i, on déduit (7) de (8), puis on termine en appliquant le lemme 1.

Dans la suite on notera $\mathcal{E}_r^{xy}$ ou $\mathcal{E}(\zeta_r^{xy})$ l'exponentielle dans (7).

THEOREME 1 (théorème d'injectivité faible)

Pour $x \neq y$ donnés, $\{(t,\omega) | X_t^x(\omega) = X_t^y(\omega)\}$ est évanescent. (L'ensemble évanescent dépend donc ici de (x,y)).

Démonstration

Prenons r=2 dans (7), Z étant continue on a $\|X^x - X^y\|^2 = \|x-y\|^2\mathcal{E}(\zeta_2^{xy})$ où la semimartingale ζ_2^{xy} est continue, le membre de droite est donc identiquement strictement positif, et $X^x - X^y$ par conséquent indistinguable d'un processus ne prenant jamais la valeur zéro.

THEOREME 2 (théorème de continuité)

Le processus $\xi_x(\omega) = X_\cdot^x(\omega)$ à valeurs dans $\mathbb{D}(\mathbb{R}^n)$ possède une version continue.

Démonstration

On prend $r > n$ dans le lemme 3 et on applique le lemme 0.

Le lemme suivant permet d'utiliser l'égalité (7) en particulier pour des exposants r négatifs:

LEMME 4

Pour $x \neq y$ donnés, l'égalité (7) est vraie pour tout $r \in \mathbb{R}$.

Démonstration

D'après le théorème 1 , $X^x - X^y$ n'est nul que sur un évanescent, $\|X^x - X^y\|^r$ est donc bien défini pour tout r réel, et la démonstration du lemme 3 reste valable pour r quelconque.

THEOREME 3

Pour presque tout ω on a: $\forall t \lim_{\|x\|\to\infty} \inf_{s\leq t} \|X_s^x(\omega)\| = \infty$.

Démonstration

Pour $x\neq 0$ posons $Y^x = \|X^x - X^o\|^{-1}$, Y^x est bien défini (théoreme 1) et (lemme 4) on a

$$|Y^x| = \|x\|^{-1}\mathcal{E}(\zeta_{-1}^{xo})$$

et
$$|Y^x - Y^y| \leq \|X^x - X^y\|\,\|X^x - X^o\|^{-1}\|X^y - X^o\|^{-1}$$
$$\leq \|x-y\|\,\|x\|^{-1}\|y\|^{-1}\,\mathcal{E}(\zeta_1^{xy})\,\mathcal{E}(\zeta_{-1}^{xo})\mathcal{E}(\zeta_{-1}^{yo})$$

où les exponentielles proviennent de (7) et sont u.l. dans S^r (lemme 1) pour tout $r\in[1,\infty[$. Posons $Y^\infty = 0$ et $A = \{x \mid \|x\|>1\}$. Alors pour tout r les inégalités ci-dessus montrent qu'il existent (T_n) et (c_n) telles que $T_n\uparrow\infty$ et pour tous x et $y\in\bar{A}=A\cup\{\infty\}$: $\|(Y^x - Y^y)^{T_n}\|_{S^r} \leq d(x,y)c_n$ où d ($d(x,y) = \|x-y\|\,\|x\|^{-1}\|y\|^{-1}$) est une distance compatible avec la topologie du compactifié d'Alexandrov $\bar{A}$ de A, et où c_n majore les trois exponentielles arrêtées en T_n. Comme $\bar{A}$ s'identifie à une calotte sphérique, on peut appliquer le lemme 0. Enfin on passe de $\|X_s^x - X_s^o\|$ à $\|X_s^x\|$ en remarquant que p.s. $\sup_{s\leq t}\|X_s^o(\omega)\| < \infty$.

Soit $\mathcal{O}$ égal à $(\mathbb{R}^n)^2$ privé de la diagonale. On a vu que pour tout (x,y) élément de $\mathcal{O}$, $\|X^x - X^y\|^{-1}$ est un processus bien défini, réel continu. Introduisons les deux familles $(C^{xy},(x,y)\in\mathcal{O})$ et $(D^{xy},(x,y)\in\mathcal{O})$ en posant:

$$C^{xy} = (F(X^x)_- - F(X^y)_-)\|X^x - X^y\|^{-1}$$
$$D^{xy} = (X^x - X^y)\|X^x - X^y\|^{-1}$$

Ces deux familles sont u.l. dans S^∞ puisque l'on a $\|C^{xy}\|\leq C_-$ et $\|D^{xy}\| = 1$ (C est le processus de (5)).

On pose aussi $\mathcal{O}_p = \mathcal{O} - \{(x,y) \mid \|x-y\|\leq 1/p\}$.

LEMME 5

Les deux familles C^{xy} et D^{xy} sont S^r-lipschitziennes sur $\mathcal{O}_p$ pour tout r et tout p.

Démonstration

Montrons-le pour C^{xy}, la démonstration étant similaire pour D^{xy}. Un petit calcul montre que pour (x,y) et (x',y'), éléments fixés dans $\mathcal{O}_p$, on a:

$$\|C^{xy} - C^{x'y'}\| \leq (\|C^{xx'}\|\,\|X^{x'} - X^{y'}\|^{-1} + \|C^{x'y'}\|\,\|X^x - X^y\|^{-1})\|X^x - X^{x'}\|$$
$$+ (\|C^{yy'}\|\,\|X^{x'} - X^{y'}\|^{-1} + \|C^{x'y'}\|\,\|X^x - X^y\|^{-1})\|X^y - X^{y'}\|$$

On y remplace tous les $\|X^x-X^{x'}\|$ etc. par le deuxième membre correspondant dans (7), et comme $\|x-y\|^{-1}$ et $\|x'-y'\|^{-1}$ sont majorés par p, on n'a aucune peine à montrer qu'il existe (T_n) et (c_n) telles que $T_n \uparrow \infty$ et

$$\|(C^{xy} - C^{x'y'})^{T_n}\|_{S^r} \leq (\|x-x'\| + \|y-y'\|)c_n$$

Le lemme 5 implique évidemment que les deux familles sont continues sur $\mathcal{O}$, mais surtout le lemme 6 suivant, où ζ_r^{xy} est la semimartingale dans l'exponentielle du membre de droite de (7).

LEMME 6

Pour tout $q \in [1,\infty[$, $(\zeta_r^{xy}, (x,y) \in \mathcal{O}_p)$ est S^q-lipschitzienne, en particulier $(x,y) \to \zeta_r^{xy}$ à valeurs dans $\mathbb{D}(\mathbb{R})$ admet une version continue sur $\mathcal{O}$.

Démonstration

Comme a_i^{xy} et b_{ij}^{xy} sont u.l. dans S^∞, le lemme 6 résultera du lemme 2 si l'on montre que ces familles sont aussi S^q- lipschitziennes pour tout q dans $[1,\infty[$.

Or cela est une conséquence de la définition de a_i^{xy} et de b_{ij}^{xy} (voir la démonstration du lemme 3) et du fait que, d'apres le lemme 5 la famille de produits scalaires $(D^{xy},C^{xy}) = \|u\|^{-2}(u,v_i)$ (notations de la démonstration du lemme 3) est S^q-lipschitzienne sur $\mathcal{O}_p$.

Notons $X(t,\omega,x)$ la version continue en x de X^x;

THEOREME 4 (théoreme d'injectivité fort de Kunita)

L'ensemble $\{(t,\omega) \mid \exists (x,y) \in \mathcal{O} \;\; X(t,\omega,x)=X(t,\omega,y)\}$ est évanescent.
Pour presque tout ω on a: pour tout compact K de $\mathcal{O}$ et tout t

$$\inf \| X(s,\omega,x)-X(s,\omega,y)\| > 0$$

$$\sup \| X(s,\omega,x)-X(s,\omega,y)\| < +\infty$$

où sup et inf portent sur (x,y) dans K et s dans [0,t].

Démonstration

On a en effet pour presque tout ω: quels que soient x, y, s à coordonnées rationnelles $\|X(s,\omega,x)-X(s,\omega,y)\| = \|x-y\| \exp(\zeta_s^{xy}(\omega) - \frac{1}{2}\langle\zeta_1^{xy},\zeta_1^{xy}\rangle_s(\omega))$ (*) où le membre de gauche est continu en (s,x,y), et où le processus sous l'exponentielle peut être pris continu en (s,x,y) (théorème 2 et lemme 2) Alors, hors d'un ensemble négligeable de Ω, (*) est vraie identiquement en tout (s,x,y) rationnel; la continuité des deux membres implique l'égalité (*) partout, et comme l'exponentielle ne s'annule pas le théorème s'ensuit.

THEOREME 5 (théorème de surjectivité de Kunita, th. d'homéomorphisme)

Pour presque tout ω on a: pour tout t l'application $x \longrightarrow X(t,\omega,x) = f(x)$ est un homéomorphisme de $\mathbb{R}^n$ sur lui-même.

Démonstration

Nous suivons le raisonnement de Kunita (voir Meyer [4]).

Pour presque tout ω f vérifie:

-elle est continue (théorème 2), injective (théorème 4),

-$f(\mathbb{R}^n)$ est fermé. En effet, soit $y \in \overline{f(\mathbb{R}^n)}$ et considérons une suite (x_k) telle que $\lim_k f(x_k) = y$. Alors le théorème 3 montre que $\limsup_k \|x_k\| < \infty$, et par conséquent (x_k) possède une valeur d'adhérence réelle x. Par continuité $y = f(x)$,

-f est un homéomorphisme de $\mathbb{R}^n$ sur $f(\mathbb{R}^n)$. En effet, si $y_k = f(x_k)$ converge vers $y=f(x)$, alors (x_n) ne peut avoir que x pour valeur d'adhérence dans le compactifié d'Alexandrov de $\mathbb{R}^n$.

On termine alors la démonstration en appliquant le théorème d' invariance du domaine: tout sousespace de $\mathbb{R}^n$ homéomorphe à une variété de dimension n est ouvert dans $\mathbb{R}^n$.

REMARQUE. Dans le cas où X de (1) est à valeurs dans $\mathbb{R}$, i.e. F àvaleurs dans $\mathbb{D}^m$, on peut donner une démonstration plus simple du théorème 3. En effet, si on pose $G^{xy} = (F(X^x_-) - F(X^y_-))(X^x - X^y)^{-1}$ $(x \neq y)$ on obtient

(9) $$X_t^x(\omega) - X_t^y(\omega) = (x-y)\exp\{(\int G^{xy}dZ - \tfrac{1}{2}\langle \int G^{xy}dZ, \int G^{xy}dZ\rangle)_t(\omega)\}$$

et on démontre facilement (cf. théorème 2) que le processus sous l'exponentielle admet une version continue de $\mathbb{R}^2$-diagonale à valeurs dans $\mathbb{D}(\mathbb{R})$. L'application $x \mapsto f(x) = X(t,\omega,x)$ de $\mathbb{R}$ dans $\mathbb{R}$ vérifie alors pour presque tout ω :

- elle est strictement croissante (identité (9)),
- elle est continue (théorème 2),
- $\lim_{|x| \to \infty} |f(x)| = +\infty$ (théorème 3);

f est par conséquent un homéomorphisme croissant de $\mathbb{R}$ sur $\mathbb{R}$.

ETUDE DE LA DERIVEE DE $x \longmapsto X(\cdot,\omega,x)$ (X A VALEURS DANS $\mathbb{R}$)

Soit $f: \mathbb{R} \to \mathbb{R}^m$ une fonction continument dérivable, posons:

$$\phi(x,y) = (f(x)-f(y))(x-y)^{-1} \quad \text{si } x \neq y$$
$$\phi(x,x) = Df(x)$$

ϕ est une fonction continue sur $\mathbb{R}^2$, elle est de classe C^1 si f est de classe C^2, et $D\phi$ est localement lipschitzienne.

Si Df est bornée, si $x \in \mathbb{R}$ et si Z est une semimartingale continue à valeurs dans $\mathbb{R}^m$, l'équation

(10) $$X = x + \int f(X_-)dZ$$

est un cas très particulier de (1) sous les hypothèses (5). Notons $X(t,\omega,x)$ sa solution continue en x (Théorème 2) .

THEOREME 6

Soit f C^2 avec Df bornée , alors on a pour presque tout ω : l'application $x \longmapsto X(\cdot,\omega,x)$ à valeurs dans $\mathbb{D}(\mathbb{R})$ est continument dérivable et

(11) $$DX(\cdot,\omega,x) = \mathcal{E}(\int Df(X(s,\cdot,x))dZ_s)_\cdot(\omega)$$

Démonstration

Onsait que pour x et y fixés, $x \neq y$, on a (cf. remarque ci-dessus)

$$(X(\cdot,\cdot,x) - X(\cdot,\cdot,y))(x-y)^{-1} = \mathcal{E}(\int\phi(X^x,X^y)dZ)$$

où le coté gauche est continu en (x,y) sur $\mathbb{R}^2$ - diagonale, ϕ est loc. lipschitzienne, et X^x est lipschitzienne en x dans tout S^r. Le lemme 0 montre alors que $\phi(X^x,X^y)$ possède une version continue en (x,y) sur tout $\mathbb{R}^2$, et l'égalité (11) en résulte.

Pour voir que DX est continue en x il suffit de remarquer que Df est loc. lipschitzienne puis d'utiliser le lemme 2.

REMARQUE. Le th. 6 peut être généralisé à une fonction $f: \mathbb{R}_+ \times \Omega \times \mathbb{R} \to \mathbb{R}^m$ vérifiant: $\forall(\omega,x) f(\cdot,\omega,x) \in \mathbb{D}(\mathbb{R}^m)$ et f est C^2 en x (avec dérivée première bornée) et $\forall(t,x)$ $f(t,\cdot,x)$ est $\mathcal{F}_t$-mesurable.

EXTENSION AU CAS LOCALEMENT LIPSCHITZIEN

Considérons l'équation (1), mais supposons que l'hypothèse (5) soit remplacée par

(12) $F: \mathbb{D}^n \to \mathbb{D}^{n,m}$ est localement lipschitzienne, i.e. pour toute boule centrée en 0 de rayon ρ il existe un processus

C^p prévisible localement dans S^{*} tel que
$\forall X,Y \in \mathbb{D}^n$, $\|X\|$ et $\|Y\| \leq p$ implique $\|F(X)-F(Y)\| \leq C^p\|X-Y\|$

Nous allons montrer comment l'étude de (1) sous (12) peut être ramenée à l'étude de (1) sous (5). La définition de la suite S_i ci-dessous et ses propriétés ainsi que le théorème 5 sont dans Meyer [4] (qui utilise une suite h_p légèrement différente):

Soit (h_p) une suite de fonctions lipscitziennes de $\mathbb{R}^n$ dans $\mathbb{R}^n$ vérifiant pour tout p $\|h_p(x)\| \leq p$ et tendant vers l'identité sur $\mathbb{R}^n$ de telle sorte que l'intérieur U_p des compacts $\{h_p(x)=x\}$ tende en croissant vers $\mathbb{R}^n$. (Prendre par exemple $h_p(x)=x$ pour $\|x\|\leq p$ et $=px\|x\|^{-1}$ pour $\|x\|\geq p$). Considérons pour chaque p l'équation

(13) $$X = x + \int F(h_p(X))_- dZ$$

vérifie (5) avec C^p à la place de C.

Soit $X^p(t,\omega,x)$ la version continue en x de la solution de (13) (Théorème 2) . Posons $S_p(\omega,x) = \inf\{t: X^p(t,\omega,x) \notin U_p\}$. Pour p et x fixés on a p.s.

(14) $$X^p(\cdot,\omega,x) = X^{p+1}(\cdot,\omega,x) \quad \text{sur} \quad [0,S_p(\omega,x)[$$

puisque les deux processus sont solutions de la même équation sur cet intervalle. Or $t < S_p(\omega,x)$ implique: $\forall s \leq t$ $X^p(s,\omega,x) \in U_p$ ouvert, donc, par la continuité en x (uniforme en $s \in [0,t]$), on a pour y assez près de x: $\forall s \leq t$ $X^p(s,\omega,y) \in U_p$, i.e. $t < S_p(\omega,y)$. $S_p(\omega,\cdot)$ est donc s.c.i. Endehors d'une partie négligeable, (14) reste vraie identiquement en p et en x rationnel; mais alors si x_q est une suite de rationnels dans $\mathbb{R}^q$ tendant vers x, (14) écrite pour x_q passe à la limite puisque $S_p(\omega,\cdot)$ est s.c.i., et (14) est donc vraie pour tout x de $\mathbb{R}^n$.

En particulier $S_p(\omega,x) \leq S_{p+1}(\omega,x)$. Nous notons $S(\omega,x)$ la limite de cette suite. $S(\omega,\cdot)$ est s.c.i., nous l'appellerons la durée de vie de (1) sous (12).

<u>THEOREME 7</u>

Il existe sur $[0, S(\omega,x)[$ une fonction $X(\cdot,\omega,x)$ égale à $X^p(\cdot,\omega,x)$ sur $[0,S_p(\omega,x)[$ pour tout p; sur $[0,S(\omega,x)[$ $X(\cdot,\omega,x)$ vérifie (1). En outre, si $S(\omega,x) > t$ alors $S(\omega,y) > t$ pour y assez près de x et $X(\cdot,\omega,y)$ converge uniformement vers $X(\cdot,\omega,x)$ sur $[0,t]$ lorsque y tend vers x.

Démonstration

La première assertion résulte de (14), et la deuxième du fait que pour tout p $h(X) = h(X^p) = 1$ sur $[0,S_p(\omega,x)[$ et de la propriété de non-anticipativité. La troisième résulte de la s.c.i. de $S(\omega,\cdot)$ et du théorème 2 appliqué à X^p pour p assez grand.

THEOREME 8

On a pour presque tout ω: pour tout (x,y), élément de l'ouvert $\{S(\omega,\cdot) > t\}^2$-diagonale, et pour tout $r \in \mathbb{R}$, il existe une semimartingale continue ζ_r^{xy} sur $[0,t]$ telle que pour tout $s \in [0,t]$

(15) $$\|X(s,\omega,x) - X(s,\omega,y)\|^r = \|x - y\|^r \mathcal{E}(\zeta_r^{xy})_s(\omega)$$

De plus, pour tout $q \in [1,\infty[$, ζ_r^{xy} est $\mathcal{S}^q$-lipschitzienne en (x,y), donc possède une version continue sur l'ouvert où elle est définie.

Démonstration

L'ouvert en question étant réunion dénombrable de pavés fermés $B_1 \times B_2$ où B_i est une boule fermé de $\mathbb{R}^n$ de rayon et de centre rationnels, il suffit de démontrer que si B_1 et B_2 sont deux boules fermés de $\mathbb{R}^n$ telles que $B_1 \cap B_2 = \emptyset$, alors, pour presque tout ω tel que $S(\omega,x)>t$ et $S(\omega,y)>t$ pour tout $(x,y) \in B_1 \times B_2$, le théorème 8 est vérifié. Soit J l'évènement $\{\forall (x,y) \in B_1 \times B_2,\ S(\omega,x) > t \text{ et } S(\omega,y) > t\}$. La continuité de $X(\cdot,\omega,x)$ en x montre que l'ensemble des couples de trajectoires $(X(\cdot,\omega,x),X(\cdot,\omega,y))$ sur $[0,t]$ est compact dans $\mathbb{D}(\mathbb{R}^n)^2$ pour (x,y) parcourant $B_1 \times B_2$, donc contenu dans un carré cartésien de boule $B(0,R)$ pour un R assez grand.

Nous bornant à raisonner sur l'ensemble H des ω tels que cela ait lieu avec un R fixé, nous remplaçons la loi P par la loi conditionnelle P_H sous laquelle Z reste une semimartingale. Dans (1) nous remplaçons F par $F \circ h$ où h est lipschitzienne, bornée par R et vérifiant $h(x)=x$ pour $\|x\| \leq R$; et nous remplaçons Z par la semimartingale arrêtée Z^t. Nous sommes alors ramenés à l'étude d'une équation (1) sous les hypothèses (5) et le théorème 8 résulte des théorèmes 1 et 2.

le théorème d'injectivité fort de Kunita en est de nouveau une conséquence:

THEOREME 9

Soit $X(s,\omega,x)$ la solution continue en x de (1) sous les hypothèses (12) (Z étant toujours supposée continue), alors pour presque tout ω on a: soient K_1 et K_2 deux compacts sans point commun de l'ouvert $\{S(\omega,\cdot)>t\}$, on a

$$\inf_{(x,y)\in K_1 \times K_2,\, s\in[0,t]} \|X(s,\omega,x) - X(s,\omega,y)\| > 0$$

Le théorème 6 peut être reformulé sans l'hypothèse de bornitude sur Df. Nous n'énonçons pas explicitement ce résultat, mais nous allons donner son exact parallèle analytique:

Pour une semimartingale continue Z à valeurs dans le corps des complexes $\mathbb{C}$ nous posons

$$\langle Z,Z\rangle = \langle Re(Z),Re(Z)\rangle - \langle Im(Z),Im(Z)\rangle + 2i\langle Re(Z),Im(Z)\rangle$$

et

$$\mathcal{E}(Z) = \exp(Z - \langle Z,Z\rangle)$$

Supposons maintenant que Z est une semimartingale continue à valeurs dans $\mathbb{C}^m$ et soit Y un processus cadlag adapté à valeurs dans $\mathbb{C}^m$, nous désignerons par $\int Y_- dZ$ la semimartingale à valeurs dans $\mathbb{C}$ définie par $\int Y_- dZ = \Sigma_j \int Y_{j-} dZ^j$ où

$$\int Y_{j-} dZ^j = \int [ReY_{j-} d(ReZ^j) - ImY_{j-} d(ImZ^j) + iReY_{j-} d(ImZ^j) + iImY_{j-} d(ReZ^j)]$$

On vérifie que si $x \in \mathbb{C}$, $x\mathcal{E}(\int Y_- dZ)$ est la solution de l'équation

$$U = x + \int U_- Y_- dZ$$

Soient $f:\mathbb{C} \to \mathbb{C}^m$ une fonction analytique, Z une semimartingale continue à valeurs dans $\mathbb{C}^m$ et x un élément de $\mathbb{C}$. Considérons l'équation complexe

$$X = x + \int f(X_-) dZ \tag{16}$$

où l'inconnue X est à valeurs dans $\mathbb{C}$. (L'équation (16) est équivalente à un système de deux équations réelles, ce qui autorise à appliquer les résultats obtenus pour l'équation (1)).

Soit $S(\omega,x)$ la durée de vie de (16) et notons $X(t,\omega,x)$ la solution de (16) sur $[0,S(\omega,x)[$ (théorème 7).

THEOREME 10

Sous les hypothèses précédentes on a pour presque tout ω: Sur l'ouvert $\{S(\omega,\cdot)>t\}$, $X(\cdot,\omega,x)$ est analytique en x en tant que fonction à valeurs dans $\mathbb{D}_{[0,t]}(\mathbb{C})$, et sa dérivée est $\mathcal{E}(\int f'(X^x) dZ)$.

Démonstration

La démonstration est formellement la même que celle du théorème 6, la dérivabilité au sens complexe assurant ici l'analyticité :

Posons pour $x \neq y$ $\phi(x,y)=(f(x)-f(y))(x-y)^{-1}$ et $\phi(x,x)=f'(x)$. Comme ϕ est localement lipschitzienne, le théorème 8 et le lemme 2 montrent que $\int\phi(X^x,X^y)dZ$ et $\langle\int\phi dZ,\int\phi dZ\rangle$ possèdent des versions continues en (x,y) sur $\{S(\omega,\cdot)>t\}^2$ en tant qu'applications à valeurs dans $\mathbb{D}_{[0,t]}(\mathbb{C})$, et pour ces versions on a pour presque tout ω: quel que soit (x,y) élément de $\{S(\omega,\cdot)>t\}^2$

$$X(\cdot,\omega,x) - X(\cdot,\omega,y) = (x - y)\,\mathcal{E}(\int\phi(X^x,X^y)dZ)_{\cdot}(\omega)$$

sur $[0,t]$, et le théorème en résulte.

REMARQUE. Le théorème 10 possède une généralisation analogue à celle du théorème 6 mentionnée dans la remarque suivant ce dernier.

APPLICATION AUX EQUATIONS LINEAIRES.

Supposons que la fonctionnelle F dans (1) soit de la forme

(17) Il existe un processus A prévisible, loc. borné à valeurs dans $\mathcal{L}(\mathbb{R}^n, \mathbb{R}^{n,m})$ tel que $F(X)_t(\omega) = A_t(\omega)\cdot X_t(\omega)$.

(le point marque le produit matriciel ou plus généralement une opération linéaire).

Il est clair que (17) implique (5).

Dans la suite nous représenterons A à l'aide de m processus A^j à valeurs dans $\mathbb{D}^{n,n}$, la j-ième colonne de $A\cdot X$ etant donné par $A^j\cdot X$.

Soit I la matrice identité (n,n) . Considérons l'équation linéaire

$$U = I + \Sigma_j \int A^j_-\cdot U_- dZ^j \tag{18}$$

où le processus inconnu U est à valeurs dans l'espace de matrices $\mathbb{R}^{n,n}$ (et dont les composantes sont $U_{ik} = \delta_{ik} + \Sigma_j\int\Sigma_l A^j_{il-}U_{lk}dZ^j$) et soit X^x la solution de (1) sous l'hypothèse (17).

LEMME 7

Pour presque tout ω on a: quels que soient t et x $U_t(\omega)\cdot x = X^x_t(\omega)$ et $U_t(\omega)$ est inversible.

Démonstration

La deuxième assertion résulte de la première et du théorème 3 d'homéomorphie. Démontrons donc la première assertion.

Chacune des n colonnes de U vérifie une équation (1) avec l'hypothèse (17), (18) admet par conséquent une solution U unique, p.s. à trajectoires continues puisque Z est continue. On a donc p.s.: l'application $x \mapsto U_{\cdot}(\omega)\cdot x$ est continue de $\mathbb{R}^n$ dans le sousespace de

$\mathbb{D}(\mathbb{R}^n)$ formé des applications continues, en particulier $(t,x)\mapsto U_t(\omega)\cdot x$ est continue. Comme d'autre part on constate que pour tous x et t $U_t\cdot x = X_t^x$ p.s., la continuité des deux membres en (t,x) implique la première assertion du théorème.

Nous noterons U^{-1} le processus à valeurs dans $\mathbb{R}^{n,n}$ et p.s. à trajectoires continues défini par $(U^{-1})_t(\omega) = (U_t(\omega))^{-1}$.

Soit $H = (H^i)$ une semimartingale à valeurs dans $\mathbb{R}^n$. Notons $[H,Z^j]$ le processus à valeurs dans $\mathbb{R}^n$ dont la i-ième composante est le processus à variation finie $[H^i,Z^j]$. Considérons l'équation linéaire "avec deuxième membre"

(19) $$X = H + \Sigma_j \int A_-^j \cdot X_- dZ^j$$

où le processus inconnu est à valeurs dans $\mathbb{R}^n$.

THEOREME 4

La solution X^H de l'équation (19) est donnée par

$$X_t^H = U_t\cdot H_0 + U_t\cdot\int_{]0,t]} U_s^{-1}\cdot(dH - \Sigma_j A_-^j\cdot d[H,Z^j])_s$$

où U est la solution de (18).

Démonstration

Cherchons la semimartingale X^H sous la forme du produit matriciel $U\cdot Y$ où $Y=U^{-1}\cdot X^H$ est une semimartingale à valeurs dans $\mathbb{R}^n$ à déterminer. Avec des notations matricielles évidentes on peut écrire:

$$d(U\cdot Y) = dH + \Sigma_j A_-^j\cdot X_- dZ^j$$

soit $$dU\cdot Y + U dY + d[U,Y] = dH + \Sigma_j A_-^j\cdot U_-\cdot Y_- dZ^j$$

et comme $dU\cdot Y = \Sigma_j A_-^j\cdot U_-\cdot Y_- dZ^j$, on en déduit

(20) $$dY = U^{-1}\cdot dH - U^{-1}\cdot d[U,Y]$$

avec

(21) $$d[U,Y] = \Sigma_j A^j\cdot U\cdot d[Y,Z^j]$$

De (20) on déduit $d[Y, Z^j] = U^{-1}\cdot d[H,Z^j]$ que l'on substitue dans (21) pour finalement écrire (20) sous la forme

$$dY = U^{-1}\cdot(dH - \Sigma_j A_-^j\cdot d[H,Z^j])$$

d'où le théorème.

REMARQUE. Quand les processus A^j sont égaux à des matrices constantes, l'exponentielle $\exp_A(t) = e^{At}$ d'une matrice carrée A permet d'expliciter U, solution de l'équation (18) correspondante.

BIBLIOGRAPHIE

[1] M. EMERY: Non-confluence des solutions d'équations différentielles stochastiques. Sém. Proba. 15, Lecture Notes in Math. Springer.

[2] M. EMERY: Equations différentielles lipschitziennes, étude de la stabilité. Sém. Proba. 13, Lecture Notes in Math. Springer.

[3] KUNITA: Exposé au Congrès sur les intégrales stochastiques de Durham, 1980, à paraître.

[4] P.A. MEYER: Flot d'une équation différentielle stochastique. Sém. Proba. 15, Lecture Notes in Math. Springer.

[5] P.A. MEYER: Inégalités de normes pour les intégrales stochastiques. Sém. Proba. 12, Lecture Notes in Math. Springer.

[6] J. NEVEU: Equations différentielles stochastiques et applications. Cours de 3e cycle, Paris 1973.

[7] A. UPPMAN: C.R. Acad. Sc. Paris, t. 290, 1980, Série A p. 661-664.

[8] C. YOEURP et M. YOR: Z. Wahrscheinlichkeitstheorie verv. Gebiete, à paraître.

Are Uppman
Université de Rouen
Laboratoire de Mathématiques
B.P. n° 67
76130 Mont-Saint-Aignan

UN THEOREME DE HELLY POUR LES SURMARTINGALES FORTES

par Are Uppman

Le but de cette étude est de démontrer pour les surmartingales fortes optionnelles sur $[0,\infty]$ un analogue au théorème de Helly classique dont voici un énoncé:

> Soit (f_n) une suite de fonctions positives, croissantes sur $[0,\infty]$ telle que $\sup_n f_n(\infty) < +\infty$. Alors il existe une suite (f_{n_k}) extraite de (f_n) et une fonction f croissante sur $[0,\infty]$ telles que (f_{n_k})converge simplement vers f sur $[0,\infty]$.

Le théorème de Helly, on le voit, énonce une propriété de compacité relative séquentielle sur un certain espace de fonctions muni de la topologie de la convergence simple. C'est pourquoi le théorème de Helly démontré ci-dessous s'inscrit naturellement dans une étude plus générale des parties relativement compacts de certains espaces de processus munis d'une topologie de convergence simple. En particulier nous démontrons (théorème 6) le résultat suivant:

> Soit H une partie uniformément de la classe (D) de l'espace des surmartingales fortes optionnelles sur $[0,\infty]$ muni de la topologie suivante: une suite généralisée X^i converge vers X ssi pour tout t.a. T X^i_T converge faiblement vers X_T dans L^1. Alors H est relativement compact et tout point adhérent à H est limite d'une suite dans H.

Mokobodzki a démontré un résultat analogue en théorie du potentiel pour les fonctions fortement surmédianes uniformement bornées (voir [3]) - et dont le nôtre peut sans doute en partie être déduit - en utilisant un théorème très fin d'analyse. Pour replacer certaines parties de notre étude dans un contexte beaucoup plus général , il convient également de consulter l'article de C. Dellacherie et E. Lenglart [1] sur les problèmes de régularisation etc. en théorie des martingales.

Je tiens ici à remercier plus particulièrement C. Dellacherie de m'avoir indiqué le sujet de cette étude.

NOTATIONS, RAPPELS.

Tous les processus considérés sont définis sur un même espace filtré $(\Omega,\mathcal{F},\mathcal{F}_t,P), t\in[0,\infty]$, vérifiant les conditions habituelles. Le signe = entre deux processus indique qu'ils sont indistinguables.

L'ensemble des t.a. sur $[0,\infty]$ est noté $\mathbb{T}$.

Un processus A est croissant si p.s. $t\mapsto A_t(\omega)$ est une fonction croissante; on note $\mathbb{A}$ l'ensemble des processus positifs, croissants, adaptés avec A_∞ intégrable (non nécessairement c. à d.).

Un processus optionnel, réel X est une surmartingale forte optionnelle sur $[0,\infty]$ si

1) $\forall T\in\mathbb{T}$ X_T est intégrable
2) $\forall S,T\in\mathbb{T}$, $S\leq T$ implique $X_S \geq E[X_T|\mathcal{F}_S]$ p.s.

Rappelons qu'une surmartingale cadlag sur $[0,\infty]$ est une surmartingale forte optionnelle sur $[0,\infty]$, mais, même sous les conditions habituelles, il existe de nombreuses surmartingales fortes optionnelles non cadlag (seulement ladlag). C'est le cas de la projection optionnelle d'un processus décroissant non nécessairement continu à droite. D'ailleurs, inversement, toute surmartingale forte optionnelle sur $[0,\infty]$ de la classe (D) (i.e. telle que la famille $(X_T,T\in\mathbb{T})$ soit uniformement intégrable) admet une décomposition de Mertens (voir [2], appendice 1) $X = M - A - B_-$ où A est croissant, prévisible, cadlag avec $A_0=0$ et eventuellement $A_{\infty-}\neq A_\infty$, B est croissant, optionnel, cadlag avec $B_{\infty-} = B_\infty$ et éventuellement $B_0\neq 0$, A_∞ et B_∞ étant intégrables, et où M est une martingale forte de la classe (D) i.e. (sous les conditions habituelles, adoptées ici) M est la version cadlag de $E[M_\infty|\mathcal{F}_t]$. On voit que si l'on pose $V = A + B_-$ on obtient la représentation

$$\forall T\in\mathbb{T}\quad E[X_T - X_\infty|\mathcal{F}_T] = E[V_\infty - V_T|\mathcal{F}_T] \quad \text{p.s.}$$

unique si V est prévisible nul en 0.

L'ensemble des surmartingales fortes optionnelles sur $[0,\infty]$ sera noté $\mathbb{S}$.

Nous dirons qu'un processus X est totalement intégrable si pour tout T de $\mathbb{T}$ X_T est intégrable. Si X est totalement intégrable, il peut être identifié à un élément de $(L^1)^{\mathbb{T}}$, et dans la suite cet ensemble sera muni de la topologie produit obtenue à partir de la topologie faible $\sigma(L^1,L^\infty)$ sur L^1. La topologie induite sur la partie de $(L^1)^{\mathbb{T}}$ constituée des processus totalement intégrables sera appelée la topologie faible des processus totalement intégrables. Une suite généralisée X^i de processus totalement intégrables converge donc vers le processus t.i. X au sens de cette topologie ssi pour tout T de $\mathbb{T}$ $\lim_i X^i_T = X_T$ pour $\sigma(L^1,L^\infty)$.

Nous nous servirons abondamment de la propriété suivante: soit A un processus croissant, ladlag, adapté; alors il existe un ensemble dénombrable Θ de t.a. épuisant tous les temps de saut de A, le processus des sauts de A etant défini ici par $\Delta A = A_+ - A_-$. (Considérer la suite double de t.a. (T_{nk}) définie par $T_{no}=0$ et pour k>0 $T_{nk} = \inf\{t>T_{nk-1} : 1/n+1 < A_{t+} - A_{t-} \leq 1/n\}$ où l'on convient que $A_{o-}=0$, $1/0=+\infty$, et $\inf \emptyset = +\infty$).

Pour plus de détails nous renvoyons le lecteur à l'excellent livre de C. Dellacherie et P.A. Meyer [2].

ETUDE DES PARTIES RELATIVEMENT COMPACTES DE $\mathbb{A}$.

Ci-après (A^i) désigne une suite généralisée dans $\mathbb{A}$.

En un premier temps (lemmes 1, 2 et 3) on cherche à montrer que la limite éventuelle de (A^i) au sens de la topologie des processus t.i. est déterminée par le comportement de A^i_T pour T appartenant seulement à un ensemble dénombrable judicieusement choisi.

LEMME 1

Soit Θ une partie dénombrable de $\mathbb{T}$. Si pour tout T dans Θ A^i_T converge faiblement vers une limite $A_{(T)}$, alors on a pour presque tout ω

$$\forall S,T \in \Theta \quad S(\omega)\leq T(\omega) \Rightarrow A_{(S)}(\omega)\leq A_{(T)}(\omega)$$

Démonstration

Pour chaque couple $S\leq T$ de Θ on a pour tout $B\in\mathcal{F}_\infty$:

$$\int 1_B(A_{(T)} - A_{(S)})dP = \lim_i \int 1_B(A^i_T - A^i_S)\, dP$$

et par consequent $A_{(T)} - A_{(S)} \geq 0$ p.s. sur $\{S \leq T\}$. Comme Θ est dénombrable, le lemme est démontré.

LEMME 2

Supposons que pour tout T dans $\mathbb{T}$ A^i_T converge faiblement vers une limite $A_{(T)}$. Alors on peut trouver un processus A dans $\mathbb{A}$ et une partie dénombrable Θ de $\mathbb{T}$ tels que: Θ contient l'ensemble des t.a. constants rationnels (y compris $+\infty$) et épuise les temps de saut de A, et pour tout T dans Θ $A_{(T)} = A_T$ p.s.

Démonstration

Utilisant le lemme 1 en y prenant $\Theta = \mathbb{Q}_+ \cup \{+\infty\}$ on détermine un négligeable N_1 tel que pour tout ω de $\Omega - N_1$ et pour tous $p,q \in \mathbb{Q}_+ \cup \{\infty\}$, $p \leq q$ implique $A_{(p)} \leq A_{(q)}$. Définissons alors le processus cadlag A^+ par: $A_t^+(\omega) = 0$ si $\omega \in N_1$ et $A_t^+(\omega) = \lim_{q \downarrow\downarrow t} A_{(q)}(\omega)$ sinon. Il est alors clair que A^+ appartient à $\mathbb{A}$.

Soit Φ un ensemble dénombrable de t.a. épuisant l'ensemble des temps de saut de A^+, appliquons encore le lemme 1 avec cette fois $\Theta = \Phi$. On détermine ainsi un négligeable N_2 tel que pour $\omega \notin N_2$ on a pour tous $S,T \in \Theta$, $S(\omega) \leq T(\omega)$ implique $A_{(S)}(\omega) \leq A_{(T)}(\omega)$. Notons $\tilde{\Theta}$ la réunion des graphes des t.a. dans Θ, nous pouvons alors définir le processus A par:

$$\text{si } \omega \in \Omega - N_2 \quad A_t(\omega) = A_t^+(\omega) \quad \text{si } (t,\omega) \notin \tilde{\Theta}$$

$$\text{et } \quad A_t(\omega) = A_{(T)}(\omega) \quad \text{si } (t,\omega) \in \tilde{\Theta} \text{ et } t = T(\omega)$$

$$\text{sinon} \quad A_t(\omega) = 0$$

On vérifie que A est bien défini et qu'il appartient à $\mathbb{A}$, et le Θ de l'énoncé est $\Phi \cup \mathbb{Q}_+ \cup \{\infty\}$.

LEMME 3

Supposons (A_∞^i) uniformement intégrable et soit $A \in \mathbb{A}$. Pour que $\lim_i A^i = A$ au sens de la topologie faible des processus t.i., il suffit que $\lim_i A_T^i = A_T$ $(\sigma(L^1, L^\infty))$ pour tout T élément de Θ, ensemble dénombrable de t.a. contenant $\mathbb{Q}_+ \cup \{\infty\}$ et épuisant l'ensemble des temps de saut de A.

Démonstration

Soit T un t.a. quelconque, nous allons démontrer que pour tout $B \in \mathcal{F}_\infty$ on a $\lim_i \int 1_B(A_T^i - A_T)dP = 0$. Rangeons les temps de saut de A en une suite T_n, que nous pouvons supposer à graphes disjoints, notons D l'ensemble $\{\omega : \exists n \in \mathbb{N} \text{ t.q. } T(\omega) = T_n(\omega)\}$, C le complément de D, et soit p un entier positif; on peut écrire

$$I^i = \int 1_B(A_T^i - A_T)dP = \int 1_B 1_D (A_T^i - A_T)dP + \int 1_B 1_C (A_T^i - A_T)dP$$

on en déduit la majoration suivante de I^i:

$$I^i \leq \int 1_B 1_{\{T=\infty\}}(A_T^i - A_T)dP + \int 1_B 1_{\bigcup_k \{T=T_k<\infty\}}(A_T^i - A_T)dP + \int 1_B 1_C \sum_{k=0}^{\infty} 1_{\{\frac{k}{p} \leq T < \frac{k+1}{p}\}} (A^i_{\frac{k+1}{p}} - A_T)dP$$

Soit $\varepsilon > 0$ donné. La première intégrale tend vers 0 par hypothèse. Pour la deuxième on a $\lim_k P[\bigcup_{j=k+1}^{\infty} \{T=T_j<\infty\}] = 0$ (les graphes sont disjoits), comme A_∞^i, et donc aussi $A_T^i - A_T$, est u.i. il est possible de choisir k assez grand pour que pour tout i

$$\left|\int 1_B 1_{\bigcup_{j\geq k+1}\{T=T_j<\infty\}}(A^i_T - A_T)dP\right| \leq \varepsilon$$

et alors, pour k fixé, on aura pour i assez "grand"

$$\left|\sum_{j=0}^{k}\int 1_B 1_{\{T=T_j\}}(A^i_{T_j} - A_{T_j})dP\right| \leq \varepsilon .$$

Pour la troisième intégrale, écrivons

$$A^i_{\frac{k+1}{p}} - A_T = A^i_{\frac{k+1}{p}} - A_{\frac{k+1}{p}} + A_{\frac{k+1}{p}} - A_T$$

Ici, pour p parcourant $\mathbb{N}^*$, les v.a.

$$\zeta_p = \sum_k 1_{C\cap\{\frac{k}{p}<T\leq\frac{k+1}{p}\}}(A_{\frac{k+1}{p}} - A_T)$$

sont u.i. et convergent p.s. vers 0 quand p tend vers l'infini; pour p assez grand on a donc $\int|\zeta_p|\,dP\leq\varepsilon$. Mais pour p fixé l'intégrale

$$\left|\int 1_B 1_C \sum_k 1_{\{\frac{k}{p}<T\leq\frac{k+1}{p}\}}(A^i_{\frac{k+1}{p}} - A_{\frac{k+1}{p}})dP\right|$$

peut être rendue inférieure à 2ε pour i assez "grand" par le procédé utilisé pour la deuxième intégrale. On a ainsi obtenu $I^i \leq 6\varepsilon$ pour i assez "grand".
Une minoration similaire de I^i montre que pour i assez "grand" $-6\varepsilon\leq I^i$, et le lemme est démontré.

Les lemmes 2 et 3 montrent que si (A^i_T) converge faiblement pour chaque T dans $\mathbb{T}$, alors (A^i) admet une limite dans $\mathbb{A}$ dès que (A^i_∞) est u.i., en particulier $\mathbb{A}$ est séquentiellement fermé pour la topologie faible des processus t.i.

Nous pouvons maintenant donner une première caractérisation des parties relativement compactes de $\mathbb{A}$:

<u>THEOREME 1</u>

Soit H une partie de $\mathbb{A}$, les conditions suivantes sont équivalentes:

1) H est relativement compacte;
2) pour tout T dans $\mathbb{T}$ $\{A_T: A\in H\}$ est faiblement relativement compacte dans L^1;
3) $\{A_\infty: A\in H\}$ est uniformément intégrable.

Démonstration
L'équivalence des 2) et 3) résulte du théorème de Dunford-Pettis et du fait que $\mathbb{A}$ est positif, croissant.

D'autre part 1) implique 2), puisque par définition, pour chaque T dans $\mathbb{T}$, l'application $A \mapsto A_T$ est continue pour les topologies considérées.
Montrons donc que 2) implique 1). Soit U un ultrafiltre sur H, par hypothèse l'ultrafiltre image U_T de U par l'application continue $A \mapsto A_T$ converge faiblement vers un élément $A_{(T)}$ de L^1; les lemmes 2 et 3 permettent alors de construire un processus dans $\mathbb{A}$, limite de U.

L'autre caractérisation des parties relativement compactes de $\mathbb{A}$ que nous avons en vue, sera un corollaire d'un théorème de Helly pour les processus croissants. Pour démontrer ce dernier nous avons besoin du

LEMME 4

Soit $(E_n, \mathcal{E}_n)$ une suite d'espaces topologiques, et pour chaque n soit F_n une partie séquentiellement relativement compacte de E_n. Alors le produit $\prod_n F_n$ est séquentiellement relativement compacte dans $(\prod_n E_n, \bigotimes_n \mathcal{E}_n)$.

Démonstration
On utilise l'argument classique de la suite diagonale.

THEOREME 2 (théorème de Helly pour les processus dans $\mathbb{A}$)

Soit $\{A^n : n \in \mathbb{N}\}$ une partie relativement compacte de $\mathbb{A}$. Il existe une suite extraite (A^{n_k}) et un élément A de $\mathbb{A}$ tels que $\lim_k A^{n_k} = A$.

Démonstration
Le lemme 4 appliqué à $\{(A^n_q)_{q \in \mathbb{Q}_+ \cup \{\infty\}} : n \in \mathbb{N}\}$ montre qu'il existe une suite (A^{n_i}) extraite de (A^n) telle que pour tout $q \in \mathbb{Q}_+ \cup \{\infty\}$ $(A^{n_i}_q)$ converge faiblement dans L^1 vers une limite $A_{(q)}$, et le lemme 1 montre qu'il existe un négligeable N_1 tel que si $\omega \notin N_1$ alors $\forall p, q \in \mathbb{Q}_+ \cup \{\infty\}$ $p \leq q$ implique $A_{(p)}(\omega) \leq A_{(q)}(\omega)$. Définissons A^+ et $\mathbb{U}$ à partir de $A_{(p)}$ comme dans la démonstration du lemme 2, et posons $\Theta = \mathbb{U} \cup \mathbb{Q}_+ \cup \{\infty\}$. Le lemme 4 affirme maintenant qu'il existe une soussuite $(A^{n_{i_k}})$ telle que pour tout $T \in \Theta$ $(A^{n_{i_k}}_T)$ soit faiblement convergente dans L^1. Appelons $A_{(T)}$ cette limite, le lemme 1 montre qu'il existe N_2 négligeable tel que pour $\omega \notin N_2$, $\forall S, T \in \mathbb{T}$ $A_{(S)}(\omega) \leq A_{(T)}(\omega)$ sur $\{S \leq T\}$. Nous définissons maintenant A par:

si $\omega \in \Omega - N_2$ $\quad A_t(\omega) = A_t^+(\omega) \quad$ si $(t,\omega) \notin \Theta$

et $\quad A_t(\omega) = A_{(T)}(\omega) \quad$ si $(t,\omega) \in \Theta$

si $\omega \in N_2$ $\quad A_t(\omega) = 0$

Le lemme 3 permet d'achever la démonstration.

Le théorème de Helly ci-dessus dit donc que toute partie relativement compacte de $\mathbb{A}$ est séquentiellement relativement compacte. La réciproque est vraie, plus précisément:

COROLLAIRE

Soit H une partie de $\mathbb{A}$. Les conditions suivantes sont équivalentes:

1) H est relativement compacte;
2) H est séquentiellement relativement compacte;
3) toute partie infinie, dénombrable de H possède un point limite.

Démonstration

Nous avons vu que 1) implique 2), il est clair que 1) implique 3). Supposons que 2) est vérifié, il est facile de voir qu'alors $H_T = \{A_T : A \in H\}$ est séquentiellement faiblement relativement compacte dans L^1 pour tout T. Le théorème d'Eberlein-Smulian montre alors que H_T est faiblement relativement compacte, puis le théorème 1 que 2) implique 1). On démontre de façon similaire que 3) implique 1).

Soient E un espace topologique compact, (M,d) un espace métrique , et C l'espace des applications continues de E dans F muni de la convergence simple; dans [4] on trouve cité le théorème suivant: sous ces conditions, soit H une partie de C, alors tout point adhérent à H est adhérent à une partie dénombrable D de H (La démonstration est élémentaire: supposons g adhérente à H, posons $E_f^{n,k} = \{x=(x_1,\dots,x_n) \in E^n : d(f(x_i),g(x_i)) < 1/k \text{ pour } i=1,\dots,n\}$; la famille $\{E_f^{n,k}\}_{f \in H}$ constitue un recouvrement ouvert du compact E^n dont on peut extraire un recouvrement fini $\{E_{f_i}^{n,k}\}_{i=1,\dots,p_{n,k}}$, et il est clair que g adhère à la partie dénombrable constituée par l'ensemble des f_i de $E_{f_i}^{n,k}$ quand n et k parcourent $\mathbb{N}$).

Ci-après d désigne une distance compatible avec la topologie produit usuelle sur $\mathbb{R}^\Theta$ (Θ dénombrable):

THEOREME 3

Si H est une partie relativement compacte de $\mathbb{A}$, tout point adhérent à H est limite d'une suite dans H.

Démonstration

Soient A adhérent à H et Θ une partie dénombrable de $\mathbb{T}$ contenant $\mathbb{Q}\cup\{\infty\}$ et épuisant les temps de saut de A. Soit B la boule unité fermée de L^∞, B est compacte pour $\sigma(L^\infty,L^1)$, et le produit $\prod_{T\in\Theta} H_T$ est de façon canonique identifiable à une partie relativement compacte de l'espace des applications continues sur $(B,\sigma(L^\infty,L^1))^\Theta$ à valeurs dans $(\mathbb{R}^\Theta,d)$ muni de la convergence simple. Le théorème rappelé ci-dessus montre alors que la restriction de A à Θ est adhérente (sur Θ) à une partie dénombrable D de H.
Or $\prod_{T\in\Theta} \overline{D}_T$ est métrisable puisque $\overline{D}_T$ muni de la topologie induite par $\sigma(L^1,L^\infty)$ l'est, on en déduit l'existence d'une suite convergeant vers A sur Θ. On termine en appliquant le lemme 3.

Dans la démonstration nous avons utilisé le fait que si D est une partie dénombrable u.i. de L^1, alors la topologie induite sur l'adhérence faible de D par $\sigma(L^1,L^\infty)$ est métrisable. Indiquons-en la démonstration. Posons $\tau_1=\sigma(L^1,L^\infty)$, soit G la tribu engendrée par D et $\tau_2=\sigma(L^1,L^\infty(G))$. On a $\overline{D}^{\tau_1}\subset\overline{D}^{\tau_2}$. Inversement, soient $f\in\overline{D}^{\tau_2}$ et (f_i) une suite généralisée dans D de limite f pour τ_2, alors f est G-mesurable et on a pour tout h dans L^∞

$$E[f_ih] = E[f_iE[h|G]] \longrightarrow E[fE[h|G]] = E[fh]$$

donc $f_i \longrightarrow f$ pour τ_1 et $\overline{D}^{\tau_1}=\overline{D}^{\tau_2}$. $\overline{D}$ est donc un compact faible pour $L^1(G)$ qui est, lui, séparable, et D est alors métrisable.

REMARQUE. Nous aurons besoin de l'énoncé suivant qui se démontre comme le théorème 3:

Soit H une partie relativement compacte de $\mathbb{A}\times L^1$ (muni de la topologie produit de la topologie de $\mathbb{A}$ et de $\sigma(L^1,L^\infty)$. Alors tout point adhérent à H est limite d'une suite dans H.

ETUDE DES PARTIES RELATIVEMENT COMPACTES DE $\mathbb{S}$.

Nous allons maintenant démontrer pour l'espace $\mathbb{S}$ des surmartingales fortes optionnelles sur $[0,\infty]$ muni de la topologie induite par la topologie faible des processus totalement intégrables, des résultats similaires à ceux obtenus pour $\mathbb{A}$ dans le paragraphe précédent. La démonstration du premier énoncé ci-dessous est empruntée à [1].

THEOREME 4

Soit H une partie de $\mathbb{S}$. Les conditions suivantes sont équvalentes:

1) H est relativement compacte;
2) Pour tout T dans $\mathbb{T}$, $\{X_T : X \in H\}$ est faiblement relativement compacte dans L^1;
3) Pour tout T, H_T est uniformément intégrable.

Démonstration

Le théorème de Dunford-Pettis affirme l'équivalence de 2) et 3).
1) implique 2), puisque pour tout T l'application $X \mapsto X_T$ est continue.
Supposons 2) vraie. Soit U un ultrafiltre sur H, notons $X_{(T)}$ la limite faible dans L^1 de l'ultrafiltre U_T, image de U par $X \mapsto X_T$. Soient S et T deux éléments de $\mathbb{T}$ vérifiant $S \leq T$ p.s., on vérifie que $X_{(S)} \geq E[X_{(T)} | \mathcal{F}_S]$ p.s. Le théorème sera donc démontré si l'on peut trouver un processus X dans $\mathbb{S}$ tel que pour tout T $X_T = X_{(T)}$; or un tel processus X existe (théorème 15 de [1]).

Le théorème de Helly des surmartingales fortes sera déduit du lemme suivant:

Soit (X^n) une suite dans $\mathbb{S}$. Nous supposons (X^n) uniformément bornée avec $X^n \geq 0$ et $X^n_\infty = 0$ p.s. pour tout n,

LEMME 5

Sous ces conditions il existe une suite (X^{n_k}) extraite de (X^n) et un processus X de $\mathbb{S}$ tels que $\lim_k X^{n_k} = X$.

Démonstration

Soit K une borne de (X^n). Chaque X^n étant de classe (D), il existe A^n dans $\mathbb{A}$ tel que pour tout T $X^n_T = E[A^n_\infty - A^n_T | \mathcal{F}_T]$. L'ensemble des A^n_∞ est alors u.i., en effet, de $0 \leq X^n_t \leq K$ p.s. pour tout t on déduit (Garcia) $\|A^n_\infty\|_{L^2} \leq 2K$ (voir [2]). Le théorème 2 montre maintenant qu'il existe une suite (A^{n_k}) extraite de (A^n) et un processus A tels que pour tout T $A_T^{n_k}$ converge faiblement vers A_T. L'espérance conditionnelle étant (fortement, donc faiblement) continue sur L^1, on en déduit en particulier que pour tout T $E[A_\infty^{n_k}|\mathcal{F}_T]$ converge faiblement vers $E[A_\infty|\mathcal{F}_T]$. Ainsi on voit que, puisque $X_T = E[A_\infty - A_T|\mathcal{F}_T]$, on a au sens de la topologie dont on a muni $\mathcal{S}$, $\lim_k X^{n_k} = X$.

THEOREME 5 (théorème de Helly pour les surmartingales fortes)
Toute partie relativement compacte de $\mathcal{S}$ est séquentiellement relativement compacte.

Démonstration
Soit donc (X^n) une suite relativement compacte de $\mathcal{S}$, nous allons montrer que l'on peut en extraire une soussuite convergente (X^{n_k}). Quitte à considérer $X_t^n - M_t^n$ (M_t^n étant la version cadlag de la martingale $E[X_\infty^n|\mathcal{F}_t]$) et à passer par une deuxième extraction de soussuite pour s'assurer de la convergence à l'infini (ce qui est possible, (X_∞^n) etant u.i.), on peut supposer X^n positif avec $X_\infty^n = 0$ p.s.
Sous ces conditions le lemme 5 montre que pour chaque $m \in \mathbb{N}$ l'ensemble $\{X^n \wedge m : n \in \mathbb{N}\}$ est séquentiellement compact, et à son tour le lemme 4 affirme qu'il existe une suite (X^{n_k}) extraite de (X^n) et une suite (Y^m) dans $\mathcal{S}$ telles que pour tout m $\lim_k X^{n_k} \wedge m = Y^m$.
Il est facile de voir que la suite (Y^m) est croissante. Nous allons montrer que le processus limite $Y = \lim\uparrow Y^m$ est dans $\mathcal{S}$ et que $\lim_k X^{n_k} = Y$ au sens de la topologie sur $\mathcal{S}$.
Soient $B \in \mathcal{F}_\infty$ et $T \in \mathbb{T}$ quelconques, on a

$$\int 1_B(X_T^{n_k} - Y_T)dP = \int 1_B(X_T^{n_k} - X_T^{n_k} \wedge m)dP + \int 1_B(X_T^{n_k} \wedge m - Y_T^m)dP + \int 1_B(Y_T^m - Y_T)dP$$

$\{X_T^{n_k} \wedge m : k,m \in \mathbb{N}\}$ est u.i. puisque $\{X_T^n\}$ l'est par hypothèse, (Y_T^m) est donc aussi u.i., ainsi Y_T est limite forte dans L^1 de (Y_T^m).
Il est donc possible de rendre le premier et le dernier terme du deuxième membre de l'égalité ci-dessus arbitrairement petits (et cela uniformément en k) en choisissant m assez grand. Puis, pour m fixé, on rend le deuxième terme arbitrairement petit en prenant k grand. On en déduit que Y est totalement intégrable et limite au sens de la topologie faible des processus totalement intégrables de (X^{n_k}). Enfin Y est dans $\mathcal{S}$ puisque l'on a pour tous $S,T \in \mathbb{T}$ avec $S \leq T$ $Y_S = \lim Y_S^m \geq \lim E[Y_T^m|\mathcal{F}_T] = E[Y_T|\mathcal{F}_S]$ (lim. faibles dans L^1).

COROLLAIRE

Soit H une partie de $\mathbb{S}$. Les conditions suivantes sont équivalentes:

1) H est relativement compacte;
2) H est séquentiellement relativement compacte;
3) toute partie infinie, dénombrable de H possède un point limite.

Démonstration

La démonstration est exactement la même que celle du corollaire du th. 2.

Soit $X \in \mathbb{S}$; si X est de la classe (D), il existe $A^X \in \mathbb{A}$ prévisible nul en zéro unique tel que pour tout T $E[X_T - X_\infty | \mathcal{F}_T] = E[A_\infty - A_T | \mathcal{F}_T]$ p.s. Pour démontrer notre dernier énoncé, le théorème 6, nous nous servons du théorème 3, ce qui nous oblige à travailler avec une partie H de $\mathbb{S}$ telle que sur l'adhérence de H l'application $X \mapsto A^X$ soit continue. Le lemme 6 ci-dessous, que nous avons adapté d'un théorème du chapitre VII de [2], montre qu'il suffit pour cela de prendre H uniformement de la classe (D) (i.e. tel que $\{X_T : X \in H, T \in \mathbb{T}\}$ est u.i.).

LEMME 6

Soit H une partie de $\mathbb{S}$. Si H est uniformément de la classe (D), alors l'application $X \mapsto A^X$ est continue sur l'adhérence de H.

Démonstration

Si H est uniformément de la classe (D), il est facile de voir qu'il en est de même de l'adhérence de H. Il suffit donc de démontrer que si H est uniformement de la classe (D) l'application $X \mapsto A^X$ est continue sur H. En fait il suffit de vérifier que l'application $X \mapsto A^X_\infty$ de $\mathbb{S}$ dans L^1 est continue pour la topologie considérée sur $\mathbb{S}$ et pour $\sigma(L^1, L^\infty)$, puisque $A^X_T = E[A^X_\infty | \mathcal{F}_T] - E[X_T - X_\infty | \mathcal{F}_T]$ et l'espérance conditionnelle est faiblement continue. Cette dernière propriété montre d'ailleure que nous pouvons supposer X_∞ p.s. nulle. Nous pouvons enfin supposer tous les X continus en $+\infty$ (remplacer d'abord l'axe des temps $[0,\infty]$ par $[0,1]$ à l'aide de $f(x)=x/1+x$, puis prolonger en une nouvelle surmartingale Y sur $[0,\infty]$ en posant $Y_t = Y_1$ $(=X_\infty)$ pour $t \in [1,\infty]$). Soient (X^i) une suite généralisée dans H admettant X dans H pour limite. Posons $A = A^X$ et $A^i = A^{X^i}$.

Pour vérifier, sous ces hypothèses, que pour tout v.a. bornée M $E[MA_\infty] = \lim_i E[MA^i_\infty]$, nous allons suivre pas à pas la démonstration du théorème cité dans [2].

Nous savons que A et A^i sont prévisibles, introduisant la martingale cadlag $M_t = E[M|\mathcal{F}_t]$, nous sommes ramenés à vérifier que

$$E[\int_0^\infty M_{s-}dA_s] = \lim_i E[\int_0^\infty M_{s-}dA^i_s]$$

Notons respectivement J et J_i ces intégrales. Soit $\varepsilon>0$ donné, définissons la suite de t.a. (T_k) par $T_o = 0$, $T_{k+1} = \inf\{t>T_k : |M_t - M_{T_k}|>\varepsilon\}$. Sur $]\!]T_k,T_{k+1}]\!]$ on a $|M_{t-} - M_{T_k}| \leq \varepsilon$. Posons pour $p \leq +\infty$

$$S^p = E[\sum_{k=1}^p M_{T_k}(A_{T_k} - A_{T_{k-1}})]$$

et S^p_i la somme analogue relative à A^i. Posons $\|M\|_{L^\infty} = m$, nous avons

$$|J - S^\infty| \leq \varepsilon E[A_\infty]$$

et de même pour $|J_i - J^\infty_i|$, puis

$$|S^\infty - S^p| \leq mE[A_\infty - A_{T_p}] = E[X_{T_p}]$$

et de même pour $|S^\infty_i - S^p_i|$. Nous obtenons alors la majoration

$$|J - J_i| \leq |S^p - S^p_i| + \varepsilon E[A_\infty + A^i_\infty] + E[X_{T_p} + X^i_{T_p}]$$

Or $E[A^i_\infty] = E[X^i_o]$ reste bornée, on peut donc choisir ε de façon que le second terme soit arbitrairement petit. Ensuite, comme les X^i sont uniformément de la classe (D), et continus en $+\infty$, choisissant p assez grand le troisième terme peut être rendu arbitrairement petit uniformément en i. Alors, pour p fini fixé, nous avons $\lim_i S^p_i = S^p$ puisque l'on peut écrire

$$S^p_i = E[\sum_{k=1}^p M_{T_k}(X^i_{T_{k-1}} - X^i_{T_k})]$$

ce qui achève la démonstration.

THEOREME 6

Soit H une partie de $\mathbb{S}$. Si H est uniformément de la classe (D), alors tout point adhérent à H est limite d'une suite dans H.

Démonstration

Utilisons l'énoncé de la remarque suivant le théorème 3. Considérons $f: \mathbb{S} \to \mathbb{A}\times L^1$, $f(X)=(A^X,X_\infty)$. f est continue sur l'adhérence de H (lemme 6) donc 1) f(H) est relativement compacte dans $\mathbb{A}\times L^1$, et 2) si X est adhérent à H alors f(X) est adhérent à f(H). L'énoncé cité affirme alors qu'il existe une suite X^n dans H telle que f(X) soit limite de $f(X^n)$. Mais cela implique que pour tout $T\in\mathbb{T}$

$$X_T = E[X_\infty|\mathcal{F}_T] + E[A_\infty^X - A_T^X|\mathcal{F}_T] = \lim_n E[X_\infty^n|\mathcal{F}_T] + \lim_n E[A_\infty^{X^n} - A_T^{X^n}|\mathcal{F}_T]$$

et par conséquent $X_T = \lim_n X_T^n$.

BIBLIOGRAPHIE

[1] C. DELLACHERIE et E. LENGLART: Sur des problèmes de régularisation, de recollement et d'interpolation en théorie des martingales. Sém. de Proba. 15, Lecture Notes in Mathématics, Springer.

[2] C. DELLACHERIE et P.A. MEYER: Probabilites et Potentiel, tôme 2. Actualités Scientifiques et Industrielles, Hermann .

[3] G. MOKOBODZKI: Ensembles compacts de fonctions fortement surmédianes. Sém. de théorie du potentiel n° 4, Lect. Notes in Math. n° 713. Springer.

[4] J.P. TROALLIC: Thèse doctorat d'état, Rouen janvier 1980.

Are Uppman
Université de Rouen
Laboratoire de Mathématiques
B.P. n° 67
76130 Mont-Saint-Aignan

SUR DES PROBLEMES DE REGULARISATION, DE RECOLLEMENT ET D'INTERPOLATION EN THEORIE DES PROCESSUS

par C. Dellacherie et E. Lenglart

Soit $(\Omega,\underline{\underline{F}},P)$ un espace probabilisé complet muni d'une filtration $(\underline{\underline{F}}_t)$ vérifiant les conditions habituelles ; les processus que nous considérerons seront indexés par $\overline{\mathbb{R}}_+$ et à valeurs dans $\overline{\mathbb{R}}$. Nous dirons qu'une partie Θ de l'ensemble $\mathcal{T}$ de tous les t.d'a. est une <u>chronologie</u> si elle contient les temps 0 , $+\infty$ et est stable pour sup et inf (finis). Etant donnée une chronologie Θ, nous dirons qu'un t.d'a. T est Θ-<u>étagé</u> s'il existe une partition finie $A_1,\dots,A_n$ de Ω et $T_1,\dots,T_n \in \Theta$ tels qu'on ait $A_i \in \underline{\underline{F}}_{T_i}$ et $T = T_i$ sur A_i pour $i = 1,\dots,n$, et nous désignerons par $[\Theta]$ l'ensemble des t.d'a. Θ-étagés : comme Θ contient $+\infty$, il est clair que le t.d'a. T est Θ-étagé ssi son graphe est contenu dans la réunion des graphes d'une suite finie d'éléments de Θ, et que $[\Theta]$ est alors la plus petite chronologie contenant Θ et stable par découpage (i.e. $T\in[\Theta]$ et $A\in\underline{\underline{F}}_T \Rightarrow T_A\in[\Theta]$). Une famille $\mathbb{X} = (X(T))_{T\in\Theta}$ de v.a. indexée par la chronologie Θ sera appelée un Θ-<u>système</u> si elle vérifie la condition de compatibilité

pour tout $S,T \in \Theta$, on a $X(S) = X(T)$ p.s. sur $\{S = T\}$

et la condition d'adaptation

pour tout $T\in\Theta$, $X(T)$ est $\underline{\underline{F}}_T$-mesurable.

Il est clair que tout Θ-système $\mathbb{X}$ admet une extension, essentiellement unique, en un $[\Theta]$-système, que nous noterons encore $\mathbb{X}$. Nous dirons enfin qu'un processus optionnel $X = (X_t)$ <u>agrège</u> le Θ-système $\mathbb{X} = (X(T))_{T\in\Theta}$ si on a $X_T = X(T)$ p.s. pour tout $T\in\Theta$. Tout processus optionnel se désagrège évidemment en un Θ-système, mais l'opération inverse est bien plus délicate. Munissons Θ et l'ensemble V des v.a. de la topologie de la convergence en probabilité ; pour que $\mathbb{X}$ soit agrégeable, il est nécessaire que $\mathbb{X}$ soit une application mesurable de Θ dans V, à valeurs dans une partie séparable de V ; c'est suffisant si $\Theta = \overline{\mathbb{R}}_+$ d'après un théorème classique de Doob et le théorème de projection optionnelle (noter que, pour $\Theta = \overline{\mathbb{R}}_+$, un Θ-système $\mathbb{X}$ est tout simplement un processus adapté, et que X agrégeant $\mathbb{X}$ est alors une modification optionnelle de $\mathbb{X}$), mais ce n'est pas suffisant si $\Theta = \mathcal{T}$ comme le montre le contre-exemple suivant de Mokobodzki : on prend $\Omega = [0,1]$, $\underline{\underline{F}}$ = tribu de Lebesgue, P = mesure de Lebesgue, $\underline{\underline{F}}_t = \underline{\underline{F}}$ pour tout t et on considère le $\mathcal{T}$-système $\mathbb{X}$ où X(T) est l'indicatrice de l'ensemble des ω tels que la loi de T charge T(ω) ; $\mathbb{X}$ ne peut alors être agrégé par un processus mesurable X car, sinon, on obtiendrait une absurdité en intégrant X par rapport à la mesure de Lebesgue produit sur $[0,1] \times \Omega$ de deux manières différentes (selon les "axes" et selon les "bissectrices"). Cependant, un théorème profond et difficile de Mokobodzki (cf [10]) assure que, si $(\mathbb{X}^n)$ est une suite de $\mathcal{T}$-systèmes agrégeables telle que lim $X^n(T)$ existe en probabilité pour tout $T \in \mathcal{T}$, alors le $\mathcal{T}$-système limite $\mathbb{X}$ est encore agrégeable (c'est trivial si on remplace la convergence en proba. par la convergence p.s.). Nous avons montré par ailleurs, dans [5], que, si Θ est une chronologie quelconque et $\mathbb{X}$ un Θ-système se comportant comme une surmartingale (resp quasimartingale, semimartingale), alors $\mathbb{X}$ peut être agrégé en une surmartingale forte (resp quasimartingale forte, semimartingale forte) - en travaillant même hors du cadre des conditions habituelles.

Etant donnée une chronologie Θ, nous allons nous occuper ici, sous les conditions habituelles, de l'agrégation d'un Θ-système s.c.s. à droite - défini précisément un peu plus loin - en un processus (à trajectoires p.s.) s.c.s. à droite : pour $\Theta = \overline{\mathbb{R}}_+$, il s'agit d'un problème de modification ; pour $\Theta = \mathcal{T}$, d'un problème de recollement (le processus agrégeant est unique à l'indistinguabilité près d'après le théorème de section optionnelle) ; dans le cas général, nous dirons qu'il s'agit d'un problème d'interpolation (d'où notre titre). D'abord quelques abréviations allant de soi pour se simplifier la vie : nous écrirons "$T_n \downarrow T$ dans Θ" (resp "$T_n \downarrow\downarrow T$ dans Θ") pour exprimer que (T_n) est une suite décroissante d'éléments de Θ convergeant vers T élément de Θ (resp et vérifiant de plus $T_n > T$ sur $\{T<+\infty\}$ pour tout n) ; si H est une partie de $\overline{\mathbb{R}}_+ \times \Omega$, nous écrirons "$T_n \downarrow\downarrow T$ dans Θ à travers H" pour exprimer qu'on a $T_n \downarrow\downarrow T$ dans Θ et que les graphes des T_n sont contenus dans H (mais pas forcément celui de T).

DEFINITION.- <u>Un</u> Θ-<u>système</u> $\mathbb{X}$ <u>est dit</u> s.c.s. à droite <u>si pour toute suite décroissante</u> (T_n) <u>dans</u> Θ <u>on a</u> $X(T) \geq \limsup_n X(T_n)$ p.s. <u>sur l'ensemble</u> $\{T = \lim T_n\}$ <u>pour tout</u> $T \in \Theta$.

Lorsque Θ est stable par découpage (i.e. $\Theta = \boxed{\Theta}$), la condition ci-dessus s'écrit plus simplement : <u>on a</u> $X(T) \geq \limsup_n X(T_n)$ p.s. <u>chaque fois qu'on a</u> $T_n \downarrow T$ <u>dans</u> Θ. Nous verrons que, si $\Theta = \boxed{\Theta}$, alors tout Θ-système s.c.s. à droite est agrégeable par un processus s.c.s. à droite. Dans le cas $\Theta \neq \boxed{\Theta}$, c'est encore vrai si Θ est "suffisamment présente" dans $\boxed{\Theta}$ (voir le n°14), condition vérifiée par l'exemple (non trivial) $\Theta = \overline{\mathbb{R}}_+$, mais faux en général (contrairement à ce qui a été imprudemment avancé dans [5] qui, en outre, présente une mauvaise définition de la semicontinuité à droite dans le cas $\Theta \neq [\Theta]$). Ceci dit, afin de ne pas perdre tout de suite notre rare lecteur dans un dédale de lemmes techniques, nous commencerons par l'étude des τ-systèmes s.c.s. à droite.

ÉTUDE DES τ-SYSTÈMES S.C.S. À DROITE

Rappelons d'abord un lemme simple (et crucial pour nous) de Doob (cf [8] et aussi [1]), dont nous donnerons une version sophistiquée à la fin de l'exposé. Afin de ne pas trainer un énoncé démesuré, nous dirons qu'un ensemble optionnel H est idoine s'il contient $\{+\infty\}\times\Omega$ mais ne contient pas le graphe dans $\mathbb{R}_+\times\Omega$ de son début ; si X est un processus optionnel et H idoine de début T, nous noterons $\overline{X}_H(T)$ l'ensemble des $(\xi,\omega)\in\overline{\mathbb{R}}\times\Omega$ tels que ξ soit valeur d'adhérence de $t\to X_t(\omega)$ quand t tend vers $T(\omega)$ en restant dans la coupe $H(\omega)$.

1. LEMME.- Soient X un processus optionnel, H un ensemble optionnel idoine de début T et x une v.a. $\underline{\underline{F}}_T$-mesurable dont le graphe est contenu dans $\overline{X}_H(T)$. Il existe alors une suite (T_n) de t.d'a. telle que l'on ait $T_n \downarrow\downarrow T$ à travers H et que $x = \lim X_{T_n}$ p.s.. De plus, si H est la réunion des graphes d'une suite de t.d'a. appartenant à une chronologie Θ, on peut supposer que chaque T_n appartient à $[\Theta]$.

DEMONSTRATION. Nous indiquons brièvement une démonstration simple de ce lemme. D'abord, quitte à remplacer X par $X/(1+|X|)$, on peut supposer X et donc x bornés. Posons $S_0 = +\infty$ et définissons par récurrence un t.d'a. S_n en prenant une section, à $\varepsilon = 2^{-n}$ près, de l'ensemble optionnel $H \cap [\![0,\inf(T+\frac{1}{n},S_{n-1})]\!] \cap \{|X-x| < \frac{1}{n}\}$; ceci fait, posons pour tout n $T_n = \inf(S_n,S_{n-1})$: il est clair que la suite (T_n) a les propriétés requises dans la première partie de l'énoncé. Maintenant, si H est la réunion des graphes des $U_m \varepsilon \Theta$, posons $U'_m = U_m$ sur l'ensemble $\{\exists n \ T_n = U_m\}$ et $U'_m = +\infty$ ailleurs, puis $T'_n = \inf(U'_1,U'_2,\ldots,U'_n)$: on vérifie sans peine que (T'_n) a les propriétés requises dans la seconde partie de l'énoncé.

Voici une première application du lemme, légitimant en particulier notre définition d'un Θ-système s.c.s. à droite

2. PROPOSITION.- Pour qu'un processus optionnel X soit s.c.s. à droite, il faut qu'on ait

$$X_T \geq \limsup_n X_{T_n} \text{ p.s.}$$

chaque fois qu'on a $T_n \downarrow T$ dans τ, et il suffit qu'on ait

$$X_T \geq \lim X_{T_n} \text{ p.s.}$$

chaque fois qu'on a $T_n \downarrow\downarrow T$ dans τ de sorte que $\lim X_{T_n}$ existe p.s..

DEMONSTRATION. La nécessité de la première condition est triviale.

Pour la suffisance de la seconde, considérons le processus s.c.s. à droite Y défini par $Y_t = \limsup_{s\downarrow\downarrow t} X_s$. D'après IV-90 de [6], le processus Y est progressif. En particulier, la v.a. Y_T est $\underline{\underline{F}}_T$-mesurable pour tout t.d'a. T et le lemme précédent, appliqué à $x = Y_T$ et $H = \{(t,\omega) : t > T(\omega) \text{ ou } t = +\infty\}$, entraine qu'on a $X_T \geq Y_T$ p.s. pour tout t.d'a. T. Mais, comme Y n'est que progressif en général, le théorème de section nous permet seulement d'en déduire qu'on a $X \geq Z$ où Z est la projection optionnelle de Y (se rappeler que $Y_T = Z_T$ p.s. pour tout t.d'a. T). La proposition suivante, qui nous assure qu'on a $Z \geq Y$, nous permet cependant de conclure.

Il s'agit d'un résultat de Bismut et Skalli [2] (utilisé par eux pour établir la suffisance de la première condition de notre énoncé) dont nous rappelons brièvement la démonstration.

3. PROPOSITION.- <u>Soient</u> Y <u>un processus progressif s.c.s. à droite</u> <u>et</u> Z <u>sa projection optionnelle</u>. <u>On a</u> $Z \geq Y$ <u>et</u> Z <u>est s.c.s. à droite</u>.

DEMONSTRATION. Comme, pour tout $a \in \overline{\mathbb{R}}$, l'ensemble $\{Z \geq a\}$ est la projection optionnelle de $\{Y \geq a\}$, on peut supposer que Y est l'indicatrice d'un fermé droit aléatoire H. D'après IV-89 de [6], le fermé aléatoire $\overline{H}$, adhérence coupe par coupe de H, est optionnel, et, si IV-89 de [6] avait été bien rédigé, on saurait aussi que la différence $\overline{H} - H$ est la réunion d'une suite de graphes de v.a. ; alors, grâce à IV-88 de [6], on sait écrire $\overline{H} - H$ comme réunion de deux ensembles disjoints U et V où U est une réunion dénombrable de graphes de t.d'a. et V un ensemble progressif rencontrant tout graphe de t.d'a. suivant un ensemble évanescent. L'ensemble $L = H \cup V$ est alors un fermé droit aléatoire (on a $H \subseteq L \subseteq \overline{H}$), optionnel (on a $L = \overline{H} - U$), égal à la projection optionnelle de H (on a $H \cap [\![T]\!] = L \cap [\![T]\!]$ pour tout t.d'a. T).

4. THEOREME.- <u>Tout</u> τ<u>-système s.c.s. à droite s'agrège en un (unique) processus optionnel s.c.s. à droite</u>.

DEMONSTRATION. Soit $\mathbb{X}$ un τ-système s.c.s. à droite. Nous dirons que $\mathbb{X}$ majore un processus progressif Y si on a $X(T) \geq Y_T$ p.s. pour tout t.d'a. T et nous désignons par E l'ensemble des processus optionnels s.c.s. à droite majorés par $\mathbb{X}$. Nous allons montrer que E admet un plus grand élément (à l'indistinguabilité près) et que ce processus agrège $\mathbb{X}$. Comme E n'est pas vide (il contient le processus constant égal à $-\infty$), pour prouver qu'il a un plus grand élément, il suffit, d'après le théorème 2 de [4], de montrer que toute suite d'éléments de E admet un majorant dans E. Soit donc (Y^n) une suite d'éléments de E et posons $Y = \sup_n Y^n$, processus optionnel majoré par $\mathbb{X}$. Puis, définissons un processus progressif Y' par $Y'_t = \limsup_{s\downarrow\downarrow t} Y_s$; si T est un t.d'a., il existe d'après le lemme une suite (T_n) de t.d'a. telle que $T_n\downarrow\downarrow T$ et $\lim Y_{T_n} = Y'_T$ p.s. si bien qu'on a, p.s.,

$$Y'_T \leq \limsup_n X(T_n) \leq X(T)$$

et donc Y' est majoré par $\mathbb{X}$. Ainsi, $\overline{Y} = \sup(Y,Y')$ est un processus progressif s.c.s. à droite majoré par $\mathbb{X}$ et majorant les Y^n, et la proposition 3 nous assure alors que la projection optionnelle de $\overline{Y}$ est un majorant de (Y^n) dans E. Ainsi E a un plus grand élément X et il reste à montrer que X recolle $\mathbb{X}$. Soit S un t.d'a. et soit

$$X' = X\,1_{[\![S]\!]^c} + X(S)\,1_{[\![S]\!]}$$

Le processus X' est optionnel, majore X, est majoré par $\mathbb{X}$, et est s.c.s. à droite. On a donc $X = X'$, d'où $X_S = X(S)$ p.s.. C'est fini.

Nous allons donner une version "intégrée" du théorème. Nous aurons besoin, pour le démontrer, de savoir qu'un τ-système $\mathbb{X}$ est s.c.s. à droite dès qu'on a $X(T) \geq \liminf_n X(T_n)$ p.s. lorsque $T_n\downarrow T$ dans τ. A cette fin, nous démontrons un lemme général sur les Θ-systèmes, qu'on rapprochera de la seconde partie de la proposition 2.

5. LEMME.- <u>Soit $\mathbb{X}$ un Θ-système. Pour que $\mathbb{X}$ soit un $\boxed{\Theta}$-système s.c.s. à droite, il suffit qu'on ait</u>

$$X(T) \geq \lim_n X(T_n) \text{ p.s.}$$

<u>chaque fois qu'on a $T_n\downarrow\downarrow T$ dans $\boxed{\Theta}$ de sorte que $\lim_n X(T_n)$ existe p.s.</u>. <u>En particulier, il suffit qu'on ait</u>

$$X(T) \geq \liminf_n X(T_n) \text{ p.s.}$$

<u>chaque fois qu'on a $T_n\downarrow T$ dans $\boxed{\Theta}$</u> .

DEMONSTRATION. Soit $U_n\downarrow T$ dans $\boxed{\Theta}$; on doit montrer que l'on a p.s. $X(T) \geq \limsup_n X(U_n)$ et, comme l'ensemble $\{\omega : U_n(\omega)\downarrow\downarrow T(\omega)\}$ appartient à $\underline{\underline{F}}_T$ et que $\boxed{\Theta}$ est stable par découpage, on se ramène aussitôt au cas où l'on a $U_n\downarrow\downarrow T$ dans $\boxed{\Theta}$. Posons $x = \limsup_n X(U_n)$, v.a. $\underline{\underline{F}}_T$-mesurable, puis désignons par H la réunion des graphes des U_n et de $+\infty$, et par X le processus optionnel valant 0 hors de $H \cup [\![T]\!]$ et tel que X_T (resp X_{U_n}) soit p.s. égale à X(T) (resp $X(U_n)$). Le lemme 1 entraine alors l'existence d'une suite (T_n) d'éléments de $\boxed{\Theta}$ telle qu'on ait $T_n\downarrow\downarrow T$ et que $x = \lim_n X(T_n)$ p.s.. D'où la conclusion.

REMARQUE.- Ainsi un $\boxed{\Theta}$-système continu pour la convergence en probabilité est nécessairement s.c.s. à droite (en fait, continu à droite). Mais, en général, un Θ-système $\mathbb{X}$ peut être continu pour la convergence en probabilité sans être s.c.s. à droite (pour $\Theta = \overline{\mathbb{R}}_+$, on peut trouver un tel $\mathbb{X}$ obtenu en désagrégeant un processus optionnel borné X tel que $t \rightarrow X_t$ soit continu dans L^1). Aussi nous bornerons nous à étudier les Θ-systèmes "s.c.s. à droite en espérance" dans le cas où $\Theta = \boxed{\Theta}$.

Nous dirons qu'un Θ-système $\mathbb{X}$ est <u>s.c.s. à droite en espérance</u> si $X(T)$ est intégrable pour tout $T \in \Theta$ et si on a

$$E[X(T)] \geq \liminf_n E[X(T_n)]$$

lorsque $T_n \downarrow T$ dans Θ.

6. THEOREME.- <u>Soit $\mathbb{X}$ un τ-système s.c.s. à droite en espérance. Pour que $\mathbb{X}$ puisse être recollé en un processus optionnel s.c.s. à droite, il suffit que $\mathbb{X}$ majore une martingale càdlàg (jusqu'à l'infini)</u>.

DEMONSTRATION. Soustrayant de $\mathbb{X}$ le τ-système associé à une martingale càdlàg majorée par $\mathbb{X}$, on se ramène au cas où $\mathbb{X}$ est positif. Soient $T^n \downarrow T$ dans τ et $A \in \underline{\underline{F}}_T$; des inégalités

$$E[X(T_A)] \geq \liminf_n E[X(T_A^n)] \geq E[\liminf_n X(T_A^n)]$$

on déduit

$$\int_A X(T)\,dP \geq \int_A \liminf_n X(T^n)\,dP$$

et, faisant parcourir $\underline{\underline{F}}_T$ par A, on obtient $X(T) \geq \liminf_n X(T^n)$ p.s.. Quoiqu'on ait obtenu "lim inf" au lieu de "lim sup", on peut en conclure que $\mathbb{X}$ est s.c.s. à droite grâce au lemme 5, et on peut alors appliquer le théorème 4 .

7. REMARQUES.- a) Comme application, on retrouve un cas particulier du théorème 15 de [5] : toute τ-surmartingale s'agrège en une surmartingale forte (jusqu'à l'infini).

b) Nous avons démontré au passage que tout processus optionnel X de la classe (D) est s.c.s. à droite dès qu'il l'est en espérance. En effet, d'après le critère de Mertens d'appartenance à la classe (D), X majore une martingale càdlàg.

c) On peut étendre aux Θ-systèmes le critère de Mertens, à savoir, un Θ-système $\mathbb{X}$ est uniformément intégrable ssi il existe une v.a. intégrable x telle que $|\mathbb{X}|$ soit majoré par le Θ-système constitué des $E[x|\underline{\underline{F}}_T]$, T parcourant Θ. La suffisance est bien connue ; la nécessité résulte de l'existence de l'enveloppe de Snell de $|\mathbb{X}|$ (cf théorème 14 de [5]), qui se trouve être uniformément intégrable en tant que τ-système (i.e. de la classe (D) en tant que processus) si $|\mathbb{X}|$ l'est (cela résulte aisément de la démonstration du n°14 de [5]), et de l'existence de la décomposition de Mertens de cette enveloppe.

ÉTUDE DES Θ-SYSTÈMES S.C.S. À DROITE : CAS OÙ $\Theta = \Theta$

Etant donnée une chronologie Θ, nous dirons qu'un t.d'a. T est <u>Θ-accessible</u> si son graphe est contenu dans la réunion des graphes d'une suite d'éléments de Θ (soit encore, si T est dénombrablement Θ-étagé), et nous noterons Θ^a la chronologie de ces t.d'a.. Si T est un t.d'a. quelconque, on voit aisément qu'il existe une partition essentiellement unique de $\{T < +\infty\}$ en deux éléments A,I de $\underline{\underline{F}}_T$ tels que T_A soit Θ-accessible et T_I soit totalement Θ-inaccessible (i.e. on a

$P\{S = T_I < \infty\} = 0$ pour tout $S \varepsilon \Theta$). Par ailleurs, il est clair que tout Θ-système $\mathbb{X}$ admet une extension essentiellement unique en un Θ^a-système, que nous noterons encore $\mathbb{X}$. D'autre part, nous dirons qu'un t.d'a. T est Θ-<u>adhérent à droite</u> s'il existe des $T_n \varepsilon \Theta$ tels que $T_n \downarrow T$ dans $\mathcal{T}$, et nous noterons Θ^d la chronologie de ces t.d'a.. Enfin, nous dirons qu'un t.d'a. T est Θ-<u>approchable</u> s'il appartient à la chronologie $[\Theta]^d$ qui, d'après le lemme suivant, est la plus petite chronologie contenant Θ et stable par découpage et pour les limites des suites décroissantes.

8. LEMME.- 1) <u>On a</u> $\Theta \subseteq \Theta^a = \Theta^{aa} \subseteq [\Theta]^d$ <u>et</u> $\Theta \subseteq \Theta^d = \Theta^{dd} \subseteq [\Theta]^d$

2) <u>On a</u> $[\Theta]^d = \Theta^{ad} = [\Theta]^{da}$

<u>En particulier</u>, <u>si</u> $\Theta = [\Theta]$, <u>alors</u> $\Theta^d = \Theta^{ad} = \Theta^{da}$.

DEMONSTRATION. Nous n'insisterons pas sur 1), qui est à peu près évident (seuls $\Theta^a \subseteq [\Theta]^d$ et $\Theta^{dd} \subseteq \Theta^d$ méritent un instant de réflexion). Passons à 2). D'après 1), on a $\Theta^a \subseteq [\Theta]^d$ et donc $\Theta^{ada} \subseteq [\Theta]^{da}$; on a alors

$$[\Theta]^d \subseteq \Theta^{ad} \subseteq \Theta^{ada} \subseteq [\Theta]^{da}$$

et il ne reste plus qu'à montrer qu'on a $[\Theta]^{da} \subseteq [\Theta]^d$. Soit $T \varepsilon [\Theta]^{da}$; il existe une partition dénombrable (A^i) de Ω et une suite (T^i) dans $[\Theta]^d$ telles que $A^i \varepsilon \underline{\underline{F}}_{T^i}$ et $T = T^i$ sur A^i pour tout i. Puis, pour chaque i, il existe une suite (T_n^i) dans $[\Theta]$ telle que $T_n^i \downarrow T^i$ dans $\mathcal{T}$. Posons pour chaque i $S_n^i = T_n^i$ sur A_i et $S_n^i = +\infty$ ailleurs : on a $S_n^i \varepsilon [\Theta]$ et $S_n^i \downarrow T^i_{A^i}$ dans $\mathcal{T}$; par conséquent, si on pose $S_n = \inf_{i \leq n} S_n^i$, on obtient une suite (S_n) dans $[\Theta]$ telle que $S_n \downarrow T$ dans $\mathcal{T}$, et donc T appartient à $[\Theta]^d$.

REMARQUE.- Il résulte du lemme que, pour tout t.d'a. T, la partie $[\Theta]^d$-accessible U de T est Θ-approchable tandis que la partie totalement $[\Theta]^d$-inaccessible V de T est totalement Θ-inapprochable en ce sens que, pour tout $A \varepsilon \underline{\underline{F}}_V$, le t.d'a. $\text{ess inf}\,\{S \varepsilon \Theta : S_A \geq V_A\}$ est p.s. $> V_A$ sur l'ensemble $\{V_A < \infty\}$.

Nous nous donnons désormais dans tout ce paragraphe une chronologie Θ stable par découpage, que nous noterons $[\Theta]$ pour rappeler cette hypothèse. Si T est un t.d'a. $[\Theta]$-approchable, nous noterons $\langle T \rangle$ l'ensemble des suites (T_n) dans $[\Theta]$ telles que $T_n \downarrow T$ dans $\mathcal{T}$.

9. PROPOSITION.- <u>Soit</u> $\mathbb{X}$ <u>un</u> $[\Theta]$-<u>système et posons</u>, <u>pour tout t.d'a.</u> $[\Theta]$-<u>approchable</u> T,

$$Y(T) = \text{ess sup}_{(T_n) \varepsilon \langle T \rangle} \limsup_n X(T_n) \quad .$$

<u>Pour chaque</u> $T \varepsilon [\Theta]^d$, <u>il existe</u> $(T_n) \varepsilon \langle T \rangle$ <u>telle que</u>

$$Y(T) = \limsup_n X(T_n) \quad \text{p.s.} \; ,$$

<u>la famille</u> $\mathbb{Y} = (Y(T))_{T \varepsilon [\Theta]^d}$ <u>est un</u> $[\Theta]^d$-<u>système s.c.s. à droite</u>, <u>et</u>, <u>si</u> $\mathbb{X}$ <u>est s.c.s. à droite</u>, $\mathbb{Y}$ <u>est une extension de</u> $\mathbb{X}$.

DEMONSTRATION. Nous commençons par vérifier que $\mathbb{Y}$ est un Θ^d- système. L'adaptation est évidente. Pour vérifier la compatibilité, il suffit de prouver que, pour tout $T\varepsilon\Theta^d$ et tout $A\varepsilon\underline{\underline{F}}_T$, on a $Y(T)=Y(T_A)$ p.s. sur A, et, pour ce faire, il suffit de montrer que les traces sur A de $\langle T\rangle$ et $\langle T_A\rangle$ sont les mêmes. Or, pour $(T^n)\varepsilon\langle T\rangle$, on a évidemment $(T^n_A)\varepsilon\langle T_A\rangle$ et, réciproquement, pour $(S^n)\varepsilon\langle T_A\rangle$, si, ayant choisi un élément (U^n) de $\langle T\rangle$, on pose $T^n=\inf(S^n,U^n_{A^c})$, alors on a $(T^n)\varepsilon\langle T\rangle$ et $(S^n)=(T^n_A)$. Nous vérifions maintenant que, dans la formule définissant $Y(T)$, l'ess sup est atteint sur $\langle T\rangle$. Soit donc $T\varepsilon\Theta^d$ et soit, pour tout k, un élément (T^k_n) de $\langle T\rangle$ de sorte que

$$Y(T) = \sup_k \limsup_n X(T^k_n) \text{ p.s. .}$$

Nous allons construire $(T_n)\varepsilon\langle T\rangle$ telle que $Y(T)=\lim_n X(T_n)$ p.s., ce qui est un peu mieux que ce qui nous est demandé. Posons

$$A^k_n = \{T^k_n=T \text{ et } X(T^k_n)=Y(T)\} \;,\; A=\bigcup_{k,n} A^k_n$$

L'ensemble A appartient à $\underline{\underline{F}}_T$ et, quitte à raisonner séparément sur A et sur A^c pour construire notre suite (T_n), on se ramène aux cas extrêmes où $A=\Omega$ p.s. et $A=\emptyset$ p.s.. Si $A=\Omega$, on pose $R^k_n=T^k_n$ sur A^k_n et $R^k_n=+\infty$ ailleurs, puis $T_n=\inf_{k\leq n} R^k_n$. Si $A=\emptyset$, on pose $S^k_n=+\infty$ sur $\{T=T^k_n\}$ et $S^k_n=T^k_n$ ailleurs, puis on considère l'ensemble optionnel

$$H = (\bigcup_{k,n}[\![S^k_n]\!])\bigcup(\{\infty\}\times\Omega)$$

qui est "idoine" (cf lemme 1) et admet T pour début (pourquoi ?), le processus optionnel X valant 0 hors de H et tel que $X_S=X(S)$ p.s. si S est égal à un S^k_n ou à $+\infty$, et la v.a. $\underline{\underline{F}}_T$-mesurable x égale à $\sup_k \limsup_n X(T^k_n)$. Comme le graphe de x appartient à $\mathbb{X}_H(T)$ et que H est réunion des graphes d'une suite d'éléments de Θ, le lemme 1 nous assure l'existence de $(T_n)\varepsilon\langle T\rangle$ telle que $x=\lim_n X(T_n)$ p.s. . Montrons enfin que $\mathbb{Y}$ est s.c.s. à droite (le reste de l'énoncé étant évident). Soit $T^k\downarrow T$ dans Θ^d ; on doit montrer qu'on a

$$Y(T) \geq \limsup_k Y(T^k) \text{ p.s.}$$

et, quitte à remplacer T,T^k par T_A,T^k_A où $A=\{\omega : T^k(\omega)\downarrow\downarrow T(\omega)\}$, on peut supposer que $T^k\downarrow\downarrow T$ dans Θ^d. Soit, pour chaque k, un élément (T^k_n) de $\langle T^k\rangle$ tel qu'on ait $Y(T^k)=\limsup_n X(T^k_n)$ p.s. et considérons l'ensemble optionnel idoine, de début T,

$$H = (\bigcup_{k,n}[\![T^k_n]\!])\bigcup(\{\infty\}\times\Omega) \;,$$

le processus optionnel X égal à 0 hors de H et tel que $X_S=X(S)$ p.s. si S est égal à un T^k_n ou à $+\infty$, et la v.a. $\underline{\underline{F}}_T$-mesurable x égale à $\limsup_k \limsup_n X(T^k_n)$. Le lemme 1 nous fournit alors $(T_n)\varepsilon\langle T\rangle$ telle que $x=\lim_n X(T_n)$ p.s., d'où la conclusion.

Nous allons étendre maintenant le Θ^d- système s.c.s. à droite obtenu ci-dessus en un τ-système s.c.s. à droite (lequel se recolle en un processus optionnel s.c.s. à droite d'après le théorème 4).

Si T est un t.d'a. quelconque, nous notons T^{α} sa partie Θ-approchable et T^{i} sa partie totalement Θ-inapprochable (cf la remarque du n°8).

10. THEOREME.- Soit $\mathbb{X}$ un Θ-système et posons, pour tout t.d'a. T,

$$Y(T) = \operatorname{ess\,sup}_{(T_n)\varepsilon\langle T^{\alpha}\rangle} \limsup_n X(T_n)$$

sur $\{T = T^{\alpha}\}$ et $Y(T) = -\infty$ ailleurs. La famille $\mathbb{Y} = (Y(T))_{T\varepsilon\mathcal{T}}$ est un $\mathcal{T}$-système s.c.s. à droite, et c'est le plus petit $\mathcal{T}$-système s.c.s. à droite majorant $\mathbb{X}$ sur Θ ; nous dirons que c'est l'enveloppe s.c.s. à droite de $\mathbb{X}$. Si $\mathbb{X}$ est s.c.s. à droite, $\mathbb{Y}$ est une extension de $\mathbb{X}$.

DEMONSTRATION. Le plus gros du travail a été fait aux n°8 et n°9. D'abord $\mathbb{Y}$ est un $\mathcal{T}$-système : l'adaptation est évidente, $\underline{\underline{F}}_T$ et $\underline{\underline{F}}_{T^{\alpha}}$ ayant même trace sur $\{T = T^{\alpha}\}$; la compatibilité résulte du n°9 et du fait que, pour $A\varepsilon\underline{\underline{F}}_T$, on a $(T^{\alpha})_A = (T_A)^{\alpha}$ d'après le n°8. Ensuite, $\mathbb{Y}$ est s.c.s. à droite : soit $T_n \downarrow T$ dans $\mathcal{T}$ et, pour tout n, définissons $S_n \varepsilon \Theta^d$ par $S_n = \inf_{k\leq n} T_k^{\alpha}$; sur $A = \{\omega : S_n(\omega)\downarrow T(\omega)\}$, on a $T = T^{\alpha}$ et donc $Y(T) \geq \limsup_n Y(S_n) = \limsup_n Y(T_n)$ d'après le n°9 et, sur A^c, on a $T_n = T_n^{i} < \infty$ pour n grand (dépendant de ω) et donc $\limsup_n Y(T_n) = -\infty$. Le reste de l'énoncé est évident.

11. COROLLAIRE.- Tout Θ-système s.c.s. à droite peut être agrégé par un processus optionnel s.c.s. à droite.

DEMONSTRATION. Soit $\mathbb{X}$ un tel système, et soit $\mathbb{Y}$ son enveloppe s.c.s. à droite. On a $\mathbb{X} = \mathbb{Y}_{|\Theta}$ d'après le théorème précédent, et $\mathbb{Y}$ s'agrège en un processus optionnel s.c.s. à droite d'après le théorème 4.

REMARQUE.- Disons que le Θ-système $\mathbb{X}$ est s.c.i. à droite si $-\mathbb{X}$ est s.c.s. à droite, et continu à droite s'il est à la fois s.c.i. et s.c.s. à droite. Un Θ-système $\mathbb{X}$ continu à droite peut être agrégé par un processus optionnel s.c.s. à droite Y et par un processus optionnel s.c.i. à droite Z, mais il se peut qu'il ne soit agrégeable par aucun processus optionnel continu à droite (exercice !) ; bien entendu, ce canular ne peut arriver si $\Theta = \mathcal{T}$, car, dans ce cas, on a Y = Z d'après le théorème de section.

Le résultat suivant a été établi implicitement aux n°5, 6 et 7-c).

12. THEOREME.- Soit $\mathbb{X}$ un Θ-système s.c.s. à droite en espérance. Pour que $\mathbb{X}$ soit un Θ-système s.c.s. à droite, il suffit que la famille des $X^-(T)$, $T\varepsilon\Theta$, soit uniformément intégrable.

Il est alors agrégeable par un processus optionnel s.c.s. à droite d'après ce qui précède.

Pour remplir notre contrat, il reste à montrer que, sans supposer Θ égale à Θ, tout Θ-système s.c.s. à droite est encore un Θ-système s.c.s. à droite si Θ est "suffisamment présente" dans Θ.

ÉTUDE DES Θ-SYSTÈMES S.C.S. À DROITE : CAS GÉNÉRAL

13 Etant donnée une chronologie Θ, nous posons pour tout t.d'a. T

$$\underline{\underline{D}}_\Theta(T) = \{A\varepsilon\underline{\underline{F}}_T : \exists(T^n)\ T^n\varepsilon\Theta \text{ et } T^n_A\downarrow\downarrow T_A\}$$

et, si Θ est une sous-chronologie d'une chronologie $\hat{\Theta}$, nous dirons que Θ <u>est riche dans</u> $\hat{\Theta}$ <u>si on a p.s.</u>, <u>pour tout</u> $T\varepsilon\hat{\Theta}$,

$$\text{ess sup}\,\underline{\underline{D}}_\Theta(T) = \text{ess sup}\,\underline{\underline{D}}_{\hat{\Theta}}(T)\ ;$$

si tout $T\varepsilon\hat{\Theta}$ est Θ-étagé (i.e. si $\hat{\Theta}$ est incluse dans $[\Theta]$), on voit sans peine qu'il suffit de vérifier l'égalité des ess sup pour tout TεΘ. Par exemple, si $\Theta = \overline{\mathbb{R}}_+$, Θ est riche dans $[\Theta]$ (et $[\Theta]$ est riche dans $\mathcal{T}$, si bien que la relation "être riche dans" n'est pas transitive en général) ; par contre, si T est un t.d'a. totalement $\overline{\mathbb{R}}_+$-inaccessible (i.e. si la loi de T est diffuse), et si Θ est la chronologie engendrée par $\overline{\mathbb{R}}_+$ et T, alors on a $\text{ess sup}\,\underline{\underline{D}}_\Theta(T) = \emptyset$ p.s. et $\text{ess sup}\,\underline{\underline{D}}_{[\Theta]}(T) = \Omega$, si bien que Θ n'est pas riche dans $[\Theta]$.

14 Nous laissons au lecteur le soin de vérifier que les trois conditions suivantes (où c) ⇒ b) ⇒ a)) sont suffisantes pour que Θ soit riche dans $[\Theta]$:

a) pour TεΘ et $V\varepsilon[\Theta]$ tels que $T\underline{\leq}V$ et $T<V$ sur $\{T<\infty\}$, il existe UεΘ tel que $T\underline{\leq}U\underline{\leq}V$ et $T<U$ sur $\{T<\infty\}$

b) pour T,U ε Θ, on a encore $U_{\{U>T\}}\,\varepsilon\,\Theta$

c) pour T,U ε Θ, on a encore $U_{\{U<T\}}\,\varepsilon\,\Theta$.

Remarquer que c) est la condition de découpage qu'on rencontre dans le théorème général de section, et est vérifiée quand Θ est l'ensemble des t.d'a. d'une tribu de Meyer (cf [5]). Noter que c) ⇒ b) n'est pas évident.

15. THEOREME.- <u>Tout Θ-système</u> $\mathbb{X}$ <u>est</u> $[\Theta]$<u>-s.c.s. à droite dès qu'il est Θ-s.c.s. à droite ssi Θ est riche dans</u> $[\Theta]$.

DEMONSTRATION. D'abord, la condition est nécessaire. En effet, si Θ n'est pas riche dans $[\Theta]$, il existe TεΘ et $A\varepsilon\underline{\underline{D}}_{[\Theta]}(T)$, non négligeable, p.s. disjoint de tout $B\varepsilon\underline{\underline{D}}_\Theta(T)$. Définissons alors un Θ-système $\mathbb{X}$ en posant, pour tout SεΘ,

$$X(S) = 0 \text{ sur } S<T \text{ et sur } \{S=T\}\cap A$$

$$X(S) = 1 \text{ sur } S>T \text{ et sur } \{S=T\}\cap A^c\ ;$$

il est clair que $\mathbb{X}$ est Θ-s.c.s. à droite sans être $[\Theta]$-s.c.s. à droite. Passons à la condition suffisante, qui n'est pas si simple à établir. D'après le n°5, il suffit de montrer qu'on a $X(T)\underline{\geq}\lim_n X(T_n)$ chaque sois qu'on a $T_n\downarrow\downarrow T$ dans $[\Theta]$ de sorte que $x = \lim_n X(T_n)$ existe. On a alors $\text{ess sup}\,\underline{\underline{D}}_{[\Theta]}(T) = \Omega$, et donc aussi $\text{ess sup}\,\underline{\underline{D}}_\Theta(T) = \Omega$, Θ étant riche dans $[\Theta]$. Ainsi, il existe une partition dénombrable (Ω_k) de Ω en éléments de $\underline{\underline{F}}_T$ de sorte que, pour tout k, on puisse trouver une suite (U^k_n) dans Θ vérifiant $U^k_n\downarrow\downarrow T$ sur Ω_k. Mais, le lemme 17 (voir plus loin), appliqué pour chaque k à la restriction de notre situation à $\Omega_k\cap\{T<\infty\}$, assure alors ceci : pour chaque k, on peut supposer de plus que, pour presque tout $\omega\in\Omega_k$, la suite $(U_n^k(\omega))$ a une sous-suite en commun avec la suite $(T_n(\omega))$. Comme $X(T_n)$ converge vers x et que $\mathbb{X}$ est Θ-s.c.s. à droite, on a alors p.s. sur Ω_k

$$X(T) \geq \limsup_n X(U_n^k) \geq \lim_n X(T_n) = x$$

si bien que $\mathbb{X}$ est $\boxed{\Theta}$-s.c.s. à droite.

Etant donné le n°11, nous en déduisons

16. COROLLAIRE.- *Si Θ est riche dans $\boxed{\Theta}$, tout Θ-système s.c.s. à droite peut être agrégé par un processus optionnel s.c.s. à droite.*

REMARQUE.- Toute partie D de $\overline{\mathbb{R}}_+$ contenant 0 et $+\infty$ est évidemment une chronologie Θ riche dans $\boxed{\Theta}$, et la donnée d'un D-système $\mathbb{X}$ équivaut à celle d'un processus adapté $X=(X_t)_{t\in D}$ indexé par D. Le corollaire dit qu'un tel processus Y admet une modification qui peut être étendue en un processus optionnel s.c.s. à droite ssi il vérifie la condition

si on a $t_n \downarrow t$ dans D, alors on a $Y_t \geq \limsup_n Y_{t_n}$ p.s. .

Si la condition nécessaire est triviale, la condition suffisante ne l'est pas car le "p.s." peut dépendre de la suite (t_n) envisagée, et, même si D est dénombrable, il peut y avoir, pour $t\in D$, un continuum de suites (t_n), deux à deux sans sous-suite commune, décroissant vers t .

Voici le lemme-clé pour toute cette partie de l'exposé ; il va un peu au delà de nos besoins pour le n°15

17. LEMME.- *Soient Θ une chronologie et T un t.d'a. fini tel qu'il existe (U_n) dans Θ vérifiant $U_n \downarrow\downarrow T$. Supposons donnés un ensemble dénombrable I et, pour chaque $i\in I$, une suite (T_n^i) de t.d'a. Θ-accessibles telle que $T_n^i \downarrow\downarrow T$. Il existe alors une suite (S_n) dans Θ telle que $S_n \downarrow\downarrow T$ et que, de plus, la suite $(S_n(\omega))$ ait, pour presque tout ω, une sous-suite en commun avec chacune des suites $(T_n^i(\omega))$, $i\in I$.*

DEMONSTRATION. Afin d'être clair, nous commencerons par traiter le cas où, I étant réduit à un point, il n'y a qu'une suite (T_n) - c'est le cas qui nous intéresse pour le n°15. D'abord, quitte à extraire des sous-suites des suites (U_n) et (T_n) en invoquant le lemme de Borel-Cantelli, on peut supposer que, pour presque tout ω, il existe un entier $N(\omega)$ de sorte que l'on ait

$$U_{n+1}(\omega) < T_{n+1}(\omega) < U_n(\omega) < T_n(\omega)$$

pour $n \geq N(\omega)$, car, par hypothèse, on a $U_n \downarrow\downarrow T$ et $T_n \downarrow\downarrow T$. Donc, quitte à remplacer T_n par $U_n \vee (T_n \wedge U_{n-1})$, ce qui ne modifie p.s. pas les $T_n(\omega)$ pour n grand, on peut supposer qu'on a partout, pour tout n ,

$$U_{n+1} < T_{n+1} < U_n < T_n \quad .$$

Maintenant, chaque T_n est Θ-accessible et donc, par définition, a son graphe contenu dans la réunion des graphes d'une suite $(T_{n,k})$ dans Θ ;

on peut évidemment supposer qu'on a $U_{n+1} \leq T_{n+1,k} \leq U_n \leq T_{n,k}$ pour tout n et tout k. Enfin, une nouvelle application du lemme de Borel-Cantelli permet de trouver, pour chaque n, un entier noté $\underline{n}$ tel que, pour presque tout ω, $T_n(\omega)$ soit égal à l'une des valeurs $T_{n,k}(\omega)$, k variant de 1 à $\underline{n}$, pour n suffisamment grand. Par ailleurs, d'après le lemme 9 de [5], il existe pour chaque n des éléments $S_{n,1}, S_{n,2}, \ldots, S_{n,\underline{n}}$ de Θ tels qu'on ait $S_{n,1} \geq \ldots \geq S_{n,\underline{n}}$ et $\{S_{n,1}(\omega), \ldots, S_{n,\underline{n}}(\omega)\} = \{T_{n,1}(\omega), \ldots, T_{n,\underline{n}}(\omega)\}$ pour tout ω. Il ne reste plus alors qu'à poser

$$S_n = S_{m+1,j} \quad \text{où } m = \sup\{i \geq 0 : \underline{1} + \ldots + \underline{i} < n\} \text{ et } j = n - (\underline{1} + \ldots + \underline{m})$$

pour obtenir une suite (S_n) ayant les propriétés requises. Pour finir, voyons rapidement le cas général où I est dénombrable. Ayant choisi une application $n \to \bar{n}$ de $\mathbb{N}$ sur I telle que tout élément de I ait une infinité d'antécédents, revenons à la première étape de notre démonstration : à l'aide du lemme de Borel-Cantelli, on se ramène par extraction de sous-suites au cas où l'on a

$$U_{n+1}(\omega) < T_{n+1}^{\overline{n+1}}(\omega) < U_n(\omega) < T_n^{\bar{n}}(\omega)$$

pour presque tout ω et tout n suffisamment grand, puis au cas où l'on a

$$U_{n+1} < T_{n+1}^{\overline{n+1}} < U_n < T_n^{\bar{n}}$$

partout pour tout n. On termine alors comme ci-dessus.

Nous pourrions nous arrêter là ; nous terminerons cependant en donnant comme promis la forme "optimale" du lemme 1 comme application du n°17. Rappelons la situation du lemme 1 : on a un ensemble optionnel H idoine, i.e. contenant $\{+\infty\} \times \Omega$ mais ne contenant pas le graphe de son début T sur $\{T<\infty\}$; on considère un processus optionnel X et on note $\overline{X}_H(T)$ le fermé aléatoire des $(\xi, \omega) \in \overline{\mathbb{R}} \times \Omega$ tels que ξ soit une valeur d'adhérence de $t \to X_t(\omega)$ quand t tend vers $T(\omega)$ en restant dans $H(\omega)$. Nous commençons par établir que $\overline{X}_H(T)$ est un "bon" fermé aléatoire

18. LEMME.- <u>L'ensemble $\overline{X}_H(T)$ appartient à $\underline{\underline{B}}(\overline{\mathbb{R}}) \times \underline{\underline{F}}_T$ et il existe une suite (x_k) de sections $\underline{\underline{F}}_T$-mesurables de $\overline{X}_H(T)$ telle que, pour tout ω, les $x_k(\omega)$ soient denses dans la coupe selon ω de $\overline{X}_H(T)$.</u>

DEMONSTRATION. Comme l'adhérence coupe par coupe d'un élément de la tribu $\underline{\underline{B}}(\overline{\mathbb{R}}) \times \underline{\underline{F}}_T$ appartient encore à cette tribu (cf IV-89 de [6]), il suffit de démontrer la seconde partie de l'énoncé. Quitte à remplacer X par $X/(1+|X|)$, on peut supposer X borné. Soit (r_k) une énumération des rationnels et posons

$$y_k(\omega) = \inf\{\xi : \xi \geq r_k \text{ et } (\xi, \omega) \in \overline{X}_H(T)\} \quad (\inf \emptyset = +\infty)$$

On a

$$y_k(\omega) < u \iff \exists \xi \in [r_k, u[\quad \forall m \ \forall n \ \exists t \quad (t,\omega) \in H \cap [\![T, T+\tfrac{1}{m}]\!] \cap \{|X - \xi| < \tfrac{1}{n}\}$$

Comme $(\underline{\underline{F}}_t)$ vérifie les conditions habituelles, on en déduit sans peine que y_k est $\underline{\underline{F}}_T$-mesurable, et il ne reste plus qu'à poser $x_k = y_k$ sur $\{y_k < +\infty\}$ et $x_k = X_\infty$ sur $\{y_k = +\infty\}$.

Maintenant, si (T_n) est une suite de t.d'a. telle qu'on ait $T_n\downarrow\downarrow T$ à travers H, nous noterons $⟪T_n⟫$ l'ensemble $(\bigcup_n [\![T_n]\!]) \bigcup (\{\infty\} \times \Omega)$: c'est un ensemble optionnel idoine, de début T, contenu dans H. Voici alors la forme optimale du lemme 1

19. THEOREME.- Soit H un ensemble optionnel idoine de début T, X un[1] processus optionnel et x une section $\underline{\underline{F}}_T$-mesurable de $\overline{X}_H(T)$.

1) Il existe deux suites (S_n) et (T_n) de t.d'a. telles qu'on ait $S_n\downarrow\downarrow T$ et $T_n\downarrow\downarrow T$ dans $\mathcal{T}$ à travers H de sorte que $\overline{X}_{⟪S_n⟫}(T)$ soit indistinguable de $\overline{X}_H(T)$ et qu'on ait $x = \lim_n X(T_n)$ p.s..

2) Si Θ est une chronologie et si H est réunion des graphes d'une suite d'éléments de Θ, alors on peut supposer que les S_n appartiennent à Θ et les T_n à $\boxed{\Theta}$.

DEMONSTRATION. L'existence des T_n vérifiant 1) et 2) a été établie au lemme 1. D'autre part, le lemme 18 nous fournit une suite (x_k) de sections $\underline{\underline{F}}_T$-mesurables de $\overline{X}_H(T)$ telle que, pour tout ω, les $x_k(\omega)$ soient denses dans la coupe de $\overline{X}_H(T)$ selon ω. Pour démontrer le reste de l'énoncé, il nous suffit donc de construire des $S_n\downarrow\downarrow T$ à travers H (avec $S_n \varepsilon \Theta$ pour le point 2)) de sorte que chacune des v.a. x_k soit une section de $\overline{X}_{⟪S_n⟫}(T)$, et, quitte à travailler sur $\{T<\infty\}$, on peut supposer T fini partout. Le lemme 1 nous fournit, pour chaque k, des $T_n^k\downarrow\downarrow T$ à travers H (avec $T_n^k \varepsilon \boxed{\Theta}$ pour le point 2)) de sorte qu'on ait $x_k = \lim_n X(T_n^k)$, et, quitte à remplacer H par $\bigcup_k ⟪T_n^k⟫$ et à prendre pour Θ la chronologie engendrée par les T_n^k, on peut se contenter de démontrer le point 2). Alors H est réunion des graphes d'une suite (V_m) dans Θ, et chaque V_m est $>T$, T étant fini et H idoine. Nous pouvons supposer, quitte à remplacer Θ par une sous-chronologie, que Θ est engendrée par les V_m (cela nous assurera que tout $S \varepsilon \Theta$ majorant T a son graphe dans H) et nous posons $U_n = \inf_{m \leq n} V_m$: on obtient ainsi une suite (U_n) dans Θ telle que $U_n\downarrow\downarrow T$. Le lemme 17 nous assure alors l'existence d'une suite (S_n) dans Θ telle qu'on ait $S_n\downarrow\downarrow T$ (et cela, nécessairement à travers H) et que, pour tout k et (presque) tout ω, la suite $(S_n(\omega))$ ait une sous-suite en commun avec la suite $(T_n^k(\omega))$ et admette donc $x_k(\omega)$ comme valeur d'adhérence. C'est fini.

APPENDICE

Nous répondons ici à quelques questions posées lors de l'exposé oral, et à quelques autres qui auraient pu être posées...

----

(1) le second auteur assure que la grand-mère française n'exige pas qu'on écrive "soient" au lieu de "soit"

A. Sous-chronologie totalement ordonnée

Nous reprenons ici, sous une forme améliorée, un résultat de [3] qui complète le lemme 9 de [5]

20. PROPOSITION.- Toute chronologie dénombrable Θ° contient une sous-chronologie totalement ordonnée Θ telle que Θ° soit contenue dans $[\Theta]$.

DEMONSTRATION. Soit (U_n) une énumération des éléments de Θ° et désignons par D l'ensemble des dyadiques de (0,2). Tout $d \in D$ différent de 1 s'écrit de manière unique

$$(\circ) \qquad d = 1 + \sum_1^n a_k 2^{-k}$$

où n est un entier et $a_1,\dots,a_n$ un élément de $\{-1,+1\}^n$. Définissons alors une application $d \to V_d$ de D dans Θ° en posant $V_1 = U_1$ et, pour $d \neq 1$

$$V_d = (U_1 \boxed{1} (U_2 \boxed{2} (\dots(U_n \boxed{n} U_{n+1})\dots)))$$

où $\boxed{i} = \wedge$ si $a_i = -1$ et $\boxed{i} = \vee$ si $a_i = +1$ dans l'écriture $(\circ)$ de d. Nous laissons au lecteur le soin de vérifier que $d \to V_d$ est croissante (au sens large) et que la réunion des graphes des V_d égale celle des U_n.

B. Semicontinuité et continuité

Nous donnons ici des extensions "aléatoires" du fait qu'une fonction s.c.s. est limite d'une suite décroissante de fonctions continues.

21. PROPOSITION.- 1) Un processus X est limite d'une suite décroissante de processus adaptés càdlàg (resp càglàd) ssi il est optionnel (resp prévisible) et s.c.s. à droite (resp à gauche).

2) Un processus X est limite d'une suite décroissante de processus adaptés continus ssi il est prévisible et s.c.s..

DEMONSTRATION. Nous n'avons mentionné les conditions nécessaires que pour avoir l'occasion de rappeler qu'il existe des processus progressifs s.c.s. à droite qui ne sont pas optionnels, et des processus optionnels s.c.s. (a fortiori s.c.s. à gauche) qui ne sont pas prévisibles. Passons aux conditions suffisantes ; pour éviter de petites difficultés causées par $t=0$ et $t=+\infty$ (dont la résolution n'apporte rien, sauf des complications typographiques), nous supposerons ici nos processus indexés par $]0,+\infty[$. D'abord, quitte à considérer un homéomorphisme de $[-\infty,+\infty]$ sur $[0,1]$, on peut supposer $0 \leq X \leq 1$. On a alors l'approximation $X = \lim_n \downarrow \sum_{k=1}^{k=n} \frac{1}{n} 1_{\{X \geq (k-1)/n\}}$, qui permet de se ramener au cas où X est l'indicatrice d'un ensemble aléatoire H. Pour tout rationnel $r>0$ soit D^r le début de $H \cap [\![r,\infty[\![$ et posons

$$L^d = \bigcup_r [\![r,D^r[\![\quad , \quad L^g = \bigcup_r]\!]r,D^r]\!]$$

L'ensemble L^d est compris entre "l'intérieur" et "l'intérieur droit" de H^c tandis que L^g est "l'intérieur gauche" de H^c augmenté éventuellement de bouts des graphes $[\![D^r]\!]$ se trouvant dans H. Si H est un fermé droit optionnel, alors $(H^c - L^d)$ est la réunion des graphes d'une suite (S_n) de t.d'a. (cf n°3) et, T_n étant le début de $H\cap [\![S_n,\infty[\![$, on a

$$H^c = (\bigcup_r [\![r,D^r[\![)\cup(\bigcup_n [\![S_n,T_n[\![)$$

d'où la moitié du point 1) par passage au complémentaire. Pour l'autre moitié, où H est un fermé gauche prévisible, c'est $(L^g - H^c)$ qui est la réunion des graphes d'une suite (S_n) de t.d'a., prévisibles, et si, pour chaque n, (S_n^k) est une suite annonçant S_n, on a

$$H^c = \bigcup_{r,k,n} (]\!]r,D^r]\!] -]\!]S_n^k,S_n]\!])$$

d'où la conclusion. Enfin, si H est fermé et prévisible, les débuts D^r sont prévisibles et un résultat d'Emery [9] assure alors l'existence pour chaque r d'un processus croissant adapté et continu A^r, nul sur $]0,\infty[\times\{r=D^r\}$, et, sur $]0,\infty[\times\{r<D^r\}$, valant 0 sur $[\![0,r]\!]$, 1 sur $[\![D^r,\infty[\![$, et strictement croissant sur $[\![r,D^r]\!]$. On a alors

$$1_H = \inf_r \lim_n \downarrow |2A^r - 1|^n$$

et c'est fini.

REMARQUES.- a) Comme la càdlàgité (resp càgladité) d'un processus mesurable borné est conservée par projection optionnelle (resp prévisible) (cf [7]-VI-47), on obtient comme corollaire la conservation également de la semicontinuité à droite (resp à gauche). Mais cela résultait déjà des n°2 ou 6 - du moins dans le cas optionnel.

b) Voici une autre méthode pour démontrer 1). On commence par établir, mettons, la première moitié de 1) "sans" filtration, ce qui évite la manipulation de t.d'a. et fournit aussi la seconde moitié "sans" filtration en changenant t en 1/t. On retrouve alors 1), avec filtration, par projection. Noter que cette méthode ne peut fournir 2), la continuité n'étant pas conservée en général par projection.

C. Du côté gauche

On pourrait évidemment s'intéresser aux Θ-systèmes $\mathbb{X}$ s.c.s. à gauche où cette fois $\mathcal{T}$ désigne la chronologie des t.d'a. prévisibles, Θ est une sous-chronologie de $\mathcal{T}$ et X_T est $\underline{\underline{F}}_{T-}$-mesurable pour tout $T\in\Theta$, etc. Les résultats sont analogues. On peut voir cela soit directement en paraphrasant le texte (attention à la bonne version du lemme 1), soit en utilisant les procédés des remarques ci-dessus. Soit, par exemple, à démontrer qu'un Θ-système borné $\mathbb{X}$ s.c.s. à gauche est agrégeable par un processus prévisible s.c.s. à gauche X. En raisonnant d'abord "sans" filtration et en changeant t en 1/t par deux fois, on agrège $\mathbb{X}$ par un processus mesurable Y s.c.s. à gauche grâce au n°11. On projette alors sur la tribu prévisible pour obtenir X.

BIBLIOGRAPHIE

[1] BENVENISTE (A.) : Séparabilité optionnelle, d'après Doob (Sém. de Proba. X, LN 511, Springer 1976, p. 521-531)

[2] BISMUT (J.M.), SKALLI (B.) : Temps d'arrêt optimal, théorie générale des processus et processus de Markov (ZfW 39, 1977, p. 301-313)

[3] DELLACHERIE (C.) : Deux remarques sur la séparabilité optionnelle (Sém. de Proba. XI, LN 581, Springer 1977, 47-50)

[4] : Sur l'existence de certains ess.inf et ess.sup de familles de processus mesurables (Sém. de Proba XII, LN 649, Springer 1978, p. 512-514)

[5] DELLACHERIE (C.), LENGLART (E.) : Sur des problèmes de régularisation, de recollement et d'interpolation en théorie des martingales (Sém. de Proba. XV, LN 850 Springer 1981, p. 328-346)

[6] DELLACHERIE (C.), MEYER (P.A.) : Probabilités et Potentiel. Chapitres I à IV (Hermann, Paris 1975)

[7] : Probabilités et Potentiel. Chapitres V à VIII (Hermann, Paris 1980)

[8] DOOB (J.L.) : Stochastic processes measurability conditions (Ann. Inst. Fourier, 25-II, 1975, p. 163-176)

[9] EMERY (M.) : Une propriété des temps prévisibles (Sém. de Proba XIV LN 784, Springer 1980, 316-317)

[10] MEYER (P.A.) : Convergence faible de processus d'après Mokobodzki (Sém. de Proba. XI, LN 581, Springer 1977, 109-119)

Et, pour le lecteur inquiet de savoir si nos deux exposés ont eu quelques applications, citons avec reconnaissance

[11] EL KAROUI (N.) : Méthodes probabilistes en contrôle stochastique (Ecole d'été de probabilités de Saint-Flour IX, 1979, LN 876, Springer 1981, 74-239)

SUR LE THEOREME DE LA CONVERGENCE DOMINEE

E. Lenglart

Le théorème de la convergence dominée pour les intégrales stochastiques a deux versions, l'une concernant la convergence uniforme en probabilité sur tout compact : $(\phi^n - \phi)^*_T$ converge en probabilité vers 0 pour tout t.a. borné T ; et l'autre la convergence simple : ϕ^n converge simplement vers ϕ, ce qui équivaut d'ailleurs à ϕ^n_T converge p.s. vers ϕ_T pour tout t.a. T borné. On peut montrer qu'à force de sous suites, la deuxième implique la première. Nous faisons remarquer ici qu'il en existe une troisième qui implique visiblement les deux premières! : c'est la convergence en probabilité pour tout t.a. borné T(prévisible). Au passage, nous démontrerons également un théorème de convergence dominée pour la convergence faible : ϕ^n_T converge faiblement (dans L^1) vers ϕ_T pour tout t.a. T borné (prévisible).

I CONVERGENCE FAIBLE DOMINEE.

Redémontrons un lemme qu'on trouve déjà dans " Convergence faible de processus d'après Mokobodzki" rédigé par P.A. Meyer [4]. Nous y faisons figurer une tribu de Meyer $\underline{\underline{A}}$ car le résultat est vraiment intéressant et mérite d'être énoncé, non seulement pour les optionnels sous les conditions habituelles, comme dans l'article précité, mais aussi pour les prévisibles, les optionnels sans conditions habituelles etc... Pour avoir un énoncé complet, nous l'avons rédigé sous la forme du théorème de Mokobodzki, mais la partie "existence d'une limite faible" n'en est qu'un corollaire évident.

Nous nous plaçons sur un espace de probabilité complet $(\Omega, \underline{\underline{F}}, P)$ et considérons une tribu de Meyer $\underline{\underline{A}}$ [2] incluse dans $\underline{\underline{B}}_{\mathbb{R}_+} \otimes \underline{\underline{F}}$. Nous noterons $f_n \xrightarrow{W} f$ pour f_n converge faiblement dans L^1 vers f.

THEOREME 1 (de Mokobodzki). Soit (ϕ^n) une suite de processus $\underline{\underline{A}}$-mesurables uniforméments bornés. On suppose que,

pour tout t.a. T borné de $\underline{\underline{A}}$, $\phi^n_T \xrightarrow{W}$

alors

1°) Il existe un processus $\underline{\underline{A}}$-mesurable (unique à l'indistinguabilité près) tel que, pour tout t.a. borné T de $\underline{\underline{A}}$, $\phi^n_T \xrightarrow{W} \phi_T$

2°) On a de plus: si B est un processus croissant brût intégrable,

$$\int_0^\infty \phi^n_s dB_s \xrightarrow{W} \int_0^\infty \phi_s dB_s$$

DEMONSTRATION. D'abord, on voit sans difficulté qu'en fait, pour tout t.a. T de $\underline{\underline{A}}$, $\phi^n_T I_{\{T<\infty\}}$ converge faiblement dans L^1.

Montrons que si B est un processus croissant intégrable brût, $E[\int_0^\infty \phi^n_s dB_s]$ converge. Soit A la $\underline{\underline{A}}^P$-projection duale de B [2]: c'est un processus croissant $\underline{\underline{A}}^P$-mesurable intégrable ($\underline{\underline{A}}^P$ est la tribu engendrée par les processus càdlàg indistinguables de processus $\underline{\underline{A}}$-mesurables) et, ϕ^n étant $\underline{\underline{A}}$-mesurable, on a

$$E[\int_0^\infty \phi^n_s dB_s] = E[\int_0^\infty \phi^n_s dA_s]$$

Posons, pour tout s, $T_s = \inf\{t: A_t \geq s\}$. Les T_s sont des t.a. de $\underline{\underline{A}}^P$ et sont donc égaux p.s. à des t.a. de $\underline{\underline{A}}$ [2]. Par suite $E[\phi^n_{T_s} I_{\{T_s<\infty\}}]$ converge. On a alors

$$E[\int_0^\infty \phi^n_s dB_s] = E[\int_0^\infty \phi^n_s dA_s] = E[\int_0^\infty \phi^n_{T_s} I_{\{T_s<\infty\}} ds] = \int_0^\infty E[\phi^n_{T_s} I_{\{T_s<\infty\}}]ds \quad (1)$$

expression qui converge, d'après le théorème de Lebesgue et les remarques précédentes.

On voit alors que $\int_0^\infty \phi^n_s dB_s$ converge faiblement grâce à l'identité, valide pour tout $F \in \underline{\underline{F}}$:

$$E[\int_0^\infty \phi^n_s dB_s \,;\, F] = E[\int_0^\infty \phi^n_s \, d(I_F B_s)]$$

En particulier, si S est une v.a. positive, en considérant $B_t = I_{\{S\leq t\}}$, on voit que $\phi^n_S I_{\{S<\infty\}}$ converge faiblement. On est alors ramené au théorème de Mokobodzki: les ϕ^n sont mesurables et $\phi^n_S I_{\{S<\infty\}}$ converge faiblement pour toute v.a. $S\geq 0$. Il démontre alors qu'il existe ψ mesurable (borné) tel que, pour tout S, $\phi^n_S I_{\{S<\infty\}} \xrightarrow{W} \psi_S I_{\{S<\infty\}}$. Il suffit de prendre pour ϕ la $\underline{\underline{A}}$-projection de ψ pour démontrer le point 1°).*

Pour le 2°), il suffit de reprendre la démonstration à l'identité (1) et de remarquer que $E[\phi^n_{T_s} I_{\{T_s<\infty\}}]$ converge vers $E[\phi_{T_s} I_{\{T_s<\infty\}}]$. ▯

Nous allons maintenant améliorer le 2°) du théorème en remplaçant B par n'importe quelle semimartingale de $\underline{\underline{H}}^1$. Nous considérons une filtration $(\underline{\underline{F}}_t)$ satisfaisant aux conditions habituelles, formée de sous tribus de $\underline{\underline{F}}$. On appelle $\underline{\underline{H}}^0$ l'espace des semimartingales jusqu'à l'infini muni de la topologie de la convergence uniforme en probabilité sur la boule unité de l'espace des processus prévisibles. Si X est une semimartingale nous appelons $L^0(X)$ l'ensemble des processus ϕ prévisibles X-intégrables, c'est à dire tels que $\int \phi dX$ existe et appartienne à $\underline{\underline{H}}^0$.

* En fait ϕ et ψ sont indistinguables .

Si F est une fonction convexe modérée (ex: $F(x) = x^p, p \geq 1$), on appelle $\underline{\underline{H}}^F$ l'espace des semimartingales de $\underline{\underline{H}}^0$ telles que, pour tout processus prévisible borné Y, $\int_0^\infty Y_s dX_s$ appartienne à L^F, muni de la topologie de la convergence uniforme sur la boule unité de l'espace des prévisibles bornés, quand on identifie X à: $Y \longrightarrow \int_0^\infty Y_s dX_s \in L^F$. Une norme équivalente étant donnée par

$$\|X\|^F = \| [\overset{c}{X},\overset{c}{X}]_\infty^{1/2} + \int_0^\infty |d\tilde{X}_s| \|_F$$

On appelle $L^F(X)$ l'espace des processus prévisibles ϕ de $L^0(X)$ tels que $\int \phi dX$ appartienne à $\underline{\underline{H}}^F$.

THEOREME 2 (de la convergence faible dominée). <u>Soient</u> $(\phi^n)_n$, ϕ <u>et</u> ψ <u>des processus prévisibles tels que, pour tout t.a. prévisible borné</u> T <u>on ait</u>

$$\phi_T^n \xrightarrow{W} \phi_T \quad \text{et} \quad |\phi_T^n| \leq \psi_T \text{ p.s.}$$

<u>Soit</u> X <u>une semimartingale</u>. <u>Si</u> ψ <u>appartient à</u> $L^1(X)$ <u>alors</u>

1°) ϕ^n <u>et</u> ϕ <u>appartiennent à</u> $L^1(X)$

2°) $\int_0^\infty \phi_s^n dX_s$ <u>converge faiblement vers</u> $\int_0^\infty \phi_s dX_s$. (*)

DEMONSTRATION. On voit immédiatement que, pour tout t.a. T borné, on a $|\phi_T| \leq \psi_T$ p.s. et donc, d'après le théorème de section, on a $|\phi^n|$ et $|\phi|$ majorés par ψ, ce qui démontre le point 1°) (qui est alors bien connu). Montrons le 2°). On se ramène, en considérant $X' = \int \psi dX$, $\phi'_n = \phi^n/\psi \; I_{\{\psi>0\}}$ et $\phi' = \phi/\psi \; I_{\{\psi>0\}}$ au cas où X appartient à $\underline{\underline{H}}^1$ et les ϕ^n et ϕ sont bornés par 1. En considérant $\phi^n - \phi$, on est ramené au cas où $\phi = 0$.

On peut alors écrire $X = M + A$ où M est une martingale de $\underline{\underline{H}}^1$, nulle en 0 et A est un processus à variation totale intégrable. On a alors

$$E[\int_0^\infty \phi_s^n dX_s] = E[\int_0^\infty \phi_s^n dM_s] + E[\int_0^\infty \phi_s^n dA_s] = E[\int_0^\infty \phi_s^n dA_s]$$

car $\int \phi dM$ est une martingale de $\underline{\underline{H}}^1$ donc u.i. . On voit donc, d'après le théorème 1, que $E[\int_0^\infty \phi_s^n dX_s]$ converge vers 0. (2)

Soit maintenant F un ensemble mesurable, de probabilité >0 . Pour la probabilité $Q = P^F = P[\,.\cap F]/P[F]$, la semimartingale X est encore dans $\underline{\underline{H}}^1(Q)$, et les intégrales stochastiques par rapport à P et à Q coincident sur F. On a donc, d'après (2):

$$E_Q[\int_0^\infty \phi_s^n dX_s] \longrightarrow 0$$

soit $\quad E[\int_0^\infty \phi_s^n dX_s \, ; \, F] \longrightarrow 0 \qquad$ cqfd.

(*) On en déduit qu'aussi $\int_0^S \phi_s^n dX_s$ converge faiblement vers $\int_0^S \phi_s dX_s$ pour toute variable aléatoire positive S.

II. CONVERGENCE EN PROBABILITE ET CONVERGENCE DOMINEE.

Les notations restant celles du I, nous allons maintenant étudier la convergence en probabilité pour chaque temps d'arrêt prévisible borné.

THEOREME 3 (de la convergence en probabilité dominée). Soient (ϕ^n), ϕ et ψ des processus prévisibles tels que, pour tout t.a. prévisible borné T on ait:

$$\phi^n_T \xrightarrow{P} \phi_T \quad \text{et} \quad |\phi^n_T| \leqq \psi_T \quad \text{p.s.}$$

Soit X une semimartingale. Si ψ appartient à $L^0(X)$ (resp. $L^F(X)$) alors

1°) ϕ^n et ϕ appartiennent à $L^0(X)$ (resp. $L^F(X)$)

2°) $\int \phi^n dX \xrightarrow{\underline{\underline{H}}^0} \int \phi dX$ (resp. $\int \phi^n dX \xrightarrow{\underline{\underline{H}}^F} \int \phi dX$)

En particulier $\sup_t |\int_0^t (\phi^n_s - \phi_s) dX_s|$ converge en probabilité (resp. dans L^F) vers 0.

DEMONSTRATION. Le point 1°) s'obtient comme précédemment. Montrons le 2°). On se ramène encore au cas où ϕ^n est borné par 1, $\phi = 0$ et X appartient à $\underline{\underline{H}}^0$ (resp. $\underline{\underline{H}}^F$). Traitons d'abord le cas de L^F (F convexe modérée).

On peut écrire que $X = M + A$ avec M martingale de $\underline{\underline{H}}^F$ et A à variation totale dans L^F. Si B est un processus croissant intégrable, d'après le théorème 1, 2°),

$$\int_0^\infty |\phi^n_s| dB_s \quad \text{et} \quad \int_0^\infty (\phi^n_s)^2 dB_s$$

convergent faiblement vers 0 et donc dans L^1 (car $\geqq 0$), donc en probabilité.

Par suite, $(\int_0^\infty (\phi^n_s)^2 d[M,M]_s)^{1/2}$ converge en probabilité vers 0 en étant majoré par $[M,M]^{1/2}_\infty$ qui appartient à L^F; par convergence dominée il doit donc converger vers 0 dans L^F.

De même, $\int_0^\infty |\phi^n_s||dA_s|$ converge dans L^F vers 0, ce qui prouve que $\int \phi^n dX$ converge vers 0 dans $\underline{\underline{H}}^F$.

Pour $L^0(X)$, on peut le démontrer directement ou se ramener au cas précédent: on peut trouver une probabilité Q équivalente à P (à densité bornée) telle que X appartienne à $\underline{\underline{H}}^2(Q)$. D'après le résultat précédent appliqué à $F(x) = x^2$, $\int \phi^n dX$ converge vers 0 dans $\underline{\underline{H}}^2(Q)$, donc dans $H^0(Q)$ qui est égal à $\underline{\underline{H}}^0(P)$.

REMARQUES. Sous les hypothèses du théorème précédent, si ϕ appartient à $L^0(X)$, alors il existe une probabilité Q équivalente à P, à densité bornée, telle que ϕ appartienne à $\cap_p L^p(X,Q)$ [2] On a alors:

1°) ϕ^n et ϕ appartiennent à $\cap_F L^F(X,Q)$ $(=\cap_p L^p(X,Q))$

2°) $\forall F$ convexe modérée $\int \phi^n dX \xrightarrow{\underline{\underline{H}}^F(Q)} \int \phi dX$

Il suffit de remarquer que $\cap_p L^p = \cap_F$ convexe modérée L^F, car si F est convexe modérée d'exposant p, alors l'espace L^p est inclus dans L^F.

Enfin, il est clair que ces résultats se localisent (dans le temps) trivialement.

REFERENCES.

1. C. DELLACHERIE et P.A. MEYER. Probabilité et Potentiel. Chap. V à VIII Théorie des martingales. Hermann 1980.
2. E. LENGLART. Appendice a l'exposé : présentation unifiée de certaines inégalités de la théorie des martingales. Séminaire de Probabilité XIV Lect. notes in Math. 784 p. 49-52 (1980).
3. E. LENGLART. Tribus de Meyer et théorie des processus. Sémin. de Proba XIV, Lect. notes in Math. 784 p. 500- 546 (1980).
4. P.A. MEYER. Convergence faible de processus d'après Mokobodzki. Sém. de Proba. XI, Lect. notes in Math. 581, 109-119 (1977)

Erik Lenglart
Université de Rouen
Laboratoire de Mathématiques
Equipe de recherche associée
au CNRS n° 900.
B.P. n° 67, 76 130
Mont Saint Aignan

SUR LA CONTIGUITE DE DEUX SUITES DE MESURES:

GENERALISATION D'UN THEOREME DE KABANOV-LIPTSER-SHIRYAYEV.

G.K. Eagleson (*) J. Mémin (**)

(*):CSIRO Division of Mathematics and Statistics,P.O.Box 218
Lindfield,NSW 2070 AUSTRALIA

(**):Département de Mathématiques,Université de Rennes,35042 RENNES CEDEX

Soit P et Q deux probabilités définies sur un espace mesurable $(\Omega,\mathcal{F})$,$(\mathcal{F}_t)_{t\in\mathbb{R}^+}$ une filtration de $\mathcal{F}$,il est intéressant de donner des conditions assurant l'absolue continuité de Q par rapport à P ou la singularité de P et Q à partir du comportement limite de certains processus adaptés à $(\mathcal{F}_t)$.Quand Q est localement absolument continue par rapport à P,c'est à dire quand pour tout $t\in\mathbb{R}^+$,la restriction Q_t de Q à $\mathcal{F}_t$ est absolument continue par rapport à la restriction P_t de P à $\mathcal{F}_t$,Kabanov,Liptser et Shiryayev ont obtenu [8] un résultat caractérisant l'absolue continuité (resp:la singularité) de Q par rapport à P en termes de finitude (resp:infinitude) Q-presque sure de la variable terminale d'un processus croissant prévisible lié au processus densité Z (où $Z_t=dQ_t/dP_t$).

Eagleson et Gundy [2] ont montré que ce résultat,dans le cas d'une filtration discrète $(\mathcal{F}_n)_{n\in\mathbb{N}}$,pouvait être obtenu comme corollaire d'un théorème général relatif à une suite $(P^n,Q^n)_{n\in\mathbb{N}}$ de couples de probabilités définies sur des espaces mesurables $(\Omega^n,\mathcal{F}^n)$ munis de filtrations respectives $(\mathcal{F}^n_j)_{j\leq n}$;ce théorème permettant également d'obtenir des conditions de contiguité de $(Q^n)_{n\in\mathbb{N}}$ relativement à $(P^n)_{n\in\mathbb{N}}$: $(Q^n)_{n\in\mathbb{N}}$ est dite contigue relativement à $(P^n)_{n\in\mathbb{N}}$,si,étant donné une suite $(F_n)_{n\in\mathbb{N}}$ d'événements où pour chaque n ,F_n appartient à $\mathcal{F}_n$,on a la relation:

$$\lim_n P^n(F_n)=0 \quad \text{implique} \quad \lim_n Q^n(F_n)=0.$$

Cette notion de contiguité introduite par Le Cam [9] en 1960 a un grand intérêt en Statistique:en effet si $(Q^n)_{n\in\mathbb{N}}$ est contigue relativement à $(P^n)_{n\in\mathbb{N}}$ et si étant donné une suite (S^n) de statistiques,les lois de S^n sous P^n tendent vers une loi limite,alors au moins dans les "bons" cas on peut en déduire une loi limite pour la suite des lois de S^n sous Q^n.La contiguité a été notamment utilisée par Hájek et Šidák [3] dans des calculs d'efficacité relative asymptotique de tests et par Hall et Heyde [4] pour montrer l'existence d'intervalles de confiance asymptotiques minimaux pour l'estimateur du maximum de vraisemblance.

Lorsque $\Omega^n=\Omega,\mathcal{F}^n=\mathcal{F},Q^n=Q,P^n=P$ la contiguité de Q relativement à P est l'absolue continuité de Q par rapport à P (conséquence immédiate du lemme 2-1).

On peut définir aussi une notion qui pour les suites de couples $(P^n,Q^n)_{n\in\mathbb{N}}$ jouent un rôle analogue à celui de la singularité de deux probabilités P et Q,c'est la séparabilité complète (voir par exemple Le Cam [10]):On dit que $(P^n)_{n\in\mathbb{N}}$ et $(Q^n)_{n\in\mathbb{N}}$ sont complètement séparables,s'il existe une sous suite $(P^{n_k},Q^{n_k})_{k\in\mathbb{N}}$ et une suite d'ensembles $(F_{n_k})_{k\in\mathbb{N}}$,chaque F_{n_k} appartenant à $\mathcal{F}_{n_k}$ telle que :

$$\lim_k P^{n_k}(F_{n_k})=0 \quad \text{alors que} \quad \lim_k Q^{n_k}(F_{n_k})=1 .$$

Nous considérons ici le cadre du temps continu,où pour chaque n,$\mathcal{F}^n$ est munie d'une filtration $(\mathcal{F}^n_t)_{t\in\mathbb{R}^+}$,et nous montrons un théorème (Théorème 2-7) analogue à celui de Eagleson et Gundy,donnant comme corollaire le résultat de Kabanov-Liptser-Shiryayev (Corollaire 2-9) et d'autre part des conditions de contiguité ou de complète séparabilité pour la suite $(P^n,Q^n)_{n\in\mathbb{N}}$ (Corollaires 2-8 et 2-12).

La méthode de démonstration utilisée est assez différente de celle de [8] ;reprenant les idées de [2] et s'appuyant d'autre part sur les inégalités de domination de Lenglart [11] ,elle permet de garder tels quels les processus densités Z^n et les processus associés sans faire d'opération de troncation et sans se servir du comportement à l'infini de martingales ou de sous martingales locales.

Dans une première partie nous nous intéressons à deux probabilités P et Q définies sur $(\Omega,\mathcal{F})$ et aux processus liés au processus densité Z,en exhibant des propriétés utilisées ensuite.

Dans la deuxième partie,après avoir relié les propriétés de contiguité ou de complète séparabilité au comportement asymptotique de la suite des variables terminales $(Z_\infty^n)_{n\in\mathbb{N}}$, nous montrons le théorème principal et les deux corollaires annoncés. On donne enfin à titre d'application une caractérisation de la contiguité lorsque (P^n,Q^n) sont des lois de processus à accroissements indépendants (Théorème 3-2 et Corollaire 3-3).

Le language, les notions (et la plupart des notations) utilisés sont ceux de la théorie générale des processus tels qu'ils sont exposés par exemple dans le livre [1] de Dellacherie et Meyer ou dans celui [6] de Jacod; nous ferons souvent référence à ce dernier.

I) ABSOLUE CONTINUITE LOCALE ET PROCESSUS DENSITE

Soit $(\Omega,\mathcal{F})$ un espace mesurable, P et Q deux probabilités sur $(\Omega,\mathcal{F})$, Π la probabilité $1/2(P+Q)$ et $(\mathcal{F}_t)_{t\in\mathbb{R}^+}$ une filtration possédant les propriétés habituelles pour Π (c'est à dire: continuité à droite, et pour chaque $t\in\mathbb{R}^+$ $\mathcal{F}_t$ contient les ensembles de de Π probabilité nulle), on suppose de plus que $\mathcal{F}=\bigvee_t \mathcal{F}_t$. On suppose que Q est localement absolument continue par rapport à P, et on note Q_t (resp: P_t) la restriction de Q (resp: P) à $\mathcal{F}_t$. Il existe (voir par exemple [6], [8]) un processus Z à valeurs dans $[0,\infty]$ et un seul à un ensemble Π-évanescent près, $(\mathcal{F}_t)$-adapté, dont les trajectoires sont continues à droite limitées à gauche, admettant une limite $Z_\infty = \lim Z_t$ et qui vérifie $Z_t=dQ_t/dP_t$ pour tout $t\in\mathbb{R}^+$; ce processus a les propriétés suivantes:

(a) $(Z_t)_{t\in\mathbb{R}^+}$ est une P-martingale positive;

(b) Soit $R=\inf\{t:Z_t=0\}$ alors $Z=Z^R$ (processus arrêté en R), $0<Z_-<\infty$ sur $]\!]0,R[\![$ et $Z_{R-}<\infty$ sur $\{0<R<\infty\}$.

(c) Soit $R_p=\inf\{t:Z_t\leq 1/p, p\in\mathbb{N}\}$, on a: $\lim_{p\uparrow\infty} R_p=R$.

(d) Pour tout $F\in\mathcal{F}$ on a $Q(F)= \int_F Z_\infty dP + Q(F\cap\{Z_\infty=\infty\})$

en particulier $P(Z_\infty<\infty)=1$ et $Q(Z_\infty>0)=1$.

Z est le "processus densité de Q par rapport à P"; notons enfin le résultat suivant:

1-1 Lemme. On a les équivalences:

$$Q\ll P \iff Q(Z_\infty<\infty)=1$$

$$Q\perp P \iff Q(Z_\infty=\infty)=1$$

(Comme de coutume "$Q \ll P$" signifie :"Q absolument continue par rapport à P",et "$Q \perp P$" signifie :"Q et P sont singulières").

Soit $p \in \mathbb{N}$,R_p le temps d'arrêt introduit cidessus,sur $[\![0,R_p]\!]$ le processus Z_-^{-1} est borné par p,on peut donc définir sur cet ensemble l'intégrale stochastique:

$$\int Z_{s-}^{-1} dZ_s \overset{d}{=} \int (Z_{s-}^{R_p})^{-1} dZ_s^{R_p} \qquad (\overset{d}{=} : \text{par définition}).$$

Par recollement on peut définir $\int (Z_{s-})^{-1} dZ_s = M$ sur l'ensemble stochastique $E= \bigcup_p [\![0,R_p]\!]$;M qui est une P-martingale locale sur chaque $[\![0,R_p]\!]$,est appelée (P,E) martingale locale.Sur E on a $Z= \mathcal{E}(M)$ (exponentielle de Doléans de M),plus précisément

$$Z_t = \mathcal{E}(M)_t = \exp(M_t - 1/2 < M^c,M^c >_t) \prod_{s\leq t} (1+\Delta M_s)\exp(-\Delta M_s)$$

où $<M^c,M^c>$ est la partie continue de la variation quadratique (notée $[M,M]$)de M; ΔM_s désigne le saut de M en s.

On note B(M) le processus croissant défini sur E par:

$$(1): \quad B(M)_t = <M^c,M^c>_t + \sum_{s\leq t} \Delta M_s^2 \, 1\!\!1_{\{-1/3 \leq \Delta M_s \leq 1/2\}} + \sum_{s\leq t} |\Delta M_s| \, 1\!\!1_{\{\Delta M_s < -1/3 \text{ ou } \Delta M_s > 1/2\}}$$

(la raison du choix des bornes -1/3 et 1/2 est purement technique et apparaitra au lemme 1-8).

Soit C(M) le processus croissant défini sur E par:

$$(2): \qquad C(M)_t = <M^c,M^c>_t + \sum_{s\leq t} (1/2\, \Delta M_s + 1 - (1+\Delta M_s)^{1/2}).$$

Comme M est une (P,E) martingale locale,B(M) (resp: C(M)) est P-localement intégrable sur E,ce qui signifie que pour chaque p,$B^{R_p}(M)$ (resp:$C^{R_p}(M)$) est P-localement intégrable.On peut donc définir (aussi par recollement) $\tilde{B}^P(M)$ et $\tilde{C}^P(M)$ les P-compensateurs prévisibles respectifs de B(M) et de C(M).
D'autre part (voir par exemple [6],chap.5),il existe des constantes universelles c et c' telles que l'on ait:

$$(3): \qquad cC(M) \leq B(M) \leq c'C(M).$$

On note enfin $B_{R-}(M)$ la limite $\lim_{t\uparrow R} B_t(M)$ (qui a un sens);la relation (3) implique que,en R,B(M) et C(M) ont le même comportement limite.

Comme $\{R<\infty\}$ est Q-négligeable on peut définir Q-presque partout $\tilde{B}^P_\infty(M)$ et $\tilde{C}^P_\infty(M)$, le résultat de Kabanov,Liptser et Shiryayev que nous montrons dans la deuxième partie est alors le suivant:

1-2 <u>Théorème</u>

(a) $\quad Q(\tilde{B}^P_\infty(M)<\infty) = Q(\tilde{C}^P_\infty(M)<\infty) = 1 \iff Q \ll P$

(b) $\quad Q(\tilde{B}^P_\infty(M)=\infty) = Q(\tilde{C}^P_\infty(M)=\infty) = 1 \iff Q \perp P.$

On va introduire maintenant les éléments M',B(M') correspondant à M,B(M),mais pour la probabilité Q.Soit M' le processus défini par:

$$M'_t = -M_t + <M^c,M^c>_t + \sum_{s\leq t} \frac{\Delta M_s^2}{1+\Delta M_s} 1\!\!1_{\{s<R\}} \quad \text{sur } E$$

$M'_t = 0$ sur E^c .

M' est un processus continu à droite et limité à gauche,$(\mathcal{F}_t)$-adapté;on note U le P-compensateur prévisible du processus $(\mathbb{1}_{t\geq R})_{t\in\mathbb{R}^+}$;et on pose N=M'+U.

1-3 : On peut noter les propriétés suivantes de U:

a) à un ensemble Π évanescent près,U peut être choisi de telle façon que pour chaque ω ,la trajectoire $\omega \to U(\omega)$ admette seulement des sauts d'amplitude bornée par1.

b) on a la relation : $E_Q[U_\infty] \leq 1$; en effet:

$$E_Q[U_\infty]=E_Q[\lim_{t\uparrow\infty}U_t]=\lim_{t\uparrow\infty} E_Q[U_t]=\lim_{t\uparrow\infty} E_{Q_t}[U_t]=\lim_{t\uparrow\infty}E_{P_t}[Z_tU_t]=\lim_{t\uparrow\infty} E_{P_t}\left[\int_0^t Z_s dU_s\right]$$

$$=\lim_{t\uparrow\infty} E_{P_t}\left[\int_0^t Z_{s-}dU_s\right] \leq \lim_{t\uparrow\infty} E_{P_t}\left[\int_0^t Z_{s-}d(\mathbb{1}_{\{s\geq R\}})\right] =\lim_{t\uparrow\infty} E_{P_t}\left[(Z_{R\wedge t})_-\right] \leq 1.$$

1-4 Lemme N est une Q-martingale locale.

Démonstration

Il suffit de montrer ([6],Théorème 7-23) que NZ est une (P,E) martingale locale; pour cela,soit $p\in\mathbb{N}$,on considère le processus arrêté $(NZ)^{R_p}$;comme sur $[\![0,R_p]\!]$ on a $Z_t=1+\int_0^t Z_{s-}dM_s$,en appliquant la formule de Ito aux produits:

$$(MZ)^{R_p} ,(< M^c,M^c> Z)^{R_p} ,((\sum_s \frac{\Delta M_s^2}{1+\Delta M_s}\mathbb{1}_{\{s<R\}})Z)^{R_p} ,(UZ)^{R_p}$$

on obtient (notant que $[M,M]$ est le processus $<M^c,M^c> + \sum_s \Delta M_s^2$)

$$(NZ)^{R_p} = -\int Z_{s-}dM_s^{R_p} -\int M_{s-}dZ_s^{R_p} -\int Z_{s-}d[M,M]_s^{R_p} +\int Z_{s-}d<M^c,M^c>_s^{R_p} +\int <M^c,M^c>_s^{R_p}dZ_s$$

$$+\int(\sum_{u<s} \frac{\Delta M_u^2}{1+\Delta M_u} \mathbb{1}_{u<R})^{R_p} dZ_s +\int Z_s d(\sum_{u\leq s} \frac{\Delta M_u^2}{1+\Delta M_u} \mathbb{1}_{\{u<R\}})^{R_p} +\int U_s^{R_p} dZ_s$$

$$+\int Z_{s-}dU_s^{R_p}$$

ce qui s'écrit:

$$(NZ)^{R_p} = L-\int Z_{s-}d(\sum_{u\leq s}\Delta M_u^2)^{R_p} +(\sum_s Z_s \frac{\Delta M_s^2}{1+\Delta M_s} \mathbb{1}_{\{s<R\}})^{R_p} +\int Z_{s-}dU_s^{R_p}$$

où L est la martingale locale (relativement à P):

$$L = -\int Z_{s-}dM_s^{R_p} -\int M_{s-}dZ_s^{R_p} +\int <M^c,M^c>_s dZ_s^{R_p} +\int(\sum_{u<s} \frac{\Delta M_u^2}{1+\Delta M_u} \mathbb{1}_{u<R})^{R_p} dZ_s +\int U_s^{R_p} dZ_s.$$

Il reste donc:

$$(NZ)^{R_p} = L-(\sum_s Z_{s-}\Delta M_s^2)^{R_p} +(\sum_s Z_{s-}\Delta M_s^2\mathbb{1}_{\{s<R\}})^{R_p} + \int Z_{s-}dU_s^{R_p}$$

$$= L-\int Z_{s-}(d(\sum_{u\leq s}\Delta M_u^2\mathbb{1}_{\{u=R\}})-dU_s)^{R_p}$$

$$(\text{car } Z_{u-}(\Delta M_u^2)\mathbb{1}_{\{u=R\wedge R_p\}}= Z_{u-}\mathbb{1}_{\{u=R\wedge R_p\}}).$$

Le dernier terme du membre de droite de l'égalité est une P-martingale locale, donc $(NZ)^{R_P}$ est une P-martingale locale,et NZ une (P,E) martingale locale,ainsi N est une (Q,E) martingale locale,et donc une Q-martingale locale puisque $R=+\infty$ Q.p.s.

1-5 Remarque En reprenant la démonstration,appliquée au processus $M'^c=-M^c+\langle M^c,M^c\rangle$ (au lieu de N),il est facile de voir que M'^c est une Q-martingale locale continue qui est la partie "Q-martingale locale continue" de la Q-martingale locale N (et de la Q-semi martingale M');de plus $\langle M'^c,M'^c\rangle = \langle M^c,M^c\rangle$.

1-6 Remarque On vérifie immédiatement,d'après la définition adoptée pour $\langle M^c,M^c\rangle$ que ce processus est invariant par changement localement absolument continu de probabilité;enfin on a facilement la relation: $\langle N^c,N^c\rangle = \langle M^c,M^c\rangle$.

1-7 Remarque Comme $\{R<\infty\}$ est Q-négligeable, 1/Z est défini Q.p.s. sur $[\![0,\infty[\![$ et d'après l'expression de M' et la remarque précédente on vérifie que $1/Z=\mathcal{E}(M')$ Q.p.s. Enfin 1/Z est une Q-surmartingale.

On définit maintenant comme pour M,les processus croissants B(N),B(M'),C(M');(remarquer que $\Delta M'>-1$).Compte tenu de la propriété 1-3 a) on a:

$$\text{pour tout } t\in\mathbb{R}^+ \quad \sum_{s\leq t}\Delta U_s^2 \leq \sum_{s\leq t}\Delta U_s \leq U_t \;;$$

et il n'est pas difficile de vérifier que l'on peut trouver des constantes c_1 et c_2 telles que l'on ait:

$$(4) \qquad B(N)\leq c_1B(M')+c_2U \qquad \text{et} \qquad B(M')\leq c_1B(N)+c_2U.$$

Comme N est une Q-martingale locale,B(N) est Q-localement intégrable;comme U est Q-intégrable (d'après 1-3 b)) B(M') est aussi Q-localement intégrable;on peut donc définir les Q-compensateurs prévisibles $\tilde{B}^Q(N)$ et $\tilde{B}^Q(M')$.En adoptant les notations:

$$B^1(M) = \sum_s|\Delta M_s|\,\mathbb{1}_{\{\Delta M_s<-1/3 \text{ ou } \Delta M_s>1/2\}} \quad \text{et} \quad B^2(M) = B(M)-B^1(M)$$

puis définissant de la même façon $B^1(M')$ et $B^2(M')$,on obtient le résultat:

1-8 Lemme On a les relations:

$$(5) \qquad 1/6\,\tilde{B}^{2P}(M)\leq\tilde{B}^{2Q}(M')\leq 6\,\tilde{B}^{2P}(M) \qquad (Q.p.s.)$$

$$(6) \qquad \tilde{B}^{1P}(M) = \tilde{B}^{1Q}(M') + U \qquad (Q.p.s.)$$

$$(7) \qquad 1/6\,\tilde{B}^P(M)\leq\tilde{B}^Q(M') + U\leq 6\,\tilde{B}^P(M) \quad (Q.p.s.)$$

Démonstration

Considérons la fonction de variables réelles à valeurs dans $]-1,+\infty[$ et définie dans $]-1,+\infty[$ par $f(x) = -x/1+x$;on a $f=f^{-1}$ et $f([-1/3,1/2]) = [-1/3,1/2]$;enfin si $x\in[-1/3,1/2]$ on a $|f(x)|\leq 2|x|$ de sorte que:

$$\sum_s (\Delta M'_s)^2 \mathbb{1}_{\{-1/3 \le \Delta M'_s \le 1/2\}} \le 4 \sum_s \Delta M_s^2 \mathbb{1}_{\{-1/3 \le \Delta M_s \le 1/2\}}$$

on en déduit donc la double inégalité:

$$1/4\ B^2(M) \le B^2(M') \le 4\ B^2(M) \qquad Q.p.s;$$

Montrons le coté gauche de l'inégalité (5);pour cela soit $p\in\mathbb{N}$,et soit Y un processus prévisible positif tel que :

$$\text{pour tout } t<\infty \text{ ,on ait } E_Q\Big[\int_0^t Y_s d\widetilde{B^2}^Q(M')_s^{R_p}\Big] < \infty$$

On a à montrer que,pour tout t:

$$E_Q\Big[\int_0^t Y_s d\widetilde{B^2}^Q(M')_s^{R_p}\Big] \ge 1/6\ E_Q\Big[\int_0^t Y_s d\widetilde{B^2}^P(M)_s^{R_p}\Big] \ .$$

(On omet dans ce qui suit l'arrêt en R_p pour ne pas alourdir l'écriture.)

$$E_Q\Big[\int_0^t Y_s d\widetilde{B^2}^Q(M')_s\Big] = E_Q\Big[\int_0^t Y_s dB^2(M')_s\Big] \ge 1/4\ E_Q\Big[\int_0^t Y_s dB^2(M)_s\Big] = 1/4\ E_P\Big[Z_t \int_0^t Y_s dB^2(M)_s\Big]$$

$$= 1/4\ E_P\Big[\int_0^t Y_s Z_s dB^2(M)_s\Big] = 1/4\ E_P\Big[\int_0^t Y_s Z_{s-}(1+\Delta M_s) dB^2(M)_s\Big] \ge 1/6\ E_P\Big[\int_0^t Y_s Z_{s-} dB^2(M)_s\Big]$$

(car $1+\Delta M \ge 2/3$ sur l'ensemble $\{s : \Delta M_s \ge -1/3\}$)

$$= 1/6\ E_P\Big[\int_0^t Z_{s-} Y_s d\widetilde{B^2}^P(M)_s\Big] = 1/6\ E_P\Big[\int_0^t Z_s Y_s d\widetilde{B^2}^P(M)_s\Big] = 1/6\ E_P\Big[Z_t \int_0^t Y_s d\widetilde{B^2}^P(M)_s\Big]$$

$$= 1/6\ E_Q\Big[\int_0^t Y_s d\widetilde{B^2}^P(M)_s\Big] \ .$$

Le coté droit de l'inégalité se montre de façon analogue.

Pour l'égalité (6) on procède par la même méthode;soit Y un processus prévisible positif tel que pour tout t on ait: $E_Q\Big[\int_0^t Y_s d\widetilde{B^1}^Q(M')_s^{R_p}\Big] < \infty$

$$E_Q\Big[\int_0^t Y_s d\widetilde{B^1}^Q(M')_s^{R_p}\Big] = E_Q\Big[\int_0^t Y_s dB^1(M')_s^{R_p}\Big] = E_P\Big[Z_t \int_0^t Y_s dB^1(M')_s^{R_p}\Big] = E_P\Big[\int_0^t Z_s Y_s dB^1(M')_s^{R_p}\Big]$$

$$= E_P\Bigg[\Big(\sum_{\substack{s\le t \\ \{\Delta M_s < -1/3 \text{ ou } \Delta M_s > 1/2\}}} (Z_{s-}(1+\Delta M_s) Y_s \frac{|\Delta M_s|}{1+\Delta M_s} \mathbb{1}_{\{s<R\}}\Big)^{R_p}\Bigg] = E_P\Bigg[\Big(\sum_{\substack{s\le t \\ \{\Delta M_s < -1/3 \text{ ou } \Delta M_s > 1/2\}}} Z_{s-} Y_s |\Delta M_s| \mathbb{1}_{\{s<R\}}\Big)^{R_p}\Bigg]$$

$$= E_P\Big[\int_0^t Z_{s-} Y_s dB^1(M)_s^{R_p}\Big] - E_P\Bigg[\Big(\sum_{\substack{s\le t \\ \{\Delta M_s < -1/3 \text{ ou } \Delta M_s > 1/2\}}} Z_{s-} Y_s |\Delta M_s| \mathbb{1}_{\{s\ge R\}}\Big)^{R_p}\Bigg]$$

$$= E_P\Big[\int_0^t Z_{s-} Y_s d\widetilde{B^1}^P(M)_s^{R_p}\Big] - E_P\Big[\int_0^t Z_{s-} Y_s d(\mathbb{1}_{\{s\ge R\}})^{R_p}\Big]$$

(pour le dernier terme,on note que $(Z_{s-}|\Delta M_s| \mathbb{1}_{\{s\ge R\}})^{R_p} = Z_{s-}|\Delta M_s| \mathbb{1}_{\{s=R=R_p\}}$ $= Z_{s-} \mathbb{1}_{\{Z_{s-}>0\}} \mathbb{1}_{\{s=R=R_p\}} |\Delta M_s| = Z_{s-} \mathbb{1}_{\{s=R=R_p\}}$,car sur l'ensemble $\{Z_{s-}>0\} \cap \{s=R=R_p\}$ on a $\Delta M_s = -1$).Reprenons la suite des égalités:

$$= E_P\Big[Z_t \int_0^t Y_s d\widetilde{B^1}^P(M)_s^{R_p}\Big] - E_P\Big[\int_0^t Z_{s-} Y_s dU_s^{R_p}\Big] = E_Q\Big[\int_0^t Y_s d\widetilde{B^1}^P(M)_s^{R_p}\Big] - E_Q\Big[\int_0^t Y_s dU_s^{R_p}\Big]$$

d'où le résultat. Les inégalités (7) sont une conséquence directe de (5) et (6).

II) CONTIGUITE ET COMPLETE SEPARABILITE

Dans cette partie on considère une suite d'espaces mesurables $(\Omega^n,\mathcal{F}^n)$ pour $n\in\mathbb{N}$; pour chaque n $(\Omega^n,\mathcal{F}^n)$ est muni de deux probabilités P^n et Q^n, et d'une filtration $(\mathcal{F}^n_t)_{t\in\mathbb{R}^+}$ possédant les propriétés habituelles relativement à la probabilité $\Pi^n = 1/2(P^n+Q^n)$ qui domine P^n et Q^n. On suppose que pour chaque n, Q^n est localement absolument continue relativement à P^n; on définit alors comme dans la première partie le processus densité Z^n, le temps d'arrêt R^n, avec $R^n = \inf\{t:Z^n_t=0\}$, les temps d'arrêt $R^n_p = \inf\{t:Z^n_t\leq 1/p\}$, pour $p\in\mathbb{N}$ et l'ensemble $E^n = \bigcup_p [\![0,R^n_p]\!]$; on considère la (P^n,E^n)-martingale locale M^n, les processus croissants $B(M^n)$ et $C(M^n)$, puis la Q^n-martingale locale $N^n = M'^n+U^n$ où U^n est le P^n-compensateur prévisible du processus $(\mathbb{1}_{\{t\geq R^n\}})_{t\in\mathbb{R}^+}$ enfin les processus $B(N^n)$, $B(M'^n)$, $C(M'^n)$.

Etant donné une suite $(x_n)_{n\in\mathbb{N}}$ de variables aléatoires à valeurs dans $\overline{\mathbb{R}}$, pour chaque n, x_n étant définie sur $(\Omega^n,\mathcal{F}^n,P^n)$; on dira que $(x_n)_{n\in\mathbb{N}}$ est (P^n)-asymptotiquement uniformément tendue (P^n-a.u.t.) si on a:

$$\lim_{K\uparrow\infty}(\limsup_n P^n(|x_n|>K)) = 0.$$

(ceci revient à dire que les points limite de la suite des lois de x_n sous P^n sont des probabilités sur $\mathbb{R}$.)

On commence par donner des résultats de contiguité ou de complète séparabilité en termes de comportement de la suite $(Z^n_\infty)_{n\in\mathbb{N}}$; on remarque d'abord que la suite $(Z^n_\infty)_{n\in\mathbb{N}}$ est (P^n)-uniformément tendue; en effet, soit $K>0$ on a:

$$P^n(Z^n_\infty>K)\leq 1/K\; E_{P^n}[Z^n_\infty]\leq 1/K$$

et donc $\lim_{K\uparrow\infty}(\sup_n P^n(Z^n_\infty>K)) = 0.$

2-1 <u>Lemme</u> (Hall-Loynes [5])

On a l'équivalence entre les trois assertions suivantes:

(a) $(Q^n)_{n\in\mathbb{N}}$ est contigue relativement à $(P^n)_{n\in\mathbb{N}}$

(b) $(Z^n_\infty)_{n\in\mathbb{N}}$ est (Q^n)-a.u.t.

(c) $(Z^n_\infty)_{n\in\mathbb{N}}$ est (P^n)-uniformément intégrable et $\lim_{n\uparrow\infty}Q^n(Z^n_\infty=\infty)=0$.

<u>Démonstration</u>

1) (b) $\Longrightarrow$ (a)

Soit $(F_n)_{n\in\mathbb{N}}$ une suite d'éléments respectifs de $(\mathcal{F}^n)_{n\in\mathbb{N}}$ telle que $\lim_n P^n(F_n)=0$.

Comme $(Z^n_\infty)_{n\in\mathbb{N}}$ est (Q^n)-a.u.t.;étant donné $\varepsilon>0$,il existe K et n_0 tels que pour tout $n\geq n_0$ on ait:

$$Q^n(Z^n_\infty > K) \leq \varepsilon/2 .$$

Or $Q^n(F_n) = Q^n(F_n\cap\{Z^n_\infty\leq K\}) + Q^n(F_n\cap\{Z^n_\infty > K\}) \leq \int_{F_n\cap\{Z^n_\infty\leq K\}} Z^n_\infty \, dP^n + Q^n(Z^n_\infty > K)$

$\leq K\, P^n(F_n) + \varepsilon/2$.

D'après l'hypothèse faite sur $(P^n(F_n))$ il existe $n_1\geq n_0$ tel que pour tout $n\geq n_1$ $P^n(F_n)\leq\varepsilon/2K$,de sorte que pour tout $n\geq n_1$ on a $Q^n(F_n)\leq\varepsilon$,d'où le résultat.

2) (a)$\Longrightarrow$ (c) $\Longrightarrow$(b) (démonstration de [5])

On a : $Q^n(Z^n_\infty>K) = \int_{\{Z^n_\infty>K\}} Z^n_\infty \, dP^n + Q^n(Z^n_\infty=\infty)$;ce qui donne (c)$\Longrightarrow$(b). $P^n(Z^n_\infty=\infty) = 0$,et donc d'après la contiguité de (Q^n) par rapport à (P^n):

$$\lim_n Q^n(Z^n_\infty=\infty) = 0 .$$

Ainsi pour tout $\varepsilon>0$,il existe n_0 tel que pour tout $n\geq n_0$ on ait:

$$Q^n(Z^n_\infty = \infty)\leq \varepsilon/2.$$

On aura maintenant $\int_{\{Z^n_\infty>K\}} Z^n_\infty\, dP^n \leq \varepsilon/2$ (uniformément en n) à partir d'un nombre K assez grand ,si on a la P^n-uniforme intégrabilité de $(Z^n_\infty)_{n\in\mathbb{N}}$;or cette propriété découle de façon classique des deux propriétés suivantes:

(1) $\sup_n \int Z^n_\infty\, dP^n<\infty$ (ici on a $\sup_n\int Z^n_\infty\, dP^n \leq 1$)

(2) si $(F_n)_{n\in\mathbb{N}}$ est une suite telle que $P^n(F_n)\longrightarrow 0$,alors $\int_{F_n} Z^n_\infty\, dP^n \longrightarrow 0$;(on a bien cette propriété ici puisque $\int_{F_n} Z^n_\infty\, dP^n\leq Q^n(F_n)$ et que $Q^n(F_n)\longrightarrow 0$ d'après la contiguité de (Q^n) relativement à (P^n).

2-2 <u>Lemme</u> $(P^n)_{n\in\mathbb{N}}$ et $(Q^n)_{n\in\mathbb{N}}$ sont complètement séparables si et seulement si on a la propriété suivante:

pour tout $K>0$, $\limsup_n Q^n(Z^n_\infty>K) = 1$.

<u>Démonstration</u>

Si pour chaque $K\in\mathbb{N}$,on a $\limsup_n Q^n(Z^n_\infty>K) =1$,on peut trouver une suite $(n_K)_{K\in\mathbb{N}}$ telle que $n_{K+1}>n_K$ et que:

$$Q^{n_K}(Z^{n_K}_\infty > K)\geq 1-1/K ;$$

on a ainsi $\lim_K Q^{n_K}(Z^{n_K}_\infty > K) = 1$,alors que $\lim_K P^{n_K}(Z^{n_K}_\infty > K) = 0$ d'après la propriété d'uniforme tension pour (P^n) de $(Z^n_\infty)_{n\in\mathbb{N}}$,d'où la complète séparabilité.

Réciproquement soit $(Q^n)_{n\in\mathbb{N}}$ et $(P^n)_{n\in\mathbb{N}}$ complètement séparables ,il existe une sous-suite $(n_p)_{p\in\mathbb{N}}$ d'éléments $F_{n_p}\in\mathcal{F}^{n_p}$ avec:

$$\lim_{p\uparrow\infty} P^{n_p}(F_{n_p}) = 0 \quad \text{et} \quad \lim_{p\uparrow\infty} Q^{n_p}(F_{n_p}) = 1.$$

On a ainsi: $Q^{n_p}(F_{n_p}) = \int_{F_{n_p}\cap\{Z^{n_p}_\infty\leq K\}} Z^{n_p}\, dP^{n_p} + Q^{n_p}(F_{n_p}\cap\{Z^{n_p}_\infty>K\})$

$$\leq K\, P^{n_p}(F_{n_p}) + Q^{n_p}(Z_\infty^{n_p} > K)$$

on déduit de l'hypothèse faite que $\lim_{p\uparrow\infty} Q^{n_p}(Z_\infty^{n_p} > K) = 1$ d'où le résultat.

2-3 Remarque Considérons le cas particulier $\Omega^n = \Omega, P^n = P, Q^n = Q, \mathcal{F}^n = \mathcal{F}$;d'après le (c) du lemme 2-1 et le lemme 1-1,il est immédiat que la contiguité de $(Q^n)_{n\in\mathbb{N}}$ relativement à $(P^n)_{n\in\mathbb{N}}$ se réduit à l'absolue continuité de Q par rapport à P.

La complète séparabilité de $(Q^n)_{n\in\mathbb{N}}$ et de $(P^n)_{n\in\mathbb{N}}$ se réduit elle à la singularité des probabilités P et Q:en effet soit $F_n = F = \{Z_\infty = \infty\}$ on a $P(Z_\infty = \infty) = 0$ et la complète séparabilité implique que $Q(Z_\infty = \infty) = 1$.

Dans tout ce qui suit $(F_n)_{n\in\mathbb{N}}$ désigne une suite d'éléments respectifs de $(\mathcal{F}^n)_{n\in\mathbb{N}}$ et on suppose qu'il existe $\alpha > 0$ avec : $\alpha \leq \inf_n Q^n(F_n)$;enfin on notera $Q^n_{F_n}$ la probabilité conditionnelle $Q^n(.\,|\,F_n)$.

2-4 Lemme Soit pour chaque $n\in\mathbb{N}$ un processus V^n défini sur $(\Omega^n, \mathcal{F}^n, Q^n)$,croissant, continu à droite limité à gauche,adapté à $(\mathcal{F}^n_t)_{t\in\mathbb{R}^+}$,localement intégrable et soit $\tilde{V}^n$ son Q^n-compensateur prévisible .Alors,si la suite $(\tilde{V}^n_\infty)_{n\in\mathbb{N}}$ est $Q^n_{F_n}$-a.u.t.,on a la même propriété pour la suite $(V^n_\infty)_{n\in\mathbb{N}}$.

Démonstration

Pour tout temps d'arrêt S on a: $E_{Q^n}(V^n_S) = E_{Q^n}(\tilde{V}^n_S)$;ainsi $\tilde{V}^n$ est un processus croissant prévisible qui domine au sens de Lenglart(voir [11])le processus croissant V^n;par conséquent pour tout temps d'arrêt S,pour tout $\varepsilon > 0$, $\eta > 0$,on a l'inégalité de domination:

$$Q^n(V^n_S > \varepsilon) \leq \eta/\varepsilon + Q^n(\tilde{V}^n_S > \eta).$$

Il est immédiat de voir que l'on a aussi (la démonstration en est identique):

$$Q^n(\{V^n_S > \varepsilon\} \cap F_n) \leq \eta/\varepsilon + Q^n(\{\tilde{V}^n_S > \eta\} \cap F_n).$$

en prenant $S = \infty$,on a donc:

$$Q^n(\{V^n_\infty > \varepsilon\} \cap F_n) \leq \eta/\varepsilon + Q^n(\{\tilde{V}^n_\infty > \eta\} \cap F_n)$$

et donc $Q^n_{F_n}(V^n_\infty > \varepsilon) \leq \eta/\varepsilon\alpha + Q^n_{F_n}(\tilde{V}^n_\infty > \eta)$.En prenant $\varepsilon = K$, $\eta = \sqrt{K}$ on obtient:

$$\sup_n Q^n_{F_n}(V^n_\infty > K) \leq 1/\alpha\sqrt{K} + \sup_n Q^n_{F_n}(\tilde{V}^n_\infty > \sqrt{K})$$

on en déduit le résultat cherché.

2-5 Lemme Soit pour chaque $n\in\mathbb{N}$ une Q^n-martingale locale X^n à valeurs réelles,définie sur $(\Omega^n, \mathcal{F}^n, (\mathcal{F}^n_t)_{t\in\mathbb{R}^+})$;soit $B(X^n)$ le processus croissant défini comme dans la formule (1) de la partie I),et $\tilde{B}^{Q^n}(X^n)$ le Q^n-compensateur prévisible de $B(X^n)$; on note enfin $(X^n)^*$ le processus croissant défini par $(X^n)^*_t = \sup_{s\leq t} |X^n_s|$.

Alors,si la suite $(\tilde{B}^{Q^n}(X^n)_\infty)_{n\in\mathbb{N}}$ est $Q^n_{F_n}$-a.u.t.,on a la même propriété pour la suite $((X^n)^*_\infty)_{n\in\mathbb{N}}$.

Démonstration

Il existe une constante h telle que $[X^n,X^n]^{1/2} \leq h\, B(X^n)$ pour tout $n\in\mathbb{N}$; D'après l'inégalité de Burkholder-Davis-Gundy, il existe une constante k telle que pour tout temps d'arrêt S on ait $E_{Q^n}[(X^n)^*_S] \leq k\, E_{Q^n}[[X^n,X^n]_S^{1/2}]$, pour tout $n\in\mathbb{N}$; on a ainsi les inégalités:

$$E_{Q^n}[(X^n)^*_S] \leq E_{Q^n}[hkB(X^n)_S] = E_{Q^n}[hk\tilde{B}^{Q^n}(X^n)_S],$$

de sorte que $(X^n)^*$ est dominé au sens de Lenglart par $hk\tilde{B}^{Q^n}(X^n)$; en procédant comme dans la démonstration du précédent lemme 2-4 on obtient le résultat voulu.

On aborde maintenant le résultat principal de ce travail; commençons par une remarque.

2-6 Remarque a) La suite $(U^n_\infty)_{n\in\mathbb{N}}$ est $Q^n_{F_n}$-uniformément tendue, puisque d'après 1-3 b) on a: pour tout $c>0$ $Q^n_{F_n}(U^n_\infty > c) \leq 1/c\alpha$.

b) De a), du lemme 1-8 et des inégalités (3), on déduit que les propriétés suivantes sont équivalentes:

" $(\tilde{B}^{P^n}_\infty(M^n))_{n\in\mathbb{N}}$ est $(Q^n_{F_n})$-a.u.t."

" $(\tilde{B}^{Q^n}_\infty(M'^n))_{n\in\mathbb{N}}$ est $(Q^n_{F_n})$-a.u.t."

" $(\tilde{C}^{P^n}_\infty(M^n))_{n\in\mathbb{N}}$ est $(Q^n_{F_n})$-a.u.t."

Il en est de même des propriétés:

"pour tout $K>0$, $\limsup_n Q^n_{F_n}(\tilde{B}^{P^n}_\infty(M^n)>K) = 1$"

"pour tout $K>0$, $\limsup_n Q^n_{F_n}(\tilde{B}^{Q^n}_\infty(M'^n)>K) = 1$"

"pour tout $K>0$, $\limsup_n Q^n_{F_n}(\tilde{C}^{P^n}_\infty(M^n)>K) = 1$".

2-7 Théorème

(a) Si pour tout $K>0$ $\limsup_n Q^n_{F_n}(\tilde{B}^{P^n}_\infty(M^n)>K) = 1$, alors pour tout $K>0$ on a:

$$\limsup_n Q^n_{F_n}(Z^n_\infty>K) = 1.$$

(b) Si la suite $(\tilde{B}^{P^n}_\infty(M^n))_{n\in\mathbb{N}}$ est $(Q^n_{F_n})$-a.u.t. et si :

$$\lim_{K\uparrow\infty}(\limsup_n Q^n_{F_n}(\sup_s|\Delta M^n_s|>K)) = 0$$

alors $(Z^n_\infty)_{n\in\mathbb{N}}$ est $(Q^n_{F_n})$-a.u.t.

Compte tenu des lemmes 2-1 et 2-2 et de la remarque 2-6 le corollaire suivant est immédiat.

2-8 Corollaire

(a) Si pour tout $K>0$, $\limsup_n Q^n(\tilde{C}^{P^n}_\infty(M^n)>K) = 1$, alors les suites $(P^n)_{n\in\mathbb{N}}$ et $(Q^n)_{n\in\mathbb{N}}$ sont complètement séparables.

(b) Si les suites $(\tilde{C}^{P^n}_\infty(M^n))_{n\in\mathbb{N}}$ et $(\sup_s |\Delta M^n_s|)_{n\in\mathbb{N}}$ sont (Q^n)-a.u.t., alors la suite $(Q^n)_{n\in\mathbb{N}}$ est contigue relativement à $(P^n)_{n\in\mathbb{N}}$.

Démonstration du point (a) du Théorème

Pour chaque n, notons $Z'^n = (1/Z^n)^{1/2} = (\mathcal{E}(M'^n))^{1/2}$ qui est défini sur $[\![0,\infty[\![$ à un ensemble Q^n-évanescent près. En procédant comme dans la proposition II-3 de [12] on obtient la Q^n-décomposition multiplicative de Z'^n en:

$$Z'^n = L^n D^n$$

où D^n est un processus décroissant prévisible (positif ou nul) tel que:

$$D^n = \mathcal{E}(A^n) \quad \text{avec} \quad A^n = -1/8 \langle M^{n,c}, M^{n,c}\rangle + \overline{\sum_s ((1+\Delta M'^n_s)^{1/2} - 1 - 1/2\,\Delta M'^n_s)}^{Q^n}$$

et L^n est une Q^n-surmartingale positive avec $L^n_0 = 1$.

D'après les inégalités (3) de la première partie, il existe une constante $\gamma>0$ telle que $\tilde{B}^{Q^n}_\infty(M'^n) \le \gamma(-A^n_\infty)$ de sorte que:

$$\{\tilde{B}^{Q^n}_\infty(M'^n)>K\} \subset \{\gamma A^n_\infty < -K\} \;;$$

et $\limsup_n Q^n_{F_n}(\tilde{B}^{Q^n}_\infty(M'^n)>K) = 1$ implique que $\limsup_n Q^n_{F_n}(A^n_\infty<-K/\gamma)$ existe et égale 1; comme $\mathcal{E}(A^n)_t \le \exp(A^n_t)$ on en déduit aussi que $\limsup_n Q^n_{F_n}(\mathcal{E}(A^n)_\infty < \exp(-K/\gamma))=1$.

Ainsi l'hypothèse faite entraine que pour tout $\varepsilon>0$, $\limsup_n Q^n_{F_n}(D^n_\infty<\varepsilon)$ existe et égale 1.

Maintenant

$$\begin{aligned} Q^n_{F_n}(Z'^n_\infty \ge \varepsilon) = Q^n_{F_n}(L^n_\infty D^n_\infty \ge \varepsilon) &\le Q^n_{F_n}(L^n_\infty D^n_\infty \ge \varepsilon, D^n_\infty \ge \varepsilon^2/2) \\ &\quad + Q^n_{F_n}(L^n_\infty D^n_\infty \ge \varepsilon, D^n_\infty < \varepsilon^2/2) \\ &\le Q^n_{F_n}(D^n_\infty \ge \varepsilon^2/2) + Q^n_{F_n}(L^n_\infty > 2/\varepsilon). \end{aligned}$$

or $Q^n(L^n_\infty > 2/\varepsilon) \le \varepsilon/2\, E_{Q^n}[L^n_0] = \varepsilon/2$; et donc $Q^n_{F_n}(Z'^n_\infty \ge \varepsilon) \le Q^n_{F_n}(D^n_\infty \ge \varepsilon^2/2) + \varepsilon/2\alpha$;

ainsi $\liminf_n Q^n_{F_n}(Z'^n \ge \varepsilon) = 0$, d'où le résultat.

Démonstration du point (b)

On considère $\mathcal{E}(M'^n) = 1/Z^n$; nous avons à montrer que:

$$\lim_{\eta \downarrow 0}(\limsup_n Q^n_{F_n}(\mathcal{E}(M'^n)_\infty \ge \eta)) = 1.$$

D'après la seconde hypothèse, étant donné $\varepsilon>0$, il existe K et n_0 tels que:

$$\sup_{n\geq n_0} Q^n_{F_n}(\sup_s \Delta M^n_s > K) < \varepsilon .$$

ainsi $\sup_{n\geq n_0} Q^n_{F_n}(\inf_s \Delta M'^n_s < \frac{-K}{1+K}) < \varepsilon$. Considérons dorénavant $n\geq n_0$.

On pose $G^n = \exp(M'^n - 1/2 \langle M^{nc}, M^{nc}\rangle - \sum_s \Delta M'^n_s \mathbb{1}_{\{\Delta M'^n_s > 1/2\}}) \prod_s (1+\Delta M'^n_s \mathbb{1}_{\{\Delta M'^n_s > 1/2\}})$

et $H^n = \prod_{\{s: \frac{-K}{1+K} \leq \Delta M'^n_s \leq 1/2\}} (1+\Delta M'^n_s)\exp(-\Delta M'^n_s)$

comme $\{s: \Delta M'^n_s < \frac{-K}{1+K}\}$ est fini et que pour tout s $\Delta M'^n_s > -1$, sur $\{s: \Delta M'^n_s < \frac{-K}{1+K}\}$ le produit $\prod_s (1+\Delta M'^n_s)\exp(-\Delta M'^n_s) > 0$ de sorte que la limite $(G^nH^n)_\infty$ existe et d'après le choix de K, on a:

$$\sup_n Q^n_{F_n}(\mathcal{E}(M'^n)_\infty \neq (G^nH^n)_\infty) \leq \sup_n Q^n_{F_n}(\inf_s \Delta M'^n_s < \frac{-K}{1+K}) \leq \varepsilon .$$

On va maintenant étudier le comportement limite de G^n et de H^n.
Commençons par H^n; d'après l'hypothèse et la remarque 2-6 b) $(\tilde{B}^{Q^n}_\infty(M'^n))_{n\in\mathbb{N}}$ est $(Q^n_{F_n})$-a.u.t.; on déduit donc du lemme 2-4 que $(B_\infty(M'^n))_{n\in\mathbb{N}}$ est également $(Q^n_{F_n})$-a.u.t.

$$\text{or } H^n = \exp\Big(\sum_{\{s: \frac{-K}{1+K} \leq \Delta M'^n_s \leq 1/2\}} (\mathrm{Log}(1+\Delta M'^n_s) - \Delta M'^n_s)\Big)$$

$$\geq \exp\Big(-k/2 \sum_{\{s: \frac{-K}{1+K} \leq \Delta M'^n_s \leq 1/2\}} (\Delta M'^n_s)^2\Big)$$ pour un k adéquat; de sorte que l'on a:

$$H^n_\infty \geq \exp(-k/2\, B_\infty(M'^n)).$$

Ainsi comme d'après ce qui précède il existe K' et $n_1 \geq n_0$ tels que:

$$\sup_{n\geq n_1} Q^n_{F_n}(B_\infty(M'^n) \leq 2K'/k) > 1-\varepsilon$$

on obtient $\sup_{n\geq n_1} Q^n_{F_n}(H^n_\infty \geq \exp(-K')) > 1-\varepsilon$.

Occupons nous maintenant de G^n; on commence par remarquer que l'on a:

$$G^n \geq \exp(M'^n - 1/2\langle M^{nc}, M^{nc}\rangle - \sum_s \Delta M'^n_s \mathbb{1}_{\{\Delta M'^n_s > 1/2\}})$$

$$\geq \exp(N^n - U^n - B^n(M'^n)) \geq \exp(-(N^n)^* - U^n - B^n(M'^n)).$$

Comme $(\tilde{B}^{Q^n}_\infty(M'^n))_{n\in\mathbb{N}}$ et $(U^n_\infty)_{n\in\mathbb{N}}$ sont des suites $(Q^n_{F_n})$-a.u.t. (remarque 2-6), on déduit de la première inégalité (4) de la partie I) que $(\tilde{B}^{Q^n}_\infty(N^n))_{n\in\mathbb{N}}$ est aussi $(Q^n_{F_n})$-a.u.t.; d'après le lemme 2-5 $((N^n)^*_\infty)_{n\in\mathbb{N}}$ est donc $(Q^n_{F_n})$-a.u.t..
Ainsi $((N^n)^*_\infty + U^n_\infty + B^n_\infty(M'^n))_{n\in\mathbb{N}}$ est $(Q^n_{F_n})$-a.u.t., et il existe K" et n_2 tels que:

$$\sup_{n\geq n_2} Q^n_{F_n}(\exp(-(N^n)^*_\infty - U^n_\infty - B^n_\infty(M'^n)) > \exp(-K'')) \geq 1-\varepsilon \;;$$

de sorte que $\sup_{n\geq n_2} Q^n_{F_n}(\liminf_t G^n_t > \exp(-K'')) \geq 1-\varepsilon$.

En résumé, pour tout $\varepsilon>0$, il existe K' et K" et n_2 avec

$$\sup_{n\geq n_2} Q^n_{F_n}(\mathcal{E}(M'^n)_\infty > \exp(-(K'+K''))) \geq 1 - 3\varepsilon,$$ d'où le résultat.

On considère maintenant $(\Omega^n,\mathcal{F}^n) = (\Omega,\mathcal{F}), \mathcal{F}^n_t = \mathcal{F}_t$ et la situation de la partie I) avec les probabilités P et Q. Compte tenu du lemme 1-1, le théorème 1-2 (de Kabanov, Liptser et Shiryayev) découle immédiatement du résultat suivant:

2-9 Corollaire

On a l'égalité $\{\tilde{B}^P_\infty(M) = \infty\} \overset{Q.p.s}{=} \{Z_\infty = \infty\}$.

Démonstration

Soit $\alpha = Q(\tilde{B}^P_\infty(M) = \infty)$, on commence par supposer $\alpha \neq 0$ et on note $F = \{\tilde{B}^P_\infty(M) = \infty\}$; l'hypothèse de la partie (a) du théorème 2-7 est satisfaite pour la probabilité conditionnelle Q_F de sorte que pour tout K on a $Q_F(Z_\infty > K) = 1$, et ceci implique que:

$$\{\tilde{B}^P_\infty(M) = \infty\} \subset \{Z_\infty = \infty\} \text{ , Q.p.s.}$$

Pour $\alpha = 1$, la démonstration est terminée , on a l'égalité désirée; pour $\alpha \neq 1$ on note $F' = \{\tilde{B}^P_\infty(M) < \infty\}$, alors $Q(F') = 1-\alpha > 0$; ainsi les hypothèses de la partie (b) du théorème sont satisfaites et $\lim_K Q_{F'}(Z_\infty \leq K) = 1$ ce qui implique $Z_\infty < \infty$ sur F' et F' est inclus dans $\{Z_\infty < \infty\}$ Q.p.s., d'où F contient $\{Z_\infty = \infty\}$ Q.p.s., et on a le résultat désiré. Si $\alpha = 0$, le raisonnement précédent s'applique à $F' = \{\tilde{B}^P_\infty(M) < \infty\}$ et on a l'inclusion $\{\tilde{B}^P_\infty(M) < \infty\} \subset \{Z_\infty < \infty\}$, d'où l'égalité puisque $Q(\tilde{B}^P_\infty(M) < \infty) = 1$.

Revenons au cadre général décrit; dans la partie (b) du corollaire 2-8, les conditions introduites ne sont pas homogènes, puisque la première porte sur des termes prévisibles, alors que la seconde porte sur les processus $(\sup_s |\Delta M^n_s|)$ qui ne sont pas prévisibles; en fait on peut aussi décrire cette dernière condition en termes prévisibles ; ceci fait l'objet du lemme suivant.

2-10 Lemme Pour tout $n \in \mathbb{N}$, pour tout K positif, notons $G^n(K)$ le processus défini sur E^n par $G^n_t(K) = \sum_{s\leq t} 1_{\{|\Delta M^n_s| > K\}}$ et $\tilde{G}^{Q^n}(K)$ son Q^n-compensateur prévisible (qui est défini car $G^n(K)$ est localement intégrable); alors, on a l'équivalence entre les deux assertions:

(1) La suite $(\sup_s |\Delta M^n_s|)_{n\in\mathbb{N}}$ est (Q^n)-a.u.t.

(2) Pour tout $\varepsilon>0$, $\lim_{K\uparrow\infty}(\limsup_n Q^n(\tilde{G}^{Q^n}_\infty(K) \geq \varepsilon)) = 0$.

Démonstration

C'est une conséquence directe de la double inégalité suivante que l'on peut trouver dans ([7],lemme 3-12 ,dans le cas où $t\in\mathbb{R}^+$),et que nous redémontrons:

Pour tout $\varepsilon>0$,pour tout $t\in\bar{\mathbb{R}}^+$ on a:

$$Q^n(\sup_{s\le t}|\Delta M^n_s|>K)\le \varepsilon+Q^n(\tilde{G}^{Q^n}_t(K)\ge\varepsilon)$$

$$Q^n(\tilde{G}^{Q^n}_t(K)\ge\varepsilon)\le(1+2/\varepsilon)Q^n(\sup_{s\le t}|\Delta M^n_s|>K).$$

Pour montrer cela,on commence par remarquer que l'on a:

$$Q^n(\sup_{s\le t}|\Delta M^n_s|>K) = Q^n(G^n_t(K)\ge 1);$$

pour tout $\varepsilon>0$,on a donc d'après l'inégalité de domination de Lenglart:

$$Q^n(G^n_t(K)\ge 1)\le \varepsilon+Q^n(\tilde{G}^{Q^n}_t(K)\ge\varepsilon).$$

Soit alors $\tau^n_K=\inf\{t:G^n_t(K)\ge 1\}$,on a :

$$Q^n(\tilde{G}^{Q^n}_{t\wedge\tau^n_K}(K)\ge\varepsilon)\le 1/\varepsilon\ E_{Q^n}[G^n_{t\wedge\tau^n_K}(K)]$$

mais $E_{Q^n}[G^n_{t\wedge\tau^n_K}(K)]\le Q^n(\tau^n_K\le t) = Q^n(G_t(K)\ge 1)$ si $t<\infty$;

et $E_{Q^n}[G^n_{\tau^n_K}(K)]\le Q^n(\tau^n_K<\infty) = Q^n(G_\infty(K)\ge 1)$.

enfin $Q^n(\tilde{G}^{Q^n}_t(K)\ge\varepsilon)\le Q^n(\tilde{G}^{Q^n}_t(K)-\tilde{G}^{Q^n}_{t\wedge\tau^n_K}(K)\ge\varepsilon/2) + Q^n(\tilde{G}^{Q^n}_{t\wedge\tau^n_K}(K)\ge\varepsilon/2)$

et $Q^n(\tilde{G}^{Q^n}_t(K)-\tilde{G}^{Q^n}_{t\wedge\tau^n_K}(K)\ge\varepsilon/2)\le Q^n(\tau^n_K<t)\le Q^n(G_t(K)\ge 1)$.

2-11 Remarque De façon analogue à ce qui a été fait au lemme 1-8,on peut exprimer $\tilde{G}^{Q^n}(K)$ en termes de P^n-compensateur prévisible d'un certain processus croissant P^n-localement intégrable sur E^n;pour cela,soit $p\in\mathbb{N}$,soit Y un processus prévisible positif tel que pour tout $t<\infty$ on ait:

$$E_{Q^n}\Big[\int_0^{t\wedge R^n_p} Y_s d(\tilde{G}^{Q^n}_s(K))\Big]<\infty .$$

on a la suite des égalités

$$E_{Q^n}\Big[\int_0^{t\wedge R^n_p} Y_s d(\tilde{G}^{Q^n}_s(K))\Big] = E_{Q^n}\Big[\int_0^{t\wedge R^n_p} Y_s dG^n_s(K)\Big] = E_{P^n}\Big[\int_0^t Z^n_s Y_s d(G^n_s(K))^{R^n_p}\Big]$$

$$= E_{P^n}\Big[\Big(\sum_{s\le t} Z^n_s Y_s \mathbb{1}_{\{|\Delta M^n_s|>K\}}\Big)^{R^n_p}\Big] = E_{P^n}\Big[\Big(\sum_{s\le t} Z^n_{s-} Y_s (1+\Delta M^n_s)\mathbb{1}_{\{|\Delta M^n_s|>K\}}\Big)^{R^n_p}\Big]$$

$$= E_{P^n}\Big[\int_0^t Z^n_{s-} Y_s\, d\Big(\overbrace{\sum_{u\le s}(1+\Delta M^n_u)\mathbb{1}_{\{|\Delta M^n_u|>K\}}}^{P^n}\Big)^{R^n_p}\Big]$$

$$= E_{Q^n}\int_0^t Y_s d\Big(\overbrace{\sum_{u\le s}(1+\Delta M^n_u)\mathbb{1}_{\{|\Delta M^n_u|>K\}}}^{P^n}\Big)^{R^n_p}$$

on a ainsi l'égalité:

(8) $$\tilde{G}^{Q^n}(K) = \left(\widetilde{\sum_s (1+\Delta M_s^n) 1\!\!1_{\{|\Delta M_s^n| > K\}}}\right)^{P^n} \qquad Q^n\text{-p.s.}$$

Compte tenu de cette remarque on peut exprimer le corollaire 2-8 (b) sous la forme plus cohérente suivante (en termes de comportements asymptotiques de variables terminales de processus prévisibles).

2-12 Corollaire

$(Q^n)_{n\in\mathbb{N}}$ est contigue relativement à $(P^n)_{n\in\mathbb{N}}$ si les deux conditions suivantes sont remplies:

(i) $(\tilde{C}_\infty^{P^n}(M^n))_{n\in\mathbb{N}}$ est (Q^n)-a.u.t.

(ii) Pour tout $\varepsilon>0$, $\lim_{K\uparrow\infty}(\limsup_n Q^n((\widetilde{\sum_s (1+\Delta M_s^n)1\!\!1_{\{|\Delta M_s^n| > K\}}})^{P^n} \geq \varepsilon)) = 0$

III) APPLICATION AU CAS DES PROCESSUS A ACCROISSEMENTS INDEPENDANTS

Soit $(\Omega^n,\mathcal{F}^n)_{n\in\mathbb{N}}$, X^n un processus continu à droite limité à gauche sur $(\Omega^n;\mathcal{F}^n)$, à valeurs réelles; $(\mathcal{F}_t^n)_{t\in\mathbb{R}^+}$ désigne la plus petite filtration rendant X^n adapté et on suppose que $\mathcal{F}^n = \bigvee_t \mathcal{F}_t^n$;soit P^n et Q^n deux probabilités définies sur $(\Omega^n,\mathcal{F}^n)$ faisant de X^n une semi martingale et un processus à accroissements indépendants (p.a.i.) ;on note b^n,c^n,F^n (resp:b'^n,c'^n,F'^n) les caractéristiques de X^n comme P^n-p.a.i. (resp:Q^n-p.a.i.).On rappelle que $b^n,c^n,F^n,b'^n,c'^n,F'^n$ sont non aléatoires et plus précisément:

b^n (resp:b'^n) $\mathbb{R}^+ \longrightarrow \mathbb{R}$ est continue à droite,à variation finie sur tout compact,nulle en 0; (c'est la dérive du p.a.i.)

c^n (resp:c'^n) $\mathbb{R}^+ \longrightarrow \mathbb{R}^+$ est continue,croissante,nulle en 0; (c'est la fonction associée à la partie diffusion du p.a.i.)

F^n (resp:F'^n) est une mesure positive sur $\mathbb{R}^+\times\mathbb{R}$ ne chargeant pas $\mathbb{R}^+\times\{0\}$ ni $\{0\}\times\mathbb{R}$,telle que pour tout $t\in\mathbb{R}^+$ $F^n(\{t\}\times\mathbb{R}) \leq 1$ (resp:$F'^n(\{t\}\times\mathbb{R}) \leq 1$) avec:

$$\int_{\mathbb{R}} F^n([0,t],dx)\, 1\wedge x^2 < \infty \ , \ (\text{resp:} \int_{\mathbb{R}} F'^n([0,t],dx)\, 1\wedge x^2 < \infty\ )$$

$$\sum_{s\leq t}\left|\int_{\mathbb{R}} F^n(\{s\},dx) 1\!\!1_{\{|x|\leq 1\}}\right| < \infty \quad (\text{resp: } \sum_{s\leq t}\left|\int_{\mathbb{R}} F'^n(\{s\},dx) 1\!\!1_{\{|x|\leq 1\}}\right| < \infty\ )$$

enfin pour tout $t\in\mathbb{R}^+$ on a:

$$\Delta b^n(t) = \int_{\mathbb{R}} F^n(\{t\},dx) 1\!\!1_{\{|x|\leq 1\}}$$

$$\Delta b'^n(t) = \int_{\mathbb{R}} F'^n(\{t\},dx) 1\!\!1_{\{|x|\leq 1\}} \ .$$

3-1 Théorème ([6] théorème 13-4, [8] théorème 15)

Supposons que $Q^n_{|\mathcal{F}^n_0} \quad P^n_{|\mathcal{F}^n_0}$;

Q^n est localement absolument continue par rapport à P^n si et seulement si on a les propriétés suivantes:

(a) $c'^n = c^n$

(b) pour tout $t \in \mathbb{R}^+$, $(F^n(\{t\}\times\mathbb{R})=1) \Longrightarrow (F'^n(\{t\}\times\mathbb{R})=1)$

(c) pour tout $t \in \mathbb{R}^+$, pour tout $x \in \mathbb{R}$ $F'^n(dt,dx)=f^n(t,x)F^n(dt,dx)$ où f^n est une fonction borèlienne sur $\mathbb{R}^+\times\mathbb{R}$ vérifiant:

$$\int_{\mathbb{R}^+\times\mathbb{R}} |x| \mathbb{1}_{\{|x|\leq 1\}} \mathbb{1}_{\{s\leq t\}} |f^n(s,x)-1| F^n(ds,dx) < \infty \text{ pour tout } t < \infty.$$

(d) il existe une fonction borèlienne sur R β^n vérifiant pour tout $t < \infty$:

$$\int_0^t \beta^n(s)dc^n(s) < \infty \qquad \text{et telle que :}$$

$$b'^n_t = b^n_t + \int_0^t \beta^n(s)dc^n(s) + \int_{\mathbb{R}^+\times\mathbb{R}} x \mathbb{1}_{\{|x|\leq 1\}} \mathbb{1}_{\{s\leq t\}} (f^n(s,x)-1)F^n(ds,dx).$$

(e) la fonction non aléatoire $\tilde{C}^n$ définie par:

$$\tilde{C}^n_t = \int_0^t (\beta^n(s))^2 dc^n_s + 1/2 \int_{\mathbb{R}^+\times\mathbb{R}} \mathbb{1}_{\{s\leq t\}} (1-\sqrt{f^n(s,x)})^2 F^n(ds,dx)$$
$$+ 1/2 \sum_{s\leq t} \left(\sqrt{1-F^n(\{s\}\times\mathbb{R})} - \sqrt{1-F'^n(\{s\}\times\mathbb{R})}\right)^2$$

est finie pour tout $t < \infty$.

Ici $\tilde{C}^n$ représente le processus $\tilde{C}^{P^n}(M^n)$, P^n-compensateur prévisible de $C(M^n)$ défini par la formule (2) de la partie I). M^n est alors la (P^n,F^n)-martingale locale de partie continue $\int \beta^n(s)dX^{nc}_s$ et dont les sauts sont tels que:

$$\Delta M^n_s = \left(f^n(s,\Delta X^n_s)-1-\frac{F'^n(\{s\}\times\mathbb{R})-1}{F^n(\{s\}\times\mathbb{R})-1}\right)\mathbb{1}_{\{\Delta X^n_s\neq 0\}} - \int_{\mathbb{R}}\left(f^n(s,x)-1-\frac{F'^n(\{s\}\times\mathbb{R})-1}{F^n(\{s\}\times\mathbb{R})-1}\right)F^n(\{s\},dx)$$

Dans ce cadre on peut montrer le résultat suivant:

3-2 Théorème

(1) Si $\limsup_n \tilde{C}^n_\infty = \infty$ alors $(P^n)_{n\in\mathbb{N}}$ et $(Q^n)_{n\in\mathbb{N}}$ sont complètement séparables.

(2) Pour que $(Q^n)_{n\in\mathbb{N}}$ soit contigue relativement à $(P^n)_{n\in\mathbb{N}}$ il faut et il suffit que $\limsup_n \tilde{C}^n_\infty < \infty$ et que $(\sup_s |\Delta M^n_s|)_{n\in\mathbb{N}}$ soit (Q^n)-a.u.t.

Démonstration

Compte tenu de ce qui précède et du corollaire 2-8 on a seulement à montrer la partie nécessaire du (2). Supposons donc que $(Q^n)_{n\in\mathbb{N}}$ soit contigue relativement à $(P^n)_{n\in\mathbb{N}}$, alors $\limsup_n \tilde{C}^n_\infty < \infty$; sinon $(P^n)_{n\in\mathbb{N}}$ et $(Q^n)_{n\in\mathbb{N}}$ seraient complètement séparables; montrons qu'alors on a:

$$\lim_{K\uparrow\infty}(\limsup_n Q^n(\sup_s |\Delta M^n_s| > K)) = 0 \ .$$

Si on n'a pas cette propriété, il existe $\varepsilon > 0$ et pour tout $k \in \mathbb{N}$ un nombre n_k avec $n_k > n_{k-1}$ tels que l'on ait:

$$Q^{n_k}(\sup_s |\Delta M^{n_k}_s| > k) \geq \varepsilon \ ;$$

mais $P^{n_k}(\sup_s |\Delta M^{n_k}_s| > k) \longrightarrow 0$ quand $k \longrightarrow \infty$; en effet:

$$P^{n_k}(\sup_s |\Delta M^{n_k}_s| > k) \leq P^{n_k}(\sum_s |\Delta M^{n_k}_s| \mathbb{1}_{\{|\Delta M^{n_k}_s| > k\}} > k) \leq P^{n_k}(B_\infty(M^{n_k}) > k) \quad \text{pour } k > 1/3 \ ;$$

ensuite d'après la remarque 2-6 et le lemme 2-4 $(B_\infty(M^{n_k}))_{k\in\mathbb{N}}$ est (P^{n_k})-a.u.t.(car $(\tilde{C}^n_\infty)_{n\in\mathbb{N}}$ étant déterministe est (P^n) et (Q^n)-a.u.t.); l'hypothèse de contiguité implique donc que:

$$Q^{n_k}(\sup_s |\Delta M^{n_k}_s| > k) \longrightarrow 0$$

d'où la contradiction.

Dans le cas particulier où les processus X^n sont P^n-quasi continus à gauche, en utilisant le corollaire 2-12 on peut obtenir une caractérisation simple de la contiguité.

3-3 <u>Corollaire</u>

On suppose que pour tout n, pour tout $t \in \mathbb{R}^+$, on a $F^n(\{t\} \times \mathbb{R}) = 0$; (c'est à dire: X^n est pour P^n un p.a.i. quasi continu à gauche). Alors, $(Q^n)_{n\in\mathbb{N}}$ est contigue relativement à $(P^n)_{n\in\mathbb{N}}$ si et seulement si on a:

il existe un entier n_0 avec les deux propriétés suivantes

1) $\left(c^n_\infty + \int_{\mathbb{R}} \int_0^\infty (\sqrt{f^n(s,x)} - 1)^2 F^n(ds,dx)\right)_{n \geq n_0}$ est bornée

2) la suite $(f^n)_{n \geq n_0}$ est F^n-uniformément intégrable.

<u>Démonstration</u>

Compte tenu de l'hypothèse on a $\Delta M^n_s = (f^n(s,\Delta X^n_s) - 1)\mathbb{1}_{\{\Delta X^n_s \neq 0\}}$; de sorte que le processus $\tilde{G}^{Q^n}(K)$ défini au lemme 2-10 est d'après la remarque 2-11:

$$\tilde{G}^{Q^n}_t(K) = \int_0^t \int_{\mathbb{R}} f^n(s,x) \mathbb{1}_{\{|f^n(s,x) - 1| > K\}} F^n(ds,dx);$$

d'autre part on a $\tilde{C}^n_t = \int_0^t \int_{\mathbb{R}} (\sqrt{f^n(s,x)} - 1)^2 F^n(ds,dx) + c^n_t$.

Or la condition (i) du corollaire 2-12 signifie qu'à partir d'un certain rang n_0, il existe une constante Γ telle que pour tout $n \geq n_0$ on ait:

$$c^n_\infty + \int_0^\infty \int_{\mathbb{R}} (\sqrt{f^n(s,x)} - 1)^2 F^n(ds,dx) \leq \Gamma \quad \text{(ce qui est 1)).}$$

La condition (ii) du même corollaire s'écrit:

$$\lim_{K\uparrow\infty}(\limsup_n (\int_0^\infty \int_{\mathbb{R}} f^n(s,x) \mathbb{1}_{\{f^n(s,x) > K\}} F^n(ds,dx))) = 0$$

ce qui est 2).On obtient ainsi la contiguité de $(Q^n)_{n\in\mathbb{N}}$ relativement à $(P^n)_{n\in\mathbb{N}}$, la réciproque étant du fait du lemme 2-10 identique à celle figurant dans la démonstration du théorème 3-2.

REFERENCES

[1] C.Dellacherie P.A.Meyer: Probabilités et Potentiels
Herman-Paris (1979) 2e édition.

[2] G.K.Eagleson R.F.Gundy : On a theorem of Kabanov,Liptser,Shiryayev;(1981)
à paraitre.

[3] J.Håjek Z.Šidåk: Theory of Rank Tests
Academic Press-New-York (1967) .

[4] P.Hall C.C.Heyde: Martingale limit theory and its application.
Academic Press -New-York (1980).

[5] W.J.Hall R.M.Loynes: On the concept of contiguity ;
Annals of Probability (1977) Vol 5,n° 2 278-282.

[6] J.Jacod: Calcul stochastique et problèmes de martingales;
Lect.Notes in Maths. n°714 (1979) Springer-Verlag,Berlin.

[7] J.Jacod J.Mémin: Sur la convergence des semi martingales vers un processus à accroissements indépendants;
Lect.Notes in Maths.n°784,Sem.de Prob.XIV (1980),Springer-Verlag ,Berlin.

[8] Y.Kabanov R.S.Liptser A.N.Shiryayev: Absolue continuité et singularité de lois localement absolument continues;
I: Mat.Sbornik (1978) T 107 n°3
II: Mat.Sbornik (1979) T 108 n°1.

[9] L.Le Cam: Local asymptotically normal families of distributions;
Univ.Calif.Publ.Statist.3 (1960) 37-98.

[10] L.Le Cam: On the asymptotic normality of estimates;Proceedings of the symposium to Honour Jersey Neyman (Varsaw 1974);
Panstw.Wydawn.Nauk Warsawa (1977) 203-217.

[11] E.Lenglart: Relation de domination entre deux processus ;
Annales de l'institut Henri Poincaré,sec.B Prob. 13 (1977) 171-179.

[12] D.Lepingle J.Mémin: Sur l'intégrabilité uniforme des martingales exponentielles; Zeitschrift f.W. 42 (1978) 175-208.

A PROPOS DE L'INTEGRABILITE UNIFORME DES MARTINGALES EXPONENTIELLES*

J.-A. YAN

1. INTRODUCTION

Soit $(\Omega,\mathcal{F},P,(\mathcal{F}_t))$ un espace satisfaisant aux conditions habituelles. Si M est une martingale locale nulle en 0 à sauts $\Delta M \geq -1$, la martingale (locale) exponentielle $\mathcal{E}(M)$ est définie par

$$\mathcal{E}(M)_t = \exp\{M_t - \frac{1}{2}<M^c,M^c>_t\} \prod_{s\leq t} (1+\Delta M_s)e^{-\Delta M_s} .$$

La recherche de conditions suffisantes pour l'intégrabilité uniforme de la martingale locale positive $\mathcal{E}(M)$ a donné lieu à de nombreux travaux. Dans le cas où M est continue et uniformément intégrable, Novikov [1] et Kazamaki [3] ont obtenu successivement les deux conditions suivantes

(1) $\quad E[\exp \frac{1}{2}<M,M>_\infty] < \infty$,

(2) $\quad E[\exp \frac{1}{2}M_\infty] < \infty$.

Lépingle et Mémin ont étendu dans [4] et [5] ces résultats au cas général. Si M est une martingale locale nulle en 0 à sauts $\Delta M \geq -1$, si $T = \inf\{t>0: \Delta M_t = -1\}$, si μ désigne la mesure aléatoire à valeurs entières associée à ses sauts et si ν désigne la projection prévisible duale de μ, les conditions obtenues par Lépingle et Mémin étaient les suivantes

(3) $\quad E\left[\exp\{\frac{1}{2}<M^c,M^c>_\infty + (\log(1+x) - \frac{x}{1+x})\cdot\mu_\infty\}\right] < \infty \quad , T=\infty$,

(4) $\quad E\left[\exp\{\frac{1}{2}<M^c,M^c>_T + ((1+x)\log(1+x) - x)\cdot\nu_{T-}\}\right] < \infty$,

(5) $\quad E\left[\exp\{\frac{1}{2}M_\infty + (\log(1+x) - x + \frac{x^2}{2(1+x)})\, I_{\{x<o\}}\cdot\mu_\infty\}\right] < \infty \quad , T=\infty$,

(6) $\quad E\left[\exp\{\frac{1}{2}M_T + \frac{1}{2}((1+x)\log(1+x) - x)\cdot\nu_{T-}\}\right] < \infty$,

(7) $\quad E\left[\exp \frac{1}{1+\delta}M_\infty\right] < \infty ,\quad \Delta M \geq -1+\delta ,\quad 0<\delta\leq 1$,

où dans les conditions (5), (6) et (7), M est supposée uniformément intégrable jusqu' à l'instant T. En nous inspirant de [5] nous avons

* Ce travail a bénéficié du soutien de la A. von Humboldt-Stiftung.

dans [7] affaibli les conditions (3) et (7) en donnant les deux conditions suivantes:

$$(8)\qquad \lim_{a\uparrow\uparrow 1} \left(E[\exp\{\tfrac{a}{2} \langle M^c,M^c\rangle_\infty + (\log(1+x) - \tfrac{x}{1+x}) \cdot \mu_\infty\}]\right)^{1-a} = 1, \quad T = \infty$$

$$(9)\qquad \lim_{a\uparrow\uparrow 1} \left(E \exp \tfrac{a}{1+\delta} M_\infty\right)^{1-a} = 1, \ \Delta M \geq -1+\delta, \quad 0 < \delta \leq 1, \quad M \text{ est u.i.}$$

Cette note a pour but d'affaiblir également les conditions (4) et (5) (mais non (6)). En outre, nous donnons un nouveau critère d'intégrabilité uniforme (Théorème 2) et des compléments sur notre article [7].

2. UN LEMME FONDAMENTAL

Notre travail va reposer sur le seul lemme suivant. Ce lemme, dont le principe était la clef de l'obtention des conditions (8) et (9) dans [7], trouve son idée d'origine dans [5] et [6]. Mais nous ne l'avons jamais ainsi formulé.

LEMME. Soit M une martingale locale nulle en 0 à sauts $\Delta M \geq -1$. Soient, pour tout $0 < a < 1$, $Z^{(a)}$ un processus positif càdlàg adapté de classe (D) tel que $\lim_{t\to\infty} Z_t^{(a)} = Z_\infty^{(a)}$ existe et $L^{(a)}$ une martingale locale positive avec $L_0^{(a)} = 1$. Soit f une application de $]0,1[$ dans $]0,1[$ telle que $\lim_{a\uparrow\uparrow 1} \frac{1-f(a)}{1-a} = \beta$ existe et que $0 < \beta < \infty$. Si on a, pour tout $t \in R_+$ et tout $0 < a < 1$,

$$(10)\qquad L_t^{(a)} \leq \mathcal{E}(M)_t^{f(a)} \, Z_t^{(a)\,1-f(a)}$$

et si $\lim_{a\uparrow\uparrow 1} \left(E[Z_\infty^{(a)}]\right)^{1-a} = 1$, alors $\mathcal{E}(M)$ est une martingale uniformément intégrable.

DEMONSTRATION. $\mathcal{E}(M)$ étant une surmartingale positive, $\mathcal{E}(M)$ est donc dans L^1. Soit $\mathcal{T}$ l'ensemble des temps d'arrêt bornés. Si $C \in \mathcal{F}$ et $S \in \mathcal{T}$, on a, d'après l'inégalité de Hölder,

$$E[I_C L_S^{(a)}] \leq (E[\mathcal{E}(M)_S])^{f(a)} (E[I_C Z_S^{(a)}])^{1-f(a)} \leq (E[I_C Z_S^{(a)}])^{1-f(a)} ,$$

d'où l'intégrabilité uniforme de la martingale $L^{(a)}$. D'après (10) on a

$$1 = E[L_\infty^{(a)}] \leq (E[\mathcal{E}(M)_\infty])^{f(a)} (E[Z_\infty^{(a)}])^{1-f(a)} .$$

De cette inégalité, en faisant a tendre vers 1, on déduit $E[\mathcal{E}(M)_\infty] \geq 1$, puisque

$$\lim_{a\uparrow\uparrow 1} (E[Z_\infty^{(a)}])^{1-f(a)} = \lim_{a\uparrow\uparrow 1} (E[Z_\infty^{(a)}])^{1-a} = 1 .$$

$\mathcal{E}(M)$ étant une surmartingale positive avec $\mathcal{E}(M)_o = 1$, on a donc $E[\mathcal{E}(M)_\infty] = 1$. Ce qui équivaut à dire que $\mathcal{E}(M)$ est une martingale uniformément intégrable. CQFD.

REMARQUE. Pour nous la recherche de conditions suffisantes de l'intégrabilité uniforme de la martingale (locale) exponentielle $\mathcal{E}(M)$ s'est ramenée tout simplement à la recherche d'inégalités du type (10) (voir [7]). A titre d'information, nous indiquons les deux inégalités du type (10) que nous avons établies dans [7]:

(11) $$\mathcal{E}(aM)_t \leq \mathcal{E}(M)_t^a \left(\exp \frac{a}{2} <M^c,M^c>_t + (\log(1+x) - \frac{x}{1+x}) \cdot \mu_t\right)^{1-a}$$

(12) $$\mathcal{E}(aM)_t \leq \mathcal{E}(M)_t^\beta \left(\exp \frac{a-\beta}{1-\beta} M_t\right)^{1-\beta} , \quad \Delta M \geq -1+\delta,\ 0 < \delta \leq 1, \beta = \frac{a^2\delta}{1-a+a\delta} .$$

3. CRITERES D'INTEGRABILITE UNIFORME

Dans toute la suite, M est une martingale locale nulle en 0 à sauts $\Delta M \geq -1$ et $T = \inf\{t > 0: \Delta M_t = -1\}$, μ désigne la mesure aléatoire associée à ses sauts et ν désigne la projection prévisible duale de μ.

THEOREME 1. Si M est quasi-continue à gauche. Si

$$E[\exp\{\frac{a}{2} <M^c,M^c>_T + ((1+x)\log(1+x) - x) \cdot \nu_T \}] < \infty , \quad 0 < a < 1 ,$$

et si

(13) $$\lim_{a\uparrow\uparrow 1} (E[\exp\{\frac{a}{2} <M^c,M^c>_T + ((1+x)\log(1+x) - x) \cdot \nu_T \}])^{1-a} = 1 ,$$

$\mathcal{E}(M)$ est une martingale u.i. .

DEMONSTRATION. On peut supposer que $M = M^T$, puisqu'on a $\mathcal{E}(M) = \mathcal{E}(M)^T$. Comme on a, pour $0 < a < 1$, $0 \leq 1+ax-(1+x)^a \leq (1-a)[(1+x)\log(1+x)-x]$, et $E[\big((1+x)\log(1+x)-x\big) \cdot \nu_\infty] < \infty$, on peut définir les processus suivants

$$W_t^{(a)} = \big((1+x)^a - 1 - ax\big) \cdot \mu_t \,, \quad V_t^{(a)} = \big((1+x)^a - 1 - ax\big) \cdot \nu_t \,,$$

$$N_t^{(a)} = aM_t + W_t^{(a)} - V_t^{(a)} \,, \qquad A_t^{(a)} = \frac{a(a-1)}{2} \langle M^c, M^c \rangle_t + V_t^{(a)} \,,$$

M étant supposée quasi-continue à gauche, $V_t^{(a)}$ est continu. Par conséquent, on a

$$(14) \qquad \mathcal{E}(M)_t^a = \mathcal{E}\big(N^{(a)} + A^{(a)}\big)_t = \mathcal{E}\big(N^{(a)}\big)_t \exp A_t^{(a)} \,,$$

où $N^{(a)}$ est une martingale locale nulle en 0 à sauts $\Delta N^{(a)} \geq -1$ et on a $T = \inf\{t > 0 : \Delta N_t^{(a)} = -1\}$. Compte tenu de l'inégalité $0 \leq 1+ax - (1+x)^a \leq (1-a)[(1+x)\log(1+x) - x]$, on déduit de (14) l'inégalité du type (10) suivante

$$(15) \qquad \mathcal{E}\big(N^{(a)}\big)_t \leq \mathcal{E}(M)_t^a \big(\exp\{\tfrac{a}{2} \langle M^c, M^c \rangle_t + \big((1+x)\log(1+x) - x\big) \cdot \nu_t\}\big)^{1-a}$$

d'où la conclusion du théorème en appliquant le lemme fondamental. CQFD.

REMARQUE. La condition (13) est moins restrictive que la condition (4).

Le théorème suivant n'est pas comparable avec la condition (6).

THEOREME 2. Si M est quasi-continue à gauche et uniformément intégrable jusqu'à l'instant T. Si

$$E[\exp \tfrac{a}{2}\{M_T + x\log(1+x) \cdot \nu_T\}] < \infty \,, \qquad 0 < a < 1 \,,$$

et si

$$(16) \qquad \underset{a \uparrow\uparrow 1}{\underline{\lim}} \big(E[\exp \tfrac{a}{2}\{M_T + x\log(1+x) \cdot \nu_T\}]\big)^{1-a} = 1 \,,$$

alors $\mathcal{E}(M)$ est u.i. .

DEMONSTRATION. Si $0 < a < 1$ et $x > -1$, posons

$$f(x) = 1 + ax - (1+x)^a - a(1-a)\, x \log(1+x) .$$

On a $f(0) = 0$, $f'(0) = 0$, et

$$f''(x) = \frac{-a(1-a)\left[-(1+x)^a+2+x\right]}{(1+x)^2} < 0 ,$$

d'ou $f'(x) \geq 0$ pour $0 \geq x > -1$ et $f'(x) \leq 0$ pour $x \geq 0$, donc on a $f(x) \leq 0$ pour $x > -1$. D'autre part, on a toujours

$$(17) \qquad \mathcal{E}(M)_t^a = \mathcal{E}(M)_t^{a^2} \exp\{a(1-a)M_t - \frac{a(1-a)}{2} <M^c,M^c>_t + (a-a^2)(\log(1+x) - x) \cdot \mu_t\} ,$$

d'où, en remarquant que $\log(1+x) - x \leq 0$,

$$(18) \qquad \mathcal{E}(M)_t^a \leq \mathcal{E}(M)_t^{a^2} \exp\{a(1-a)M_t - \frac{a(1-a)}{2} <M^c,M^c>_t\} .$$

En appliquant l'inégalité $1+ax-(1+x)^a \leq a(1-a)\, x \log(1+x)$ et d'après (14) et (18), on a alors

$$\mathcal{E}(N^{(a)})_t \leq \mathcal{E}(M)_t^{a^2} \left(\exp \frac{a}{1+a} \{M_t + x \log(1+x) \cdot \nu_t\}\right)^{1-a^2} .$$

Soit $Z_t^{(a)} = \exp \frac{a}{1+a} \{M_t + x\log(1+x) \cdot \nu_t\}$. On peut supposer que M est arrêté à l'instant T . Il est évident que $Z^{(a)}$ est une sousmartingale positive uniformément intégrable (d'après l'inégalité de Jensen). Comme la condition $\underline{\lim}_{a\uparrow\uparrow 1} \left(E[Z_\infty^{(a)}]\right)^{1-a} = 1$ est équivalente à (16), on conclut le théorème en appliquant le lemme. CQFD.

THEOREME 3. Soit M une martingale u.i. à sauts $\Delta M > -1$. Si pour tout $0 < a < 1$

$$E[\exp a\{\tfrac{1}{2} M_\infty + \left(\log(1+x) - x + \frac{x^2}{2(1+x)}\right) I_{\{x<o\}} \cdot \mu_\infty\}] < \infty ,$$

et si

$$(19) \qquad \underline{\lim}_{a\uparrow\uparrow 1} \left(E[\exp a\{\tfrac{1}{2}M_\infty + \log(1+x) - x + \frac{x^2}{2(1+x)}\right) I_{\{x<o\}} \cdot \mu_\infty\}]\right)^{1-a} = 1 ,$$

alors $\mathcal{E}(M)$ est une martingale u.i. .

DEMONSTRATION. Si $0 < a < 1$, posons

$$f(x) = \log(1+ax) - a^2\log(1+x) - a(1-a)x ,$$

$$g(x) = 2a(1-a)[\log(1+x) - x + \frac{x^2}{2(1+x)}] ,$$

on a $f(0) = g(0) = 0$, et

$$f'(x) = \frac{a^2(a-1)x^2}{(1+x)(1+ax)} \leq 0 , \quad x > -1 ,$$

$$f'(x) - g'(x) = \frac{a(1-a)^2x^2}{(1+ax)(1+x)^2} \geq 0 , \quad x > -1 ,$$

d'où les deux inégalités ci-dessous:

$$\log(1+ax) - a^2\log(1+x) - a(1-a)x \leq 0 , \quad x \geq 0 , \tag{20}$$

$$0 \leq \log(1+ax)-a^2\log(1+x)-a(1-a)x \leq 2a(1-a)[\log(1+x)-x + \frac{x^2}{2(1+x)}] , \quad -1 < x \leq 0 . \tag{21}$$

Soit maintenant $0 < a < 1$. On a

$$\mathcal{E}(aM)_t = \exp\{aM_t - \frac{a^2}{2} <M^c,M^c>_t + (\log(1+ax) - ax) \cdot \mu_t\}$$

$$= \mathcal{E}(M)_t^{a^2} \exp\{a(1-a)M_t + (\log(1+ax)-a^2\log(1+x)-a(1-a)x) \cdot \mu_t\} ,$$

d'où, d'après (20) et (21), l'inégalité du type (10) suivante

$$\mathcal{E}(aM)_t \leq \mathcal{E}(M)_t^{a^2} \exp a(1-a)\{M_t + 2\left(\log(1+x)-x + \frac{x^2}{2(1+x)}\right) I_{\{x<o\}} \cdot \mu_t\} \tag{22}$$

$$= \mathcal{E}(M)_t^{a^2} \left(\exp \frac{2a}{1+a} \{\tfrac{1}{2}M_t + \left(\log(1+x)-x + \frac{x^2}{2(1+x)}\right) I_{\{x<o\}} \cdot \mu_t\}\right)^{1-a^2} .$$

En remarquant que la condition

$$\underline{\lim}_{a\uparrow\uparrow 1} \left(E[\exp \frac{2a}{1+a} \{\tfrac{1}{2}M_\infty + \left(\log(1+x)-x + \frac{x^2}{2(1+x)}\right) I_{\{x<o\}} \cdot \mu_\infty\}]\right)^{1-a} = 1$$

est équivalente à la condition (19), on conclut le théorème toujours en appliquant le lemme. CQFD.

REMARQUE. La condition (19) est moins restrictive que celle (5), puisqu'on a l'inégalité $e^{ax} \leq 1 + e^{x}$ pour $0 \leq a \leq 1$.

Dans la suite nous donnons deux compléments sur notre précédent article [7].

THEOREME 4. Soit M une martingale u.i.à sauts $\Delta M \geq -1+\delta$ avec $\delta > 0$. S'il existe un α: $0 \leq \alpha \leq 1$ tel que

$$(23)\quad \lim_{a \uparrow\uparrow 1} \left(E[\exp \tfrac{a}{2}\{\alpha M_\infty + (1-\alpha)\langle M^c, M^c\rangle_\infty + \frac{2-\alpha}{(1+\delta)\delta}[M^d, M^d]_\infty\}]\right)^{1-a} = 1 ,$$

alors $\mathcal{E}(M)$ est u.i. .

DEMONSTRATION. Si $0 < a < 1$ et $0 < \lambda \leq a$, on a

$$(24)\quad \mathcal{E}(aM)_t = \exp\{aM_t - \frac{a^2}{2}\langle M^c, M^c\rangle_t + \left(\log(1+ax)-ax\right)\cdot\mu_t\}$$

$$= \mathcal{E}(M)_t^\lambda \exp\{(a-\lambda)M_t + \frac{\lambda-a^2}{2}\langle M^c, M^c\rangle_t$$

$$+\left(\log(1+ax)-a\log(1+x)+(a-\lambda)\left(\log(1+x)-x\right)\right)\cdot\mu_t\}$$

$$\leq \mathcal{E}(M)_t^\lambda \left(\exp\{\frac{a-\lambda}{1-\lambda} M_t + \frac{\lambda-a^2}{2(1-\lambda)}\langle M^c, M^c\rangle_t\right.$$

$$\left. + \frac{1}{1-\lambda}\left(\log(1+ax) - a\log(1+x)\right)\cdot\mu_t\}\right)^{1-\lambda}$$

$$\leq \mathcal{E}(M)_t \left(\exp\{\frac{a-\lambda}{1-\lambda}M_t + \frac{\lambda-a^2}{2(1-\lambda)}\langle M^c, M^c\rangle_t\right.$$

$$\left. \frac{a(1-a)}{1-\lambda}\,\frac{1}{(1+\delta)\delta}\,[M^d, M^d]_t\}\right)^{1-\lambda} ,$$

ici dans la dernière étape on a utilisé l'inégalité suivante (voir [7, Lemme 2.3])

$$(25)\quad \log(1+ax) - a\log(1+x) \leq \frac{a(1-a)x^2}{(1+\delta)\delta} , \quad x \geq -1+\delta , \ 0 < a < 1 .$$

Maintenant si l'on pose

$$\lambda = \lambda(a) = \beta a + (1-\beta)a^2 , \quad \beta = \frac{2-2\alpha}{2-\alpha} , \quad g(a) = \frac{(2-\beta)a}{1+(1-\beta)a} ,$$

on a

$$\frac{a-\lambda}{1-\lambda} = \frac{(1-\beta)a}{1+(1-\beta)a} = \frac{1-\beta}{2-\beta}\, g(a) = \frac{\alpha}{2}\, g(a) ,$$

$$\frac{\lambda-a^2}{2(1-\lambda)} = \frac{\beta a}{2(1+(1-\beta)a)} = \frac{\beta}{2(2-\beta)}\, g(a) = \frac{1-\alpha}{2}\, g(a) ,$$

$$\frac{a(1-a)}{1-\lambda} = \frac{a}{1+(1-\beta)a} = \frac{1}{2-\beta}\, g(a) = \frac{2-\alpha}{2}\, g(a) .$$

D'après (24) on a l'inégalité du type (10) suivante:

$$(26) \quad \mathcal{E}(aM)_t \le \mathcal{E}(M)_t^{\lambda(a)} \Big(\exp \frac{g(a)}{2}\{\alpha M_t + (1-\alpha)\langle M^c,M^c\rangle_t + \frac{2-\alpha}{(1+\delta)\delta}[M^d,M^d]_t\}\Big)^{1-\lambda(a)} .$$

Comme on vérifie facilement le fait que l'on a $g(a)\uparrow\uparrow 1$ si $a\uparrow\uparrow 1$ et que $\lim\limits_{a\uparrow\uparrow 1} \frac{1-\lambda(a)}{1-g(a)} = \frac{2\alpha}{(2-\alpha)^2} < \infty$, on conclut alors le théorème en appliquant le lemme fondamental. CQFD.

REMARQUES. 1) Le théorème pour le cas $\alpha = 0$ est exactement un résultat établi dans [7] (voir [7, Théorème 3.2]).

2) Le théorème pour le cas $\alpha = 1$ donne aussi une condition pratique.

3) A partir de l'inégalité (26) on peut déduire comme dans [7], une condition de L^r-intégrabilité des martingales exponentielles.

THEOREME 5. Soit M une martingale u.i. à sauts $\Delta M > 1$. S'il existe un α: $0 \le \alpha \le 1$ et un $\lambda > 1$ tels que

$$\lim_{a\uparrow\uparrow 1} \Big(E[\exp \frac{a}{2}\{\alpha M_\infty + (1-\alpha)\langle M^c,M^c\rangle_\infty + \lambda(1-\frac{\alpha}{2})\big(\log(1+x) - \frac{x}{1+x}\big)\cdot\mu_\infty\}]\Big)^{1-a} = 1 ,$$

alors $\mathcal{E}(M)$ est u.i. .

DEMONSTRATION. La démonstration est effectivement identique à la précédente. Le seul changement à faire est d'utiliser l'inégalité

$$\log(1+ax) - a\log(1+x) \le (1-a)[\log(1+x) - \frac{x}{1+x}] ,$$

$$x > -1, \quad 0 < a < 1 ,$$

au lieu d'utiliser l'inégalité (25).

En terminant cette note, il est bon de signaler que le théorème 1 implique aussi une amélioration d'un résultat dû à Novikov [2] (voir aussi [4, IV.6]) concernant une autre martingale exponentielle.

Soit $(E,\mathcal{E})$ un espace de Lusin. Notons

$$(27)\qquad \alpha(N,z,\mu)_t = \exp\{N_t - \frac{1}{2}\langle N,N\rangle_t + I_{\{|z|>1\}}z\cdot\mu_t + I_{\{|z|\leq 1\}}z*(\mu-\nu)_t - (e^z-1-z)I_{\{|z|\leq 1\}}\cdot\nu_t\},$$

où N est une martingale locale continue nulle en 0, μ est une mesure aléatoire (i.e. un noyau positif de $(\Omega,\mathcal{F})$ dans $(R_+\times E, \mathcal{B}(R_+)\times\mathcal{E})$) quasi-continue à gauche et admettant une projection previsible duale ν, z est une fonction $\mathcal{P}\times\mathcal{E}$-mesurable à valeurs réelles telle que tous les intégrations figurant dans (27) aient un sens.

THEOREME 6. Si, avec les notations ci-dessus, on a, pour tout $t\in R_+$, $I_{\{z<-1\}}z\cdot\mu_t<\infty$ p.s., et si

$$(28)\qquad \underline{\lim}_{a\uparrow\uparrow 1}\left(E[\exp\{\frac{a}{2}\langle N,N\rangle_\infty + (ze^z - e^z + 1)\cdot\nu_\infty\}]\right)^{1-a} = 1,$$

alors $\alpha(N,z,\mu)$ est une martingale uniformément intégrable.

La démonstration de ce théorème est la même que celle de [4, IV.6], à laquelle nous renvoyons les lecteurs. (noter tout de même que l'on a $\alpha(N,z,\mu) = \mathcal{E}(N+(e^z-1)*(\mu-\nu))$ et la condition (13) est vérifiée avec $M = N + (e^z-1)*(\mu-\nu)$ et $x = e^z - 1$.)

REMERCIEMENT. Je tiens à remercier l'Institut de Mathématiques appliqués à Heidelberg pour son hospitalité. Je remercie tout particuliérement le Professeur Dr. H. Rost d'avoir rendu possible mon séjour à Heidelberg.

REFERENCE

[1] Novikov, A.A.: On an identity for stochastic integrals. Theor. Probability Appl. 17, 717-720 (1972).

[2] Novikov, A.A.: On discontinuous martingales. Theor. Probability Appl. 20, 11-26 (1975).

[3] Kazamaki, N.: On a problem of Girsanov. Tohoku Math. Journal, 29, 4, 597-600 (1977).

[4] Lépingle, D., Mémin, J.: Sur l'intégrabilité uniforme des martingales exponentielles. Z.W. 42, 175-203 (1978).

[5] Lépingle, D., Mémin, J.: Intégrabilité uniforme et dans L^r des martingales exponentielles. Sém. Prob. de Rennes (1978).

[6] Yan, J.-A.: Critères d'intégrabilité uniforme des martingales exponentielles. Acta Math. Sinica 23, 2, 311-318 (1980).

[7] Yan, J.-A.: Intégrabilité uniforme et dans L^r des martingales exponentielles. Annal. Math. Sinica (1981).

Yan Jia-an
Institute of Applied Mathematics
Academia Sinica
Beijing, China

Institut für Angewandte Mathematik
Universität Heidelberg
Im Neuenheimer Feld 294
6900 Heidelberg
Federal Republic of Germany

THE TOTAL CONTINUITY OF NATURAL FILTRATIONS AND THE STRONG PROPERTY OF PREDICTABLE REPRESENTATION FOR JUMP PROCESSES AND PROCESSES WITH INDEPENDENT INCREMENTS

HE Sheng Wu WANG Jia Gang

1. INTRODUCTION. Let $(\Omega,\underline{\underline{F}},P)$ be a complete probability space, and let $\underline{F}=(\underline{\underline{F}}_t)_{t\geq 0}$ be a filtration which satisfies the usual conditions. We shall consider here the case of the filtration generated by a r.c.l.l. (cad-lag) real valued process X, which will be either a jump process, or a Lévy process without fixed discontinuities. We want to find necessary and sufficient conditions on X, expressing the following properties of the filtration $\underline{F}$:

Total continuity. This idea was introduced in [3] by Yan, and means that $\underline{\underline{F}}_{T-}=\underline{\underline{F}}_T$ at every stopping time T (not necessarily predictable).

Strong predictable representation. This is usually called « predictable representation property » in martingale theory, and means that every $\underline{F}$-local martingale N (with $N_0=0$) can be represented as a predictable stochastic integral H.M with respect to some fixed local martingale M. In the context of jump processes and Lévy processes, another representation using random measures turns out to be useful, and we find it convenient to distinguish them by the adjectives strong and weak.

There is some overlap of our discussion of predictable representation with that in [7] (however, some details in theorem 2.4 of [7] and its corollary need to be corrected).

NOTATION. We denote by X either a real valued Lévy process without fixed discontinuities (not necessarily homogeneous in time), or a real valued jump process. In both cases it is assumed that $X_0=0$, and that the sample functions are r.c.l.l.. It is shown in [4] and [5] that the family of σ-fields

$$\underline{\underline{F}}_t = \sigma\{X_s,\ s\leq t\ ,\ \underline{\underline{N}}\ \} \qquad (\ \underline{\underline{N}} \text{ is the family of P-null sets })$$

is automatically right continuous, and hence is the natural filtration of X as described above. Also, that we have for any stopping time T

$$(1) \qquad \underline{\underline{F}}_{T-} = \sigma\{T, X^{T-}, \underline{\underline{N}}\}\ , \quad \underline{\underline{F}}_T = \sigma\{T,\ X^T,\ \underline{\underline{N}}\}$$

In the case of jump processes, we denote by T_n the successive jump times of X, by Δ_n the successive jump sizes (by convention $\Delta_n=0$ on $\{T_n=\infty\}$)

In the case of Lévy processes, we denote by X_t^c the Gaussian component of X_t (it is a << non homogeneous Brownian motion >>) and by Y_t the compensated sum of jumps of size between -1 and 1 . It is well known that Y is a martingale, even a square integrable martingale. The difference $X-X^c-Y$ is the sum of a deterministic continuous function $\alpha(t)$, and of the jump process

$$J_t = \Sigma_{s\leqq t} \Delta X_s I_{\{\Delta X_s>1 \text{ or } \Delta X_s<-1\}}$$

Set

$$J_t' = \Sigma_{s\leqq t} \varphi(\Delta X_s) I_{\{\Delta X_s>1 \text{ or } \Delta X_s<-1\}}$$

where φ induces a 1-1 mapping of $[1,\infty[$ on $[1,2[$ and $]-\infty,-1]$ on $]-2,-1]$. Then the two Lévy processes

$$X = X^c+Y+\alpha+J \qquad \text{and} \qquad X' = X^c+Y+J'-E[J']$$

generate the same filtration, and the second one has a Lévy measure carried by $]-2,2[$, and is a martingale (even a square integrable martingale). Therefore <u>it is no restriction to generality to assume</u>, if necessary, <u>that X is at the same time a Lévy process and a martingale</u>.

2. TOTAL CONTINUITY OF $\underline{F}$

A necessary condition for total continuity is quasi-left-continuity, which is automatically satisfied in the case of Lévy processes . In the case of jump processes, some conditions are needed : see [4] and [6] ; the most usual <u>sufficient</u> condition for quasi-left-continuity will imply that the T_n's are totally inaccessible - namely, the fact that T_{n+1} has a diffuse conditional distribution w.r. to $\underline{\underline{F}}_{T_n}$, except possibly for an atom at $+\infty$.

THEOREM 2.1. (Jump processes). Assume $\underline{F}$ is quasi-left-continuous. Then $\underline{F}$ is totally continuous if and only if, for every n, there exists a Borel function f_n on $\mathbb{R}^n$ such that

(2) $$\Delta_n = f_n(T_1,\ldots,T_n) \text{ on } \{T_n<\infty\} .$$

PROOF. Necessity. Since the filtration is totally continuous, $\underline{\underline{F}}_{T_n} = \underline{\underline{F}}_{T_n-}$, hence Δ_n is $\underline{\underline{F}}_{T_{n-1}}$-measurable. According to (1), since the σ-field generated by X^{T_n-} is also generated by $(T_1,\Delta_1,\ldots T_{n-1},\Delta_{n-1})$, Δ_n is a Borel function of $(T_1,\Delta_1,\ldots T_{n-1},\Delta_{n-1},T_n)$. One then shows by induction on n that Δ_n is a Borel function of $T_1,\ldots,T_n$.

<u>Remark</u>. Quasi-left-continuity hasn't been used here. Condition (2) implies that, if (Y_t) is the jump process with jump 1 at each time T_n, then (X_t) can be reconstructed from (Y_t), i.e. (Y_t) generates $(\underline{\underline{F}}_t)$.

Sufficiency. We see from the preceding remark that it reduces to a statement on jump processes with jumps equal to 1, namely to the fact that if their natural filtration is quasi-left-continuous, then it is totally continuous.

Let T be an arbitrary stopping time, and let U,V be respectively its predictable and totally inaccessible parts : $\{T=U<\infty\}=A$ belongs to $\underline{\underline{F}}_{T-}$, and therefore so does $\{T=V\}=A^c$. To show that $\underline{\underline{F}}_T=\underline{\underline{F}}_{T-}$, it is sufficient to prove that $\underline{\underline{F}}_U=\underline{\underline{F}}_{U-}$, $\underline{\underline{F}}_V=\underline{\underline{F}}_{V-}$. The first result amounts to quasi left continuity. To prove the second one, we use the fact that, since V is totally inaccessible, its graph $[V]$ is contained in $\cup_n [T_n]$ (see [4], th. 6 ; for an easier reference[1] one may deduce it from the martingale representation theorem in Sem. Prob. IX, p. 234, prop. 3). On the other hand, $\underline{\underline{F}}_V$ is generated by $\underline{\underline{F}}_{V-}$ and Y_V from (1), and since Y <u>always</u> jumps at V on $\{V<\infty\}$ we simply have $Y_V=Y_{V-}+1$ on $\{V<\infty\}$. Theorem 2.1 is proved.

THEOREM 2.2. (Lévy processes). Let X be a Lévy process as described in the introduction. Then the following statements are equivalent.

1) The filtration $\underline{F}$ is totally continuous.
2) There exist a Borel function $f(t)\neq 0$ on $\mathbb{R}_+$, a σ-finite measure Λ on $\mathbb{R}_+$, such that

$$\nu(dt,dx) = \Lambda(dt)\varepsilon_{f(t)}(dx) \tag{3}$$

3) There exists a Borel function $f(t)\neq 0$ such that $\Delta X_t=f(t)I_{\{\Delta X_t\neq 0\}}$.

PROOF. It is clear that 3)=>1) : the proof is the same as the last part in theorem 2.1. Given an arbitrary stopping time T, we split it into its predictable and totally inaccessible parts U and V, and prove separately that $\underline{\underline{F}}_U=\underline{\underline{F}}_{U-}$ by quasi-left-continuity, and $\underline{\underline{F}}_V=\underline{\underline{F}}_{V-}$. Since V is totally inaccessible, the process is known[2] to jump at V, hence on $\{V<\infty\}$ we have $\Delta X_V=f(V)$, and $X_V=X_{V-}+\Delta X_V$ is $\underline{\underline{F}}_{V-}$-measurable. Then we apply (1) to deduce that $\underline{\underline{F}}_V=\underline{\underline{F}}_{V-}$.

Let us prove that 1)=>3). Denote by W the space $\underline{\underline{D}}(\mathbb{R}_+,\mathbb{R})$ of all r.c.l.l. functions from $\mathbb{R}_+$ to $\mathbb{R}$, with its usual σ-field $\underline{\underline{W}}$ ($\underline{\underline{W}}$ is a Lusin σ-field) . Any r.c.l.l. process Z defines a measurable mapping $\omega\mapsto Z_.(\omega)$ from Ω to W, which we also denote by Z. Consider a bounded closed set K in $\mathbb{R}$ disjoint from 0 , let U be the sum of jumps of X whose size belongs to K, and V be the difference X-U ; it is well known that U and V are independent increment processes, and U is a jump process. Let T be an arbitrary stopping time ; since $\underline{F}$ is totally continuous and ΔU_T is $\underline{\underline{F}}_T$-measurable, there is a Borel function a on $\overline{\mathbb{R}}_+\times W$

1. Reference [4] is in chinese (editor's note). 2. Theorem (4.52), p. 139 of [2] (also valid for the preceding reference).

such that $\Delta U_T = a(T,X^{T-})$. Since X^{T-} is itself a Borel function of U^{T-} and V^{T-}, hence of U^{T-}, V and T, we may express ΔU_T as $b(T,U^{T-},V)$, where b is a (bounded) Borel function on $\mathbb{R}_+ \times W \times W$. Assume now that $T = T_n$, the n-th jump time of U ; then ΔU_T is the corresponding Δ_n , and we have $\Delta_n = b(T_n, U^{T_n-}, V)$. But V is independent of U, hence also of (U,T_n) . Taking a conditional expectation w.r. to (T_n,U^{T_n-}) integrates out V, and finally we have $\Delta_n = c(T_n,U^{T_n-})$, which shows that <u>the natural filtration of</u> U <u>is totally continuous</u> (theorem 2.1).

Let (N_t) the Poisson process (non homogeneous in general) which counts the jumps of (U_t). According to theorem 2.1 again, (U_t) and (N_t) generate the same filtration. Therefore the (square integrable) martingale $U_t - E[U_t]$ has a predictable representation w.r. to the (square integrable) martingale $N_t - E[N_t]$, and the representing predictable process, being the density of $d\langle U,N\rangle_t$ w.r. to $d\langle N,N\rangle_t$, must be deterministic since U has independent increments in this filtration. Therefore we can write for U a representation

$$U_t = \int_0^t f(s)d(N_s - E[N_s]) + E[U_t]$$

Since $E[N_t]$ and $E[U_t]$ are continuous in t, we have $\Delta U_t = c(t)\Delta N_t$, and since U and N are of pure jump type, we simply have

$$U_t = \int_0^t f(s)dN_s \tag{4}$$

Now take for K the complement of $]-1/k,+1/k[$, and denote by U^k, N^k, f_k the corresponding processes and functions as just described. The relation $\Delta U_t^k = f_k(t)\Delta N_t^k$ can be written as

$$\Delta X_t(\omega) = f_k(t) \text{ on } \{(t,\omega) : |\Delta X_t(\omega)| \geqq 1/k\} \quad \text{(up to evanescent sets)}$$

and therefore the Borel functions $f_k(t)$ can be << pasted together >> into a single Borel function f such that

$$\Delta X_t(\omega) = f(t) I_{\{\Delta X_t \neq 0\}} \quad . \tag{5}$$

This proves property 3). Let $\Lambda^k(dt)$ be the (Radon) measure $dE[N_t^k]$. Then the Lévy measure of U^k is

$$\nu^k(dt,dt) = \Lambda^k(dt)\varepsilon_{f_k(t)}(dx) = \Lambda^k(dt) I_{\{|f(t)|\geqq 1/k\}}\varepsilon_{f(t)}(dx)$$

It follows that there exists a measure $\Lambda(dt)$ on $\mathbb{R}_+$ such that

$$\Lambda^k(dt) = \Lambda(dt) I_{\{|f(t)|\geqq 1/k\}} \tag{6}$$

(in particular, Λ is σ-finite), and then the Lévy measure of X is given by (3), and 2) is satisfied. We leave it to the reader to check that 2)=>3), to end the proof of the theorem.

REMARK. The filtration $\underline{F}$ really doesn't depend on the function f, but only on the σ-discrete (non homogeneous) Poisson random measure

(7) $$\Sigma_t \; I_{\{\Delta X_t \neq 0\}} \varepsilon_t$$

which, however, cannot be defined by a counting process N_t since it may have infinitely many points in finite intervals. Conversely, given such a Poisson random measure with σ-finite characteristic measure $d\Lambda(t)$, choose any function f(t) on $]0,\infty[$, everywhere $\neq 0$ and such that $1 \wedge f^2(t)$ is integrable on compact sets w.r.t. to $d\Lambda$. Then ν defined by (3) is the Lévy measure of some purely discontinuous Lévy process X_t , from which the Poisson random measure can be reconstructed as the point measure of jump locations.

3. STRONG PREDICTABLE REPRESENTATIONS

We first show the relation between strong predictable representation and total continuity :

LEMMA 3.1. Let $\underline{F}$ be a quasi-left-continuous filtration which has the strong predictable representation property. Then it is totally continuous.

PROOF. Since $\underline{F}$ is quasi-left-continuous, the argument used in theorem 2.1 shows that it suffices to prove that $\underline{\underline{F}}_T = \underline{\underline{F}}_{T-}$ at a totally inaccessible stopping time T. It is well known that, given any $\underline{\underline{F}}_T$-measurable bounded random variable ϕ, the process $\phi I_{\{t \geq T\}}$ can be compensated to give a martingale N_t^ϕ whose jump at time T is ϕ on $\{T<\infty\}$. This martingale has a representation as a predictable stochastic integral

$$N_t^\phi = \int_0^t H_s^\phi dM_s \quad \text{(M is the basic local martingale).}$$

and therefore $\phi = H_T^\phi \Delta M_T$ on $\{T<\infty\}$. Taking $\phi=1$, we find that $\phi = H_T^\phi / H_T^1$ on $\{T<\infty\}$. Since H_t^ϕ and H_t^1 are predictable processes, ϕ is $\underline{\underline{F}}_{T-}$-measurable, and the theorem is proved.

THEOREM 3.2. Let X be a jump process generating a quasi-left continuous filtration $\underline{F}$. Then $\underline{F}$ is totally continuous if and only if it has the strong predictable representation property.

PROOF. We have just seen that (strong representation)=>(total continuity). To see the converse, we just remark (theorem 2.1) that if total continuity holds, then the filtration is generated by a jump process with jump sizes equal to 1, and such a filtration is known to have the strong representation property (see the work of Chou and Meyer in Sém. Prob. IX, p. 226-236, Lecture Notes in M. 465, 1975).

The case of Levy processes is more surprising.

THEOREM 3.3. Let X be a Lévy process without fixed discontinuities, and let (α,β,ν) be its local characteristics. Then $\underline{F}$ has the strong predictable representation property if and only if

- The Lévy measure ν has the form (3) : $\nu(dt,dx)=\Lambda(dt)\varepsilon_{f(t)}(dx)$, and
- Λ and β are mutually singular.

PROOF. Necessity. We know that strong representation property implies total continuity, and therefore (theorem 2.2), ν must be given by (3). To prove the second condition, according to the end of section 1, we may assume that X <u>is a square integrable martingale</u>, without changing either β or Λ (since in the transformation we change only the size of jumps, and Λ depends only on their location). Then we decompose X into its continuous and purely discontinuous parts X^c and X^d, which are processes with independents and square integrable martingales at the same time, and therefore have predictable representations

$$X^c = H\cdot M \ , \quad X^d = K.M$$

Since $H.(K.M)=K.(H.M)$ is continuous and purely discontinuous, it must be 0. The predictable process $L=I_{\{K\neq 0\}}$ satisfies the properties $L.X^d=X^d$, $L.X^c=0$, and therefore $L.\langle X^d,X^d\rangle = L^2.\langle X^d,X^d\rangle = \langle LX^d,LX^d\rangle = \langle X^d,X^d\rangle$, and $L.\langle X^c,X^c\rangle=0$. The random measures $d\langle X^c,X^c\rangle$ and $d\langle X^d,X^d\rangle$ are therefore mutually singular. On the other hand, they are deterministic, and equivalent to β and Λ respectively.

Sufficiency. We may assume as above that X is a square integrable martingale. Let N be an arbitrary square integrable martingale w.r. to $\underline{F}$ (it is well known that if strong predictable representation holds for square integrable martingales, then it holds for local martingales too). Then N has a <u>weak</u> predictable representation, in the L^2-sense

$$N_t = \int_0^t K_s dX_s^c + \lim_{k\to\infty} \int_{s\leq t,|x|\geq 1/k} \hat{L}(\omega,s,x)Q(\omega,ds,dx)$$

where Q is the compensated Poisson measure $\Sigma_{t:\Delta X_t\neq 0}\ \varepsilon_{t,\Delta X_t}(ds,dx)-\nu(ds,dx)$

Recalling that $X_t^d = \int_{s\leq t} xQ(\omega,ds,dx)$ and that $\Delta X_t=f(t)I_{\{\Delta X_t\neq 0\}}$, we may write the second integral as $\int_0^t L_s\, dX_s^d$, with $L_s(\omega)=\frac{1}{f(s)}\hat{L}(\omega,s,f(s))$, and we have simply $N_t=\int_0^t (K_s dX_s^c + L_s dX_s^d)$. Let now A and B be two disjoint subsets of $\mathbb{R}_+$ which carry respectively dX^c and dX^d . Then we have

$$N_t = \int_0^t H_s dX_s \quad \text{with } H=KI_A+LI_B$$

and the theorem is proved.

REMARK. In the time homogeneous case, β and Λ are proportional to Lebesgue measure, and therefore cannot be mutually singular unless one of them is 0. So we recover the well known fact that strong predictable representation can hold in this case only for the Brownian filtration and the Poisson filtration (see for instance Sém. Prob. IX, p. 235).

REFERENCES

1. C. DELLACHERIE et P.A. MEYER. Probabilités et Potentiel. 2nd edition Hermann, Paris, 1976.
2. J. JACOD. Calcul stochastique et problèmes de martingales. Lecture Notes in M. n° 714. Springer 1979.
3. YAN Jia-An. An introduction to martingales and stochastic integral theory. Shanghai, 1981 (in Chinese).
4. HE Sheng Wu. Necessary and sufficient conditions for quasi-left-continuity of natural σ-fields of jump processes. Journal of East China Normal University, 1, 1981, p. 24-30 (in Chinese).
5. WANG Jia Gang. Some remarks on processes with independent increments. Sém. Prob. XV, LN in M. 850, 1981, p. 627-631.
6. M. ITMI. Processus ponctuels marqués stochastiques. Représentation des martingales et filtration naturelle quasi-continue à gauche. Sém. Prob. XV, LN in M. n° 850, 1981, p. 618-626.
7. K.P. PARTHASARATHY. Square integrable martingales orthogonal to every stochastic integral. Stoch. Processes and Appl. 7, 1978, p. 1-7.

(Prof. P.A. Meyer suggested also the reference :
Y. Le JAN. Temps d'arrêt stricts et martingales de sauts, ZW 44, 1978, p. 213-226,
where questions closely related to total continuity are studied).

HE Sheng Wu
Department of Mathematics
East China Normal University
SHANGHAI
CHINA

WANG Jia Gang
Institute of Mathematics
FuDan University
SHANGHAI
CHINA

et
Institut de Recherche Mathématique
Avancée, 67084-Strasbourg-Cedex.

Université de Strasbourg 1980/81

SEMIMARTINGALES A DEUX INDICES

par Dominique Bakry

Le théorème de Dellacherie-Meyer-Mokobodzky [5,VIII 80] permet de caractériser les semimartingales comme les processus adaptés, continus à droite, tels que l'intégrale stochastique des processus prévisibles élémentaires se prolonge en une mesure sur la tribu prévisible à valeurs dans l'espace L^o. On s'intéresse ici à la situation des processus à deux indices, comme mesure à valeurs dans l'espace L^p, $p\geq 1$: étant donné un espace de probabilité $(\Omega, \mathbb{F}, P)$, muni de deux filtrations $(\mathbb{F}^1_s)$ et $(\mathbb{F}^2_t)$ satisfaisant à la condition de commutation (F.4) de [4], on connait quatre modèles de semimartingales à deux indices:

-Les processus à variation finie

-Les martingales de L^p, $p>1$

-Certains processus d'un modèle mixte, de la forme $E(A_t/\mathbb{F}^1_s)$, étudiés par Wong et Zakai dans [7], où le processus A_t est à variation finie, adapté à la filtration $\mathbb{F}^2_t$, et satisfait en outre à certaines conditions assez restrictives

-Evidemment, le modèle symétrique obtenu en échangeant les rôles de s et t.

Nous étudions ci dessous les processus $X_{s,t}$ adaptés qui déterminent des mesures sur la tribu prévisible à valeurs L^p. Sous l'hypothèse supplémentaire que, à s et t fixés, $X_{s,t}$ soit une semimartingales par rapport aux filtrations $\mathbb{F}^1_s$ et $\mathbb{F}^2_t$ respectivement (nous disons alors que X est régulière), nous montrons que les semimartingales de L^p se décomposent en somme de quatre processus des types précédents, puis, dans le cas où X définit une mesure sur la tribu plus large des processus 1-prévisibles, nous obtenons une décomposition plus simple, et nous étudions quelques exemples où l'hypothèse de régularité n'est pas toujours satisfaite.

Notations: nous suivons pour l'essentiel celles de [6]; tous nos processus sont indexés par $[0,1]^2$, sur lequel on définit l'ordre partiel:

$$(s,t) \leq (s',t') \quad \text{ssi} \quad s \leq s' \quad \text{et} \quad t \leq t'$$

La notation $(s,t) < (s',t')$ signifie que l'inégalité stricte a lieu pour les deux composantes; si z et z' sont deux points de $[0,1]^2$, les notations $]z,z']$, $[z,z']$, etc... se comprennent dès lors d'elles mêmes.

On se donne deux filtrations $(\mathbb{F}^1_s)_{s\epsilon[0,1]}$ et $(\mathbb{F}^2_t)_{t\epsilon[0,1]}$ vérifiant les conditions habituelles ainsi que la condition (F.4) : pour tout (s,t), les espérances conditionnelles $E(./\mathbb{F}^1_t)$ et $E(./\mathbb{F}^2_t)$ commutent; nous notons alors $\mathbb{F}_{s,t}$ la tribu $\mathbb{F}^1_s \cap \mathbb{F}^2_t$.

On note $\mathfrak{B}$ (resp. $\mathfrak{B}^1$, $\mathfrak{B}^2$) l'ensemble des processus élémentaires prévisibles (resp. 1-prévisibles, 2-prévisibles) bornés par 1 en module, i.e. l'ensemble des processus $H(\omega,s,t)$ qui s'écrivent

$$\Sigma^n_{i=1}\Sigma^m_{j=1} h_{i,j}(\omega)1_{]s_i,s_{i+1}]}(s)\, 1_{]t_j,t_{j+1}]}(t) \quad \text{où } (s_i)^{n+1}_{i=1} \text{ et}$$

$(t_j)^{m+1}_{j=1}$ sont deux subdivisions dyadiques de $[0,1]$ et $h_{i,j}$ des variables aléatoires bornées bornées par 1 mesurables par rapport à $\mathbb{F}_{s_i,t_j}$ (resp. $\mathbb{F}^1_{s_i}$, $\mathbb{F}^2_{t_j}$) . La tribu engendrée par $\mathfrak{B}$ (resp. $\mathfrak{B}^1$, $\mathfrak{B}^2$) est la tribu prévisible (resp. 1-prévisible, 2-prévisible); elle est notée $\mathcal{P}$ (resp. $\mathcal{P}^1$, $\mathcal{P}^2$).

Si H s'écrit $h1_{]s,s']}1_{]t,t']}$, on définit l'intégrale stochastique de H par rapport à X : c'est la variable aléatoire

$$H.X = h(X_{s',t'}-X_{s',t}-X_{s,t'}+X_{s,t}) \quad \text{et l'on note } H{:}X \text{ le}$$

processus $z \dashrightarrow H1_{]0,z]}.X$, $z\epsilon[0,1]^2$.

Par linéarité, cette définition se prolonge au cas où H est un élément de $\mathfrak{B}$, $\mathfrak{B}^1$,$\mathfrak{B}^2$. Rappelons qu'un processus à deux indices est dit croissant si $1_{]z,z']}.X \geq 0$, pour tout couple de points (z,z') de $[0,1]^2$, et à variation finie s'il est différence de deux processus croissants.

Enfin, une dernière remarque avant de commencer: à plusieurs endroits, on utilisera des constantes universelles c_p et C_p , qui ne dépendent que de p; bien qu'elles puissent varier d'un bout à l'autre du texte, on ne les distinguera pas, et elles seront toujours notées de la même façon

I. Définitions et premières propriétés

Définition: Soit $p \geq 1$; on dira qu'un processus X est une semimartingale de L^p (resp. une 1-semimartingale, une 2-semimartingale) ssi:

-X est nul sur les axes: $X_{0,t} = X_{s,0} = 0$;

-X est continu à droite en probabilité: $\lim_{z'\to z, z'\geq z} X_{z'} = X_z$ (Prob.)

-X est adapté

$- \|X\|_{S_p(\text{resp.} S_p^1, S_p^2)} = (\text{déf.}) \sup_{H\in\mathfrak{B}(\text{resp.}\mathfrak{B}^1, \mathfrak{B}^2)} \|H.X\|_{L^p} < \infty$

Nous appellerons S_p (resp. S_p^1 , S_p^2) l'espace vectoriel de ces processus, que nous munissons de la norme $\| \quad \|_{S_p}$:

Proposition 1: S_p est un espace de Banach

Preuve: remarquons que $\|X\|_{S_p} \geq \sup_{z\in[0,1]^2} \|X_z\|_p$; donc, si X^n est une suite de Cauchy dans S_p , X_z^n converge dans L^p , uniformément en $z\in[0,1]^2$; la limite est donc un processus X , nul sur les axes, continu à droite en probabilité, adapté. De plus, si H est un élément de $\mathfrak{B}$, $H.X^n$ converge vers $H.X$ dans L^p , et donc X est un élément de S_p .

Remarque: il en va bien évidement de même pour S_p^1 et S_p^2 .

Suivant Bichteler [3], nous pouvons construire l'intégrale stochastique $H.X$, pour tous les processus prévisibles bornés H , de telle manière qu'elle vérifie le théorème de convergence dominée dans L^p. Nous explicitons les premières étapes, qui nous seront utiles par la suite.

Lemme 2: Soit H_n une suite d'éléments de $\mathfrak{B}$, à supports disjoints; il existe une constante universelle C_p , telle que $\|[\Sigma_n(H_n.X)^2]^{\frac{1}{2}}\|_p \leq C_p \|X\|_{S_p}$

Preuve: elle repose sur le lemme classique de Khintchine: si $r_i(w)$ est une suite de Rademacher (v.a.i. prenant les valeurs 1 et -1 avec probabilité $\frac{1}{2}$) sur un espace de probabilité $(W, \underline{\underline{W}}, \mu)$, il existe deux constantes universelles c_p et C_p telles que, pour toute suite de nombres réels (a_i) , on ait:

$$c_p(\Sigma_i a_i^2)^{\frac{1}{2}} \leq \|\Sigma_i a_i r_i(w)\|_{L^p(\mu)} \leq C_p(\Sigma_i a_i^2)^{\frac{1}{2}}$$

Considérons alors, sur un espace $(W,\underline{\underline{W}},\mu)$ auxiliaire, une suite de Rademacher r_i Pour tout w dans W , $\Sigma_i r_i(w) H_i$ est un élément de $\mathfrak{B}$, et donc,

$\| \Sigma_i r_i(w) H_i .X\|_p \leq \|X\|_{S_p}$; intégrons par rapport à μ , intervertissons l'ordre de sommation, et appliquons l'inégalité précédente: on obtient le résultat.

Corollaire 3: Sous les hypothèses précédentes, $H_n:X\longrightarrow 0\ (S_p)$

Preuve: si tel n'est pas le cas, il existe une suite extraite H_{n_k} et des éléments K_{n_k} de $\mathfrak{B}$ tels que $\|H_{n_k}K_{n_k}.X\|_p > \varepsilon > 0$. Appliquons le lemme précédent à la suite $R_k = H_{n_k}K_{n_k}$;

$$\Sigma_k(R_k.X)^2 < \infty \text{ (p.s.), d'où } R_k.X\longrightarrow 0 \text{ (p.s.)};$$

d'autre part, $|R_k.X| \leq [\Sigma(R_k.X)^2]^{\frac{1}{2}}$, et donc le théorème de convergence dominée s'applique.

Corollaire 4: si A_n est une suite décroissante d'ensembles prévisibles élémentaires, $1_{A_n}:X$ converge dans S_p

Preuve: puisque S_p est complet, si $1_{A_n}:X$ ne converge pas dans S_p, il existe une sous suite A_{n_k} telle que $\|1_{A_{n_{2k+1}}-A_{n_{2k}}}:X\|_{S_p} > \varepsilon > 0$, ce qui contredit le résultat précédent.

Théorème 5: si A_n est une suite décroissante d'ensembles prévisibles élémentaires d'intersection vide, $1_{A_n}:X\longrightarrow 0$ dans S_p

Preuve: d'après le corollaire précédent, il suffit de montrer que $\underbrace{(1_{A_n}:X)_z}_{\text{pour tout } z}$ converge vers 0 en probabilité. Or, pour tout $\varepsilon > 0$, et tout ensemble prévisible élémentaire A, il existe un ensemble prévisible élémentaire B, dont l'adhérence $\bar{B}$ est incluse dans A, et qui vérifie:

$$\|1_{A-B}:X\|_{S_p} < \varepsilon$$

En effet, si A s'écrit $H\times]z,z']$, prenons $B_n = H\times]z+(\frac{1}{n},\frac{1}{n}),z']$; $1_{A-B_n}:X$ converge vers 0 en probabilité, et y converge donc dans S_p d'après le lemme précédent.

$\varepsilon > 0$ étant donné, choisissons maintenant pour tout n un ensemble B_n d'adhérence incluse dans A_n, de telle façon que $\Sigma_n\|1_{A_n-B_n}:X\|_{S_p} < \varepsilon$; Si B'_n est l'intersection des n premiers B_i, on a alors:

$\|1_{A_n-B'_n}:X\|_{S_p} < \varepsilon$. Mais B'_n est vide à partir d'un certain rang, et donc, pour tout z, $(1_{B'_n}:X)_z$ converge presque sûrement vers 0, d'où le résultat.

Corollaire 6: Soit X une semimartingale de S_1 ; alors X s'écrit de manière unique $X = M + A$, où A est un processus à variation finie prévisible et M est une martingale faible, i.e. $E(1_{]z,z']}.M/\mathbb{F}_z) = 0$, pour tout $z < z'$;

on a, de plus:

$$\|M\|_{S_1} \leq 2\|X\|_{S_1} \quad ; \quad E(\text{var}.A) \leq \|X\|_{S_1}$$

Où var.A désigne la variation totale de A : $\int_{[0,1]^2} |dA|$

Preuve: l'application $A \to E1_A.X$, définie sur les ensembles prévisibles élémentaires, se prolonge, d'après ce qui précède, en une mesure sur la tribu prévisible, bornée par $\|X\|_{S_1}$; d'après le théorème de projection duale prévisible [1], il existe un unique processus à variation finie prévisible A, tel que, pour tout ensemble prévisible élémentaire C, on ait: $E1_C.X = E\int 1_C dA$; on a alors $E\text{var}.A \leq \|X\|_{S_1}$, et $M = X-A$ est une martingale faible.

Si X est un élément de S_p $(p > 1)$, le problème se pose de savoir si la décomposition précédente se fait dans S_p ; dans le cas général, nous ne savons pas répondre à cette question, mais, comme nous allons le voir ci-dessous, la réponse est positive dans deux cas particuliers importants: les semimartingales régulières et les 1-semimartingales.

II. Semimartingales régulières

Définition: Un élément X de S_p est dit régulier si les processus $s \to X_{s,1}$ et $t \to X_{1,t}$ sont des semimartingales (à un indice) par rapport aux filtrations $\mathbb{F}^1_s$ et $\mathbb{F}^2_t$, respectivement.

Remarquons tout d'abord que ce sont des semimartingales spéciales; en effet, considérons une subdivision dyadique de $[0,1]$: $(0=s_0 < s_1 < \ldots < s_n = 1)$, et appliquons le lemme 2 aux processus $H_i(\omega,s,t) = 1_{]s_i,s_{i=1}]}(s)$, $i=0,\ldots,n-1$;

nous obtenons: $\| [\Sigma_i (X_{s_{i+1},1} - X_{s_i,1})^2]^{\frac{1}{2}} \|_p \leq C_p \; \|X\|_{S_p}$,et donc $[X_{1,.}]^{\frac{1}{2}}$ est dans L^p .

De même, pour tout $t<1$, le processus $s \dashrightarrow X_{s,t}$ est une semimartingale spéciale: en effet, considérons l'ensemble $\mathfrak{B}_t$ des processus prévisibles élémentaires à un indice, dans la filtration $\mathbb{F}_{.,t}$, et désignons par $H.X_{.,t}$ l'intégrale stochastique élémentaire à un indice: si H_n est une suite d'éléments de $\mathfrak{B}_t$ qui converge uniformément vers 0 , $H_n.X_{.,1}$ converge vers 0 en probabilité, tandis que $H_n.(X_{.,1}-X_{.,t})$ converge vers 0 dans L^p , comme on peut le voir en appliquant la définition de S_p aux processus $\overline{H}_n(\omega,s,u) = H_n(\omega,s)1_{]t,1]}(u)$; $H_n.X_{.,t}$ converge donc vers 0 en probabilité, ce qui suffit à montrer que c'est une semimartingale, en vertu du théorème de Dellacherie-Meyer-Mokobodski; cette semimartingale est spéciale pour les mêmes raisons que précédemment.

Soit alors M la partie martingale faible de X ; $M_{.,t}$ est aussi une semimartingale spéciale dans la filtration $\mathbb{F}_{.,t}$, dont la décomposition canonique peut s'écrire: $M_{.,t} = M^1_{.,t} + X^1_{.,t}$.

Soit $t_1 < t_2$; puisque M est une martingale faible, $E(M_{.,t_2} - M_{.,t_1} / \mathbb{F}_{.,t_1})$ est une martingale de la filtration $\mathbb{F}_{.,t_1}$; elle s'écrit

$$E(M^1_{.,t_2} - M^1_{.,t_1} / \mathbb{F}_{.,t_1}) + E(X^1_{.,t_2} - X^1_{.,t_1} / \mathbb{F}_{.,t_1})$$

Le premier terme est une martingale, grâce à la propriété (F.4), donc le second aussi; or, c'est un processus à variation finie, continu à droite en probabilité: considérons sa version à trajectoires continues à droite; c'est un processus prévisible dans la filtration $\mathbb{F}_{.,t_1}$: en effet, il s'écrit $E(X^1_{.,t_2} / \mathbb{F}_{.,t_1}) - X^1_{.,t_1}$ et c'est une autre conséquence de (F.4) que d'avoir le premier terme prévisible dans la filtration $\mathbb{F}_{.,t_1}$; ce processus est donc nul, et l'on voit que le processus $t \dashrightarrow X_{s,t}$ est une martingale dans la filtration $\mathbb{F}_{s,t}$, où encore dans la filtration $\mathbb{F}^2_t$, ce qui revient au même.

On peut faire le même travail sur le processus $(s,t) \dashrightarrow M^1_{s,t}$, en échangeant les rôles de s et de t , et l'on obtient une décomposition de X de la forme: $X = M + X^1 + X^2 + A$, où, cette fois ci, M est une martingale à deux indices, A un processus prévisible à variation finie, X^1 est à variation finie prévisible par rapport à la première coordonnée, et une martingale par rapport à la seconde, et X^2 a les propriétés symétriques de celles de X^1 en échangeant les rôles des deux coordonnées; on a alors le résultat suivant:

<u>Théorème 7</u>: Dans la décomposition précédente, chacun des termes est dans S_p et y a une norme majorée par $C_p \|X\|_{S_p}$

Preuve: tout d'abord, chacun des termes est nul sur les axes, adapté, et continu à droite en probabilité. Considérons alors un élément H de $\mathfrak{B}$, et posons

$H_s(\omega,u,t) = H(\omega,u,t)1_{u\leq s}$; le processus $Y_s = H_s.X$ est une semimartingale spéciale dans la filtration $\mathbb{F}^1_s$, dont la partie martingale N est $H_s.(M+X^2)$ et la partie à variation finie prévisible $H_s.(X^1+A)$.

Soit $(s_i)_{i=1}^n$ une subdivision dyadique de $[0,1]$: appliquons le lemme 2 aux processus $(H_{s_{i+1}} - H_{s_i})_{i=1}^{n-1}$; nous obtenons:

$$\|[\Sigma_{i=1}^{n-1}(Y_{s_{i+1}} - Y_{s_i})^2]^{\frac{1}{2}}\|_p \leq C_p \|X\|_{S_p}$$

Nous en déduisons que $\|[Y]_1^{\frac{1}{2}}\|_p \leq C_p \|X\|_{S_p}$, d'où, en n'oubliant pas que la constante C_p peut varier de place en place:

$$\|[N]^{\frac{1}{2}}\|_p \leq C_p \|X\|_{S_p} \text{, et donc: } \|H.(M+X^2)\|_p \leq C_p \|X\|_{S_p} .$$

Par définition de S_p, cela signifie exactement que $\|M+X^2\|_{S_p} \leq C_p \|X\|_{S_p}$.
Par différence, on obtient le même résultat pour X^1+A ; échangeant les rôles des deux coordonnées, et appliquant ce résultat à la semimartingale $M+X^2$, on obtient finalement: $\|M\|_{S_p} \leq C_p \|X\|_{S_p}$, d'où, par différence $\|X^2\|_{S_p} \leq C_p \|X\|_{S_p}$;
Par symétrie, on obtient de même $\|X^1\|_{S_p} \leq C_p \|X\|_{S_p}$, et, finalement, le même résultat pour A.

<u>Remarque</u>: comme dans le cas $p=1$, il est aisé de caractériser les processus prévisibles à variation finie qui sont éléments de S_p : ce sont ceux dont la variation $\int_{[0,1]^2}|dA|$ est dans L^p; de même, nous pouvons caractériser les martingales de S_p au moyen d'une propriété qui ne dépend que de leurs trajectoires: étant donné deux subdivisions dyadiques de $[0,1]$, $\underline{s} = (s_i)_{i=1}^n$ et $\underline{t} = (t_j)_{j=1}^m$, considérons le

quadrillage $\underline{\underline{c}} = \underline{\underline{s}}\times\underline{\underline{t}}$: pour tout point $z=(s_i,t_j)$ de $\underline{\underline{c}}$, notons $\bar{z}$ son successeur (s_{i+1},t_{j+1}), s'il existe, et $\underline{\underline{c}}^\circ$ l'ensemble des points de $\underline{\underline{c}}$ ayant un successeur; enfin, notons $S_{\underline{\underline{c}}}(X) = [\Sigma_{\underline{\underline{c}}^\circ}(1_{]z,\bar{z}]}.X)^2]^{\frac{1}{2}}$:

<u>Theorème 8</u>: Soit $p\geq 1$; il existe des constantes universelles c_p et C_p, telles que pour toute martingale M, on ait:

$$(1) \qquad c_p\sup_{\underline{\underline{c}}} \|S_{\underline{\underline{c}}}(M)\|_p \leq \|M\|_{S_p} \leq C_p\sup_{\underline{\underline{c}}} \|S_{\underline{\underline{c}}}(M)\|_p$$

Preuve: la première inégalité est une conséquence immédiate du lemme 2, et est valable pour toute semimartingale X de S_p. Pour montrer la seconde, considérons un élément H de $\mathfrak{B}$, constant en dehors du quadrillage $\underline{\underline{c}}$; on a alors:

$S_{\underline{\underline{c}}}(H:M) \leq S_{\underline{\underline{c}}}(M)$, et il suffit donc de montrer que, pour toute martingale M, $\|M_{1,1}\|_p \leq C_p\sup_{\underline{\underline{c}}} \|S_{\underline{\underline{c}}}(M)\|_p$.

Dans le cas où $p>1$, c'est un résultat bien connu, et on a en plus équivalence entre $\|M_{1,1}\|_p$ et $\sup_{\underline{\underline{c}}} \|S_{\underline{\underline{c}}}(M)\|_p$ [6, par exemple].

Dans le cas $p=1$, la méthode utilisée dans [6] conduit au résultat:

$E|M_{1,1}| \leq C \sup_{\underline{\underline{s}}} E[\Sigma_{\underline{\underline{s}}}(M_{s_{i+1},1}-M_{s_i,1})^2]^{\frac{1}{2}}$, où $\underline{\underline{s}}$ parcourt l'ensemble des subdivisions dyadiques de $[0,1]$. Une telle subdivision étant fixée, considérons deux espaces probabilisés auxiliaires, $(W,\underline{\underline{W}},\mu)$ et $(W',\underline{\underline{W}}',\mu')$, avec deux suites de Rademacher $r_i(w)$ et $r_i'(w')$; en notant $\hat{E}$ et $\hat{E}'$ les espérances sur ces espaces, on a d'après le lemme de Khintchine:

$$E[\Sigma_{\underline{\underline{s}}}(M_{s_{i+1},1}-M_{s_i,1})^2]^{\frac{1}{2}} \leq C\,\hat{E}E|\Sigma_{\underline{\underline{s}}}r_i(w)(M_{s_{i+1},1}-M_{s_i,1})|$$

Fixons alors w, et considérons la martingale, dans la filtration $\mathbb{F}_t^2$, $Y_t^w = \Sigma_{\underline{\underline{s}}}r_i(w)(M_{s_{i+1},t}-M_{s_i,t})$; on a, de nouveau:

$$E|Y_1^w| \leq C \liminf_n E[\Sigma_{\underline{\underline{t}}_n}(Y^w_{t_{i+1}}-Y^w_{t_i})^2]^{\frac{1}{2}} \quad , \text{ où } \underline{\underline{t}}_n = (\tfrac{i}{2^n})_{i=1}^{2^n-1}$$

On peut alors utiliser le lemme de Fatou, puis une nouvelle fois le lemme de khintchine, pour obtenir:

$$\hat{E}\,E\,|Y_1^w| \leq C \sup_{\underline{\underline{s}}\times\underline{\underline{t}}} \hat{E}'\hat{E}\,E|\Sigma_{\underline{\underline{s}}\times\underline{\underline{t}}}r_i(w)r_i'(w')Z_{i,j}|$$

où $Z_{i,j} = 1_{](s_i,t_j),(s_{i+1},t_{j+1})]}.M$

Il reste à appliquer une nouvelle fois le lemme de Khintchine, en remarquant que $r_i(w)r'_j(w')$ forment un nouveau système de Rademacher.

III 1-semimartingales

Considérons un élément X de S^1_p ; c'est en particulier un élément de S_p , et il admet une décomposition $X = M + A$, où M est une martingale faible et A un processus prévisible à variation finie. Mais, si nous appliquons le corollaire 6 au cas où la filtration $\mathbb{F}^2_\bullet$ est constamment égale à $\mathbb{F}^1_1$,nous obtenons une décomposition $X = M^1 + A^1$, où $M_{s,t}$ est une martingale en s , pour la filtration $\mathbb{F}^1_s$, et A^1 un processus à variation finie 1-prévisible.

Théorème 9: Les processus M, A, M^1, A^1 sont dans S^1_p, avec une norme majorée par $c_p \|X\|_{S^1_p}$

Preuve: remarquons tout d'abord que les processus M^1 et A^1 sont adaptés; en effet, pour tout t , $X_{\bullet,t} = M^1_{\bullet,t} + A^1_{\bullet,t}$ est la décomposition canonique de la semimartingale spéciale $X_{\bullet,t}$, dans la filtration $\mathbb{F}^1_\bullet$, donc, grâce à la propriété (F.4), c'est sa décomposition spéciale dans la filtration $\mathbb{F}_{\bullet,t}$; $M^1_{s,t}$ et $A^1_{s,t}$ sont donc $\mathbb{F}_{s,t}$ adaptés.

La démonstration du théorème 7 s'applique sans changements pour montrer que $\|M^1\|_{S^1_p} \leq c_p \|X\|_{S^1_p}$ et $\|A^1\|_{S^1_p} \leq c_p \|X\|_{S^1_p}$.

Pour obtenir le résultat, il suffit donc de remarquer que:

$$\|A\|_{S^1_p} = \|A\|_{S^1_p} = \|\int |dA|\,\|_p \leq c_p \|\int |dA^1|\,\|_p = c_p \|A^1\|_{S^1_p} \quad ,$$

la seule chose à démontrer étant l'inégalité du milieu.

Or, pour tout élément H de $\mathcal{E}$, $E(H.A) = E(H.A^1) = E(H.X)$, donc, le processus A est la projection duale prévisible du processus A^1 ; A^1 étant lui même 1-prévisible, A est en fait sa 2-projection duale prévisible [1]. Il suffit donc de remarquer que, si A est un processus à variation finie intégrable, et $\bar{A}$ sa 2-projection duale prévisible, on a:

$$(2) \qquad \|\int_{[0,1]^2} |d\bar{A}|\,\|_p \leq c_p \|\int_{[0,1]^2} |dA|\,\|_p \quad .$$

On se ramène aussitôt au cas où A est croissant, nul sur les axes. $\bar{A}_{1,\cdot}$ est alors la projection duale prévisible de $A_{1,\cdot}$ dans la filtration $\mathbb{F}^2_\cdot$, et donc:

$$\|\bar{A}_{1,1}\|_p \leq C_p \|A_{1,1}\|_p \text{, d'après les inégalités}$$

B.D.G. [5, VI, 100], ce qui est le résultat cherché.

Remarque: l'inégalité (2) est également valable lorsque $\bar{A}$ est la 1-projection duale prévisible de A, et donc aussi si c'est sa projection duale prévisible; il en va de même pour les projections duales optionnelles.

Nous allons étudier maintenant quelques exemples de 1-semimartingales, qui sont des 1-martingales (i.e. $X_{\cdot,t}$ est une martingale par rapport à la filtration $\mathbb{F}^1_\cdot$). Nous pouvons alors supposer que $\mathbb{F}^2_t = \mathbb{F}^1_1$, et nous notons alors $\mathbb{F}^1_s = \mathbb{F}_s$.

1)Etudions d'abord le cas où $A_{s,t} = E(A_t / \mathbb{F}_s)$, A_t étant un processus à variation finie.

Nous avons donné dans [2] un exemple de processus croissant A_t, $A_0=0$, $A_1=1$, et tel que $A_{s,t}$ ne soit pas un élément de S_1 (ni même de l'espace S_0, analogue de S_1 pour la convergence en probabilité).

Notons, pour tout processus $(Y_s)_{0\leq s\leq 1}$ $Y^* = \sup_s |Y_s|$, et pour toute subdivision $\underline{t} = (t_i)_{i=0}^n$:

$$\text{var}^*_{\underline{t}}(A) = \Sigma_{\underline{t}}(A_{\cdot,t_{i+1}} - A_{\cdot,t_i})^* \quad \text{et} \quad \text{var}^*(A) = \sup_{\underline{t}} \text{var}^*_{\underline{t}}(A) \quad ;$$

Théorème 10: Pour tout $p\geq 1$, $\|A\|_{S_p} \leq C_p \|\text{var}^*(A)\|_p$

Nous nous appuierons sur le lemme suivant:

Lemme 11: Il existe deux constantes universelles c_p et C_p telles que, pour toute famille $(Y^i)_{i=1}^n$ de martingales, on ait:

$$(3) \qquad c_p \|\Sigma_i (Y^i_\cdot)^*\|_p \leq \|\Sigma_i [Y^i_\cdot]_1^{\frac{1}{2}}\|_p \leq C_p \|\Sigma_i (Y^i_\cdot)^*\|_p$$

Preuve: montrons la première partie de l'inégalité; en notant $Y_s^{i*} = \sup_{u\le s} |Y_s^i|$; on a, pour tout temps d'arrêt T : $E(Y_1^{i*} - Y_{T-}^{i*}/\mathbb{F}_T) \le 4E([Y^i_\cdot]_1^{\frac12}/\mathbb{F}_T)$ [5, VII 91]

En sommant, on obtient, en posant $Z_s = \Sigma_i Y_s^{i*}$, $X = \Sigma_i [Y^i]_1^{\frac12}$:

$$E(Z_1 - Z_{T-}/\mathbb{F}_T) \le 4E(X/\mathbb{F}_T)$$

, et, grâce au lemme de Garsia-Neveu [5, VI 99], $\|Z_1\|_p \le 4p\,\|X\|_p$, ce qui est l'inégalité cherchée.

L'autre sens se traite de la même façon.

Preuve du théorème 10: soit $\underline{t} = (t_i)_{i=1}^n$ une subdivision de $[0,1]$, et $(H_i)_{i=1}^{n-1}$ des processus prévisibles bornés par 1, à un indice; posons $Y_s^i = A_{s,t_{i+1}} - A_{s,t_i}$, pour $i=0, \dots, n-1$, et $\int H_s^i dY_s^i = H^i.Y^i$; on a: $[H^i.Y^i]_1 \le [Y^i]_1$, et donc:

$$\|\Sigma_i H_i.Y^i\|_p \le \|\Sigma_i (H_i.Y^i)^*\|_p \le \frac{1}{c_p} \|\Sigma_i [Y^i]_1^{\frac12}\|_p \le \frac{C_p}{c_p} \|\Sigma_i (Y^i_\cdot)^*\|_p$$

et la dernière quantité, par définition, est majorée par $\frac{C_p}{c_p} \|\mathrm{var}^*(A)\|_p$.

<u>Remarque</u>: l'inégalité inverse n'a certainement pas lieu, comme le montre l'existence d'éléments de S_p de la forme $E(X_t/\mathbb{F}_s)$, où X_t n'est pas à variation finie: nous en verront des exemples plus bas.

Un exemple intéressant de la situation du théorème précédent est le cas des semimartingales étudié par Wong et Zakai: $A_{s,t} = E(A_t/\mathbb{F}_s)$, où A_t s'écrit $A_t = \int_0^t Y_t d\mu(t)$, où μ est une mesure déterministe sur $[0,1]$, positive de masse 1 , pour fixer les idées; dans ce cas:

$$\|\mathrm{var}^*(A)\|_p \le C_p \|\int_0^1 [Y_{\cdot,t}]_1^{\frac12} d\mu(t)\|_p \tag{4}$$

, où $Y_{s,t}$ désigne la martingale $E(Y_t/\mathbb{F}_s)$

Pour le voir, nous aurons besoin d'un lemme:

<u>Lemme 12</u>: Soit Y_t , $t\in[0,1]$, un processus mesurable intégrable, et $Y_{s,t}$ la martingale $E(Y_t/\mathbb{F}_s)$; supposons que $E\int_0^1 [Y_{\cdot,t}]^{\frac12} d\mu(t) < \infty$; on a alors:

$$[\int_0^1 Y_{\cdot,t} d\mu(t)]^{\frac12} \le \int_0^1 [Y_{\cdot,t}]^{\frac12} d\mu(t) \quad \text{p.s.} \tag{5}$$

Preuve: supposons d'abord Y borné; dans le cas il est étagé i.e. il s'écrit $\Sigma_{i=1}^{n} Y^i 1_{]t_i,t_{i+1}]}(t)$, ce n'est rien d'autre que l'inégalité de Kunita-Watanabé. Si Y est un processus mesurable quelconque, il existe une suite Y^n de processus étagés, tels que $E\int [Y_{.,t} - Y^n_{.,t}]^{\frac{1}{2}} d\mu(t) \longrightarrow 0 \ (n \longrightarrow \infty)$: cela peut se voir en utilisant le théorème des classes monotones, en remarquant que, si Y^n converge vers Y , uniformément où en croissant, alors, pour tout t , $Y^n_{.,t}$ converge vers $Y_{.,t}$ dans $\mathbb{H}_1$, et donc $E\int_0^1 [Y_{.,t} - Y^n_{.,t}]^{\frac{1}{2}} d\mu(t)$ converge vers 0 , en utilisant le théorème de convergence dominée.

Soit alors, Y borné étant donné, une suite Y^n de processus étagés tels que $\int [Y_{.,t} - Y^n_{.,t}]^{\frac{1}{2}} d\mu(t)$ converge vers 0 p.s. et dans L^1 . $\int_0^1 Y^n_{.,t} d\mu(t)$ est une suite de Cauchy dans $\mathbb{H}_1$, et converge dans L^1 vers $\int_0^1 Y_{.,t} d\mu(t)$; quitte à extraire une sous-suite, on peut supposer que $[\int_0^1 Y^n_{.,t} d\mu(t)]^{\frac{1}{2}}$ converge p.s. vers $[\int_0^1 Y_{.,t} d\mu(t)]^{\frac{1}{2}}$, ce qui nous donne le résultat.

On passe du cas borné au cas général par troncation.

On peut maintenant prouver (4): il suffit de montrer que, pour toute subdivision dyadique $\underline{t}$ de $[0,1]$, on a: $\|\mathrm{var}^*_{\underline{t}}(A)\|_p \leq C_p \|\int_0^1 [Y_{.,t}]^{\frac{1}{2}} d\mu(t)\|_p$

Si $\underline{t} = (t_i)_{i=1}^{n}$, posons $Z^i = A_{.,t_{i+1}} - A_{.,t_i}$; d'après (3), on a:

$$\|\mathrm{var}_{\underline{t}}(A)\|_p \leq C_p \|\Sigma_i [Z^i]_1^{\frac{1}{2}}\|_p \quad . \text{ Or,}$$

$[Z^i]_1^{\frac{1}{2}} = [\int_{t_i}^{t_{i+1}} Y_{.,t} d\mu(t)]^{\frac{1}{2}}$ et, d'après (5), cette dernière quantité est inférieure où égale à $\int_{t_i}^{t_{i+1}} [Y_{.,t}]^{\frac{1}{2}} d\mu(t)$, d'où le résultat.

2)Supposons que toutes les martingales $X_{.,t}$ (t dyadique) appartiennent à l'espace stable engendré par une même martingale Y de $\mathbb{H}_1$.

Dans ce cas, $X_{s,t}$ s'écrit $\int_0^s H_{u,t}dY_s$; si X est dans S_p , $d[Y]_s dP$ -presque partout, $t \dashrightarrow H_{s,t}$ est à variation finie sur les dyadiques, et on a, en dézignant par $var(H_{s,.})$ cette variation:

$$(6) \qquad c_p \|X\|_{S_p} \leq \|\{\int_0^1 var(H_{s,.})^2 d[Y]_s\}^{\frac{1}{2}}\|_p \leq C_p \|X\|_{S_p}$$

Preuve: remarquons que, pour tout élément K de $\mathfrak{B}$,

$$K.X = \int_0^1 \{\int_0^1 K(\omega,s,t)H_{s,dt}\}dY_s$$

, l'intégrale entre parenthèses étant une intégrale élémentaire par rapport à $H_{s,.}$; les deux membres de cette égalité sont parfaitement définis lorsque $H(\omega,s,t) = \Sigma_i H_s^i(\omega) 1_{]t_i,t_{i+1}]}(t)$ $\underline{\underline{t}} = (t_i)_{i=1}^n$ étant une subdivision dyadique de $[0,1]$, $(H^i)_{i=0}^{n-1}$ étant des processus prévisibles quelquonques bornés par 1, et il est clair qu'alors, les deux membres restent égaux; écrivons la pour $H_s^i = k_s \text{signe}(H_{s,t_{i+1}} - H_{s,t_i})$, où k_s est un processus prévisible quelquonque; si nous notons $var_{\underline{\underline{t}}}(H_{s,.}) = \Sigma_{\underline{\underline{t}}} |H_{s,t_{i+1}} - H_{s,t_i}|$, nous obtenons:

$$\|\int_0^1 k_s var_{\underline{\underline{t}}}(H_{s,.})dY_s\|_p \leq \|X\|_{S_p}$$

; ceci étant valable pour tout k prévisible borné, nous avons [6, VII 104] :

$$\|[\int_0^1 var_{\underline{\underline{t}}}(H_{s,.})dY_s]^{\frac{1}{2}}\|_p \leq C_p \|X\|_{S_p}$$

; on en déduit la seconde partie de (6), et la première se démontre de la même manière.

Remarque 1: dans le cas $p=2$, la démonstration précédente montre que l'on peut prendre $c_p = C_p = 1$.

Remarque 2: en général, dans les semimartingales du type précédent, $X_{1,.}$ n'est pas à variation finie, comme le montre l'exemple suivant:

$(\Omega, \mathbb{F}, \mathbb{F}_s, P)$ est un espace vérifiant les conditions habituelles, sur lequel existe un mouvement Brownien B_s ; $X_{s,t} = \int_0^s 1_{0 \leq B_u \leq t} dB_u$ est, pour tout p, un élément de S_p d'après l'étude précédente, mais

$$X_{1,t} = B_1^+ \wedge t + \tfrac{1}{2}(L_1^t - L_1^0)$$

où L_s^t est le temps local en t du mouvement Brownien, et donc n'est pas à variation finie.

3) Enfin, dans le cas $p=2$, il y a une classe de semimartingales particulièrement importante: ce sont les martingales à accroissements fortement orthogonaux: pour tout $t \leq t_1 \leq t_2$, $<X_{.,t}, X_{.,t_2} - X_{.,t_1}> = 0$. Alors,

$$\|X\|_{S_2}^2 = EX_{1,1}^2 = E<X_{.,1}>_1 .$$

En effet, dans ce cas, $(s,t) \to <X_{.,t}>_s$ est un processus croissant (à deux indices), et, si l'on note $<X>_{s,t}$ sa version continue à droite (qui est prévisible), on a, pour tout processus prévisible H, élémentaire ou non, borné:

$$E(H.X)^2 = E\int_{[0,1]^2} H^2 d<X>$$

C'est la situation du processus de Wiener à deux indices $W_{s,t}$ lorsque $\mathbb{F}_s$ est la tribu engendrée par $(W_{u,v})_{u \leq s, v \leq 1}$, où, plus généralement, pour toutes les martingales fortes au sens de [4].

Références:

[1] Bakry, D.: Théorèmes de section et de projection pour les processus à deux indices; ZW 55, 1981, 55-71.

[2] Bakry, D.: Une remarque sur les semimartingales à deux indices; Sém. Prob. XV, 1981, L.N. 850, 671-672.

[3] Bichteler, K.: Stochastic integration and L^p-theory of semimartingales; à paraitre dans Ann. Prob..

[4] Cairoli, R.; Walsh, J.B.: Stochastic integrals in the plane; Acta Math. 134, 1975, 111-183.

[5] Dellacherie, C.; Meyer, P.A.: Probabilités et potentiel, vol. 2; Paris, Hermann, 1980.

[6] Meyer, P.A.; Théorie élémentaire des processus à deux indices; Processus aléatoires à deux indices, Colloque E.N.S.T.-C.N.E.T. 1980, L.N. 863, 1-39.

[7] Wong, E.; Zakai, M.: Weak martingales and stochastic integrals in the plane, ZW 29, 1974, 109-122.

SEMIMARTINGALES IN PREDICTABLE RANDOM OPEN SETS

ZHENG Wei An

INTRODUCTION

After L. Schwartz discussed in [1] the restriction of semimartingales to a random open set, P.A. Meyer [2] gave a definition of semimartingales in a random open set. This was discussed again by L. Schwartz [3] from the point of view of formal measures. A number of fine results, specially for the case of continuous semimartingales, have been proved since the definitions were given (see [1], [3], and the recent reference [7][1]).

The purpose of this paper is to extend to semimartingales in a predictable random open set as much of the classical theory of semimartingales as possible, following the lines of L. Schwartz and P.A. Meyer . The restriction of predictability is rather strong, but no restriction will be placed on the semimartingale itself. We follow systematically an idea due to L. Schwartz, which consists in neglecting locally constant processes in the random open set A. Then we can define pseudo-adapted processes in A, local pseudo-martingales, pseudo-semimartingales, etc. and prove for instance a decomposition result for pseudo-semimartingales, into a local pseudo-martingale part and a pseudo-adapted process of finite variation in A. This terminology is rather heavy, but if the reader is willing to make a slight effort of abstraction, and to deal with equivalence classes of processes in A modulo locally constant processes (these classes will be called pseudo-processes), then the prefix pseudo- will disappear from all other places, and all the definitions of adaptation, semimartingales, local martingales... for pseudo processes will appear as natural extensions of the classical ones.

The main application of this theory, and in fact the reason why it was developed by L. Schwartz, concerns processes in a differentiable manifold V : if X is a continuous process with values in V, and U is open, then $X^{-1}(U)$ is a predictable random open set. Therefore the usual localization procedures in V lead to localization on random open sets in $\mathbb{R}_+\times\Omega$.

1. When the first version of this paper was written, we didn't know of this work by Meyer and Stricker, where the pseudo-semimartingales are introduced under the name of << semimartingale measures >>. This new version has been modified to take it into account. I thank P.A. Meyer for his help in preparing the final version.

§ 0 . NOTATION AND ELEMENTARY RESULTS

Throughout this paper, we work on a fixed probability space $(\Omega,\underline{\underline{F}},P)$ with a filtration $(\underline{\underline{F}}_t)$ which satisfies the usual conditions. We denote by $\underline{\underline{T}}$ ($\underline{\underline{PT}}$) the set of all $(\underline{\underline{F}}_t)$ stopping times (predictable times)

Let A be a random set, i.e. a measurable subset of $\mathbb{R}_+\times\Omega$. We say that A is a random open set if, for (almost) every ω, its section $A(\omega)$ is open in $\mathbb{R}_+$. This introduces a slight difficulty at 0 since $[0,a[$ and $]0,a[$ are both open sets in $\mathbb{R}_+$: rather than going into trivial discussions, we shall assume that A doesn't contain 0, leaving the easy extension to the reader. This will not prevent us from giving $\mathbb{R}_+\times\Omega$ as an example of a random open set !

In the whole paper, A will denote a random open set, predictable unless the contrary is specified.

A real valued process in A is a measurable mapping X from A to $\mathbb{R}$ (sometimes to the extended line $\overline{\mathbb{R}}$). As usual, we do not distinguish from A any set A', from X any process X', which are equal to A, X except on an evanescent set. A process X in A will be identified to XI_A , the process in $\mathbb{R}_+\times\Omega$ which is equal to X on A and to 0 on A^c.

The definition of a process X cadlag in A is obvious. We say that X is locally constant in A if (for a.e. ω) $X_\cdot(\omega)$ is constant in each one of the connected components of $A(\omega)$ - which are open intervals. We say that two processes X,Y are equivalent in A (notation : $X \sim_A Y$ or simply $X \sim Y$ if no confusion can arise) if X-Y is locally constant in A . An equivalence class of processes in A is called a pseudo-process.[1] For instance, if $A=\mathbb{R}_+\times\Omega$, pseudo-processes can be identified to processes X normalized to be 0 at the initial time, but already in $\mathbb{R}_+^*\times\Omega$ there is no natural way of << normalizing >> pseudo-processes.

For any $S\in\underline{\underline{T}}$, define

$$(0.1) \qquad T_S = \inf\{t\geq S\ ,\ (t,\omega)\in A\ \}$$

If S belongs to $\underline{\underline{PT}}$, so does T_S since $A^c\cap[S,\infty]$ is predictable and closed. We have (Q denoting as usual the set of rationals)

$$(0.2) \qquad A = \cup_{r\in Q_+}\ [r,T_r[$$

We denote by $\underline{\underline{T}}(A)$ ($\underline{\underline{PT}}(A)$) the set of all $S\in\underline{\underline{T}}$ ($\underline{\underline{PT}}$) such that $[S]\subset A$. Note that if $S\in\underline{\underline{PT}}$, the set $\{S\in A\}=\{S=T_S\}$ belongs to $\underline{\underline{F}}_{S-}$, and $S_{\{S\in A\}}$ belongs to $\underline{\underline{PT}}(A)$. A pair of times (S,T) is called a neighbouring pair in A (or T is called a neighbour of S in A) if we have : $S\in\underline{\underline{T}}(A)$, $T\in\underline{\underline{T}}(A)$, $S\leq T$, $S<T<\infty$ on $\{S<\infty\}$, and if the closed stochastic interval $[S,T]$ is contained in A. We denote by $\underline{\underline{NP}}(A)$ the set of neighbouring pairs in A.

1. As pointed out in section 3, a convenient notation for the equivalence class of X is dX.

We have the following easy lemma :

(0.3) LEMMA. 1) For every $S\in\underline{\underline{PT}}(A)$, the stochastic interval $[S,T_S[$ is the union of an increasing sequence of stochastic intervals $[S,T_n]$, where each T_n is a neighbour of S in A .

2) There exists a sequence (S_n,T_n) of neighbouring pairs [1] such that $A=\cup_n[S_n,T_n] = \cup_n\ ]S_n,T_n[$.

Proof. On $\Omega'=\{S<\infty\}$ consider the filtration $(\underline{\underline{F}}'_t)=(\underline{\underline{F}}_{S+t})$. Then it is well known that $T'=T_S-S$ is an $(\underline{\underline{F}}'_t)$-predictable time, and since A is open it is a.s. >0 on Ω' . Consider a sequence $T'_n>0$ foretelling T' and set $T_n=S+T'_n$ on Ω', $T_n=\infty$ on $(\Omega')^c$. It is obvious that 1) is satisfied.

As for ii), we set $S_r=r_{\{r\in A\}}$ for rational r, and apply 1) to S_r to construct a sequence (S_r,T_{rn}) of neighbouring pairs « filling » $[S_r,T_{S_r}[=[r,T_r[$. Then we reorder these pairs into a single sequence (S_n,T_n) and apply (0.2).

The following result allows the construction of pseudo-processes by « pasting together of local data » . It doesn't require a filtration, so we state explicitly that A, A^n aren't assumed to be predictable.

(0.4) LEMMA. Assume A is the union of a sequence A^n of random open sets, and that, for every n , a process X^n is given in A^n, right continuous in A^n, and the following compatibility condition is satisfied

$$\text{for every } (m,n)\ ,\ X^m \sim_{A^m\cap A^n} X^n$$

Then there exists in A a right continuous process X, unique up to equivalence, such that $X\sim_{A^n} X^n$ for every n .

Proof. First be begin with the deterministic case of the lemma : A is an open set in $\mathbb{R}_+$ (not containing 0 for simplicity), union of a sequence of open sets A^n, and the X^n are ordinary right continuous functions. Then we enumerate all open components $]u_k,v_k[$ of A, and choose in each one a point w_k : for instance, $w_k=(u_k+v_k)/2$ for a bounded component, $w_k = u_k+1$ for the unbounded component if it exists.

Let $\underline{\underline{I}}(A)$ be the smallest family of subsets of A, closed under finite operations $\cup,\cap,\setminus$, which contains all bounded intervals $]u,v]$ with $[u,v]\subset A$ ($\underline{\underline{I}}(A)$ simply consists of finite disjoint unions of such intervals). Any function X in A determines uniquely a finitely additive measure $\mu=\mu_X$ on $\underline{\underline{I}}(A)$ such that $\mu_X(]u,v])=X(v)-X(u)$, and $X\sim_A 0$ iff $\mu_X=0$. Conversely, given a finitely additive measure μ on $\underline{\underline{I}}(A)$, we may construct a function $\hat{X}$ such that $\mu=\mu_{\hat{X}}$ in the following way : given $u\in A$, we consider the component $]u_k,v_k[$ containing u and set

1. With a little more care, one can choose S_n,T_n predictable.

$$\hat{X}(u) = \mu(]w_k,u]) \text{ if } u \geqq w_k \text{ , } -\mu(]u,w_k]) \text{ if } u<w_k$$

If we start from X, go to μ and then to $\hat{X}$, it is clear that we get a process equivalent to X, normalized to vanish at each w_k. We say that μ is right continuous if $\hat{X}$ is right continuous in A.

Consider now two open sets A and A', two right continuous measures μ and μ' on $\underline{\underline{I}}(A)$, $\underline{\underline{I}}(A')$ respectively, which induce the same measure on $\underline{\underline{I}}(A\cap A')$. Then there is a unique measure λ on $\underline{\underline{I}}(A\cup A')$ which extends μ and μ', and λ is right continuous. We leave the trivial details to the reader, but indicate explicitly one point : let $[u,v]$ be an interval contained in $A\cup A'$, hence covered by the (open) components of A and A'. By compactness, there is a finite chain $u=t_0<\ldots<t_k<t_{k+1}=v$ with $t_1\ldots t_k$ rational, such that each interval $[t_i,t_{i+1}]$ is contained in some component of either A or A', and then $\lambda(]t_i,t_{i+1}])$ is unambiguously defined, due to the compatibility of μ and μ'. Since $]u,v]=\cup_i]t_i,t_{i+1}]$ we can deduce the value of $\lambda(]u,v])$.

Returning now to the statement of the lemma, we apply the procedure just described to construct by induction right continuous measures λ_n on $\underline{\underline{I}}(B_n)$, with $B_n=A_1\cup A_2\ldots\cup A_n$, such that λ_n induces μ_{X^k} on each $\underline{\underline{I}}(A^k)$ for $k=1,..,n$. By compactness, every set $H\in\underline{\underline{I}}(A)$ belongs to some $\underline{\underline{I}}(B_n)$, and setting $\lambda(H)=\lambda_n(H)$ (which doesn't depend on n) we have the desired measure on $\underline{\underline{I}}(A)$, which is easily seen to be right continuous. From it we construct the desired function X as explained above.

Now we go to the general case. It is well known that the components of a measurable random open set A can be enumerated as stochastic intervals $]U_k,V_k[$, where the functions U_k,V_k are measurable (but they aren't stopping times in general, even if A is predictable). Let us say that $\omega\in\Omega$ is << good >> if all the a.s. properties are true at ω : $A(\omega)$ and $A^n(\omega)$ are open , $A(\omega)=\cup_n A^n(\omega)$, $X^n_.(\omega)$ is right continuous in $A^n(\omega)$, the compatibility conditions are true... Since we work only up to evanescent sets, we may restrict ourselves to good ω's, and therefore the only condition we need to check is the following : if the components of A, A^n are measurably enumerated, the above deterministic constructions lead to a measurable process X in A . This is a little tedious, but easy, and we leave it to the reader.

§ 1 . LOCALIZATION OF PROPERTIES ON A

We are going first to give some generalities on ordinary processes in $\mathbb{R}_+\times\Omega$. In this case, neighbouring pairs are simply pairs of stopping times (S,T) such that $S\leqq T$, $S<T<\infty$ on $S<\infty$. Given any process X, we denote by $X^{S,T}$ the process $(X^T_{t\vee S}-X_S)I_{\{S<\infty\}} = X^T-X^S$: formally, this is the stochastic integral $I_{]S,T]} \cdot X$ (we just demand here that $S \leqq T$)

Consider now a property of stochastic processes, which we denote by $\mathcal{P}$. Let us say that $\mathcal{P}$ is <u>localizable</u> if the following statements are true.

1) If X has property $\mathcal{P}$, so does $X^{S,T}$ for any pair (S,T), $S \leqq T$.
2) If (S,T) and (U,V) are pairs with $S \leqq T \leqq U \leqq V$, and $X^{S,T}$, $X^{U,V}$ have property $\mathcal{P}$, and if $]S,T] \cup]U,V] =]S,W]$ is a stochastic interval, then $X^{S,W}$ has property $\mathcal{P}$.
3) If (S,T) and (U,V) are two pairs with $S \leqq T$, $U \leqq V$, S=U on $\{S<\infty, U<\infty\}$, and if $X^{S,T}$, $X^{U,V}$ have property $\mathcal{P}$, then so does $X^{S\wedge U, T\vee V}$.

Examples of such properties are, of course, regularity properties of sample functions (continuity, cadlag property, finite variation...) ; many measurability properties (predictability, optionality, adaptation - understood in the <u>strong</u> sense, namely $\underline{\underline{F}}_T$-measurability at any stopping time T), and besides that the following properties, some of which obviously are not at all << local >> .

X is a martingale, a square integrable martingale, a super or submartingale, a process with integrable variation, a class (D) supermartingale, a local martingale, a semimartingale...

We say that $\mathcal{P}$ is <u>local</u> if it is localizable, and satisfies

4) If there exists a sequence $T_n \uparrow \infty$ of stopping times, such that X^{0,T_n} has property $\mathcal{P}$, then X has property $\mathcal{P}$.

Every localizable property $\mathcal{P}$ has a localization $\mathcal{P}_{loc}$, defined as follows : X has property $\mathcal{P}_{loc}$ iff there exists a sequence $T_n \uparrow \infty$ such that X^{0,T_n} has property $\mathcal{P}$. We leave it to the reader to check that $\mathcal{P}_{loc}$ is a local property. For instance, the localization of << X is a martingale >> is << $X-X_0$ is a local martingale >> . This is a rather unusual fact, since the constant process X_0 may not be adapted, but it is consistent with our point of view of neglecting altogether (locally) constant processes.

We now set a general principle : A being as always a predictable random open set, X a process in A, $\tilde{X}$ the equivalence class (pseudo-process) of X, we define :

(1.1.). DEFINITION. Let $\mathcal{P}$ be a local property. We say that X has the property <u>pseudo-$\mathcal{P}$ in A</u> (or that <u>$\tilde{X}$ has property $\mathcal{P}$ in A</u>) iff, for every neighbouring pair (S,T) in A, the ordinary process $X^{S,T}$ has property $\mathcal{P}$.

If X has the pseudo-$\mathcal{P}$ property in A, the same is true in any smaller open set. In particular, if X is the restriction to A of a process which has property $\mathcal{P}$ in $\mathbb{R}_+$, then it has property pseudo-$\mathcal{P}$ in A .

The following theorem shows that the word << local >> is used here in a sense consistent with its use in topology :

(1.2). THEOREM. Let $\mathcal{P}$ be a local property. Let A be the union of a sequence A^n of predictable random open sets. If X has the property pseudo-$\mathcal{P}$ in each A^n, then it has property pseudo-$\mathcal{P}$ in A .

Proof. We consider a neighbouring pair (S,T) in A ; we want to show that the ordinary process $X^{S,T}$ has property $\mathcal{P}$.

Let $\mathcal{H}$ be the set of all stochastic intervals $]U,V[$, corresponding to neighbouring pairs (U,V) in A such that $[U]\subset[S]$, and $X^{U,V}$ has property $\mathcal{P}$. According to property 3) of localizable properties, $\mathcal{H}$ is closed under finite unions. Therefore, there exists an increasing sequence $]U_n,V_n[$ of elements of $\mathcal{H}$, with union $]\overline{U},\overline{V}[$, such that $]\overline{U},\overline{V}[$ contains every element of $\mathcal{H}$ up to an evanescent set.

If we can prove that $\overline{U}=S$, $\overline{V}=T_S$ (see (0.1)) , then the theorem is true. Indeed, first fix m and for $n\geqq m$ set $R_n=+\infty$ on $\{U_m=\infty\}$, $R_n=+\infty$ on $\{V_n>T\}$, $R_n=V_n$ on $\{U_m<\infty, V_n\leqq T\}$. Then $R_n\uparrow+\infty$. On the other hand, set $T_m=T$ on $\{U_m<\infty\}$, $T_m=+\infty$ otherwise. We know that X^{U_n,V_n} has property $\mathcal{P}$, hence the same is true for $(X^{U_n,V_n})^{U_m,R_n} = (X^{U_m,T_m})^{0,R_n}$ (statement 1) for localizable properties). Since $\mathcal{P}$ is local, we may apply statement 4), to deduce that X^{U_m,T_m} has property $\mathcal{P}$. Setting $W_m=S$ if $S<\infty$,$U_m=\infty$, $W_m=\infty$ otherwise, this means that $(X^{S,T})^{0,W_m}$ has property $\mathcal{P}$. Applying again statement 4), we get that $X^{S,T}$ has property $\mathcal{P}$.

So let us prove that $\overline{U}=S$, $\overline{V}=T_S$. First of all, let S_m be the time $S_{\{S\in A^m\}}$, and consider a neighbouring pair (S_m,T_m) in A^m (lemma (0.3)). Since X has property pseudo-$\mathcal{P}$ in A^m, X^{S_m,T_m} has property $\mathcal{P}$, hence $]S_m,T_m[$ belongs to $\mathcal{H}$, and therefore is contained in $]\overline{U},\overline{V}[$ up to an evanescent set. Hence $\{\overline{U}=S\}$ contains a.s. $\{S_m=S\}$, and finally $\overline{U}=S$.

Next, assume that $\overline{V}<T_S$ with positive probability. Then for some m $\{\overline{V}\in A^m\}$ has positive probability, and according to lemma (0.3), 2), we may find some neighbouring pair (J,K) in A^m such that $P\{J<\overline{V}<K\}>0$. Then for some n we would also have $P\{J<V_n<K\}>0$. Since $X^{J,K}$ has property $\mathcal{P}$, so does $X^{L,M}$, where $L=V_n$, $M=K$ if $\{J<V_n<K\}$, $L=M=\infty$ otherwise. Applying property 2) for the first time, we get that X^{U_n,W_n} has property $\mathcal{P}$, with $W_n=V_n$ if $L=\infty$, $W_n=M$ if $L<\infty$. Therefore $]U_n,W_n[\in\mathcal{H}$, which is absurd since K exceeds $\overline{V}$ with strictly positive probability.

(1.3). COROLLARY. Let A be the union of a sequence A^n of predictable open sets. In each A^n, let X^n be a process which has property pseudo-$\mathcal{P}$. If the compatibility conditions of lemma (0.4) are satisfied, there exists in A a process X such that $X \underset{A^n}{\sim} X^n$ for every n , it is unique up to equivalence and possesses the pseudo-$\mathcal{P}$ property in A.

This amounts simply to a restatement of lemma (0.4) and theorem (1.2) together.

§ 2. PSEUDO-SEMIMARTINGALES AND DECOMPOSITIONS

Corollary (1.3) lends itself to the proof of a number of results. The following ones **are** examples, and it will be sufficient to prove one of them, the proofs being quite similar.

(2.1). THEOREM. Let X be a process of pseudo-locally integrable variation in A. There exists a pseudo-predictable process Y, of pseudo-finite variation in A, such that X-Y is a pseudo-local martingale in A, and Y is unique up to equivalence. Y is called the <u>compensator</u> of X in A.
REMARK. As usual, locally integrable variation includes adaptation. In expressions like << pseudo-local martingale >>, << pseudo-locally integrable >>, the word << local, locally >> could be suppressed without confusion, since pseudo-$\mathcal{P}$ must only refer to a <u>local</u> property. However, we prefer not to do it here.

<u>Proof</u>. Represent A as the union of a sequence of open sets $A^n =]S_n, T_n[$, where (S_n, T_n) are neighbouring pairs in A (lemma (0.3)). The process $X^n = X^{S_n, T_n}$ is a process of locally integrable variation in the usual sense, and therefore has a compensator Y^n. The intersection $A^n \cap A^m$ is an open stochastic interval, and the usual uniqueness of compensators implies that $Y^n - Y^m$ is constant in $A^n \cap A^m$. Then we apply **corollary** (1.3).

(2.2). THEOREM. Let X be a pseudo-supermartingale in A. Then X has a representation (unique up to equivalence) as a difference of a pseudo-local martingale in A and a pseudo-increasing, pseudo-predictable process in A.

(2.3). THEOREM. Let X be a pseudo-special semimartingale in A. Then X has a decomposition (unique up to equivalence) into a sum of a pseudo-local martingale in A and a pseudo-predictable process of pseudo-finite variation in A. This is called the <u>canonical decomposition</u> of X in A.

(2.4). THEOREM. Let X be a pseudo-semimartingale in A. Then X can be represented (without uniqueness) as a sum of a pseudo-local martingale in A and a process of pseudo-finite variation in A.
<u>Proof</u>. This theorem reduces to (2.3) after a first application of theorem (1.3), which consists in defining a process which, up to a locally constant process, represents the sum of the jumps of X whose size exceeds 1 in absolute value.

Other applications of theorem (1.3) concern the definition of $[X,X]$ for a pseudo-semimartingale, and then of $\langle X,X \rangle$ if compensation is legitimate (2.1). Similarly, pseudo-local martingales can be decomposed into their continuous and purely discontinuous parts, etc.

§ 3. THE MEASURE ASSOCIATED WITH A PSEUDO-SEMIMARTINGALE IN A

This section should be considered expository, since we had few results on this subject, and the principal result is borrowed from [7]. However, the reference [7] may not be easily available to the readers of this seminar, and therefore it may be useful to give a somewhat complete description of the subject.

Let $\underline{\underline{I}}(A)$ be the smallest family of subsets of A, closed under finitely many operations $\cup, \cap, \setminus$, such that for any neighbouring pair (S,T) in A the stochastic interval]S,T] belongs to $\underline{\underline{I}}(A)$. It is easily seen that any element of $\underline{\underline{I}}(A)$ can be explicitly written as a disjoint union $]S_1,T_1]\cup\ldots]S_n,T_n]$, with n non random, S_i,T_i being stopping times such that $S_i \leq T_i \leq S_{i+1}$, $S_i<T_i$ on $\{S_i<\infty\}$, $T_i<S_{i+1}$ on $\{T_i<\infty\}$. Given any right continuous process X in A, we associate with X the only finitely additive mapping μ from $\underline{\underline{I}}(A)$ to random variables such that

$$\mu(]S,T]) = (X_T - X_S) I_{\{S<\infty\}} \quad \text{for any neighbouring pair } (S,T)$$

The knowledge of μ doesn't determine uniquely X, but it characterizes the corresponding pseudo-process, as may be easily seen by looking at neighbouring pairs $(s_{\{s\in A\}}, t_{\{s\in A\}})$ with s,t rationals. We already used this << measure >> μ in the deterministic case, in the proof of lemma (0.4). In this section, we shall use for μ the stochastic integral notation $\mu=dX$, $\mu(B)=\int_B dX$ for $B\in\underline{\underline{I}}(A)$.

The main result of [7] on pseudo-semimartingales in A can now be expressed as follows (theorem 8, p. 591).

(3.1). THEOREM. Let X be a pseudo-semimartingale in A. There exist a true semimartingale Y in $\mathbb{R}_+$ and a predictable process H in $\mathbb{R}_+$, strictly positive in A, such that :

for any neighbouring pair (S,T), the stochastic integral (of a predictable, not locally bounded process) $HI_{]S,T]}\cdot Y$ is defined in the usual sense, and equal to $X^{S,T}$.

We shall write simply : $dX = H.dY$.

A version of this theorem is also proved for optional random open sets, which we didn't consider here.

We are not going to prove this in detail, but we use the same proof to get a result on processes of finite variation. The proof for semimartingales just uses the Banach space $\underline{\underline{H}}^1$ instead of $\underline{\underline{V}}^1$. Note that we prove for H something a little better than strict positivity in A .

(3.2). THEOREM. Let X be a process of pseudo-finite variation in A. There exist a true process of finite variation Y in $\mathbb{R}_+$, a predictable process H in $\mathbb{R}_+$, strictly positive in A, such that $dX=H.dY$ in A . If X is predictable, Y can be chosen predictable. If X is pseudo-locally integrable, Y can be chosen integrable.

Proof. According to lemma (0.3), we may consider a sequence of neighbouring pairs (S_n,T_n) such that $A=\cup_n \,]S_n,T_n[$. It is easily seen that, if X is pseudo-locally integrable, we may choose these pairs such that X^{S_n,T_n} has integrable variation.

Set $X^n = X^{S_n,T_n}$, $V^n = \int_{]S_n,T_n]} |dX_s|$. Since these random variables are finite valued, and there are at most countably many of them, there exists a law Q equivalent to P such that they are all Q-integrable. Otherwise stated, X^n belongs to the space $\underline{\underline{V}}^1(Q)$ of processes of integrable variation relative to Q. Choose a sequence of constants $a_n>0$ such that $\Sigma_n a_n\|X^n\|_{\underline{\underline{V}}^1(Q)} < \infty$. Set $C_1 =]S_1,T_1]$, $C_n=]S_n,T_n]\setminus \bigcup_{k<n}]S_k,T_k]$ and define processes Y, K by

$$Y_t = \Sigma_n \int_0^t a_n I_{C_n}(s)dX^n_s \quad , \quad H = \Sigma_n a_n^{-1} I_{C_n}$$

It is clear that Y belongs to $\underline{\underline{V}}^1(Q)$ (predictable if the X^n are predictable), that H is predictable and >0 in A - it can even be said that for a.e. ω, $H_{\bullet}(\omega)$ is bounded below on every compact set of $A(\omega)$ - and that $H.dY = dX$ in each one of the C_n, hence in A.

If X is pseudo-locally integrable, the change of law isn't necessary, and Y belongs to $\underline{\underline{V}}^1(P)$.

REFERENCES

[1]. L. SCHWARTZ. Semi-martingales sur les variétés, et martingales conformes sur les variétés analytiques complexes. Lecture Notes in M. 780, Springer 780.

[2]. P.A. MEYER. Sur un résultat de L. Schwartz. Sem. Prob. XIV. L.N. 784, Springer 1980.

[3]. L. Schwartz. Les semi-martingales formelles. Sém. Prob. XV, L.N. 850, Springer 1980.

[4]. J. JACOD. Calcul stochastique et problèmes de martingales. L.N. 714. Springer 1979.

[5]. C.S. CHOU. Le processus des sauts d'une martingale locale. Sém. Prob. XI, L.N. 581, Springer 1977.

[6]. YAN Jia-An. Introduction to martingales and stochastic integration (in Chinese). 1981

[7]. P.A. MEYER and C. STRICKER. Sur les semimartingales au sens de L. Schwartz. Mathematical analysis and applications, part B. Essays dedicated to L. Schwartz. Edited by L. Nachbin. Academic Press 1981.

ZHENG Wei-An

Ecole Normale Supérieure
de Chine Orientale

SHANGHAI, Chine

et

Institut de Recherche Mathématique
Avancée, Strasbourg, France.

Séminaire de Probabilités XVI

1980-81

INTEGRALES STOCHASTIQUES GENERALISEES

par ABOULAICH Rajae

L'objet de cette note est de démontrer le lemme fondamental permettant de construire les intégrales stochastiques généralisées sans utiliser la récurrence transfinie [1]. Nous profitons aussi de cette occasion pour répondre à une question d'Emery concernant ces intégrales. Nous remercions vivement Monsieur C. Stricker pour son aide et son accueil à Strasbourg.

Un ensemble aléatoire J est appelé un intervalle optionnel (resp. prévisible) s'il est optionnel (resp. prévisible) et si toutes ses coupes $J(\omega)$ sont des intervalles (certaines coupes pouvant être fermées d'autres ouvertes, etc ...).

LEMME. Soit $\mathcal{J}$ une classe d'intervalles optionnels (resp. prévisibles) ayant les propriétés suivantes :

a) $\mathcal{J}$ est héréditaire : chaque intervalle optionnel (prévisible) contenu dans un élément de $\mathcal{J}$ appartient aussi à $\mathcal{J}$;

b) $\mathcal{J}$ est stable par réunion disjointe : si J_1 et J_2 appartiennent à $\mathcal{J}$, si leur intersection est vide et si leur réunion est un intervalle, alors leur réunion appartient aussi à $\mathcal{J}$;

c) $\mathcal{J}$ est stable par limite croissante : si (J_n) est une suite croissante d'éléments de $\mathcal{J}$, sa limite appartient aussi à $\mathcal{J}$;

d) il existe dans $\mathcal{J}$ un recouvrement dénombrable de $[0,\infty[$.

Alors $[0,\infty[$ appartient aussi à $\mathcal{J}$.

DEMONSTRATION. La démonstration se fera en plusieurs étapes.

1) Si T est un temps d'arrêt (prévisible), son graphe appartient à $\mathcal{J}$,

En effet si (J_n) est une suite d'éléments de $\mathcal{J}$ recouvrant $[0,\infty[$, les intervalles $A_n = [T] \cap J_n \cap (\bigcap_{m<n} J_m^c)$ appartiennent aussi à $\mathcal{J}$ car $A_n \subset J_n$. En utilisant les propriétés b) et c) on montre aisément que $[T] = \bigcup_n A_n$ appartient aussi à $\mathcal{J}$.

2) Dans le cas optionnel on désigne par $\mathcal{J}'$ les éléments de $\mathcal{J}$ qui sont prévisibles. Alors $\mathcal{J}'$ vérifie les propriétés a), b) et c). Montrons qu'il existe aussi un recouvrement dénombrable de $[0,\infty[$ par des éléments de $\mathcal{J}'$. Si (J_n) est une suite d'intervalles de $\mathcal{J}$ recouvrant $[0,\infty[$, on appelle S_n et T_n ses extrémités gauche et droite et on voit que l'intervalle prévisible $]S_n,T_n]$ appartient à $\mathcal{J}'$. Comme $(\cup]S_n,T_n])^c$ est prévisible et à coupes dénombrables, il existe une suite de temps d'arrêt prévisibles (U_n) qui recouvrent cet ensemble. Ainsi les intervalles $[U_n]$ et $]S_n,T_n]$ recouvrent $[0,\infty[$ et appartiennent à $\mathcal{J}'$ d'après 1).

3) Nous allons maintenant établir le lemme dans le cas prévisible et le cas optionnel s'en déduira compte tenu de 2). Si J est un intervalle de $\mathcal{J}$ ayant pour extrémités S et T, $]S,T] \cap J^c$ est le graphe d'un temps d'arrêt prévisible que nous noterons T'. D'après 1) [T'] appartient à $\mathcal{J}$ et d'après les propriétés a) et b) $]S,T]$ qui est contenu dans $J \cup [T']$ appartient aussi à $\mathcal{J}$. On en déduit qu'il existe un recouvrement dénombrable de $[0,\infty[$ par des intervalles de la forme $[U_n]$ et $]S_n,T_n]$. Si $]S,R]$ et $]S,T]$ sont deux intervalles de $\mathcal{J}$, $]S,R\vee T] =]S,R] \cup]R_{\{R<T\}},T]$ appartient aussi à $\mathcal{J}$ grâce aux propriétés a) et b). A chaque temps d'arrêt S nous associons la borne supérieure essentielle T' des temps d'arrêt T tels que $]S,T]$ appartienne à $\mathcal{J}$. L'ensemble précédent étant stable pour le sup., il existe une suite de temps d'arrêt (T_p) tendant en croissant vers T' telle que $]S,T_p]$ appartienne à $\mathcal{J}$ pour tout p, si bien que $]S,T']$ appartient à $\mathcal{J}$ d'après c) et 1). Nous appliquons maintenant ce procédé aux temps d'arrêt S_n définis précédemment et nous continuerons à noter $]S_n,T_n]$ les intervalles agrandis qui jouissent de la propriété suivante notée (*) : si deux tels intervalles ont une intersection non vide, leurs extrémités droites sont confondues. En effet l'intervalle

$]S_n,T_n] \cup]T_{n\{S_p<T_n\leq T_p\}},T_p]$ appartient à $\mathcal{J}$, donc $T_n = T_p$ par définition de la borne supérieure sur l'ensemble $\{S_p< T_n\leq T_p\}$. Comme T_n et T_p jouent des rôles symétriques, $T_n = T_p$ sur l'ensemble des ω où l'intersection des deux intervalles est non vide. Si on pose $T = \inf\{T_{n\{T_n>T_1\}}\}$ les intervalles $]S_{n\{S_n>T_1\}},T]$ qui appartiennent à $\mathcal{J}$, recouvrent $]T_1,T]$. Or lorsque $]S,T]$ et $]S',T]$ sont des éléments de $\mathcal{J}$, $]S\wedge S',T]$ qui est égal à $]S_{\{S<S'\}},S'] \cup]S',T]$ appartient aussi à $\mathcal{J}$. Par conséquent $]T_1,T]$ qui est la limite croissante d'une suite d'éléments de $\mathcal{J}$, appartient aussi à $\mathcal{J}$, c'est-à-dire $T_1 = T$ par définition de T_1. Appliquant le même raisonnement à chaque T_n, on en déduit que l'adhérence de l'ensemble aléatoire $A = \cup\, [T_n]$ qui est contenue dans la réunion des graphes des S_n, T_n et U_n en vertu de la propriété (*), est un parfait aléatoire dénombrable et sans points isolés, donc vide d'après le théorème de Baire. Ainsi $T_n = \infty$ p.s. pour tout n. Pour conclure la démonstration du lemme on remarque que $[0]$ appartient évidemment à $\mathcal{J}$, que $]0,\infty[$ est la limite d'une suite croissante d'éléments de $\mathcal{J}$ obtenus à partir des intervalles $]S_n,\infty[$ (cf. le raisonnement concernant $]T_1,T]$) et que $[0,\infty[$ est la réunion disjointe de $[0]$ et de $]0,\infty[$.

UN CONTRE -EXEMPLE.

Rappelons d'abord quelques notations et définitions tirées de [1]. Si f est une fonction càdlàg, on peut définir une mesure simplement additive df sur les intervalles bornés par :

$$df([0,t]) = f(t) \ ; \ df([0,t[) = f(t-)$$

et pour chaque intervalle J une nouvelle fonction $f^J = df(J\cap[0,t])$. On dira qu'un processus prévisible H est pseudo-intégrable par rapport à la semimartingale X s'il existe un processus càdlàg Y et une suite (J_n) d'intervalles optionnels recouvrant $[0,\infty[$ telle que pour tout n, H soit intégrable par rapport à la semimartingale X^{J_n} et qu'on ait l'égalité $Y^{J_n} = H.(X^{J_n})$. Le lemme précédent montre immédiatement que pour X et H donnés le processus Y est unique , ce qui nous permettra d'appeler

Y la pseudo-intégrale de H par rapport à X. Soit $(\mathcal{G}_t)$ une filtration telle que pour tout t on ait l'inclusion $\mathcal{F}_t \subset \mathcal{G}_t$ et que X soit aussi une semimartingale par rapport à la filtration $(\mathcal{G}_t)$. Est-ce-que H reste pseudo-intégrable par rapport à X dans la filtration $(\mathcal{G}_t)$? L'exemple 2 de [2] nous fournira une réponse négative. Soit B un mouvement brownien réel issu de 0, relativement à sa filtration naturelle $(\mathcal{F}_t)$, rendue continue à droite et complétée. Nous désignons par (L_t) le processus du temps local de B en 0, par $(\mathcal{G}_t)$ la filtration obtenue en adjoignant à $\mathcal{F}_0$ toutes les variables aléatoires L_t. Si X = B.B, le processus prévisible $H = B^{-1}1_{\{B\neq 0\}}$ est intégrable par rapport à X dans la filtration $(\mathcal{F}_t)$ et l'intégrale H.X est égale à B d'après l'associativité des intégrales stochastiques. Supposons que H soit pseudo-intégrable par rapport à X dans la filtration grossie (on sait d'après un résultat de Jeulin que X reste une semimartingale dans $(\mathcal{G}_t)$). Il existe alors un processus càdlàg Y et des intervalles optionnels J_n recouvrant $[0,\infty[$ tels que $Y^{J_n} = H.(X^{J_n})$. Ainsi Y sera une semimartingale dans l'ouvert aléatoire $\bigcup_n \mathring{J}_n$, $\mathring{J}_n$ désignant l'intérieur de l'intervalle J_n: en effet si u<v sont deux rationnels et si la loi P est restreinte à l'ensemble des ω tels que $]u,v]$ soit contenu dans J_n, $Y^{]u,v]} = H.X^{]u,v]} = B^{]u,v]}$; en faisant varier n,u et v et en appliquant le théorème de convexité 11 de [2], on voit aisément que Y est une semimartingale dans $\bigcup_n \mathring{J}_n$ dont le complémentaire est à coupes dénombrables. La continuité de B et Y (X est une semimartingale continue) et l'égalité $B^{J_n} = Y^{J_n}$ entraînent que B = Y , ce qui contredit le fait que $\{B\neq 0\}$, dont le complémentaire est à coupes non dénombrables, est l'ouvert maximal dans lequel B est une semimartingale par rapport à la filtration $(\mathcal{G}_t)$.

REFERENCES

[1] EMERY M. :A generalization of stochastic integration with respect to semimartingales. A paraître dans Annals of Probability.

[2] MEYER P.A. et STRICKER C. : Sur les semimartingales au sens de L. SCHWARTZ. Math. An. and Appl. part B, Adv. in Math. Suppl. Studies, vol. 7B (1981), 577-602.

Séminaire de Probabilités XVI
1980/81

A.S. APPROXIMATION RESULTS FOR MULTIPLICATIVE STOCHASTIC INTEGRALS

by R.L. Karandikar

This note is a contribution to the theory of the multiplicative integral for continuous semimartingales. Let $(\Omega,\mathcal{F},P)$ be a complete probability space with a filtration $(\mathcal{F}_t)$ which satisfies the usual conditions, and let X be a continuous semimartingale with values in the space L(d) of all d×d matrices, and such that X(0)=0. The <u>multiplicative integral</u>

(1) $$Y(t) = \prod_0^t (I+dX)$$

can be defined as the only solution to the stochastic differential equation

(2) $$Y(t) = I + \int_0^t Y(s)dX(s)$$

and has been extensively studied (see Ibero [6], Emery [4], [5] in the right continuous case, and see also in a different context Masani [11]). We shall also call Y the <u>exponential</u> of X and denote it by $\varepsilon(X)$. If we replace in (1) dX by hdX , where h is a predictable, L(d)-valued process, then Y is called the (left) <u>multiplicative integral of</u> h <u>with respect to</u> X. More details will be given below.

Our first result will be an explicit formula for the inverse of Y, which we haven't found in the literature, though it is very simple, and its proof is easy.

In the second part of this paper, we shall deal with <u>a.s.</u> approximations to the multiplicative integral. These results are less general than those of Bichteler in [1], [2], but our proofs are so elementary (they do not use anything deeper than Doob's maximal inequality[1]), that the editors of the Séminaire offered to publish them in this volume. The same method also gives a.s. convergence results for ordinary stochastic integrals.

The author wishes to thank Professor B.V. Rao for his useful suggestions and fruitful discussions, and the editors of the Séminaire de Probabilité for this publication.

1. Prof. P.A. Meyer has pointed out to us that our main lemma is very close to the method of Métivier and Pellaumail, except that continuity simplifies things a great deal.

I. A FORMULA FOR THE INVERSE OF Y

We first introduce some notation. Let X be a continuous $L(d)$-valued semimartingale, and H be a locally bounded predictable $L(d)$-valued process. Then we denote by $H\cdot X$ as usual the stochastic integral $\int H dX$. On the other hand, since $L(d)$ isn't commutative, we may consider right stochastic integrals $\int (dX)H$. To avoid ambiguities, we denote them (in this section only) as $X:H$. Obviously $(X:H) = (H'\cdot X')'$, where $'$ is the transpose operation.

Given two continuous semimartingales U,V with values in $L(d)$, we denote by $\langle U,V\rangle$ the $L(d)$-valued process (continuous, with finite variation paths) defined by

$$\langle U,V\rangle^i_j = \Sigma_k \langle U^i_k, V^k_j \rangle$$

The following identities are trivially proved by looking at the entries

$$d(UV) = UdV + (dU)V + d\langle U,V\rangle \tag{3}$$

$$\langle H.U,V\rangle = H.\langle U,V\rangle \ , \ \langle U,V:H\rangle = \langle U,V\rangle:H \tag{4}$$

It is obvious that $\langle U,V\rangle=0$ if U or V is a finite variation process. We denote by $\varepsilon^{\cdot}(X)$ the <u>right exponential</u> of X , i.e. the solution of the stochastic differential equation symmetric to (2)

$$Y^{\cdot}(t) = I + \int_0^t dX(s)Y^{\cdot}(s) \tag{5}$$

We have $\varepsilon^{\cdot}(X)=\varepsilon(X')'$. With these notations :

THEOREM 1. <u>The inverse of</u> $Y=\varepsilon(X)$ <u>is given by</u>

$$Y^{-1} = \varepsilon^{\cdot}(-X + \langle X,X\rangle)^{(1)} \tag{6}$$

PROOF. Set $U=\varepsilon(X)$, $V=\varepsilon^{\cdot}(-X+\langle X,X\rangle)$, so that $dU=UdX$, $dV=(-dX+d\langle X,X\rangle)V$. We apply (3) and compute $UdV=U((-dX+d\langle X,X\rangle)V)$, $(dU)V=(UdX)V$, and from the obvious associativity of the left and right stochastic integration, the position of the parentheses doesn't matter. On the other hand, from (4) $d\langle U,V\rangle = Ud\langle X,V\rangle = -U(d\langle X,X\rangle V)$. So finally $d(UV)=0$, and since $UV=I$ at time 0 it remains equal to I for all t. The theorem is proved.

II. APPROXIMATION TO THE EXPONENTIAL BY ITERATION

Let again X be a continuous $L(d)$-valued semimartingale with $X(0)=0$, and Y be its exponential. We are going to prove in this section :

THEOREM 2. <u>The processes defined inductively by</u>

$$Y_0=I \ , \ Y_{n+1}(t) = I + \int_0^t Y_n(s)dX(s) \tag{7}$$

<u>converge a.s. to</u> Y , <u>uniformly on compact intervals of</u> $\mathbb{R}_+$.

If we replace a.s. convergence by convergence in probability, the

1. This is related to th. I.2 of Bismut, Sem. Prob. XII p. 194.

result is well known for general stochastic equations and without continuity hypothesis on X (Emery [5], p. 290). In the same general setup, an a.s. convergence result is stated in Bichteler [2]. So theorem 2 isn't new, but its proof possibly is, and depends on quite elementary results. We are going to prove it first under the following <u>auxiliary hypothesis</u> on X :

(8_β) $X^i_j = M^i_j + A^i_j$; M^i_j is a local martingale with $M^i_j(0)=0$; A^i_j is a process with finite variation paths ; each one of the increasing processes $< M^i_j, M^i_j >$, $\int_0^t |dA^i_j(s)|$ satisfies a Lipschitz condition of order β .

We then use a lemma from our paper [8] (a sketch of the proof will be given at the end for the reader's convenience). Here $\| \;\|$ denotes a norm on L(d) (to make a definite choice, identify L(d) to $\mathbb{R}^{d^2}$ and use the euclidean norm). Given a L(d)-valued process Z, set $\|Z\|^*_t = \sup_{s\leq t} \|Z_s\|$. Then :

LEMMA. <u>If</u> X <u>satisfies</u> (8_β) <u>and</u> H <u>is left continuous and predictable</u>, <u>we have</u>

(9) $$E[\|H\cdot X\|^{*2}_t] \leqq 8d^2\beta(1+t\beta)\int_0^t E[\|H_s\|^2]ds \; .$$

Taking this for granted, we prove theorem 2 under (8_β). We set $S_m = \inf\{t : \|Y\|_t \geqq m\}$. Replacing X by the stopped process X^{S_m} amounts to stopping at S_m all the processes concerned, in particular Y, Y_n . We first assume that Y is <u>bounded</u>. Then set $\phi_n(t) = E[\|Y_n - Y\|^{*2}_t]$; since $Y_{n+1} - Y = (Y_n - Y)\cdot X$, the lemma gives us

$$\phi_{n+1}(t) \leqq C(1+\beta t)\int_0^t \phi_n(s)ds$$

Let M be a bound for ϕ_0. Then an easy induction shows that $\phi_n(t)$ is dominated by $M(C(1+\beta t)t)^n/n!$, therefore the r.v. $\Sigma_n \|Y_n - Y\|^*_t$ has a finite expectation, and hence is a.s. finite. If Y isn't bounded, we apply this result to X^{S_m} and let $m \to \infty$, reaching the same conclusion. Hence Y_n converges a.s. to Y, uniformly on finite intervals.

To end the proof, we just remark that we can reduce to (8_1) by a strictly increasing change of time $\sigma_t = \inf\{s : \lambda_s > t\}$, where λ_s is the continuous, strictly increasing process

(10) $$\lambda_s = s + \Sigma_{ij} < M^i_j, M^i_j >_s + \Sigma_{ij} \int_0^s |dA^i_j|$$

This step is certainly familiar to readers of this volume (see for instance Kazamaki [9] ,[10] : these papers were pointed to us by Prof. P.A. Meyer). So we omit the easy details.

III. APPROXIMATION DY RIEMANN SUMS AND PRODUCTS

In this section, we consider a process g with values in L(d), adapted, right continuous with left limits, and define the semimartingale $Z = \int g\_dX$ (since X is continuous, we might as well write g instead of $g\_$, but we keep the standard notation). We are going to express Z as the a.s. limit of Riemann sums, and $Y=\varepsilon(Z)$ as the a.s. limit of << Riemann products >> . Incidently, let us mention that this last result doesn't follow directly from Bichteler's theorems.

For each n, we consider a sequence of stopping times $(T^n_k)_{k=0,1,..}$ increasing with k, such that

$$(11) \qquad T^n_0 = 0 \quad , \quad \begin{array}{l} \|X(t)-X(T^n_k)\| \leqq 2^{-n} \\ \|g(t-)-g(T^n_k)\| \leqq 2^{-n} \end{array} \text{ for } t\in]T^n_k, T^n_{k+1}]$$

Of course such a sequence exists, and can be explicitly constructed by induction, but our result depends on (11) only, not on the explicit construction. We define additive and multiplicative Riemann sums as follows

$$(12) \qquad \begin{array}{l} Z_n(t) = \Sigma_k\, g(T^n_k)(X(t\wedge T^n_{k+1})-X(t\wedge T^n_k)) \\ Y_n(t) = \Pi_k\, (I + g(T^n_k)(X(t\wedge T^n_{k+1})-X(t\wedge T^n_k))\ ) \end{array}$$

With these notation, we can state :

THEOREM 3. The processes Z_n, Y_n a.s. converge uniformly on compact sets to the corresponding processes

$$Z_t = \int_0^t g\_dX \quad , \quad Y_t = \varepsilon(Z)_t = \prod_0^t (I+g\_dX) .$$

Here again, we may reduce by a change of time to the case of a semimartingale X which satisfies hypothesis (8_β) with $\beta=1$. It is necessary to remark here that the change of time transforms stopping times into stopping times, and preserves property (11). It will be convenient also to assume that all the processes g, Y, Z, Y_n, Z_n are bounded (by constants which may depend on n). The construction of convenient times S_m is a little more delicate here, and requires an application of the Borel-Cantelli lemma as in Dellacherie [3], p. 743, th. 4 . Remark that g is right continuous, and must be stopped at S_m- to get boundedness. After these preliminary steps, the theorem will be deduced from the lemma, with a little more difficulty than in the preceding proof.

Given any process H, define J_nH as the right continuous step process equal to $H(T^n_k)$ on the interval $[T^n_k, T^n_{k+1}[$. One checks easily that

$$(13) \qquad Y_n(t) = \Pi_k\, (I+ (Z_n(t\wedge T^n_{k+1})-Z_n(t\wedge T^n_k))\ ) = I+\int_0^t J_nY_n(s-)dZ_n(s)$$

$$(14) \qquad Z_n(t) = \int_0^t J_ng(s-)d\mathbf{X}(s)$$

Since $\|g\|$ is bounded by some constant C_1 and X satisfies (8_1), $Z=g_-\cdot X$ satisfies (8_α) for a suitable constant α (depending only on C_1 and the dimension d), and the same is true for Z_n according to (14). Applying the main lemma to the stochastic integral $Z_n-Z = (J_ng-g)_-\cdot X$ with X satisfying to (8_α) and $\|J_ng-g\| \leqq 2^{-n}$ gives an inequality

$$E[\|Z_n-Z\|_t^{*2}] \leqq 8d^2\alpha(1+t\alpha)t\, 2^{-2n}$$

from which the a.s. convergence of Z_n to Z on compact intervals follows at once.

Let us study the convergence of Y_n to Y. Since we aren't interested in the exact value of the constants, we assume t varies in a compact interval $[0,M]$, and denote simply by a,b,c,... numbers which may change from place to place, with the only restriction that they shouldn't depend on n.

We write (13) in the following way

$$Y_n-Y = (J_nY_n-Y_n)_-\cdot Z_n + (Y_n-Y)_-\cdot Z_n + Y_-\cdot(Z_n-Z)$$

$$= \eta_1+\eta_2+\eta_3 \text{ (say)}$$

We recall that Y is assumed to be bounded by some constant C. Then the main lemma applied to the last term gives us as above

(15) $\quad E[\|\eta_3\|_t^{*2}] \leqq 8C^2d^2\alpha(1+t\alpha)t\, 2^{-2n} \leqq a\, 2^{-2n}$ if $t\in[0,M]$

Also, Y_n is bounded by C_n . Therefore

$$\phi_n(t) = E[\|Y_n-Y\|_t^{*2}]$$

is a bounded function, and the main lemma gives us

(16) $\quad E[\|\eta_2\|_t^{*2}] \leqq 8d^2\alpha(1+t\alpha)\int_0^t \phi_n(s)ds \leqq b\int_0^t \phi_n(s)ds$

The first term is a little more delicate. We remark that it can also be written as $J_nY_n(J_nZ_n-Z_n)$ - a product, not a stochastic integral - and that we have on $[T_k^n,T_{k+1}^n[$ $\;(J_nZ_n-Z_n)_t = \int_{T_k^n}^t J_ng(s-)dX_s = g(T_k^n-)(X_t-X_{T_k^n})$, which is dominated in absolute value by $C_1 2^{-n}$. On the other hand, we may apply the main lemma to formula (13) to get a << Gronwall type formula >> for $E[\|Y_n\|_t^{*2}]$, from which we get

$$E[\|Y_n\|_t^{*2}] \leqq Ke^{Ht} \text{ , bounded for } t\in[0,M]$$

from which we deduce

(17) $\quad E[\|\eta_1\|_t^{*2}] \leqq c2^{-2n}$ for $t\in[0,M]$

Adding these inequalities (with a little care, because of the exponent 2) and recalling that $\phi_n(t) = E[\|Y_n - Y\|_t^{*2}]$), we get (with new constants a,b)

$$\phi_n(t) \leqq a2^{-2n} + b\int_0^t \phi_n(s)ds \quad , t\in[0,M]$$

Therefore $\phi_n(t) \leqq c(M)2^{-2n}$ from Gronwall's inequality, on the compact interval $[0,M]$. The Borel-Cantelli lemma now implies the a.s. convergence of Y_n to Y.

IV. SOME OTHER MULTIPLICATIVE INTEGRALS

Emery has studied in [4] multiplicative integrals of the following kind

$$(18) \qquad Y_t = \prod_0^t h(dX)$$

where h is a C^3 mapping from L(d) to L(d) such that h(0)=I. The most important among them concerns the matrix exponential, which turns out to be the stochastic exponential in the Stratonovitch sense

$$(19) \qquad Y_t = \prod_0^t e^{dX} = \prod_0^t (I + dX + \tfrac{1}{2}d\langle X,X\rangle)$$

In a similar way, all the multiplicative integrals (18) can be reduced to ordinary multiplicative integrals relative to a semimartingale $X'_t = \int_0^t f(dX_s)$, and Emery shows that the obvious Riemann products for (18) converge uniformly in probability to the multiplicative integral. An adaptation of our method shows that, for continuous semimartingales, Riemann products relative to random partitions satisfying (11) will converge uniformly a.s. to the multiplicative integral. The principle of the proof remains exactly the same, but the computations are a little more cumbersome.

V. ON THE MAIN LEMMA

H·X is a d×d matrix. It will be sufficient to prove the following inequality for fixed i,j and to sum it over i,j

$$E[\ |\Sigma_k H_k^i \cdot X_j^k|_t^{*2}] \leqq 8d\beta(1+t\beta)\Sigma_k \int_0^t E[(H_{ks}^i)^2]ds$$

We split X_j^k into M_j^k and A_j^k ; it is sufficient to prove that

$$E[\ |\Sigma_k H_k^i \cdot M_j^k|_t^{*2}] \leqq 4d\beta\ \Sigma_k \int_0^t E[(H_{ks}^i)^2]ds$$

$$E[\ |\Sigma_k H_k^i \cdot A_j^k|_t^{*2}] \leqq d\beta^2 t\ \Sigma_k \int_0^t E[(H_{ks}^i)^2]ds$$

First inequality : $|\Sigma_k \int_0^t H_k^i dM_j^k|^2 \leqq d\Sigma_k (\int_0^t H_k^i dM_j^k)^2$, hence the same inequality for the corresponding sup. From Doob's maximal inequality and the isometry of the L^2 stochastic integral, we get on the right $4d\Sigma_k E[\int_0^t H_k^i d\langle M_j^k, M_j^k\rangle \leqq 4d\beta E[\Sigma_k \int_0^t E[H_{ks}^{i2}]ds$.

Second inequality : We start in the same way and replace $(H_k^i \cdot A_j^k)_t^*$ by $(\int_0^t |H_{ks}^i||dA_s^k|)^2 \leqq \beta^2 (\int_0^t |H_{ks}^i| ds)^2 \leqq \beta^2 t \int_0^t (H_{ks}^i)^2 ds$. Then we integrate.

As we mentioned in the footnote to the introduction, this lemma is a Métivier-Pellaumail inequality (see for instance Emery's report in the preceding volume of the seminar, vol XIV p. 118), with dt as the << controlling process >>.

REFERENCES.

[1]. BICHTELER (K.). Stochastic integration and L^p theory of semimartingales. Ann. Prob. 9, 1981, p. 49-89.

[2]. BICHTELER (K.). Stochastic integrators. Bull. A.M.S. 1 (new ser.) 1979, p. 761-765.

[3]. DELLACHERIE (C.). Quelques applications du lemme de Borel-Cantelli à la théorie des semimartingales. Sém. Prob. XII, 1978, p. 742-745 (Lecture Notes in M. 649, Springer-Verlag).

[4]. EMERY (M.). Stabilité des solutions des équations différentielles stochastiques. Application aux intégrales multiplicatives stochastiques. ZW 41, 1978, p.241-262.

[5]. EMERY (M.). Equations différentielles stochastiques lipschitziennes. Etude de la stabilité. Sém. Prob. XII, 1979, p. 281-293 (Lecture Notes in M. n°721).

[6]. IBERO (M.). Intégrales stochastiques multiplicatives et construction de diffusions sur un groupe de Lie. Bull. Soc. Math. France, 100, 1976, p. 175-191.

[7]. ITO (K.) and WATANABE (S.). Introduction to stochastic differential equations. Proc. Intern. Symp. S.D.E. Kyoto, 1976. Kinokuniya Publ. Tokyo.

[8]. KARANDIKAR (R.L.). Pathwise solutions of stochastic differential equations. To appear in Sankhyā .

[9]. KAZAMAKI (N.). On a stochastic integral equation with respect to a weak martingale. Tohoku M. J. 26, 1974, p. 53-63.

[10] KAZAMAKI (N.). Changes of time, stochastic integrals, and weak martingales. ZW 22, 1972, p. 25-32.

[11].MASANI (P.R.). Multiplicative Riemann integration in normed rings. Trans. Amer. M. Soc. 61, 1947, p. 147-192.

[12]. METIVIER (M.) et PELLAUMAIL (J.).On a stopped Doob inequality and general stochastic equations. Ann. Prob. 8, 1980, p. 96-114.

Rajeeva L. Karandikar
Stat-Math. Division
Indian Statistical Institute
Calcutta, India

THERE EXISTS NO ULTIMATE SOLUTION TO SKOROKHOD'S PROBLEM

Isaac Meilijson*
Vrije Universiteit. Amsterdam

Abstract

Let (X,Y) be a mean zero martingale pair, i.e., X and Y possess mean zero and $E(Y|X) = X$ a.s.. It has been proved in various ways that (1) there exist stopping times τ on Brownian motion $\{B(t); t\geq 0\}$ such that $B(\tau)$ is distributed like X and $\{B(t\wedge\tau); t\geq 0\}$ is uniformly integrable; and (2) for any such τ there exist stopping times τ' such that $\tau \leq \tau'$ a.s., $(B(\tau), B(\tau'))$ is distributed like (X,Y) and $\{B(t\wedge\tau'); t\geq 0\}$ is uniformly integrable. In other words (to explain the role of uniform integrability), a martingale pair can be embedded in a piece of Brownian motion that is itself a martingale.

We will show that unless Y lives on one or two points, there can exist <u>no</u> stopping time τ' with $\{B(t\wedge\tau'); t\geq 0\}$ uniformly integrable and $B(\tau')$ distributed as Y, such that whenever (X,Y) is a martingale pair there exist τ with $\tau\leq\tau'$ a.s. and $B(\tau)$ distributed as X.

* On leave from Tel-Aviv University, 1980/1.

1. INTRODUCTION

Let F be a distribution with mean zero and finite variance. It has been shown (Skorokhod [12], Dubins [3], Root [9], Chacon and Walsh [2], Azema and Yor [1] and others) that for some stopping time (st) τ of finite expectation on Brownian Motion starting at zero (BM) $\{B(t);\ t\geq 0\}$, $B(\tau)$ is distributed ($\sim$) F. This embeddability of F has been extended to more general Markov processes (Rost [10], Meyer [7]).

Monroe [8] has shown that if F has mean zero (but not necessarily finite variance), then $B(\tau)\sim F$ for some τ that makes $\{B(t\wedge\tau);\ t\geq 0\}$ uniformly integrable. Monroe proves this property of τ to be equivalent to τ being <u>minimal</u>, ..e. $B(\tau)$ has mean zero and for no $\tau'\leq\tau$ (except τ itself) is $B(\tau')\sim F$. An interesting property of minimality is that if $B(\tau)$ has mean zero and finite variance, then τ is minimal if and only if it has finite mean. The mean of a minimal stopping time is always equal to the variance of the variable it embeds.

A pair of distributions (F,G) <u>admits a martingale</u> (or, <u>belongs to</u> M), if F and G have expectations zero and for some two random variables X and Y on some space, $X\sim F$, $Y\sim G$ and $E(Y|X) = X$ a.s.. Equivalently, (see Meyer [6], $(F,G)\in M$ if for all real x, $\phi_F(x)\geq\phi_G(x)$, where

$$\phi_{\mathcal{L}(Z)}(x) = -E|Z-x|. \tag{1}$$

Equivalently, $EX = EY = 0$ and $E\psi(X)\leq E\psi(Y)$ for all nonnegative non-decreasing convex functions ψ. For more on ϕ, see Chacon and Walsh [2]. Further details on convex inequalities can be found in Meilijson and Nádas [5] and in Rost [11], and their relation to extremal martingales in Dubins and Gilat [4] and in Azema and Yor [1].

It is clear from the proofs of embeddability that if $(F,G)\ \varepsilon M$ then for every minimal st τ with $B(\tau) \sim F$ there exists a minimal st τ' with $B(\tau') \sim G$ and $\tau \leq \tau'$ a.s.. A minimal st τ is said to be ultimate if for every distribution F with $(F, \mathcal{L}(B(\tau)))\ \varepsilon\ M$ there exists a st τ' with $B(\tau') \sim F$ and $\tau' \leq \tau$ a.s.

Let

(2) $$\tau_A = \inf \{t \geq 0 \mid B(t) \varepsilon A\}.$$

THEOREM. A stopping time τ is ultimate if and only if for some $a \leq 0 \leq b$, $\tau = \tau_{\{a,b\}}$ a.s..

2. PROOF OF THE THEOREM.

A distribution F has atomic ends if for some $a < b$, (the "ends"),

(3) $$0 = F(a-) < F(a) \leq F(b-) < F(b) = 1.$$

If strict inequality occurs throughout (3), we will say that F has non exclusive atomic ends. We will prove in lemma 2 that if τ is an ultimate st and $B(\tau)$ is not supported by one or two points, then there exists an ultimate st τ' such that $\mathcal{L}(B(\tau'))$ has non exclusive atomic ends. Lemma 4 will show this to be an impossibility.

LEMMA 1. For a distribution function G with mean zero for which there exist real numbers a and b with ess inf$(G) < a < 0 < b <$ ess sup(G), let $0 < u < v < 1$ be defined by

(4) $$E(G^{-1}(U) \mid U \leq u) = a,\ E(G^{-1}(U) \mid U \geq v) = b,$$

where $U \sim U[0,1]$, and let $G_{(a,b)}$ be the distribution of a random variable X with

(5)
$$X = \begin{cases} a & U \leq u \\ b & U \geq v \\ G^{-1}(U) & \text{otherwise} \end{cases}$$

$$= E(G^{-1}(U) \mid 1_{\{U\leq u\}}, 1_{\{U\leq v\}}, \max(u, \min(U,v))).$$

Then $(G_{(a,b)},G) \in M$ and whenever F is supported by [a,b] and $(F,G) \in M$, then $(F,G_{(a,b)}) \in M$.

Proof. As mentioned in the introduction, the test for belonging to M is a pointwise inequality of the functions ϕ. This function ϕ (see Chacon and Walsh [2] is concave and is asymptotic to $-|x|$ as $|x| \to \infty$. It agrees with $-|x|$ outside any interval supporting the distribution. $\phi_{G_{(a,b)}}$ agrees with ϕ_G on $[G^{-1}(u), G^{-1}(v)]$ and is linear on $[a,G^{-1}(u)]$ and on $[G^{-1}(v),b]$. These two linear pieces are tangents to ϕ_G, and thus $\phi_{G_{(a,b)}}$ is the minimal concave function that exceeds ϕ_G and agrees with $-|x|$ outside [a,b].

[]

LEMMA 2.

(i) For every $a \leq 0 \leq b$, $\tau_{\{a,b\}}$ is ultimate.

(ii) If τ is ultimate, so is $\min(\tau,\tau_{\{a,b\}})$.

(iii) If τ is ultimate and $B(\tau)$ is not supported by one or two points, then there exists an ultimate τ' such that $B(\tau)$ has non exclusive atomic ends.

Proof. (i) If a.b = 0, the result is clear.

If a.b > 0 then every F with $(F,\mathcal{L}(B(\tau_{\{a,b\}}))) \in M$ is supported by [a,b] and every minimal st τ for which $B(\tau) \sim F$ satisfies $\tau \leq \tau_{\{a,b\}}$ a.s. (ii) Let τ be ultimate. Denote $G = \mathcal{L}(B(\tau))$. Then every F witn $(F,G) \in M$ that is supported by [a,b] must be embeddable before time τ and also before time $\tau_{\{a,b\}}$. In particular, this is the case for $F = G_{(a,b)}$. This implies that

(6) $$(G_{(a,b)},\mathcal{L}(B(\min(\tau,\tau_{\{a,b\}}))) \in M.$$

But, by lemma 1, (for, if its conditions are not met, the statement of (ii) is trivial),

(7) $$(\mathcal{L}(B(\min(\tau,\tau_{\{a,b\}}))), G_{(a,b)}) \in M.$$

Combine (6) and (7) to obtain that $\mathcal{L}(B(\min(\tau,\tau_{\{a,b\}}))) = G_{(a,b)}$ and that $\min(\tau,\tau_{\{a,b\}})$ is ultimate.

(iii) The conditions of (iii) imply the conditions of lemma 1. Take a proper pair (a,b) and apply (ii).

[]

LEMMA 3. Let $a < x < 0 < y < b$ and let

(8) $$\tau^{(1)} = \min(\tau_{\{a,b\}}, \max(\tau_{\{x\}}, \tau_{\{y\}})).$$

Let X_a have values a and y and mean zero, let X_b have values x and b and mean zero. Then

(9) $E(\tau^{(1)}) = xy - ay - xb =$

$$= \frac{a^2P(X_a=a)}{1-P(X_a=a)} + \frac{b^2P(X_b=b)}{1-P(X_b=b)} + \frac{abP(X_a=a)P(X_b=b)}{(1-P(X_a=a))(1-P(X_b=b))} .$$

(10) $P(\tau^{(1)} = \tau_{\{a\}}) = y/(v-a) = P(X_a = a)$

(11) $P(\tau^{(1)} = \tau_{\{b\}}) = -x/(b-x) = P(X_b = b).$

Proof. Express $\tau^{(1)}$ as the sum of two terms. The first is the hitting time $\min(\tau_{\{x\}}, \tau_{\{y\}})$. If $\tau_{\{x\}} < \tau_{\{y\}}$ ($\tau_{\{y\}} < \tau_{\{x\}}$), the second is the hitting time $\min(\tau_{\{y\}}, \tau_{\{a\}})$ ($\min(\tau_{\{x\}}, \tau_{\{b\}})$). Apply repeatedly the well known fact that if $u < 0 < v$, then $E(\tau_{\{u,v\}}) = -uv$ and $P(\tau_{\{u\}} < \tau_{\{v\}}) = v/(v-u)$.

[]

LEMMA 4. If F has non exclusive atomic ends, then there is no ultimate st to embed F.

Proof. For $X \sim F$, $a = \text{ess inf}(F)$, $b = \text{ess sup}(F)$:

Let $X_a = E(X \mid 1_{\{X=a\}})$, $X_b = E(X \mid 1_{\{X=b\}})$.

Let $y = E(X \mid X > a)$, $x = E(X \mid X < b)$.

If τ is ultimate and $B_\tau \sim F$, then $\{a < B_\tau < b\} = \{\tau < \tau_{\{a,b\}}\}$ and on $\{a < B_\tau < b\}$, BM must have visited both x and y up to time τ, since X_a and X_b must have been embedded. Hence, $\tau \geq \tau^{(1)}$ of lemma 3.
In view of (10) and (11), on $\{\tau^{(1)} < \tau_{\{a,b\}}\}$ (which equals a.s.

$\{\tau < \tau_{\{a,b\}}\}$, the st $\tau - \tau^{(1)}$, defined on $B \circ \tau^{(1)}$, must embed the conditional distribution of X given that $a < X < b$. Following Monroe [8], if τ is minimal and $B(\tau)$ is bounded, then the expectation of τ is the variance of $B(\tau)$, which is finite. We thus obtain (upon substituting P_a for $P(X = a)$ and P_b for $P(X = b)$) that

$$\text{(12)} \qquad Var(X) = (1 - P_a - P_b)Var(X \mid a < X < b) + E(\tau^{(1)}).$$

But, on the other hand,

$$\text{(13)} \qquad Var(X) = E(X^2) = (1 - P_a - P_b)E(X^2 \mid a < X < b) + a^2P_a + b^2P_b =$$

$$= (1 - P_a - P_b)Var(X \mid a < X < b) + \frac{(aP_a+bP_b)^2}{1-P_a-P_b} + a^2P_a + b^2P_b.$$

Compare (12) and (13):

$$\text{(14)} \qquad E(\tau^{(1)}) = a^2P_a + b^2P_b + \frac{(aP_a+bP_b)^2}{1-P_a-P_b} =$$

$$= \frac{a^2P_a}{1-P_a} + \frac{b^2P_b}{1-P_b} + \frac{abP_aP_b}{(1-P_a)(1-P_b)}$$

$$- \frac{P_aP_b(b-a)^2(\frac{b}{b-a} - P_a)(\frac{-a}{b-a} - P_b)}{(1-P_a)(1-P_b)(1-P_a-P_b)}$$

But (14) conflicts with (9), since $b/(b-a)$ and $-a/(b-a)$ are strictly bigger than P_a and P_b respectively.

Hence, τ is not ultimate.

[]

References

[1] Azema, J. and Yor, M. (i) Une solution simple au problème de Skorokhod. (ii) Le problème de Skorokhod: compléments a l'exposé précédent. Séminaire de Probabilités XIII, LN 721, Springer (1979).

[2] Chacon, R.V. and Walsh, J.B. One dimensional potential embedding. Séminaire de Probabilités X, LN 511, Springer (1976).

[3] Dubins, L.E. On a theorem of Skorokhod. Ann.Math.Statist. 39, 2094-2097 (1968).

[4] Dubins, L.E. and Gilat, D. On the distribution of maxima of martingales. Proc. of the A.M.S. 68, No. 3, 337-338 (1978).

[5] Meilijson, I. and Nádas, A. On convex majorization with an application to the length of critical paths. J. Appl. Prob. 16, No. 3, 671-677 (1979).

[6] Meyer, P.A. Probabilités et Potentiel. Hermann (1966).

[7] Meyer, P.A. Le schéma de remplissage en temps continu. Séminaire de Probabilités VI, LN 258, Springer (1972).

[8] Monroe, I. On embedding right continuous martingales in Brownian motion. Ann.Math.Statist. 43, No. 4, 1293-1311 (1972).

[9] Root, D.H. On the existence of certain stopping times on Brownian motion. Ann.Math.Statist. 40, 715-718 (1969).

[10] Rost, H. The stopping distributions of a Markov process. Inv. Math. 14, 1-16 (1971).

[11] Rost, H. Skorokhod stopping times of minimal variance. Séminaire de Probabilités X, LN 511, Springer (1976).

[12] Skorokhod, A. Studies in the theory of random processes. Addison-Wesley, Reading (1965).

UNE PROPRIETE DE DOMINATION DE L'ENVELOPPE DE SNELL DES SEMIMARTINGALES FORTES

par Nicole EL KAROUI

Dans la résolution par les inéquations variationnelles, ([1]), du problème d'arrêt optimal, on montre par des méthodes d'analyse, que si la fonction de gain du problème d'optimalité est le α-potentiel positif d'une fonction non nécessairement positive, la plus petite fonction α-excessive qui la majore est un α-potentiel. Ce résultat dont l'importance pratique est évidente, a été étendu par d'autres auteurs à des situations markoviennes plus générales que celles des processus de diffusions. ([2]) et ([3]) .

La théorie des réduites par rapport à un cône de fonctions α-surmédianes permet de résoudre, sous des hypothèses de régularité assez fortes de la résolvante, le même problème. ([4]).

Nous nous proposons de généraliser ces résultats, dans le cadre de la Théorie générale des processus, en montrant grâce aux techniques du balayage, que la plus petite surmartingale forte, c'est-à-dire <u>l'enveloppe de Snell</u>, qui majore une semimartingale forte de la classe (D), est, sous certaines hypothèses, engendrée par un processus croissant dominé par la variation totale de celui qui engendre la semimartingale. Nous interprétons ensuite les résultats obtenus dans le cadre markovien.

RAPPELS ET NOTATIONS

Pour tout ce qui concerne les notions de surmartingales, semimartingales fortes, etc..., nous renvoyons le lecteur à ([5]), où il trouvera entre autres la preuve du résultat fondamental suivant:

Si Z est une surmartingale forte de la classe (D), Z se décompose de manière unique en $Z = M - \bar{A} - B$, où M est une martingale uniformément intégrable, A un processus croissant optionnel, et B un processus croissant prévisible, purement discontinu, admettant éventuellement un saut à l'infini si Z est défini jusqu'à l'infini.

Ces processus constituent la décomposition canonique de Z.

Si maintenant Y est une semimartingale forte de la classe (D), Y admet de la même façon une décomposition en :

$Y = M - \bar{C} - K$ où les processus C et K sont des processus à variation intégrable, respectivement optionnel et purement discontinu prévisible.

Nous rappelons maintenant, en suivant les résultats de ([6]), les propriétés fondamentales de l'enveloppe de Snell J d'un processus optionnel Y de la classe (D), limité à droite et à gauche, défini sur un espace de probabilité filtré $(\Omega,\underline{\underline{F}},\underline{\underline{F}}_t,P)$, satisfaisant aux conditions habituelles.

Nous désignons par H l'ensemble aléatoire :

$$H = \{ J^- = Y^- \ , \text{ ou } \ J = Y \ , \text{ ou } \ J^+ = Y^+ \}$$

Pour tout t.a. T, nous notons D_T le début de l'ensemble $[T,+\infty[\cap H$.

Les ensembles $\underline{\underline{F}}_{D_T}$-mesurables suivants précisent à quelle partie de H le début appartient :

$H_T^- = \{J_{D_T}^- = Y_{D_T}^-\}$ $\qquad H_T = (H_T^-)^c \cap \{J_{D_T} = Y_{D_T}\}$

$$H_T^+ = (H_T^- \cap H_T^+)^c$$

La proposition suivante les propriétés essentielles de l'enveloppe de Snell. Elle est établie dans ([6].p.135.)

PROPOSITION 1: <u>Avec les notations précisées ci-dessus, si J est l'enveloppe de Snell d'un processus Y làdlàg de la classe (D), les relations suivantes sont satisfaites:</u>

a) <u>Pour tout t.a. T,</u>

$$E(J_T) = \sup_{S \geqq T} E(Y_S) = E(1_{H_T^-} Y_{D_T}^- + 1_{H_T} Y_{D_T} + 1_{H_{D_T}^+} Y_{D_T}^+) \tag{1}$$
$$= E(1_{H_T^-} J_{D_T}^- + 1_{H_T} J_{D_T} + 1_{H_T^+} J_{D_T}^+)$$

b) <u>Si A et B sont les processus croissants qui interviennent dans la décomposition canonique de J</u>

(2) $\{A - A^- > 0\} \subseteq \{J = Y\}$ et $\{B - B^- > 0\} \subseteq \{J^- = Y^-\}$

c) <u>Le t.a. D_T restreint à H_T^- est prévisible</u>

Le processus J est donc associé au "balayage" de la semimartingale Y sur H . Pour préciser cette notion, nous introduisons deux processus croissants qui décrivent les passages hors de H.

Le premier est le processus D_t défini ci-dessus comme le début après t de l'ensemble H, qui est un ensemble fermé.

Les paliers de ce processus croissant continu à gauche correspondent aux excursions hors de H, dont les extrémités droites sont des valeurs prises par D .

Les extrémités gauches sont repérées symétriquement par le processus $L_t = \sup\{ s \geqq t;\ s \in H$ si $\sup\{\emptyset\} = \infty$

L'intervalle $[t, D_t[$ est identique à l'ensemble $\{u; L_u < t \leq u\}$, ce qui entraine : $s < D_t \rightleftarrows L_s < t$.

Nous désignons par L_n^ε et T_n^ε les extrémités gauches et droites des intervalles contigus à H, de longueur plus grande que ε, et par U_n^ε la v.a. $L_n^\varepsilon + \varepsilon$. Il est bien connu que les v.a. U_n^ε et T_n^ε sont des t.a., et que $T_n^\varepsilon = D_{U_n^\varepsilon}$.

L'ensemble $\{L_s + \varepsilon < s\}$ s'exprime comme : $\bigcup_n [U_n^\varepsilon, T_n^\varepsilon[$

A tout processus V à variation finie, continu à gauche, on associe son balayé V^H, égal à $V_{D.} - V_{D_o}$. Les remarques précédentes nous permettent de décomposer V^H en:

$$V_t^H = \int_{[o,t[} 1_{\{L_s = s\}} dV_s + \lim_{\varepsilon \to o} \Sigma_n 1_{\{L_n^\varepsilon < t\}} (V_{T_n^\varepsilon} - V_{U_n^\varepsilon})$$

Si nous travaillons avec des processus croissants continus à droite, nous aurons plutôt besoin des processus:

$$l_t = \sup\{s < t; s \varepsilon H\} \quad \text{et} \quad T_t = \inf\{s > t; s \varepsilon H\}$$

Le processus l. est croissant et prévisible. L'ensemble $\{l_s = s\}$ décrit les points de H, qui sont points d'accumulation à gauche; il est donc inclus dans $\{Y^- = J^-\}$.

Nous désignons par $\vec{H}$ la réunion des graphes des v.a. L_n^ε pour tout n et tout ε de Q^+. C'est l'ensemble des extrémités gauches des excursions hors de H.

On vérifie aisément que : $\{l_s < s\} = \bigcup_{g \varepsilon \vec{H}}]g, T_g]$

Les outils sont en place pour établir le principal résultat de ce travail:

THEOREME 2: <u>Soit Y une semimartingale forte optionnelle, positive et de la classe (D), de décomposition canonique:</u>

Soit J l'enveloppe de Snell de Y, de décomposition $J = M - A^{-} - B$.
Si le processus prévisible, purement discontinu K est décroissant, le processus B est nul, et le processus croissant A absolument continu par rapport à la variation totale de C .

Preuve: Nous commençons par montrer que B est nul si K est décroissant. En effet, les sauts de K sont liés à la projection prévisible Y^p de Y par la relation : $K - K^{-} = \Delta K = Y^{-} - Y^p$.
L'hypothèse de décroissance faite sur K entraine donc que: $Y^{-} \leqq Y^p$ et que : $Y^{-} \leqq Y^p \leqq J^p \leqq J^{-}$. Mais, d'après la proposition 1, un saut de B ne peut avoir lieu que si à cet instant $Y^{-} = J^{-}$; les inégalités précédentes montrent qu'on a aussi $J^{-} = J^p$, relation qui montre que le saut de B est nul. Le même argument montre que le processus ΔK est nul sur $\{ Y^{-} = J^{-} \}$

Avant de préciser la décomposition de J, nous remarquons que , quitte à soustraire une martingale (u.i.) à Y, et donc à J, on peut supposer que Y et J s'annulent à l'infini, et que Y est la projection optionnelle du processus $C_\infty - C^{-}_{\cdot} + K_\infty - K$.
La proposition 1 nous permet d'exprimer $E(J_T)$ en fonction de C^H_{-}

$$E(J_T) = E(C^H_\infty - C^{-H}_T + K_\infty - K_{D_T} - 1_{H_T^+} \Delta C_{D_T})$$

$$(5) \quad = E(\int_{[T,\infty[} 1_{\{L_s=s\}} dC_s + K_\infty - K_{D_T} - 1_{H_T^+} \Delta C_{D_T}) + \lim_{\varepsilon\to 0} E(\Sigma_n 1_{\{T\leqq L_n^\varepsilon\}} (C^{-}_{T_n^\varepsilon} - C^{-}_{U_n^\varepsilon}))$$

Nous allons transformer ce dernier terme afin d'étudier son signe.

$$E(1_{\{T\leqq L_n^\varepsilon\}} (C^{-}_{T_n^\varepsilon} - C^{-}_{U_n^\varepsilon})) = E\big[1_{\{T\leqq L_n^\varepsilon\}} (C^{-}_{T_n^\varepsilon} + K_{T_n^\varepsilon} - C^{-}_{U_n^\varepsilon} - K_{U_n^\varepsilon} + 1_{H^+_{U_n^\varepsilon}} \Delta C_{T_n^\varepsilon})\big]$$

$$- E\big[1_{\{T\leqq L_n^\varepsilon\}} (K_{T_n^\varepsilon} - K_{U_n^\varepsilon} + 1_{H^+_{U_n^\varepsilon}} \Delta C_{T_n^\varepsilon})\big]$$

ce qui compte-tenu de la relation (5) appliquée aux t.a. U_n^ε et $T_n^\varepsilon = D_{U_n^\varepsilon}$

entraine que:

$$E\left(1_{\{T\leqq L_n^\varepsilon\}}(C^-_{T_n^\varepsilon} - C^-_{U_n^\varepsilon})\right) = E\left[1_{\{T\leqq L_n^\varepsilon\}}(Y_{U_n^\varepsilon} - J_{U_n^\varepsilon} -(K_{T_n^\varepsilon}-K_{U_n^\varepsilon}) -1_{H^+_{U_n^\varepsilon}} \Delta C_{T_n^\varepsilon})\right]$$

Comme J majore Y, il reste à étudier les processus:

$$S_t^\varepsilon = \Sigma_n 1_{\{L_n^\varepsilon\geqq t\}}(K_{U_n^\varepsilon} - K_{T_n^\varepsilon}) \qquad \text{et} \qquad \hat{S}_t^\varepsilon = - \Sigma_n 1_{\{L_n^\varepsilon\geqq t\}} 1_{H^+_{U_n^\varepsilon}} \Delta C_{T_n^\varepsilon}$$

Nous transformons l'écriture de S_t^ε en faisant intervenir l'ensemble $\vec{H}$:

$$S_t^\varepsilon = \Sigma_{g\in\vec{H}} 1_{\{g\geqq t\}} 1_{\{g+\varepsilon\leqq T_g\}} (K_{g+\varepsilon} - K_{T_g})$$

Mais K est un processus décroissant. Le théorème de Fubini prouve alors:

$S_t^\varepsilon = - \int dK_s 1_{\{t\leqq l_s < l_s+\varepsilon < s\}}$, processus qui tend en croissant vers

$$S_t = - \int dK_s 1_{\{t\leqq l_s < s\}} = - \int dK_s 1_{\{t\leqq l_s\}}$$

car nous avons vu que K ne charge pas l'ensemble $\{l_s = s\}$.

Nous comparons maintenant S_t au processus croissant $K_\infty - K_{D_t}$

$$K_\infty - K_{D_t} + S_t = \int dK_s 1_{\{l_s < t \leqq L_s\}} - \Delta K_{D_t}$$

Le deuxième membre vaut:

si $l_t < t < D_t$ $\quad \int dK_s 1_{\{s=D_t\}} - \Delta K_{D_t} = 0$

si $l_t < t$ et $t\in H$ $\quad \int dK_s 1_{\{s=t\}} - \Delta K_{D_t} = 0$ car $t = D_t$

si $l_t = t$, la première intégrale est nulle et $\Delta K_{D_t} = \Delta K_t$ aussi.

Les deux processus croissants $K_\infty - K_{D_t}$ et $-S_t$ sont identiques.

De la même façon, nous transformons l'écriture de $\hat{S}_t^\varepsilon$ en:

$\hat{S}_t^\varepsilon = - \Sigma_{g\in\vec{H}} 1_{\{g\geqq t\}} 1_{\{g+\varepsilon\leqq T_g\}} 1_{H^+_{g+\varepsilon}} \Delta C_{T_g}$ qui est un processus croissant car sur $H^+_{g+\varepsilon}$, ΔC_{T_g} est négatif , puisque $\Delta C = Y - Y^+$

Ces processus convergent donc en croissant vers un processus $\hat{S}_t$ que l'on peut d'écrire par : $\hat{S}_t = - \Sigma\, 1_{\{l_s \geqq t\}} 1_{\{l_s < s = L_s\}} 1_{\{Y^-_s < J^-_s \ Y_s \leq J_s \ Y^+_s = J^+_s\}} \Delta C_s$

Le processus $\hat{S}_t$ ne charge pas l'ensemble $\{l_s = s\}$ et des arguments tout à fait analogue à ceux que nous avons employés ci-dessus montrent que:

$\hat{S}_t - 1_{H^+_t} \Delta C_{D_t} + \Sigma_{s\geqq D_t} 1_{H^+_s} 1_{\{s= L_s\}} \Delta C_s$ est nul .

Nous pouvons maintenant réecrire la relation (5) de la manière suivante:

$E(J_T) = E \int_{[T,\infty[} 1_{\{L_s=s\}}(1 - 1_{\hat{H}_s^+})\, dC_s + \lim_{\varepsilon\to o} E(\Sigma_n 1_{\{T \leq L_n^\varepsilon\}} (Y_{U_n^\varepsilon} - J_{U_n^\varepsilon}))$

si on pose:

$\hat{H}_s^+ = H_s \cap \{L_s = s, \Delta C_s \neq o\}$ et $R_t^\varepsilon = \Sigma_n 1_{t<L_n^\varepsilon} (Y_{U_n^\varepsilon} - J_{U_n^\varepsilon})$

Cette relation vraie pour tout t.a., est encore vraie en espérance conditionnelle, car les processus S_t^ε et $\hat{S}_t^\varepsilon$ convergent en croissant.

Les surmartingales fortes, projection optionnelle des processus décroissants R_t^ε convergent en croissant vers une surmartingale forte Z , qui d'après tout ce que nous venons de voir ne peut être que régulière.

Elle est engendrée par un processus croissant continu à gauche U_t .

L'unicité de la décomposition de J prouve immédiatement que:

$A_t = - U_t + \int_{[o,t[} 1_{\{L_s=s\}}(1 - 1_{\hat{H}_s^+})\, dC_s$

ce qui entraine évidemment que A admet une densité par rapport à la variation totale de C . CQFD.

REMARQUE: Si nous supposons la semimartingale forte Y, continue à droite et régulière, soit engendrée par un processus à variation finie continu, la démonstration que nous venons de faire se rapproche beaucoup de celle de ([7]), sur le balayage des semimartingales.

On peut effectivement déduire, dans ce cas, notre théorème, mais après quelques ajustements,de la proposition 3 de l'article cité,appliquée à la semimartingale J - Y , balayée sur l'ensemble de ses zéros.

Il nous reste à énoncer le paralèle markovien du théorème 2

THEOREME 3 : Soit $(\Omega, \underline{\underline{F}}_t, X_t, P^\mu)$ une réalisation d'un semi-groupe droit, à valeurs dans un espace lusinien E.

Nous considérons deux α-potentiels gauches v_1 et v_2 , réguliers, et un α-potentiel k naturel.

On pose $g = v_1 - v_2 - k$, et on suppose g positive.

La plus petite fonction α-excessive qui majore g est un α-potentiel gauche, engendrée par une fonctionnelle additive gauche fortement dominée par celle qui engendre v_1 .

PREUVE:Notons q la plus petite fonction α-excessive qui majore g. Il est montré en ([6]), que le processus $e^{-\alpha t} q(X_t)$ est l'enveloppe de Snell, pour toute loi P^{μ} du processus $Y_t = e^{-\alpha t} g(X_t)$. Il suffit de remarquer que les hypothèses faites sur v_1, v_2 et k impliquent que le processus Y_t satisfait aux hypothèses du théorème 2. La relation de domination énoncée est alors une simple conséquence de la décomposition de J faite au cours de la démonstration du théorème 2.

BIBLIOGRAPHIE

([1]) A. Bensoussan, J.L.Lions — Applications des inéquations variationnelles au contrôle stochastique. Dunod 1978

([2]) J.M.Bismut — Théorie probabiliste du contrôle des diffusions. Mém. Am. Math.Soc. 4 -1;130- 1976

([3]) S.R.Pliska — A semigroup représentation of the maximum expected reward in continuous parameter Markov Décision Théory. SIAM.J.of CONTROL and OPTIMIZATION, Vol 13 (1975)

([4]) G.Mokobodski — Densité relative de deux potentiels comparables. Sem. de Proba. n°4. Lectures Notes in Mathématics n°124. Springer Verlag.

([5]) E.Lenglart — Tribu de Meyer et théorie générale des processus. Sém. Proba XIV .Lect.Notes en Math. Springer Verlag n° 784 p. 500-546 1980.

([6]) N.El Karoui Les aspects probabilistes du contrôle stochastique
Ecole d'été de probabilités de Saint-Flour
Lect. Notes in Math. n° 876
Springer Verlag 1980

([7]) N. El Karoui Temps local et balayage des semimartingales
Sém. Proba XIII . Lect. Notes in Math n° 721
Springer Verlag 1979.

Nicole EL KAROUI
E.N.S. de Fontenay aux Roses
5, rue Boucicaut
92260 Fontenay- aux Roses

Université de Strasbourg
Séminaire de Probabilités 1981/82

UNE REMARQUE SUR L'APPROXIMATION DES SOLUTIONS D'E.D.S.

par CHOU Ching - Sung

Considérons une équation différentielle stochastique vectorielle du type suivant :

$$(1) \qquad Y_{it} = y_i + \Sigma_j \int_0^t a_{ij}(X_{s-},Y_{s-})dX_{js} \qquad \begin{matrix} i=1,2,\dots,n \\ j=1,2,\dots,p \end{matrix}$$

où les X_j sont des semimartingales données, et où les coefficients $a_{ij}(x,y)$ sont des fonctions uniformément lipschitziennes en y, et par exemple continues en (x,y). Construisons la suite de ses approximations par la méthode des différences finies, au moyen des subdivisions dyadiques :

$$(2) \qquad \overset{n}{Y}_{it} = y_i + \Sigma_j a_{ij}(X_0,y)(X_{j,t}-X_{j,0}) \quad \text{pour } 0<t\leqq 2^{-n}$$

$$\overset{n}{Y}_{it} = \overset{n}{Y}_{i,2^{-n}} + \Sigma_j a_{ij}(X_{2^{-n}},\overset{n}{Y}_{2^{-n}})(X_{j,t}-X_{j,2^{-n}}) \quad \text{pour } 0<t\leqq 2.2^{-n}$$

$$\overset{n}{Y}_{it} = \overset{n}{Y}_{i,k2^{-n}} + \Sigma_j a_{ij}(X_{k2^{-n}},\overset{n}{Y}_{k2^{-n}})(X_{j,t}-X_{j,k2^{-n}}) \quad \text{pour } k2^{-n}<t\leqq(k+1)2^{-n} .$$

M. Emery a démontré que le processus $(\overset{n}{Y}_t)$ converge vers (Y_t) au sens u.c.p. (convergence uniforme sur les compacts en probabilité). C'est à dire que pour tout t fixé et tout i, $(Y-\overset{n}{Y})^*_t$ converge en probabilité vers 0.

M. Meyer a posé le problème suivant : au lieu de (1) considérons l'équation différentielle avec un terme supplémentaire de crochets :

$$(3) \qquad Y_{it} = (1) + \Sigma_{j,k} \int_0^t b_{ijk}(X_{s-},Y_{s-})d[X_j,X_k]_s$$

où les fonctions b_{ijk} sont aussi lipschitziennes . Cette équation est encore du type (1), mais avec un plus grand nombre de semimartingales directrices. Au lieu de construire les processus $\overset{n}{Y}_t$, qui exigent que l'on connaisse les crochets, on considère l'approximation suivante, qui contient seulement les processus X_{it} eux mêmes :

$$(4) \qquad \overset{n}{Z}_{it} = y_i + \Sigma_j a_{ij}(X_0,y)(X_{jt}-X_{j0}) + \Sigma_{jk} b_{ijk}(X_0,y)(X_{jt}-X_{j0})(X_{kt}-X_{k0}) \quad \text{pour } 0<t\leqq 2^{-n}$$

$$\overset{n}{Z}_{it} = \overset{n}{Z}_{i,p2^{-n}} + \Sigma_j\ a_{ij}(X_{p2^{-n}},\overset{n}{Z}_{p2^{-n}})(X_{j,t}-X_{j,p2^{-n}})$$
$$+ \Sigma_{jk}\ b_{ijk}(X_{p2^{-n}},\overset{n}{Z}_{p2^{-n}})(X_{j,t}-X_{j,p2^{-n}})(X_{k,t}-X_{k,p2^{-n}})$$
$$\text{pour } p2^{-n}<t\leqq(p+1)2^{-n}$$

Le problème posé par M. Meyer est alors : est ce que $\overset{n}{Z}$ converge aussi vers la solution Y de (3) au sens u.c.p.? Nous allons montrer que c'est bien le cas.

La méthode consiste à considérer l'équation du type (3) comme une équation du type (1) , mais avec les semimartingales directrices X_{it} et $X_{jt}X_{kt}$ au lieu des crochets, grâce à la formule

$$d[X_j,X_k] = d(X_jX_k) - X_{j-}dX_k - X_{k-}dX_j$$

L'équation (3) s'écrit donc

$$(5)\qquad Y_{it} = y_i + \Sigma_j \int_0^t c_{ij}(X_{s-},Y_{s-})dX_{js}$$
$$+ \Sigma_{jk} \int_0^t b_{ijk}(X_{s-},Y_{s-})d(X_{js}X_{ks})$$

avec $\quad c_{i\ell}(x,y) = a_{i\ell}(x,y) + \Sigma_j\ b_{ij\ell}(x,y)x_j + \Sigma_k\ b_{i\ell k}(x,y)x_k$

Si on considère l'approximation du type (2) pour l'équation (5) - pour la simplicité nous écrivons seulement le premier terme, pour $t\leqq 2^{-n}$

$$y_i + \Sigma_\ell\ c_{i\ell}(X_0,y)(X_{\ell t}-X_{\ell 0}) + \Sigma_{jk}\ b_{ijk}(X_0,y)(X_{jt}X_{kt}-X_{j0}X_{k0})$$

on retrouve exactement $\overset{n}{Z}_{it}$. Cependant, il y a une petite difficulté pour appliquer le théorème d'Emery à l'équation (5), car les coefficients $c_{i\ell}(x,y)$ ne sont pas lipschitziens.

On peut résoudre cette difficulté de la manière suivante : supposons d'abord que chaque coordonnée X_{it} soit une semimartingale bornée en valeur absolue par une constante K . Soit $x'_j = x_j$ si $|x_j|\leqq K$, K si $x_j>K$, -K si $x_j<-K$. Soit aussi

$$c'_{i\ell}(x,y) = a_{i\ell}(x,y) + \Sigma_j\ b_{ij\ell}(x,y)x'_j + \Sigma_k\ b_{i\ell k}(x,y)x'_k$$

Alors on peut appliquer le théorème d'Emery à l'équation (5') obtenue en remplaçant les fonctions $c_{i\ell}$ par les fonctions lipschitziennes $c'_{i\ell}$. Mais comme les X_{it} sont bornés par K, l'équation (5) et l'équation (5') ont mêmes solutions et mêmes approximations, et la réponse à la question de M. Meyer est positive.

Pour le cas général, on introduit le temps d'arrêt

$$T = T_K = \inf\{\ t : \sup_i\ |X_{it}| > K\ \}$$

La semimartingale X^{T-} est alors bornée par K pour chaque coordonnée, et on peut lui appliquer le résultat précédent. Cela entraîne que

$$(\overset{n}{Z}-Y)^*_t \to 0 \text{ en probabilité sur l'ensemble } \{t<T\}$$

Mais si K est grand, l'ensemble $\{t \geqq T\}$ a une probabilité très petite, donc en fait on a encore convergence u.c.p..

REFERENCES

[1]. EMERY (M.). Stabilité des solutions des équations différentielles stochastiques. Application aux intégrales multiplicatives stochastiques. Z.W. 41, 1978, p. 41-62.

[2]. EMERY(M.). Equations différentielles stochastiques lipschitziennes. Etude de la stabilité. Sém. Prob. XIII, LN. 721, Springer 1979.

C.S. Chou
Mathematics Department
National Central University
Chung-Li, TAIWAN.

On some limit theorems for solutions of stochastic differential equations

Shigetoku Kawabata and Toshio Yamada

Department of Applied Science

Kyushu University, Fukuoka 812, Japan

Introduction.

We consider the following Itô type stochastic differential equations;

$$dx(t) = \sigma(t,x(t))dB(t) + b(t,x(t))dt$$

$$dx_n(t) = \sigma_n(t,x_n(t))dB(t) + b_n(t,x_n(t))dt, \quad n = 1,2,\ldots$$

What we will do in the present paper is to propose some sufficient conditions which guarantee stability properties for solutions of the above equations when the coefficients σ_n and b_n tend to σ and b respectively.

This problem has been discussed by Stroock and Varadhan in chapter 11 of their book ([6]), by the method of the martingale problem. In the case where the martingale problem for σ and b has a unique solution, they showed that the stability properties are guaranteed in the law sense when σ_n and b_n tend to σ and b respectively in a suitable sense.

In this paper we will treat the problem in the case where the pathwise uniqueness holds for σ and b, and show that under some convergence conditions for σ_n and b_n, the stability properties hold in the pathwise sense.

In the formulation of our conditions, the operator $\mathcal{L}$ which was introduced by Okabe and Shimizu with the idea of applying it to pathwise uniqueness problem will play an important role. ([5]).

Preliminaries.

We consider the following Itô's stochastic differential equations;

$$(1) \quad x^i(t) = x^i(0) + \sum_{j=1}^{d} \int_0^t \sigma_j^i(s,x(s))dB^j(s) + \int_0^t b^i(s,x(s))ds \quad (1 \le i,j \le d)$$

$$(2) \quad x_n^i(t) = x_n^i(0) + \sum_{j=1}^{d} \int_0^t \sigma_{n,j}^i(s,x_n(s))dB^j(s) + \int_0^t b_n^i(s,x_n(s))ds \quad (1 \le i,j \le d)$$

$$n = 1,2,\ldots$$

We suppose in this paper that the coefficients in the above equations satisfy the following conditions (A), (B) and (C).

(A) $\sigma_j^i(s,x)$, $\sigma_{n,j}^i(s,x)$, $b^i(s,x)$ and $b_n^i(s,x)$ $(1 \le i,j \le d)$, $n = 1,2,\ldots$ are Borel measurable functions defined on $[0,\infty) \times R^d$.

(B) There exists a positive constant $K > 0$, such that

$$(3) \quad \|\sigma(s,x)\|^2 + \|b(s,x)\|^2 \le K(1 + \|x\|^2) \ ^{(*)}$$

and

$$(4) \quad \|\sigma_n(s,x)\|^2 + \|b_n(s,x)\|^2 \le K(1 + \|x\|^2) \ ^{(*)}$$

hold, where $\sigma(s,x) = (\sigma_j^i(s,x))$, $\sigma_n(s,x) = (\sigma_{n,j}^i(s,x))$, $b(s,x) = (b^i(s,x))$ and $b_n(s,x) = (b_n^i(s,x))$.

(*) $\|A\|$ stands for $\sqrt{\sum_{i=1}^{m} \sum_{j=1}^{n} (a_j^i)^2}$ where $A = (a_j^i)$ is m×n-matrix, and $\|A\|^p$ for $\sum_{i=1}^{m} \sum_{j=1}^{n} |a_j^i|^p$ $(p > 1)$

(C) Define $D_r = \{x \in R^d, \|x\| \leq r\}$. Then for any $r > 0$ and $T > 0$, the relation $\lim_{n\to\infty} \sup_{(t,x)\in[0,T]\times D_r} \{\|\sigma_n(t,x) - \sigma(t,x)\| + \|b_n(t,x) - b(t,x)\|\} = 0$ holds.

By a probability space with an increasing family of Borel fields which is denoted by $(\Omega, \mathcal{F}, P: \mathcal{F}_t)$ we mean a probability space $(\Omega, \mathcal{F}, P)$ with a system $\{\mathcal{F}_t\}_{t\in[0,\infty)}$ of sub Borel fields of $\mathcal{F}$ such that $\mathcal{F}_s \subset \mathcal{F}_t$ if $s < t$.

Definition 1

By a solution of the equation (1), we mean a probability space with an increasing family of Borel fields $(\Omega, \mathcal{F}, P: \mathcal{F}_t)$ and a family of stochastic processes $\mathcal{X} = \{x(t) = (x^1(t), \ldots x^d(t)), B(t) = (B^1(t), \ldots B^d(t))\}$ defined on it such that

(i) with probability one, $x(t)$ and $B(t)$ are continuous in t and $B(0) = 0$,

(ii) they are adapted to $\mathcal{F}_t$,

(iii) $B(t)$ is a system of $\mathcal{F}_t$-martingale such that

$$E[(B^i(t) - B^i(s))(B^j(t) - B^j(s))/\mathcal{F}_s] = \delta_{ij}\cdot(t-s), \quad (1 \leq i,j \leq d)$$

(iv) $\mathcal{X}(t)$ satisfies

$$x^i(t) = x^i(0) + \sum_{j=1}^{d} \int_0^t \sigma_j^i(s,x(s))dB^j(s) + \int_0^t b^i(s,x(s))ds, \quad (1 \leq i \leq d)$$

where the integral by dB is understood in the sense of Itô's integral.

One defines a solution of the equation (2) in the similar way as in the definition 1.

Now, we introduce the operator $\mathcal{L}$ which is defined by

$$(5)\quad (\mathcal{L}V)(t,x,y) = \frac{\partial V}{\partial t} + \sum_{i=1}^{d} \frac{\partial V}{\partial x_i} b^i(t,x) + \sum_{i=1}^{d} \frac{\partial V}{\partial y_i} b_n^i(t,y)$$

$$+ \frac{1}{2}\{ \sum_{i,j=1}^{d} \frac{\partial^2 V}{\partial x_i \partial x_j}(\sum_{k=1}^{d} \sigma_k^i(t,x)\sigma_k^j(t,x)) + 2 \sum_{i,j}^{d} \frac{\partial^2 V}{\partial x_i \partial y_j}(\sum_{k=1}^{d} \sigma_k^i(t,x)\sigma_{n,k}^j(t,y))$$

$$+ \sum_{i,j=1}^{d} \frac{\partial^2 V}{\partial y_i \partial y_j}(\sum_{i=1}^{d} \sigma_{n,k}^i(t,y)\sigma_{n,k}^j(t,y))\},$$

where $V(t,x,y)$ is defined on $[0,\infty) \times R^d \times R^d$.

§2 Some limit theorems.

Theorem 1. Let p be a positive integer $p \geq 1$. Let $(\Omega, \mathcal{F}, P: \mathcal{F}_t)$ be a probability space with an increasing family of Borel fields. Suppose we are given the following;

(i) a solution of the equation (1) $\mathcal{X}(t) = \{x(t), B(t)\}$ defined on $(\Omega, \mathcal{F}, P: \mathcal{F}_t)$, such that

$$(6)\quad E[\| x(0) \|^{2p}] < +\infty,$$

(ii) a solution of the equation (2) $\mathcal{X}_n(t) = \{x_n(t), B(t)\}$ for each $n = 1,2,\ldots$, defined on the same $(\Omega, \mathcal{F}, P: \mathcal{F}_t)$ such that

$$(7)\quad \sup_n E[\| x_n(0) \|^{2p}] < +\infty.$$

Let $T > 0$ and $r > 0$ be two positive constants. Suppose that there exists a sequence of functions $V_{T,r}$, $V_{T,r}^m$, $m = 1,2,\ldots$, defined on $[0,T] \times D_r \times D_r$, continuously differentiable in t and twice continuously differentiable in (x,y), such that

(V1) $V_{T,r}^m(t,x,y) \geq 0$ for $(t,x,y) \in [0,T] \times D_r \times D_r$,

(V2) $V^m_{T,r}(t,x,y)$ converges uniformly to the function $V_{T,r}(t,x,y)$ as m tends to infinity.

(V3) there exist two constants $C_1(T,r)$ and $C_2(T,r)$ such that

$$(8) \quad C_1(T,r)\|x-y\| \leq V_{T,r}(t,x,y) \leq C_2(T,r)\|x-y\| \quad \text{for } (t,x,y) \in [0,T] \times D_r \times D_r$$

(V4) there exists a non-decreasing sequence of integers $\{m_n\}$ $n = 1,2,\ldots$ such that $\lim_{n\to\infty} m_n = \infty$ and

$$(9) \quad \overline{\lim_{n\to\infty}}\, E\left[\int_0^{t\wedge\tau_r^{(n)}} (\mathcal{L}V^{m_n}_{T,r})(s,x(s),x_n(s))ds\right] \leq 0$$

where $\tau_r^{(n)} = \inf\{t : \max(\|x(t)\|, \|x_n(t)\| \geq r)\}$.

Then, the relation

$$(10) \quad \lim_{n\to\infty} E[\|x_n(0) - x(0)\|] = 0$$

implies

$$(11) \quad \lim_{n\to\infty} E[\|x^r(t) - x^r_n(t)\|] = 0 \quad \text{for all } t \in [0,T],$$

where $x^r(t) = x(t\wedge\tau_r^{(n)})$ and $x^r_n(t) = x_n(t\wedge\tau_r^{(n)})$. $\blacksquare$

Proof.

By Itô's formula we have

$$V^{m_n}_{T,r}(t\wedge\tau_r^{(n)},x^r(t),x^r_n(t)) = V^{m_n}_{T,r}(0,x^r(0),x^r_n(0))$$

$$+ \text{ a martingale of zero mean}$$

$$+ \int_0^{t\wedge\tau_r^{(n)}} (\mathcal{L}V^{m_n}_{T,r})(s,x^r(s),x^r_n(s))ds.$$

Hence, we get

$$(12)\quad E[V^{m_n}_{T,r}(t\wedge\tau^{(n)}_r, x^r(t), x^r_n(t))]$$
$$= E[V^{m_n}_{T,r}(0,x^r(0),x^r_n(0))] + E[\int_0^{t\wedge\tau^{(n)}_r} (\mathcal{L}\, V^{m_n}_{T,r})(s,x^r(s),x^r_n(s))ds].$$

Now, we will show that

$$(13)\quad \lim_{n\to\infty} [V^{m_n}_{T,r}(0,x^r(0),\ x^r_n(0))] = 0 \quad \text{holds.}$$

By the condition (V2), we can choose for any positive $\varepsilon > 0$ the integer $N(\varepsilon)$ so that

$$(14)\quad V_{T,r}(t,x,y) - \varepsilon \le V^{m_n}_{T,r}(t,x,y) \le V_{T,r}(t,x,y) + \varepsilon$$
$$\text{for}\quad n \ge N(\varepsilon) \quad \text{and} \quad (t,x,y) \in [0,T] \times D_r \times D_r.$$

Combine the relation (14) with the condition (V3). Then we can see that $V^{m_n}_{T,r}(s,x^r(0),\ x^r_n(0)) \le C_2(T,r)\|x^r(0) - x^r_n(0)\| + \varepsilon$. Therefore the condition (10) implies that

$$(15)\quad 0 \le \overline{\lim_{n\to\infty}}\, E[V^{m_n}_{T,r}(0,x^r(0),x^r_n(0))] \le \varepsilon.$$

Since ε is an arbitrary positive number, we can conclude that the relation (13) holds.

By (V3), (V4), (12) and (13), we have

$$0 \le C_1(T,r)\overline{\lim_{n\to\infty}}\, E[\|x^r(t) - x^r_n(t)\|]$$
$$\le \overline{\lim_{n\to\infty}}\, E[V^{m_n}_{T,r}(t\wedge\tau^{(n)}_r, x^r(t), x^r_n(t))]$$
$$= \overline{\lim_{n\to\infty}}\, E[\int_0^{t\wedge\tau^{(n)}_r} (\mathcal{L}V^{m_n}_{T,r})(s,x(s),x_n(s))ds] \le 0.$$

This relation implies immediately (11). Q.E.D.

Theorem 2. Suppose we are given a solution of the equation (1) $\mathcal{X}(t) = \{x(t), B(t)\}$ and a sequence of solutions of the equation (2) $\mathcal{X}_n = \{x_n(t), B(t)\}$ $n=1,2,\ldots$ so that they are defined on a same probability space with an increasing family of Borel fields $(\Omega, \mathcal{F}, P; \mathcal{F}_t)$ and they satisfy (6) and (7), for $p = 1$.

Suppose further that for any $T > 0$ and $r > 0$, there exists a sequence of functions $V_{T,r}(t,x,y)$, $V^m_{T,r}(t,x,y)$, $m=1,2,\ldots$ such that they satisfy the conditions (V1), (V2), (V3) and (V4).

Then the relation

$$\lim_{n\to\infty} E[\| x_n(0) - x(0) \|] = 0$$

implies

$$\lim_{n\to\infty} E[\| x_n(t) - x(t) \|] = 0 \quad \text{for all} \quad t \in [0,\infty). \tag{16}$$ $\blacksquare$

For the proof of the Theorem 2, we shall prepare several lemmas.

Lemma 1. Let p be a positive integer $p \geq 1$.

Under the condition (B), the following inequalities hold;

$$E[\| x(t) \|^{2p}] \leq K(p,T)(1 + E[\| x(0) \|^{2p}]) \quad \text{for} \quad t \in [0,T] \tag{17}$$

$$E[\| x_n(t) \|^{2p}] \leq K(p,T)(1 + E[\| x_n(0) \|^{2p}]) \quad \text{for} \quad t \in [0,T] \tag{18}$$

where $K(p,T)$ is a positive constant which depends on p, T and K in the condition (B).

The assertions in Lemma 1 are well known (See e.g. ([3])), so we omit the proof.

The following lemma can be derived easily from Lemma 1.

Lemma 2. Under the condition (B), the relations (6) and (7) imply that the system of random variables

$$\{\|\sigma(t,x(t))\|^p, \|\sigma_n(t,x_n(t))\|^p, \|b(t,x(t))\|^p, \|b_n(t,x_n(t))\|^p, \quad n = 1,2,\ldots \quad t \in [0,T]\}$$

is uniformly integrable with respect to $([0,T]\times\Omega,\ dt\otimes dP)$.

Lemma 3. Under the condition (B), (6), and (7), there exists a positive constant $L(T) < +\infty$ such that

$$(19)\quad E[\sup_{0\leq t\leq T} \|x(t)\|^2] \leq L(T)$$

and

$$(20)\quad E[\sup_{0\leq t\leq T} \|x_n(t)\|^2] \leq L(T)$$

hold.

Proof. We will show (19).

It is easy to choose a positive constant $C(d)$ depending on d such that

$$\|x(t)\|^2 \leq C(d)\|x(0)\|^2 + C(d)\sum_{i,k}\left(\int_0^t \sigma_k^i(s,x(s))dB^k(s)\right)^2 + C(d)\sum_i\left(\int_0^t b^i(s,x(s))ds\right)^2.$$

Using the Doob's inequality, we get from the above

$$(21)\quad E[\sup_{0\leq t\leq T}\|x(t)\|^2] \leq C(d)E[\|x(0)\|^2] + 2C(d)\sum_{i,k} E[(\int_0^T (\sigma_k^i(s,x(s))^2 ds)]$$

$$+ C(d)\sum_i E[(\int_0^T |b^i(s,x(s))|ds)^2]$$

$$= C(d)E[\| x(0) \|^2] + J_1 + J_2, \quad \text{say.}$$

By the condition (B), we have for J_1

$$J_1 \leq 2C(d)d^2 \int_0^T K(1 + E[\| x(s) \|^2])ds.$$

Hence by lemma 1

$$(22) \quad J_1 \leq 2C(d)d^2 \int_0^T K\{1 + K(2,T)(1 + E(\| x(0) \|^2))\}ds < +\infty$$

holds.

On the other hand, we will evaluate J_2. We have

$$(23) \quad J_2 \leq C(d)\cdot d\cdot T\cdot E[\int_0^T (b^i(s,x(s))^2 ds]$$

$$\leq C(d)\cdot d\cdot T\cdot \int_0^T K(1 + E(\| x(s) \|^2))ds$$

$$\leq C(d)\cdot d\cdot T\cdot \int_0^T K(1 + K(2,T)(1 + E(\| x(0) \|^2))ds$$

$$< +\infty.$$

By (21), (22) and (23), it is easy to choose a constant $L(T)$ such that (19) holds. By the similar way one can show (20) with the same constant $L(T)$ as in (19). Q.E.D.

We are now in a position to prove the Theorem 2.

Proof of the Theorem 2. Put

$$\Omega_r = \{\omega : \sup_{0\leq t\leq T} \| x(t) \| < r\}$$

and

$$\Omega_{n,r} = \{\omega : \sup_{0\le t\le T} \| x_n(t) \| < r\}.$$

Then, by lemma 3 we have

$$(24)\quad P(\Omega_r^c) = P(\{\omega : \sup_{0\le t\le T} \| x(t) \|^2 \ge r^2\})$$

$$\le \frac{E[\sup_{0\le t\le T} \| x(t) \|^2]}{r^2} \le \frac{L(T)}{r^2},$$

and

$$(25)\quad P(\Omega_{n,r}^c) \le \frac{L(T)}{r^2}.$$

On the other hand, by lemma 1, we know that the system of random functions

$$(26)\quad \{\| x(t) \|, \| x_n(t) \| \quad n = 1,2,\dots, \quad t \in [0,T]\}$$

is uniformly integrable.

Now, we have that

$$E[\| x_n(t) - x(t) \|] \le E[\| x_n(t) - x(t) \|, \Omega_{n,r} \cap \Omega_r]$$

$$+ E[\| x_n(t) - x(t) \|, \Omega_{n,r}^c] + E[\| x_n(t) - x(t) \|, \Omega_r^c]$$

$$= E[\| x_n^r(t) - x^r(t) \|] + E[\| x_n(t) - x(t) \|, \Omega_{n,r}^c]$$

$$+ E[\| x_n(t) - x(t) \|, \Omega_r^c].$$

Let $\varepsilon > 0$ be an arbitrary positive number. Use (24), (25) and the fact that the system of random variables (26) is uniformly integrable. Then, there exist a positive number $r > 0$ and an integer $N > 0$ such that

$$E[\| x_n^r(t) - x^r(t) \|] < \frac{\varepsilon}{3} \quad \text{for } n \geq N,$$

$$E[\| x_n(t) - x(t) \| : \Omega_{n,r}^c] < \frac{\varepsilon}{3}, \quad n = 1,2,...$$

and

$$E[\| x_n(t) - x(t) \| , \Omega_r^c] < \frac{\varepsilon}{3}, \quad n = 1,2,...$$

where we have used the Theorem 1.

Hence we can conclude that $\lim_{n\to\infty} E[\| x_n(t) - x(t) \|] = 0$ holds for all t. Q.E.D.

In the following theorem we suppose that the coefficients of the equations (1) and (2) satisfy the following condition (A') in place of the condition (A).

Condition (A'). $\sigma_j^i(s,x)$, $\sigma_{n,j}^i(s,x)$, $b^i(s,x)$ and $b_n^i(s,x)$ $(1 \leq i,j \leq d,\ n=1,2,...)$ are continuous in (s,x).

Theorem 3. Let T be a positive number. Suppose that we are given a solution of the equation (1) $\mathcal{X}(t) = (x(t),B(t))$ and a sequence of solutions of (2) $\mathcal{X}_n(t) = (x_n(t),B(t))$ $n=1,2,...$ so that they are defined on a same probability space with an increasing family of Borel fields $(\Omega, \mathcal{F}, P: \mathcal{F}_t)$ and they satisfy (6) and (7) for some interger $p \geq 2$.

Suppose further that for any $r > 0$ there exists a sequence of $V_{T,r}(t,x,y)$ and $V^m_{T,r}(t,x,y)$ $m=1,2,\ldots$ such that they satisfy the conditions (V1), (V2), (V3) and (V4).

Then, the relation

$$\lim_{n\to\infty} E[\| x_n(0) - x(0) \|^p] = 0$$

implies

$$(27)\quad \lim_{n\to\infty} E[\sup_{0\le t\le T} \| x_n(t) - x(t) \|^p] = 0. \quad ■$$

For the proof of the Theorem 3, we prepare the following lemma.

Lemma 4. Under the conditions in Theorem 3, the relations

$$(28)\quad \lim_{n\to\infty} E[\| \sigma_n(t,x_n(t)) - \sigma(t,x(t)) \|^p] = 0$$

and

$$(29)\quad \lim_{n\to\infty} E[\| b_n(t,x_n(t)) - b(t,x(t)) \|^p] = 0$$

hold for $t \in [0,T]$.

Proof. We will show the relation (28) by the method of the reduction to absurdity.

Suppose that there exist a sub sequence $\{n_q\}$ of $\{n\}$ and a positive number $\gamma > 0$ such that

$$(30)\quad \lim_{n_q\to\infty} E\{\| \sigma_{n_q}(t,x_{n_q}(t)) - \sigma(t,x(t)) \|^p] = \gamma.$$

Since we know by the Theorem 2 that $\lim_{n_q\to\infty} E[\| x_{n_q}(t) - x(t) \|] = 0$ holds, we can choose a sequence $\{n_k\} \subset \{n_q\}$ such that $x_{n_k}(t)$ converges to

$x(t)$ a.s.

We have

$$\|\sigma_{n_k}(t,x_{n_k}(t)) - \sigma(t,x(t))\|$$

$$\leq \|\sigma_{n_k}(t,x_{n_k}(t)) - \sigma(t,x_{n_k}(t))\|$$

$$+ \|\sigma(t,x_{n_k}(t)) - \sigma(t,x(t))\| = J_1^{n_k} + J_2^{n_k} \text{, say.}$$

By the condition (C) $J_1^{n_k}$ tends to zero as n_k goes to infinity. On the other hand by the condition (A') $J_2^{n_k}$ also tends to zero when n_k goes to infinity. Hence we have that $\|\sigma_{n_k}(t,x_{n_k}(t) - \sigma(t,x(t))\|$ tends to zero a.s. as n_k goes to infinity.

Therefore using the lemma 2, we must conclude that

$$\lim_{n_k\to\infty} E[\|\sigma_{n_k}(t,x_{n_k}(t)) - \sigma(t,x(t))\|^p] = 0.$$

But this relation is contradictory to (30).

By the similar way one can prove the relation (29), so we omit the proof of this part. Q.E.D.

Proof of the Theorem 3. There exists a constant $C(p,d)$ which depends on p and d such that

$$(31)\quad \|x_n(t) - x(t)\|^p \leq C(p,d)\{\|x_n(0) - x(0)\|^p$$

$$+ \sum_{i,k} \left|\int_0^t \{\sigma^i_{n,k}(s,x_n(s)) - \sigma^i_k(s,x(s))\}dB^k(s)\right|^p$$

$$+ \sum_i \left|\int_0^t \{b^i_n(s,x(s)) - b^i(s,x(s))\}ds\right|^p\}$$

$$= C(p,d)\{\| x_n(0) - x(0)\|^p + L_1(t) + L_2(t)\}, \quad \text{say.}$$

By the Burkholder type inequality* and Hölder's inequality, we have for $L_1(t)$ that

$$E[\sup_{0\le t\le T} L_1(t)] \le \sum_{i,k} E[(\int_0^T |\sigma^i_{n,k}(s,x_n(s)) - \sigma^i_k(s,x(s))|^2 ds)^{\frac{p}{2}}]$$

$$\le \sum_{i,k} T^{\frac{p-2}{2}} E[\int_0^T |\sigma^i_{n,k}(s,x_n(s)) - \sigma^i_k(s,x(s))|^p ds],$$

where we have used the fact that $p \ge 2$. Hence there exists a constant $C_2(p,d)$ such that

$$(32)\quad E[\sup_{0\le t\le T} L_1(t)] \le C_2(p,d)E[\int_0^T \| \sigma^n(s,x_n(s)) - \sigma(s,x(s))\|^p ds]$$

On the other hand we will evaluate $L_2(t)$. We have

$$E[\sup_{0\le t\le T} L_2(t)] \le \sum_i E[(\int_0^T |b^i_n(s,x_n(s)) - b^i(s,x(s))|ds)^p]$$

$$\le \sum_i E[T^{(p-1)}(\int_0^T |b^i_n(s,x_n(s) - b^i(s,x(s))|^p ds)].$$

Therefore one can choose a constant $C_3(p,d)$ such that

$$(33)\quad E[\sup_{0\le t\le T} L_2(t)] \le C_3(p,d)E[\int_0^T \| b_n(s,x_n(s)) - b(s,x(s))\|^p ds]$$

Then by (31), (32) and (33) we have

$$E[\sup_{0\le t\le T} \| x_n(t) - x(t)\|^p] \le C(p,d)E[\| x_n(0) - x(0)\|^p]$$

$$+ C(p,d)C_2(p,d)E[\int_0^T \| \sigma^n(s,x(s)) - \sigma(s,x(s))\|^p ds]$$

---

* See for example, pp 54-55 in ([4]).

$$+ C(p,d)C_3(p,d)E[\int_0^T \| b_n(s,x_n(s)) - b(s,x(s)) \|^p ds].$$

Thus, by lemma 4, the relation $\lim_{n\to\infty} E[\| x_n(0) - x(0)\|^p] = 0$ implies

(27) $\lim_{n\to\infty} E[\sup_{0\le t\le T} \| x_n(t) - x(t)\|^p] = 0.$ Q.E.D.

§3 Examples.

Example 1.

Consider the following one dimensional stochastic differential equations;

(1') $x(t) = x(0) + \int_0^t \sigma(s,x(s))dB(s) + \int_0^t b(s,x(s))ds$

and

(2') $x_n(t) = x_n(0) + \int_0^t \sigma_n(s,x(s))dB(s) + \int_0^t b_n(s,x(s))ds \qquad n = 1,2,\ldots$

Assume that the coefficients in (1') and (2') satisfy the conditions (A'), (B) and (C). Suppose further that the coefficient satisfy the following conditions (A.1) and (A.2).

(A.1) For any $T > 0$ and $r > 0$ there exists a non negative increasing function $\rho_{T,r}(u)$ defined on $[0,\infty)$ such that

$$|\sigma(t,x) - \sigma(t,y)| \le \rho_{T,r}(|x - y|) \qquad \text{for} \quad (t,x,y) \in [0,T] \times D_r \times D_r$$

$$|\sigma_n(t,x) - \sigma_n(t,y)| \le \rho_{T,r}(|x - y|) \qquad \text{for} \quad (t,x,y) \in [0,T] \times D_r \times D_r$$

$$n = 1,2,\ldots$$

and

(34) $\int_{+0} \frac{du}{\rho^2_{T,r}(u)} = + \infty.$

(A.2) There exists a positive constant $K_1 > 0$ such that

$$|b(t,x) - b(t,y)| \leq K_1|x - y| \qquad \text{for } (t,x,y) \in [0,T] \times R^1 \times R^1$$

and

$$|b_n(t,x) - b_n(t,y)| \leq K_1|x - y| \quad \text{for} \quad (t,x,y) \in [0,T] \times R^1 \times R^1$$
$$n = 1,2,\ldots$$

Suppose that we are given a solution of the equation (1') $\mathcal{X}(t) = (x(t),B(t))$ and a sequence of solutions of the equation (2') $\mathcal{X}_n(t) = (x_n(t),B(t))$ $n=1,2,\ldots$ such that they are defined on a same probability space with an increasing family of Borel fields $(\Omega, \mathcal{F}, P: \mathcal{F}_t)$ and they satisfy (6) and (7) for some integer $p \geq 2$.

Then, the relation $\lim_{n\to\infty} E[\| x_n(0) - x(0)\|^p] = 0$ implies

$$\lim_{n\to\infty} E[\sup_{0\le t\le T} \| x_n(t) - x(t)\|^p] = 0. \qquad \blacksquare$$

Remark.

Under the conditions (A'), (B), (A.1) and (A.2), it is well known that for a given probability space with an increasing family of Borel fields $(\Omega, \mathcal{F}, P: \mathcal{F}_t)$ and a given $\mathcal{F}_t$-Brownian motion $B(t)$, there exist a solution of the equation (1') $\mathcal{X}(t) = \{x(t),B(t)\}$ and a sequence of solutions of the equation (2) $\mathcal{X}_n(t) = \{x_n(t),B(t)\}$ both defined on the given probability space. (cf. [1] and [7]).

Proof. Let two constants $T > 0$ and $r > 0$ be fixed.

Choose the sequence $\{a_m\}_{m=1,2,\ldots} \subseteq (0,1)$ so that $a_m \downarrow 0$ as $m \to \infty$ and

$$\int_{a_m}^{a_{m-1}} \frac{du}{\rho_{T,r}^2(u)} = m, \qquad \text{for } m \geq 1.$$

Define a sequence of continuous functions $\{\phi''_m(u)\}_{m=1,2,\dots}$ such that

$$\phi''_m(u) = \begin{cases} 0, & 0 \le u \le a_m \\ \text{between } 0 \text{ and } 2/m\rho^2_{T,r}(u), & a_m \le u \le a_{m-1} \\ 0, & a_{m-1} < u \end{cases}$$

and

$$\int_0^\infty \phi''_m(u)\,du = 1.$$

Set $\phi_m(x) = \int_0^{|x|} dv \int_0^v \phi''_m(u)\,du$. Then we have

(35) $|u| - a_m \le \phi_m(u) \le |u|$.

Set $V^m_{T,r}(t,x,y) = e^{-kt}\phi_m(x - y)$ and $V_{T,r}(t,x,y) = e^{-kt}|x - y|$, where k is a positive constant so that $k > K_1$.

Then it is seen clearly that the functions $V_{T,r}$ and $V^m_{T,r}$, $m=1,2,\dots$ satisfy the conditions (V1) and (V2). Using (35), we can show that the condition (V3) is satisfied by them.

Put $\varepsilon_n = \sup_{(t,x)\in[0,T]\times D_r} \{|\sigma_n(t,x) - \sigma(t,x)| + |b_n(t,x) - b(t,x)|\}$.
Then, we know by the condition (C) that $\lim_{n\to\infty} \varepsilon_n = 0$.

Choose a non decreasing sequence of integers $\{m_n\}_{n=1,2,\dots}$ so that $\lim_{n\to\infty} m_n = \infty$ and

(36) $\varepsilon_n^2 \max_{a_{m_n} \le u \le a_{m_n-1}} \dfrac{1}{\rho^2_{T,r}(u)} \le 1.$

Now, we will show that the functions $\{V^{m_n}_{T,r}\}_{m=1,2,\dots}$ satisfy the condition (V4).

First, we have

$$(37)\quad E\left[\int_0^{t\wedge\tau_r^{(n)}} (\mathcal{L}V_{T,r}^{m_n})(s,x_n^r(s),x^r(s))ds\right]$$

$$= E\Big[\int_0^{t\wedge\tau_r^{(n)}} e^{-ks}\{-k\phi_{m_n}(x^r(s) - x_n^r(s))$$

$$+ \phi'_{m_n}(x^r(s) - x_n^r(s))(b(s,x^r(s)) - b_n(s,x_n^r(s)))$$

$$+ \frac{1}{2}\phi''_{m_n}(x^r(s) - x_n^r(s))(\sigma^2(s,x^r(s)) - 2\sigma(s,x^r(s))\sigma_n(s,x_n^r(s))$$

$$+ \sigma_n^2(s,x^r(s)))\}ds\Big]$$

$$= E\left[\int_0^{t\wedge\tau_r^{(n)}} e^{-ks}\{-k\phi_{m_n}(x^r(s) - x_n^r(s)) + I_1(s) + I_2(s)\}ds\right],\quad \text{say.}$$

By the condition (A.2) we have for I_1

$$(38)\quad E\left[\int_0^{t\wedge\tau_r^{(n)}} e^{-ks}|I_1(s)|ds\right]$$

$$\leq E\left[\int_0^{t\wedge\tau_r^{(n)}} e^{-ks}|\phi'_{m_n}||b(s,x^r(s)) - b_n(s,x_n^r(s))|ds\right]$$

$$\leq E\left[\int_0^{t\wedge\tau_r^{(n)}} |b(s,x_n^r(s)) - b_n(s,x_n^r(s))|ds\right]$$

$$+ E\left[\int_0^{t\wedge\tau_r^{(n)}} |b(s,x_n^r(s)) - b(s,x^r(s))|ds\right]$$

$$\leq \varepsilon_n T + K_1 E\left[\int_0^{t\wedge\tau_r^{(n)}} |x_n^r(s) - x^r(s)|ds\right]$$

On the other hand, using the condition (A.1) and (36), we have for I_2

$$(39)\quad E\left[\int_0^{t\wedge\tau_r^{(n)}} e^{-ks}|I_2(s)|ds\right]$$

$$\leq \frac{1}{2} E\left[\int_0^{t\wedge\tau_r^{(n)}} \phi''_{m_n}(x^r(s) - x_n^r(s))\{\sigma_n(s,x_n^r(s)) - \sigma(s,x^r(s))\}^2 ds\right]$$

$$\leq E\left[\int_0^{t\wedge\tau_r^{(n)}} \phi''_{m_n}(x^r(s) - x_n^r(s))\{\sigma_n(s,x_n^r(s)) - \sigma(s,x_n^r(s))\}^2 ds\right]$$

$$+ E\left[\int_0^{t\wedge\tau_r^{(n)}} \phi''_{m_n}(x^r(s) - x_n^r(s))\{\sigma(s,x_n^r(s)) - \sigma(s,x^r(s))\}^2 ds\right]$$

$$\leq E\left[\int_0^{T} \frac{2\varepsilon_n^2}{m_n} \operatorname*{Max}_{a_{m_n}\leq|x^r(s)-x_n^r(s)|\leq a_{m_n-1}} \rho_{T,r}^{-2}(|x^r(s) - x_n^r(s)|)ds\right]$$

$$+ E\left[\int_0^{T} \frac{2}{m_n} \rho_{T,r}^{-2}(|x^r(s) - x_n^r(s)|)\rho_{T,r}^{2}(|x^r(s) - x_n^r(s)|)ds\right]$$

$$\leq \frac{4T}{m_n}.$$

By (37), (38) and (39), we observe that

$$(40)\quad E\left[\int_0^{t\wedge\tau_r^{(n)}} (\mathcal{L}V_{T,r}^{m_n})(s,x^r(s),x_n^r(s))ds\right]$$

$$\leq \varepsilon_n T + K_1 E\left[\int_0^{t\wedge\tau_r^{(n)}} |x^r(s) - x_n^r(s)|ds\right]$$

$$- kE\left[\int_0^{t\wedge\tau_r^{(n)}} \phi_{m_n}(x^r(s) - x_n^r(s))ds\right] + \frac{4T}{m_n}$$

$$\leq \varepsilon_n T + (K_1 - k)E\left[\int_0^{t\wedge\tau_r^{(n)}} |x^r(s) - x_n^r(s)|ds\right] + a_m kT$$

$$+ \frac{4T}{m_n},$$ where we have used (35).

Since we have chosen k so that $k > K_1$, we get from (40) that

$$\text{(V.4)} \quad \overline{\lim_{n\to\infty}} E\left[\int_0^{t\wedge\tau_r^{(n)}} (\mathcal{L} V_{T,r}^{m_n})(s, x^r(s), x_n^r(s))ds\right] \leq 0 \quad \text{for} \quad t \in [0,T].$$

Hence we can apply the Theorem 3 to this example. Q.E.D.

Example 2.

Consider the following one dimensional stochastic differential equations;

$$\text{(1")} \quad x(t) = x(0) + \int_0^t \sigma(x(s))dB(s) + \int_0^t b(x(s))ds,$$

and

$$\text{(2")} \quad x_n(t) = x_n(0) + \int_0^t \sigma_n(x_n(s))dB(s) + \int_0^t b_n(x_n(s))ds, \quad n = 1,2,\ldots.$$

Assume that the coefficients in (1") and (2") satisfy the conditions (A), (B) and (C). Suppose further that the coefficients satisfy the following conditions (B.1), (B.2) and (B.3).

(B.1) There exists a positive constant M such that

$$\sup_x |b(x)| < M$$

$$\sup_{x,n} |b_n(x)| < M$$

(B.2) There exists a non negative increasing function $\rho(u)$ defined on $[0,\infty)$ such that

$$|\sigma(x) - \sigma(y)| \leq \rho(|x - y|), \qquad x,y \in R^1$$

$$|\sigma_n(x) - \sigma_n(y)| \leq \rho(|x - y|), \quad x,y \in R^1 \quad n = 1,2,\ldots$$

and

$$\int_{0+} \frac{du}{\rho^2(u)+u^2} = +\infty.$$

(B.3) There exists a positive constant $\delta > 0$ so that

$$\delta \leq \sigma(x) \leq M \qquad x \in R^1$$

and

$$\delta \leq \sigma_n(x) \leq M \qquad x \in R^1, \quad n = 1,2,\ldots$$

Suppose that we are given a solution of the equation (1") $\mathcal{X}(t) = \{x(t),B(t)\}$ and a sequence of solutions of the equation (2") $\mathcal{X}_n(t) = \{x_n(t),B(t)\}$ $n=1,2,\ldots$ such that

(i) they are defined on a same probability space with an increasing family of Borel fields $(\Omega,\mathcal{F},P:\mathcal{F}_t)$

(ii) $x(0) = x_n(0) = a$, a.s. $n = 1,2,\ldots$.

Then $\lim_{n\to\infty} E[|x_n(t) - x(t)|] = 0$ holds for $t \in [0,\infty)$. $\blacksquare$

Remark. Under the conditions (A), (B), (B.1), (B.2) and (B.3), it is known that for a given probability space with an increasing family of Borel fields $(\Omega,\mathcal{F},P:\mathcal{F}_t)$ and a given $\mathcal{F}_t$-Brownian motion $B(t)$ there exist a solution of the equation (1") and a sequence of solutions of the equation (2") such that they are defined on the given probability space. (cf. (5) and (7)).

Let $P(t,x,dy)$ and $P_n(t,x,dy)$ be the transition probability measure of the process $x(t)$ and $x_n(t)$ respectively. It is well known that under the conditions in example 2, there exist $P(t,x,y)$ and $P_n(t,x,y)$ such that

$$P(t,x,dy) = P(t,x,y)dy$$

and

$$P_n(t,x,dy) = P_n(t,x,y)dy \quad \text{hold.} \quad \text{(cf. (6)).}$$

For the proof of the claim of example 2, we shall prepare the following lemma.

Lemma 5. For any fixed $a \in R^1$ the system of functions

$$\{P(t,a,y), P_n(t,a,y),\ t \in [0,T],\ n=1,2,\dots\}$$

is uniformly integrable with respect to $([0,T] \times R^1, \ dtdy)$.

Proof. By the Theorem 9.2.6 in ([6]), we have for each $q \geq 1$

$$(41) \quad \left(\int_{R^1} |P_n(s,a,y)|^q dy\right)^{1/q} \leq C(s \wedge 1)^{-\nu}$$

where (i) $\nu = \frac{3(q-1)}{2q}$ and (ii) C is a constant which depends δ, M, q and $\rho(u)$.

Put $q = 1+\varepsilon$, $0 < \varepsilon < \frac{2}{3}$. Then we have from (41) that

$$\int_0^T \int_{R^1} |P_n(s,a,y)|^{1+\varepsilon} dyds \leq C^{(1+\varepsilon)} \int_0^T (s \wedge 1)^{-\frac{3}{2}\varepsilon} ds.$$

Since $-\frac{3}{2}\varepsilon > -1$ we get from the above that

$$\int_0^T \int_{R^1} |P_n(s,a,y)|^{1+\varepsilon} dyds < C^{1+\varepsilon}\int_0^T (s \wedge 1)^{-\frac{3}{2}\varepsilon} ds < +\infty .$$

where the right hand side of the inequality does not depend on n.

This implies immediately that the system $\{P(t,a,y), P_n(t,a,y)\}$ is uniformly integrable. Q.E.D.

We are now in a position to prove the claim in Example 2.

Set

$$C_m(x) = m\int_x^{x+\frac{1}{m}} b(y)dy, \quad m = 1,2,\ldots$$

and

$$C_{n,m}(x) = m\int_x^{x+\frac{1}{m}} b_n(y)dy, \quad m = 1,2,\ldots.$$

Clearly the functions $C_m(x)$ and $C_{n,m}(x)$ are bounded and continuous.

Define

$$f_m(x) = -2\int_0^x \frac{C_m(y)}{\sigma^2(y)} dy.$$

Then $f_m(x)$ is continuously differentiable function.

We will show the following inequalities.

$$(42) \quad C^{-1}(r)|x - y| \le \left|\int_x^y e^{f_m(u)} du\right| \le C(r)|x - y|, \quad \text{for } x,y \in D_r$$

where $C(r)$ is a positive constant which depends on r.

To this end, we note that

$$(43) \quad |C_m(x)| = m\left|\int_x^{x+\frac{1}{m}} b(y)dy\right| \le M, \quad \text{for } x \in R^1$$

and

(44) $|f_m(x)| \leq 2 \sup_x \left|\int_0^x \frac{C_m(y)}{\sigma^2(y)}\,dy\right| \leq \frac{2}{\delta^2} \sup_x \left|\int_0^x C_m(y)dy\right| \leq \frac{2M}{\delta^2} r$

for $x \in D_r$, where we have used (B.1) and (B.3).

Since $\left|\int_x^y e^{f_m(u)}\,du\right| = |x - y||e^{f_m(\xi)}|$, $y \leq \xi \leq x$, we have from (43) and (44) that

(45) $e^{\frac{-2rM}{\delta^2}} |x - y| \leq \left|\int_y^x e^{f_m(u)}\,du\right| \leq e^{\frac{2rM}{\delta^2}} |x - y|.$

Put $C(r) = e^{\frac{2rM}{\delta^2}}$. Then (45) implies (42).

Let $\tilde{\rho}(u) = (\rho^2(u) + u^2)^{\frac{1}{2}}$. Then by the condition (B.2), we have $\int_{0+} \frac{1}{\tilde{\rho}^2(u)}\,du = +\infty.$

Choose the sequence $\{a_m\}_{m=0,1,\ldots} \subseteq (0.1)$ so that $a_m \downarrow 0$ and

$$\int_{a_m}^{a_{m-1}} \frac{1}{\tilde{\rho}^2(u)}\,du = m, \quad m = 1,2,\ldots.$$

Define a sequence of continuous functions $\{\phi''_m(u)\}$ $m = 1,2,\ldots$ such that

$$\phi''_m(u) = \begin{cases} 0, & 0 \leq u \leq a_m \\ \text{between } 0 \text{ and } 2/m\tilde{\rho}^2(u), & a_m < u < a_{m-1} \\ 0, & a_{m-1} \leq u \end{cases}$$

and

$$\int_0^\infty \phi''_m(u)\,du = 1.$$

Set $\phi_m(x) = \int_0^{|x|} dv \int_0^v \phi''_m(u)du.$

Define $V^m_{T,r}(t,x,y) = \phi_m(C(r)\int_y^x e^{f_m(u)} du)$ for $(t,x,y) \in [0,T] \times D_r \times D_r$.

We will show that the sequence of functions $V^m_{T,r}(t,x,y)$ $m = 1,2,\ldots$ satisfy the condition (V.4).

To this end, we put

$$\varepsilon_n = \sup_{x \in D_r} \{|\sigma_n(x) - \sigma(x)| + |b_n(x) - b(x)|\}.$$

Choose a non decreasing sequence of integers $\{m_n\}_{n=1,2,\ldots}$ so that

(i) $\lim_{n\to\infty} m_n = +\infty$

and

(ii) $\varepsilon_n^2 \max_{a_{m_n} \le u \le a_{m_n-1}} \dfrac{1}{\tilde{\rho}^2(u)} \le 1$

We have

$$(46)\quad (\mathcal{L}V^{m_n}_{T,r})(t,x,y) = \frac{\partial V^{m_n}}{\partial x}(b(x) - C_{m_n}(x))$$

$$+ \frac{\partial V^{m_n}_{T,r}}{\partial y}(b_n(y) - C_{n,m_n}(x))$$

$$+ \frac{\partial V^{m_n}_{T,r}}{\partial y}\{C_{n,m_n}(y) - C_{m_n}(y)\frac{\sigma_n^2(y)}{\sigma^2(y)}\}$$

$$+ \frac{1}{2}\phi''_{m_n}(C(r)\int_y^x e^{f_{m_n}(u)} du)C^2(r)\{e^{f_{m_n}(x)}\sigma(x) - e^{f_{m_n}(y)}\sigma_{m_n}(y)\}^2$$

$$= I_1^{m_n} + I_2^{m_n} + I_3^{m_n} + I_4^{m_n}, \text{ say.}$$

We will treat the term $I_4^{m_n}$. Note that

$$|e^{f_{m_n}(x)} - e^{f_{m_n}(y)}| \leq |x - y||f'_m(\xi)|e^{f_{m_n}(\xi)}$$

$$\leq 2|x - y|\left|\frac{C_{m_n}(\xi)}{\sigma^2(\xi)}\right|e^{f_{m_n}(\xi)} \leq 2|x - y| \frac{M}{\delta^2} C(r), \quad x,y \in D_r.$$

Then we have

$$(47)\quad |e^{f_{m_n}(x)} \sigma(x) - e^{f_{m_n}(y)} \sigma_n(y)|$$

$$\leq e^{f_{m_n}(x)} |\sigma(x) - \sigma(y)| + \sigma(y)|e^{f_{m_n}(x)} - e^{f_{m_n}(y)}|$$

$$+ e^{f_{m_n}(y)} |\sigma(y) - \sigma_n(y)|$$

$$\leq C(r)\rho(|x - y|) + 2 \frac{M^2}{\delta^2} C(r)|x - y| + C(r)|\sigma(y) - \sigma_n(y)|.$$

Hence there exists a positive number $\tilde{C}(r)$ such that

$$(48)\quad |e^{f_{m_n}(x)} \sigma(x) - e^{f_{m_n}(y)} \sigma_n(y)|^2 \leq \tilde{C}(r)(|x - y|^2 + \rho^2(|x - y|) + \varepsilon_n^2).$$

Thus we have from (48)

$$(49)\quad I_4^{m_n}$$

$$\leq \frac{1}{2} C^2(r)\frac{2}{m_n} \max_{a_{m_n} \leq |C(r)\int_y^x e^{f_{m_n}(u)} du| \leq a_{m_n - 1}} \frac{1}{\tilde{\rho}^2(C(r)\int_y^x e^{f_{m_n}(u)} du)}$$

$$\times \tilde{C}(r)(\tilde{\rho}^2(|x - y|) + \varepsilon_n^2)$$

$$\leq \frac{1}{2} C^2(r) \frac{1}{m_n} \max_{a_{m_n} \leq |C(r)\int_y^x e^{f_{m_n}(u)} du| \leq a_{m_n - 1}} \frac{1}{\tilde{\rho}^2(C(r)\int_y^x e^{f_{m_n}(u)} du)}$$

$$\times \tilde{C}(r)\{\tilde{\rho}^2(|C(r)\int_y^x e^{f_{m_n}(u)} du|) + \varepsilon_n^2\}$$

$$\leq \frac{3}{2} \frac{C^2(r)\tilde{C}(r)}{m_n}.$$

Now, we are going to evaluate the term $I_3^{m_n}$. Since there exists a positive constant $C_2(r)$ so that

$$(50)\quad \left|\frac{\partial V_{T,r}^{m_n}}{\partial x}(t,x,y)\right| \leq C_2(r) \quad \text{and}$$

$$\left|\frac{\partial V_{T,r}^{m_n}}{\partial y}(t,x,y)\right| \leq C_2(r),\ n = 1,2,\ldots \quad (x,y) \in D_r \times D_r,$$

we have for $I_3^{m_n}$ that

$$(51)\quad |I_3^{m_n}| \leq C_2(r)|C_{n,m_n}(y) - C_{m_n}(y)|$$

$$+ C_2(r)\left|C_{m_n}(y)\frac{\sigma^2(y) - \sigma_n^2(y)}{\sigma^2(y)}\right|$$

$$\leq C_2(r)|C_{n,m_n}(y) - C_m(y)| + C_2(r)\frac{2M^2}{\delta^2}|\sigma(y) - \sigma_n(y)|$$

$$\leq C_2(r)|C_{n,m_n}(y) - C_m(y)| + C_2(r)\frac{2M^2}{\delta^2}\,\varepsilon_n$$

Thus, by (46), (49) and (51) we have

$$(52)\quad \overline{\lim_{n\to\infty}}\, E\left[\int_0^{t\wedge\tau_r^{(n)}} (\mathcal{L}V_{T,r}^{m_n})(s,x^r(s),x_n^r(s))ds\right]$$

$$\leq \overline{\lim_{n\to\infty}}\, E\left[\int_0^{t\wedge\tau_r^{(n)}} \frac{\partial V_{T,r}^{m_n}}{\partial x}(x^r(s),x_n^r(s))(b(x^r(s)) - C_{m_n}(x^r(s)))ds\right]$$

$$+ \overline{\lim_{n\to\infty}}\, E\left[\int_0^{t\wedge\tau_r^{(n)}} \frac{\partial V_{T,r}^{m_n}}{\partial y}(x^r(s),x_n^r(s))(b_n(x_n^r(s)) - C_{n,m_n}(x_n^r(s)))ds\right]$$

$$+ \overline{\lim_{n\to\infty}}\left(T\cdot\frac{\frac{2}{3}C(r)\tilde{C}(r)}{m_n} + TC_2(r)\frac{2M^2}{\delta^2}\,\varepsilon_n\right)$$

$$+ C_2(r)\overline{\lim_{n\to\infty}} E[\int_0^{t\wedge\tau_r^{(n)}} |C_{n,m_n}(x_n^r(s)) - C_{m_n}(x_n^r(s))|ds].$$

Notincing that

$$(53)\quad |C_{n,m_n}(x) - C_{m_n}(x)| \le m_n|\int_x^{x+\frac{1}{m_n}} (b_n(y) - b(y))dy| \le \varepsilon_n$$

we get from (52)

$$(54)\quad \overline{\lim_{n\to\infty}} E[\int_0^{t\wedge\tau_r^{(n)}} (\mathcal{L}V_{T,r}^{m_n})(x^r(s),x_n^r(s))ds]$$

$$\le C_2(r)\overline{\lim_{n\to\infty}} E[\int_0^{t\wedge\tau_r^{(n)}} |b(x^r(s)) - C_{m_n}(x^r(s))|ds]$$

$$+ C_2(r)\overline{\lim_{n\to\infty}} E[\int_0^{t\wedge\tau_r^{(n)}} |b_n(x_n^r(s)) - C_{n,m_n}(x_n^r(s))|ds]$$

$$\le C_2(r)\overline{\lim_{n\to\infty}} \int_{R^1}\int_0^T |b(y) - C_{m_n}(y)|P(s,a,y)dy$$

$$+ C_2(r)\overline{\lim_{n\to\infty}} \int_{R^1}\int_0^T |b_n(y) - C_{n,m_n}(y)|P_n(s,a,y)dy.$$

Use the fact that

$$|b_n(y) - C_{n,m_n}(y)| \le |b_n(y) - b(y)| + |b(y) - C_{m_n}(y)|$$

$$+ |C_{m_n}(y) - C_{n,m_n}(y)| \le 2\varepsilon_n + |b(y) - C_{m_n}(y)|.$$

Then we get from (54)

$$(55)\quad \overline{\lim_{n\to\infty}} E[\int_0^{t\wedge\tau_r^{(n)}} (\mathcal{L}V_{T,r}^{m_n})(x^r(s),x_n^r(s))ds]$$

$$\le C_2(r)\overline{\lim_{n\to\infty}} \int_{R^1}\int_0^T |b(y) - C_{m_n}(y)|P(s,a,y)dy$$

$$+ C_2(r)\overline{\lim_{n\to\infty}} \int_{R^1} \int_0^T |b(y) - C_{m_n}(y)| P_n(s,a,y)\,dy$$

$$+ 2C_2(r)T\cdot\varepsilon_n .$$

Note that

(i) $|b(y) - C_{m_n}(y)| \leq 2M$

and

(ii) $C_{m_n}(y)$ converges to $b(y)$ a.e..

Then, using the lemma 5 we obtain from (55) that

$$\overline{\lim_{n\to\infty}} E\left[\int_0^{t\wedge\tau_r^{(n)}} (\mathcal{L} V_{T,r}^{m_n})(x^r(s), x_n^r(s))\,ds\right] \leq 0 \quad \text{holds.}$$

Clearly the functions $V_{T,r}$ and $V_{T,r}^m$ $m=1,2,\ldots$ satisfy the conditions (V.1), (V.2) and (V.3). Hence we can apply the Theorem 1 and 2 to this example. Q.E.D.

References

(1) Ikeda, N., Watanabe, S. : Stochastic Differential Equations and Diffusion Processes, North-Holland/Kodansha, Amsterdam, Oxford, New York, Tokyo, (1981).

(2) Itô, K. : On stochastic differential equations, Mem. Amer. Math. Soc. 4, (1951).

(3) Maruyama, G. : Continuous Markov processes and stochastic equations, Rend. Circ. Mat. Palermo, Ser. 2, T. 4, 48-90 (1955).

(4) Meyer, P. A., Priouret, P., Spitzer, F. : Ecole d'Eté de Probabilités de Saint-Flour 1973, Lecture Notes in Math. Vol. 390, Springer-Verlag, Berlin, Heidelberg, New York, (1974).

(5) Okabe, Y., Shimizu, A. : On the pathwise uniqueness of solutions of stochastic differential equations, J. Math. Kyoto Univ. Vol. 15, No. 2, 455-466 (1975).

(6) Stroock, D. W., Varadhan, S. R. S. : Multidimensional Diffusion Processes, Springer-Verlag, Berlin, Heidelberg, New York, (1979).

(7) Yamada, T., Watanabe, S. : On the uniqueness of solutions of stochastic differential equations, J. Math. Kyoto Univ. Vol. 11, No. 1, 155-167 (1971).

EQUATIONS DIFFERENTIELLES STOCHASTIQUES LINEAIRES : LA METHODE DE VARIATION DES CONSTANTES

Jean JACOD

Considérons l'équation

(1) $$Y_t = H_t + \int_0^t Y_{s-}\, dX_s$$

où X et H sont des semimartingales données, et Y est l'inconnue. Ces processus sont matriciels: $d\times n$ pour H et Y, $n\times n$ pour X. D'après les résultats classiques sur les équations à coefficients lipschitziens, il existe un processus solution et un seul (à l'indistinguabilité près).

Lorsque X, Y, H sont à valeurs réelles, une solution explicite de (1) a été donnée par Yoeurp et Yor [5]: on résoud d'abord l'équation "sans second membre" $Z = 1 + Z_- \cdot X$ (comme d'habitude, le "$\cdot$" désigne l'intégration stochastique; on utilise les notations usuelles, cf. [3] par exemple); la solution $Z = \mathcal{E}(X)$ est l'exponentielle de Doléans-Dade. Puis, au moins quand $\mathcal{E}(X)$ ne s'annule pas, on résoud (1) par la méthode de variation des constantes: c'est-à-dire que la solution Y se met sous la forme $Y = U\,\mathcal{E}(X)$, où U est un processus qu'on calcule explicitement en fonction de H, X, $\mathcal{E}(X)$.

Nous nous proposons de remplir le même programme dans le cas matriciel. On considère d'abord l'équation sans second membre

(2) $$Z_t = I + \int_0^t Z_{s-}\, dX_s ,$$

où I = identité $n\times n$. On note encore $Z = \mathcal{E}(X)$ la solution, qui a été étudiée par divers auteurs: Ibero [2], Emery [1], sans malheureusement qu'on ait d'expression "explicite" quand $n \geq 2$ (rien de surprenant à cela: même dans le cas déterministe on n'a pas d'expression explicite). Puis on résoud (1) en copiant la méthode de Yoeurp et Yor.

Le seul point un peu délicat de cette méthode est ce qui se passe lorsque $\mathcal{E}(X)$ s'annule (cas réel) ou cesse d'être inversible (cas matriciel). Il convient donc d'étudier le processus $V = \text{dét}(\mathcal{E}(X))$. Et la seule contribution un peu nouvelle de ce qui suit consiste à montrer que

(3) $$V_t = 1 + \int_0^t V_{s-}\, d\hat{X}_s$$

où $\hat{X}$ est un processus réel qu'on calculera explicitement en fonction de X.

Cette étude est motivée, notamment, par l'examen de la dérivabilité des solutions d'équations stochastiques (non-linéaires) en fonction de la condition initiale: voir par exemple Meyer [4,§7] et [13].

<u>Remarque</u>: Dans (2) le produit $Z_{s-}dX_s$ n'est pas commutatif: il existe une autre équation du même type, qu'on peut écrire

$$Z_t = I + \int_0^t dX_s\, Z_{s-}\,.$$

Mais si Z' et X' sont les transposées de Z et X, on a alors $Z' = I + Z'_-\cdot X'$, donc $Z = [\mathcal{E}(X')]'$ et on se ramène à l'équation (2).

<u>1 - L'EQUATION SANS SECOND MEMBRE</u>. Nous considérons l'équation (2), et $V_t(\omega)$ est le déterminant de la matrice $Z_t(\omega) = \mathcal{E}(X)_t(\omega)$.

Pour tout $m \geq 1$, on note $\underline{\underline{P}}_m$ l'ensemble des permutations de $\{1,2,..,m\}$ et si $a \in \underline{\underline{P}}_m$ on note $|a|$ le nombre d'inversions de a. Par définition on a

(4) $$V_t = \sum_{a\in \underline{\underline{P}}_n} (-1)^{|a|} Z_t^{1,a_1} Z_t^{2,a_2} \dots Z_t^{n,a_n}\,.$$

Posons avec la notation "crochet" usuelle:

(5) $$\hat{X} = \sum_{i\leq n} X^{ii} + \sum_{m=2}^{n} \sum_{1\leq h_1<..<h_m\leq n} \sum_{a\in \underline{\underline{P}}_m} (-1)^{|a|} [X^{h_1,h_{a_1}},[X^{h_2,h_{a_2}},[\dots,[X^{h_{m-1},h_{a_{m-1}}},X^{h_m,h_{a_m}}]]\dots]\,,$$

ce qui définit une semimartingale <u>réelle</u> $\hat{X}$.

THEOREME 1 : <u>Avec les notations précédentes on a</u> $V = \mathcal{E}(\hat{X})$.

Remarquer que $\Delta\hat{X} = f(\Delta X)$, avec

(6) $$f(x) = \sum_{m=1}^{n} \sum_{1\leq h_1<..<h_m\leq n} \sum_{a\in \underline{\underline{P}}_m} (-1)^{|a|} \prod_{j=1}^{m} x^{h_j,h_{a_j}}\,.$$

Posons $T_0 = 0$ et $T_{n+1} = \inf(t > T_n : \Delta\hat{X}_t = f(\Delta X_t) = -1)$. On a alors

COROLLAIRE: <u>La matrice</u> $\mathcal{E}(X)_t$ <u>(resp.</u> $\mathcal{E}(X)_{t-}$<u>) est inversible pour tout</u> $t < T_1$ <u>(resp.</u> $t \leq T_1$<u>). En particulier si</u> X <u>est continu,</u> $\mathcal{E}(X)_t$ <u>et</u> $\mathcal{E}(X)_{t-}$ <u>sont inversibles pour tout</u> t (résultat bien connu !)

et, plus généralement:

(7) $\mathcal{E}(X - X^{T_n})_t$ (resp. $\mathcal{E}(X - X^{T_n})_{t-}$) est inversible pour tout $t < T_{n+1}$ (resp. $t \leq T_{n+1}$).

Noter aussi qu'on déduit immédiatement de (2) que

$$\Delta V = \text{dét}(Z) - \text{dét}(Z_-) = V_-\,[\text{dét}(\Delta X + I) - 1]\,,$$

ce qui est cohérent avec l'expression $V = \mathcal{E}(\hat{X})$: en effet (remarque due à

Mémin) le polynôme caractéristique de la matrice x se développe ainsi: $\text{dét}(x+\lambda I) = \sum_{0\le m\le n} g_m(x)\lambda^m$, avec

$$g_{n-m}(x) = \sum_{1\le h_1<\ldots<h_m\le n} \text{dét}(\{x^{h_i,h_j}\}_{i,j\le m})$$

(par exemple $g_n=1$ et $g_{n-1}(x)=\text{Trace}(x)$), de sorte qu'on a $f(x) = \sum_{0\le m\le n-1} g_m(x) = \text{dét}(x+I)-1$.

Démonstration du théorème. Si Y est une semimartingale matricielle $n\times n$ on pose

$$C^{1,Y}(h;k) = Y^{hk}$$

$$C^{m,Y}(h_1,\ldots,h_m;k_1,\ldots,k_m) = [Y^{h_1,k_1},[\ldots[Y^{h_{m-1},k_{m-1}},Y^{h_m,k_m}]\ldots]] \text{ si } 2\le m\le n,$$

de sorte que

$$(8)\quad \hat{X} = \sum_{m=1}^{n}\sum_{1\le h_1<\ldots<h_m\le n}\sum_{a\in \underline{\underline{P}}_m}(-1)^{|a|}C^{m,X}(h_1,\ldots,h_m;h_{a_1},\ldots,h_{a_m}).$$

Une application de la formule d'Ito à la fonction $g(z_1,\ldots,z_n)=\prod z_i$ montre que si $a\in\underline{\underline{P}}_n$ on a

$$\begin{aligned}\prod_{i\le n} Z_t^{i,a_i} &= \prod_{i\le n} Z_0^{i,a_i} + \sum_{r\le n}(\prod_{i\ne r} Z_-^{i,a_i})\bullet Z_t^{r,a_r}\\ &+ \sum_{1\le r_1<r_2\le n}(\prod_{i\ne r_1,r_2} Z_-^{i,a_i})\bullet\langle (Z^{r_1,a_{r_1}})^c,(Z^{r_2,a_{r_2}})^c\rangle_t\\ &+ \sum_{s\le t}\sum_{2\le m\le n}\sum_{1\le r_1<\ldots<r_m\le n}(\prod_{i\ne r_j} Z_{s-}^{i,a_i})(\prod_{j\le m}\Delta Z_s^{r_j,a_{r_j}})\\ &= \prod_{i\le n} Z_0^{i,a_i} + \sum_{m\le n}\sum_{1\le r_1<\ldots<r_m\le n}(\prod_{i\ne r_j} Z_-^{i,a_i})\bullet C^{m,Z}(r_1,\ldots,r_m;a_{r_1},\ldots,a_{r_m})_t.\end{aligned}$$

Mais Z vérifie (2), donc

$$C^{m,Z}(r_1,\ldots,r_m;a_{r_1},\ldots,a_{r_m}) = \sum_{k_i\le n}(\prod_{j\le m} Z_-^{r_j,k_j})\bullet C^{m,X}(k_1,\ldots,k_m;a_{r_1},\ldots,a_{r_m}).$$

Par suite, comme $V_0=\text{dét}(I)=1$, (4) entraine que

$$V = 1 + \sum_{a\in\underline{\underline{P}}_n}(-1)^{|a|}\sum_{m\le n}\sum_{1\le r_1<\ldots<r_m\le n}\sum_{k_i\le n} \{(\prod_{i=r_j} Z_-^{i,a_i})(\prod_{j\le m} Z_-^{r_j,k_j})\}\bullet C^{m,X}(k_1,\ldots,k_m;a_{r_1},\ldots,a_{r_m}).$$

On a donc

$$(9)\quad V = 1+\sum_{m\le n}\sum_{1\le h_1<\ldots<h_m\le n}\sum_{k_j\le n}\sum_{a\in\underline{\underline{P}}_n} v^{m,a}(h_1,\ldots,h_m;k_1,\ldots,k_m)\bullet C^{m,X}(k_1,\ldots,k_m:h_1,\ldots,h_m),$$

avec

$$(10)\quad v^{m,a}(h_1,\ldots,h_m;k_1,\ldots,k_m) = (\prod_{i:\ a_i\ne k_j} Z_-^{i,a_i})(\prod_{j\le m} Z_-^{a^{-1}_{h_j},k_j})$$

car si $h_1<\ldots<h_m$ et $a\in\underline{\underline{P}}_n$ sont donnés, il existe une suite et une seule

$r_1 < \dots < r_m$ telle que $\{r_i : 1 \le i \le m\} = \{a^{-1}_{h_i} : 1 \le i \le m\}$.

Fixons maintenant $m \geq 1$, $h_1 < \dots < h_m$, et $k_1, \dots, k_m \in \{1, \dots, n\}$. On pose $H = \{h_1, \dots, h_m\}$ et $K = \{k_1, \dots, k_m\}$. On va distinguer trois cas.

<u>1er cas</u>: $K \not\subset H$. Il existe $r \le m$ avec $k_r \notin H$, et $s \le m$ avec $h_s \notin K$. Si $a \in \underline{\underline{P}}_n$ on lui associe $a' \in \underline{\underline{P}}_n$ ainsi:

$$a'_i = \begin{cases} k_r & \text{si } a_i = h_s \\ h_s & \text{si } a_i = k_r \\ a_i & \text{sinon.} \end{cases}$$

D'après (9) il est facile de vérifier que $v^{m,a} = v^{m,a'}$, et comme $(-1)^{|a|} = -(-1)^{|a'|}$ on a

$$(11) \qquad \sum_{a \in \underline{\underline{P}}_n} (-1)^{|a|} v^{m,a}(h_1, \dots, h_m; k_1, \dots, k_m) = 0 .$$

<u>2ème cas</u>: $K \subset H \neq K$. Chaque k_j s'écrit $k_j = h_{b_j}$, et il existe $r \neq s$ avec $b_r = b_s$. Si $a \in \underline{\underline{P}}_n$ on lui associe $a' \in \underline{\underline{P}}_n$ ainsi:

$$a'_i = \begin{cases} h_s & \text{si } a_i = h_r \\ h_r & \text{si } a_i = h_s \\ a_i & \text{sinon.} \end{cases}$$

Là encore il est facile de vérifier que $v^{m,a} = v^{m,a'}$ et que $(-1)^{|a|} = -(-1)^{|a'|}$, donc on a (11).

<u>3ème cas</u>: $K = H$. Il existe alors $b \in \underline{\underline{P}}_m$ avec $k_j = h_{b_j}$. A $a \in \underline{\underline{P}}_n$ on associe encore $a' \in \underline{\underline{P}}_n$ en posant

$$a'_i = \begin{cases} k_j & \text{si } i = a^{-1}_{k_j} \quad (\Leftrightarrow \ a_i = h_j) \\ a_i & \text{si } i \neq a^{-1}_{k_j} \ \text{pour tout } j \le m . \end{cases}$$

On a alors

$$v^{m,a}(h_1, \dots, h_m; k_1, \dots, k_m) = \prod_{i \le n} Z_-^{i,a'_i} .$$

Mais l'application: $a \leadsto a'$ est bijective sur $\underline{\underline{P}}_n$, et $(-1)^{|a|} = (-1)^{|a'|}(-1)^{|b|}$. Donc

$$\sum_{a \in \underline{\underline{P}}_n} (-1)^{|a|} v^{m,a} = \sum_{a \in \underline{\underline{P}}_n} (-1)^{|a|} \prod_{i \le n} Z_-^{i,a'_i}$$
$$= (-1)^{|b|} \sum_{a' \in \underline{\underline{P}}_n} (-1)^{|a'|} \prod_{i \le n} Z_-^{i,a'_i} = (-1)^{|b|} V_- .$$

En utilisant ceci, et (11), on obtient d'après (9):

$$V = 1 + \sum_{m \le n} \sum_{1 \le h_1 < \dots < h_m \le n} \sum_{b \in \underline{\underline{P}}_m} (-1)^{|b|} V_- \bullet C^{m,X}(h_{b_1}, \dots, h_{b_m}; h_1, \dots, h_m) .$$

Enfin $C^{m,X}(h_{b_1}, \dots, h_{b_m}; h_1, \dots, h_m) = C^{m,X}(h_1, \dots, h_m; h_{b_1^{-1}}, \dots, h_{b_m^{-1}})$, $|b^{-1}| = |b|$

et $b \rightsquigarrow b^{-1}$ est une bijection sur $\underline{\underline{P}}_m$. On en déduit que V vérifie (3), d'où le résultat.∎

2 - L'EQUATION AVEC SECOND MEMBRE. Revenons à l'équation (1). f est définie par (6), et $T_0 = 0$, $T_{m+1} = \inf(t > T_m : f(\Delta X_t) = -1)$. On a $\lim_{(m)} \uparrow T_m = \infty$ p.s. Voici alors la généralisation, pratiquement triviale, du théorème de Yoeurp et Yor, avec la formulation qui en est donnée dans [3],§VI-1-b.

THEOREME 2 : La solution Y de (1) se calcule de la manière suivante:

$$(12) \quad \begin{cases} Y_0 = H_0 , & Y_{T_m} = Y_{(T_m)-}(I + \Delta X_{T_m}) + \Delta H_{T_m} \\ Y_t = (Y_{T_m} + U(m)_t)\, Z(m)_t & \text{si } T_m \leq t < T_{m+1} , \end{cases}$$

avec

$$(13) \qquad Z(m) = \mathcal{E}(X - X^{T_m})$$

$$(14) \quad U(m)_t^{ij} = \int_{]T_m,t]} \Big\{ \sum_{k\leq n} (Z(m)_{s-}^{-1})^{kj} dH_s^{ik} - \sum_{k,r\leq n} (Z(m)_s^{-1})^{kj} d[X^{rk}, H^{ir}]_s \Big\}$$

$$\text{pour } i \leq d , \ j \leq n , \ T_m \leq t < T_{m+1} .$$

Remarquer que d'après (7), les processus $Z(m)^{-1}$ et $Z(m)_-^{-1}$ sont bien définis, et localement bornés sur $[\![0,T_{m+1}[\![$, donc (14) a un sens.

Démonstration. On définit Y par ces formules, et on vérifie qu'on a bien (1), en regardant séparément ce qui se passe aux temps T_m (pour lesquels la vérification est immédiate) et sur les intervalles $[\![T_m,T_{m+1}[\![$. Pour cela on applique la formule d'Ito, en remarquant qu'on peut remplacer $U(m)$ par $\tilde{U}(m)$ sans rien changer, avec

$$\tilde{U}(m)_t^{ij} = \int_{T_m}^{t\wedge T_{m+1}} \Big\{ \sum_{k\leq n} (Z(m)_{s-}^{-1})^{kj}\, dH_s^{ik} - I_{\{s < T_{m+1}\}} \sum_{k,r\leq n} (Z(m)_s^{-1})^{kj}\, d[X^{rk},H^{ir}]_s \Big\} ,$$

mais maintenant $\tilde{U}(m)$ est une semimartingale: il n'y a aucune différence d'avec le cas uni-dimensionnel, auquel nous renvoyons le lecteur.∎

REFERENCES

1 M. IBERO: Intégrales stochastiques multiplicatives et construction de diffusions sur un groupe de Lie. Bull. SMF 100, 175-191, 1976.

2 M. EMERY: Stabilité des solutions des équations différentielles stochastiques, applications aux intégrales multiplicatives stochastiques. Z.W. 41, 241-262, 1978.

3 J. JACOD: Calcul stochastique et problèmes de martingales. Lect. Notes in Math. 714, 1979.

4 P.A. MEYER: Géométrie stochastique sans larmes. A paraitre.

5 C. YOEURP, M. YOR: Espace orthogonal à une semimartingale et applications.

QUELQUES REMARQUES SUR UN NOUVEAU TYPE D'EQUATIONS DIFFERENTIELLES STOCHASTIQUES

Jean JACOD et Philip PROTTER

Dans certaines applications on voit s'introduire naturellement des équations différentielles stochastiques "non classiques", dans le sens où certaines composantes de la semimartingale directrice dépendent du processus-solution de manière indirecte, par le biais des caractéristiques locales.

Nous verrons par exemple au §II-c que l'équation suivante modélise certaines situations en économie:

$$X_t = K_t + \int_0^t F(X)_s \, dY_s + \int_0^t G(X)_s \, dN[\lambda(X)]_s \, . \tag{1}$$

Dans cette équation, $F(X)$, $G(X)$, $\lambda(X)$ sont des processus prévisibles dépendant du processus-solution X ; K et Y sont des processus donnés (Y est une semimartingale); $N[\lambda(X)]$ est un processus ponctuel qui dépend de X, dans le sens où son intensité stochastique (ou compensateur prévisible) est $\int_0^t \lambda(X)_s \, ds$.

Plus généralement, il est naturel de considérer l'équation:

$$X_t = K_t + \int_0^t F(X)_s \, dY_s + \int_0^t G(X)_s \, dZ[\zeta(X)]_s \, , \tag{2}$$

où $Z[\zeta(X)]$ symbolise une semimartingale qui admet des caractéristiques locales $\zeta(X)$ dépendant de X.

Dans la partie I nous commentons l'équation (2), en expliquant notamment quels sens on peut donner au mot "solution", et nous montrons comment on peut dans certains cas ramener (2) à une équation classique. Dans la partie II nous démontrons un résultat d'existence pour le cas particulier (1).

I - L'EQUATION (2).

§I-a. Notations et hypothèses. Nous utilisons les notations usuelles; pour toutes celles qui ne sont pas rappelées ici, nous renvoyons à [3] et [6].

Soit $(\Omega,\underline{\underline{F}},(\underline{\underline{F}}_t),P)$ un espace probabilisé filtré. On note $\underline{\underline{D}}$ l'espace de tous les processus réels cadlag adaptés. On note $\mathbb{D}=\mathbb{D}(\mathbb{R}_+;\mathbb{R})$ l'espace de Skorokhod des fonctions cadlag sur $\mathbb{R}_+$, muni des tribus $\underline{\underline{\mathbb{D}}}_t=\sigma(x(s):s\leq t)$, et $\underline{\underline{D}} = \bigvee_{(t)} \underline{\underline{D}}_t$.

On note $\underline{\underline{P}}$ la tribu prévisible sur $\Omega \times \mathbb{R}_+$ et $p\underline{\underline{P}}$ l'espace des processus réels prévisibles. On note enfin $\underline{\underline{CL}}$ l'ensemble de tous les triplets (B,C,ν) qui a-priori "peuvent être les caractéristiques locales" d'une semimartingale réelle, c'est-à-dire des triplets constitués de:

- un processus prévisible à variation finie B, avec $B_0 = 0$;
- un processus adapté croissant continu C, avec $C_0 = 0$;
- une mesure aléatoire prévisible positive ν sur $\mathbb{R}_+ \times \mathbb{R}$ qui ne charge ni $\{0\} \times \mathbb{R}$ ni $\mathbb{R}_+ \times \{0\}$, qui vérifie identiquement $\nu(\omega;\{t\}\times\mathbb{R}) \leq 1$ et $\int_{\mathbb{R}} \nu(\omega;\{t\}\times dx)\, x\, I_{\{|x|\leq 1\}} = \Delta B_t(\omega)$, et

(3) $$\int_{\mathbb{R}} \nu(\omega;[0,t]\times dx)\; x^2 \wedge 1 < \infty .$$

Si T est un temps d'arrêt et X un processus, on note X^T le processus arrêté en T : $X_t^T = X_{T\wedge t}$; de même si $\mathcal{C} = (B,C,\nu) \in \underline{\underline{CL}}$, on note $\mathcal{C}^T$ le triplet "arrêté": $(B^T, C^T, \nu . I_{[0,T]\times\mathbb{R}})$. Si $X \in \underline{\underline{D}}$ on note X^{T-} le processus arrêté strictement avant T : on a $X_t^{T-} = X_t$ si $t < T$, $X_t^{T-} = X_{T-}$ si $0 < T \leq t$, et $X_t^{T-} = X_0$ si $0 = T \leq t$.

On dira qu'une application H de $\underline{\underline{D}}$ dans $p\underline{\underline{P}}$ (resp. $\underline{\underline{CL}}$) est:

(4) __prévisible__: si pour tous $X, X' \in \underline{\underline{D}}$, T temps d'arrêt, si $X^{T-} = X'^{T-}$, alors $H(X)^T$ et $H(X')^T$ sont indistinguables.

(5) __fonctionnelle__: s'il existe une application $\widetilde{H}$ de $\Omega \times \mathbb{D}$ dans $p\underline{\underline{P}}$ (resp. $\underline{\underline{CL}}$) telle que pour tout $X \in \underline{\underline{D}}$ on ait $H(X)(\omega) = \widetilde{H}(\omega, X_{.}(\omega))(\omega)$.

Revenons maintenant à l'équation (2). Les données sont:

a) un processus $K \in \underline{\underline{D}}$;

b) une semimartingale Y ;

c) deux applications prévisibles F et G de $\underline{\underline{D}}$ dans $p\underline{\underline{P}}$;

d) une application prévisible $\mathcal{C}$ de $\underline{\underline{D}}$ dans $\underline{\underline{CL}}$ (pour $X \in \underline{\underline{D}}$ on écrit $\mathcal{C}(X) = (B(X), C(X), \nu(X))$).

Enfin, $Z[\mathcal{C}(X)]$ symbolise "une" semimartingale de caractéristiques locales $\mathcal{C}(X)$.

En dehors du cas où $G = 0$, pour lequel l'équation (2) se réduit à l'équation classique:

(6) $$X_t = K_t + \int_0^t F(X)_s \, dY_s ,$$

il faut noter que (2) est fondamentalement une équation "de type faible". Dans ce sens, le cas suivant est le cas limite:

(7) Exemple: Ω est réduit à un point, donc $\underline{\underline{D}} = \mathbb{D}$; on a $K = Y = 0$ et $G(X) = 1$. L'équation s'écrit alors

$$X_t \ = \ Z[\mathcal{C}(X)]_t \, .$$

Ainsi, le problème se ramène à trouver une semimartingale X de caractéristiques locales $\mathcal{C}(X)$: c'est un "problème de martingales", dont les "solutions" sont les probabilités sur l'espace $\mathbb{D}$ faisant du processus canonique $X_t(x) = x(t)$ une semimartingale de caractéristiques $\mathcal{C}(x(.))$. ∎

(8) Remarque: Pour des raisons de simplicité nous ne parlons ici que du cas uni-dimensionnel. Tout ce qui suit resterait vrai (avec des notations plus compliquées) si K, Y, Z, X, étaient multi-dimensionnels. ∎

§I-b. Solutions-mesure. Dans ce paragraphe, nous faisons l'hypothèse supplémentaire que les applications $F, G, \mathcal{C}$ sont fonctionnelles, associées à $\tilde{F}, \tilde{G}, \tilde{\mathcal{C}}$ par (5). Soit

$$\begin{cases} \bar{\Omega} = \Omega\times\mathbb{D}\times\mathbb{D} \ , \quad \bar{\underline{\underline{F}}} = \underline{\underline{F}}\otimes\underline{\underline{\mathbb{D}}}\otimes\underline{\underline{\mathbb{D}}} \ , \quad \bar{\underline{\underline{F}}}_t = \bigcap_{s>t} \underline{\underline{F}}_s\otimes\underline{\underline{\mathbb{D}}}_s\otimes\underline{\underline{\mathbb{D}}}_s \\ X_s(\omega,x,z) = X_s(x) = x(s) \ , \quad Z_s(\omega,x,z) = Z_s(z) = z(s) \, . \end{cases}$$

(9) DEFINITION: Une solution-mesure de (2) est une probabilité $\bar{P}$ sur $(\bar{\Omega},\bar{\underline{\underline{F}}})$ qui vérifie:

a) $\bar{P}(A\times\mathbb{D}\times\mathbb{D}) = P(A)$ pour tout $A \in \underline{\underline{F}}$;

b) pour la probabilité $\bar{P}$, Y est une semimartingale et Z est une semimartingale de caractéristiques $\tilde{\mathcal{C}}(\omega,x)$;

c) on a $\bar{P}$-presque sûrement:

$$X_t(x) \ = \ K_t(\omega) + \int_0^t \tilde{F}(\omega,x)_s dY_s(\omega) + \int_0^t \tilde{G}(\omega,x)_s \, dZ_s(z) \, . \ \blacksquare$$

Trouver les solutions-mesure se ramène donc à un problème classique: en effet on pourrait facilement montrer, à la manière de [4], que $\bar{P}$ est solution-mesure si et seulement si $\bar{P}$ vérifie (a) ci-dessus et est solution d'un certain problème de martingales (que nous n'expliciterons pas ici) faisant intervenir $K, X, Y, Z, \tilde{F}, \tilde{G}, \tilde{\mathcal{C}}$, et les caractéristiques locales de Y . Il est vraisemblable qu'on pourrait étendre la méthode de [4] pour prouver l'existence d'une solution-mesure sous des hypothèses, relativement faibles, de continuité en x de $\tilde{F}(\omega,x)$, $\tilde{G}(\omega,x)$, $\tilde{\mathcal{C}}(\omega,x)$. Signalons aussi que le cas particulier (7) est résolu dans [2] sous certaines hypothèses.

§I-c. Solution-processus sur $(\Omega,\underline{\underline{F}},\underline{\underline{F}}_t,P)$. Dans certains cas il peut être intéressant (voire indispensable, si les applications F, G, $\mathcal{C}$, ne sont pas fonctionnelles) de résoudre le problème sans élargir l'espace de probabilité initial.

(10) DEFINITION: Une solution-processus de (2) sur $(\Omega,\underline{\underline{F}},\underline{\underline{F}}_t,P)$ est un processus $X\in\underline{\underline{D}}$ tel qu'il existe une semimartingale Z de caractéristiques locales $\mathcal{C}(X)$, et que le couple (X,Z) vérifie

$$(11)\qquad X_t = K_t + \int_0^t F(X)_s\, dY_s + \int_0^t G(X)_s\, dZ_s . \blacksquare$$

Remarquer que dans ce cas, si en outre F, G, $\mathcal{C}$ sont des applications fonctionnelles, la probabilité $\overline{P}$ sur $(\overline{\Omega},\overline{\underline{\underline{F}}})$ définie par

$$\overline{P}(d\omega,dx,dz) = P(d\omega)\, \varepsilon_{X_\cdot(\omega)}(dx)\, \varepsilon_{Z_\cdot(\omega)}(dz)$$

est une solution-mesure.

L'unicité de la semimartingale Z associée comme ci-dessus à une solution-processus X est exceptionnelle: même dans le cas extrême de l'équation (6) (où $G=0$), qui est un cas où on a souvent unicité pour X, il y a en général de nombreuses semimartingales de caractéristiques $\mathcal{C}(X)$.

Mais si G n'est pas identiquement nul, la non-unicité de la solution-processus X est la règle. Voici un exemple très simple, qui nous servira aussi d'introduction au paragraphe suivant:

(12) Exemple. Soit $B(X)=0$, $\nu(X)=0$, $C(X)_t = \int_0^t c(X)_s\, ds$ avec $c(X)\geq 0$. Si l'espace $(\Omega,\underline{\underline{F}},\underline{\underline{F}}_t,P)$ supporte un mouvement brownien W, toute solution-processus de l'équation "classique"

$$(13)\qquad X_t = K_t + \int_0^t F(X)_s\, dY_s + \int_0^t G(X)_s \sqrt{c(X)_s}\; dW_s$$

est aussi solution-processus de (2), avec la semimartingale associée $Z_t = \int_0^t \sqrt{c(X)_s}\, dW_s$. Toute solution-processus de

$$(14)\qquad X_t = K_t + \int_0^t F(X)_s\, dY_s - \int_0^t G(X)_s \sqrt{c(X)_s}\; dW_s$$

est aussi solution-processus de (2), et les solutions de (13) et (14) ne sont pas en général les mêmes (d'ailleurs si on remplace W par un autre mouvement brownien, on obtient encore d'autres solutions). $\blacksquare$

§I-d. Une méthode de résolution. Nous allons maintenant, en étendant l'exemple (12), montrer que dans certains cas (qui couvrent sans doute l'essentiel des applications potentielles) on peut ramener (2) à une équation classique.

On va faire deux types d'hypothèses:

Hypothèse (H1): L'espace $(\Omega,\underline{\underline{F}},\underline{\underline{F}}_t,P)$ supporte

a) un mouvement brownien W,

b) une mesure de Poisson $m(\omega;dt\, dx)$ sur $\mathbb{R}_+\times\mathbb{R}$, de compensateur (déterministe) $\overline{m}(dt\times dx) = dt\otimes dx$. ∎

Hypothèse (H2): Pour tout $X\in\underline{\underline{D}}$ on a

$$(15)\qquad \begin{cases} B(X)_t = \int_0^t b(X)_s\, ds \\ C(X)_t = \int_0^t c(X)_s\, ds \\ \nu(X)(\omega;dt\, dx) = dt\times L(X,\omega,t;dx) \end{cases}$$

où b et c sont des applications prévisibles de $\underline{\underline{D}}$ dans $p\underline{\underline{P}}$, avec $c\geq 0$; et où pour chaque $X\in\underline{\underline{D}}$, $L(X)$ est une mesure de transition positive de $(\Omega\times\mathbb{R}_+,\underline{\underline{P}})$ dans $\mathbb{R}$ qui intègre la fonction $x^2\wedge 1$ et qui est "prévisible" au sens suivant: si $X, X'\in\underline{\underline{D}}$ vérifient $X^{T-}=X'^{T-}$ pour un temps d'arrêt T, on a $L(X,\omega,t;.) = L(X',\omega,t;.)$ pour tout $t\leq T(\omega)$, en dehors d'un ensemble négligeable. ∎

(16) Remarque: L'hypothèse (H2) peut sembler très restrictive, et on peut en effet l'affaiblir considérablement en remplaçant dans (15) la mesure de Lebesgue dt par la mesure $dA_t(\omega)$ associée à un processus croissant prévisible continu (ou même seulement continu à droite) A; dans ce cas il convient de modifier corrélativement (H2) en imposant l'existence:

a) d'une martingale locale continue W de variation quadratique A (ou A^c si A est discontinue),

b) d'une mesure $m(\omega;dt\times dx)$ de compensateur prévisible $dA_t(\omega)\times dx$.

Toutefois, même ainsi affaiblie, (H2) reste très restrictive car elle impose l'existence d'un processus A qui "domine" $B(X)$, $C(X)$, $\nu(X)$ pour tout $X\in\underline{\underline{D}}$. ∎

(17) LEMME: Sous (H2) il existe une application $h:\ \underline{\underline{D}}\times\Omega\times\mathbb{R}_+\times\mathbb{R}\longrightarrow\mathbb{R}\cup\{\infty\}$ qui est $\underline{\underline{P}}\otimes\underline{\underline{\mathbb{R}}}$-mesurable en (ω,t,x) et qui vérifie:

a) si $X, X'\in\underline{\underline{D}}$ vérifient $X^{T-}=X'^{T-}$ pour un temps d'arrêt T, l'ensemble $\{\omega:\ \exists(t,x)$ avec $t\leq T(\omega)$ et $h(X,\omega,t,x)\neq h(X',\omega,t,x)\}$ est négligeable;

b) pour toute fonction borélienne positive f sur $\mathbb{R}$ on a:

$$(18)\qquad \int_{\mathbb{R}} L(X,\omega,t;dx)\, f(x) = \int_{\mathbb{R}} dx\; f\circ h(X,\omega,t,x)\; I_{\{h(X,\omega,t,x)\neq\infty\}}\ .$$

Démonstration. La relation (18) exprime que $L(X,\omega,t;.)$ est l'image de la mesure de Lebesgue par l'application: $x \rightsquigarrow h(X,\omega,t,x)$. Le fait qu'une mesure positive finie ou σ-finie sur $\mathbb{R}$ soit l'image de la mesure de Lebesgue par une application mesurable est bien connu, ainsi que le fait de pouvoir choisir $h(X,\omega,t,x)$ $\underline{\underline{P}}\otimes\underline{\underline{\mathbb{R}}}$-mesurable en (ω,t,x) car $L(X,\omega,t;.)$ est $\underline{\underline{P}}$-mesurable en (ω,t) et intègre la fonction $x^2\wedge 1$: voir par exemple [3], lemme (14-50); si on examine la preuve de ce lemme, on voit en outre qu'il existe un procédé canonique de calcul de $h(X,\omega,t,.)$ en fonction de $L(X,\omega,t;.)$ (ce procédé n'est pas unique, bien-sûr !): donc si $L(X,\omega,t,.) = L(X',\omega,t;.)$ on a $h(X,\omega,t,x) = h(X',\omega,t,x)$ pour tout $x\in\mathbb{R}$. On en déduit donc (a).∎

(19) THEOREME: Soit (H1) et (H2). On suppose aussi que pour chaque $X\in\underline{\underline{D}}$, le processus $G(X)$ est localement borné. Toute solution-processus de

$$(20)\quad \begin{aligned} X_t = K_t &+ \int_0^t F(X)_s dY_s + \int_0^t G(X)_s b(X)_s ds + \int_0^t G(X)_s \sqrt{c(X)_s}\, dW_s \\ &+ \int_0^t\int_{\mathbb{R}} G(X)_s h(X,s,x)\, I_{\{|h(X,s,x)|\leq 1\}}(m-\overline{m})(ds\times dx) \\ &+ \int_0^t\int_{\mathbb{R}} G(X)_s\, h(X,s,x)\, I_{\{|h(X,s,x)|>1\}}\, m(ds\times dx) \end{aligned}$$

est alors solution-processus de (2). De plus la formule

$$(21)\quad \begin{aligned} Z_t = &\int_0^t b(X)_s ds + \int_0^t \sqrt{c(X)_s}\, dW_s \\ &+ \int_0^t\int_{\mathbb{R}} h(X,s,x)\, I_{\{|h(X,s,x)|\leq 1\}}(m-\overline{m})(ds\times dx) \\ &+ \int_0^t\int_{\mathbb{R}} h(X,s,x)\, I_{\{|h(X,s,x)|>1\}}\, m(ds\times dx) \end{aligned}$$

définit une semimartingale Z de caractéristiques locales $\zeta(X)$, qui en outre vérifie (11) si X est solution de (20).

L'équation (20) est une équation classique (avec mesure aléatoire: voir [1] ou [3]). Si ses coefficients $F(X)$, $G(X)b(X)$, $G(X)\sqrt{c(X)}$ et $G(X)h(X)$ sont lipschitziens (par exemple) on sait qu'elle admet une solution-processus et une seule. Mais cette condition de Lipschitz est sans doute très difficile à vérifier en pratique: en effet c'est le triplet $\zeta(X)$ qui est connu en principe, et la fonction $h(X)$ dépend de $\zeta(X)$ d'une manière très compliquée (et essentiellement non unique).

On voit bien aussi dans ce théorème apparaitre la non-unicité "intrinsèque" de la solution de (2): d'une part W et m ne sont pas uniques, d'autre part $h(X)$ n'est pas unique et $\sqrt{c(X)}$ peut être remplacé par

$a(X)\sqrt{c(X)}$, où $a(X)$ prend les valeurs ± 1.

<u>Démonstration du théorème</u>. Etant donnée la définition (10), et comme $G(X)$ est localement borné, il suffit de prouver que pour tout $X \in \underline{\underline{D}}$ le second membre de (21) définit une semimartingale Z de caractéristiques $\mathcal{C}(X)$.

Considérons ce second membre. Le premier terme vaut $B(X)_t$. Le second terme est une intégrale stochastique bien définie d'après (15), et c'est une martingale locale continue de variation quadratique $C(X)$. Le troisième terme est une intégrale stochastique par rapport à $m - \overline{m}$ (voir [3]), qui est bien définie car d'après (15), (18) et (3) on a:

$$\int_0^t\int_{\mathbb{R}} h^2(X,s,x)\, I_{\{|h(X,s,x)|\leq 1\}}\, \overline{m}(ds\times dx) = \int_{\mathbb{R}} \nu(X)([0,t]\times dx)\, x^2\, I_{\{|x|\leq 1\}} < \infty ;$$

ce troisième terme est une martingale locale purement discontinue dont les sauts sont d'amplitude inférieure ou égale à 1. Enfin toujours d'après (15), (18) et (3), on a

$$\int_0^t\int_{\mathbb{R}} I_{\{|h(X,s,x)|>1\}}\, \overline{m}(ds\times dx) = \nu(X)([0,t]\times\{x : |x|>1\}) < \infty ,$$

donc le processus $\int_0^t\int_{\mathbb{R}} I_{\{|h(X,s,x)|>1\}} m(ds\times dx)$ est un processus ponctuel (avec des sauts égaux à 1) à valeurs finies. Par suite le dernier terme de (21) définit un processus à variation finie purement discontinu, dont les sauts sont d'amplitude supérieure à 1.

On en déduit que (21) définit une semimartingale Z dont les deux premières caractéristiques sont $B(X)$ et $C(X)$. Enfin la mesure μ^Z associée aux sauts de Z vérifie pour tout borélien A de $\mathbb{R}$ situé à une distance strictement positive de l'origine:

$$\mu^Z([0,t]\times A) := \Sigma_{s\leq t}\, I_A(\Delta Z_s) = \int_0^t\int_{\mathbb{R}} I_A\circ h(X,s,x)\, m(ds\times dx) .$$

Cette relation "passe" aux projections duales prévisibles, donc la troisième caractéristique de Z vérifie d'après (15) et (18):

$$\nu^Z([0,t]\times A) = \int_0^t\int_{\mathbb{R}} I_A\circ h(X,s,x)\, \overline{m}(ds\times dx) = \nu(X)([0,t]\times A) . \blacksquare$$

(22) <u>Remarque</u>: Pour chaque $X \in \underline{\underline{D}}$ la formule (21) définit une semimartingale $H(X) := Z$, qui dépend "fonctionnellement" de X. L'équation (2) se ramène donc à

$$X_t = K_t + \int_0^t F(X)_s\, dY_s + \int_0^t G(X)_s\, dH(X)_s .$$

Ce type d'équations est étudié dans [7] (toutefois, la résolution de cette équation est a-priori plus difficile que celle de (20)). $\blacksquare$

II - L'EQUATION (1).

§II-a. On se donne maintenant des applications prévisibles F, G, λ de $\underline{\underline{D}}$ dans $p\underline{\underline{P}}$, et on suppose que $\lambda(X) \geq 0$ et que $\int_0^t \lambda(X)_s \, ds < \infty$ pour tous $X \in \underline{\underline{D}}$, $t \in \mathbb{R}_+$.

On sait qu'une semimartingale Z est un processus ponctuel de compensateur A si et seulement si ses caractéristiques locales (B,C,ν) sont $B = A$, $C = 0$, $\nu(dt \times dx) = dA_t \otimes \varepsilon_1(dx)$. Par suite l'équation (1) se ramène à l'équation (2), à condition de prendre pour $\mathcal{C}(X)$ le triplet

$$(23) \qquad \begin{cases} B(X)_t = \int_0^t \lambda(X)_s ds \\ C(X) = 0 \\ \nu(X)(dt \times dx) = \lambda(X)_t \, dt \otimes \varepsilon_1(dx) \end{cases}$$

(Noter que (H2) est vérifié avec $b = \lambda$, $c = 0$, $L = \lambda(X)_t \varepsilon_1(dx)$).

(24) THEOREME: <u>Supposons que l'espace</u> $(\Omega, \underline{\underline{F}}, \underline{\underline{F}}_t, P)$ <u>supporte une mesure aléatoire de Poisson</u> m <u>sur</u> $\mathbb{R}_+ \times \mathbb{R}$ <u>de compensateur</u> $\overline{m}(dt \times dx) = dt \otimes dx$. <u>Toute solution-processus de l'équation suivante est alors solution-processus de l'équation (1)</u>:

$$(25) \qquad X_t = K_t + \int_0^t F(X)_s \, dY_s + \int_0^t \int_{\mathbb{R}} G(X)_s \, I_{\{0 \leq x \leq \lambda(X)_s\}} \, m(ds \times dx),$$

<u>et pour</u> $N[\lambda(X)]$ <u>on peut alors choisir le processus</u>:

$$(26) \qquad N_t = \int_0^t \int_{\mathbb{R}} I_{\{0 \leq x \leq \lambda(X)_s\}} \, m(ds \times dx).$$

Ce théorème peut se déduire du théorème (19) (sauf qu'ici on n'a pas besoin de faire l'hypothèse (H1)-(a), ni de supposer $G(X)$ localement borné). Il est aussi simple d'en faire une démonstration directe:

<u>Démonstration</u>. La formule (26) définit pour chaque $X \in \underline{\underline{D}}$ un processus de comptage, avec une explosion éventuelle: $T = \inf(t : N_t = \infty)$. Si $B(X)$ est donné par (23), soit $T_n = \inf(t : B(X)_t \geq n)$. On a $B(X)_{T_n} \leq n$, et

$$E(N_{T_n}) = E\left(\int_0^{T_n} \int_{\mathbb{R}} I_{\{0 \leq x \leq \lambda(X)_s\}} \, \overline{m}(ds \times dx)\right) = E[B(X)_{T_n}].$$

Il en découle que $T_n \leq T$ p.s. Comme $\lim_{(n)} \uparrow T_n = \infty$ par hypothèse, on a $T = \infty$ p.s., donc N est un processus ponctuel sans explosion, et son compensateur est clairement $B(X)$. Que (25) donne des solutions de (1) est alors évident. ∎

§II-b. <u>Un théorème d'existence</u>. L'équation (25) est de type classique, avec semimartingale et mesure aléatoire directrices, mais le coefficient $G(X)\, I_{\{0 \le x \le \lambda(X)\}}$ n'est pas lipschitzien en X, en général. Nous allons toutefois montrer que (25) admet une solution et une seule (avec explosion), sous des hypothèses relativement faibles.

On dit que la coefficient F est Y-<u>acceptable</u> si l'équation (6) admet une solution et une seule, pour toute condition initiale $K \in \underline{\underline{D}}$: voir [3] ou [5] pour des conditions impliquant que F est Y-acceptable.

(27) THEOREME: <u>Soit</u> F, G, λ <u>des applications prévisibles de</u> $\underline{\underline{D}}$ <u>dans</u> $p\underline{\underline{P}}$; <u>on suppose que</u> F <u>est</u> Y-<u>acceptable, et que</u> $\lambda(X) \geq 0$ <u>et</u> $\int_0^t \lambda(X)_s\, ds < \infty$ <u>pour tous</u> $X \in \underline{\underline{D}}$, $t \in \mathbb{R}_+$. <u>L'équation (25) admet alors une solution et une seule, avec un temps d'explosion</u> T <u>qui est prévisible et strictement positive</u>.

Dire que X est solution avec explosion en T signifie que X est défini et cadlag sur $[\![0,T[\![$, et que X_{T-} n'existe pas ou est infini sur l'ensemble $\{T<\infty\}$. Ainsi en général on n'a pas $X \in \underline{\underline{D}}$; l'équation (25) doit alors être comprise ainsi: si (T_n) est une suite de temps d'arrêt annonçant T, chaque X^{T_n} est dans $\underline{\underline{D}}$ et est solution de (25) sur l'intervalle $[\![0,T_n]\!]$.

<u>Démonstration</u>. a) Pour chaque $X \in \underline{\underline{D}}$ on note N^X le processus ponctuel défini par (26): sous les hypothèses faites ici, on a vu plus haut que N^X ne prend p.s. que des valeurs finies. On définit par récurrence une suite $(X(n))_{n \geq 0}$ de processus de $\underline{\underline{D}}$ et une suite strictement croissante $(T_n)_{n \geq 0}$ de temps d'arrêt: on pose $T_0 = 0$ et $X(0) = 0$; puis

$$
(28)\quad \begin{cases} X(n+1)_t = K_t + \displaystyle\int_0^t F[X(n+1)]_s dY_s + \sum_{i=1}^{n} G[X(n)]_{T_i}\, I_{\{T_i \le t\}} \\[2ex] T_{n+1} = \inf(t : N_t^{X(n+1)} > N_{T_n}^{X(n+1)}) . \end{cases}
$$

Si $X(n)$ est connu, en utilisant la Y-acceptabilité de F (dans (6) on remplace K par $K + \sum_{1 \le i \le n} G[X(n)]_{T_i}\, I_{[\![T_i,\infty[\![}$) on voit que la première équation (28) définit un unique processus $X(n+1) \in \underline{\underline{D}}$. La seconde équation définit un temps d'arrêt $T_{n+1} \geq T_n$ qui vérifie $T_{n+1} > T_n$ sur $\{T_n < \infty\}$. Considérons les propriétés:

$$
(29)\quad \begin{cases} X(n)_t = K_t + \displaystyle\int_0^t F[X(n)]_s\, dY_s + \sum_{i=1}^{n-1} G[X(n)]_{T_i}\, I_{\{T_i \le t\}} \\[2ex] X(n) = X(n-1) \quad \text{sur } [\![0,T_{n-1}[\![, \end{cases}
$$

trivialement vérifiées par $n=1$. Supposons les vraies pour $p \le n$. Comme l'équation (6), avec K remplacé par $K + \Sigma_{1 \le i \le n-1} G[X(n)]_{T_i} I_{[\![T_i,\infty[\![}$, admet une seule solution, en comparant (28) et (29) on voit que $X(n+1) = X(n)$ sur $[\![0,T_n[\![$. Par suite $G[X(n)]_{T_n} = G[X(n+1)]_{T_n}$ sur $\{T_n < \infty\}$, et d'après (28) encore on voit que $X(n+1)$ satisfait à (29): on a donc (29) pour tout $n \geq 1$.

On déduit aussi de la seconde relation de (29) que $\lambda[X(n)] = \lambda[X(n-1)]$ sur $[\![0,T_{n-1}]\!]$, donc $N^{X(n)} = N^{X(n-1)}$ sur $[\![0,T_{n-1}]\!]$, donc $N^{X(n)} = N^{X(p)}$ sur $[\![0,T_p]\!]$ pour $p \leq n$. Par suite les n premiers instants de saut de $N^{X(n)}$ sont exactement les temps $T_1, T_2, \ldots, T_n$; la première relation (29) s'écrit alors aussi:

$$(30) \quad X(n)_t = K_t + \int_0^t F[X(n)]_s dY_s + \int_0^{t \wedge T_{n-1}} \int_{\mathbb{R}} G[X(n)]_s I_{\{0 \leq x \leq \lambda[X(n)]_s\}} m(ds \times dx)$$

b) Le temps d'arrêt $T = \lim_{(n)} \uparrow T_n$ est prévisible et strictement positif. D'après (29) on définit X sur $[\![0,T[\![$ en posant $X = X(n)$ sur $[\![0,T_n[\![$, et d'après (30) X est solution de (25) sur l'intervalle $[\![0,T[\![$.

Nous allons montrer que T est un temps d'explosion pour X. Soit $A = \{\omega : T(\omega) < \infty,\ X_{T-}(\omega)$ existe dans $\mathbb{R}\}$. On a $A \in \underline{\underline{F}}_{T-}$, donc le temps d'arrêt $S = T$ sur A^c et $S = \infty$ sur A est prévisible, annoncé par une suite (S_n) de temps d'arrêt. Définissons le processus X' sur $[\![0,S[\![$ par $X' = X$ sur $[\![0,T[\![$, et $X' = X_{T-}$ sur $[\![T,S[\![$. On a $N^{X(p)}_{T_p} = p$ sur $\{T_p < \infty\}$, car T_p est le p-ième instant de saut de $N^{X(p)}$. Donc sur l'ensemble $\{T < \infty,\ T \leq S_n\}$ on a pour tout $p \geq 1$:

$$N^{X'^{S_n}}_{T_p} = N^{X'^{S_n \wedge T_p}}_{T_p} = N^{X(p)}_{T_p} = p,$$

et par suite $N^{X'^{S_n}}_T = \infty$, ce qui contredit le fait que $N^{X'^{S_n}}$ ne prend que des valeurs finies. Donc $P(T < \infty, T \leq S_n) = 0$ pour tout n, donc $P(T < S) = 0$, donc $P(A) = 0$. Par suite T est bien un temps d'explosion pour X.

c) Il reste à montrer l'unicité. Soit X' une autre solution de (25), avec un temps d'explosion prévisible T' annoncé par une suite (T'_n). D'après l'unicité vue en (a), on voit facilement par récurrence sur n que pour tous $n,p \geq 1$ on a $X(n)^{T'_p} = X'^{T_n \wedge T'_p}$. Il est alors facile d'en déduire que $T' = T$ et que $X' = X$. ∎

Il peut être intéressant de savoir que l'équation (25) admet une solution non-explosive. Voici une condition suffisante pour ceci:

(31) COROLLAIRE: Si, en plus des hypothèses du théorème (27), on suppose qu'il existe un processus croissant A à valeurs finies tel que

$\int_0^t \lambda(X)_s \, ds \leq A_t$ pour tous $X \in \underline{\underline{D}}$, $t \in \mathbb{R}_+$, alors l'équation (25) admet une solution-processus $X \in \underline{\underline{D}}$ et une seule.

(C'est le cas, par exemple, si $\lambda(X)$ est borné par une constante, uniformément en X).

Démonstration. Soit $S_n = \inf(t : A_t \geq n)$. On a $A_{S_n-} \leq n$, donc $\int_0^{S_n} \lambda(X)_s ds \leq n$ pour tout $X \in \underline{\underline{D}}$. Si on reprend la preuve de (27), on en déduit que $E(N^{X(p)}_{T_p \wedge S_n}) \leq n$, et par ailleurs $N^{X(p)}_{T_p \wedge S_n} = p$ sur l'ensemble $\{T_p < S_n\}$: donc $p P(T_p < S_n) \leq n$, donc $P(T < S_n) = 0$ pour tout n, et comme $S_n \uparrow \infty$ on a $P(T<\infty) = 0$.∎

§II-c. Un exemple en économie. Le problème suivant, qui motive cet article, a été proposé à l'un d'entre nous par l'économiste B. Wernerfelt.

On veut décrire l'achat d'un bien (relativement courant), qu'un client recherche dans différents points de vente (ou petites annonces,...). Ce client trouve les offres de vente selon un processus ponctuel, dont l'intensité stochastique est fonction des prix des offres précédentes (car si les prix offerts sont bas, le client fait des recherches ultérieures moins intensives).

On peut modéliser ce problème ainsi:

$X_t(\omega)$ = dernier prix observé par le client;

$Y_t(\omega) = \inf_{s \leq t} X_s(\omega)$ = prix le plus bas observé avant le temps t;

$\lambda(\omega,t,y)$ = intensité stochastique instantannée du "processus ponctuel des offres", à l'instant t, si le prix le plus bas observé avant t est y;

$g(\omega,t,x)$ = augmentation (ou diminution) du prix à l'instant t, lorsque le prix de la dernière offre est x.

L'équation qui régit l'évolution de X est alors le cas particulier suivant de l'équation (1):

$$X_t = X_0 + \int_0^t g(\omega,s,X_{s-}(\omega)) \, dN[\lambda(\omega,s,Y_{s-}(\omega))]_s .$$

BIBLIOGRAPHIE

1 L. GALTCHOUK: Existence et unicité pour des équations différentielles stochastiques par rapport à des martingales et des mesures aléatoires. 2d Vilnius Conf. Prob. 1, 88-91, 1977

2 B. GRIGELIONIS, R. MIKULEVICIUS: On weak convergence of semimartingales. Lit. Math. J., XXI, 3, 9-24, 1981

3 J. JACOD: Calcul stochastique et problèmes de martingales. Lect. Notes in Math. 714. 1979.

4 J. JACOD, J. MEMIN: Existence of weak solutions for stochastic differential equations with driving semimartingales. Stochastics, 4, 317-337, 1981.

5 M. METIVIER, J. PELLAUMAIL: Stochastic Integration. Ac. Press, 1980

6 P.A. MEYER: Un cours sur les intégrales stochastiques. Sém. Proba. X, Lect. Notes in Math. 511, 245-400, 1976.

7 P. PROTTER: Stochastic differential equations with feedback in the differentials. Dans ce volume.

(le travail du second auteur a été partiellement financé par: NSF Grant N° 0464-50-13955).

STOCHASTIC DIFFERENTIAL EQUATIONS WITH FEEDBACK IN THE DIFFERENTIALS

by

Philip Protter*
Departments of Statistics and Mathematics
Purdue University

ABSTRACT

Existence, unicity, and stability of solutions of stochastic differential equations of the type $Z = M + FZ \cdot Y + GZ \cdot HZ$ are established. M and Y are semimartingales with continuous paths. The novelty here is that instantaneous feedback in the driving term is allowed.

1. INTRODUCTION

The theory of stochastic differential equations with semimartingale differentials is now well developed (see [3], [4], or [7]). It is always assumed, however, that one is given a coefficient F, a driving term Y, and an exogenous term M to yield an equation: $Z = M + FZ \cdot Y$. We consider here instead equations of the type:

$$Z = M + FZ \cdot Y + GZ \cdot HZ, \tag{E}$$

where H is a given operator on semimartingales. The solution is permitted to feedback instantaneously into one of the differentials. In the deterministic case this corresponds to certain types of singular equations.

We prove in Theorem 3.1 that a solution of (E) exists and is unique under appropriate restrictions on G and H. We also show that equations of the type (E) are stable in the semimartingale topology (Theorem 3.4).

The solutions here are strong solutions in the sense that they are defined on the same space that M, Y, F, G, and H are defined on. The

*Supported in part by NSF Grant #0464-50-13955.

semimartingales are always assumed to have continuous paths. A different approach to this genre of problems is considered in [5].

2. PRELIMINARIES

We assume the reader is familiar with the semimartingale calculus and its standard notations (cf [4], [7], or [8]). In particular, $D\cdot X$ denotes $\int_0^t D_s dX_s$.

(2.1) DEFINITION. For $K > 0$, an operator F is in Lip(K) if

(i) $X^{T-} = Y^{T-}$ implies $(FX)^{T-} = (FY)^{T-}$

(ii) $(FX-FY)^* \leq K(X-Y)^*$ as processes where $X_t^* = \sup_{s \leq t} |X_s|$.

We will be concerned here only with continuous semimartingales. For a given continuous semimartingale X, let $X = M + A$ be its unique decomposition into a local martingale M and a process A with paths of bounded variation on compacts.

(2.2) DEFINITION. For a continuous semimartingale $X = M + A$ and p, $1 \leq p \leq \infty$, define:

$$||X||_{\mathcal{H}^p} = ||[M,M]_\infty^{\frac{1}{2}} + \int_0^\infty |dA_s|\ ||_{L^p}$$

$$||X||_{\mathcal{S}^p} = ||X_\infty^*||_{L^p}$$

As a consequence of the Burkholder, Davis, and Gundy inequalities we have

(2.3) $$||X||_{\mathcal{S}^p} \leq C_p ||X||_{\mathcal{H}^p}, \quad 1 \leq p < \infty$$

for universal constants C_p. Dellacherie and Meyer [1, p.304] have shown

(2.4) $$C_1 \leq 4.$$

Emery has shown the following:

(2.5) $$||D\cdot X||_{\mathcal{H}^r} \leq ||D||_{\mathcal{S}^p} ||X||_{\mathcal{H}^q}$$

where $\frac{1}{p} + \frac{1}{q} = \frac{1}{r}$, $1 \leq p, q \leq \infty$. See Meyer [9] for an exposition and extension of (2.5).

(2.6) DEFINITION. An operator H mapping continuous semimartingales into continuous semimartingales will be said to be in $\mathcal{S}_c(K)$ if

$$||HX-HY||_{\mathcal{H}^1} \leq K||X-Y||_{\mathcal{H}^1}$$

for any continuous semimartingales X and Y.

Emery [2] has developed a topology for semimartingales, which was inspired by a study of the stability of solutions of stochastic differential equations. (Métivier and Pellaumail [7] independently developed the same topology.) Here is a characterisation: continuous semimartingales (X^n) converge to X in the <u>semimartingale topology</u> if for any subsequence (n') one can extract a sub-subsequence (n") such that $X^{n''}$ converges locally in $\mathcal{H}^1$ (or $\mathcal{H}^p$, $p \geq 1$) to X. (By "converges locally" we mean that there exist stopping times T^k tending to ∞ a.s. such that $||(X^n-X)^{T^k}||_{\mathcal{H}^1}$ tends to 0.)

3. THEOREMS AND PROOFS

Recall the equation:

(E) $$Z = M + FZ\cdot Y + GZ\cdot HZ.$$

We consider only the case where M and Y (and hence Z) have continuous paths. If one is willing to specify the operator H, one can handle jumps with a modification of the usual techniques, taking care to avoid impossible requirements on the jumps (such as $\Delta Z = 2\Delta Z$, etc.).

(3.1) THEOREM. <u>Let</u> M, Y <u>be continuous semimartingales. Let</u> $F \in \mathrm{Lip}(K_1)$, $G \in \mathrm{Lip}(K_2)$, $G0=0$, <u>and</u> $H \in \mathcal{S}_c(K_3)$ <u>with</u> $\|HX\|_{\mathcal{H}^\infty} \leq a$ <u>for any continuous</u>

semimartingale X. If $K_2a < 1/c_1$ ($c_1 \leqq 4$), then there exists a unique non-exploding solution of (E).

(3.2) COMMENTS. (i) One can trivially replace the condition $||HX||_{\mathcal{H}^\infty} \leqq a$ with $||HX||_{\mathcal{H}^\omega} \leqq a$, using the $\mathcal{H}^\omega$ norm of Meyer [9] for semimartingales, which is a generalization of the BMO norm for martingales. The $\mathcal{H}^\omega$ norm is slightly weaker than the $\mathcal{H}^\infty$ norm, but for most examples the $\mathcal{H}^\infty$ norm is simpler and suffices.

(ii) By considering the deterministic example $M_t = t$, $FZ=0$, $GZ=2Z$, and $HZ = Z$, we get $Z(t) = (1 \pm \sqrt{1-4t})/2$, for $t \leqq 1/4$; thus these equations are closely related to singular ODE's, and one sees that some sort of condition like $K_2a < 1/c_1$ is necessary.

We begin the proof of Theorem (3.1) with a lemma.

(3.3) LEMMA. Assume the hypotheses of Theorem (3.1). Suppose in addition that:

(i) $c_1K_1y + K_3\gamma + c_1K_2a < 1$

(ii) $||Y||_{\mathcal{H}^\infty} \leqq y$

(iii) $||GX||_{\mathcal{S}^\infty} \leqq \gamma$ for any continuous semimartingale X

(iv) $||M||_{\mathcal{H}^1} < \infty$.

Then there exists a unique nonexploding solution of (E).

Proof: Set $X^0 = M$, and set

$$X^{n+1} = M + FX^n \cdot Y + GX^n \cdot HX^n .$$

Since

$$X^{n+1} - X^n = (FX^n - FX^{n-1}) \cdot Y + (GX^n - GX^{n-1}) \cdot HX^n + GX^{n-1} \cdot (HX^n - HX^{n-1}) ,$$

using the inequalities (2.5), we have

$$\|X^{n+1}-X^n\|_{\mathcal{H}^1} \leq \{c_1K_1y+c_1K_2a+K_3\gamma\}\|X^n-X^{n-1}\|_{\mathcal{H}^1}$$

$$= r\|X^n-X^{n-1}\|_{\mathcal{H}^1}$$

where $r < 1$. Since M and each X^n is in $\mathcal{H}^1$ we have that (X^n) is a Cauchy sequence in $\mathcal{H}^1$. Let X be the limit of X^n. One easily checks that X is a solution of (E), and the uniqueness of limits in $\mathcal{H}^1$ is used to show X is a unique solution. □

Proof of Theorem (3.1): To complete the proof of Theorem (3.1), it remains only to remove the supplementary hypotheses (i) through (iv) of Lemma (3.3).

Step 1: We remove hypothesis (iv): $\|M\|_{\mathcal{H}^1} < \infty$. Given a continuous semimartingale M, there exists a sequence of stopping times $(T^k)_{k\geq 1}$ increasing to ∞ a.s. such that $M^{T^k} \in \mathcal{H}^1$. Let X^k be the solution of

$$Z = M^{T^k} + FZ\cdot Y + GZ\cdot HZ.$$

Then if $\ell \geq k$, $X^\ell = X^k$ on $[0,T^k]$ by the uniqueness of solutions; hence we can define a solution X of (E) on $[0,\infty[$ by $X = X^k$ on $[0,T^k]$, each $k \geq 1$.

Step 2: We remove hypothesis (iii) that $\|GX\|_{\mathcal{S}^\infty} \leq \gamma$ for any continuous semimartingale X. We define a new operator G^1 by:

$$G^1J_t = \begin{cases} GJ_t & \text{if } |GJ_t| \leq \gamma/2 \\ (\text{sign } GJ_t)\gamma/2 & \text{if } |GJ_t| > \gamma/2 . \end{cases}$$

Let Z^1 be the unique solution for (E) with G^1 replacing G. Define

$$T^1 = \inf\{t: |GZ_t^1| \geq \gamma/2\}.$$

Inductively assume $T^1,\dots,T^{n-1}$ are defined. Define G^n by:

$$G^n J = \begin{cases} GJ - GJ^{T^{n-1}} & \text{if } |GJ-GJ^{T^{n-1}}| \leq \gamma/2 \\ \text{Sign}\,(GJ-GJ^{T^{n-1}})\gamma/2 & \text{if } |GJ-GJ^{T^{n-1}}| > \gamma/2 \end{cases}$$

Let Z^n be the unique solution of:

$$Z^n = (Z^{n-1})^{T^{n-1}} + M - M^{T^{n-1}} + FZ^n(Y-Y^{T^{n-1}}) + G^nZ^n\cdot(HZ^n-(HZ^n)^{T^{n-1}}).$$

Define $T^n = \inf\{t: |GZ_t - GZ_t^{T^{n-1}}| \geq \gamma/2\}$. Letting $T = \sup T^n = \lim T^n$, we can define a unique solution Z on $[0,T[$. It remains to show $T = \infty$ a.s. But stopping M at a time R^k so that $||M^{R^k}||_{\mathcal{H}^1} \leq m(k) < \infty$, we have $||Z^{R^k\wedge T^n}||_{\mathcal{H}^1} \leq \frac{1}{1-r}\left\{ y\|FM\|_{\mathcal{S}^1} + a\|GM\|_{\mathcal{S}^1}\right\} < \infty$ where $r = c_1K_1y + c_1K_2a < 1$. Thus $||Z^{R(k)\wedge T}||_{\mathcal{H}^1} < \infty$ and hence $\lim_{t\uparrow\uparrow T\wedge R(k)} Z_t = Z_{T\wedge R(k)}$ exists and is finite a.s. But on $\{T<\infty\}$, GZ must have an oscillatory discontinuity or an explosion which cannot happen. Thus $T = \infty$ a.s.

<u>Step 3</u>: We remove hypothesis (ii) that $||Y||_{\mathcal{H}^\infty} \leq y$. Given a $y > 0$, since Y is continuous there exists a sequence of stopping times (T^k) increasing to ∞ a.s. such that $||Y^n||_{\mathcal{H}^\infty} \leq y$, where $Y^n = Y^{T^n} - Y^{T^{n-1}}$. Define $M^n = M^{T^n} - M^{T^{n-1}}$, and H^n by $H^nJ = (HJ)^{T^n} - (HJ)^{T^{n-1}}$. Inductively suppose Z^{n-1} is the (unique) solution on $[0,T^{n-1}]$. Then let Z^n be the solution of:

$$Z^n = (Z^{n-1})^{T^{n-1}} + M^n + FZ^n\cdot Y^n + GZ^n\cdot H^nZ^n.$$

We know Z^n exists and clearly $(Z^n)^{T^{n-1}} = (Z^{n-1})^{T^{n-1}}$; thus we can set $Z = Z^n$

on $[0,T^n]$, and we have a solution on $[0,\infty[$. This completes the proof of Theorem (3.1). □

We now wish to consider the question of the stability of equations of this type. The natural framework is the semimartingale topology developed by Emery [2] and independently by Métivier and Pellaumail [7]. See also [1]. Under appropriate hypotheses on M^n, F^n, Y^n, G^n, and H^n, we want solutions Z^n of (E_n) below to converge to a solution Z of (E).

$$(E_n) \qquad Z^n = M^n + F^nZ^n \cdot Y^n + G^nZ^n \cdot H^nZ^n .$$

(3.4) THEOREM. Let $(M^n)_{n\geq 1}$, M, $(Y^n)_{n\geq 1}$, Y be continuous semimartingales. Let $(F^n)_{n\geq 1}$, F be in $\mathrm{Lip}(K_1)$, $(G^n)_{n\geq 1}$, G in $\mathrm{Lip}(K_2)$, $(H^n)_{n\geq 1}$, H in $\mathcal{S}_c(K_3)$ with $||H^nX||_{\mathcal{H}^\infty}$, $||HX||_{\mathcal{H}^\infty} \leq a$ for any continuous semimartingale X. Assume $K_2 a < 1/c_1$. Assume $M^n \to M$, $Y^n \to Y$, and $H^nZ \to HZ$ in the semimartingale topology, where Z is a solution of (E). Assume further that $F^nZ \to FZ$, $G^n0=G0=0$ and $G^nZ \to GZ$ locally in $\mathcal{S}^1$. Then $Z^n \to Z$ in the semimartingale topology, where Z^n is the solution of (E_n).

Proof: By considering a subsequence if necessary and by stopping at a stopping time, we may assume without loss of generality:

(i) $M^n \to M$, $Y^n \to Y$, $H^nZ \to HZ$ in $\mathcal{H}^1$

(ii) $F^nZ \to FZ$, $G^nZ \to GZ$ in $\mathcal{S}^1$.

Let us make three temporary additional hypotheses:

(iii) $||Y||_{\mathcal{H}^\infty} \leq y$

(iv) $||G^nZ||_{\mathcal{S}^\infty} \leq \gamma$

(v) $||F^nZ^n||_{\mathcal{S}^\infty} \leq C < \infty$, all $n \geq 1$, where $y > 0$, $\gamma > 0$, are taken so that $c_1K_1y + \gamma K_3 + c_1K_2a = r < 1$. (Recall $c_1K_2a < 1$.) One easily deduces under (i) through (v):

$$||Z-Z^n||_{\mathcal{H}^1} \leq \alpha(n) + r||Z-Z^n||_{\mathcal{H}^1}$$

where $\alpha(n) \to 0$ as $n \to \infty$ and $r < 1$.

To remove hypothesis (iv), we note that we are assuming $G^n0 = 0$ and $G^n \in \mathrm{Lip}(K_2)$. Set

$$T^1 = \inf\{t: \ |Z_t| \geq \gamma/K_2\}$$
$$\vdots$$
$$T^n = \inf\{t: \ |Z_t - Z_t^{T^{n-1}}| \geq \gamma/K_2\} .$$

Define $G^{n(k)}$ by:

$$G^{n(k)}J = G^nJ^{T^k} - G^nJ^{T^{k-1}};$$

then $||G^{n(k)}Z||_{\mathcal{S}^\infty} \leq K_2||Z^{T^k} - Z^{T^{k-1}}||_{\mathcal{S}^\infty}$

$$\leq \gamma .$$

Thus if $Z^{n(k)}$ solves, on $[0,T^k]$, the equation:

$$Z^{n(k)} = (Z^{n(k-1)})^{T^{k-1}} + M^n - (M^n)^{T^{k-1}}$$
$$+ F^nZ^{n(k)}\cdot\{Y^n-(Y^n)^{T^{k-1}}\}$$
$$+ G^{n(k)}Z^{n(k)}\cdot\{H^nZ^{n(k)}-(H^nZ^{n(k)})^{T^{k-1}}\}$$

we have that $Z^{n(k)} \to Z^{(k)}$ in $\mathcal{H}^1$, using the inductive hypothesis that $Z^{n(k-1)} \to Z^{(k-1)}$ in $\mathcal{H}^1$. Since the sequence (T^k) was defined in terms of Z, we have T^k increases to ∞ a.s.

To remove hypothesis (iii) that $||Y||_{\mathcal{H}^\infty} \leqq y$, we proceed as in Step 3 of the proof of Theorem (3.1). Let (T^k) be stopping times increasing to ∞ a.s. such that $Y^{(k)} = Y^{T^k} - Y^{T^{k-1}}$ and $||Y^{(k)}||_{\mathcal{H}^\infty} \leqq y$. Define $M^{n(k)} = (M^n)^{T^k} - (M^n)^{T^{k-1}}$, and $Y^{n(k)}$, $H^{n(k)}$, analogously. Then let $Z^{n(k)}$ solve:

$$Z^{n(k)} = (Z^{n(k-1)})^{T^{k-1}} + M^{n(k)} + F^n Z^{n(k)}.Y^{n(k)}$$
$$+ G^n Z^{n(k)} H^{n(k)} Z^{n(k)},$$

and inductively $Z^{n(k-1)} \to Z^{(k-1)}$ locally in $\mathcal{H}^1$ gives that $Z^{n(k)} \to Z^{(k)}$ locally in $\mathcal{H}^1$.

Finally, the removal of hypothesis (v) follows exactly as in the stability theory without instantaneous feedback. The reader can find the details in Protter [10, pp. 343-4], so we do not bother to recopy them here. □

(3.5). COMMENTS. (i) It is clear from the proofs that these theorems hold as well for systems of equations.

(ii) By using a localisation technique of Lenglart [6] (see Emery [3, pp. 291-2] for details) one can obtain the same results for F^n, F, G^n, G, H^n, H all Lipschitz with random, finite-valued Lipschitz constants.

REFERENCES

1. Dellacherie, C., et Meyer, P. A.: Probabilités et Potentiel, Vol. II, Paris: Hermann, 1980.

2. Emery, M.: Une Topologie sur L'Espace des Semimartingales. Sem. de Proba. XIII, Springer Lect. Notes in Math. 721, 260-280, 1979.

3. Emery, M.: Equations Différentielles Lipschitziennes: La Stabilité. Sem. de Proba. XIII, Springer Lect. Notes in Math. 721, 281-293, 1979.

4. Jacod, J.: Calcul Stochastique et Problèmes de Martingales. Springer Lect. Notes in Math. 714, 1979.

5. Jacod, J. and Protter, P.: Quelques remarques sur un nouveau type d'équations différentielles stochastiques. In this volume.

6. Lenglart, E.: Sur la localisation des intégrales stochastiques. Sem. de Proba. XII, Springer Lecture Notes in Math. 649, 53, 1978.

7. Métivier, M. and Pellaumail, J.: Stochastic Integration. New York: Academic Press, 1980.

8. Meyer, P. A.: Un Cours sur les Intégrales Stochastiques. Sem. de Proba. X, Springer Lect. Notes in Math. 511, 245-400, 1976.

9. Meyer, P. A.: Inégalitiés de Normes pour les Intégrales Stochastiques. Sem. de Proba. XII, Springer Lect. Notes in Math. 649, 757-762, 1978.

10. Protter, P.: H^p stability of solutions of stochastic differential equations. Z. Wahrscheinlichkeitstheorie und verw. Geb. 44, 337-352, 1978.

REGLE MAXIMALE

Jean PELLAUMAIL *

Résumé :

On prouve l'existence d'une "règle maximale" sous des hypothèses très larges : celles-ci sont notamment satisfaites quand on considère la famille des règles associées aux solutions faibles d'une équation différentielle stochastique.

Summary :

Let us consider the family $\mathcal{R}$ of the "rules" which are the "weak solutions" of the stochastic differential equation $dX = a(X)dZ$ when a depends on all the past and is continuous for the uniform topology and when Z is a general semi-martingale. This family $\mathcal{R}$ is studied : namely, the existence of a "maximal" element in $\mathcal{R}$ is stated.

* INSA - Laboratoire de Probabilités et Statistiques
20, avenue des Buttes de Coësmes - 35043 RENNES CEDEX

INTRODUCTION

En [11] (cf. aussi, [12], [13] et [5]), on a prouvé, pour l'équation différentielle stochastique $dX = a(X)dZ$ où Z est une semi-martingale, l'existence d'une "solution faible" en un sens un peu plus précis que celui introduit par Strook et Varadhan (cf. [17] ou [18]) : une telle solution faible est appelée règle.

Le présent papier continue et précise cette étude : on y prouve l'existence d'une "solution extrémale" pour laquelle on a un "théorème de représentation". La preuve proposée n'utilise pas explicitement la notion de point extrémal : en fait, on prouve l'existence d'une règle qui maximise une suite $(h_n)_{n>0}$ de fonctions données. En plus du théorème de représentation évoqué ci-dessus, on montre que cette "règle maximale" R correspond à une propriété, nouvelle semble-t-il, d'approximation discrète des R-martingales (section 6).

PREMIERE PARTIE

Pour toutes les définitions classiques, on renvoie à [8].

1. DONNEES ET NOTATIONS

Pour toute cette première partie, on se donne :

- un élément t^* de R avec $t^* > 0$; on pose $T = [0,t^*]$
- deux bases stochastiques (indexées par T) continues à droite $(\Omega, \mathcal{F}, (\mathcal{F}_t)_{t\in T})$ et $(\Omega, \mathcal{G}, (\mathcal{G}_t)_{t\in T})$; ces deux bases stochastiques sont donc définies sur le même espace Ω ; on suppose que, pour tout élément t de T, $\mathcal{F}_t \subset \mathcal{G}_t$ et que $\mathcal{F}_o = \mathcal{G}_o$
- une probabilité P sur $(\Omega, \mathcal{F})$.

- une famille $\mathcal{H}$ de fonctions réelles, définies sur Ω et $\mathcal{G}$-mesurables ; les éléments de $\mathcal{H}$ seront appelés les "fonctions tests" ; on suppose que la tribu $\mathcal{G}$ est engendrée par une famille dénombrable d'éléments de $\mathcal{H}$.

Soit R une probabilité définie sur $(\Omega, \mathcal{G})$. On dira que M est une R-$\mathcal{G}$-martingale (resp. une P-$\mathcal{F}$-martingale) si M est martingale pour R (resp. P) relativement à la filtration $(\mathcal{G}_t)_{t\in T}$ (resp. $(\mathcal{F}_t)_{t\in T}$).

2. REGLE

Définitions : On dira que R est une règle si R est une probabilité définie sur $(\Omega, \mathcal{G})$ dont la restriction à $\mathcal{F}$ est P.

On dira qu'une suite $(R_n)_{n>o}$ de règles converge en règle vers R si R est une règle et si, pour toute fonction test h, $\int h\, dR = \lim_{n\to\infty}. \int h\, dR_n$.

On remarque que ces deux définitions sont données dans un cadre un peu plus général que celui proposé en [12], lequel sera repris dans la deuxième partie de cette note.

Pour toute règle R et pour toute fonction réelle bornée $\mathcal{G}$-mesurable g on notera $R(g) := \int g\, dR$ (autrement dit R sera considérée comme un opérateur sur l'ensemble de telles fonctions).

On dira qu'une règle R est adaptée si toute P-$\mathcal{F}$-martingale M est aussi une R-$\mathcal{G}$-martingale (cf. [19] pour l'étude de cette propriété).

3. REGLE MAXIMALE

Définition : Soit $\mathcal{R}$ un ensemble non vide de règles. On dira qu'un élément R de $\mathcal{R}$ est maximal dans $\mathcal{R}$ si, pour tout élément R' de $\mathcal{R}$ dominé (au sens usuel) par R, on a R' = R.

Théorème : Soit $\mathcal{R}$ un ensemble non vide de règles qui satisfait aux deux propriétés suivantes :

(i) de toute suite d'éléments de $\mathcal{R}$, on peut extraire une sous-suite qui converge en règle vers un élément R de $\mathcal{R}$.

(ii) si R appartient à $\mathcal{R}$ et si h est une fonction test positive bornée telle que $R'(h) \leq R(h)$ pour tout élément R' de $\mathcal{R}$ dominé par R, alors $R''(h) = R(h)$ pour tout élément R" de $\mathcal{R}$ dominé par R.

Alors, il existe un élément R de $\mathcal{R}$ qui est maximal dans $\mathcal{R}$.

Preuve : 1°) Soit $(h_k)_{k>o}$ une suite de fonctions tests positives bornées qui engendre $\mathcal{G}$. On pose $h_o = 1$. On introduit sur $\mathcal{R}$ la relation d'ordre suivante :

$R' >> R$ si et seulement si l'une des deux conditions suivantes est satisfaite :

a) quel que soit k, $R'(h_k) = R(h_k)$

b) il existe $n > o$ tel que $R'(h_n) > R(h_n)$ et tel que, quel que soit $k < n$, $R'(h_k) = R(h_k)$.

2°) Soit $(R_i)_{i \in I}$ une famille maximale totalement ordonnée. Pour tout k, on pose $a_k := \sup_{i \in I} R_i(h_k)$. Soit $(R_n)_{n>o}$ une suite extraite de la famille $(R_i)_{i \in I}$ telle que, pour tout k, $a_k = \sup_{n>o} R_n(h_k)$.

3°) De la suite $(R_n)_{n>o}$ on peut extraire une sous-suite (condition (i)), qui converge en règle vers la règle R.

Raisonnons par l'absurde, et supposons qu'il existe un entier k pour lequel on ait un élément R' de $\mathcal{R}$ tel que $R'(h_k) > R(h_k)$ et R' dominé par R.

Soit m le plus petit de ces tels entiers. Soit R' élément de $\mathcal{R}$ dominé par R tel que $R'(h_m) > R(h_m)$. Pour $k < m$, $R(h_k) = R'(h_k)$, sinon m ne serait pas le plus petit entier comme défini ci-dessus (condition (ii)).

On aurait alors $R' \gg R_i$ pour tout élément i de I et $R'(h_m) > a_m$ ce qui est impossible.

4°) Ce raisonnement par l'absurde montre que, si R" appartient à $\mathcal{R}$ et est dominé par R, alors $R(h_k) = R''(h_k)$ pour une suite de fonctions qui engendre la tribu $\mathcal{G}$. On a donc la même propriété pour tout élément de $\mathcal{G}$.

4. NOTATIONS $\mathcal{M}, \mathcal{M}', \mathcal{M}''$

Soit R une probabilité définie sur $(\Omega, \mathcal{G})$. On notera :

$\mathcal{M}_R$ l'espace des R-$\mathcal{G}$-martingales cadlag de carré intégrable nulles en 0 ; cet espace sera considéré comme un espace de Hilbert muni du produit scalaire usuel $\langle M,N\rangle = E_R(M_{t^*} N_{t^*})$.

$\mathcal{M}'_R$ le sous-espace de Hilbert de $\mathcal{M}_R$ engendré par les martingales de la forme $1_G \, 1_{]s,t]} \, M_r$ où M est une P-$\mathcal{F}$-martingale avec $M_s = 0$ et où G appartient à G_s (avec $s < t$).

$\mathcal{M}''_R$ l'orthogonal de $\mathcal{M}'_R$ dans $\mathcal{M}_R$.

5. CHANGEMENT DE REGLE ADAPTEE

Proposition : Soit R une règle adaptée et M un élément de $\mathcal{M}''_R$. On pose

$W = M_{t^*}$ et on suppose que $W \geqslant -1$. On pose :

$$R' := \int (1+W)dR$$

Alors, R' est une règle adaptée.

Preuve :

a) Soit N une P-$\mathcal{F}$-martingale

$$E_{R'}(N_{t^*} - N_o) = E_R \{(1+W)(N_{t^*} - N_o)\} = E_R (N_{t^*} - N_o)$$

(car M est orthogonale aux P-$\mathcal{F}$-martingales)

$= 0$ car N est une R-$\mathcal{G}$-martingale.

b) On a donc :

$$E_{R'}(N_{t^*}) = E_{R'}(N_o) = E_R(N_o) = E_R(N_{t^*})$$

ce qui montre que R et R' coïncident en restriction à $\mathcal{F}$, donc R' est une règle.

c) Il faut maintenant prouver que N est une R'-$\mathcal{G}$- martingale. Soit $s < t$ et g une fonction bornée $\mathcal{G}_s$-mesurable. On a :

$$E_{R'}\{g(N_t-N_s)\} = E_R\{g(N_t-N_s)(1+W)\}$$

$= E_R \{g(N_t-N_s)\}$ car M est orthogonale à $\mathcal{M}'_R$

$= 0$ car N est une R-$\mathcal{G}$-martingale,

ceci montre que N est une R'-$\mathcal{G}$-martingale.

6. APPROXIMATION DE M'

Lemme : Soit R une règle adaptée et M un élément de $\mathcal{M}''_R$. Pour tout couple (s,t), avec s < t, on a Z = 0 si $Z := E\{M_t \mid (\mathcal{F}_t \vee \mathcal{G}_s)\} - M_s$.

Preuve : On peut supposer $|M_t| < 1$ et $M_s = 0$. Dans ce cas, soit R' défini par $R' = \int (1 + M_t)\, dR$. On sait (cf. paragraphe 5 qui précède) que R' est une règle adaptée. Ceci implique que R' coïncide avec R en restriction à $(\mathcal{F}_t \vee \mathcal{G}_s)$ car $\mathcal{F}_t$ et $\mathcal{G}_s$ sont indépendantes (cf. [19]) sachant $\mathcal{F}_s$ à la fois pour R et pour R' ; or, en restriction à cette tribu, $dR'/dR = 1+Z$ donc Z = 0.

Proposition : Soit R une règle adaptée. Pour tout entier $n \geq 2$, soit $(t(n,k))_{1 \leq k \leq n}$ une suite finie croissante d'éléments de T. On suppose que $t(2,1) := 0$, $t(2,2) := t^*$ et que les partitions de T associées à chacune de ces suites sont de plus en plus fines, c'est-à-dire que, pour tout n, on a :

$$\{t(n,k)\}_{1 \leq k \leq n} \subset \{t(n+1,k)\}_{1 \leq k \leq n+1}$$

Soit ϕ^n l'application à valeurs dans $\mathcal{M}_R$ et définie sur $\mathcal{M}_R$ par :

$$\phi^n(M)_t := E\{M_{t^*} \mid (\mathcal{F}_t \vee \mathcal{G}_{t(n,k)})\} + (\phi^n(M)-M)_{t(n,k)}$$

pour $t(n,k) \leq t \leq t(n,k+1)$.

Alors, pour tout élément M de $\mathcal{M}_R$, la suite $(\phi^n(M))_{n>1}$ converge dans $\mathcal{M}_R$ vers la projection orthogonale M' de M sur $\mathcal{M}'_R$. Il existe donc une sous-suite extraite de la suite $(\phi^n(M))_{n>1}$ pour laquelle la convergence a lieu, R-p.s., uniformément par trajectoires.

Preuve :

a) Si <.,.> désigne le produit scalaire dans $\mathcal{M}_R$, on note que, quel que soit $M \in \mathcal{M}_R$, on a :

$$<\phi^n(M), \phi^n(M)> = \sum_k E\{(\phi^n(M)_{t(n,k+1)} - \phi^n(M)_{t(n,k)})^2\}$$

$$\leq \sum_k E\{(M_{t(n,k+1)} - M_{t(n,k)})^2\}$$

$$\leq <M,M>$$

b) Par ailleurs, si M appartient à $\mathcal{M}''_R$, le lemme qui précède montre que $\phi^n(M) = 0$, pour tout entier n.

c) Pour tout entier n, soit $\mathcal{M}^n_R$ le sous-espace de Hilbert de $\mathcal{M}_R$ engendré par les martingales de la forme $\int Y\, dN$ avec N P-$\mathcal{F}$-martingale et

$$Y := \sum_{k=1}^{n-1} Y_k \, 1_{]t(n,k),t(n,k+1)]}$$

chaque variable aléatoire Y_k étant $\mathcal{G}_{t(n,k)}$-mesurable.

D' une part, si M appartient à $\mathcal{M}^n_R$, on a $\phi^n(M) = M$.

d) D'autre part, soit M un élément de $\mathcal{M}_R$ et soit M^n la projection orthogonale de M sur $\mathcal{M}^n_R$. La suite d'ensembles $(\mathcal{M}^n_R)_{n>1}$ croît évidemment vers un sous-ensemble dense de $\mathcal{M}'_R$ donc la suite $(M^n)_{n>o}$ converge, dans $\mathcal{M}_R$, vers la projection orthogonale M' de M sur $\mathcal{M}'_R$. Donc, quel que soit $\varepsilon > 0$, il existe q tel que $n \geq q$

implique : $||M'-M^n|| \leq \varepsilon$ si $||.||$ désigne la norme dans $\mathcal{M}_R$.
Compte tenu du a), ceci implique :

$$||\phi^n(M') - \phi^n(M^n)|| \leq \varepsilon$$

Or, $\phi^n(M') = \phi^n(M)$ (cf. le b))

et $\phi^n(M^n) = M^n$

ce qui donne $||\phi^n(M) - M^n|| \leq \varepsilon$ et $||\phi^n(M)-M'|| \leq 2\varepsilon$

et prouve la première partie de la proposition .

e) La fin de la proposition est alors une application classique du lemme de Borel-Cantelli.

Corollaire :

Soit R une règle adaptée et M un élément de $\mathcal{M}_R$. Soit $M = M' + M''$ la décomposition de M avec $M' \in \mathcal{M}'_R$ et $M'' \in \mathcal{M}''_R$. Soit $a := \sup_\omega |M_t{*}(\omega)|$.

On a alors, R-p.s., $|(M'_t - M'_{t-})(\omega)| \leq 2a$. Plus généralement, M' et M" ont, vis-à-vis de M, les mêmes propriétés que des transformées de Burkholder (cf. [21]).

Preuve : Ceci se déduit immédiatement de l'approximation donnée dans la proposition précédente.

7. CONCENTRATION D'UNE REGLE :

Proposition : Soit R une règle adaptée. Soit g une fonction réelle bornée (en valeur absolue) $\mathcal{G}$-mesurable. Soit M la R-$\mathcal{G}$-martingale définie par $M_t := E_R(g \mid \mathcal{G}_t) - E_R(g \mid \mathcal{G}_o)$. On suppose que M n'appartient pas à $\mathcal{M}'_R$.

Alors, il existe une règle adaptée R' dominée par R telle que $R'(g) > R(g)$.

Preuve : On peut supposer que $|M|$ est bornée par 1/4. Soit $M = M' + M''$ la décomposition de M avec M' élément de $\mathcal{M}'_R$ et M'' élément de $\mathcal{M}''_R$. Soit u le temps d'arrêt défini par :

$$u := \inf. \{t : M''_t < -(1/2)\}$$

Compte tenu du corollaire donné à la section 6 qui précède, on a $M''_u \geq -1$. Soit $W = 1 + M''_u$ et $R' = \int W\, dR$. Puisque M'' appartient à $\mathcal{M}''_R$, il en est de même de la martingale M'' arrêtée à u. La section 5 montre alors que R' est une règle adaptée.

Posons $g_o := E_R (g \mid \mathcal{G}_o)$. On a :

$$R'(g) - R(g) = E_R (gM''_u) = E_R \{(g-g_o)\, M''_u\}$$

$$= E_R \{(M'_u + M''_u)\, M''_u\} = E_R \{(M''_u)^2\}$$

(puisque M' est orthogonale à M'').

Mais, par hypothèse, $M''_u \neq 0$ donc $R'(g) > R(g)$.

8. EXISTENCE D'UNE REGLE MAXIMALE

Lemme :

1°) Soit R une règle adaptée et g une fonction $\mathcal{G}$-mesurable bornée. On suppose que M appartient à $\mathcal{M}'_R$ si M est la R-$\mathcal{G}$-martingale définie par $M_t := E(g \mid \mathcal{G}_t) - E(g \mid \mathcal{G}_o)$. Alors, on a $R'(g) = R(g)$ pour toute règle adaptée R' dominée (au sens usuel) par R.

2°) Soit R une règle adaptée telle que $\mathcal{M}''_R = \{0\}$. On a alors $R' = R$ pour toute règle adaptée dominée par R.

Preuve : On pose $g_o := E(g \mid \mathcal{G}_o)$

Le 2°) est une conséquence triviale du 1°). Par ailleurs, si M est à la fois une R-$\mathcal{G}$-martingale et une R'-$\mathcal{G}$-martingale, on a $R(M_{t^*}) = 0 = R'(M_{t^*})$ donc : $R(g) = R(g_o) = R'(g_o) = R'(g)$.

Le seul problème est donc de prouver que, si M est une R-$\mathcal{G}$-martingale bornée qui appartient à $\mathcal{M}'_R$, alors M est aussi une R'-$\mathcal{G}$-martingale (bornée et qui appartient à $\mathcal{M}'_{R'}$) .

Par densité, (puisque R domine R'), il suffit de prouver cette propriété quand $M = \sum_{k=1}^{n} \int Y_k \, d N_k$ où $(Y_k)_{1 \leq k \leq n}$ est une famille de processus $\mathcal{G}$-prévisibles bornés étagés et $(N_k)_{1 \leq k \leq n}$ est une famille de $\mathcal{F}$-martingales.

Dans ce cas, puisque R' est adaptée, chaque martingale N_k est une R'-$\mathcal{G}$-martingale ; on a donc la même propriété pour M ce qui achève la démonstration.

Théorème :

Soit $\mathcal{R}$ un ensemble non vide de règles adaptées qui satisfait aux deux conditions suivantes :

(i) de toute suite d'éléments de $\mathcal{R}$, on peut extraire une sous-suite qui converge en règle vers un élément de $\mathcal{R}$.

(ii) si R appartient à $\mathcal{R}$ et si R' est une règle adaptée dominée par R, alors R' appartient à $\mathcal{R}$.

Alors il existe une règle (adaptée) R qui est un élément maximal dans $\mathcal{R}$. De plus, $\mathcal{M}''_R = \{0\}$. De plus, il existe une suite $(h_n)_{n>0}$ de fonctions tests positives bornées qui engendre $\mathcal{G}$ et telle que, si R' appartient à $\mathcal{R}$ et si R' est différent de R, il existe un entier k tel que $R'(h_k) < R(h_k)$ et $R'(h_j) = R(h_j)$ pour $j < k$. En fait, la famille $(h_n)_{n>o}$ peut être choisie a priori.

Preuve :

1°) Il faut d'abord prouver que la condition (ii) du théorème de la section 3 est satisfaite. Soit donc une fonction g bornée et $\mathcal{G}$ -mesurable telle que $R'(g) \leq R(g)$ pour tout élément R' de $\mathcal{R}$ dominé par R : ceci signifie que cette condition est satisfaite pour toute règle adaptée dominée par R (condition (ii)) du présent théorème). Compte tenu de la proposition donnée à la section 7, ceci signifie que M appartient à $\mathcal{M}'_R$ si M est la R-$\mathcal{G}$-martingale définie par $M_t = E_R(g \mid \mathcal{G}_t) - E_R(g \mid \mathcal{G}_o)$. Mais ceci implique $R''(g) = R(g)$ pour toute règle adaptée R" dominée par R (lemme précédent), c'est-à-dire que l'on peut appliquer le théorème de la section 3.

2°) On sait donc qu'il existe une règle maximale R. Le fait que $\mathcal{M}''_R = \{0\}$ résulte immédiatement de la proposition de la section 7. La fin du théorème résulte de la démonstration du théorème de la section 3.

9. REGLE EXTREMALE

Nous avons donné une démonstration "directe" du théorème ci-dessus parce que cette preuve nous semble intéressante en elle-même, notamment dans le fait que la famille $(h_n)_{n>0}$ puisse être choisie a priori et qu'on "maximise" suivant cette suite $(h_n)_{n>0}$.

Il faut toutefois noter que, moyennant quelques hypothèses supplémentaires très peu contraignantes, on peut donner une autre preuve en notant qu'une règle maximale au sens ci-dessus est, en général, une règle extrémale dans un sous-ensemble convexe compact de règles. Comme cela est très clairement expliqué dans [20], un point fondamental de la preuve est le théorème de Douglas (cf. [22]), ou, plus précisément, une généralisation facile de ce théorème.

Théorème de Douglas généralisé

Soit $\mathcal{H}_o$ un ensemble de fonctions tests bornées. Soit $\mathcal{R}$ un ensemble de règles tel que :

(i) $\mathcal{R}$ est compact pour la topologie $\sigma(\mathcal{R},\mathcal{H})$

(ii) $R \in \mathcal{R}$, R' dominé par R et R'(h) = 0 pour tout élément h de $\mathcal{H}_o$ implique $R' \in \mathcal{R}$

(iii) $\mathcal{R}_o \neq \emptyset$ où $\mathcal{R}_o$ est l'ensemble des éléments R de $\mathcal{R}$ tels que R(h) = 0 pour tout élément h de $\mathcal{H}_o$.

Alors il existe au moins un élément extrémal dans $\mathcal{R}_o$: un tel élément extrémal R est tel que $1 \oplus \text{span}(\mathcal{H}_o)$ est dense dans $L^1(R)$.

Enfin, considérons le cas où $\mathcal{H}_o$ est l'ensemble des fonctions bornées h telles que, il existe $t \in T$, g fonction test $\mathcal{G}_t$-mesurable et f fonction $\mathcal{F}$-mesurable avec $E_P(f \mid \mathcal{F}_t) = 0$ et $h = f\,g$ (on suppose donc que l'ensemble $\mathcal{H}_o$ de telles fonctions est contenu dans $\mathcal{H}$). Supposons, de plus, que, quel que soit t, l'ensemble des fonctions test $\mathcal{G}_t$-mesurables engendre $\mathcal{G}_t$. Alors, la condition R(h) = 0 pour tout élément h de $\mathcal{H}_o$ signifie exactement que R est une règle adaptée.

Preuve

La fin du théorème est évidente ; la preuve du début se calque exactement sur la preuve du théorème de Douglas (cf. [22] ou [20]). L'ensemble $\mathcal{R}_o$ est fermé dans $\mathcal{R}$ et donc compact pour la topologie $\sigma(\mathcal{R},\mathcal{H})$. Soit R un élément extrémal dans $\mathcal{R}_o$. Raisonnons par l'absurde et supposons que $1 \oplus \text{span}(\mathcal{H}_o)$ ne soit pas dense dans $L^1(R)$. D'après le théorème de Hahn-Banach, il existe un élément non nul k de $L^\infty(R)$ tel que R(k) = 0 et R(hk) = 0 pour tout élément h de $\mathcal{H}_o$. Puisque k appartient à $L^\infty(R)$, on peut supposer $-1/2 \leqslant k \leqslant \frac{1}{2}$. On pose alors $R' := \int (1+k)dR$ et $R'' := \int (1-k)dR$. Les probabilités R' et R" sont dominées par R et R'(h) = R"(h) = 0 pour tout élément h de $\mathcal{H}_o$ donc (condition (ii)) R' et R" appartiennent à $\mathcal{R}_o$: or $R = \frac{1}{2}(R' + R'')$ ce qui contredit le fait que R est extrémal et achève le raisonnement par l'absurde.

10. REGLE FORTE

Définition : Soit R une règle. On dira que R est une règle forte si $L^2(\Omega,\mathcal{F},P) = L^2(\Omega,\mathcal{G},R)$. Dans ce cas, toutes les R-$\mathcal{G}$-martingales sont aussi des P-$\mathcal{F}$-martingales. L'intérêt d'une règle maximale est justement d'être "presque" dans ce cas.

Le théorème suivant (cf. les travaux de Lévy, Ito, Kallianpur, [18], [23], [24], etc...) précise ce point en donnant une propriété techniquement fondamentale d'une règle maximale.

11. THEOREME DE REPRESENTATION

On suppose que la base stochastique $(\Omega,\mathcal{F},P,(\mathcal{F}_t)_{t\in T})$ a la propriété de représentation au sens qu'il existe une P-$\mathcal{F}$-martingale N telle que, pour toute P-$\mathcal{F}$-martingale bornée M il existe un processus $\mathcal{F}$-prévisible Y avec $M = \int Y\, d N$. Soit R une règle adaptée telle que $\mathcal{M}''_R = \{0\}$.
On pose $\bar{N}_t(f,\omega) := N_t(\omega)$. Alors, $(\Omega,\mathcal{G},R,(\mathcal{G}_t)_{t\in T})$ a la propriété de représentation relativement à $\bar{N}$ au sens suivant : pour toute R-$\mathcal{G}$-martingale bornée M, il existe un processus $\mathcal{G}$-prévisible Y tel que $M = \int Y\, d\bar{N}$

Preuve

Soit M une R-$\mathcal{G}$-martingale bornée. La condition $\mathcal{M}'_R = \mathcal{M}_R$ signifie que $M = \lim_{k\to\infty} . M^k$ avec, quel que soit k , $M^k = \int Y_k\, d\bar{N}$. Quitte à considérer une sous-suite, on peut supposer que $\lim_{k\to\infty} . E\{(M^k - M)_{t^*}\}^2 = 0$. Ceci implique que $(Y_k)_{k>0}$ converge dans $L_1(\Omega\times T,\mathcal{P},m)$ où $\mathcal{P}$ est la tribu des $\mathcal{G}$-prévisibles et $m := E(d[\bar{N},\bar{N}])$. La limite Y de cette suite (qui est donc un processus prévisible) est telle que $M = \int Y\, d\bar{N}$. Quand M n'est pas bornée, cf. [25].

DEUXIEME PARTIE

12. DONNEES ET NOTATIONS

Pour toute cette deuxième partie, on se donne :

- une base stochastique probabilisée $B^I := (\Omega', \mathcal{F}', P', (\mathcal{F}'_t)_{t \in T})$ avec $T = [0,t^*]$, $t^* < +\infty$; on suppose que cette base est complète et continue à droite ; elle sera appelée la base initiale

- deux espaces vectoriels de dimension finie H et K : on notera L l'espace vectoriel des opérateurs linéaires continus de K dans H

- une semi-martingale cadlag Z (au sens de [3]), à valeurs dans K et adaptée à la base initiale.

Soit $Z = V + M$ une décomposition de Z en la somme d'un processus à variation bornée V et d'une martingale M localement de carré intégrable ; on pose $Q := 8\,(|V| + [M,M] + \langle M,M\rangle)$ où $|V|$ est la variation totale de V, $[M,M]$ la variation quadratique de M et $\langle M,M\rangle$ est le processus de Meyer associé à $[M,M]$. On sait que Q^*_- domine Z au sens [8].

On introduit alors les notations suivantes :

D^H est l'espace des fonctions cadlag définies sur T et à valeurs dans H ; on munit D^H de la topologie de Skorohod, soit τ_s (cf. [2]) et de la topologie de la convergence uniforme, soit τ_u.

$\mathcal{D}^H_t$ est la tribu des sous-ensembles de D^H engendrée par les cylindres $\{f : f \in D^H, f(s) \in B\}$ où $s \leq t$ et B borélien de H ; on pose $\mathcal{D}^H := \mathcal{D}^H_{t^*+} := \mathcal{D}^H_{t^*}$ et, pour $t < t^*$, $\mathcal{D}^H_{t+} := \bigcap_{s>t} \mathcal{D}^H_s$.

$\Omega := D^H \times \Omega'$, $\mathcal{G} := \mathcal{D}^H \otimes \mathcal{F}'$, $\mathcal{G}_t := \mathcal{D}^H_{t+} \otimes \mathcal{F}'_t$

$B^H := (\Omega, \mathcal{G}, (\mathcal{G}_t)_{t \in T})$ et cette famille sera appelée la base canonique.

$\mathcal{H}$: = ensemble des fonctions (les fonctions tests) réelles bornées, définies sur $D^H \times \Omega$, $\mathcal{G}$-mesurables et τ_s-continues en la première variable

$\mathcal{F}$: = $\{F : F := D^H \times F', F' \in \mathcal{F}'\}$ et $P(F) := P'(F')$

On définit de même $\mathcal{F}_t$.

On constate immédiatement que ce cadre d'étude est un cas particulier de celui introduit dans la première partie.

13. SOLUTIONS FAIBLES

Théorème

Soit a une "fonctionnelle" satisfaisant aux hypothèses suivantes :

1°/ a peut être considéré comme un processus à valeurs dans L , défini et prévisible par rapport à la base canonique B^H .

2°/ il existe un processus B^I-prévisible positif α tel que $\int \alpha dR < +\infty$ P-p.s. et quel que soit f élément de D^H, $||a(f,\omega,t)||^2 \leq \alpha(\omega,t)$.

3°/ pour tout élément (ω,t) de $(\Omega \times T)$, l'application $f \rightsquigarrow a(f,\omega,t)$ est τ_u-continue.

De plus, pour tout élément (f,ω,t) de $(D^H \times \Omega \times T)$, on pose $\bar{Z}_t(f,\omega) := Z_t(\omega)$ et $\bar{X}_t(f,\omega) := f(t)$ (processus canonique).

Alors il existe une règle adaptée R telle que, pour cette probabilité R (définie sur $(D^H \times \Omega, \mathcal{D}^H \otimes \mathcal{F})$) , on a :

$$\bar{X}_t = \int_{]0,t]} a(\bar{X},\omega,s)\, d\bar{Z}_s$$

cette intégrale étant une intégrale stochastique au sens usuel.

De plus, soit $\mathcal{R}$ l'ensemble des règles adaptées R pour lesquelles l'égalité ci-dessus est satisfaite.

Supposons que les règles considérées soient toutes portées par un ensemble $\mathcal{G}$-mesurable de la forme $(\Omega \times K) \cap K'$ où K est un compact de Skorohod et, pour tout élément ω de Ω , $\{f : (f,\omega) \in K'\}$ est un τ_u-compact. (en général, on peut se ramener à ce cas par prélocalisation).

Alors, l'ensemble $\mathcal{R}$ satisfait aux hypothèses (i) et (ii) du théorème de la section 8. Autrement dit, il existe un élément maximal dans $\mathcal{R}$ (au sens défini et étudié dans la première partie).

Preuve

L'existence d'une "solution faible" au sens indiqué dans ce théorème a été prouvée en [11].

Le fait de pouvoir se contenter de la τ_u-continuité (au lieu de la τ_s-continuité) est dû à Jacod et Mémin (cf. [5]).

Pour toute règle adaptée, le processus $\bar{Q}$ défini par $\bar{Q}_t(f,\omega) := Q_t(\omega)$ est $*$-dominant pour $\bar{Z}$ (au sens de [MeP-2]) : en effet, si $Z = V + M$, $\bar{V}_t(f,\omega) := V_t(\omega)$ et $\bar{M}_t(f,\omega) := M_t(\omega)$, $\bar{V}$ est à variation bornée et $\overline{|V|} = |\bar{V}|$, $[\bar{M},\bar{M}] = \overline{[M,M]}$, $\langle\bar{M},\bar{M}\rangle = \overline{\langle M,M\rangle}$, et $\bar{M}$ est une R-$\mathcal{G}$ martingale locale si R est adaptée.

Ceci implique que, si R est une règle adaptée, si K^* est un élément de $\mathcal{G}$ tel que $R(K^*) = 1$, si b est un processus B^H-prévisible et si on pose $b^* = \sup_{f \in K^*} ||b(f,.)||^2$, alors on a, pour tout B^I- temps d'arrêt v :

$$E_R \left\{ \int_{]0,v[} b \, d\bar{Z} \right)^2 \Big\} \leqslant E_R \left\{ \bar{Q}_{v-} \int_{]0,v[} ||b||^2 \, d\bar{Q} \right\}$$

$$\leqslant E_P \left\{ Q_{v-} \int_{]0,v[} b^* dQ \right\}$$

Cette propriété de domination uniforme permet de vérifier facilement que R satisfait aux hypothèses (i) et (ii) du théorème de la section 8 (comme dans [11]).

14. REGLE FORTE

Lemme et définition

Soit $(\Omega, \mathcal{F})$ un espace mesurable ; soit D un espace métrisable séparable muni de sa tribu des boréliens $\mathcal{D}$; soit R une probabilité définie sur $(\mathcal{D} \otimes \mathcal{F})$. Soit $\mathcal{D}_o$ la tribu triviale sur D (i.e. $\mathcal{D}_o := \{D, \emptyset\}$). On suppose que la complétion, pour R, de $(\mathcal{D}_o \otimes \mathcal{F})$ contient $(\mathcal{D} \otimes \mathcal{F})$.

Alors il existe une variable aléatoire X définie sur $(\Omega, \mathcal{F})$, à valeurs dans $(D, \mathcal{D})$ et telle que, pour tout élément (A,F) de $(\mathcal{D} \times \mathcal{F})$, $R(A \times F) = R(D \times (F \cap X^{-1}(A)))$. Autrement dit, la variable aléatoire X^* définie sur $(D \times \Omega)$ par $X^*(d,\omega) = X(\omega)$ est R-indistinguable de la variable aléatoire Y définie par $Y(d,\omega) = d$.

Preuve

Pour tout entier n, soit $(B_{n,k})_{k \in K(n)}$ une partition dénombrable de D qui est constituée d'éléments de $\mathcal{D}$ et telle que, pour tout entier k, le diamètre de $B_{n,k}$ soit inférieur à $\frac{1}{n}$.

On suppose, de plus, que, quand n augmente, les partitions $(B_{n,k})_{k \in K(n)}$ sont de plus en plus fines. On pose $B'_{n,k} := B_{n,k} \times \Omega$.

Par hypothèse, pour tout couple (n,k), il existe $A_{n,k}$ élément de $\mathcal{F}$ tel que, si $A'_{n,k} := D \times A_{n,k}$, on a :

$$R\left((B'_{n,k} \setminus A'_{n,k}) \cup (A'_{n,k} \setminus B'_{n,k})\right) = 0 .$$

On peut construire ces ensembles $A_{n,k}$ en sorte que, pour tout entier n, $(A_{n,k})_{k \in K(n)}$ constitue une partition de Ω, et en sorte que ces partitions soient de plus en plus fines quand n tend vers l'infini.

Soit $C_n := \bigcup_{k \in K(n)} (B_{n,k} \times A_{n,k})$.

Pour tout entier n, $C_{n+1} \subset C_n$ et $R(C_n) = 1$.

Soit $C = \bigcap_{n>o} C_n$. D'une part, $R(C) = 1$; donc , $R(D \times H) = 1$

si $H := \{\omega : \text{il existe } x \in D, \text{ avec } (x,\omega) \in C\}$.

Or, si ω appartient à H, l'élément x de D tel que (x,ω) appartienne à C est unique (le "diamètre" de C est nul) ; on peut donc poser $X(\omega) = x$. Si ω appartient à $(\Omega \setminus H)$, on peut poser $X(\omega) = x_o$ où x_o est un point quelconque de D : en effet $R(D \times (\Omega \setminus H)) = 0$. On vérifie alors facilement que X satisfait aux propriétés données dans le lemme.

Théorème

Une règle est forte, au sens indiqué à la section 10, si et seulement si il existe une variable aléatoire X, définie sur Ω', à valeurs dans D^H et telle que, pour tout élément (A,F) de $\mathcal{D}^H \times \mathcal{F}'$, on a :

$$R(A \times F) = P(X^{-1}(A) \cap F) .$$

De plus, X est un processus adapté si et seulement si R est adapté.

Preuve

1°/ Supposons d'abord que R soit une règle associée à une variable aléatoire comme indiquée ci-dessus. Pour prouver que $\mathcal{G}_t$ est contenue dans $\mathcal{F}_t$, R- p.s., puisque $\mathcal{G}_t$ est engendrée par $\mathcal{F}_t$ et par les ensembles de la forme $(A \times \Omega')$ avec A élément de $\mathcal{D}_t$, il suffit de vérifier que de tels ensembles appartiennent à $\mathcal{G}_t$. Or, $(A \times \Omega')$ est identique, R- p.s., à $(D^H \times X^{-1}(A))$ (vérification immédiate).

Ceci montre que R est une règle forte et que cette règle est adaptée si X est un processus adapté.

2°/ Réciproquement, soit R une règle forte. Le lemme précédent montre que R est associée à une application X définie sur Ω et à valeurs dans D^H, c'est-à-dire à un processus.

On vérifie immédiatement que ce processus X est adapté si R l'est.

BIBLIOGRAPHIE

[1] D.J. ALDOUS, *Limit theorems for subsequences of arbitrarily dependent sequences of random variables*, Z. für Wahr. 40, 59-82, 1977.

[2] P. BILLINGSLEY, *Convergence of probability measures*, Wiley and sons, New York, 1968.

[3] C. DELLACHERIE, P.A. MEYER, *Probabilités et potentiel, théorie des martingales*, Herman, Paris, 1980.

[4] J. JACOD, *Calcul stochastique et problèmes de martingales*, Lect. Notes in Math, 724, Springer Verlag, Berlin, 1979.

[5] J. JACOD, J. MEMIN, *Existence of weak solutions for stochastic differential equations driven by semimartingales*. Preprint.

[6] KRYLOW, *Quasi diffusion processes*, Theory of probability and applications, 1966.

[7] M.METIVIER, J. PELLAUMAIL, *Notions de base sur l'intégrale stochastique*, Séminaire de Probabilités de Rennes, 1976.

[8] M. METIVIER, J. PELLAUMAIL, *Stochastic integration*, Academic Press, 1980.

[9] P.A. MEYER, *Convergence faible et compacité des temps d'arrêt, d'après Baxter et Chacon*, Sém. Proba. XII, 411-423, Lect. Notes in Math. 649, Springer Verlag, Berlin, 1978.

[10] J. PELLAUMAIL, *Quelques remarques sur l'intégrale stochastique*, Séminaire de Probabilités XIV, Lect. Notes in Math 784, Springer Verlag, 1980.

[11] J. PELLAUMAIL, *Solutions faibles et semimartingales*, Séminaire de Probabilités XV, Lect. Notes in Math 850, Springer Verlag 1981.

[12] J. PELLAUMAIL, *Convergence en règle*, C.R.A.S. 290 (A), 289-291, 1980.

[13] J. PELLAUMAIL, *Solutions faibles pour des processus discontinus*, C.R.A.S. 290 (A), 431-433, 1980.

[14] P. PRIOURET, *Processus de diffusion et équations différentielles stochastiques*, Lect. Notes in Math; 390, Springer Verlag, 1974.

[15] Yu.V. PROKHOROV, *Probability distributions in functional spaces*, Uspelin Matem. Nank., N.S. 55, 167, 1953.

[16] A.V. SHOROKHOD, *Limit theorems for stochastic processes*, Theor. Proba. and Appli. 1, 261-290 (SIAM Translation), 1956.

[17] D.W. STROOCK, S.R.S. VARADHAN, *Diffusion processes with continuous coefficients, com. in Pure and Appl. Math. Vol. 22, 1969.*

[18] D.W. STROOCK, S.R.S. VARADHAN, *Multidimensional diffusion processes*, Springer Verlag (Grundlehren S. 233), Berlin, 1979.

[19] P. BREMAUD, M. YOR, *Changes of filtrations and of probability measures*, Z. für Wahr, 45, 269-295, 1978.

[20] D.W. STROOK and M. YOR, *On entremal solutions of martingale problems*, Ann. Scient. Ec. Norm. Sup. 4e série, t. 13, 1980, p. 95 à 164.

[21] D.L. BURKHOLDER, *Martingale transforms*, Ann. Math. Statist. 37, 1495-1505 (1966).

[22] R. DOUGLAS, *On extremal measures and Subspace Density*, Michigan Math J., Vol. 11, 1964, p. 644-652.

[23] H. KUNITA and S. WATANABE, *On square integrable martingales*, Nagoya Math. J. Vol. 30, 1967, p. 209-245.

[24] J. JACOD and M. YOR, *Etude des solutions extrémales et représentation intégrale des solutions pour certains problèmes de martingales* (Z. für Wahr., Vol. 38, 1977, p. 83-125).

[25] M. YOR, *Convergence de martingales dans* L^1 *et dans* H^1, C.R. Acad. Sci. Paris, t. 286, 1978, p..571-573.

PATHWISE DIFFERENTIABILITY WITH RESPECT TO A PARAMETER
OF SOLUTIONS OF STOCHASTIC DIFFERENTIAL EQUATIONS

by

Michel METIVIER

Ecole Polytechnique - Palaiseau - France.

Abstract

We consider a stochastic differential equation

$$X^u(t) = V^u(t) + \int_0^t \sigma(u,s,X^u_{s^-})dS_s + \int_0^t f(u,s,X^u_{s^-},x)\ q(ds,dx)$$

where S *is a semimartingale and* q *a random measure and where the "coefficients" depend on a parameter* u *. We prove under suitable differentiability-conditions that the solution* $X^u(t,\omega)$ *can be choosen for each* u *in such a way that the mapping* $u \sim X^u(t,\omega)$ *is continuously differentiable for every* (t,ω) .

I - INTRODUCTION

The goal of this paper is to prove that under sufficient differentiability conditions on the coefficients, stochastic differential equations of the type

$$(1.1) \quad X^u(t) = V^u(t) + \int_0^t \sigma(u,s,X^u_{s^-})dS_s + \int_0^t f(u,s,X^u_{s^-},x)\ q(ds,dx)$$

where S is a semimartingale, q a random measure with zero dual predictable projection and u a parameter taking its values in a bounded open subset G of $\mathbb{R}^d$, admit for each u a solution which can be determined in such a way that P.a.s. the functions $u \sim X^u(t,\omega)$ are for every t continuously differentiable.

This is a concept of differentiability different from the one considered by Sikhmann (see [3] and [4]), who studied the differentiability of the mapping $u \sim X^u_t(.)$ as a mapping from G into $L^p(\Omega)$ for some p and in the framework of Ito-equations. Recently Bichteler took the same point of view and considered equations of the type (1.1) with $q = u$ and S and X^u possibly infinite dimensional. J. Jacod in [6] considered differentiability "in probability".

Pathwise differentiability was considered by P. Malliavin and M. Bismut for the solutions of Ito-Stratonovitch equation as functions of the initial conditions (see [2] and [8]). In [7] H. Kunita proved pathwise differentiability with respect to the initial conditions for the solutions of an equation driven by a continuous martingale. In [11] P.A. Meyer proved the same result for equations driven by a semimartingale (equations of Doleans-Dade-Protter type).

We consider here equations of type (1.1) and of a more general type with coefficients depending on a parameter u.

In section II we recall a few facts on the type of equations which are studied here. In section III we give sufficient conditions for the continuity of solutions with respect to u and in section IV we deal with differentiability.

II - THE EQUATION UNDER CONSIDERATION

2.1. - Inequalities for stochastic integrals

We assume that the random measure q in (1.1) is of the form $\mu(\omega;ds;du) - \nu(\omega;ds;du)$ where $\mu(\omega;]0,t],du)$ is for each ω and t a borelian measure in an open subset $\mathbb{E}$ of $\mathbb{R}^m - \{0\}$ such that for some $\alpha > 0$ $\int \frac{|x|^\alpha}{1+|x|^\alpha} |\mu|(\omega;]0,t],du) < \infty$ ($|\mu|$ denotes the variation of μ and α does not depend on ω and t) and where ν is the dual predictable projection of μ).

$\mathbb{H}$ denotes a separable Hilbert space. We have shown in [9] (see also J. Jacod [5]) the existence of an increasing positive adapted process b and of a process $\{\overset{\circ}{q}(\omega,s,.) : (\omega,s) \in \Omega \times \mathbb{R}^+\}$ the values of which are measures on $\mathbb{E} \times \mathbb{E}$ such that :

i) For each $\mathbb{H}$-valued function h on $\mathbb{E}$ such that $\langle h(x),h(y)\rangle_{\mathbb{H}}$ is $\overset{\circ}{q}(\omega,s,dx \otimes dy)$ integrable, the integral $\int \langle h(x),h(y)\rangle_{\mathbb{H}} \overset{\circ}{q}(\omega,s,dx \otimes dy)$ defines a positive optional process ;

ii) If Y is an $\mathbb{H}$-valued $\mathscr{P}\otimes\mathscr{B}_{\mathbb{E}}$ measurable(*) function on $\mathbb{R}^+\times\Omega\times\mathbb{E}$ and if we denote by $\lambda_s(Y)$ the $\mathbb{H}$-valued positive random variable

$$\lambda_s(Y) := \int \langle Y(s,\ ,x),\ Y(s,\ ,y)\rangle_{\mathbb{H}}\ \overset{\circ}{q}(.,s,dx\otimes dy)$$

(set to be equal to $+\infty$ when the integral does not exist) and

iii) the following inequality holds for every stopping time τ

$$(2.1)\qquad E\left(\sup_{t<\tau}\left\|\int_{]0,t]\times\mathbb{E}} Y(s,.x)q(.,ds,dx)\right\|^2\right) \leqslant 4\,E\left(\int_{[0,\tau[}\lambda_s(Y)db_s\right)$$

where $\left(\int_{]0,t]\times\mathbb{E}} Y(s,.,x)q(.,ds,dx)\right)_{t\geqslant 0}$ is the stochastic integral process of Y with respect to q which is defined as soon as the process $\left(\int_{]0,t]}\lambda_s(Y)db(s)\right)_{t\geqslant 0}$ is finite.

If S is a $\mathbb{K}$-valued ($\mathbb{K}$: separable Hilbert space) right continuous semimartingale we know that there exist two positive increasing adapted processes a and $\tilde{a}$ such that for every $\mathcal{L}(\mathbb{K};\mathbb{H})$-valued locally bounded predictable process $\{f(s,\omega);(s,\omega)\in\mathbb{R}^+\times\Omega\}$ and every stopping time τ :

$$(2.2)\qquad E\left(\sup_{t<\tau}\left\|\int f(s,.)dS_s\right\|^2\right) \leqslant E\left(\tilde{a}_{\tau^-}.\int_{[0,\tau[}\|f(s)\|^2 da(s)\right)$$

To simplify the writing we shall call Z_t the process $Z_t := (S_t,q(.,]0,t],dx))$ which takes its values in $(\mathcal{L}(\mathbb{K};\mathbb{H})\times\mathscr{M}^\alpha)$ where $\mathscr{M}^\alpha$ is the space of borelian measures ν on $\mathbb{E}$ such that $\int_{\mathbb{E}}\frac{|x|^\alpha}{1+|x|^\alpha}\,|\nu|\,(du) < \infty$.

Setting $A_t := b(t) + a(t)$ $\tilde{A}_t := 8 + 2\tilde{a}_t$ $\Phi := (f,Y)$

$$(2.3)\qquad \int_{]0,t]}\Phi(s)dZ_s := \int_{]0,t]} f(s,.)dS_s + \int_{]0,t]\times\mathbb{E}} Y(s,.,x)q(.,ds,dx)$$

and

$$(2.4)\qquad \lambda_s(\Phi) := \|f(s,.)\|^2 + \lambda_s(Y)$$

the following inequality holds for every stopping time

$$(2.5)\qquad E\left(\sup_{t<\tau}\left\|\int_{]0,t]}\Phi(s)dZ_s\right\|^2\right) \leqslant E\left(\tilde{A}_{\tau^-}.\int_{]0,\tau]}\lambda_s(\Phi)dA_s\right)$$

(*) $\mathscr{P}$ is the σ-algebra of predictable subsets of $\mathbb{R}^+\times\Omega$ and $\mathscr{B}_{\mathbb{E}}$ of Borel subsets of $\mathbb{E}$.

Extending a classical argument on martingales (see [13]) it is also easy to see that for every $p \geqslant 2$ exists an increasing positive adapted process $(\tilde{A}^p_t)_{t\geqslant 0}$ such that for every stopping τ

$$(2.6) \qquad E\left(\sup_{t<\tau}\left\|\int_{]0,t]} \Phi(s)dZ_s\right\|^p\right) \leqslant E\left(\tilde{A}^p_{\tau-}\cdot\int_{[0,\tau[}\left(\lambda_s(\Phi)\right)^{p/2} dA_s\right)$$

2.2. - Hypothesis on equation (1.1)

The space of parameters u is an open bounded subset G of $\mathbb{R}^d$.

In equation (1.1) σ is a mapping from $(G \times \mathbb{R}^+ \times \Omega \times \mathbb{H})$ into $\mathcal{L}(\mathbb{K};\mathbb{H})$ which is continuous on $\mathbb{H}$ and such that for every $h \in \mathbb{H}$ and $u \in G$ the process $\{\sigma(u,s,\omega,h) : (s,\omega) \in \mathbb{R}^+ \times \Omega\}$ is predictable. f is a mapping of $(G\times\mathbb{R}^+\times\Omega\times\mathbb{H} , \mathbb{E})$ into $\mathbb{H}$ which if continuous on $\mathbb{H}$ and such that for every $u \in G$, $h \in \mathbb{H}$ the mapping $(s,\omega,x) \sim f(u,s,\omega,h,x)$ is $\mathcal{P}\otimes\mathcal{B}_{\mathbb{E}}$ measurable

In the sequel we shall call g the couple (σ,f) and according to the notations of (2.1) the equation (1.1) will be written in the *abreviated form* :

$$(2.7) \qquad X^u(t) = V^u(t) + \int_0^t g(u,s,X^u_{s^-})dZ_s$$

Here V^u is for each $u \in G$ a given $\mathbb{H}$-valued adapted cad-lag process.

III - CONTINUITY OF THE SOLUTIONS WITH RESPECT TO u .

3.1. - Hypothesis

L is an increasing positive adapted process and p is a positive real number with $p \geqslant d + \varepsilon$ for some $\varepsilon > 0$.

If ξ is a cad-lag $\mathbb{H}$-valued adapted process we write $g(u,\xi)$ for the process $(t,\omega) \sim g(u,s,\omega,\xi_{s^-}(\omega))$ and $\lambda_s \circ g(u,\xi)$ for the positive functional of this process defined by formula (2.4).

With these notations we formulate the following hypotheses :

(H$_1$) $\sup_{s\leq t} \| V_s^u - V_s^v\| \leq L_t \|u-v\|$ for all t, u and $v \in G$

and

$$\sup_{u\in G}\ \sup_{s<t} \|V_t^u\| < \infty$$

(H$_2$) (Lipschitz hypotheses) :

$$\forall t\in\mathbb{R}^+ \quad \int_{]0,t]} [\lambda_s o(g(u,\xi)-g(u,\xi'))]^{p/2}\, dA_s \leq \int_{]0,t]} \sup_{r\leq s} \|\xi_r-\xi'_r\|^p\, dL_s$$

for every couple (ξ,ξ') of $\mathbb{H}$-valued adapted cad-lag processes, $\mathbb{P}$.a.s.

(H$_3$) $$\int_{]0,t]} [\lambda_s \circ g(u,\xi)]^{p/2}\, dA_s \leq \int_{]0,t]} (1 + \sup_{r\leq s} \|\xi_s\|^p)\, dL_s$$

for every $u \in G$ every $\mathbb{H}$-valued adapted cal-lag ξ, P.a.s.
(Note that (H$_3$) is implied by (H$_2$) in most classical cases).

(H$_4$) Ψ being a given positive increasing (possibly constant) function on $\mathbb{R}^+$, for every stopping time τ the following inequality holds for every $\mathbb{H}$-valued cad-lag adapted ξ every u and v in G :

$$E\left(\sup_{t<\tau^-}\left[\lambda_t \circ [g(u,\xi)-g(v,\xi)]\right]^{p/2}\right) \leq \|u-v\|^{d+\varepsilon}\Psi\left(E(\sup_{t<\tau}\|\xi_t\|^p)\right)$$

3.2. - Theorem

1°) Under the above hypotheses (H$_1$) *to* (H$_4$) *, the equation* (2.7) *has for each* u *a unique strong solution* X^u *on* $\mathbb{R}^+$ *and the random function* $(t,\omega,u) \sim X_t^u(\omega)$ *can be determined in such a way that* $u \sim X_t^u(\omega)$ *is continuous on* G *for every* t *and* ω *while the mapping* $t \sim X_t^{(.)}(\omega)$ *is for each* ω *cad-lag from* $\mathbb{R}^+$ *into the set* $C_b^{\mathbb{H}}(G)$ *of bounded continuous* $\mathbb{H}$*-valued functions on* G *endowed with the uniform topology.*

2°) There exists an increasing sequence (σ_n) *of stopping times and constants* $K(\Psi,n,p,Z)$ *such that*

a) $\lim_n P\{\sigma_n < T\} = 0$ *for every* $T > 0$

b) $E\left(\sup_{t<\sigma_n} \|X^u(t) - X^v(t)\|^p\right) \leq K(\Psi,n,p,Z)\, \|u-v\|^p$

Proof.

The stopping times σ_n are defined as follows :

$$\sigma_n := \inf \{t : \widetilde{A}^p_t \vee L_t \vee \sup_{\substack{u \in G \\ s \leq t}} \|V^u_t\|^p \vee A_t > n\}$$

Next we have the following lemmas

3.3. - Lemma 1

$$E\left(\sup_{t<\sigma_n} \|X^u_t\|^p \right) \leq 2^p (n+n^2) \sum_{j=0}^{2^P n^2} (2^P n^2)^j$$

Proof of Lemma 1

We remark that $A^p_{\sigma_n^-} \leq n, L_{\sigma_n^-} \leq n, \sup_{t<\sigma_n} \sup_u \|V^u_t\|^p \leq n$

We then apply inequality (2.6) to the second member of (2.7) and get

$$E\left(\sup_{t<\sigma_n} \|\mathbf{X}^u_t\|^p\right) \leq 2^{(P-1)} n + 2^{(P-1)} E\left(\widetilde{A}^p_{\sigma_n^-} \int_{]0,\sigma_n[} [\lambda_s \circ g(u,\mathbf{X}^u)]^{P/2} dA_s\right)$$

and property (H_3) gives for every stopping time $\tau \leq \sigma_n$

$$E\left(\sup_{t<\sigma_n} \|\mathbf{X}^u_t\|^p\right) \leq 2^{(P-1)}(n+n^2) + 2^{(P-1)} n\, E\left(\int_{]0,\tau[} (\sup_{s<t} \|\mathbf{X}^u_s\|^P) dL_s\right)$$

Applying the "Gronwall stochastic lemma" as in [10] section 7.1 we get the inequality of the lemma.

3.4. - Lemma 2

There exist constants $K(\Psi,n,p,A,\widetilde{A}^p)$ such that

$$\forall\, u,v \quad E\left(\sup_{t<\sigma_n} \|X^u_t - X^v_t\|^p\right) \leq K(\Psi,n,p,A,\widetilde{A}^p)\, \|u-v\|^p$$

Proof of Lemma 2

Applying again inequality (2.6) to the stochastic integrals

$$\int_{]0,t]} (g_s(u,X^u_{s^-}) - g_s(v,X^u_{s^-}))dZ_s \quad \text{and}$$

$$\int_{]0,t]} [g_s(v,X^u_{s^-}) - g_s(v,X^v_{s^-})]dZ_s$$

and using properties (H_1), (H_2) and (H_4) we can write for every stopping time $\tau \leq \sigma_n$:

$$E\Big(\sup_{s<\tau} \|X^u(s)-X^v(s)\|^p\Big) \leq 3^{P-1} n^P \|u-v\|^p + 3^{(P-1)} n\, \Psi\Big(E\Big(\sup_{s<\tau} \|X^u_s\|^p\Big)\Big)$$

$$+ 3^{(P-1)} n\, E\Big(\int_{]0,\tau[} (\sup_{t<s} \|X^u(s)-X^v(s)\|^P)\, dL_s\Big)$$

Applying as above the same "Gronwall-inequality" we obtain the lemma.

Theorem 3.2 is now a direct consequence of the following lemma which is a straight-forward extension of a lemma as stated by Neveu in [12] (see also P. Priouret [13] chap. 3. lemme 13 :

3.5 - Lemma 3

Let $\{Y(t,\omega,u) : t \in \mathbb{R}^+, \omega \in \Omega, u \in G\}$ *an* $\mathbb{H}$*-valued random function such that for every* $u : t \rightsquigarrow Y(t,\omega,u)$ *is a.s. cad-lag and such that for every* t *:*

$$E\Big(\sup_{s\leq t} \|Y_{s,u} - Y_{s,v}\|^p\Big) \leq a_{t,p} \|u-v\|^{d+\varepsilon}$$

Then there exists a mapping $Y^* : (t,\omega,u) \rightsquigarrow Y^*(t,\omega,u) \in \mathbb{H}$ *such that*

a) $u \rightsquigarrow Y^*(t,\omega,u)$ *is continuous*

b) $\forall u \in G$, $Y(t,u,.) = Y^*(t,u,.)$ *for all* t *a.s.*

b) $t \rightsquigarrow Y^*(t,.,\omega)$ *is for* P*-almost all* ω *a cad-lag mapping from* $\mathbb{R}^+$ *into* $C_b^{\mathbb{H}}(G)$ *endowed with the uniform topology.*

Proof.

We omit the proof which is pretty similar to the one given in [13].

This finishes the proof of theorem 3.2. ∎

IV - PATHWISE DIFFERENTIABILITY

4.1. - Hypothesis

We consider the same equation (1.1) or in abreviated notation : (2.7).

For a couple $g := (\sigma, f)$ of "coefficients" as in (1.1) we write to simplify :

$$\| g(u,s,\omega,h,.)\|_\Lambda := \left[\| \sigma(u,s,\omega,h)\|^2_{\mathcal{L}(\mathbb{K}\,;\,\mathbb{H})} + \int_{\mathbb{E}\times\mathbb{E}} \langle f(u,s,\omega,h,x), f(u,s,\omega,h,y)\rangle_{\mathbb{H}} \, \overset{\circ}{q}(\omega,s,dx \otimes dy) \right]^{\frac{1}{2}}$$

We set $v^*_t := \sup_{u\in G} \sup_{s<t} \| D_u V^u_s \| + \| V^u_s \| + \| D^2_{u^2} V^u_s \|$

were $D_u \Phi$ denotes the first order derivative and $D^2_{u^2}\Phi$ the second order derivative with respect to u of a function Φ on u.

In the hypotheses below C is a constant and $(K_t)_{t\geq 0}$ is an increasing positive process.

[D_1] For all t and ω the derivatives $D_u V^u(t,\omega)$ and $D^2_{u^2} V^u(t,\omega)$ exist and $v^*_t < \infty$

[D_2] The derivatives $D_u g(s,u,x)$ $D_u\, g(s,u,x)$ $D_{u,x} g(s,u,x)$ and $D_x g(s,u,x)$ exist and

$$\sup_{u,s,x} (\| D_u g(s,u,x)\|_\Lambda + \| D^2_{u^2} g(s,u,x)\|_\Lambda + \| D^2_{ux} g(s,u,x)\|_\Lambda + \| D_x g(s,u,x)\|_\Lambda) \leq C$$

[D_3] For all x,y u and v :

$$\| D_x g(s,u,x) - D_x g(s,v,y)\|_\Lambda \leq C(\| y-x\| + \| u-v\|)$$

4.2. - Theorem

Under the above hypothesis [D_1] *to* [D_3] *equation* (2.7) *has a unique (up to indistinguability) solution* X^u *on* $\mathbb{R}^+$ *and there exists a version* $(\omega,t,u) \sim X^u_t(\omega)$ *of this random function such that for* P*-almost all* ω :

a) $u \sim X^u_t(\omega)$ *is continuously differentiable for every* t

b) $t \sim X^{(.)}_t(\omega)$ *and* $t \sim D_u X^{(.)}_t(\omega)$ *are cad-lag for the uniform norm on* $C_b(G\,;\,\mathbb{H})$ *and* $C_b(G\,;\,\mathcal{L}(G\,;\,\mathbb{H}))$ *respectively.*

c) For every u *the stochastic process* $(D_u X^u_t)_{t\geq 0}$ *is a strong solution of the following stochastic equation (where* X^u *is the process solution of* 2.7 *as in theorem* 3.2) :

$$(4.1) \qquad Y^u(t) = D_u V^u_t + \int_{]0,t]} \left(D_u g(s,u,X^u_{s^-}) + D_x g(s,u,X^u_{s^-}) \circ Y^u_s \right) dZ_s$$

Proof.

The proof is in several steps corresponding to lemmas 4 and 5 and section 4.5 bellow :

4.3. - Lemma 4

Under hypothesis $[D_1]$, $[D_2]$, $[D_3]$, *equations* (2.7) *and* (4.1) *satisfy the conditions* $[H_1]$ *to* $[H_4]$ *of section* 3.1 *for every* $p \geq 2$ *on any interval* $]0,\sigma_n]$ *as defined in theorem* 1.

Proof.

Let us first consider equation (2.7). (H_1) is trivially implied by $[D_1]$. $[D_2]$ implies also the Lipschitz property (H_2) and conditions (H_3) and (H_4) which is here expressed in the much stronger form $\|g(s,u,x)-g(s,v,x)\|_\Lambda \leq C\,\|u-v\|$.

We turn now to equation (4.1). The only condition (H_i) which is not immediately implied by the hypothesis of the lemma is condition (H_4). We write

$$\|D_u g(s,v,X^v_{t-}) - D_u g(s,u,X^u_{t-}) + D_x g(s,v,X^v_{t-}) \circ \xi_t - D_x g(s,u,X^u_{t-}) \circ \xi_{t-}\|^p_\Lambda$$

$$\leq 4^{p-1}\,\{\|D_u g(s,v,X^v_{t-}) - D_u g(s,u,X^v_{t-})\|^p_\Lambda\} +$$

$$+\ 4^{p-1}\,\{\|D_u g(s,u,X^v_{t-}) - D_u g(s,u,X^u_{t-})\|^p_\Lambda\}$$

$$+\ 4^{p-1}\,\{\|[D_x g(s,v,X^v_{t-}) - D_x g(s,u,X^v_{t-})] \circ \xi_{t-}\|^p_\Lambda\}$$

$$+\ 4^{p-1}\,\{\|[D_x g(s,u,X^v_{t-}) - D_x g(s,u,X^u_{t-})] \circ \xi_{t-}\|^p_\Lambda\}$$

$$\leq 4^{p-1}\,C^p(\|u-v\|^p + \|X^v_{t-} - X^u_{t-}\|^p +$$

$$+\ 4^{p-1}\,C^p\|u-v\|^p\,\|\xi_{t-}\|^p + 4^{p-1}\,C^p\|(X^v_{t-} - X^u_{t-}) \circ \xi_{t-}\|^p$$

One knows from proposition 2 that there exists an increasing sequence (σ_n) of stopping times and constants C_n such that

$$E \sup_{s<\sigma_n} \|Y^u(s) - Y^v(s)\|^{2p} \leq C_n\|u-v\|^{2p}$$

If we write for every stopping time τ

$$E\Big(\sup_{t<\tau\wedge\sigma_n} \|(X^v_t - X^u_t) \circ \xi_{t-}\|^p\Big) \leq$$

$$\left[E\left(\sup_{t<\tau\wedge\sigma_n} \| X_t^v - X_t^u \|^{2p}\right)\right]^{\frac{1}{2}} \left[E\left(\sup_{t<\tau\wedge\sigma_n} \| \xi_t \|^{\frac{2p}{2p-1}}\right)\right]^{\frac{2p-1}{2}}$$

$$\leqslant C_n^{\frac{1}{2}} \| u-v \|^p \, E\left(\sup_{t<\tau\wedge\sigma_n} \| \xi_t \|^{\alpha}\right)^{p/\alpha}$$

with $\alpha = \frac{2p}{2p-1}$

Therefore

$$E\left(\sup_{s<\tau\wedge\sigma_n} \| g(s,u,\xi_{s^-}) - g(s,v,\xi_{s^-}) \|_{\Lambda}^{p}\right) \leqslant 4^{p,1} \, c^p \| u-v \|^p [1+C_n + E(\sup_{s<\tau\wedge\sigma_n} \| \xi_s \|^p)$$

$$+ C_n^{\frac{1}{2}} [E(\sup_{t<\tau\wedge\sigma_n} \| \xi_t \|^{\alpha})]^{p/\alpha}]$$

If we remark that $E(\sup_{t<\tau\wedge\sigma_n} \| \xi_{t^-} \|^p) \geqslant [E(\sup_{t<\tau\wedge\sigma_n} \| \xi_{t^-} \|^{\alpha})]^{p/\alpha}$

we see that property (H_4) holds with

$$\Psi(\rho) = 1 + C_n + (1 + C_n^{\frac{1}{2}})\rho$$

4.4. - Lemma 2

If we define

$$\Phi_t(e,u,\lambda) = \frac{1}{\lambda} [X_t^{u+\lambda e} - X_t^u - \lambda Y_t^u \circ e]$$

there exists an increasing sequence (τ_n) *of stopping times such that* $\lim_n P\{\tau_u < T\} = 0$ *and a sequence* C_n *of constants such that*

$$E\left\{\sup_{t<\tau_n} \| \Phi_t(e,.,\lambda) \|^2_{L^2(G)}\right\} \leqslant C_n \lambda^2$$

Proof.

For each u the process $(\Phi_t(e,u,\lambda))_{t\leqslant T}$ is solution of

$$(4.2) \quad \Phi_t(e,u,\lambda) = \frac{1}{\lambda} (V_t^{u+\lambda e} - V_t^u - \lambda D_e V_t^u) +$$

$$+ \int_{]0,t]} \frac{1}{\lambda} \Big[g(s,u+\lambda e, X_{s^-}^{u+\lambda e}) - g(s,u,X_{s^-}^u) -$$

$$\lambda D_e g(s,u,X_{s^-}^u) - \lambda D_x g(s,u,X_{s^-}^u) \circ Y_{s^-}^u \circ e \Big] dS_s$$

We may write for $x,y \in \mathbb{H}$ and $\eta \in \mathcal{L}(\mathbb{H};\mathbb{H})$

$$(4.3)\quad g(s,u+\lambda e,y) - g(s,u,x) - \lambda\, D_e g(s,u,x) - \lambda\, D_x g(s,u,x) \circ \eta \circ e =$$

$$\lambda\, D_e g(s,u,y) + D_x g(s,u,x) \circ (y-x) - \lambda\, D_e g(s,u,x) - \lambda\, D_x g(s,u,x) \circ \eta \circ e +$$

$$+ h(s,u,x,y,\eta,\lambda,e)$$

$$= D_x g(s,u,x) \circ (y-x-\lambda\eta \circ e) + \tilde{h}(s,u,x,y,\eta,\lambda)$$

with

$$(4.4)\quad \|\tilde{h}(s,u,x,y,\eta,\lambda)\|_{\Lambda} \leqslant |\lambda|\, K\, (\|y-x\| + |\lambda|)$$

for some constant K

The equation (4.2) can therefore be written

$$(4.5)\quad \Phi_t(e,u\lambda) = H_t(u,\lambda,e) + \int_{]0,t]} D_x g(s,u,X^u_{s^-}) \circ \Phi_{s^-}(e,u,\lambda)\, dZ_s$$

where the process $H(u,\lambda,e)$ satisfies

$$(4.6)\quad \|H_t(u,\lambda,e)\|_{\mathbb{H}} \leqslant |\lambda|\; v^k_t + \left\|\int_{]0,t]} \frac{1}{\lambda}\, h(s,u,X^{u+\lambda e}_{s^-}, X^u_{s^-}, Y^u_{s^-} \circ e)\, dZ_s\right\|$$

Using (4.5) we obtain from (4.6) for every stopping time σ :

$$E\left(\sup_{t<\sigma} \|H_t(u,\lambda,e)\|^2\right) \leqslant 2\,\lambda^2\, v^*_{\sigma^-} + E\left(\tilde{A}_{\tau^-}\cdot \int_{]0,\tau[} [\lambda^2 + C^2\|X^{u+\lambda e}_{s^-} - X^u_s\|^2]\, dA_s\right)$$

Using then theorem we see that there exists a sequence (σ_n) of stopping times and a sequence of constants (K_n) such that

$$(4.7)\quad \sup_{s<\sigma_n} (\tilde{A}_s \vee A_s) \leqslant n \quad \text{and}$$

$$(4.8)\quad E(\sup_{t<\sigma_n} \|H_t(u,\lambda,e)\|^2) \leqslant K_n\, \lambda^2$$ (use a standard stopping procedure for processes $v^*, \tilde{A}$ and A).

This implies

$$(4.9)\qquad E\Big(\sup_{t<\sigma_n}\int_G \|H_t(u,\lambda,e)\|^2\,du\Big) \leq \int_G K_n\,\lambda^2\,du \leq \tilde{K}_n\,\lambda^2$$

We next consider the $L^2(G)$-valued process $(\Phi_t(e,.,\lambda))_{t\leq T}$

As $D_x g$ is bounded by some constant C, inequality (4.6) shows that the $L^2(G)$-valued process Φ_t satisfies an inequality of the following type for every stopping time $\tau \leq \sigma_n$

$$E\Big\{\sup_{t<\tau}\|\Phi_t(e,.,\lambda)\|_{L^2(G)}\Big\} \leq 2\,\tilde{K}_n\,\lambda^2 + 2\,E\Big(\tilde{A}_{\tau^-}\int_{[0,\tau[} C^2 \sup_{s<t}\|\Phi_s(e,.,\lambda)\|^2_{L^2(G)}\,dA_s\Big)$$

$$\leq 2\,\tilde{K}_n\,\lambda^2 + 2n\,C^2\int_{[0,\tau[}\sup_{s<t}\|\Phi_s(e,.,\lambda)\|_{L^2(G)}\,dA_s$$

The already used "Gronwall inequality" of [10] shows immediately the existence of a constant C_n as in the lemma.

4.5. - End of the proof of the theorem

We make use of the following easily proved property : let $f \in L^2_{\mathbb{H}}(\overline{G})$ let $f \in L^2(\mathbb{G};\mathbb{H}) \cap C(G;\mathbb{H})$ and $\overline{f} \in L^2(G;\mathcal{L}(\mathbb{H};\mathbb{H}) \cap C(G;\mathcal{L}(\mathbb{H};\mathbb{H}))$ such that for all $e \in \mathbb{R}^d$, all $u \in \mathbb{R}^d$ and some decreasing sequence $\lambda_k \downarrow 0$:

$$\lim_{k\to\infty}\|f(u+\lambda_k e) - f(u) - \lambda_k\,\overline{f}(u)\circ e\|_{L^2(G;\mathbb{H})} = 0$$

Then $\overline{f}$ is the derivative of f in the sense of distributions and therefore in the ordinary sense in every point $u \in G$. Let us consider for each ω and n a P-negligeable set Ω_n and a sequence λ_k such that $\lambda_k \downarrow 0$ and

$$\lim_{k\to\infty}\sup_{t<\tau_n(\omega)}\|\Phi_t(e,.,\omega,\lambda_k)\|_{L^2(G)} = 0 \quad \text{for every } \omega \notin \Omega_n$$

The above property shows that for every $\omega \notin \Omega_n$ and $t < \tau_n(\omega)$ $Y^u_t(\omega)$ is the derivative of $u \rightsquigarrow X^u_t(\omega)$ at point u . Therefore $Y^u_t(\omega)$ is the derivative of $u \rightsquigarrow X^u_t(\omega)$ for all $t<\tau_n(\omega)$ and $\omega \notin (\bigcup_n \Omega_n)$.

This proves the theorem. ∎

BIBLIOGRAPHY

[1] S. BICHTELER
Stochastic Integrations with Stationary Independant increments
(To appear in Z. Wahr. verw. Geb.)

[2] M. BISMUT
A generalized formula of Ito and some other properties of stochastic flows
Z. Wahr. verw. Geb. 55, 1981, pp. 331-350.

[3] I.I. GIKHMAN
On the theory of differential equations of random processes
Uhr. Mat. Zb. 2, n° 4, 1950, pp. 37-63.

[4] I.I. GIKHMAN and A.V. SKOROKHOD
Stochastic Differential equations
Springer-Verlag, 1972.

[5] J. JACOD
Calcul stochastique et problèmes de martingales
Lecture Notes Math. 714, Springer-Verlag, New York, 1979.

[6] J. JACOD
Equations différentielles stochastiques : continuité et dérivabilité en probabilité
(Preprint)

[7] H. KUNITA
On the decomposition of solutions of stochastic differential equations.
Proc. of the L.M.S. Symposium on Stoch. Diff. Equations, Durham, juillet 1980, Lecture Notes in Math. Springer-Verlag, 1981.

[8] P. MALLIAVIN
Stochastic Calculus of variations and Hypoelliptic operators.
Proc. of the Intern. Symposium on Stochastic Differential Equations of Kyoto, 1976, pp. 195-263. Tokyo, Kinokuniya and New York, Wiley, 1978.

[9] M. METIVIER
Stability theorems for stochastic Integral Equations driven by random measures and semimartingales
J. of Integral Equations, 1980 (to appear).

[10] M. METIVIER and J. PELLAUMAIL
Stochastic Integration
Acad. Press. New York, 1980.

[11] P.A. MEYER
Flot d'une équation différentielle stochastique
Séminaire de Probabilité XV. Lecture Notes in Math. 850, Springer-Verlag, 1981.

[12] J. NEVEU
Intégrales stochastiques et applications
Cours de 3e Cycle. Univ. de Paris VI, 1971-1972.

[13] P. PRIOURET
Processus de diffusion et équations différentielles stochastiques
Ecole d'Eté de Prob. de St-Flour. Lecture Notes in Math. 390, Springer-Verlag, 1974.

Université de Strasbourg
Séminaire de Probabilités

RESULTATS D'ATKINSON SUR LES PROCESSUS DE MARKOV

par P.A. Meyer

L'idée d'étudier les propriétés de commutation des projections en théo--rie des processus de Markov est due à Azéma [2], qui s'est occupé du cas homogène dans le temps, le plus difficile. Le cas non homogène dans le temps est beaucoup plus simple, et cependant moins bien connu : il a été étudié par Dynkin [3], [4], dont les résultats viennent d'être complétés par Atkinson [1]. On présente ici le beau résultat principal d'Atkinson.

NOTATIONS

On considère un espace probabilisé complet $(\Omega,\underline{\underline{F}},P)$ (la tribu dégénérée est notée $\underline{\underline{D}}$), sur lequel est défini un processus de Markov (X_t) absolument général : X_t est à valeurs dans un espace d'états E_t qui peut dépendre de t, et on n'exige que la condition bien connue d'indépendance conditionnelle :

(1) $\underline{\underline{T}}(X_s,s\leq t)$ et $\underline{\underline{T}}(X_s,s\geq t)$ sont conditionnellement indépendantes / X_t

Noter que seule la tribu engendrée par X_t intervient dans (1) : on peut donc toujours prendre $E_t=(\Omega,\underline{\underline{G}}_t)$, où $\underline{\underline{G}}_t=\underline{\underline{T}}(X_t)$, X_t étant l'application identique de $(\Omega,\underline{\underline{F}})$ sur $(\Omega,\underline{\underline{G}}_t)$. C'est ce que fait Atkinson.

Rien ne nous empêche de supposer que $\underline{\underline{F}}=\underline{\underline{F}}^\circ\vee\underline{\underline{D}}$, où $\underline{\underline{F}}^\circ$ est engendrée par tous les X_t. Nous le ferons dans toute la suite.

En ce qui concerne l'ensemble des temps du processus, seule sa structure d'ordre intervient dans la suite. Nous supposerons toujours que c'est un intervalle $[a,b]$, avec $0<a<b<\infty$, et nous conviendrons que $X_t=\partial$ pour $0\leq t<a$ et $b<t\leq\infty$. Alors les conventions usuelles

$$\inf(\emptyset)=+\infty \quad , \quad \sup(\emptyset)=0$$

deviennent inoffensives (ce qui n'est pas le cas lorsque l'ensemble des temps est $[0,\infty]$ au départ ! Atkinson est embarrassé par le rôle spécial des points $0,\infty$).

La tribu $\underline{\underline{T}}(X_s,s\leq t)\vee\underline{\underline{D}}$ (tribu du passé) est notée $\underline{\underline{F}}^\circ_t$, et l'on pose $\underline{\underline{F}}_t=\underline{\underline{F}}^\circ_{t+}$; c'est une filtration croissante satisfaisant aux conditions habituelles. De même, $\underline{\underline{T}}(X_s,s\geq t)\vee\underline{\underline{D}} = \hat{\underline{\underline{F}}}^\circ_t$ est la filtration décroissante du futur, et $\hat{\underline{\underline{F}}}_t=\hat{\underline{\underline{F}}}^\circ_{t-}$ satisfait aux conditions habituelles. L'ordre usuel sur $[0,\infty]$ étant isomorphe à l'ordre opposé, il y a parfaite symétrie entre le passé et le futur. Si I est un intervalle, on note $\underline{\underline{F}}^\circ_I$ la tribu $\underline{\underline{T}}(X_s,s\in I)\vee\underline{\underline{D}}$. Les notations E°_t, E_t ; $\hat{E}^\circ_t$, $\hat{E}_t$; E°_I désignent les opérateurs d'espérance conditionnelle associés.

Le résultat fondamental (et immédiat) de la théorie élémentaire est le suivant. Il permet d'éliminer entièrement le ≪ processus ≫ et de travailler uniquement sur les filtrations.

LEMME 1. <u>Si</u> $s \leq t$, $\hat{E}^{\circ}_s$ <u>et</u> E°_t <u>commutent, et leur produit est</u> $E[\cdot|\mathcal{F}^{\circ}_{[s,t]}]$.

DEMONSTRATION. Par un argument trivial de classes monotones, on se ramène à vérifier que $\hat{E}^{\circ}_s E^{\circ}_t[fgh]=E^{\circ}_t \hat{E}_s[fgh]$ lorsque $f\in b(\mathcal{F}^{\circ}_s)$, $g\in b(\mathcal{F}^{\circ}_{[s,t]})$, $h\in b(\hat{\mathcal{F}}^{\circ}_t)$. Alors

$$E^{\circ}_t[fgh] = fgE^{\circ}_t[h]= fgE[h|X_t]$$
$$\hat{E}^{\circ}_s E^{\circ}_t[fgh] = E[f|X_s]gE[h|X_t]$$

expression symétrique en s et t, d'où la commutation. Il est bien connu que si deux opérateurs $E[\cdot|\mathcal{A}]$ et $E[\cdot|\mathcal{B}]$ commutent ($\mathcal{A}$ et $\mathcal{B}$ contenant $\mathcal{D}$), leur produit est $E[\cdot|\mathcal{A}\cap\mathcal{B}]$. Mais ici, $E[f|X_s]gE[h|X_t]$ est mesurable par rapport à $\mathcal{F}^{\circ}_{[s,t]}$, tribu contenue dans $\mathcal{F}^{\circ}_t\cap\hat{\mathcal{F}}^{\circ}_s$. On en déduit que

$$\hat{\mathcal{F}}^{\circ}_s\cap\mathcal{F}^{\circ}_t = \mathcal{F}^{\circ}_{[s,t]}$$

<u>Dans toute la suite</u>, nous allons oublier le processus, pour ne plus considérer que les filtrations $(\mathcal{F}^{\circ}_t)$, $(\hat{\mathcal{F}}^{\circ}_t)$, l'une croissante, l'autre décroissante, toutes deux constantes pour $t<a$ ou $t>b$, contenant toutes deux $\mathcal{D}$.

Nous prenons pour <u>axiome</u> la propriété de commutation suivante (lemme 1)

(2) si $s\leq t$, $\hat{E}^{\circ}_s$ et E°_t commutent

et nous <u>définissons</u> $\mathcal{F}^{\circ}_{[s,t]}$ comme $\hat{\mathcal{F}}^{\circ}_s\cap\mathcal{F}_t$. On peut être tenté d'adjoindre aussi l'axiome suivant, automatiquement satisfait dans la situation de départ :

<u>propriété de génération</u> : si $s\leq t$, $\mathcal{F}^{\circ}_s$, $\mathcal{F}^{\circ}_{[s,t]}$, $\hat{\mathcal{F}}^{\circ}_t$ engendrent $\mathcal{F}^{\circ}$,

mais l'analyse des démonstrations ci-dessous montre qu'on ne s'en sert pas.

Même avec cette propriété, la situation est a priori plus générale que celle des " processus de Markov" , car si nous définissons $\mathcal{G}_s=\hat{\mathcal{F}}^{\circ}_s\cap\mathcal{F}^{\circ}_s$, rien ne nous dit que $\mathcal{F}^{\circ}_t$ (par exemple) soit égal à $\bigvee_{s\leq t}\mathcal{G}^{\circ}_s$,ce qui était le cas dans notre situation de départ.

Le lemme suivant va nous permettre de remplacer les filtrations $(\mathcal{F}^{\circ}_t)$ et $(\hat{\mathcal{F}}^{\circ}_t)$ par leurs versions " habituelles" $(\mathcal{F}_t)$ et $(\hat{\mathcal{F}}_t)$. Il y aurait sans doute lieu d'étudier aussi la version ≪ non régularisée ≫ des théorèmes d'Atkinson, à la manière de Lenglart, mais je ne suis pas capable de le faire sans trop de fatigue.

LEMME 2. <u>Les opérateurs</u> $\hat{E}_s$ <u>et</u> E_t <u>commutent si</u> $s\leq t$.

DEMONSTRATION. Prendre des $s_n\uparrow\uparrow s$, des $t_n\downarrow\downarrow t$, et utiliser un peu de théorie des martingales classique.

REMARQUES. a) Si l'on définit $\underline{\underline{F}}_{[s,t]}=\hat{\underline{\underline{F}}}_s\cap\underline{\underline{F}}_t$, cette tribu est plus grosse que $\underline{\underline{F}}^{o}_{[s,t]}$, donc la propriété de génération est a fortiori satisfaite par les filtrations régularisées. De même, si l'on est parti d'une situation de << processus de Markov >> où les X_t engendrent $\underline{\underline{F}}$, et si l'on désigne par $\overline{X}_t$ l'application identique de $(\Omega,\underline{\underline{F}})$ sur $(\Omega,\hat{\underline{\underline{F}}}^{o}_t\cap\underline{\underline{F}}_t)$, tribu plus grosse que $\underline{\underline{T}}(X_t)$, il est clair que les $\overline{X}_t$ engendrent encore $\underline{\underline{F}}$ ($\overline{X}_t$ représente un germe en t).

b) Avec des notations évidentes, on peut établir non seulement la commutation de $E_t=E_{t+}$ avec $\hat{E}_s=\hat{E}_{s-}$, mais la commutation de tous les couples $(E_{t-},\hat{E}_{s-})$,$(E_t,\hat{E}_{s+})$, et enfin $(E_{t-},\hat{E}_{s+})$ pourvu que $s<t$. Rien ne permet d'affirmer que E_{t-} et $\hat{E}_{t+}$ commutent, dans le cas limite où $s=t$, et Atkinson donne un contre-exemple simple.

TRIBUS ET PROJECTIONS

Tous les processus réels Z que nous considérerons seront nuls hors de $[a,b]$, sauf mention expresse du contraire. Tous les temps d'arrêt seront à valeurs dans $[a,b]\cup\{+\infty\}$. Nous désignons par Z^p,Z^o la projection prévisible, resp. optionnelle, d'un processus mesurable positif Z, et de même μ^p,μ^o la projection duale prévisible, resp. optionnelle d'une mesure aléatoire (positive) intégrable μ (nous ne considérerons que des mesures aléatoires portées par $[a,b]$).

En renversant le sens du temps, nous désignerons par $Z^{\hat{p}}$, $Z^{\hat{o}}$ la projection coprévisible, cooptionnelle , d'un processus mesurable positif Z. Nous n'avons pas besoin d'insister sur ces définitions, puisqu'elles entrent en fait dans la théorie générale des processus, au sens usuel du terme. La seule chose à noter, c'est que le préfixe co- et le signe ^ servent à distinguer les notions relatives à la filtration (décroissante) $(\hat{\underline{\underline{F}}}_t)$: une seule exception, nous ne parlons pas de << co-temps-d'arrêt >> mais de temps cooptionnels. Il est entendu que ceux-ci prennent leurs valeurs dans $\{0\}\cup[a,b]$. Quant au reste, les notations parlent d'elles mêmes.

THEOREME 1. Soit Z un processus mesurable borné. Alors $Z^{o\hat{p}}=Z^{\hat{p}o}$, $Z^{\hat{o}p}=Z^{p\hat{o}}$.(1)
DEMONSTRATION. Prouvons par exemple la première égalité. Il suffit de traiter le cas où Z est continu à droite. Alors Z^o, $Z^{\hat{p}}$, puis $Z^{o\hat{p}}$, $Z^{\hat{p}o}$ sont continus à droite hors d'un ensemble évanescent. D'autre part, la propriété de commutation des espérances conditionnelles à temps fixe montre que pour tout t on a p.s. $Z^{o\hat{p}}_t=Z^{\hat{p}o}_t$. Ces deux processes sont donc indistiguables, et c'est terminé.

Le résultat nouveau d'Atkinson, par rapport à Azéma, concerne les autres couples de projections. Avec cette généralité, il n'y a rien à espérer du couple $(p,\hat{p})$, puisque la commutation n'a même pas lieu pour

(1). On abrège $(Z^o)^{\hat{p}}$ en $Z^{o\hat{p}}$, et de même dans toute la suite.

les espérances conditionnelles à t fixe. En revanche :

THEOREME 2. Pour tout processus mesurable borné Z, on a $Z^{o\hat{o}}=Z^{\hat{o}o}$.

Ce théorème est loin d'être évident, et nous allons le démontrer en une série d'étapes, dont certaines ont leur intérêt propre. Nous commençons par remarquer qu'en fait il suffit de vérifier le résultat analogue pour les mesures aléatoires bornées. En effet, si les processus $Z^{o\hat{o}}$ et $Z^{\hat{o}o}$ ne sont pas indistinguables, d'après le théorème de section (trivial : non adapté) il existe une mesure aléatoire λ portée par [a,b], possédant les propriétés suivantes :

- Pour tout ω , on a $\lambda(\omega,[a,b]) \leq 1$,
- $E[\int Z_s^{o\hat{o}}\lambda(ds)] \neq E[\int Z_s^{\hat{o}o}\lambda(ds)]$

Mais cette relation s'écrit $E[\int Z_s\lambda^{o\hat{o}}(ds)] \neq E[\int Z_s\lambda^{\hat{o}o}(ds)]$, et entraîne donc $\lambda^{o\hat{o}}\neq\lambda^{\hat{o}o}$. En sens inverse, si l'on établit que $\lambda^{o\hat{o}}=\lambda^{\hat{o}o}$, on a donc prouvé le théorème 2.

Passons alors à la démonstration proprement dite. Nous commençons par deux lemmes faciles.

LEMME 3. Soient θ une mesure aléatoire intégrable, U un processus borné tel que $U^{o\hat{o}}=U^{\hat{o}o}$. Alors on a

$$E[\int U_s\, \theta^{o\hat{o}}(ds)] = E[\int U_s\, \theta^{\hat{o}o}(ds)]$$

DEMONSTRATION. Evidente.

LEMME 4. Soit α une mesure aléatoire intégrable, à la fois optionnelle et cooptionnelle. Soit H=[u,v] un intervalle contenu dans [a,b]. Alors le processus

$$U_t = \alpha(H)I_H(t)$$

est tel que $U^{\hat{o}o}=U^{o\hat{o}}$.

DEMONSTRATION. Nous écrivons $U_t=X_t+Y_t+Z_t$, où ces trois processus sont nuls pour $t\notin H$, et pour $t\in H$

$$X_t = \alpha([u,t[) \ , \quad Z_t= \alpha(]t,v]) \ , \quad Y_t=\alpha(\{t\}) \ .$$

Le processus (X_t) est adapté et continu à gauche, donc prévisible, et en particulier optionnel ($X=X^o=X^p$) . Alors $X^{\hat{o}}=X^{p\hat{o}}=X^{\hat{o}p}$ est prévisible (th.1), et en particulier optionnel. Donc $X^{\hat{o}o}=X^{\hat{o}}=X^{o\hat{o}}$.
De même, $Z^{o\hat{o}}=Z^{\hat{o}o}$.
Quant à Y, il vaut X_+-X (donc il est optionnel) et aussi Z_--Z (donc il est cooptionnel), donc $Y^{o\hat{o}}=Y^{\hat{o}o}=Y$. L'énoncé s'obtient par addition.

Voici les deux lemmes cruciaux :

LEMME 5. Soient H=[u,v] un intervalle contenu dans [a,b], f une v.a. bornée, g la v.a. $E[f|\underline{\underline{F}}_H]$. Alors les processus

$$Y_t = fI_H(t) \quad , \quad Z = gI_H(t)$$

sont tels que $Y^{\hat{o}o} = Z^{\hat{o}o}$, $Y^{o\hat{o}} = Z^{o\hat{o}}$.

DEMONSTRATION. Démontrons par exemple la première relation : pour construire $Y^{\hat{o}} = L$, nous considérons la martingale **renversée** continue à gauche $E[f|\hat{\underline{F}}_t]$, et nous avons $L_t = E[f|\hat{\underline{F}}_t]I_H(t)$. De même, $Z^{\hat{o}} = M$ est donné par $M_t = E[g|\hat{F}_t]I_H(t)$. Vérifier que $L^o = M^o$ revient à vérifier que, pour tout temps d'arrêt T (à valeurs dans $[a,b] \cup \{\infty\}$)

$$E[L_T I_{\{T\in H\}}] = E[M_T I_{\{T\in H\}}]$$

Cela découlera par convergence dominée des relations

$$E[L_u I_{\{T=u\}}] = E[M_u I_{\{T=u\}}]$$

$$E[L_p I_{\{p<T\leq q\}}] = E[M_p I_{\{p<T\leq q\}}]$$ (prendre pour p et q des éléments consécutifs de la n-ième subdivision dyadique de $[u,v]$)

Or $\{p<T\leq q\} \in \underline{F}_q$, et $E[L_p|\underline{F}_q] = E[f|\hat{\underline{F}}_p|\underline{F}_q] = E[f|\underline{F}_{[p,q]}]$, tandis que $E[M_p|\underline{F}_q] = E[f|\underline{F}_{[u,v]}|\underline{F}_{[p,q]}]$. Il y a bien égalité.

La ligne précédente se traite de manière analogue.

LEMME 6. Soit λ une mesure aléatoire intégrable. Alors les mesures $\lambda^{o\hat{o}}$ et $\lambda^{\hat{o}o}$ sont à la fois optionnelles et cooptionnelles.

DEMONSTRATION. On sait qu'une mesure aléatoire intégrable Θ est optionnelle si et seulement si le processus croissant associé $\Theta([0,t])$ est optionnel, et il en résulte par retournement du temps qu'elle est cooptionnelle si et seulement si $\Theta([t,\infty])$ est cooptionnel. En définitive, ce qu'il nous faut vérifier, c'est simplement que $\lambda^{o\hat{o}}(H)$ et $\lambda^{\hat{o}o}(H)$ sont $\underline{F}_H$-mesurables pour tout intervalle $H=[u,v]$. Or reprenons les notations ci-dessus. On a $E[f\lambda^{o\hat{o}}(H)] = E[\int Y_s \lambda^{o\hat{o}}(ds)] = E[\int Y_s^{\hat{o}o}\lambda(ds)]$. D'après le lemme 5, cela vaut aussi $E[\int Z_s^{\hat{o}o}\lambda(ds)] = E[\int Z_s \lambda^{o\hat{o}}(ds)] = E[g\lambda^{o\hat{o}}(H)]$. Comme f est arbitraire et $g=E[f|\underline{F}_H]$, $\lambda^{o\hat{o}}(H)$ est $\underline{F}_H$-mesurable.

Maintenant, nous pouvons achever :

DEMONSTRATION DU THEOREME 2. Nous reprenons le fil du raisonnement avant le lemme 5. Nous remarquons que, la mesure aléatoire λ ayant une masse totale $\lambda(\mathbb{R}_+)$ bornée, $\lambda^{o\hat{o}}(\mathbb{R}_+)$ et $\lambda^{\hat{o}o}(\mathbb{R}_+)$ ont des moments de tous les ordres (par exemple, voir Prob. et Potentiels VI. 100). Appliquons le lemme 3 avec $\Theta=\lambda$, et $U_t = \lambda^{o\hat{o}}(H)I_H(t)$ (lemme 4). Il vient

$$E[(\lambda^{o\hat{o}}(H))^2] = E[\lambda^{o\hat{o}}(H)\lambda^{\hat{o}o}(H)] \;(= E[(\lambda^{\hat{o}o}(H))^2] \text{ par symétrie }).$$

D'où aussitôt $E[(\lambda^{o\hat{o}}(H)-\lambda^{\hat{o}o}(H))^2]=0$, et comme H est un intervalle arbitraire, on en déduit que $\lambda^{o\hat{o}} = \lambda^{\hat{o}o}$.

REMARQUE. Une fois le théorème établi, il est évident que l'on a $\lambda^{o\hat{o}}=\lambda^{\hat{o}o}$ pour toute mesure aléatoire intégrable λ , par un simple argument de dualité. On n'a pas besoin de ce résultat plus général pour établir le th.2.

Le théorème 2 ayant été établi, Atkinson étudie les opérateurs de projection double ainsi construits (pour les trois paires qui commutent). Les résultats obtenus sont intéressants, mais il ne paraît pas indispensable de les présenter ici, et nous renverrons au mémoire original.

REFERENCES.

[1]. Atkinson (B.). Generalized strong Markov properties and applications.

[2]. Azéma (J.). Une remarque sur les temps de retour. Trois applications. Sém. Prob. VI, 1972, LN 258, p. 35-50.

[3]. Azéma (J.). Théorie générale des processus et retournement du temps. Ann. E.N.S. 6, 1973, p. 459-519.

[4]. Dynkin (E.B.). On a new approach to Markov processes. Proc. 3rd Japan-USSR Symp. on Prob. Theory. LN 550, 1976, p. 42-62 (contient une bibliographie des travaux antérieurs).

[5]. Dynkin (E.B.). Markov systems and their additive functionals. Ann. Prob. 5, 1977, p. 653-677.

[6]. Meyer (P.A.). Retour aux retournements. Sém. Prob. IX, 1975, LN 465, p. 556-564.

HYPOTHESIS (B) OF HUNT

S.E. Graversen* and Murali Rao**

For a strong Markov process X_t with a locally compact Second Countable State Space, Hunt's Hypothesis (B) may be stated

$$P_G P_K = P_K$$

for all compact K and open G containing K.

There are equivalent statements of hypothesis (B):

1) The hitting time to any set of the process X_{t-} is the same as that of X_t;

2) The probability is zero that the process belongs to a given Semipolar set at any time of discontinuity;

3) If $\alpha > 0$, Hypothesis (B) is equivalent to [2]

(0) $$P_G^\alpha P_K 1 = P_K^\alpha 1.$$

In this note we remove the restriction that $\alpha > 0$, assuming that we have a transient Markov process satisfying Hypothesis (L). There are instances where it is easiest to verify the above when $\alpha = 0$ hence such a result is not without interest.

In the proof sets of the form $(P_k 1 = 1$ for thin sets K play an important role. We show that non-existence of such sets implies hypothesis (B) provided of course that (0) is valid when $\alpha = 0$. It is also shown in the end that a set of the type $(P_K 1 = 1)$ is finely open so that unless empty it is rather "large".

Thanks are due to Professor K.L.Chung and J.Azema for encouragement.

Notation will be as in [1].

* Aarhus University ** University of Florida

Let $K = K_0$ be a Borel set contained in a given compact set. Define for each countable ordinal γ a set K_γ as follows

$$K_{\gamma+1} = (x \in K_\gamma : P_{K_\gamma} 1(x) = 1)$$

$$K_\gamma = \bigcap_{\beta<\gamma} K_\beta \quad \text{if } \gamma \text{ is a limit ordinal.}$$

Put

$$A = \bigcap_\gamma K_\gamma .$$

Lemma 1. The set A is Borel and

(1) $$A \subset (x : P_A 1(x) = 1).$$

Proof. Hypothesis (L) implies that K_γ is a Borel set for all countable ordinals γ. Let ξ denote a probability reference measure. As $\phi(\gamma) = E^\xi(\exp(-T_{K_\gamma}))$ is non-increasing there is a countable ordinal β such that $\phi(\gamma) = \phi(\beta)$ for all $\gamma \geq \beta$.

If $x \in K_{\beta+1}$, $P^x(T_{K_\beta} < \infty) = 1$ and hence $P^x(T_{K_{\beta+1}} < \infty) = 1$ i.e. $x \in K_{\beta+1}$ and hence $x \in K_{\beta+2}$ etc.

Therefore for all $\gamma \geq \beta$ K_γ is the same $K_{\beta+1}$. That is to say $A = K_{\beta+1}$ is Borel. The assertion is proved.

A Borel set B is called thin if $P_B^1 1(x) = E^x(\exp(-T_B)) < 1$ for all x. It is called totally thin if there exists $\eta < 1$ such that

$$P_B^1 1(x) \leq \eta < 1 \quad \text{for all } x \in B.$$

Using Theorem 11.4 p.62 of [1] it is seen that the successive hitting times to a totally thin set must increase to infinity almost surely.

Lemma 2. Let A be as in Lemma 1. Assume the process is transient. If A is totally thin then A is empty.

Proof. A being relatively compact the last exit time L from A is finite almost surely. But A being totally thin the successive hitting times tend to infinity almost surely. But by (1) for $x \in A$ all successive hitting times to A are finite almost surely. Since all these are less or equal to L, transience is violated. The Lemma follows.

Theorem 3. Assume transience and hypothesis (L). If for all compact K and all open G containing K

$$P_G P_K 1 = P_K 1 \tag{2}$$

then $P_G P_K = P_K$, namely hypothesis (B) holds.

Proof. The arguments of p.p. 70-71 of [2] show that for the validity of hypothesis (B) it is sufficient to prove that for each totally thin set K contained in an open set G we have for each x

$$P^x(T_G = T_K,\ T_G < \infty) = 0. \tag{3}$$

Using the notation above we now show that on the set $(T_G = T_K < \infty)$

we have

(4) $$X_{T_G} \in K_\gamma \text{ for every } \gamma \text{ countable ordinal.}$$

This is trivial if $\gamma = 0$. Assuming (4) is valid for a particular γ. On the set $(T_G = T_K < \infty)$ we have $T_G = T_K$.

By (2) with $K = K_\gamma$

(5) $$P_G P_{K_\gamma} 1(x) = P_{K_\gamma} 1(x).$$

From (5) we deduce

$$E^x[P_{K_\gamma} 1(X_{T_G}),\ T_G = T_{K_\gamma} < \infty]$$

$$= P^x[T_G = T_{K_\gamma} < \infty]$$

which implies that $X_{T_G} \in K_{\gamma+1}$ on $T_G = T_K < \infty$.

Next if γ is a limit ordinal, $X_{T_G} \in K_\beta$ for $\beta < \gamma$, trivially implies $X_{T_G} \in K_\gamma$. Thus $X_{T_G} \in A$. But by Lemma 2 this set is empty.

The proof is complete.

Complements

The assumptions will be as above.

Theorem 4. Let K denote a thin Borel set. Then the set

(6) $$B = \{P_K 1 = 1\}$$

is a finely open and closed Borel set. In particular it has positive ξ-measure unless it is empty. ξ is an exessive reference measure.

Proof. B is Borel and finely closed by definition. Since K does not have regular points, it is sufficient to show that for all $x \in B$,

$$P^x[X_t \in B \text{ for all } 0 < t < T_K] = 1. \tag{7}$$

Put

$$s = P_K 1.$$

Then $x \notin B$ iff $s(x) < 1$. In other words

$$B^c = \bigcup_n A_n, \quad A_n = (s \leq 1 - \tfrac{1}{n}).$$

(7) follows if we show

$$P^x[T_n < T] = 0, \quad x \in B \tag{8}$$

where $T_n = T_{A_n}$ and $T = T_K$.

But by strong Markov property and the fact that $s(x) = 1$ for $x \in B$ we have

$$P^x[T_n < T] = E^x[s(X_{T_n}), T_n < T]$$

$$\leq (1 - \tfrac{1}{n}) P_x[T_n < T < \infty]$$

because A_n being finely closed, X_{T_n} belongs to A_n. That completes the proof.

If B and K are as above and B is not empty, it is intuitively clear that the last exit from K is at least as large as the last exit time from B. Let us supply a proof. Since B is finely open it is clear that the last exit time L from B satisfies

$$L = \sup(t > 0,\ t \in Q,\ x_t \in B)$$

where Q denotes the set of rationals. Write

$$A = ((t,w) : X_t \in B \text{ and } t \in Q).$$

A is optional with countable sections. There exists stopping times T_n with disjoint graphs $[T_n]$ such that

$$A = \bigcup_n [T_n].$$

For every x, M denoting the last exit from K

$$P^x(M \geq T_n,\ T_n < \infty) \geq P^x[T_n + T_K(\theta_{T_n}) < \infty]$$

$$= E^x[P_K 1(X_{T_n}),\ T_n < \infty] = P^x[T_n < \infty]$$

namely $M \geq T_n$ on the set $T_n < \infty$, P^x - a.s.

That completes the proof.

References

[1] R.M.Blumenthal and R.K.Getoor: Markov Processes and Potential theory. Academic Press (1968).

[2] P.A.Meyer: Processes du Markov et la Frontiere du Martin. Springer Lecture Notes Vol 77 (1968).

AN EXTENSION OF MOTOO'S THEOREM

Joseph Glover*

Let $\mathfrak{X} = (\Omega, \mathcal{F}, \mathcal{F}_t, X_t, \theta_t, P^x)$ be a right process on a Lusin topological space $(E, \mathcal{E})$, and let $\mathcal{F}^* = \sigma\{f(X_s): s \geq 0$, f is universally measurable on $E\}$. Let A_t and B_t be $\mathcal{F}^*$-measurable continuous raw additive functionals. If A_t and B_t are $(\mathcal{F}_t)$-adapted and $dA_t << dB_t$ almost surely, then a very useful theorem (due first to Motoo and extended by Getoor) says that there is a positive function h so that $dA_t = h(X_t)\, dB_t$ almost surely. We prove an extension of this theorem by weakening the hypothesis of adaptedness.

Define $[B] = \{(t,\omega): B_t(\omega) < B_{t+e}(\omega)$ for all $e>0\}$. A process $C_t \in \mathcal{B}(R^+) \times \mathcal{F}^*$ is said to be [B]-intrinsically predictable if whenever $T \in \mathcal{F}^*$ is a positive random variable with $[T] \subset [B]$, then $C_t(k_{T(\omega)}\omega) = C_t(\omega)$ for all $t \leq T(\omega)$, for all $\omega \in \Omega$. Here, k_t is the killing operator of Azema [1].

(1) Theorem. *Let A_t and B_t be σ-integrable $\mathcal{B}(R^+) \times \mathcal{F}^*$-measurable continuous raw additive functionals. If A_t and B_t are [B]-intrinsically predictable and $dA_t << dB_t$ almost surely, then there is a positive universally measurable function h on E so that $A_t = \int_0^t h(X_s)\, dB_s$ almost surely.*

Examples of such raw additive functionals can be found in [2] and [3], where a theory of time change by the inverses of such additive functionals is discussed. The proof of the theorem given below is in much the same vein as those given in Section 1 of [3], but the objective and hypotheses are a bit different.

---

* Research supported in part by NSF grant MCS-8002659 and a CNRS Fellowship.

Let $\mathcal{O}(\mathcal{F}_t)$ denote the collection of $(\mathcal{F}_t)$-optional processes. If C_t is an increasing process, let C_t° denote its dual optional projection. As usual, $\mathcal{F}^\circ = \sigma\{X_s: s\geq 0\}$, $\mathcal{E}^e = \sigma\{f: f$ is 1-excessive for $X\}$, $\mathcal{E}^* = \sigma\{f: f$ is universally measurable on $E\}$, $\mathcal{F}^e = \sigma\{f(X_s): s\geq 0, f\in\mathcal{E}^e\}$.

<u>Proof</u>. Let $T_t = \inf\{s: B_s > t\}$. Then $T_{t+s} = T_t + T_s\circ\theta_{T(t)}$. For each s, set $\mathcal{H}_s = \sigma\{H\in\mathcal{F}$: there exists $Z\in\mathcal{O}(\mathcal{F}_t)$ with $H = Z_{T(s)}$ on $\{T_s<\infty\}\}$.

(2) <u>Lemma</u>. <u>$(\mathcal{H}_s)$ is an increasing family of σ-algebras.</u>

<u>Proof</u>. If $B_t\in\mathcal{F}^e$ for each t, the proof is very simple and goes as follows. Fix $t > 0$ and $s > 0$ and define $V_r = \inf\{u\leq r: B_u\circ k_r > s\}$. It is simple to check that $V_r\in\mathcal{O}(\mathcal{F}_r)$ and $V_{T(t+s)} = \inf\{u\leq T_{t+s}: B_u\circ k_{T(t+s)} > s\} = \inf\{u\leq T_{t+s}: B_u > s\}$ on $\{T_{t+s}<\infty\}$ by the hypothesis of [B]-intrinsic predictability. Thus $V_{T(t+s)} = T_s$ on $\{T_{t+s} < \infty\}$, and it follows that $\mathcal{H}_s\subset\mathcal{H}_{t+s}$. Assuming that B_t is only $\mathcal{F}^*$-measurable complicates the proof in only technical ways: the full proof is given in (1.3) of [3]. ✛

(3) <u>Lemma</u>. <u>There are</u>

(i) <u>a kernel</u> K <u>from</u> $(E, \mathcal{E}^*)$ <u>to</u> $(\Omega, \mathcal{F}^*)$, <u>and</u>

(ii) <u>for each</u> $x\in E$, <u>a set</u> $M^x\subset R^+$ <u>of full Lebesgue measure</u>,

<u>so that</u> $E^x[G\circ\theta_{T(t)}|\mathcal{H}_t] = KG(X_{T(t)})$ <u>almost surely</u> (P^x) <u>for each</u> $t\in M^x$ for all G $b\mathcal{F}^{\circ+}$.

<u>Proof</u>. In assuming that A_t and B_t are σ-integrable, we mean there is a strictly positive optional process (R_t) so that $E^x\int R_t\,dA_t < \infty$ and $E^x\int R_t\,dB_t < \infty$ for all x. (If A_t and B_t are $\mathcal{F}^e$-measurable for each t, they are always σ-integrable: take $R_t = \exp(-A_t\circ k_t - B_t\circ k_t)$). Let $Z_t\in b\mathcal{O}(\mathcal{F}_t)^+$, and let $G\in b\mathcal{F}^{\circ+}$. Then

$$E^x\int (RZ)_{T(t)}G\circ\theta_{T(t)}dt = E^x\int (RZ)_t G\circ\theta_t dB_t. \tag{4}$$

Set $D_t = \int_0^t G\circ\theta_s\,dB_s$. Since $dD_t^\circ << dB_t^\circ$ and both D_t° and B_t° are continuous additive functionals of X_t, there is a function $f^G\in\mathcal{E}^{e+}$ so that we may rewrite the right hand side of (4) as

$$E^x \int (RZ)_t f^G(X_t)\, dB_t = E^x \int (RZ)_{T(t)} f^G(X_{T(t)})\, dt.$$

Standard arguments yield existence of a kernel K from $(E, \mathcal{E}^*)$ to $(\Omega, \mathcal{F}^*)$ so that

$$E^x \int (RZ)_{T(t)} G\circ\theta_{T(t)}\, dt = E^x \int (RZ)_{T(t)} KG(X_{T(t)})\, dt.$$

Fix x in E. There is an $(\mathcal{F}_t)$-optional process (W_t^x) so that $W_{T(t)}^x = e^{-at}$ on $\{T_t<\infty\}$. (See Lemma (1.4) in [3]. If B_t is assumed to be $\mathcal{F}^e$-measurable, then $W_t^x = \exp(-aB_t\circ k_t))$. Replacing Z_t with $Z_t W_t^x$ and applying Fubini's theorem, we obtain

(5) $$\int e^{-at} E^x[(RZ)_{T(t)} G\circ\theta_{T(t)}]\, dt = \int e^{-at} E^x[(RZ)_{T(t)} KG(X_{T(t)})]\, dt.$$

There is a separable σ-algebra $\mathcal{O}^x \subset \mathcal{O}(\mathcal{F}_t)$ so that for each process $Y_t \in \mathcal{O}(\mathcal{F}_t)$ there is a process $Y_t^x \in \mathcal{O}^x$ so that Y_t and Y_t^x are P^x-indistinguishable ([4], p.366). Let $(Z_t^{x,n})_{n\geq 1}$ be an algebra of bounded processes generating $\mathcal{O}^x$, and let $(G^m)_{m\geq 1}$ be an algebra of bounded random variables generating $\mathcal{F}°$. Equation (5) implies that for each n and m, there is a set $M_{n,m}^x \subset R^+$ of full Lebesgue measure so that for each $t \in M_{n,m}^x$, $E^x[(RZ^{x,n})_{T(t)} G^m\circ\theta_{T(t)}] = E^x[(RZ^{x,n})_{T(t)} KG^m(X_{T(t)})]$. Thus there is <u>one</u> set $M^x \subset R^+$ of full Lebesgue measure so that for each $t \in M^x$, $E^x[Z_{T(t)} G\circ\theta_{T(t)}] = E^x[Z_{T(t)} KG(X_{T(t)})]$ for all $Z_t \in \mathcal{O}(\mathcal{F}_t)^+$ and for all $G \in \mathcal{F}^{\circ +}$. It follows that $E^x[G\circ\theta_{T(t)} | \mathcal{H}_t] = KG(X_{T(t)})$ almost surely (P^x) for each $t \in M^x$. ✢

Now let $C_t = A_{T(t)}$. Then $C_t \in \mathcal{F}^*$ for each t, $C_{t+s} = C_t + C_s\circ\theta_{T(t)}$, and $dC_t \ll dt$. If we set $Z_t = \liminf_{n\to\infty} n(C_{t+1/n} - C_t)$, then $Z_t \in \mathcal{F}^*$ for each t, and $Z_{t+s} = Z_t\circ\theta_{T(s)}$. By Lebesgue's differentiation theorem, $C_t = \int_0^t Z_s\, ds$. Let ν be the measure on $(\Omega, \mathcal{F}°)$ defined by setting $\nu(H) = E^x[H\circ k_{T(t)}]$ for all $H \in \mathcal{F}^{\circ +}$. Since $A_{T(t)} \in \mathcal{F}^*$, there is a random variable $Q \in \mathcal{F}°$ so that $Q = A_{T(t)}$ almost surely (ν). Let (Y_s) be the $(\mathcal{F}_s)$-predictable process $(Q\circ k_s)$. Then $Y_{T(t)} = Q\circ k_{T(t)} \in \mathcal{H}_t$. Since $Q\circ k_{T(t)} = A_{T(t)}\circ k_{T(t)} = A_{T(t)}$ almost surely (P^x), we conclude that for each s, Z_s differs from an element of $\mathcal{H}_{s+}$ by a P^x-null set. Set $g(x) = K(x, Z_0) \in \mathcal{E}^*$, and let μ be the measure on $(E, \mathcal{E})$ defined by setting $\mu(f) = E^x[f(X_{T(t)})]$. Since $g \in \mathcal{E}^*$, there is a function $h \in \mathcal{E}$ so that $\mu(|h-g|) = 0$. Thus $E^x[|h(X_{T(t)}) - g(X_{T(t)})|] = 0$ and $h(X_{T(t)}) \in \mathcal{H}_t$

since $h(X_t)$ is an optional process. Therefore, if $t \in M^x$, $g(X_{T(t)}) = E^x[g(X_{T(t)})|\mathcal{H}_t] = E^x[Z_0 \circ \theta_{T(t)}|\mathcal{H}_t] = E^x[Z_t|\mathcal{H}_t]$ almost surely (P^x). Recall that there is a set $N^x \subset R^+$ so that $R^+ - N^x$ is countable and $E^x[H|\mathcal{H}_t] = E^x[H|\mathcal{H}_{t+}]$ almost surely (P^x) for all $H \in b\mathcal{F}^{\circ +}$ for each $t \in N^x$. Thus if $t \in M^x \cap N^x$, $g(X_{T(t)}) = Z_t$ almost surely (P^x) since Z_t is in the P^x-completion of $\mathcal{H}_{t+}$. Since $M^x \cap N^x$ is of full Lebesgue measure, standard Fubini arguments yield that $C_t = \int_0^t g(X_{T(s)})\, ds$, and it follows that $A_t = \int_0^t g(X_s)\, dB_s$. This completes the proof of Theorem (1). ✝

References

1. J. Azéma (1973). Théorie générale des processus et retournement du temps. Ann. Sci. Ecole Norm. Sup. t. 6 459-519.

2. J. Glover (1981) Applications of raw time changes to Markov processes. Ann. Prob. 9 .

3. J. Glover (1981) Raw time changes of Markov processes. Ann. Prob. 9 90-102.

4. C. Dellacherie and C. Stricker (1977). Changements de temps et intégrales stochastiques. Lecture Notes in Mathematics 581 365-375.

Acknowledgement. I would like to thank B. Maisonneuve for his hospitality and his suggestions.

An integral representation of randomized probabilities and its applications.

By

Nassif Ghoussoub.

0. Introduction: In this paper, we study the topological and extremal properties of the set of random probabilities on a compact space. Our main goal is to give a Choquet-type integral representation for the measure theoretic notions to which one can associate a random probability.

The representation applied, for instance, to randomized stopping times shows that they are averages of true stopping times. The behaviour of some stochastic processes on randomized stopping times can then be easily understood from the behaviour of these processes on the genuine ones. As an immediate application, we give a proof of the Baxter-Chacon compactness argument and of an optimal stopping problem.

Applied to positive operators on L_1 and $C(K)$, the representation implies that such operators are averages of point transformations: a useful fact for extending some properties which are easily verifiable in the case of operators induced by point transformations to more general operators. For an example we give a proof of the Ricsz-Thorin convexity theorem.

The above representation also implies that operators on L_1 of a compact group are actually randomized multipliers and they become convolution operators, that is averages of translations, only if they

---

Department of Mathematics - University of British Columbia - Vancouver, B.C., Canada.

commute with these translations. We also discuss the possibility of associating to any transition probability on a compact space K, a Markov chain induced by a random walk on a group operating "measurably" on K.

Finally, we study the connection between the various types of convergence of a sequence of operators on L_1 and the convergence of the measures supported by the space of point transformations, which represent these operators. We show that while vague convergence of the representing measures already implies mean convergence of the operators, almost sure convergence is implied by a stronger topology naturally imposed on these representing measures.

It is my pleasure to thank M. Emery, J. Fournier and E. Perkins for the very stimulating and helpful discussions during the preparation of this paper.

I. Integral representation of random probabilities:

Let K be a compact separable space and let $(\Omega,\mathcal{F},P)$ be a probability space. Denote by $\mathcal{C}$ the Banach space $L_1(\Omega;\, C(K))$ of all $C(K)$-valued Bochner integrable random variables. Recall [13] that the dual of $\mathcal{C}$ is $L_{\infty *}(\Omega, \mathcal{M}(K))$ of all random measures $\mu:(\Omega,\mathcal{F},P)\to\mathcal{M}(K)$ measurable for the weak-star Borel subsets of $\mathcal{M}(K)$ and such that $\operatorname{ess\,sup}|\mu_w|(K)$ is finite.

Consider the set $D = \{\mu \in \mathcal{C}^* ;\, \mu \geq 0 ,\, \|\mu\| \leq 1$ and $\mu(1) = 1\}$ where 1 is the unit process in $\mathcal{C}$. Clearly D is a weak-star compact convex subset of $\mathcal{C}^*$. In the sequel we want to identify the extreme points of D in order to apply Choquet's integral representation. For that, consider the convex set D_1 of all probability measures on $K\times\Omega$ (equipped with the product σ-field) such that their projection on Ω is P. Let $\mathcal{P}(K)$ be the set of probability measures on K.

Lemma I.1: There exists an affine bijection between D_1 and D.

Proof: Let ν be in D_1. Since K is compact, every probability measure on K is tight, hence by [8], there exists a strict disintegration of ν with respect to the projection $pr: K \times \Omega \to \Omega$ and P. That is an application $\bar{\nu}: w \to \nu_w$ from Ω into $\mathcal{P}(K)$ such that for every Borel subset B of K, $w \to \nu_w(B)$ is measurable. It is then clear that $\bar{\nu} \in D$.

On the other hand, if $\bar{\nu} \in D$, define the measure ν on $K \times \Omega$ by $\nu(A \times B) = \int_B \nu_w(A) dP(w)$ whenever A is Borel in K and $B \in \mathcal{F}$.

It is clear that ν extends to the product σ-field on $K \times \Omega$ and that the projection of ν on Ω is P. The representation is unique, since the processes of the form $f(t) \cdot g(w)$ where $f \in C(K)$ and $g \in L_1(\Omega)$ belong to $\mathcal{C}$ and they generate the whole product σ-field by the monotone class theorem. The uniqueness implies that $\nu \to \bar{\nu}$ is affine.

For any measurable function $\sigma : \Omega \to K$, denote by δ_σ the random measure associated to the measure on the product $K \times \Omega$ defined by $X \to E[X_\sigma]$ for any $X \in \mathcal{C}$.

Proposition I.2: a) D is $\sigma(\mathcal{C}^*, \mathcal{C})$ compact and convex and is separable whenever the σ-field $\mathcal{F}$ is.

b) The extreme points of D are the random measures δ_σ where σ is a measurable function from Ω into K.

Proof: a) If $\mathcal{F}$ is a separable σ-field, then $L_1(\Omega, C(K))$ is a separable Banach space since $C(K)$ is. It follows that the dual ball is a metrizable weak-star compact convex set.

b) Follows from the first lemma and the well known fact that the extreme points of the set of probability measures on $\Omega \times K$ whose projection on Ω is P, are the measures supported by the measurable graphs from Ω into K. (See for instance [15]).

Denote now by G the space of all measurable functions from Ω to K and let d be the metric on K. We say that (σ_n) in G converges in probability to σ in G, if for any $\varepsilon > 0$,

$$\lim_{n\to\infty} P\{w \in \Omega ; d(\sigma_n(w),\sigma(w)) \geq \varepsilon\} = 0$$

<u>Lemma I.3</u>: If σ_n, σ are in G, then $\sigma_n \to \sigma$ in probability if and only if δ_{σ_n} converges to δ_σ in $\sigma(C^*, C)$.

<u>Proof</u>: Suppose $\sigma_n \to \sigma$ in probability. For any $f \in C(K)$, $(f(\sigma_n))_n$ converges then in probability to $f(\sigma)$ and since $(f(\sigma_n))_n$ is bounded in $L_\infty(\Omega, F, P)$, it converges in $\sigma(L_\infty, L_1)$, hence for every $g \in L_1(\Omega, F, P)$ we get

$$\int g(w) f(t) \delta_{\sigma_n} \,.\, dP \to \int g(w) \,.\, f(t) \,.\, \delta_\sigma \,.\, dP \,.$$

Since the linear span of $\{g(w) \,.\, f(t) \,;\, g \in L_1(\Omega),\ f \in C(K)\}$ is dense in C, it follows that $\delta_{\sigma_n} \to \delta_\sigma$ in $\sigma(C^*, C)$.

Suppose now $\delta_{\sigma_n} \to \delta_\sigma$ in $\sigma(C^*, C)$. Take $0 < \varepsilon < \frac{1}{2}$. There exists a partition $\{B_1, B_2, \ldots, B_m, 1\}$ of Ω and elements $t_1, t_2, \ldots, t_m$ in K such that for every w in B_i, $d(\sigma(w), t_i) < \varepsilon^2/2$.

Let f_i be the function in $C(K)$ defined by $f_i(t) = d(t, t_i) \cdot \frac{\varepsilon^2}{2}$ and let $g_i = \frac{\chi_{B_i}}{P(B_i)}$.

Since $\delta_{\sigma_n} \to \delta_\sigma$ in $\sigma(C^*, C)$ we get that for every $g \in L_1(\Omega)$ and $f \in C(K)$, there exists N so that if $n \geq N$ we have

$$\left| \int_\Omega \int_K g(w) f(t) (\delta_{\sigma_n} - \delta_\sigma) dP \right| \leq \varepsilon^2/2 \,.$$

Applying this to the finite family $(f_i,g_i)_{i=1}^{m}$, we get N so that if $n \geq N$

$$\frac{1}{P(B_i)} \left| \int_{B_i} d(\sigma_n,t_i) - d(\sigma,t_i))dP \right| \leq \varepsilon^2/2 .$$

for any $1 \leq i \leq m$.

Since $\frac{1}{P(B_i)} \int_{B_i} d(\sigma,t_i)dP \leq \varepsilon^2/2$,

It follows that for any $1 \leq i \leq m$ and $n \geq N$

$$\int_{B_i} d(\sigma_n,t_i)dP \leq \varepsilon^2 P(B_i)$$

That is

$$P((d(\sigma_n,t_i) > \varepsilon) \cap B_i) \leq \varepsilon P(B_i)$$

Hence

$$P((d(\sigma_n,\sigma) \geq \varepsilon) \cap B_i) \leq \varepsilon P(B_i)$$

and $$P(d(\sigma_n,\sigma) \geq \varepsilon) \leq \varepsilon .$$

Identify now the elements in G which are equal almost everywhere. The metric $\bar{d}$ defined on the equivalence classes of elements in G by

$$\bar{d}(\sigma,\tau) = \int_\Omega \frac{d(\sigma,\tau)}{1+d(\sigma,\tau)} \cdot dP$$

defines clearly a topology on G which coincides with the topology of convergence in probability and that $(G,\bar{d})$ is a separable complete metric space.

Denote by $A(D)$ the space of all affine continuous functions on D . For each element $X = (X_t(w))$ in C and each random measure $(\mu_w)_w$ in C^* , the duality map is then defined by

$$\langle X,\mu \rangle = \int_{\Omega} \left(\int_K X_t(w)d\mu_w(t)\right)dP = E \int_K X_t(w)d\mu_w(t)$$

where E is the expectation with respect to P. If $\sigma \in G$, we shall denote by $E[X_\sigma]$ the expression $\langle X,\delta_\sigma \rangle$.

Theorem I.4: To any random probability μ in D, we can associate a probability Radon measure $\tilde{\mu}$ on $(G,\bar{d})$ such that

1) For any X in C, $\langle X,\mu \rangle = \int_G E[X_\sigma]d\tilde{\mu}(\sigma)$

2) $A(D)$ is dense in $L^1(G,\tilde{\mu})$.

Proof: By the Choquet representation theorem [4] applied to the convex compact set D and μ, there exists a maximal and simplicial Radon measure $\tilde{\mu}$ on the extreme points of D (that is $(G,\bar{d})$) such that $\overline{A(D)} = L_1(\tilde{\mu})$ and for any $h \in A(D)$ we have

$$h(\mu) = \int_G h(\sigma)d\tilde{\mu}(\sigma)$$

Now, it is just enough to notice that any $X \in C$, defines an element in $A(D)$ by the map $\nu \to \langle X,\nu \rangle$.

We shall see later that this representation is not unique, that is D is not a simplex.

II. Increasing processes and related notions:

a) Increasing processes: Suppose now K to be the interval $[0,\infty]$. An increasing process is a map $A:[0,\infty] \to L_1(\Omega,F,P)$ satisfying the following properties

(i) (A_t) is right continuous from $[0,\infty]$ into L_1.

(ii) $0 \le A_t \le A_s$ for all $t \le s$

Let D_2 be the set of all increasing processes (A_t) such that $A_\infty = 1$. It is then easy to show that to any random probability

(μ_w) in D, one can associate a unique increasing process in D_2 such that

$$A_t(w) = \mu_w([0,t]) \quad \text{a.s.}$$

The extreme points of D_2 are then the increasing processes of the form $A_t(w) = I_{[0,t]}(\sigma(w))$, where σ is a measurable map from Ω to $[0,\infty]$.

Let now B_1 = the space of measurable processes $(X_t(w))$ so that $\sup_t |X_t| \in L^1$. Then every element $X \in B_1$ defines a bounded affine function on D_2 via the map

$$\overline{X}: \ (A_t) \to E\int_0^\infty X_t dA_t$$

where a cadlag version of A has been chosen. The above representation says then that for any (A_t) in D_2, there exists a Radon probability measure $\tilde{\mu}$ on the space G_2 of all measurable maps from Ω into $[0,\infty]$ so that for any $X \in C$,

$$E\int_0^\infty X_t dA_t = \int_{G_2} E[X_\sigma] d\tilde{\mu}(\sigma)$$

The above equation holds also for any $X \in B^1$ since they verify the barycentric formula.

In this case, $\tilde{\mu}$ can be chosen in a natural way, since if we take the increasing process (B_t) which is the inverse of (A_t), that is $B_t = \inf\{s \,;\, A_s > t\}$ then

$$E\int_0^\infty X_t dA_t = \int_0^1 E[X_{B_t}] dt$$

and $\tilde{\mu}$ can be chosen to be the image of the Lebesgue measure on $[0,1]$ by the map $B : [0,1] \to G_2$. (It is easy to see that B is measurable when G_2 is equipped with the Borel σ-field generated by the topology of convergence in probability).

We noted that C embeds in $A(D)$ in a natural way and in general $C+\mathbb{R}$ is dense in $A(D)$. However, in case $K=[0,\infty]$, one can associate to any affine and continuous function h on D_2, a process Y in $L^1(\Omega:C([0,\infty]))$ such that

$$n(\delta_\sigma) = E[Y_\sigma]$$

To sketch a proof of this fact, define for each t in $[0,\infty]$ and $H \in F$, the function $\sigma_{t,H}$ from Ω into $[0,\infty]$ equal to t on H and 0 elsewhere.

For each t, define

$$Q_t(H) = h(\delta_o) - h(\delta_{t,H})$$

Q_t is additive since, if $H \cap H' = \phi$ then

$$Q_t(H \cup H') = h(\delta_o) - h\left(\delta_{\sigma_{t,H\cup H'}}\right) = h(\delta_o) - h\left\{\delta_{\sigma_{t,H}} \vee \delta_{\sigma_{t,H'}}\right\}$$

$$= h(\delta_o) - h\left(\delta_{\sigma_{t,H}} - \delta_{\sigma_{t,H'}}\right) + h\left(\delta_{\sigma_{t,H}} \wedge \delta_{\sigma_{t,H'}}\right)$$

$$= h(\delta_o) - h\left(\delta_{\sigma_{t,H}}\right) + h(\delta_o) - h\left(\delta_{\sigma_{t,H'}}\right)$$

$$= Q_t(H) + Q_t(H') .$$

If $H_n \downarrow \phi$, then σ_{t,H_n} converges to 0 in probability and $Q_t(H_n)$ converges to zero by the continuity of h. It is also clear that Q_t is absolutely continuous with respect to P. Let $X_t = \frac{dQ_t}{dP}$.

Since h is affine and continuous, it is Lipschitz with Lipschitz constant equal to K say. For all t and s we have

$$\int |X_t - X_s| dP = \mathrm{Var}(Q_t - Q_s)(\Omega) =$$

$$\sup \left\{ \sum_i |Q_t(H_i) - Q_s(H_i)| \,;\, (H_i) \text{ partition of } \Omega \right\} \leq$$

$$\sup\left\{\sum_i K\,d\,(\sigma_{t,H_i},\ \sigma_{s,H_i})\ ;\ \text{partition of}\ \Omega\right\} \le$$

$$\sup\left\{\sum_i K|t-s|P(H_i)\ ;\ (H_i)\ \text{partition of}\ \Omega\right\} = K|t-s|$$

It is standard to show that there exists a modification of X which is separable and measurable. The same proof as above shows that for any simple functions σ and τ in G we have

$$\int |X_\tau - X_\sigma|\,dP \le K\,d\,(\tau,\sigma)$$

It follows that (X_t) has a modification which is continuous. Note now that for any sequence of simple σ_n's, we have $\int |X_o - X_{\sigma_n}|\,dP \le K\,d\,(0,\sigma_n) \le K$; That is $\sup_n \int |X_{\sigma_n}|\,dP < \infty$. By Fatou's lemma, we get that $\sup_{\sigma\in G} \int |X_\sigma| < \infty$, let now

$\tau = \min\{t\ ;\ X_t(w) = \max_{t\in[0,\infty]} X_t(w)\}$, we get that

$$\int \sup_t |X_t|\,dP \le \int |X_\tau|\,dP < \infty \quad \text{and} \quad X \in C\,.$$

The process $Y_t = h(\delta_o) - X_t$ will do the job.

Note that in general (unless $\Omega = \{w\}$ or $(K) = \mathbb{R}$) D(hence D_1 and D_2) is not a Choquet simplex, that is the maximal representing measure is not unique. For an example it is enough to take $\Omega = \{0,1\}$ and P the probability assigning 1/2 to each of the sets {0} and {1} .

Let $A_t(0) = A_t(1) = \begin{cases} 1/2 & \text{if } 0 \le t < 1 \\ 1 & \text{if } t = 1 \end{cases}$

Let σ_i , $i = 1,2,3,4$ be maps from {0,1} to [0,1] defined by

$$\sigma_1 = \begin{cases} 1 & \text{if } w = 0 \\ 0 & \text{if } w = 1 \end{cases} \qquad \sigma_2 = \begin{cases} 0 & \text{if } w = 0 \\ 1 & \text{if } w = 1 \end{cases}$$

$$\sigma_3 = \begin{cases} 0 & \text{if } w=0 \\ 0 & \text{if } w=1 \end{cases} \qquad \sigma_4 = \begin{cases} 1 & \text{if } w=0 \\ 1 & \text{if } w=1 \end{cases}$$

It is immediate that

$$A_t = \frac{1}{2} I_{[0,t]}(\sigma_1) + \frac{1}{2} I_{[0,t]}(\sigma_2) = \frac{1}{2} I_{[0,t]}(\sigma_3) + \frac{1}{2} I_{[0,t]}(\sigma_4) .$$

However, we have the following

Proposition II.1 : The map $A \to B \circ \lambda$ is a simplicial selection from D_2 onto $P(G_2)$ where B is the inverse of A and $B \circ \lambda$ is the probability on G_2, image by B of the Lebesgue measure λ on $[0,1]$.

Sketch of proof: To prove that $A(D_2)$ is dense in $L_1(G_2, B \circ \lambda)$ it is enough to show that the space

$$X = \left\{ f \in L_1[0,1] \,\middle|\, \text{there exists } X_t(w) \text{ lower semi-continuous on } D_2 \text{ and that } f(t) = E[X_{B_t}] \right\}.$$

is dense in $L_1[0,1]$. But this follows from the fact that X contains the intervals (a,b) since $X_{(a,b)}(s) = E[X_{]]B_a, B_b[[} \circ B_s]$.

Let now (A_t^n) be a sequence of increasing processes in D_2 and let $(\tilde{\mu}_n)$ be a sequence of representing probabilities on G_2. It is clear that there exists a subsequence $(\tilde{\mu}_{n_k})$ which is vaguely convergent to say $\tilde{\mu}$ on $C(D)$, hence (A_t^n) converges to (A_t^∞) (the barycenter of $\tilde{\mu}$) on every continuous function on D which verifies the barycentric formula. That is essentially the Baxter-Chacon compactness argument in the case we are dealing with a constant filtration.

Let Λ^1 be the space of optional processes of class (D). Every element X in Λ^1 defines then a bounded affine function on D_3 via the map $\overline{X} : A_t \to E\int_0^\infty X_t dA_t$. (See [10]).

Again, by the representation theorem we get a Radon probability measure $\tilde{\mu}$ on the space G_3 of all F_t-stopping times so that for any $X \in \Lambda_1$ we have

$$E\int_0^\infty X_t dA_t = \int_{G_3} E[X_\sigma] d\tilde{\mu}(\sigma) .$$

The following proposition reduces the topology of Baxter-Chacon [1] to the vague topology on $M(D_3)$.

Proposition II.2 : (Baxter-Chacon-Meyer) Every sequence (A_t^n) of randomized stopping times has a subsequence $(A_t^{n_k})$ such that for any regular process (X_t) of class (D) we have

$$E\int_0^\infty X_t dA_t^{n_k} \to E\int_0^\infty X_t dA_t$$

where (A_t) is also a randomized stopping time.

For the proof it is enough to take $\tilde{\mu} \in M(D_3)$ to be a cluster point in the vague topology of a sequence $(\tilde{\mu}_n)_n$ in $M(G_3)$ representing $(A_t^n)_n$. Then A_t = barycenter of $\tilde{\mu}$ is a limit of $(A_t^n)_n$ on the regular optional processes of class (D) since they induce bounded affine maps on D_3 , verify the barycentric formula and are continuous on G_3 .

Again, one can show that the map $A_t \to B_t \circ \lambda$ is a simplicial selection from D_3 onto $P(G_3)$ where B_t is the time change associated to A_t .

Note that the vague convergence of $(\tilde{\mu}_n)$ is stronger than the convergence of Baxter-Chacon, since the elements of $C(D_3)$ are not necessarily induced by processes and we do not know if the space $A(D_3)$ is strictly larger than the space of optional regular processes of class (D) .

Another immediate application of the representation above is the following optimal stopping rule.

Proposition II.3 For any regular process of class (D) (X_t) there exists a stopping time σ_0 such that $E[X_{\sigma_0}] = \sup_{\sigma \in G_3} E[X_\sigma]$

Proof: It is enough to notice that $\overline{X} : A_t \to E\int_0^\infty X_t dA_t$ is affine and continuous on the convex compact D_3 , hence it attains its maximum on an extreme point.

b) Vector measures:

Suppose now $K = [0,1]$. Recall that an $L_1(\Omega,\mathcal{F},P)$-valued vector measure F is a set function F from $\mathcal{B}$ (the Borel functions of $[0,1]$) into $L_1(\Omega,\mathcal{F},P)$ so that

(i) $F(\phi) = 0$ a.e.

(ii) $F(\bigcup_{i=1}^{\infty} B_i) = \sum_{i=1}^{\infty} F(B_i)$ for any disjoint $B_1, B_2, \ldots$ in $\mathcal{B}$.

Let D_4 be the set of all $L_1(\Omega,\mathcal{F},P)$-valued, positive vector measures such that $F[0,1] = 1$ a.e. One can show (see [2]) the existence of a unique increasing process (A_t) in D_2 so that $A_t = F[0,t]$ a.e.

The extreme points of D_4 are then the vector measures F of the form

$$F(A) = \chi_{\sigma^{-1}(A)} \quad \text{for some } \sigma : \Omega \to [0,1]$$

These are exactly the lattice orthogonally scattered measures introduced in [14].

III. Integral representation of operators:

Let now K be a Hausdorff topological space with a countable basis and let λ be a Radon probability on K . Let T be a bounded linear operator from $L_1(K,\lambda)$ into $L_1(\Omega,P)$. A disintegration theorem of Fakhoury [9], asserts that there exists and application $\mu : \Omega \to \mathcal{M}(K)$ so that

(i) $\mu_w = T1(w)\,\nu_w$ where ν_w are Radon probability measures on K

(ii) $w \to \mu_w$ is measurable if $\mathcal{M}(K)$ is equipped with the σ-field of weak-star Borel subsets.

(iii) Every f in $L_1(K,\lambda)$ is $|\mu_w|$-integrable for P-almost all w and $Tf(w) = \int_K f(t)\,d\mu_w(t)$.

(iv) $\int |\mu_w|\,dP(w) \le \|T\| \cdot \lambda$

By combining this disintegration result and the representation of section I we get

Theorem III.1: If K is compact and T is a positive bounded linear operator from $L_1(K,\lambda)$ into $L_1(\Omega,\mathcal{F},P)$, then there exists a probability Radon measure $\tilde{\nu}$ on $(G,\bar{d})$ such that

1) For any f in $L_1(K,\lambda)$ we have

$$Tf(w) = T1(w)\int_G f(\sigma(w))d\tilde{\nu}(\sigma) \quad \text{for P-almost all } w$$

2) $A(D)$ is dense in $L^1(G,\tilde{\nu})$

Proof: Associate to T the random probability $\nu = (\nu_w)$ in D. By Theorem I.4, there exists a probability measure $\tilde{\nu}$ on $(G,\bar{d})$ verifying 2) and for any X in $L^1(\Omega,C(K))$

$$\langle X,\nu\rangle = \int E[X_\sigma]d\tilde{\nu}(\sigma) .$$

For any B in $\mathcal{F}$ and f in $C(K)$, the process $X(t,w) = T1(w)X_B(w).f(t)$ belongs to $\mathcal{C}$. Hence,

$$\int_B (\int_K f(t)T1(w)d\mu_w(t))dP = \int_G (\int_B T1(w)f(\sigma(w))dP(w))d\tilde{\nu}(\sigma)$$

That is

$$\int_B Tf(w)dP(w) = \int_G (\int_B T1(w)f(\sigma(w))dP)\ d\tilde{\nu}(\sigma)$$

In order to apply Fubini's theorem on $G \times \Omega$, we still have to prove that for any $B \in \mathcal{F}$ and $f \in C(K)$ the map

$$\psi : G \times \Omega \to \mathbb{R}$$

defined by $\psi(\sigma,w) = X_B(w)f(\sigma(w))$ is measurable for the $\tilde{\nu} \otimes P$ completion of the product σ-field on $G \times \Omega$. Actually, we prove the existence of a measurable version of the map $(\sigma,w) \to \sigma(w)$. That is a measurable map $\psi : G \times \Omega \to \mathbb{R}$ so that for each $\sigma \in G$, we have for P-almost all w.

$$f\circ\psi(\sigma,w) = f(\sigma(w)) \quad \text{for all } f \text{ in } C(K).$$

It is clear that whenever we integrate with P, we can use $f(\sigma(w))$ instead of $f\circ\psi(\sigma,w)$, and we shall do so for almost everywhere equalities.

Since $(G,\bar{d})$ is separable, let (σ_n) be a dense sequence in G and let $A_{n,r}$ be the closed ball centered at σ_n and of radius $r > 0$.

For any $r > 0$, we have $G = \cup_n A_{n,r}$. Let $B_{n,r} = A_{n,r} \setminus \cup_{m<n} A_{m,r}$ and let $\tau_{n,r} \in B_{n,r}$ if $B_{n,r} \neq \emptyset$.

For any $k > 0$, we have $G = \cup_n B_{n,\frac{1}{k}}$. Define now $\psi_k(\sigma,w) = \sum_{n=1}^{\infty} \tau_{n,k}\, \chi_{B_{n,\frac{1}{k}}}(\sigma,w)$. That is $\psi_k(\sigma,w) = \tau_{n,\frac{1}{k}}(w)$ whenever $\sigma \in B_{n,\frac{1}{k}}$.

For any $\varepsilon > 0$, let $\ell' \geq \ell \geq 2(\frac{1+\epsilon}{\epsilon^2})$

We have

$$\tilde{\nu} \otimes P\,\{(\sigma,w); d(\psi_\ell(\sigma,w),\psi_{\ell'}(\sigma,w)) > \varepsilon\} =$$

$$\sum_{n=1}^{\infty} \int_{B_{n,\frac{1}{\ell'}}} P\{w \in \Omega\,;\, d(\tau_{n,\ell}(w)\,,\, \tau_{n,\ell'}(w)) > \epsilon\}$$

$$\leq \sum_{n=1}^{\infty} \int_{B_{n,\frac{1}{\ell'}}} \frac{1+\epsilon}{\epsilon} \cdot \bar{d}(\tau_{n,\ell}, \tau_{n,\ell'}) \cdot d\tilde{\nu}(\sigma)$$

$$\leq \sum_{n=1}^{\infty} \int_{B_{n,\frac{1}{\ell'}}} \frac{1+\epsilon}{\epsilon} \cdot \frac{2}{\ell} \cdot d\tilde{\nu}(\sigma) \leq 2\,\frac{(1+\epsilon)}{\epsilon} \cdot \frac{\epsilon^2}{2(1+\epsilon)} = \varepsilon$$

(ψ_k) is then Cauchy in probability, hence it converges to ψ. A similar argument shows that for $\tilde{\nu}$ almost all $\sigma \in G$, $\psi(\sigma,w) = \sigma(w)$

P-almost everywhere. (Note that if $K = [0,\infty]$ one can choose ψ independently of T).

By applying Fubini's theorem for any $B \in F$, we get

$$\int_B Tf\, dP = \int_B T1(w) \int_G f(\psi(\sigma,w))\, d\tilde{\nu}(\sigma)\, dP = \int_B T1(w) \int_G f(\sigma(w))\, d\tilde{\nu}(\sigma)\, dP$$

That is for any $f \in C(K)$ $\quad Tf(w) = T1(w) \int f(\sigma(w))\, d\tilde{\nu}(\sigma)$ a.e.

Since $C(K)$ is dense in $L^1(K,\lambda)$, it is easy to show that the above equation extends to all functions in $L^1(K,\lambda)$.

<u>Corollary III.1</u>: If T is any bounded linear operator from $L_1(K,\lambda)$ into $L_1(\Omega,F,P)$, then there exists two probability measures $\tilde{\nu}_1$ and $\tilde{\nu}_2$ on $(G,\bar{d})$ such that for any f in $L_1(K,\lambda)$ we have

$$Tf(w) = T^+1(w) \int_G f(\sigma(w))\, d\tilde{\nu}_1(\sigma) - T^-1(w) \int_G f(\sigma(w))\, d\tilde{\nu}_2(\sigma)$$

For a proof it is enough to notice that every bounded linear operator on L_1 is the difference of two positive operators T^+ and T^-.

If now T is a positive operator from $C(K)$ into $L_1(\Omega,F,P)$, then T extends to an operator from $L_1(K,\lambda)$ into $L_1(\Omega,P)$ where λ is the probability measure on K equal to $\frac{P \circ T}{\|T1\|_1}$. If we recall that an operator from $C(K)$ into $L_1(\Omega,F,P)$ is said to be regular if it is the difference of two positive operators from $C(K)$ into $L_1(\Omega,F,P)$, then the above theorem applies and we get

<u>Corollary III.2</u>: If T is a regular operator from $C(K)$ into $L_1(\Omega,F,P)$, then there exists two probability Radon measures $\tilde{\nu}_1$ and $\tilde{\nu}_2$ on G so that for any $f \in C(K)$ we have

$$Tf(w) = T^+1(w) \int_G f(\sigma(w))\, d\tilde{\nu}_1(\sigma) - T^-1(w) \int_G f(\sigma(w))\, d\tilde{\nu}_2(\sigma) .$$

<u>Corollary III.3</u>: a) If $(A_t)_t$ is an increasing process on $[0,\infty]$, then there exists a probability Radon measure $\tilde{\mu}$ on G_2 such that

$$A_t = A_\infty \cdot \int I_{[0,t]}(\sigma)\, d\tilde{\mu}(\sigma) = A_\infty \cdot \tilde{\mu}\{\sigma; \cdot\, \sigma(w) \le t\}$$

b) If (A_t) is a randomized stopping time then G_2 may be replaced by the set G_3 of F_t-stopping times.

Proof: It is enough to notice that each increasing process defines an operator from the cadlag functions on $[0,1]$ into $L_1(\Omega,F,P)$ by

$$Tf = \int_0^\infty f(t)dA_t$$

where the integral is in the sense of Lebesque-Steltjes. Applying now Corollary III.2 to the function $X_{[0,t]}$ and note that $A_t = TX_{[0,t]}$ a.e.

Corollary III.4: If F is a positive $L_1(\Omega,F,P)$ - valued vector measure on the Borel subsets of $[0,1]$, then there exists a Radon probability measure on G_4 such that

$$F(A) = F[0,1] \int_{G_4} \chi_{\sigma^{-1}(A)} \, d\tilde{\mu}(\sigma) \quad \text{for any} \quad A \in \mathcal{B} .$$

Proof: Following [6], there exists a measure λ on $[0,1]$ so that $\lambda << F$. Moreover F defines a positive operator from $L_\infty(\lambda)$ into $L_1(\Omega,F,P)$ by

$$Tf = \int f dF$$

where the integral is in the sense of Bartle-Dunford and Schwartz.

Recall that a tree in $L_1(\Omega,F,P)$ is a family of functions $\{\psi_{n,k};\ n=0,1,\ldots;\ k=1,2,\ldots,2^n\}$ in $L_1(\Omega,F,P)$ verifying

$$2\psi_{n,k} = \psi_{n+1,2k-1} + \psi_{n+1,2k} \quad \text{for each} \quad n,k .$$

Let $I_{n,k} = \left[\frac{k-1}{2^n}, \frac{k}{2^n}\right]$ be the diadic intervals of $[0,1]$.

Corollary III.5: If $(\psi_{n,k})$ is a bounded positive tree in $L_1(\Omega,F,P)$, then there exists a Radon probability $\tilde{\mu}$ on G such that for any n and $1 \le k \le 2^n$.

$$\psi_{n,k} = 2^n \psi_{0,1} \int_G \chi_{\sigma^{-1}(I_{n,k})} d\tilde{\mu}(\sigma)$$

<u>Proof</u>: Associate to the tree $(\psi_{n,k})$ the operator T from $L_1[0,1]$ into $L_1(\Omega,F,P)$ defined by $T\frac{\chi_{I_{n,k}}}{2^{-n}}=\psi_{n,k}$ for each n and $1 \leq k \leq 2^n$ and which can be extended by linearity and continuity. Apply then Theorem III.1 to T.

The above representation can be useful for extending some properties which are easily verifiable in the case of operators induced by point transformations to more general operators. Here is an immediate application of this representation.

<u>The Riesz-Thorin convexity theorem</u>: Every bounded linear operator on L_1, whose restriction on L_∞ is also bounded, induces a bounded operator on each L_p, $1 < p < \infty$.

<u>Proof</u>: Suppose that T is a positive operator on L_1 so that $T1 \in L_\infty$. For any f in L_p, $(|f^p| \in L_1)$ we have:

$$\int_\Omega |Tf|^p dP = \int_\Omega |T1(w)|^p \left| \int_G f(\sigma(w))d\tilde{\nu}(\sigma) \right|^p dP \leq$$

$$\int_\Omega |T1|^{p-1} \int_G |T1| \left| f^p(\sigma) \right| d\tilde{\nu}(\sigma)\ dP \leq$$

$$\|T1\|_\infty^{p-1} . \int_\Omega T|f|^p.dP \leq \|T1\|_\infty^{p-1} . \|T1\|_1 . \|f^p\|_1$$

Hence $\|T\|_p \leq \|T1\|_\infty^{1-\frac{1}{p}} . \|T\|_1^{\frac{1}{p}}$.

IV. <u>Convolutions and multipliers</u>:

Let K be a compact abelian group with a Haar measure λ, and let μ be a positive Radon measure on K. Define the convolution operator on $L_1(G)$ by

$$Tf(x) = \int_K f(y^{-1}x)d\mu(y)$$

It is clear that μ is a representation of T in the sense of theorem III.1. In this case $\tilde{\mu}$ is actually supported by the set of translations on K which can be identified with K and is a subset of $G = \{\text{measurable transformations on } K\}$.

More generally, let G be a group operating on a topological space K. If μ is a positive Radon measure on G, one can associate an operator on the bounded Borel functions on K by

$$Tf(x) = \int_G f(gx)d\mu(g) .$$

The above theorem shows that any operator T on $L_1(K,\lambda)$ with $T1 = 1$, is a "generalized" convolution where the canonical semi-group operating "measurably" on K is the non-abelian semi-group of the measurable transformations on K, equipped with the composition operation.

We may also write $Tf = f*\tilde{\mu}$, which makes T appear like a "randomized" multiplier. Note also that

$$T^2f(w) = \int_G \int_G f(\sigma\tau(w))d\tilde{\mu}(\tau)d\tilde{\mu}(\sigma)$$

That is the nth iterate of T is given by the formula $T^n f = f*\tilde{\mu}^{*n}$.

It is enlightening at this stage to recall Wendell's theorem [12], which asserts that an operator T on L_1 of a compact abelian group K, which commutes with translations can be written as $Tf = f * \mu$ where μ is a Radon measure on K. The above representation shows that the measure μ always exists and that if T commutes with translations, then μ is supported by the group of translations. To give a proof of this fact, it is simpler to use the first representation, that is if T is a bounded linear operator on $L_1(K,\lambda)$, there exists a random measure $\mu : K \to M(K)$ such that

$$Tf(x) = \int_K f(t)d\mu_x(t) \quad \text{for } \lambda\text{-almost all } x .$$

For each $y \in K$, denote by τ_y the translation operator associated to y. That is $\tau_y(x) = y^{-1}x$, $(\tau_y f)(x) = f(y^{-1}x)$ and $(\tau_y\mu)(f) = \mu(\tau_y f)$, where f is in $L_1(K)$ and μ is a Radon measure on K. Let e be the unit element in K.

The fact that T commutes with translations means that for any x and y in K we have $\tau_x\mu_y = \mu_{\tau_x y}$.

If $y = e$, we have $\tau_{x^{-1}}\mu_e = \mu_x$ for any $x \in K$. That is for any f in $L_1(K)$,

$$Tf(x) = \mu_x(f) = \int_K f(xy)d\mu_e(y) = \int_K f(y^{-1}x)d\nu_e(y)$$

where ν_e is the image of μ_e by the map $y \to y^{-1}$.

Another way to see it, is to show that the extreme points of the subset D_5 of D defined by

$$D_5 = \{(\mu_x) \in D \; ; \; (\tau_y\mu_x)_x = (\mu_{\tau_y x})_x \quad \text{for each } y \in K\},$$

are the random probabilities of the form δ_{τ_a} for some a in K.

V. Markov chains and random walks:

Let $(K,\mathcal{B},\lambda)$ be a compact separable space with a Radon probability measure λ on its Borel σ-field $\mathcal{B}$. Let P be a transition probability.

Let G be the semi-group of measurable transformations from K into itself. By Theorem [4] of [9] and Corollary (2), there exists a probability Radon measure $\tilde{\mu}$ on G such that for any $A \in B$ we have

$$P(x,A) = \int_G \chi_A(\sigma x)d\tilde{\mu}(\sigma).$$

Let $\tilde{P}$ be the transition probability on G defined for any $\sigma \in G$ and bounded Borel function g on G by

$$\tilde{P}(\sigma,g) = \tilde{\mu} * \delta_\sigma(g) = \int_G g(\tau\sigma)d\tilde{\mu}(\tau) .$$

Let $(\Omega, F, F_n, X_n, P_\sigma)$ be the canonical Markov chain associated to it [11]; that is $X_n : (\Omega, F) \to G$ is a homogenuous Markov chain with respect to the σ-field (F_n) with transition probability $\tilde{P}$ and starting measures $(P_\sigma)_{\sigma\in G}$.

Let $\bar{\Omega} = K \times \Omega$, $\bar{F} = B \otimes F$, $\bar{F}_n = B \otimes F_n$ and let e be the identity transformation on K, and P_e the probability associated with the starting measure δ_e. If ν is a probability measure on K, we denote by $\bar{P}_\nu$ the probability measure $\nu \otimes P_e$ on $(\bar{\Omega}, \bar{F})$.

For $\bar{w} = (x,w)$, set $Y_o(\bar{w}) = x$ and

$$Y_n(\bar{w}) = X_n(w)(x) \quad \text{(the transformation } X_n(w) \text{ applied to } x\text{)}$$

One can show that (Y_n) is a Markov chain on K with respect to the σ-algebras $\bar{F}_n$ with transition probability equal to P and for any starting probability measure $\bar{P}_\nu$.

The chain is not the canonical chain associated to P. But it might be of interest to know that one can associate to any transition probability, a Markov chain induced by a "pseudo random walk" on a canonical semi-group G. The case of interest might be when $\tilde{\mu}$ is supported on the group G_6 in G of all the invertible transformations, since then $X_n(w)$ can be written as $X_0 Z_1 \ldots Z_n$ where the Z_i's are independent, identically distributed and of law $\tilde{\mu}$.

An interesting problem will be then to characterize the set D_6 of transition probabilities on K, whose extreme points are the transition probabilities induced by the invertible point transformations. It is clear that in case K is a group, D_6 contains D_5, and the Markov chains associated to elements in D_6 are the natural extensions of the random walks.

VI. Stronger topologies on $\mathcal{M}(D)$:

Let (μ_n) be a sequence of random probabilities in D and let $(\tilde{\mu}_n)$ be a sequence of probabilities on G representing $(\tilde{\mu}_n)$. We have already seen that the vague convergence of $(\tilde{\mu}_n)$ is stronger than the weak convergence of Baxter-Chacon, since the elements of C(D) unlike those of A(D) are not induced by processes in C. We shall see in the sequel that $(\tilde{\mu}_n)$ may converge on a large space of functions than C(D) and this convergence is strong enough to imply in some cases almost sure convergence.

Since D is not a simplex, the representing measures on (μ_n) are not unique. To keep more control on the representation, we prefer to select for each $\nu \in D$, a maximal measure $\tilde{\nu}$ on G which is simplicial; that is one, which is extreme in the set of all maximal measures representing ν. If $\tilde{\nu}$ is such a measure, then A(D) is dense in $L^1(G,\tilde{\nu})$.

Let now $\nu = \sum_{n=1}^{\infty} 2^{-n}\mu_n$; since the map $\nu \to \tilde{\nu}$ is not in general linear and continuous, we shall need the following lemma.

<u>Lemma VI .1</u>: There exists maximal Radon probabilities $\tilde{\mu}_n$ (resp $\tilde{\nu}$) supported on G, representing μ_n (resp ν) so that

(1) A(D) is dense in $L^1(\tilde{\nu})$

(2) $\sum_{n=1}^{\infty} 2^{-n}\tilde{\mu}_n = \tilde{\nu}$

<u>Proof</u>: Let $\tilde{\nu}$ be a simplicial and maximal measure on G representing ν. The two measures on D, $\tilde{\nu}$ and $\sum_{n=1}^{\infty} 2^{-n}\delta_{\mu_n}$ have the same barycenter ν, hence by [4], there exists a measurable map $\phi: D \to \mathcal{M}(D)$ such that

(i) $\phi(\mu_n)$ is maximal for each n.

(ii) $\phi(\mu_n)$ and μ_n have the same barycenter for each n.

(iii) $\sum_{n=1}^{\infty} 2^{-n}\delta_{\mu_n}(\phi) = \tilde{\nu}$.

It is clear that $\tilde{\mu}_n = \phi(\mu_n)$ verify (1) and (2).

Note now that $A(D) \subseteq C(D) \subseteq L^1(\tilde{\nu})$ and that $\tilde{\mu}_n \in L^\infty(\tilde{\nu})$ for each n. But even though $(\tilde{\mu}_n)$ is relatively compact for the vague topology $\sigma(M(D), C(D))$, it is not necessarily bounded in $L^\infty(\tilde{\nu})$. Therefore, it is natural to put the $(\tilde{\mu}_n)$ in a space, where they are bounded, and such that this space is conjugate to a space between $C(D)$ and $L^1(\tilde{\nu})$.

For that let ν^* be the (possibly infinite) subadditive and positively homogenuous map on $L^1(\tilde{\nu})$ defined by

$$\nu^*(f) = \sup_n |\tilde{\mu}_n(f)|$$

Let E be the completion of the space $\{f \in L^1(\nu) ; \nu^*(|f|) < \infty\}$. It is immediate to see that E is a Banach lattice and that

$$C \subseteq \mathcal{C}(D) \subseteq E \subseteq L_1(\tilde{\nu})$$

where the injection maps are continuous.

The crucial fact is, of course, that $(\tilde{\mu}_n)$ is a $\sigma(E^*, E)$ relatively compact sequence in E^*, since it is in the positive ball of E^*. But, in general, E fails to be separable, hence we can only expect to find a subnet of $(\tilde{\mu}_n)$ which is convergent on the elements of E.

VII. Convergence of normalized positive operators:

Suppose now λ is a Radon probability measure on K and let (S_n) be a sequence of positive operators from $L_1(K,\lambda)$ into $L_1(\Omega,\mathcal{F},P)$ and let (μ_n) be the random probabilities associated to them. Set $\nu = \sum_{n=1}^{\infty} 2^{-n}\mu_n$. By combining the representation of section III, with the results of last section, we obtain that there exists Radon probability measures $(\tilde{\mu}_n)$, $\tilde{\nu}$ supported on G so that

(1) $\tilde{\nu} = \sum_{n=1}^{\infty} 2^{-n}\tilde{\mu}_n$

(2) $A(D)$ is dense in $L_1(\tilde{\nu})$

(3) For each f in $L_1(K)$, we have

$$S_n f(w) = S_n 1(w) \int f\circ\psi(\sigma,w)\,d\tilde{\mu}_n(\sigma)$$

where $\psi : G\times\Omega\times\mathbb{R}$ is measurable with respect to the $\tilde{\nu}\otimes P$ completion of the product σ-field on $G\times\Omega$.

Note that each S_n can be extended to the cone of all positive and finite measurable functions on K , since if h is a function in this cone which is not necessarily in $L_1(K)$, we can define $S_n h$ as the limit of the sequence $(S_n h_m)_m$ where (h_m) is a sequence in $L_1(K,\lambda)$ increasing to h . It is standard to show that $S_n h$ does not depend on the particular sequence (h_m) and it is easy to see that equation (3) still holds for such an h .

Suppose now that $S_n 1 = 1$ and notice that if we fix $f\in L_1(K,\lambda)$, then almost all w's define an integrable function w_f in $L_1(G,\tilde{\mu}_n)$ via the map $w_f(\sigma) = f\circ\psi(\sigma,w)$ and that if $\sup_n |S_n f(w)| < \infty$, then w_f belongs to the space E since $\tilde{\mu}_n(w_f) = S_n f(w)$.
The connection between the convergence of the operators and the convergence of their representing measures is given by the following.

<u>Proposition VII.1</u>: a) If $\tilde{\mu}_n$ converges vaguely to $\tilde{\mu}$ then there exists an operator $S:L_1(K,\lambda)\to L_1(\Omega, ,P)$ so that $S_n f$ converges weakly to Sf for each f in $L_1(K,\lambda)$.

b) If $\tilde{\mu}_n$ converges to $\tilde{\mu}$ in $\sigma(E^*,E)$ then for every $f\in L_1(K,\lambda)$, $S_n f$ converges almost everywhere on the set $\{w;\ \sup_n S_n f(w) < \infty\}$.

If now a sequence of normalized operators is given, one can always find a subsequence of their representing measure which is convergent vaguely. Unfortunately, it is not the case for the almost sure convergence and in general one cannot expect to have convergence in $\sigma(E^*,E)$ of a subsequence of $(\tilde{\mu}_n)$ but of a subnet. The natural question is to find conditions on the sequence of operators (S_n) to insure that the ball of E^* is weak*-sequentially compact.

Another approach might be to find the right conditions to insure the existence of a simplicial $\tilde{\nu}$ so that $\tilde{\mu}_n$ are bounded in $L_\infty(\tilde{\nu})$. In this case the weak convergence of the operators will imply automatically the almost sure convergence (up to a maximal inequality) since $A(D)$ is then dense in $L_1(G,\tilde{\nu})$.

Addendum: After this paper was written, M. Talagrand showed me a recent paper of Edgar-Millet-Sucheston entitled "On compactness and optimality of stopping times" in which the Choquet representation of randomized stopping times is used to deal with some optimal stopping problems.

References:

[1] S.R. Baxter, R.V. Chacon: "Compactness of stopping times." Z. Wahrs verw.Ge 40, p.169-181 (1977).

[2] I. Berkes, H.P. Rosenthal: "Almost exchangeable sequences of random variables." (Revised version) Preprint (1981).

[3] S.D. Chatterji:Ecole d'été de probabilités de Saint-Flour-Springer-Verlag. Berlin - Heidelberg - New York 307, (1973).

[4] G. Choquet: "Lectures in Analysis" Volume II, W.A. Benjamin Inc. Amsterdam (1969).

[5] C. Dellacherie: "Capacités et processes stochastiques" Vol. 67, Springer-Verlag, Berlin, Heidelberg, New York (1972).

[6] J. Diestel, J.J. Uhl: "Vector measures" Mathematical Surveys, No. 15, A.M.S., Providence (1977).

[7] N. Dunford, J. Schwartz: "Linear operators", Volume I, Interscience New York, (1958).

[8] G. Edgar: "Disintegration of measures and the vector-valued Radon-Nikodym theorem": Duke Math J. 42, 3, p.447-450 (1975).

[9] H. Fakhoury: "Représentation d'opérateurs à valeurs dans $L_1(X,\Sigma,\mu)$: Math Annalen.

[10] P.A. Meyer: "Convergence faible et compacité des temps d'arrêt" d'après Baxter et Chacon. Sem de probabilites XII, 649, Springer-Verlag (1978).

[11] D. Revuz: "Markov Chains" North-Holland, American Elsevier (1975).

[12] W. Rudin: "Fourier analysis on groups." Interscience, New York, (1962).

[13] H.H. Schaeffer: "Banach lattices and positive operators": Berlin, Heidelberg, New York, Springer-Verlag (1974).

[14] K. Sundaresan, W. Woycynski: "L-orthogonally scattered measures." Pacific. J. of Math. 43, 785-797 (1972).

[15] M. Yor: "Sous-espaces denses dans L^1 on H^1 et représentation des martingales." Séminaire de probabilités XII, Lecture notes in Mathematics, 649, Springer-Verlag (1978).

TOPOLOGIES METRISABLES RENDANT CONTINUES LES TRAJECTOIRES D'UN PROCESSUS

par S. CHEVET

Le but de cet exposé est de présenter certains résultats de TSIRELSON ([10],[11]) sur les réalisations naturelles d'un processus réel et donc sur l'existence de métriques séparables sur l'espace des temps rendant continues les trajectoires du processus.

Cette étude a permis de donner de nouvelles propriétés sur les processus gaussiens et plus généralement sur les processus définis à partir d'une suite de variables indépendantes. On peut trouver aussi dans [9] une application aux séries lacunaires.

§ 1. Préliminaires

Dans tout ce qui suit Σ est un processus réel, c'est-à-dire une application d'un ensemble T dans un L^0 $(\Omega, \mathcal{F}, P)$. Une réalisation de Σ est une application ξ de Ω dans $\mathbb{R}^T$ telle que, pour tout t de T, l'application coordonnée $\omega \to \xi(\omega)(t)$ est un élément de la P-classe $\Sigma(t)$. Les trajectoires de ξ sont les éléments $\xi(\omega)$, $\omega \in \Omega$, c'est-à-dire les fonctions réelles sur T, $t \to \xi(\omega)(t)$, $\omega \in \Omega$. Dans ce papier on ne différentiera pas deux réalisations P-indistinguables de Σ, c'est-à-dire deux réalisations ξ_1 et ξ_2 de Σ telles que $\{\omega ; \xi_1(\omega) \neq \xi_2(\omega)\}$ est P-négligeable.

<u>Définition</u> (1.1).- On dira que le processus Σ a une <u>réalisation naturelle</u> sur T s'il existe une distance <u>séparable</u> ρ sur T et une réalisation ξ de Σ à trajectoires continues sur (T, ρ) :

$$\forall \omega \in \Omega \quad , \quad \xi(\omega) \in \mathcal{C}(T, \rho).$$

(une distance est dite séparable si (T, d) est un espace topologique séparable).

ρ sera appelée distance associée à ξ .

On peut noter que ρ n'est pas unique car, si ρ_1 est une autre distance séparable sur T , $\rho + \rho_1$ est aussi une distance séparable sur T rendant continues les trajectoires de ξ .

Si C est une partie non vide de L^0 $(\Omega, \mathcal{F}, P)$, on dira que C est un ensemble naturel si le processus canonique $C \to L^0$ $(\Omega, \mathcal{F}, P)$ qu'il définit admet une réalisation naturelle.

Premières propriétés

(1.1) Une réunion dénombrable d'ensembles naturels de L^0 $(\Omega, \mathcal{F}, P)$ est un ensemble naturel.

Plus généralement si $(K_n)_n$ est une suite de parties de T de réunion T telle que pour tout n , $\Sigma \mid K_n$ admet une réalisation naturelle ξ_n sur K_n , alors Σ admet une réalisation naturelle sur T. En effet, en se ramenant au cas où les K_n sont disjoints 2 à 2 et en notant ρ_n une distance sur K_n associée à ξ_n ,

$$\rho(s, t) = \begin{cases} \dfrac{\rho_n(s, t)}{1 + \rho_n(s, t)}, & \text{si } s, t \in K_n \\ 1 & \text{sinon} \end{cases} \qquad (s, t \in T)$$

définit une distance séparable sur T et Σ admet une réalisation à trajectoires ρ-continues.

Exemple (1.1).- Si $(\xi_n)_n$ est une suite de variables aléatoires réelles sur un $(\Omega, \mathcal{F}, P)$, l'application

$$\Sigma : (a_n)_n \longrightarrow \sum_n a_n \xi_n$$

de $\mathbb{R}_o^N$ dans L^0 $(\Omega, \mathcal{F}, P)$ admet une réalisation naturelle car, trivialement, Σ admet une réalisation naturelle sur chacun des ensembles

$C_n := \{a \in \mathbb{R}_o^{\mathbb{N}}\ ;\ a_i = 0 \text{ si } i > n\ ;\ |a_i| \leqslant n \text{ si } i \leqslant n\}$.

On rappelle que, si $(\Omega, \mathcal{F}, P)$ est un espace probabilisé de Radon[(1)], une partie

---

(1) C'est-à-dire Ω est un espace topologique séparé, P une probabilité de Radon sur Ω et $\mathcal{F}$ la tribu P-complétée de la tribu borélienne de Ω.

C de $L^0(\Omega, \mathcal{F}, P)$ est dite <u>équi-Lusin-mesurable</u> si, pour tout $\varepsilon > 0$, il existe un compact K_ε de Ω de P-mesure supérieure à $1-\varepsilon$ telle que chaque f de C admet un représentant continu sur K_ε. On peut supposer K_ε <u>P-plein</u>, c'est-à-dire pour tout x de K_ε et tout voisinage ouvert V de x, $P(K_\varepsilon \cap V) > 0$.

(1.2) <u>Si Σ admet une réalisation naturelle ξ et si $(\Omega, \mathcal{F}, P)$ est un espace probabilisé de Radon, alors $\xi : \Omega \to \mathbb{R}^T$ est P-Lusin mesurable et la loi de Σ se prolonge en une probabilité de Radon sur $\mathbb{R}^T$ portée par une réunion dénombrable de compacts métrisables</u>.

En effet, si (T, ρ) est un espace métrique séparable, il existe une topologie métrisable séparable (non vectorielle) τ sur l'ensemble $\mathcal{C}(T, \rho)$ des fonctions continues sur (T, ρ) telle que :

(i) l'injection $\mathcal{C}(T, \rho) \to \mathbb{R}^T$ est continue ;

(ii) la tribu de Baire (ou borélienne) sur $\mathcal{C}_\tau(T, \rho)$ coïncide avec la tribu trace de la tribu produit sur $\mathbb{R}^T$.

En fait, si $(U_n)_n$ est une base dénombrable d'ouverts de T, la topologie τ est définie par la distance

$$\delta(f,g) = \sup \frac{1}{2^n} \left(|\psi'_n(f) - \psi'_n(g)| + |\psi''_n(f) - \psi''_n(g)| \right) \qquad (f,g \in \mathcal{C}(T,\rho))$$

où

$$\psi'_n(f) = \inf_{x \in U_n} \operatorname{Arctg} f(x), \quad \psi''_n(f) = \sup_{x \in U_n} \operatorname{Arctg} f(x).$$

Par suite, si ρ est une distance séparable sur T associée à ξ, ξ définit une application P-Lusin mesurable de Ω dans $\mathcal{C}_\tau(T, \rho)$. Ce qui implique (1.2).

<u>Remarque</u> (1.1).- Σ admet une réalisation ξ P-Lusin mesurable de Ω dans $\mathbb{R}^T$ si et seulement si $\Sigma(T)$ est équi-Lusin-mesurable.

<u>Remarque</u> (1.2).- On a une réciproque de (1.2). Si $(\Omega, \mathcal{F}, P)$ est un espace probabilisé de Radon avec P portée par une réunion dénombrable de compacts métrisables, si, sur T, il existe une distance séparable d et si Σ admet une réalisation ξ P-Lusin mesurable, alors ξ est naturelle (à l'indistinguabilité près).

En effet, il existe une suite croissante $(K_n)_n$ de compacts métrisables de Ω telle que $\xi \mid K_n$ est continue de K_n dans $\mathbb{R}^T$ et $P(\bigcup_n K_n) = 1$. Il suffit de considérer l'écart $\rho + d$ où

$$\rho(t, s) = \sup_n \frac{1}{2^n} \operatorname{Arctg}_{\omega \in K_n} |\xi(\omega)(t) - \xi(\omega)(s)| \qquad (s, t \in T).$$

ρ est une distance si Σ est injective.

Noter que, puisque l'on peut choisir les K_n pleins, on peut exiger de ρ qu'elle vérifie la propriété suivante :

(P) "pour tout réel $a \geqslant 0$, $\{(t,s) \in T \times T \; ; \; \rho(t,s) \leqslant a\}$ est fermé dans $(T,\tau) \times (T,\tau)$ où τ est la topologie induite de la topologie de la convergence en probabilité par l'application Σ ".

Exemple (1.2).- Soit $(\xi_k)_{k \geqslant 0}$ une suite de v.a.r. indépendantes telles que

$$P(\xi_k = 0) = 1 - p_k \; , \; P(\xi_k = 1) = p_k$$

où $0 < p_k$ $(k \geqslant 0)$, $\sum_k p_k < +\infty$. Alors, pour tout $(a_n)_n \in \mathbb{R}^{\mathbb{N}}$, $\sum_i a_i \xi_i$ converge (en probabilité) et le processus

$$\Sigma : (a_n)_n \longrightarrow \sum_i a_i \xi_i$$

sur $\mathbb{R}^{\mathbb{N}}$ admet une réalisation naturelle.

Noter qu'il existe des processus n'admettant pas de réalisation naturelle ; il suffit de considérer le processus de Poisson standard sur $[0, 1]$.

§ 2. Propriétés générales

On supposera dans tout ce qui suit, sauf mention expresse du contraire, que $(\Omega, \mathcal{F}, P)$ est un espace de Lebesgue au sens de Rohlin [5], i.e. $(\Omega, \mathcal{F}, P)$ est isomorphe mod.0 à $([0,1], \mathcal{B}^\lambda, \lambda)$ où λ est une probabilité sur $[0, 1]$ et $\mathcal{B}^\lambda$ la tribu λ-complétée de la tribu borélienne sur $[0,1]$. Il est bien connu que, si Ω est un espace topologique séparé, P une probabilité de Radon sur Ω portée par une réunion dénombrable de compacts métrisables et $\mathcal{F}$ la tribu P-complétée de la tribu borélienne sur Ω, alors $(\Omega, \mathcal{F}, P)$ est un espace de Lebesgue.

On ne considérera que des espaces des temps T sur lesquels il existe une distance séparable.

Théorème (2.1) (de caractérisation).- Soit $C \subset L^0(\Omega, \mathcal{F}, P)$ et μ la probabilité sur $\mathbb{R}^C$ (muni de sa tribu produit) induite par le processus canonique $C \to L^0(\Omega, \mathcal{F}, P)$. Les assertions suivantes sont équivalentes :

(a) C est un ensemble naturel ;

(a') tout processus $\Sigma : T \to L^0(\Omega, \mathcal{F}, P)$ tel que $\Sigma(T) \subset C$ admet une réalisation naturelle ;

(b) μ se prolonge en une probabilité de Radon $\bar{\mu}$ sur $\mathbb{R}^C$ portée par une réunion dénombrable de compacts métrisables ;

(c) il existe $\varphi : C \to \mathcal{C}(\mathbb{R})$ et $\alpha : \Omega \to \mathbb{R}$ mesurable tels que

$$\forall \eta \in C \quad , \quad \varphi(\eta) \circ \alpha \in \eta \; ;$$

(d) pour tout $\varepsilon > 0$, il existe A dans $\mathcal{F}$ tel que $P(A) \geqslant 1 - \varepsilon$ et $\{\eta\, 1_A \; ; \eta \in C\}$ est une partie séparable de $L^\infty(\Omega, \mathcal{F}, P)$;

(e) il existe $\Omega_1 \in \mathcal{F}$ de P-mesure un, σ_1 une métrique séparable sur Ω_1 et λ une probabilité borélienne sur (Ω_1, σ_1) telles que P est la complétée de λ et telles que tout η de C coïncide presque sûrement sur Ω_1 avec une fonction continue sur Ω_1.

De plus, si $(\Omega, \mathcal{F}, P)$ est aussi un espace probabilisé de Radon, ces assertions sont équivalentes à :

(f) C est équi-P-Lusin-mesurable.

Preuve .- Vu les propriétés des espaces de Lebesgue, on peut supposer que $(\Omega, \mathcal{F}, P)$ est égal à $([0,1], \mathcal{B}^\lambda, \lambda)$ avec λ une certaine probabilité borélienne sur $[0,1]$.

(a) $\Longleftrightarrow$ (a') $\Longleftrightarrow$ (f), grâce à (1.2) et aux remarques (1.1) et (1.2).

(e) $\Longrightarrow$ (f) trivialement.

(f) $\Longrightarrow$ (e) : soit $(K_n)_n$ une suite de compacts de $[0,1]$ disjoints 2 à 2 telle que $P(\bigcup_n K_n) = 1$ et telle que, pour tout n, tout η de C coïncide p.s. sur K_n avec une fonction continue sur K_n. (e) s'obtient aisément en prenant $\Omega_1 = \bigcup_n K_n$ et

$$\sigma_1(\omega_1,\omega_2) = \begin{cases} 1 & \text{si } \omega_1, \omega_2 \text{ non dans un même } K_n \\ |\omega_1-\omega_2|, & \text{sinon} \end{cases}$$

(e) $\Longrightarrow$ (c) : soit $(K_n)_n$ une suite de compacts de (Ω_1,σ_1) disjoints 2 à 2 tels que $P(\bigcup_n K_n) = 1$ et tels que les restrictions à chaque K_n de l'application identique de Ω_1 dans $[0,1]$ soit continue.

Posons

$$\alpha(\omega) = \omega + 2n \quad \text{si} \quad \omega \in K_n ;$$

α est une application continue injective de l'ensemble fermé de $\mathbb{R}$ $\bigcup_n (K_n + 2n)$ dans (Ω_1, σ_1). Soit $\eta \in C$ arbitraire ; soit $\tilde{\eta}$ un élément de η continu sur (Ω_1,σ_1) ; alors $\varphi = \tilde{\eta} \circ \alpha^{-1}$ se prolonge par continuité à $\mathbb{R}$ et

$$\tilde{\eta}(\omega) = \varphi(\alpha(\omega)) \quad \text{p.s.}$$

(c) $\Longrightarrow$ (b), car la loi du processus est l'image de la probabilité $\alpha^{-1}(P)$ sur $\mathbb{R}$ par l'application continue $t \longrightarrow (\varphi(\eta)(t))_{\eta \in C}$ de $\mathbb{R}$ dans $\mathbb{R}^C$.

(b) $\Longrightarrow$ (d). Soit les fonctions coordonnées $\tilde{\eta}$ sur $\mathbb{R}^C$ associées au $\eta \in C$:

$$\tilde{\eta}(\omega) = \omega(\eta) \qquad (\omega \in \mathbb{R}^C, \ \eta \in C).$$

Soit $\varepsilon > 0$ arbitraire ; alors il existe un compact métrisable K de $\mathbb{R}^C$ tel que $\mu(K) \geqslant 1 - \varepsilon$. On peut trouver une suite $(\eta_n)_n$ d'éléments de C et un borélien B_o de $\mathbb{R}^{\mathbb{N}}$ tels que

$$\tilde{B} := \{a \in \mathbb{R}^C ; (\tilde{\eta}_n(a))_n \in B_o\}$$

contient K et a même mesure que K. Comme K est métrisable et $\{\tilde{\eta}\, 1_K ; \eta \in C\} \subset \mathscr{C}(K)$, $\{\tilde{\eta}\, 1_{\tilde{B}} ; \eta \in C\}$ est une partie séparable de $L^\infty(\mathbb{R}^C ; \bar{\mu})$. Si

$$B := \{\omega \in \Omega ; (\eta_n(\omega))_n \in B_o\},$$

alors on peut vérifier que $\{\eta\, 1_B ; \eta \in C\}$ est une partie séparable de $L^\infty(\Omega, \mathfrak{F}, P)$.

(d) $\Longrightarrow$ (f), car toute partie séparable de $L^\infty(\Omega, \mathfrak{F}, P)$ est équi-Lusin-mesurable □

<u>Remarque</u> (2.1).- Vu la remarque (1.2), on peut remplacer " Σ admet une réalisation naturelle" par : "il existe une métrique séparable ρ sur T et une réalisation de Σ à trajectoires ρ-Lipschitziennes". Par contre, dans (e), on ne peut remplacer " η coïncide p.s. sur Ω_1 avec une fonction σ_1-continue sur Ω_1 " par " η coïncide p.s. sur

Ω_1 avec une fonction σ_1-Lipschitzienne". Si Σ est gaussien, la nouvelle condition (e), soit (e'), est équivalente à "$\Sigma(T)$ est réunion dénombrable de G.C. ensembles (ou, ce qui revient au même, de parties équimesurables au sens de Grothendieck)" ; mais il est bien connu qu'un G.B. ensemble disqué, qui n'est pas un G.C. ensemble, ne peut être réunion dénombrable de G.C. ensembles. Or on verra qu'un G.B. ensemble est un ensemble naturel ; donc (e) et (e') ne sont pas équivalentes.

Remarque (2.2).- Soit $C \subset L^0 (\Omega, \mathcal{F}, P)$ telle que, pour toute partie dénombrable D de C , on ait

$$P (\sup_{\alpha \in D} |\alpha| < + \infty) = 0 \text{ ou } 1.$$

On déduit aisément de l'assertion (d) que, si C est un ensemble naturel, C est réunion dénombrable de parties latticiellement bornées de $L^0 (\Omega, \mathcal{F}, P)$.

Mais il existe des ensembles naturels qui ne sont pas réunion dénombrable de parties latticiellement bornées ; il suffit de considérer l'exemple (1.2) et de noter que les parties A de $\mathbb{R}^{\mathbb{N}}$ telles que Σ (A) soit latticiellement bornée sont relativement compactes dans $\mathbb{R}^{\mathbb{N}}$.

Terminons ce paragraphe par la donnée de quelques propriétés des réalisations naturelles.

Proposition (2.1).- Soit $(\Omega, \mathcal{F}, P)$ un espace de Lebesgue et $\Sigma : T \to L^0 (\Omega, \mathcal{F}, P)$ un processus admettant une réalisation naturelle ξ. Alors :

(1) $\{\omega \; ; \; \xi (\omega) (t) = \xi (\omega) (t') \; , \; \forall (t, t') \ni \Sigma (t) = \Sigma (t')\}$ est de P-mesure un.

(2) Deux réalisations naturelles de Σ sont indistinguables.

(3) Pour tout borélien B de $\mathbb{R}^T$, $\xi^{-1} (B) \in \mathcal{F}$.

(4) Si T est un espace vectoriel et si Σ est linéaire, alors, pour presque tout ω, $\xi (\omega) \in T^*$.

(5) Si T est muni d'une tribu $\mathcal{G}$ et si $\Sigma : (T, \mathcal{G}) \longrightarrow L^0 (\Omega, \mathcal{F}, P)$ est mesurable, alors $\xi (\omega) (t)$ est mesurable simultanément par rapport aux deux variables ω et t.

(6) Si T est muni d'une métrique complète d, si Σ est continu en probabilité, alors il existe $T_o \subset T$ maigre tel que ξ a ses trajectoires continues sur $(T \setminus T_o, d)$.

(7) Si T est muni d'une métrique séparable d et si Σ est continu en probabilité sur (T, d) alors ξ est d-séparable.

Preuve.- Comme dans le théorème (2.1), on peut supposer que $(\Omega, \mathcal{F}, P)$ est un $([0,1], \mathcal{B}^\lambda, \lambda)$.

(1), (2), (3), (4) sont immédiates puisque $\xi : [0,1] \longrightarrow \mathbb{R}^T$ est P-Lusin mesurable.

(5) : soit K un compact métrisable plein de Ω de mesure proche de un tel que ξ soit continu sur K. Définissons $J_n : L^0 (\Omega, \mathcal{F}, P) \times K \longrightarrow \mathbb{R}$ par

$$\int_K \exp (- n \; |\omega - \omega'|) \operatorname{Arctg} (g (\omega') - J_n (g, \omega)) \, dP (\omega') = 0$$

$(g \in L^0 (\Omega, \mathcal{F}, P), \omega \in K)$; alors J_n est continue de $L^0 (\Omega, \mathcal{F}, P) \times K$ dans $\mathbb{R}$ et donc $\xi_n (\omega, t) = J_n (\Sigma (t), \omega)$ est mesurable sur $(T \times K, \mathcal{G} \otimes \mathcal{F})$. D'où (5), car $\xi (\omega) (t) = \lim\limits_n \xi_n (\omega, t)$.

(6) D'après la remarque (1.2), on peut supposer que "la" distance ρ associée à la réalisation naturelle ξ vérifie la propriété suivante :

(P) : "pour tout $a > 0$, $\{(t,s) \in T \times T \; ; \; \rho (t,s) \leqslant a\}$ est fermé dans $(T,d) \times (T,d)$".

Soit $\{t_n \; ; \; n \geqslant 1\}$ une partie dénombrable de T dense dans (T, ρ) ; soit, pour tous entiers $\ell \geqslant 1$ et $n \geqslant 1$, V_n^ℓ la ρ-boule fermée de rayon $1/\ell$ et de centre t_n et U_n^ℓ l'intérieur de V_n^ℓ pour la distance d. Alors, par la théorème de Baire,

$$T_o = T \setminus \bigcap_\ell \left(\bigcup_n U_n^\ell \right)$$

est un ensemble maigre et $T \setminus T_o$ est dense dans T. Mais, en tout point t de $T \setminus T_o$, toute fonction ρ-continue est d-continue. D'où (6).

(7) Soit ρ la distance définie par la réalisation naturelle ξ ; alors la distance $\rho_1 = \rho + d$ est séparable et ξ à trajectoires continues sur (T, ρ_1). Par suite ξ est d-séparable $\square$

Remarque (2.3).- Si $(\Omega, \mathcal{F}, P)$ est un espace probabilisé de Radon arbitraire, les propriétés (1), (2), (3), (4) sont encore vraies.

Proposition (2.2).- Soit $(\Omega, \mathcal{F}, P)$ un espace de Lebesgue et $\Sigma : T \to L^0(\Omega, \mathcal{F}, P)$ un processus. Si $\tilde{\Sigma}$ est le symétrisé de Σ, Σ admet une réalisation naturelle si et seulement si $\tilde{\Sigma}$ en admet une.

Par définition, le symétrisé $\tilde{\Sigma}$ de Σ est l'application $\tilde{\Sigma}$ de T dans $L^0(\Omega \times \Omega, \mathcal{F} \otimes \mathcal{F}, P \otimes P)$ qui à $t \in T$ fait correspondre la $P \otimes P$ - classe de $(\omega_1, \omega_2) \longrightarrow \xi(\omega_1)(t) - \xi(\omega_2)(t)$, où ξ est une réalisation arbitraire de Σ.

La preuve de la proposition (2.9) utilise la notion de fonction canonique au sens de Ito-Saks, [3]. Faisons donc quelques rappels sur les fonctions canoniques:

(a) Soit n un entier $\geqslant 1$ arbitraire et λ_n la mesure de Lebesgue sur $[0,1]^n$; si A est une partie mesurable de $]0,1[^n$, on dit que x est un point de densité de A si

$$\frac{1}{(2r)^n} \lambda_n([x-r, x+r]^n \cap A) \longrightarrow 1 \text{ , quand } r \overset{>}{\to} 0 .$$

La topologie de densité τ_d sur $]0,1[^n$ est la topologie dont les ouverts non vides sont les parties A de $]0,1[^n$ dont tout point est un point de densité de A. Cette topologie est plus fine que la topologie usuelle sur $]0,1[^n$; et, pour tout x de $]0,1[^n$, la famille de toutes les parties A de $]0,1[^n$ telles que $x \in A$ et que x soit un point de densité de A est une base de voisinages de x pour cette topologie ; en fait, si K est une partie mesurable de $[0,1]$ avec $\lambda_n(K) > 0$, alors il existe un τ_d-ouvert contenu dans K et de même mesure que K.

(b) Soit F dans $L^0[0,1]^n$ et $f \in F$. Si $t \in]0,1[^n$ on dit que $\tilde{F}(t)$ est défini et égal à $a \in \mathbb{R}^n$ si, pour tout $\varepsilon > 0$, t est un point de densité de $\{u \; ; \; |f(u)-a| \leqslant \varepsilon\}$; autrement dit si $\tilde{F}(s)$ admet une limite égale à a quand $s \to t$ pour τ_d. Il est trivial que $\tilde{F}$ ne dépend pas du représentant f dans la classe F ; et il est bien connu que $\tilde{F}$ est défini presque partout et appartient à la classe F. $\tilde{F}$ est appelée fonction canonique associée à F.

On vérifie aisément que :

(1) Si A est une partie équi-Lusin-mesurable de $L^0([0,1]^n, \lambda_n)$, alors il existe $\Omega_1 \subset [0,1]$ de λ_n-mesure un sur lequel tous les $\tilde{f}$, $f \in A$ sont définis.

(2) Si $f \in L^\infty([0,1]^n)$, $||f||_{L^\infty}$ est égale à la borne supérieure des valeurs de $\tilde{f}$ sur son ensemble de définition.

Preuve de la proposition (2.2). (Esquisse).- On se ramène au cas où $(\Omega, \mathcal{F}, P)$ n'est autre que l'espace de Lebesgue $([0,1], dx)$. Il suffit de vérifier que, si C est une partie équi-Lusin-mesurable de $L^0([0,1], d^2x)$,

$C_1 := \{\eta_1 \in L^0[0,1], \exists \eta_2 \in L^0[0,1] : \eta_1 \oplus \eta_2 \in C\}$ est équi-Lusin-mesurable.

Ici $\eta_1 \oplus \eta_2 (\omega_1, \omega_2) = \eta_1(\omega_1) + \eta_2(\omega_2)$.

Par (1), il existe $A_o \subset [0,1]^2$ de $P \otimes P$-mesure un sur lequel tous les $\tilde{\eta}$, $\eta \in C$ sont définis. Soit

$$A_1 = \{\omega_1 ; P\{\omega_2 ; (\omega_1,\omega_2) \in A_o\} = 1\}, \quad A_2 = \{\omega_2 ; P\{\omega_1 ; (\omega_1,\omega_2) \in A_o\} = 1\}$$

et

$$A = A_o \cap (A_1 \times A_2).$$

A est de mesure un et, pour tout $(\omega_1, \omega_2) \in A$, tout $\eta = \eta_1 \oplus \eta_2 \in C$, on a :

$$\tilde{\eta}_1(\omega_1) + \tilde{\eta}_2(\omega_2) = \tilde{\eta}(\omega_1,\omega_2).$$

Soit $\varepsilon > 0$ arbitraire. C étant équimesurable, alors, par le théorème (2.1), il existe B τ_d-ouvert dans $[0,1]^2$ avec $P(B) > 1-\varepsilon$ tel que $\{\eta 1_B ; \eta \in C\}$ soit une partie séparable de $L^\infty([0,1]^2)$. En posant

$$B_1 = \{\omega_1 ; (\omega_1, \overline{\omega}_2) \in B \cap A\}$$

avec $\overline{\omega}_2$ choisi tel que $P(B_1) \geqslant 1 - \varepsilon$, on peut vérifier que

$\{\omega_1 \to \tilde{\eta}(\omega_1, \overline{\omega}_2) 1_{B_1}(\omega_1) ; \eta \in \eta_1 \oplus \eta_2 \in C\}$ est séparable dans $L^\infty[0,1]$; par suite $\{\eta_1 1_{B_1} ; \eta_1 \oplus \eta_2 \in C\}$ est une partie séparable de $L^\infty[0,1]$. D'où la proposition□

§ 3. Exemples

1. On a besoin de quelques définitions :

Définition (3.1).- Soit (T, ρ) un espace métrique et Σ un processus sur T. On dit que Σ vérifie la condition de limite dégénérée (finie) si, pour toute suite $(t_n)_n$ d'éléments de T ρ-convergente vers un élément t de T , il existe des nombres (finis) a et b tels que

$$(1) \qquad \overline{\lim_n}\ \Sigma(t_n) - \Sigma(t) = a \quad \text{et} \quad \underline{\lim_n}\ \Sigma(t_n) - \Sigma(t) = b.$$

Si Σ est continu en probabilité et si Σ vérifie la condition de limite dégénérée, on a $a > -\infty$ et $b < +\infty$ dans (1).

On dit que Σ vérifie l'équi-condition de limite dégénérée (finie) si, pour toutes suites $(s_n)_n$ et $(t_n)_n$ de T telles que $\rho(s_n, t_n) \to 0$, il existe un nombre a (fini) tel que

$$\overline{\lim}\ \Sigma(t_n) - \Sigma(s_n) = a.$$

Noter que, si (T, ρ) est un espace vectoriel métrique et si Σ est linéaire, l'équi-condition de limite dégénérée est équivalente à la condition de limite dégénérée.

Enfin, si $A \subset L^0(\Omega, \mathfrak{F}, P)$, on dit que A vérifie l'une des quatre propriétés énoncées ci-dessus si le processus identité $\Sigma : A \to L^0(\Omega, \mathfrak{F}, P)$ vérifie la même propriété avec A muni de la topologie induite par la convergence en mesure.

Exemples

(3.1) Tout espace gaussien vérifie l'équi-condition de limite dégénérée. Plus généralement :

(3.2) Si L est le sous-espace fermé de $L^0(\Omega, \mathfrak{F}, P)$ engendré par une suite ξ_n de variables aléatoires réelles sur $(\Omega, \mathfrak{F}, P)$ dont la tribu asymptotique ne contient que des éléments de P-mesure 0 ou 1, L vérifie l'équi-condition de limite dégénérée.

(3.3), [2]. Soit (T, d) un espace métrique séparable ; soit Σ un processus sur T du type suivant : il existe une suite $(X_n)_n$ de processus indépendants sur T telle que, pour tout t de T, la série $\sum_n X_n(t)$ converge en probabilité vers $\Sigma(t)$. Si, pour tout t de T, il existe un voisinage V_t de t tel que chaque X_n admet une réalisation à trajectoires uniformément continues sur V_t, alors Σ vérifie l'équi-condition de limite dégénérée sur chaque V_t.

Comme exemple, on peut citer le processus

$$\Sigma : t \longrightarrow \int \exp (i < x,t >) \, dm(x)$$

sur $\mathbb{R}^n$ obtenu à partir d'une mesure aléatoire m sur $\mathbb{R}^n$ à valeurs indépendantes et symétriques, c'est-à-dire d'une application m de la tribu borélienne de $\mathbb{R}^n$ dans un $L^0(\Omega, \mathcal{F}, P)$ telle que, pour toute suite $(B_k)_k$ de boréliens de $\mathbb{R}^n$ disjoints 2 à 2, $(m(B_k))_k$ est une suite de variables aléatoires indépendantes et symétriques et la série $\sum_k m(B_k)$ converge en probabilité vers $m(\bigcup_k B_k)$ (cf [17]).

On peut noter :

(3.4) Soit (T, ρ) un espace métrique. Si $\Sigma : T \to L^0(\Omega, \mathcal{F}, P)$ est un processus vérifiant l'équi-condition de limite dégénérée sur (T, ρ) et si $\Sigma(T)$ est latticiellement bornée (dans $L^0(\Omega, \mathcal{F}, P)$), alors Σ vérifie aussi l'équi-condition de limite dégénérée <u>finie</u>.

(3.5) Soit L un sous espace vectoriel de $L^0(\Omega, \mathcal{F}, P)$ vérifiant la condition de limite dégénérée ; alors, pour tout A de $\mathcal{F}$ de P-mesure strictement positive, l'ensemble

$$\{g \; ; \; g \in L \; ; \; \|1_A g\|_{L^\infty(\Omega, \mathcal{F}, P)} < +\infty\}$$

est réunion dénombrable de parties de $L^0(\Omega, \mathcal{F}, P)$ vérifiant l'équi-condition de limite dégénérée <u>finie</u>.

(3.6) Si $\Sigma : (T, \rho) \to L^0(\Omega, \mathcal{F}, P)$ vérifie l'équi-condition de limite dégénérée <u>finie</u> sur (T, ρ), le processus symétrisé $\tilde{\Sigma}$ de Σ vérifie aussi cette propriété.

<u>Théorème</u> (3.1).- <u>Soit</u> (T, d) <u>un espace métrique séparable</u> ; <u>soit</u> $\Sigma : T \to L^0(\Omega, \mathcal{F}, P)$ <u>un processus continu en probabilité sur</u> (T, ρ) <u>et vérifiant l'équi-condition de limite dégénérée finie sur</u> (T, ρ). <u>Alors</u> Σ <u>admet une réalisation naturelle</u>.

La preuve du théorème (1.3) utilise des propriétés de l'oscillation des trajectoires des processus vérifiant l'équi-condition de limite dégénérée ; ces propriétés sont analogues à celles des processus gaussiens (cf [4], [12]). Plus précisément, on a la

Proposition (3.1).- Soit (T, d) un espace métrique séparable, S une partie dénombrable de T dense dans T et $(\Omega, \mathcal{F}, P)$ un espace probabilisé arbitraire. Soit $\Sigma : T \to L^0 (\Omega, \mathcal{F}, P)$ un processus vérifiant l'équi-condition de limite dégénérée sur (T, ρ) et ξ une réalisation de Σ. On a les propriétés suivantes :

(1) La d-oscillation de ξ sur S est presque sûrement non aléatoire ; autrement dit, il existe $\Omega_1 \in \mathcal{F}$ de probabilité un et $\alpha : T \to [0,\infty]$ tels que :

$$\forall \omega \in \Omega_1 ,\ \forall t \in T ,\quad \inf_{\varepsilon>0} \sup_{\substack{(s,s') \in T\times T \\ d(s,t) < \varepsilon \\ d(s',t) < \varepsilon}} |\xi (\omega)(s) - \xi (\omega)(s')| = \alpha(t) ;$$

de plus, si Σ est symétrique (i.e. Σ et $-\Sigma$ ont même loi), alors, pour tout ouvert non vide U de T, on a l'alternative suivante : ou $\alpha \equiv +\infty$ sur U ; ou, pour tout $\varepsilon > 0$, l'ensemble $\{t ;\ t \in U \cap S ;\ \alpha(t) < \varepsilon\}$ est non vide.

(2) Si Σ est continu en probabilité sur (T, d), α ne dépend pas du choix de la partie dénombrable S dense dans T.

Preuve .- On note $W_S (t,\omega)$ la d-oscillation de $\xi(\omega)(.)$ sur S au point t. Soit, pour tout ouvert non vide U de T,

$$\alpha (\omega, U) := \lim_{\varepsilon \downarrow 0} \sup_{\substack{(s,s') \in U\times U \\ d(s,s') < \varepsilon}} |\xi (\omega)(s) - \xi (\omega)(s')| \qquad (\omega \in \Omega).$$

$\alpha (., U)$ est presque sûrement non aléatoire grâce à l'équi-condition de limite dégénérée. Maintenant, si $(U_n)_n$ est une base dénombrable d'ouverts de T, il est facile de voir que :

$$\forall t \in T ,\ \forall \omega \in \Omega,\ W_S (t,\omega) = \inf \{ \alpha (\omega, U_i) ;\ U_i \supset \{t\}\}.$$

La première partie de (1) s'en déduit aisément. La deuxième partie de (1) se montre comme dans [1].

On a (2) car, si S' est une autre partie dénombrable de T dense dans T on voit facilement que, pour tout t de T,

$$W_S (t,\omega) = W_{S'} (t, \omega) \text{ p.s. } \square$$

Avant de donner l'esquisse de la preuve du théorème (3.1), on va faire quelques remarques sur la proposition ci-dessus :

Remarque (3.1).- La proposition (3.2) est encore valable si l'on remplace "Σ vérifie l'équi-condition de limite dégénérée "par" il existe une base dénombrable d'ouverts de T sur lesquels Σ vérifie l'équi-condition de limite dégénérée".

Remarque (3.2).- On suppose que, dans la proposition (3.1), (T, d) est un espace homogène topologique relativement à un groupe G opérant sur T et que Σ est G-stationnaire, symétrique et continu en probabilité sur (T, d) (Σ est G-stationnaire si, pour tout g de G, les processus Σ et $\Sigma \circ g$ ont mêmes lois sur T). Alors, grâce à (2), on peut montrer comme dans [12] que α est constante ; d'où $\alpha \equiv +\infty$ ou $\alpha \equiv 0$, compte tenu de (1).

Preuve du théorème (3.1) (esquisse).- Vu la proposition (2.2) et l'exemple (3.6) il suffit de montrer le théorème dans le cas où Σ est symétrique. Avec les notations de la proposition (3.1), α est à valeurs réelles et

$$\rho\,(s,t) := d\,(s,t) + |\alpha(s) - \alpha(t)| \qquad (s,t) \in T \times T$$

définit une distance séparable sur T. Dans [10], Tsirelson démontre le théorème (3.1) en vérifiant qu'il existe une réalisation ξ à trajectoires ρ-continues (cf aussi [7]) ; mais je ne suis pas convaincue de la validité de sa preuve. Cependant on peut aussi montrer le théorème (3.1) en établissant, comme dans [8], la

Proposition (3.2).- Soit Σ comme dans le théorème (3.1) mais avec $(\Omega, \mathcal{F}, P)$ quelconque (i.e. non nécessairement de Lebesgue) ; on suppose de plus que Σ est symétrique. Alors il existe une distance séparable ρ sur T , une suite $(\Omega_n)_n$ de parties mesurables de Ω avec $P\,(\Omega_n) \geqslant 1 - 2^{-n}$ si $n \geqslant 1$ et une réalisation ξ de Σ telle que les ensembles

$$\{\xi\,(.)(\omega)\ ;\ \omega \in \Omega_n\} \qquad , n \geqslant 1$$

soient équi-ρ-continus $\square$

Comme applications directes du théorème (3.1) on peut citer :

Corollaire (3.1).- Soit (T,ρ) un espace métrique séparable ; soit $\Sigma : (T,\rho) \longrightarrow L^0 (\Omega, \mathcal{F}, P)$ un processus continu en probabilité vérifiant l'équi-condition de limite dégénérée. Alors, si $\Sigma (T)$ est latticiellement borné, Σ admet une réalisation naturelle.

Corollaire (3.2), [7] , [8] .- Soit E un e.l.c.s. et μ une probabilité de Radon gaussienne sur E ; alors μ est portée par une réunion dénombrable de compacts métrisables.

Corollaire (3.3), [13, 14] .- Soit Σ un processus stationnaire sur $\mathbb{R}$ continu en probabilité. On a les propriétés suivantes:

1) Σ admet une réalisation naturelle si et seulement si Σ admet une réalisation à trajectoires continues sur $\mathbb{R}$;

2) Si Σ vérifie l'équi-condition de limite dégénérée dans un voisinage de 0 et si ξ est une réalisation séparable de Σ , alors (à l'indistinguabilité près) :

ou les trajectoires de ξ sont continues sur $\mathbb{R}$,

ou les trajectoires de ξ sont non bornées sur chaque intervalle de $\mathbb{R}$.

Le corollaire (3.3), qui est bien connu dans le cas de processus gaussiens stationnaires, s'applique au cas des processus stationnaires sur $\mathbb{R}$ qui sont transformés de Fourier de mesure aléatoire à valeurs indépendantes et symétriques (cf exemple (3.3)).

Remarque (3.3).- Soit (T,d) un espace métrique séparable tel que (T,d) soit un espace homogène topologique relativement à un groupe G opérant sur T. Si Σ est G-stationnaire, symétrique, continu en probabilité sur (T,ρ), alors l'assertion (2) du corollaire (3.3) reste vraie à condition de remplacer $\mathbb{R}$ par (T,ρ) et intervalle par ouvert (pour le cas gaussien, on peut consulter [12]). L'assertion (1) est vraie pour $T = \mathbb{R}^n$, G le groupe des translations (cf partie (6) de la proposition (2.1)).

2. Maintenant, on étudie plus particulièrement le cas des processus définis à partir d'une suite $(\xi_n)_{n\geq 1}$ de v.a.r. indépendantes sur un $(\Omega, \mathcal{F}, P)$. Soit L le sous-espace vectoriel fermé de $L^0(\Omega, \mathcal{F}, P)$ engendré par les ξ_n, $n \geq 1$ et muni de la topologie de la convergence en mesure. On peut noter que, si les ξ_n sont aussi symétriques, il existe des opérateurs linéaires continus P_m de L dans L tels que

$$P_m \xi_k = \begin{cases} \xi_k & \text{si } k \leq m \\ 0 & \text{si } k > m \end{cases} ;$$

les P_m ont en outre les propriétés suivantes

(p_1) $\forall f \in L$, $P_n f \to f$ p.s. ;

(p_2) pour toute suite $(f_n)_n$ dans L telle que $\sup_n |f_n| < +\infty$ p.s., on a :

$$\sup_m \sup_k |P_m f_k| < +\infty \text{ p.s.}.$$

On a alors les théorèmes suivants :

Théorème (3.2).- On suppose que les distributions des ξ_n sont continues. Soit C une partie de L. Les conditions suivantes sur C sont équivalentes :

(1) C est un ensemble naturel ;

(2) Il existe des réels d_k (constantes de centrage) et $\Omega_1 \subset \Omega$ de P-mesure un tels que chaque η de C admet la représentation

$$(*) \qquad \eta = b_0(\eta) + \sum_{k\geq 1} b_k(\eta) \quad (\xi_k(.) - d_k)$$

où les $b_k(\eta)$, $k \geq 0$ sont des réels tels que la série à droite converge en tout point de Ω_1 ;

(3) C est réunion dénombrable de parties latticiellement bornées.

Remarque (3.4).- Les distributions des ξ_n étant non dégénérées, les réels $b_k(\eta)$ dans la représentation (*) sont déterminés de manière unique. Le théorème est faux si on ne suppose pas les distributions des ξ_n continues comme le montre l'exemple (1.2).

Théorème (3.3).- On suppose toujours que les distributions des ξ_n sont continues. Soit $(f_n)_n$ une suite de fontions sur un ensemble T telle que, pour tout t de T, la suite $(\sum_{k\leqslant n} f_k(t)\,\xi_k)_n$ converge en probabilité, on note Σ (t) sa limite. Alors les propriétés suivantes sont équivalentes :

(1') Σ admet une réalisation naturelle sur T ;

(2') il existe $\Omega_1 \in \mathfrak{F}$ de probabilité un tel que, pour tout ω de Ω_1 et tout t de T, la série $\sum_k f_k(t)\,\xi_k(\omega)$ converge ;

(3) il existe $f : T \to [1,\infty[$ et $\beta : \Omega \to [1,\infty[$ mesurable telles que :

$$P\ \{\omega \ ;\ |\sum_k f_k(t)\,\xi_k(\omega)| \leqslant \beta(\omega)\, f(t)\} = 1 \ ;$$

(4') il existe une distance séparable ρ sur T telle que

$$\sup_m \sup_{\substack{(t,s)\in T\times T\\ 0<\rho(t,s)\leqslant 1}} \frac{1}{\rho(s,t)}\ |\sum_1^m \xi_k(\omega) f_k(t) - \sum_1^m \xi_k(\omega) f_k(s)| < +\infty \quad \text{p.s..}$$

Preuve du théorème (3.2)

(1) $\Longrightarrow$ (2), d'après la remarque (2.2) ; car, les distributions des ξ_n étant continues, on a, pour toute suite $(f_n)_n$ dans L,

(.) $\qquad P\ (\sup_n |f_n| < +\infty) = 0$ ou 1, [15].

(3) $\Longrightarrow$ (1) d'après le corollaire (3.1) ci-dessus et (1.1).

(1) $\Longrightarrow$ (2). Soit (1). Compte tenu de la remarque 2.1, il existe une distance séparable ρ sur C et une réalisation ξ de Σ à trajectoires ρ-lipschitziennes. Grâce à (.), il existe $\varepsilon_o > 0$ (qu'on peut supposer égal à 1) tel que, pour toute partie dénombrable D de C,

$$\sup_{\substack{(f,g)\in D\times D\\ 0<\rho(f,g)<1}} \frac{1}{\rho\ (f,g)}\ |\xi(\omega)(f) - \xi(\omega)(g)| < +\infty \quad \text{p.s..}$$

Soit $(\widetilde{\Omega}, \widetilde{\mathfrak{F}}, \widetilde{P})$ l'espace produit de $(\Omega, \mathfrak{F}, P)$ avec lui-même et $\alpha \to \widetilde{\alpha}$ l'application de $L^0\ (\Omega, \mathfrak{F}, P)$ dans $L^0\ (\widetilde{\Omega}, \widetilde{\mathfrak{F}}, \widetilde{P})$ définie par :

$$\widetilde{\alpha}\ (\omega_1\ ;\ \omega_2) = \alpha\ (\omega_1) - \alpha\ (\omega_2) \qquad (\omega_1 \in \Omega\ ,\ \omega_2 \in \Omega).$$

Alors, grâce à (p_2), on a aussi :

$$\sup_{m} \sup_{\substack{(f,g)\in D\times D \\ 0<\rho(f,g)<1}} \frac{1}{\rho(f,g)} |P_m(\tilde{f}) - P_m(\tilde{g})| < +\infty \quad \text{p.s..}$$

D'où, pour tout m, $\Sigma_m : \eta \to P_m(\tilde{f})$ de C dans L $(\tilde{\Omega}, \tilde{\mathcal{F}}, \tilde{P})$ admet une réalisation naturelle ξ_m à trajectoires ρ-lipschitziennes sur C telle que, pour presque tout $\tilde{\omega}$ de $\tilde{\Omega}$, on ait

$$(**) \quad \sup_{m} \sup_{\substack{(f,g)\in C\times C \\ 0<\rho(f,g)<1}} \frac{1}{\rho(f,g)} |\xi_m(\tilde{\omega},f) - \xi_m(\tilde{\omega},g)| < +\infty .$$

On en déduit que

$$\tilde{P} \ \{ \tilde{\omega} \ ; \forall f \in C , \ \xi_m (\tilde{\omega},f) \longrightarrow \xi (\tilde{\omega},f)\} = 1.$$

Mais, pour presque tout $\tilde{\omega}$ de $\tilde{\Omega}$ et tout m, on a

$$\forall f \in C , \quad \xi_m (\tilde{\omega},f) = \sum_{k=1}^{m} b_k(\tilde{f}) \ \tilde{\xi}_k(\tilde{\omega}).$$

Par suite, par un raisonnement classique, on obtient l'affirmation (2).

(2) ====> (1). Il suffit de vérifier que le symétrisé $\tilde{C}$ de C est un ensemble naturel ; mais cette propriété se déduit du lemme suivant appliqué à

$$S = \text{span} \ \{\tilde{\xi}_n\} , \quad \Gamma = \tilde{C} , \ \chi (n,\gamma) = P_n(\gamma) \quad \text{si } n \geqslant 1, \quad \gamma \in \Gamma ,$$

et Σ l'opérateur identité de $\tilde{C}$ dans $L^0(\tilde{\Omega}, \tilde{\mathcal{F}}, \tilde{P})$□

Lemme [10].- Soit (S,d) un espace métrique séparable ; soit $\Sigma : S \to L^0(\Omega, \mathcal{F}, P)$ un processus vérifiant l'équi-condition de limite dégénérée sur (S,d) et ayant une réalisation naturelle ξ. On suppose qu'il existe un espace topologique Γ contenant S, une application χ de N x Γ dans S et un élément A de $\mathcal{F}$ de mesure strictement positive tels que

(i) pour tout γ de Γ , la suite $(\chi(n,\gamma))_n$ converge vers γ dans Γ ;

(ii) pour tout γ de Γ et tout ω de A, la suite $(\xi(\omega)\ (\chi(n,\gamma))_n$ converge.

Alors il existe un processus $\Sigma' : \Gamma \longrightarrow L^0(\Omega, \mathcal{F}, P)$ ayant une réalisation naturelle ξ' telle que, pour presque tout ω de Ω , on ait :

$$\forall \gamma \in \Gamma \quad , \quad \xi(\omega)\ (\chi(n,\gamma)) \underset{n\to\infty}{\longrightarrow} \xi'(\omega)(\gamma).$$

Preuve (esquisse).- On peut supposer que $(\Omega, \mathcal{F}, P)$ est un $([0,1], \mathcal{B}^{\lambda}, \lambda)$. Soit K un compact métrisable contenu dans A et de P-mesure > 0. En appliquant, pour chaque γ de Γ, le théorème de Baire à la suite de fonctions continues $(\xi(.,\chi(n,\gamma)))_n$ sur K puis l'équicondition de limite dégénérée on montre que, pour tout $\delta > 0$, il existe $B \in \mathcal{F}$ tel que $P(B) \geq 1-\delta$ et

$$\forall \gamma \in \Gamma \quad , \quad \overline{\lim_{n_1,n_2\to\infty}} \quad \sup_{\omega \in B} \quad |\xi(\omega)(\chi(n_1,\gamma)) - \xi(\omega)(\chi(n_2,\gamma))| = 0.$$

(C'est en quelque sorte une propriété d'Egoroff uniforme). Le lemme s'en déduit immédiatement$\square$

Preuve du théorème (3.3).- Il s'obtient à partir du théorème (3.2) où $C = \Sigma$ (T). Trivialement (1') ⟹ (1), (3') ⟹ (3) et (2') ⟹ (2). Réciproquement (2') ⟹ (2) ; car, grâce à la continuité des lois des ξ_n, on en déduit que, pour tout t de T,

(i) $\forall k \geq 1, \; b_k(t) = f_k(t)$

(ii) la suite $(\sum_{k\leq n} b_k(t)\, d_k)_n$ converge vers $b_0(t)$;

ici on a posé $b_k(t) = b_k(\Sigma(t))$, si $t \in T$, $k \geq 0$.

(2) ⟹ (1'), (3'), (4'). Soit (2). On sait déjà qu'on a (2') et donc (i) et (ii). D'après la preuve du théorème (3.2), il existe $a : \Omega \longrightarrow \mathbb{R}^+$ mesurable, ρ un écart séparable sur T et $\Omega_1 \in \mathcal{F}$ de probabilité un tels que, pour tout ω de Ω_1, on ait :

$$\sup_m |b_0(t)+\sum_{k\leq m} b_k(t)(\xi_k(\omega)-d_k)-b_0(s)-\sum_{k\leq m} b_k(s)\,(\xi_k(\omega)-d_k)| \leq a(\omega)\,\rho\,(s,t)$$

dès que $\rho(s,t) < 1$. D'autre part,

$$\rho_1(t,s) = \sup_n |b_0(t) + \sum_{k\leq m} d_k\, f_k(t) - b_0(s) - \sum_{k\leq m} d_k\, f_k(s)| \qquad (s,t) \in TxT$$

définit un écart séparable car l'espace c_0 des suites convergeant vers zéro est séparable. Alors $\rho_2 := \rho + \rho_1$ est un écart séparable sur T et, pour tout ω de Ω_1, tous s,t de T tels que $\rho_2(s,t) < 1$, on a :

$$\sup_m | \sum_{k\leq m} f_k(t)\,\xi_k(\omega) - \sum_{k\leq m} f_k(s)\,\xi_k(\omega)| \leq (a(\omega) + 1)\,\rho_2\,(s,t).$$

D'où (4'), car, en ajoutant éventuellement à ρ_2 une distance séparable, on peut supposer que ρ_2 est une vraie distance. On obtient aussi (3') vu que (2') $\Longleftrightarrow$ (2) est vérifiée.

Maintenant on a (3') : Soit $(t_n)_n$ une suite d'éléments de T telle que $\{t_n\ ,\ n \in \mathbb{N}\}$ est dense dans (T,ρ_2) ; soit $(A_n)_n$ une suite de parties de T disjointes 2 à 2 et telles que

$$\forall n\ ,\ A_n \subset \{t\ ;\ \rho_2\ (t,t_n) < 1\}\ .$$

Soit aussi $(\lambda_n)_n$ une suite de réels > 0 telle que $\sum_n \lambda_n\ \Sigma(t_n)$ converge presque sûrement ; si f est la somme de cette série, on obtient (3') en posant :

$$\beta(\omega) = \max\ (f(\omega),\ a(\omega) + 1) \qquad f(t) = \sum_n\ (\frac{1}{\lambda_n} + \ \rho(t,t_n))1_{A_n}\ (t)\square$$

<u>Remarque</u> (3.5).- Dans [9] Tsirelson a obtenu des résultats analogues pour des processus lacunaires $\Sigma : T \to L^0\ ([0,1],\ dx)$ de la forme suivante :

$$\Sigma(t)(u) = \sum_{k\geqslant 1}\ a_k(t)\ \cos\ (n_k\ u) + b_k(t)\ \sin\ (n_k\ u)$$

où $\inf_k \frac{n_{k+1}}{n_k} > 1$ et, pour tout t de T, $\sum_{k\geqslant 1} a_k^2\ (t) + b_k^2\ (t) < +\infty$. Cela tient aux propriétés suivantes de Σ :

(i) Σ vérifie une condition de limite dégénérée affaiblie ;

(ii) Si $P_n\ (\Sigma(t)) := \sum_{k\leqslant n}\ a_k(t)\ \cos\ (n_k\ u) + b_k(t)\ \sin\ (n_k\ u)$, P_n vérifie les propriétés (p_1) et (p_2) ; plus précisément on a :

(iii) S'il existe une partie mesurable A de $[0,1]$ de mesure > 0 telle que, pour tout t de T , $|\Sigma\ (t)| \leqslant 1$ p.s. sur A, alors il existe $F : [0,1] \to \mathbb{R}$ mesurable tel que

$$\forall\ t \in T\ ,\qquad |\Sigma\ (t)| \leqslant F \quad \text{et} \quad \sup_n\ |P_n\ (\Sigma(t))| \ \leqslant\ F.$$

De plus

$$\int_0^1\ \exp\ (\alpha\ F(\omega)\ d\omega\ < +\infty \text{ pour un réel } \ \alpha > 0.$$

On termine ce paragraphe en énonçant quelques corollaires des théorèmes (3.2) et (3.3).

Corollaire (3.4).- Soit Σ un processus gaussien d'espace des temps T. Alors Σ admet une réalisation naturelle si et seulement s'il existe $f : T \to [1,\infty[$ telle que le processus $t \longrightarrow \frac{\Sigma(t)}{f(t)}$ a une réalisation à trajectoires bornées (autrement dit, si et seulement si $\Sigma(T)$ est réunion dénombrable de parties latticiellement bornées (i.e. de G.B. ensembles au sens de [16])).

Le corollaire suivant est une variante du Corollaire (3.2) (dans [7], Sato l'a montré directement à partir du Corollaire (3.2)).

Corollaire (3.5), [11] .- Soit E un e.l.c.s. et γ une probabilité gaussienne sur la tribu sur E engendrée par toutes les formes linéaires continues sur E. Soit $(\xi_n)_n$ une suite de v.a.r. gaussiennes indépendantes de loi $\mathcal{N}(0,1)$ sur un espace probabilisé de Radon (de Lebesgue) $(\Omega, \mathcal{F}, P)$.

S'il existe un compact K de E tel que $\gamma^*(K) > 0$, alors il existe une suite $(e_n)_{n\geq 0}$ d'éléments de E et une application $\xi : \Omega \to E$ P-Lusin mesurable telle que

(1) l'image de P par ξ est une probabilité de Radon sur E prolongeant γ ;

(2) pour presque tout ω , la série $e_0 + \sum_k \xi_k(\omega)\, e_k$ converge dans E vers $\xi(\omega)$.

Remarque (3.6).- Comme γ se prolonge en une probabilité de Radon sur E, il résulte de [18] (cf aussi [6]) que l'espace autoreproduisant centré $\mathcal{H}$ associé à γ est contenu dans E, séparable et que la moyenne m de γ est dans E. Alors, en fait, dans le corollaire ci-dessus on peut prendre pour e_0 la moyenne de γ et pour $(e_n)_{n\geq 1}$ n'importe quelle base orthonormale de $\mathcal{H}$.

§ 4.- Quelques remarques sur les processus gaussiens

Soit $\Sigma : T \longrightarrow L^0(\Omega, \mathcal{F}, P)$ un processus gaussien avec $\Sigma(T)$ latticiellement borné ; donc Σ admet une réalisation naturelle ξ par le corollaire (3.1).

Théorème (4.1). Soit $\Omega_1 \in \mathcal{F}$ de probabilité 1 et $f : \Omega_1 \to \mathbb{R}$. On a les propriétés suivantes :

(1) Si f ne peut se mettre sous la forme $f = \lim_k \Sigma(t_k)$ avec $\{t_k ; k \in \mathbb{N}\} \subset T$ (donc si f non gaussienne et même non mesurable), alors il existe une partie finie S de Ω_1 telle que

$$(*) \qquad \inf_{t \in T} \max_{\omega \in S} |f(\omega) - \xi(\omega,t)| > 0 ;$$

(2) Si $f = \lim_k \Sigma(t_k)$ avec $\{t_k, k \in \mathbb{N}\} \subset T$, alors, pour tout $\varepsilon > 0$, il existe une partie finie S de Ω_1 et $\delta > 0$ tels que

$$(t \in T, \max_{\omega \in S} |f(\omega) - \xi(\omega,t)| \leqslant \delta) \Longrightarrow E|f - \Sigma(t)| \leqslant \varepsilon .$$

(Par $f = \lim_k \Sigma(t_k)$ on entend que f est limite en probabilité de la suite $(\Sigma(t_k))_k$)

On peut donner une interprétation topologique de ce théorème : Soit $\mathcal{M}$ l'espace quotient de $\mathbb{R}^\Omega$ par la relation d'égalité P-presque sûre que l'on note $\mathcal{R}$. Si M est une partie de $\mathbb{R}^\Omega$ et si $\alpha \in M$, on dit que α appartient à la fermeture ponctuelle de M s'il existe $\Omega_1 \in \mathcal{F}$ de probabilité 1 et une suite $(\alpha_n)_n$ dans M tels que, pour toute partie finie S de Ω_1,

$$\inf_k \sup_{\omega \in S} |\alpha_k(\omega) - \alpha(\omega)| = 0$$

(i.e. tels que α appartient à la fermeture dans $\mathbb{R}^{\Omega_1}$ de $\{\alpha_n ; n \in \mathbb{N}\}$).
On vérifie aisément que l'on définit ainsi une topologie τ sur $\mathbb{R}^\Omega$ dont les fermés sont $\mathcal{R}$-saturés. La topologie sur $\mathcal{M}$ quotient de cette topologie τ par $\mathcal{R}$ est appelée topologie "ponctuelle". Sur $L^0(\Omega, \mathcal{F}, P) \subset \mathcal{M}$, la topologie ponctuelle est moins fine que la topologie de convergence en mesure.

Le théorème (4.1) dit que, sur un G.B. ensemble C, la topologie ponctuelle coïncide avec la topologie de convergence en mesure et que la fermeture de C dans $\mathcal{M}$ coïncide avec sa fermeture dans $L^0(\Omega, \mathcal{F}, P)$ (muni de la topologie de convergence en mesure).

La preuve du théorème (4.1) s'appuie sur les deux lemmes suivants de [10] :

Lemme (4.1).- Soit m(.) la moyenne de $\Sigma(.)$ et $\sigma(.)$ la variance de $\Sigma(.)$. Soit $T_1 \subset T$. Alors, pour presque tout $\tilde{\omega} = (\omega_n)_n$ dans $(\Omega^{\mathbb{N}}, \mathcal{F}^{\otimes \mathbb{N}}, P^{\otimes \mathbb{N}})$, on a :

a) $\max\limits_{i=1\ldots n} \xi(\omega_i, t) \xrightarrow[n\to\infty]{} +\infty$ uniformément sur T_1, si $\inf\limits_{t \in T_1} \sigma(t) > 0$;

b) $\lim\limits_{n\to\infty} \inf\limits_{t \in T_1} \max\limits_{i=1,\ldots,n} |\xi(\omega_i, t)| \geqslant \inf\limits_{t \in T_1} (E|\Sigma(t)|^2)^{1/2}$.

Lemme (4.2).- Soit $\mathcal{U}$ un filtre sur T. Si $(E|\Sigma(t)|^2)^{1/2} \to 0$ suivant $\mathcal{U}$ alors, pour presque tout ω de Ω,

$$\overline{\lim_{\mathcal{U}}}\ \xi(\omega, t) \geqslant 0 \geqslant \underline{\lim_{\mathcal{U}}}\ \xi(\omega, t).$$

Preuve du théorème (4.1).- Soit

$$\mathcal{U} = \{U_{S,\varepsilon} \ ;\ S \subset \Omega_1 \ ;\ S \neq \emptyset \ ;\ S \text{ fini} \ ;\ \varepsilon > 0\}$$

avec

$$U_{S,\varepsilon} := \{t \in T \ ;\ \sup_{\omega \in S} |f(\omega) - \xi(\omega, t)| \leqslant \varepsilon\} .$$

Ou l'un des éléments de $\mathcal{U}$ est vide et on a (*). Ou tous les éléments de $\mathcal{U}$ sont non vides et donc $\mathcal{U}$ est une base de filtre. On va montrer que f est mesurable et que $\Sigma(t)$ converge en probabilité vers f suivant $\mathcal{U}$. Tout d'abord, on a

$$(1) \qquad \inf_{U \in \mathcal{U}} \ \sup_{(t,s) \in U \times U} E\,|\Sigma(t) - \Sigma(s)|^2 = 0 \ ;$$

sinon il existe $\varepsilon > 0$ et, pour tout U de $\mathcal{U}$, (t_U, s_U) dans U x U tels que :

$$\forall U \in \mathcal{U},\ E\,|\Sigma(t_U) - \Sigma(s_U)|^2 \geqslant \varepsilon \ ;$$

donc, par le lemme (4.1), il existe un entier n et Λ dans $\mathcal{F}^{\otimes n}$ de mesure strictement positive tels que, pour tout $(\omega_1, \ldots, \omega_n)$ de Λ

$$\inf_{U \in \mathcal{U}} \ \max_{i=1,\ldots,n} |\xi(\omega_i, t_U) - \xi(\omega_i, s_U)|^2 \geqslant \frac{\varepsilon}{2} \ ;$$

on obtient une contradiction avec la définition de $U_{S,\frac{\varepsilon}{6}}$ lorsque $S = \{\omega_1, \ldots, \omega_n\}$ avec $\{\omega_1, \ldots, \omega_n\} \in \Omega_1^n \cap \Lambda$.

(1) est donc vérifiée ; par suite, il existe g dans $L^0(\Omega, \mathcal{F}, P)$ tel que $\Sigma(t)$ converge vers g en probabilité suivant $\mathcal{U}$. En appliquant le lemme (4.2) au processus gaussien $t \to \Sigma(t) - g$ on obtient alors :

$$\overline{\lim_{\mathcal{U}}}\ \xi\ (\omega,t) \geqslant g(\omega) \geqslant \underline{\lim_{\mathcal{U}}}\ \xi\ (\omega,t) \text{ p.s..}$$

D'où

$$g(\omega) = f(\omega) = \lim \xi\ (\omega,t) \qquad \text{p.s.}$$

car, par définition de $\mathcal{U}$, on a, pour tout ω de Ω_1, convergence de ξ (t, ω) vers $f(\omega)$ suivant $\mathcal{U}$. Et le théorème est établi □

On termine ce papier par un exemple :

<u>Corollaire</u> (4.1).- Il existe un compact Q séparable <u>non</u> métrisable et un processus gaussien centré Σ continu en probabilité sur Q tel que :

(a) Σ admet une réalisation naturelle ξ à trajectoires bornées et non continues sur Q ;

(b) Σ admet une réalisation ξ_o à trajectoires continues sur Q.

<u>Preuve</u> (esquisse).- Soit $(\eta_n)_n$ un processus gaussien sur un $(\Omega, \mathcal{F}, P)$ tel que $\sup_n |\eta_n| < +\infty$ p.s. On suppose que $(\eta_n)_n$ ne définit pas un G.C. ensemble (au sens de [16]) ; c'est-à-dire, si C est la fermeture dans $L^0(\Omega, \mathcal{F}, P)$ de $\{\eta_n ; n \in \mathbb{N}\}$, le processus identité $C \to L^0(\Omega, \mathcal{F}, P)$ n'admet pas de réalisation à trajectoires continues. Soit

$$\Omega_1 = \{\omega \in \Omega \ ; \sup_k |\eta_k(\omega)| < +\infty\} ;$$

soit Q la fermeture dans $\mathbb{R}^{\Omega_1}$ de l'ensemble $\{\eta_k |\Omega_1 ; k \in \mathbb{N}\}$ ($\eta_k | \Omega_1$ est la restriction de η_k à Ω_1). Q est ainsi un compact séparable.

D'après le théorème ci-dessus tout η de Q est mesurable, gaussien ; ainsi on peut définir canoniquement un processus gaussien Σ de Q dans $L^0(\Omega, \mathcal{F}, P)$. Ce processus est continu en probabilité toujours grâce au théorème (4.1) ; et il admet une modification naturelle ξ car $\Sigma(Q) \subset C$ est latticiellement borné.

D'autre part

$$\xi_o(\omega, \varphi) := \varphi(\omega) \qquad\qquad (\varphi \in Q,\ \omega \in \Omega_1)$$

définit une réalisation de Σ à trajectoires continues sur Q. On peut alors vérifier que (ξ, ξ_o, Q) vérifie les propriétés du Corollaire □

REFERENCES

[1] X. FERNIQUE, Régularité des trajectoires des fonctions aléatoires gaussiennes, Lecture Notes in Math. 480, (1975), 1-91.

[2] X. FERNIQUE, Régularité de fonctions aléatoires non gaussiennes, Ecole d'Eté de Saint-Flour 1981,(à paraître).

[3] K. ITO, Canonical measurable random functions, Proc. Internat. Conf. on Functional Analysis and Related topics,(Tokyo, 1969), 369-377.

[4] K. ITO et M. NISIO, On the oscillation of Gaussian processes, Math. Scand. 22, (1968), 209-223.

[5] V.A. ROHLIN, On the fundamental ideas of measure theory, Translations Amer. Math. Soc. série 1, vol. 10 (Functional Analysis and Measure Theory), (1962), 1-54.

[6] H. SATO et Y. OKAZAKI, Separabilities of a Gaussian Radon measure, Ann. Inst. H. Poincaré A 11, (1975), 287-298.

[7] H. SATO, Souslin support and Fourier expansions of a Gaussian Radon measure, Lecture Notes in Math. 860, (1980), 299-313.

[8] M. TALAGRAND, La τ-régularité des mesures gaussiennes, Z. Wahrs. verw. Geb. 57, (1981), 213-221.

[9] B.S. TSIRELSON, Some properties of Lacunary series and Gaussian measures that are connected with uniform versions of the Egorov and Lusin properties, Theory Prob. and Appl. 20, (1975), 652-655.

[10] B.S. TSIRELSON, Natural modification of random processes and its application to random functional series and to Gaussian measures, Zap. Nauchn. Sem. Leningrad Otdel Mat. Inst. Steklov (LOMI) 55, (1975), 35-63 (en Russe).

[11] B.S. TSIRELSON, Complement to a paper on natural modifications, Zap. Nauchn. Sem. Leningrad LOMI 72, (1976), 201-211 (en Russe).

[12] N.C. JAIN et G. KALLIANPUR, Oscillation function of a multiparameter Gaussian process, Nagoya Math. J. 47, (1972), 15-28.

[13] Yu.K. BELYAEV, Local properties of the sample functions of stationary Gaussian processes, Theory Prob. and Appl. 5, (1960), 117-120.

[14] Yu.K. BELYAEV, Continuity and Hölder's conditions for sample functions of stationary Gaussian processes, Proc. 4th Berkeley Symposium, vol. 2, (1961), 23-33.

[15] J. HOFFMANN-JORGENSEN, Integrability of semi-norms, the 0-1 law and the affine kernel for product measures, Studia Math. 61, (1977), 137-159.

[16] R.M. DUDLEY, The sizes of compact subsets of Hilbert space and continuity of Gaussian processes, J. Funct. Anal. 1, (1967), 290-330.

[17] A. PREKOPA, On stochastic set functions, Acta Math. Acad. Scient. Hung. 7, (1956) 215-262 et 8, (1957), 337-400.

[18] C. BORELL, Gaussian Radon measures on locally convex spaces, Math. Scand. 38, (1976), 265-284.

Université de Clermont II
B.P. 45
63170 AUBIERE

MESURES GAUSSIENNES ET MESURES PRODUITS.

S.D. Chatterji et S. Ramaswamy.

§1. Introduction.

Les considérations de cette note ont comme origine la question élémentaire suivante : soit γ une mesure gaussienne non-singulière dans $\mathbb{R}^\infty = \mathbb{R} \times \mathbb{R} \times \ldots$; est-il vrai qu'il existe toujours une mesure de probabilité produit $\nu = \nu_1 \otimes \nu_2 \otimes \ldots$ sur $\mathbb{R}^\infty$ qui est équivalente à γ (en symboles, $\nu \sim \gamma$) ? Si c'était ainsi, alors l'application d'un théorème bien connu de Kakutani sur l'équivalence ($\sim$) et l'orthogonalité ($\perp$) de deux mesures produits sur $\mathbb{R}^\infty$, nous donnerait immédiatement le théorème de Feldman-Hajék sur la dichotomie des mesures gaussiennes sur $\mathbb{R}^\infty$ (et donc, en général; cf. [3] pour ces théorèmes) c.à.d. le fait que si γ_1, γ_2 sont deux mesures gaussiennes quelconques sur $\mathbb{R}^\infty$ alors ou bien $\gamma_1 \sim \gamma_2$ ou $\gamma_1 \perp \gamma_2$.

Malheureusement, nous constatons ici qu'il existe des mesures gaussiennes non singulières γ dans $\mathbb{R}^\infty$ qui sont orthogonales à toute mesure produit ν; les exemples de tels γ sont même très faciles à construire. D'autre part, nous donnons un exemple d'une mesure produit ν qui est orthogonale à toute mesure gaussienne produit (et vraisemblablement orthogonale à toute mesure gaussienne, produit ou non — ce que nous pensons pouvoir vérifier bientôt). Nous montrons aussi que si une mesure gaussienne γ dans $\mathbb{R}^\infty$ est orthogonale à la mesure (gaussienne) produit formée des mesures marginales unidimensionnelles correspondantes alors γ est orthogonale à toute autre mesure gaussienne produit; nous ne savons pas si une telle mesure gaussienne γ est orthogonale à toute mesure produit, gaussienne ou non ayant les marginales équivalentes à celles de γ. Néanmoins, nous savons (grâce à un exemple communiqué par M. V. Losert de l'Univ. de Vienne) qu'il existe des mesures μ (non-gaussienne), orthogonale à la mesure produit formée par ses mesures marginales unidimensionnelles mais équivalente à une autre mesure produit ayant les marginales équivalentes à celles de μ.

Plusieurs problèmes touchant aux questions d'équivalence et d'orthogonalité des mesures produits et gaussiennes restent ouvertes. Certains sont formulés explicitement (comme au-dessus) et certains autres se présenteront naturellement aux lecteurs à cause de la nature très incomplète de nos résultats. Une autre question plus importante qui reste posée et qui était, à l'origine, notre point de départ est celle-ci : si μ_1 et μ_2 sont deux mesures de probabilité stables et symétriques dans $\mathbb{R}^\infty$, est-il vrai qu'il y a une dichotomie: ou bien $\mu_1 \sim \mu_2$ ou $\mu_1 \perp \mu_2$?

§2. Les résultats.

Toutes les mesures dans $\mathbb{R}^\infty$ ou $\mathbb{R}^n$ seront définies sur les tribus boréliennes respectives. Si $x = (x_j) \in \mathbb{R}^\infty$, posons $\pi_n(x) = x_n$ et $\pi^{(n)}(x) = (x_1, \dots, x_n)$; alors $\pi_n : \mathbb{R}^\infty \to \mathbb{R}$ et $\pi^{(n)} : \mathbb{R}^\infty \to \mathbb{R}^n$. Une mesure μ dans $\mathbb{R}^\infty$ s'appelle <u>non-singulière</u> si, pour tout n, <u>la mesure marginale</u> $\pi^{(n)}\mu$ dans $\mathbb{R}^n$ est équivalente à la mesure de Lebesgue dans $\mathbb{R}^n$; elle s'appelle <u>gaussienne</u> si, pour tout n, la mesure $\pi^{(n)}\mu$ est une mesure gaussienne dans $\mathbb{R}^n$. Les mesures $\mu_n = \pi_n\mu$ dans $\mathbb{R}$ s'appellent <u>les mesures marginales unidimensionnelles</u> de μ. Une mesure ν dans $\mathbb{R}^\infty$ du type $\nu_1 \otimes \nu_2 \otimes \dots$ où chaque ν_j est une mesure dans $\mathbb{R}$, s'appelle une <u>mesure</u>

produit dans $\mathbb{R}^\infty$.

Proposition 1.

Il existe une mesure gaussienne non-singulière γ dans $\mathbb{R}^\infty$ qui est orthogonale à toute mesure de probabilité produit dans $\mathbb{R}^\infty$.

Démonstration :

Soit $\eta_o, \eta_1, \ldots$ une suite de variables aléatoires réelles, indépendantes, de loi gaussienne standardisée $N(o,1)$, définies sur un espace de probabilité (Ω,Σ,P). Posons : $\xi_n = \eta_o + (1/n)\cdot\eta_n$, $n = 1,2,\ldots$; soit γ la mesure de probabilité induite dans $\mathbb{R}^\infty$ par l'application ξ : $\Omega \to \mathbb{R}^\infty$, $\xi(\omega) = (\xi_n(\omega))$. Evidemment, γ est une mesure gaussienne non-singulière car les mesures marginales $\pi^{(n)}\gamma$ sont des lois de $(\xi_1,\ldots,\xi_n)$ dans $\mathbb{R}^n$, ces dernières étant clairement gaussiennes et non-singulières; la non-singularité se vérifie immédiatement du fait qu'une relation $\sum_{i=1}^{n} c_i\xi_i = 0$ p.s. entraînerait $c_i = 0$, $1 \leq i \leq n$. Montrons que γ est orthogonale à toute mesure de probabilité produit.

En effet, soit $\nu = \nu_1 \otimes \nu_2 \otimes \ldots$ une mesure de probabilité produit dans $\mathbb{R}^\infty$ et $E \subset \mathbb{R}^\infty$ l'ensemble de tous les $x = (x_n)$ t.q. $\lim_n x_n$ existe et est un nombre fini. Comme E est un ensemble appartenant à la tribu asymptotique $\mathcal{T}$ de $\mathbb{R}^\infty$ (c.à.d. $\mathcal{T} = \bigcap_{n=1}^{\infty} \mathcal{F}_n$ où $\mathcal{F}_n$ est la tribu dans $\mathbb{R}^\infty$ engendrée par toutes les fonctions π_k, $k \geq n$) la loi de tout ou rien (de Kolmogorov) donne que $\nu(E) = 0$ ou 1. D'autre part, comme $\lim_{n\to\infty} \xi_n(\omega) = \eta_o(\omega)$ (P) p.s., on a que $\gamma(E) = 1$. Ainsi, si $\nu(E) = 0$ alors $\nu \perp \gamma$; si, par contre, $\nu(E) = 1$, posons $f(x) = \lim_{n\to\infty} x_n$ pour $x \in E$ et $= \infty$ autrement.

Il est clair que $f : \mathbb{R}^{\infty} \to \overline{\mathbb{R}}$ est $\mathcal{T}$ mesurable; donc par la même loi de tout ou rien, f est, ν p.s., une constante c.à.d. il existe $\alpha \in \mathbb{R}$ t.q. si $F = \{x : f(x) = \alpha\}$ alors $\nu(F) = 1$. Mais, $\gamma(F) = P\{\omega : \lim_{n\to\infty} \xi_n(\omega) = \alpha\}$

$$= P\{\omega : \eta_0(\omega) = \alpha\} = 0$$

d'où l'on a encore que $\nu \perp \gamma$. C.Q.F.D.

Remarques :

(i) L'orthogonalité de la mesure gaussienne γ ci-dessus par rapport aux mesures de probabilité produits était facile à obtenir à cause du fait que la tribu asymptotique $\mathcal{T}$ n'était pas triviale pour γ. Il doit être possible de construire des mesures γ comme dans la prop. 1 ayant la propriété que $\mathcal{T}$ soit γ-triviale aussi.

(ii) Si dans la prop. 1, l'on n'exige pas que la mesure gaussienne γ soit non-singulière, alors la construction de γ devient encore plus banale. En effet, il suffit de prendre γ comme la mesure induite par une suite de variables aléatoires $(\xi_1, \xi_1, \xi_2, \xi_3, \ldots)$ où les $(\xi_n)_{n\geq 1}$ sont réparties selon une loi gaussienne quelconque. On utilisera le lemme élémentaire suivant pour ce raisonnement : si m est une mesure de probabilité non-atomique dans $\mathbb{R}^2$, concentrée sur le diagonal $D = \{(x,x) \mid x \in \mathbb{R}\}$, alors $m \perp m_1 \otimes m_2$ pour deux mesures de probabilités quelconques m_1, m_2 dans $\mathbb{R}$.

Proposition 2.

Soit γ une mesure gaussienne quelconque dans $\mathbb{R}^{\infty}$ t.q.

$\gamma \perp \gamma' = \gamma_1 \otimes \gamma_2 \otimes \ldots$ où $\gamma_n = \pi_n \gamma$ est la n-ième mesure marginale unidimensionnelle de γ. Alors γ est orthogonale à toute mesure gaussienne produit.

Démonstration :

Nous simplifions le problème en utilisant le lemme suivant qui ramène la mesure γ à un sous-espace hilbertien de $\mathbb{R}^\infty$. Ce lemme nous était communiqué par M. R.L. Karandikar de Indian Statistical Institute, Calcutta.

Lemme 1.

Soit m une mesure de probabilité quelconque dans $\mathbb{R}^\infty$ t.q. $\alpha_n = \int \pi_n^2 \, dm < \infty$ pour tout $n = 1,2,\ldots$ (où $\pi_n(x) = x_n$ si $x = (x_j)$). Alors, si $I = \{j : \alpha_j = 0\}$ et $E = \{x = (x_j) : x_j = 0$ pour $j \in I$ et $\sum_{j \notin I} x_j^2 / (\alpha_j \cdot 2^j) < \infty\}$, l'on a $m(E) = 1$.

La démonstration du lemme est immédiate à partir du fait que

$$\int \sum_{j \notin I} \pi_j^2 / (\alpha_j 2^j) \, dm = \sum_{j \notin I} 2^{-j} < \infty .$$

Comme E possède une structure hilbertienne naturelle (et évidente), les lemmes 1 et 2 qui suivent achèveront la démonstration de la proposition 2.

Introduisons d'abord les notations suivantes : soit H un espace hilbertien séparable (sur le corps $\mathbb{R}$) et $(e_n)_{n\geq 1}$ une base orthonormale dans H. Soit G l'ensemble des mesures gaussiennes dans H; chaque mesure $\gamma \in G$ est caractérisée par un vecteur $a \in H$ (la moyenne) et un opérateur positif nucléaire A dans $L(H)$(l'opérateur de covariance). Nous écrirons, $\gamma = N(a,A)$. Si $\gamma_1 = N(a_1,A_1)$ et $\gamma_2 = N(a_2,A_2)$ alors il est bien connu que $\gamma_1 \sim \gamma_2$ si et seulement si $(a_1 - a_2) \in \mathrm{Im}A_2^{\frac{1}{2}}$ (ou $\mathrm{Im}A_1^{\frac{1}{2}}$) et s'il existe un opérateur symétrique inversible T dans $L(H)$ t.q. T-I est de type Hilbert-Schmidt et $A_1^{\frac{1}{2}}\, T\, A_1^{\frac{1}{2}} = A_2$. (Pour ces faits concernant les mesures gaussiennes dans H, on peut consulter l'ouvrage [4] de Skorohod (1974), p. 14-18, p. 85-95). Par G_e nous notons les mesures $\gamma = N(a,A)$ t.q. A soit diagonalisé par les éléments de la base $e = (e_n)$ c.à.d. $Ae_n = c_n e_n$, $c_n \in \mathbb{R}$; une telle mesure gaussienne γ est caractérisée par le fait que les variables aléatoires ξ_n, définies sur l'espace de probabilité (H,γ) par $\xi_n(x) = \langle x|e_n\rangle$, sont stochastiquement indépendantes.

Avec ces notations, nous avons le lemme suivant :

Lemme 2.

Soit $\gamma = N(a,A)$ une mesure gaussienne dans l'espace hilbertien séparable H de base orthonormale (e_n). Supposons que $Ae_n \neq 0$, $n \geq 1$. Pour qu'il existe une mesure gaussienne $\nu \in G_e$ t.q. $\gamma \sim \nu$, il est nécessaire que

$$\sum_{i\neq j} \frac{|\langle Ae_i \mid e_j\rangle|^2}{\langle Ae_i \mid e_i\rangle \langle Ae_j \mid e_j\rangle} < \infty \qquad \ldots (1)$$

Aussi, si $\gamma \sim \nu$ pour un $\nu \in \mathcal{G}_e$ alors $\gamma \sim \gamma' \in \mathcal{G}_e$ où $\gamma' = N(a,A')$ avec

$$A' e_i = \langle A e_i \mid e_i \rangle \cdot e_i , \quad i \geqslant 1.$$

Démonstration du lemme 2 :

Soit $\gamma \sim \nu \in \mathcal{G}_e$ et $\nu = N(a_1, A_1)$; par hypothèse, $A_1 e_i = \lambda_i e_i$, $\lambda_i \geqslant 0$, $\sum_i \lambda_i < \infty$. Comme $\gamma \sim \nu$, il existe un opérateur symétrique inversible $T \in \mathcal{L}(\mathcal{H})$ t.q. $A_1^{\frac{1}{2}} T A_1^{\frac{1}{2}} = A$ et $(T-I)$ est de type Hilbert-Schmidt. On en déduit sans peine que $\ker(A) = \ker(A_1)$ d'où $\lambda_i > 0$, $i \geqslant 1$; aussi,

$$\begin{aligned} \langle A e_i \mid e_j \rangle &= \langle A_1^{\frac{1}{2}} T A_1^{\frac{1}{2}} e_i \mid e_j \rangle \\ &= \sqrt{\lambda_i \lambda_j} \langle T e_i \mid e_j \rangle \end{aligned}$$

donne

$$\begin{aligned} T e_i &= \sum_j \langle T e_i \mid e_j \rangle e_j \\ &= \sum_j \frac{\langle A e_i \mid e_j \rangle}{\sqrt{\lambda_i \lambda_j}} e_j \end{aligned}$$

Comme $\sum_i \| (T-I) e_i \|^2 < \infty$, on aura

$$\sum_{i \neq j} \frac{| \langle A e_i \mid e_j \rangle^2}{\lambda_i \lambda_j} < \infty \qquad \ldots (2)$$

et

$$\sum_i \left| \frac{\langle A e_i \mid e_i \rangle}{\lambda_i} - 1 \right|^2 < \infty \qquad \ldots (3)$$

La relation (3) dit exactement que $\nu \sim \gamma'$ (cf. [3], p. 174) ce qui démontre la dernière partie de l'affirmation du lemme 2. Donc $\gamma \sim \gamma'$; en remplaçant ν par γ' dans le raisonnement conduisant à (2) (et, donc, en remplaçant λ_i par $\langle Ae_i | e_i \rangle$ dans ce dernier), on obtient (1). C.Q.F.D.

Conclusion de la démonstration de la proposition 2 :

Soit γ une mesure gaussienne dans $\mathbb{R}^{\infty}$ ayant la propriété que $\gamma \perp \gamma' = \gamma_1 \otimes \gamma_2 \otimes \ldots$ avec $\gamma_n = \pi_n \gamma$. Les deux mesures gaussiennes sont portées par l'espace hilbertien E du lemme 1. Si ν est une mesure gaussienne produit sur $\mathbb{R}^{\infty}$ alors ou bien $\nu(E) = 0$ et donc $\gamma \perp \nu$ ou bien $\nu(E) = 1$; dans ce dernier cas, si l'on prend la base orthonormale $(e_n)_{n \notin I}$ (cf. définition de E dans le lemme 1) où e_n est le vecteur $c_n \cdot (0, \ldots, 1, 0, \ldots)$, 1 à la n-ième place, (et $c_n \in \mathbb{R}$ t.q. $\| e_n \| = 1$), l'on serait exactement dans la situation envisagée par le lemme 2. Donc, si $\gamma \sim \nu$ alors $\gamma \sim \gamma'$, une contradiction. Par le théorème de dichotomie de Feldman-Hajék, on conclut que $\gamma \perp \nu$.

C.Q.F.D.

Nous ne savons pas si une mesure gaussienne γ comme dans la proposition 2 est aussi orthogonale à toute mesure produit $\nu = \nu_1 \otimes \nu_2 \otimes \ldots$ telle que $\nu_n \sim \gamma_n$. Ceci n'est certainement pas vrai si γ n'est pas gaussienne comme montre l'exemple suivant dû à M. V. Losert :

Exemple :

Pour simplifier, on va considérer les mesures dans $X = \{0,1\}^{\infty}$; prenons $\lambda = \otimes \lambda_n$ avec $\lambda_n(\{0\}) = \lambda_n(\{1\}) = \frac{1}{2}$ et $\mu = f \cdot \lambda$, $f > 0$ p.p. (λ),

$\int f d\lambda = 1$. Alors $\mu \sim \lambda$; nous allons voir que si f est choisie adéquatement alors $\mu \perp \underset{n}{\otimes} \mu_n$ où $\mu_n = \pi_n \mu$. En effet, si $q_n = \mu_n(\{0\}) = \int_{\{x:\pi_n(x)=0\}} f d\lambda$, il suffit d'avoir $\sum_n (q_n - \frac{1}{2})^2 = \infty$ pour que $\lambda \perp \underset{n}{\otimes} \mu_n$; c'est un corollaire d'un théorème de Kakutani déjà mentionné et souvent redécouvert (cf. par ex. [1] et [3]). Aussi, $\lambda_n \sim \mu_n$ dès que $0 < q_n < 1$; on aura alors $\mu \perp \underset{n}{\otimes} \mu_n$ mais $\mu \sim \underset{n}{\otimes} \lambda_n$ avec $\lambda_n \sim \mu_n$.

Pour la construction de f, posons

$$A_1 = \{ x : \pi_1(x) = 1 \},$$

$$A_n = \{ x : \pi_n(x) = 1,\ \pi_j(x) = 0,\ 1 \leq j < n \}$$

$$f = \sum_n \alpha_n \cdot 1_{A_n}, \quad \alpha_n = c \cdot 2^n \cdot n^{-3/2}, \quad c \cdot \sum_n n^{-3/2} = 1.$$

Comme les A_n sont disjoints et $\lambda(\bigcup_n A_n) = 1$, on a que $f > 0$ p.p. (λ); aussi $\int f\, d\lambda = 1$. De plus,

$$\begin{aligned} q_k &= \sum_n \alpha_n \cdot \int_{\{x:\pi_k(x)=0\}} 1_{A_n}\, d\lambda \\ &= \sum_{n=1}^{k-1} \alpha_n \cdot (\tfrac{1}{2}) \cdot 2^{-n} + \sum_{n=k+1}^{\infty} \alpha_n \cdot 2^{-n} \\ &= (\tfrac{1}{2})\, c \cdot \sum_{n=1}^{k-1} n^{-3/2} + c \cdot \sum_{n=k+1}^{\infty} n^{-3/2} \\ &= (c/2) \sum_{n=1}^{\infty} n^{-3/2} + (c/2) \sum_{n=k+1}^{\infty} n^{-3/2} - (c/2) k^{-3/2} \\ &\sim (\tfrac{1}{2}) + c k^{-\frac{1}{2}} - (c/2)\, k^{-3/2} \end{aligned}$$

d'où $$\sum_k (q_k - \tfrac{1}{2})^2 = \infty.$$

Proposition 3.

Il existe une mesure de probabilité $\nu = m \otimes m \otimes \ldots$ où m est une mesure de probabilité dans $\mathbb{R}$ de la forme $m(dx) = p(x)dx$, $p(x)>0$, $\int_{-\infty}^{\infty} p(x)dx = 1$, telle que ν est orthogonal à toute mesure gaussienne produit.

Démonstration :

Pour une mesure μ quelconque dans $\mathbb{R}^{\infty}$, posons $E(\mu) = \{x \in \mathbb{R}^{\infty} : \mu \sim \mu_x\}$ où $\mu_x(A) = \mu(A-x)$. Il est clair que $E(\mu)$ est un sous-groupe de $\mathbb{R}^{\infty}$ et que si $\mu \sim \nu$ alors $E(\mu) = E(\nu)$.

Dans [2], l'on trouve une mesure de probabilité ν du type demandé telle que $E(\nu) = \ell^1$. Mais, si $\gamma = \otimes\gamma_n$, $\gamma_n = N(\alpha_n, \sigma_n^2)$ alors l'on sait que $E(\gamma) = \{x=(x_n) : \sum_n |x_n/\sigma_n|^2 < \infty\}$ (on peut supposer que $\sigma_n^2>0$; autrement, $\nu \perp \gamma$ trivialement; pour $E(\gamma)$ cf [3] p. 174). Un raisonnement élémentaire montre que ce dernier ensemble ne peut jamais être égal à ℓ^1. Donc ν n'est pas équivalente à γ; mais comme il s'agit des mesures de probabilité produits, le théorème de Kakutani mentionné déjà donne que $\nu \perp \gamma$. C.Q.F.D.

Références.

[1] Chatterji, S.D. Certain induced measures and fractional dimensions of their "support". Z.W. 3 (1964), 184-192.

[2] Chatterji, S.D. et Mandrekar, V. Quasi-invariance of measures under translations. Math. Zeit. 154 (1977), 19-29.

[3] Chatterji, S.D. et Mandrekar V. Equivalence and singularity of Gaussian measures and applications. Probabilistic analysis and related topics, vol. 1 (Ed. A.T. Bharucha-Reid) Academic Press, N.Y. (1978), 169-197.

[4] Skorohod, A.V. Integration in Hilbert space. Springer-Verlag, Berlin (1974).

Département de Mathématiques
Ecole Polytechnique Fédérale de Lausanne
61, av. de Cour
1007 Lausanne
Suisse

Tata Institute of Fundamental Research
School of Maths.
Colaba, Bombay (400005)
Inde

SUR LA DENSITE DU MAXIMUM D'UNE FONCTION ALEATOIRE GAUSSIENNE.

par Antoine EHRHARD.

Exposé des 8 et 15 mai 1981, Séminaire d'Analyse des Fonctions Aléatoires.

<u>Introduction</u> : Cet exposé reprend la traduction par Durri-Hamdani d'un article de V.S. TSIREL'SON : The density of the maximum of a gaussian process, Theory of Probability and Applications, de 1974, [6], auquel il pourrait faire constamment référence. Les résultats de Tsirel'son sur les densités gaussiennes améliorent de façon notable ceux déjà anciens obtenus par N. Donald Ylvisaker [7] en 1964. Ils sont extraordinairement plus précis, mais font suite, il est vrai, à d'importantes découvertes ayant eu lieu entre temps. Après celle, en 1970, de la forte intégrabilité des vecteurs gaussiens par Xavier Fernique, [3], ce sont celles, à caractère plus géométrique, de Landau et Shepp [5] en 1970, puis de C. Borell en 1974 [1] qui permirent de tels raffinements. Nous ne connaissons pas de démonstrations en langue occidentale de ces résultats, il nous a donc paru intéressant de détailler ici la question.

La donnée principale de l'exposé, une fonction aléatoire gaussienne $\{X(t,\omega);\ t \in T,\ \omega \in \Omega\}$ sur son espace d'épreuves $(\Omega,\mathcal{G},P)$, n'y apparaîtra jamais, car sous l'hypothèse habituelle de séparabilité, on la remplace par une suite $X = (X_n\ ;\ n \in \mathbb{N})$.
Si, de plus, la suite gaussienne X a une probabilité non nulle d'être bornée, on peut grâce aux lois de zéro-un, la prendre à valeurs dans $\ell^\infty(\mathbb{N})$.

0. <u>Notations et présentations des résultats principaux.</u>

La suite $(X_k\ ;\ k \in \mathbb{N})$ est une suite gaussienne sur l'espace d'épreuve $(\Omega,\mathcal{G},P)$, à valeurs dans l'espace $\ell^\infty(\mathbb{N})$ des suites bornées. On suppose ici que le rang de la suite $(X_k\ ;\ k \in \mathbb{N})$ est au moins égal à trois et que, pour tout entier k , X_k a une espérance EX_k positive ou nulle.

Sous nos hypothèses $\mathrm{Sup}(X_k \; ; \; k \in \mathbb{N})$ est une variable aléatoire réelle. On note F sa fonction de répartition :

$$\forall \; a \in \mathbb{R}, \quad F(a) = P\{\mathrm{Sup}(X_k ; \; k \in \mathbb{N}) \leq a\} \; .$$

Le minimum essentiel $\mathrm{Inf}\{a : F(a) > 0\}$ de la variable aléatoire $\mathrm{Sup}(X_k ; \; k \in \mathbb{N})$ est noté a_o .

Le théorème que l'on se propose de démontrer ici est alors le suivant.

THEOREME 01. La fonction F est continue sur $\mathbb{R}-\{a_o\}$; sur l'intervalle $]a_o, +\infty[$, F est absolument continue.

La dérivée F' de F est définie et continue sauf sur un ensemble au plus dénombrable, sur lequel ses discontinuités sont des sauts décroissants. De plus F' est à variation bornée sur tout intervalle du type $[a, +\infty[$ avec $a > a_o$.

On trouve dans la littérature les exemples qui prouvent que ce théorème ne peut être amélioré d'aucune façon.

Le théorème 0.1 sera une conséquence immédiate des théorèmes 0.2 et 0.3. qui suivent. Ils donnent des estimations fines du comportement de la fonction de répartition F et de la densité F' qui précisent le contenu du théorème 0.1.

La fonction de répartition Φ de la loi $\mathcal{N}(0,1)$ est définie pour tout x réel par

$$\Phi(x) = \int_{-\infty}^{x} \exp(-\frac{1}{2} u^2) \; du/\sqrt{2\pi} \quad .$$

Pour tout r réel on pose $r^+ = r_+ = \mathrm{Max}(r,o)$ et $r_- = \mathrm{Max}(-r,o)$. Les théorèmes 0.2. et 0.3. s'énoncent alors.

THEOREME 0.2. Soit b un nombre réel telqque $F(b) > 0$; on lui associe le nombre réel t tel que $F(b) = \Phi(t)$.

Alors F' vérifie les deux relations suivantes :

0.2.1. $\forall\, a > b$, $F'(a) \le (t_- + 2)^2 (a-b)^{-2}(a_+) + (t_- + 2)(a-b)^{-1}$

0.2.2. $\forall\, a > b$, $\limsup_{h \to o} \dfrac{F'(a+h) - F'a)}{h} \le (t_- + 2)^2 (a-b)^{-2} (a_+^2 (a-b)^{-2}(t_- + 2) + \frac{10}{3})$.

THEOREME 0.2. <u>Soit</u> b <u>un nombre réel tel que</u> $F(b) > 0$; <u>on lui associe le</u> <u>nombre réel</u> t <u>tel que</u> $F(b) = \Phi(t)$.

<u>Alors</u> F' <u>vérifie les deux relations suivantes</u> :

0.3.1. $\forall\, a > b$, $F'(a) \le (1 - \Phi(at/b))((1+2\alpha)at/b + 1)(1+\alpha)t/b)$,

0.3.2. $\forall\, a > b$, $\limsup_{h \to o} \dfrac{F'(a+h) - F'(a)}{h} \le (1 - \Phi(at/b))((1 + \frac{7}{2}\alpha)^2 \frac{a^2 t^2}{b^2} + 3)\frac{t^2}{b^2}(1 + \frac{3}{2}\alpha)^2$

<u>où on a posé</u> $\alpha = b^2\, a^{-1}(a - b)^{-1}\, t^{-2}$.

La démonstration du théorème 0.1., 0.2 et 0.3. se fait en plusieurs étapes.

Pour tout entier N , on note $m = m(N)$ le plus grand nombre entier n tel que la suite $(X_1, \dots, X_n)$ soit de rang N ; $\mathbb{R}^N$ est l'espace auclidien de dimension N , on le munit de la mesure de Gauss, notée γ_N , dont la densité Φ_N est donnée par :

$$\gamma_N(d\,x) = (2\pi)^{-N/2} \exp(-\tfrac{1}{2} \|x\|^2) dx = \Phi_N(x)\, dx .$$

On choisit m formes affines $(\xi_1, \dots, \xi_m)$, définies pour tout k par la formule

$$\xi_k(x) = \langle x | z_k \rangle + c_k ,$$

où z_k est un élément de $\mathbb{R}^N$ et c_k un nombre réel positif ou nul, en sorte que le vecteur aléatoire $\xi = (\xi_1, \dots, \xi_m)$, d'espace d'épreuve $(\mathbb{R}^N, \mathcal{B}(\mathbb{R}^N), \gamma_N)$ à valeurs dans $(\mathbb{R}^m, \mathcal{B}(\mathbb{R}^m))$, ait même loi que le vecteur aléatoire $(X_1, \dots, X_m)$. On pose ensuite pour tout $x \in \mathbb{R}^N$:

$$f_N(x) = \operatorname{Sup}(\xi_j(x) \; ; \; 1 \le j \le m(N)) ,$$

on définit ainsi une variable aléatoire sur $(\mathbb{R}^N, \mathcal{B}(\mathbb{R}^N), \gamma_N)$ dont F_N désignera la fonction de répartition. Pour tout a réel $F_N(a)$ est donné par

$$F_N(a) = \gamma_N\{x \in \mathbb{R}^N : f_N(x) \le a\} .$$

Par les étapes numérotées 1,2 et 3 on démontre les théorèmes 0.2.,0.3. ou leurs analogues pour la fonction de répartition G d'une variable aléatoire g, d'espace d'épreuve $(\mathbb{R}^N, \mathcal{B}(\mathbb{R}^N), \gamma_N)$, convexe, non constante, de la classe $C^2(\mathbb{R}^N, \mathbb{R})$.

La fonction g sera en outre supposée vérifier l'inégalité suivante :

0.4.0. $\forall\, x \in \mathbb{R}^N, \forall\, t \geq 1, \quad g(t\,x) \leq t\,g(x)$.

Cette inégalité est déjà vérifiée par f_N, puisque, les c_j étant tous positifs ou nuls, on a pour tout $x \in \mathbb{R}^N$ et tout $t \geq 1$:

$$\mathrm{Sup}(<z_j | t\,x> + c_j) \leq t\,\mathrm{Sup}(<z_j | x> + c_j) .$$

L'inégalité 0.4.0. implique pour g la propriété suivante :

0.5.0. $\forall\, x \in \mathbb{R}^N, \quad <x | \mathrm{grad}\,g\,(x)> \leq g(x)$.

Dans la quatrième étape la démonstration sera achevée par un passage à la limite sur g.

1. <u>Première étape : expression de la densité en terme d'intégrale de surface.</u>

Nous utiliserons les éléments suivants. La fonction g de $\mathbb{R}^N$ dans $\mathbb{R}$ est convexe, non constante, de classe C^2, elle satisfait 0.4.0 et conséquemment 0.5.0. ; α_o est le minimum de g :

$$\alpha_o = \inf\{g(x),\ x \in \mathbb{R}^N\} .$$

Pour tout $a > \alpha_o$, $V(a)$ et S_a sont respectivement les ensembles définis par :

$$V(a) = \{x \in \mathbb{R}^N /: g(x) < a\} \quad \text{et} \quad S_a = \{x \in \mathbb{R}^N : g(x) = a\} ,$$

de sorte que $V(a)$ est une partie convexe de $\mathbb{R}^N$, d'intérieur non vide, dont le bord S_a est de classe C^2. Sur S_a le gradient de g ne peut s'annuler ; pour simplifier les notations on pose :

$$\forall\, a > \alpha_o, \forall\, x \in S_a, \quad l_x = \frac{1}{\|\mathrm{grad}\ g(x)\|} .$$

Le lemme 1.1. donne quelques formules générales.

LEMME 1.1. On suppose S_a bornée. Pour toute fonction Ψ assez régulière (de classe $C^1(\mathbb{R}^n,\mathbb{R})$), on a les égalités :

1.1.1. $\frac{d}{da} \Psi(x)\,dx = \int_{S_a} \ell_x \Psi(x) d\,S_a(x)$

1.1.2. $\frac{d}{da} \int_{S_a} \Psi(x) d\,S_a(x) = \int_{S_a} (\ell_x \frac{\partial \Psi}{\partial n_x} + K_n \Psi(x)) d\,S_a(a)$,

où $dS_a(x)$ est l'élément d'aire de S_a , $\frac{\partial}{\partial n_x}$ est la dérivation suivant la direction normale antérieure à S_a et K_x la somme des courbures principales de S_a , en x .

Les formules du lemme 1.1. sont classiques, on en rappelle cependant la démonstration car celle-ci fournit une autre formule qui sera utile par la suite.

Démonstration du lemme 1.1. : Soit θ l'application de $S_a \times \mathbb{R}_+$ dans $\mathbb{R}^N - V_a$ définie par :

$$\forall\, (x,\lambda) \in S_a \times \mathbb{R}_+ \ , \quad \theta(x,\lambda) = x + \lambda\, n_x \ ,$$

où n_x est le vecteur unitaire normal à S_a en x ; c'est une paramétrisation admissible de la variété $\mathbb{R}^N - V_a$.

Tout consiste ici à exprimer l'élément de volume $d\tau_a(z)$, au point $z = \theta(x,\lambda)$ en fonction de l'élément d'aire $dS_a(x)$, de $d\lambda$ et de θ . Le calcul se fait de la façon habituelle dans une base de l'espace tangent à $S_a \times \mathbb{R}_+$ au point (x,λ) . Si $(K_1,\ldots,K_{N-1})$ sont les courbures principales de S_a en x , $(u_1,\ldots,u_{N-1})$ sera une base propre correspondante, c'est à dire une base de directions principales telle que, d_j étant la dérivation suivant u_j $(1 \leq j \leq N-1)$, on ait par la formule d'Olinde-Rodrigues :

$$\forall j\, ,\ 1 \leq j \leq N-1\ ,\quad K_j d_j\, x = d_j\, n_x\ ,\quad K_j \geq 0\ .$$

La base $(u_1,\ldots,u_{N-1})$ se complète en une base de l'espace tangent à $S_a \times \mathbb{R}_+$ en (x,λ). Si on pose $u_N = n_x$, $d_N = \frac{d}{dn_x}$ et $K_N = 0$, on a alors de façon synthétique :

$$\forall\, j,\ 1 \le j \le N\,,\quad d_j\theta = (1 + \lambda K_j)U_j\ .$$

L'élément de volume $d\tau_a(z)$ est donc :

1.2.1. $$d\tau_a(z) = \Big(\prod_{k,\ell} < d_k\theta \,|\, d_\ell\theta >\Big)^{\frac{1}{2}} dS_a(x)d\lambda = dS_a(x)d\lambda \prod_{j=1}^{N} (1+\lambda K_j)\ .$$

Par le théorème d'inversion locale on peut écrire :

$$\int_{V_{a+h}} \Psi(x)dx - \int_{V_a} \Psi(x)dx = \int_{S_a}\int_{]0,h\ell_x+o(h)[} \Psi(x+\lambda\, n_x) \prod_{j=1}^{N} (1+\lambda K_j)d\lambda\ dS_a(x)\ ,$$

avec $\lim\limits_{h\to 0} \frac{o(h)}{h} = 0$. On a donc pour tout Ψ :

$$\lim_{h\to 0} \frac{1}{h}\Big(\int_{V_{a+h}} \Psi(x)dx - \int_{V_a} \Psi(x)dx\Big) = \int_{S_a} \ell_x\, \Psi(x)d\,S_a(x)\ ,$$

ce qui prouve 1.1.1. .

Pour la deuxième formule du lemme 1.1., on procède de façon similaire ; θ_h est la paramétrisation de S_{a+h} par S_a :

$$\theta_h : S_a \longrightarrow S_{a+h}\ ,\quad x \longmapsto x + \lambda(x)\, n_x\ ,$$

avec pour tout $x \in S_a$, $g(x + \lambda(x)\, n_x) = a + h$. Par le théorème d'inversion locale $\lambda(x)$ s'écrit :

$$\lambda(x) = \ell_x . h + hO(h) \quad \text{avec} \quad \lim_{h\to 0} O(h) = 0\ .$$

On conserve les notations précédentes, le déterminent $\det(< d_i\theta_h \mid d_j\theta_h > ;\ 1 \le i \le N-1\ ,\ 1 \le j \le N-1)$ se calcule facilement

$$\det(< d_i\theta_h | d_j\theta_h > ;\ 1 \le i,j \le N-1) = \prod_{j=1}^{N} (1+h\ell_x K_j)^2 + h^2\, O(h)\ ,$$

avec $\lim\limits_{h\to 0} O(h) = 0$.

Et cela fournit la variation de l'élément de surface :

$$\lim_{h \to 0} \frac{1}{h} \left(\frac{dS_{a+h}(\theta_h(x))}{dS_a(x)} - 1 \right) = \ell_x K_x \quad .$$

En écrivant

$$\int_{S_{a+h}} \Psi(x) dS_{a+h}(x) - \int_{S_a} \Psi(x) dS_a(x) = \int_{S_a} \left(\Psi(\theta_h(x)) \frac{dS_{a+h}(\theta_n(x))}{dS_a(x)} - \Psi(x) \right) dS_a(x)$$

et en faisant tendre h vers zéro après division des deux membres de cette égalité par h , on obtient :

$$\lim_{h \to 0} \frac{1}{h} \left(\int_{S_{a+h}} \Psi(x) dS_{a+h}(x) - \int_{S_a} \Psi(x) dS_a(x) \right) = \int_{S_a} \ell_x \frac{\partial \Psi}{\partial n_x} dS_a(x) +$$

$$+ \int_{S_a} \Psi(x) \, \ell_x^2 \, K_x \, dS_a(x) \quad .$$

C'est la deuxième et dernière formule du lemme 1.1. .

L'expression de la dérivé $G'(a)$ de G en a résulte d'une application directe du lemme 1.1. :

1.1.2. $$G'(a) = \int_{S_a} \ell_x \, \Phi_N(x) \, dS_a(x) \quad ,$$

car on vérifie aisément que même si S_a n'est pas bornée, l'intégrale converge. Si S_a était bornée, on aurait la formule (1.1.2) avec $\Psi(x) = \ell_x \Phi_N(x)$. Comme on ne s'intéresse qu'à la limite supérieure des accroissements de G' , on va majorer le membre de gauche de 1.1.2.. Pour simplifier les notations, on pose :

$$D^+ G'(a) = \limsup_{h \to 0} \frac{G'(a+h) - G'(a)}{h} \quad .$$

La dérivée normale de $\ell_x \, \Phi_N(x)$ s'écrit

$$\frac{\partial}{\partial n_x} \ell_x \, \Phi_N(x) = \left(\frac{\partial}{\partial n_x} \ell_x \right) \Phi_N(x) - \langle n \, | n_x \rangle \, \Phi_N(x) \quad .$$

Puisque g est convexe, la dérivée normale à S_a en un point x de S_a du module de son gradient est positive, ceci donne $\frac{\partial}{\partial n_x} \ell_x \leq 0$. Si on pose $C_x = < x|n_x >$, alors pour tout $x \in S_a$:

$$-c_x \leq (c_x)^- \, .$$

On a donc l'inégalité suivante

1.2.3. $D^+G'(a) \leq \limsup_{h \to 0} \int_{S_{a+h}} \ell_x^2 (C_x)^- \Phi_N(x) + \ell_x^2 K_x \Phi_N(x) \, dS_{a+h}(x)$.

Dans la prochaine étape, les membres de gauche des inégalités 1.2.2. et 1.2.3. apparaîtront clairement comme finis.

2. Deuxième étape : majorations.

Le nombre réel a étant fixé, $a > \alpha_o$, on choisit $b \in]\alpha_o, a[$. L'inégalité de convexité de g :

$$\forall x, \forall g, \; g(x) - g(y) \leq < x-y | \text{grad } g(x) >$$

implique alors la suivante

$$\forall x \in S_a, \forall y \in V_b , \; a-b \leq \|x-y\| . \| \text{grad } g(x)\| \, .$$

On note $d(x,V_b)$ le minimum de $\|x-y\|$ pour $y \in V_b$ et on a pour tout x sur S_a :

2.0.1. $\ell_x \leq d(x,V_b)(a-b)^{-1}$.

Ceci fournit du même coup une estimation de $c_x = < x | \text{grad } g(x) > . \ell_x$. Grâce à l'hypothèse qui implique 0.5.0. on a en effet :

$$c_n \leq g(x) \, \ell_x$$

qui donne avec 2.0.1., pour tout x sur S_a , l'inégalité

2.0.2. $c_x^+ \leq a^+ \, d(x,V_b)(a-b)^{-1}$.

L'expression ℓ_x qui figure dans les membres de gauche des inégalités 1.2.2. et 1.2.3. apparaît ainsi bien majorée par des termes, dépendant étroitement des données du problème en ce qui concerne $(a-b)^{-1}$, et d'un traitement facile, pour $d(x,V_b)$, par un emploi ad hoc de l'inégalité de Borell. Cela toutefois si l'on parvient à exprimer les intégrales de surface de 1.2.2. et 1.2.3. sous la forme d'intégrales gaussiennes de fonctions croissante de $d(x,V_b)$ sur $\mathbb{R}^N - V_a$. L'inégalité de Borell aura en effet comme corollaire la proposition 3.2. qui permet de majorer de telles intégrales par des intégrales gaussiennes sur $\mathbb{R}$.

Grâce à la formule 1.2.1., où les K_j sont positifs, on a pour toute fonction Ψ positive les inégalités :

2.0.3. $$\int_{S_a} \int_0^{\infty} \Psi(x+\lambda\, n_x)\, d\lambda\, d\,S_a(x) \leq \int_{\mathbb{R}^N - V_a} \Psi(x)dx$$

2.0.4. $$\int_{S_a} \int_0^{\infty} \varphi(x+\lambda\, n_x)\, \lambda\, d\lambda\, K_x dS_a(x) \leq \int_{\mathbb{R}^N - V_a} \Psi(x)dx \; .$$

En conséquence desquelles, il suffit pour faire apparaître dans 1.2.2. et 1.2.3. des intégrales gaussiennes sur $\mathbb{R}^N\ V_a$, de majorer $\Phi_N(x)\ (x \in S_a)$ par les intégrales de Φ_N sur l'axe $\{x+\lambda\, n_x,\ \lambda \in \mathbb{R}_+\}$. C'est de la proposition suivante.

PROPOSITION 2.1. <u>Pour tout</u> x <u>sur</u> S_a <u>on a les inégalités</u>

2.1.1. $$\Phi_N(x) \leq (c_x^+ + 1) \int_0^{\infty} \Phi_N(x+\lambda\, n_x)d\lambda$$

2.1.1. $$\Phi_N(x) \leq ((c_x^+)^2 + 3) \int_0^{\infty} \lambda\, \Phi_N(x+\lambda\, n_x)d\lambda$$

2.1.3. $$c_x^-\ \Phi_N(x) \leq \frac{1}{3} \int_0^{\infty} \Phi_N(x+\lambda\, n_x)d\lambda \; .$$

On démontre cette proposition avant de l'utiliser.

<u>Démonstration de la proposition 2.1.</u> : Les inégalités de la proposition 2.1. généralisent leurs formes réduites rassemblées ici sous le lemme 2.2.

LEMME 2.2. Pour tout réel on a les inégalités

2.2.1. $\exp(-t^2/2) \leq (t_+ + 1) \int_t^\infty \exp(-u^2/2)\, du$

2.1.2. $\exp(-t^2/2) \leq (t_+^2 + 3) \int_t^\infty \exp(-u^2/2)\, du$

2.1.3. $t_- \exp(-t^2/2) \leq (1/3) \int_t^\infty \exp(-u^2/2)\, du$.

A partir de l'inégalité 2.2.1. on obtient l'inégalité 2.1.1. de la manière suivante

$$\Phi_N(x) = (2\pi)^{-\frac{N}{2}} \exp(-(\|x\|^2 - c_x^2)/2) \exp - C_x^2 / 2$$

$$\leq (2\pi)^{-\frac{N}{2}} \exp(-(\|x\|^2 - c_x^2)/2)(C_x^+ + 1) \int_0^\infty \exp(-(u + C_x)^2/2) du$$

$$= (C_x^+ + 1) \int_0^\infty \Phi_N(x + \lambda\, n_x) d\lambda \quad .$$

Cela montre que 2.1.1. découle directement de 2.2.1. Il en va de même pour 2.1.2. et 2.1.3. à partir respectivement de 2.2.2. et 2.2.3. Le lemme 2.2. étant laissé en exercice, la démonstration de la proposition 2.1. est achevée.

Avant d'opérer, on pose pour tout élément z de $\mathbb{R}^N\, V_a$ qui s'écrit $z = x + \lambda\, n_x$, avec x sur S_a et $\lambda > 0$ $H_a(z) = x$; H_a est une application de de $\mathbb{R}^N - V_a$ sur S_a car pour tout z une telle écriture est unique.
Commençons par $G'(a)$. Partant de 1.2.2. on obtient avec la proposition 2.1. (2?1.1.) l'inégalité

$$G'(a) \leq \int_{S_a} \ell_x(c_x^+ + 1) \int_0^\infty \Phi_N(x + \lambda \quad {}_x) d\lambda \quad ,$$

qui s'écrit encore avec la fonction $H = H_a$ sous la forme

$$G'(a) \leq \int_{S_a} \int_0^\infty \ell_{H(z)}\, (c_{H(z)}^+ + 1)\, \Phi_N(x + \lambda\, n_x) d\lambda\, dS_a(x) \; .$$

Grâce à 2.0.3., 2.0.2. et 2.0.1., $G'(a)$ se majore donc par

2.3.1. $$G'(a) \leq \int_{\mathbb{R}^N \setminus V_a} d(H(z),V_b)(a-b)^{-1}\,(a + d(H(z),V_b)(a-b)^{-1} + 1)\gamma_N(dz)\ .$$

L'inégalité 2.3.1. sera reprise dans la troisième étape.

Pour la limite supérieure des accroissements de G' en a, notée $D^+ G'(a)$, on procède de façon similaire. Reprenant 1.2.3. on a d'une part, en employant successivement le lemme de Fatou, la proposition 2.1. (2.1.3.) et les inégalités 2.0.3., 2.0.1., la majoration suivante

$$\limsup_{h \to 0} \int_{S_{a+h}} \ell_x^2(c_x^-)\,\Phi_N(x)\,dS_{a+h}(x) \leq \frac{1}{3}\int_{\mathbb{R}^N \setminus V_a} d(H(z),V_b)^2(a-b)^{-2}\gamma_N(dz)\ .$$

D'autre part les mêmes arguments utilisés avec 2.1. (2.1.2), 2.0.4., 2.0.2., et 2.0.1. fournissent l'inégalité

$$\limsup_{h \to 0} \int_{S_{a+h}} \ell_x^2\,\Phi_N(x)K_x\,dS_{a+h}(x) \leq \int_{\mathbb{R}^N \setminus V_a} (a-b)^{-2}d(H(z),V_b)^2(a_+^2(a-b)^{-2}d(H(z),V_b)^2 + 3)\,\gamma_N(dz)\ .$$

On obtient donc pour $a > b > \alpha_o$ l'inégalité suivante

2.3.2. $$D^+G'(a) \leq \int_{\mathbb{R}^N \setminus V_a} (a-b)^{-2}d(H(z),V_b)^2(a_+^2(a-b)^{-2}d(H(z),V_b)^2 + \frac{10}{3})\,\gamma_N(dz)\ .$$

Et cela achève la deuxième étape.

3. Troisième étape : expression des intégrales gaussiennes en terme de fonction de répartition.

L'inégalité fondamentale est ici l'inégalité du type Brunn-Minkowski pour les mesures gaussiennes que l'on rappelle sans en donner de démonstration.

Rappel : inégalité de Borell [1]. Pour tout sous-ensemble A de $\mathbb{R}^N$ et tout nombre réel positif r, on note A_r l'ensemble des éléments de $\mathbb{R}^N$ dont la distance à A n'éxcède pas r :

$$A_r = \{x \in \mathbb{R}^N : d(x,A) \leq r\} .$$

En désignant par γ_N^* la mesure de Gauss extérieure, le théorème de Borell s'énonce comme suit.

THEOREME 3.1. Soit A est un borélien de $\mathbb{R}^N$; on lui associe le nombre réel t tel que

$$\gamma_N(A) = \Phi(t) .$$

Alors pour tout nombre réel positif r, on a :

$$\gamma_N^*(A_r) \geq \Phi(t+r) .$$

Avec les notations introduites dans la deuxième partie de cet exposé, la proposition suivante s'énonce comme un corollaire du théorème 3.1.

PROPOSITION 3.2. Soient h une fonction croissante de $\mathbb{R}_+$ dans $\mathbb{R}_+$, A une partie convexe de $\mathbb{R}^N$ et t un nombre réel tel que $\gamma_N(A) = \Phi(t)$; on a :

$$\int_{\mathbb{R}^N - A} h(d(x,A))\, \gamma_N\,(dx) \leq \int_t^\infty h(u-t)\, d\,\Phi(u) .$$

Démonstration de la proposition 3.2. : On peut supposer $h(0) = 0$, on a alors :

$$\int_{\mathbb{R}^N - A} h(d(x,A))\gamma_N(dx) = \int_0^\infty \gamma_N\{d(x,A) > u\}dh(u) = \int_0^\infty (1-\gamma_N(A_u))dh(u) .$$

Le théorème 3.1. implique $\gamma_N(A_u) \geq \Phi(t+u)$; on en déduit :

$$\int_{\mathbb{R}^N - A} h(d(n,A))\gamma_N(dx) \leq \int_0^\infty (1-\Phi(t+u))dh(u) = \int_t^\infty h(u-t)d\Phi(u) .$$

Ce qui prouve la proposition 3.2.

Comme application de la proposition 3.2., donnons tout de suite la preuve du théorème 0.2. dans le cas réduit.

<u>Démonstration des inégalités du théorème 0.2.</u>: On reprend l'inégalité 2.3.1. de la deuxième étape

(2.3.1.) $\forall$ a, $\forall$ b, $a > b > \alpha_o$,

$$G'(a) \leq \int_{\mathbb{R}^N - A} d(H(z),V_b)(a-b)^{-1}(a+d(H(z),V_b)(a-b)^{-1}+1)\gamma_N(dz) .$$

Puisque a est plus grand que b on a l'inclusion $V_b \subset V_a$; d'autre part pour tout élément z de $\mathbb{R}^N - V_a$ on a

$$d(H_a(z),V_b) \leq d(z,V_b) .$$

La fonction $d(z,V_b)$ s'étend à $\mathbb{R}^N - V_b$, l'inégalité 2.3.1. implique

$$G'(a) \leq \int_{\mathbb{R}^N - V_b} d(z,V_b)(a-b)^{-1}(a+d(z,V_b)(a-b)^{-1}+1)\ \gamma_N\ (dz) .$$

Soit t le nombre réel tel que $\gamma_N(V_b) = \Phi(t)$; la proposition 3.2. s'applique alors et fournit la première inégalité du théorème 0.2.

3.3.1. $$G'(a) \leq \int_t^\infty (u-t)(a-b)^{-1}\ (a+(u-t)(a-b)^{-1}+1)d\ \Phi(u) .$$

Pour $D^+G'(a)$ on procède de la même façon. On conserve les notations précédentes ; avec l'inégalité 2.3.2. et la proposition 3.2. on a successivement les inégalités suivantes :

2.3.2. $D^+G'(a) \le \int_{\mathbb{R}^N \setminus V_a} (a-b)^{-2}\, d(H(z),V_b)^2 (a_+^2 (a-b)^{-2}\, d(H(z),V_b)^2 + \frac{10}{3}) \gamma_N(dz)$

$$D^+G'(a) \le \int_{\mathbb{R}^N \setminus V_a} (a-b)^{-2}\, d(z,V_b)^2 (a_+^2 (a-b)^{-2}\, d(z,V_b)^2 + \frac{10}{3})\, \gamma_N(dz)$$

$$D^+G'(a) \le \int_{\mathbb{R}^N \setminus V_b} (a-b)^{-2}\, d(z,V_b)^2 (a_+^2 (a-b)^{-2}\, d(z,V_b)^2 + \frac{10}{3}) \gamma_N(dz)$$

3.3.2. $D^+G'(a) \le \int_t^\infty (a-b)^{-2}(u-t)^2 (a_+^2 (a-b)^{-2}(u-t)^2 + \frac{10}{3}) d\Phi(u)$.

Pour obtenir les expressions exactes du théorème 0.2. il suffit de remarquer que pour tout entier $k \in \{1,2,3,4\}$ et tout nombre réel t on a

$$\int_t^\infty (u-t)^k \, d\,\Phi(u) \le (t_- + 2)^k \quad .$$

On a donc les inégalités

$$G'(a) \le (a-b)^{-1} (t_- + 2)(a_+ (t_- + 2)(a-b)^{-1} + 1) \ ,$$
$$D^+G'(a) \le (a-b)^{-2} (t_- + 2)^2 \ (a_+^2 (t_- + 2)^2 (a-b)^{-2} + \frac{10}{3}) \quad ,$$

ce sont celles du théorème 0.2.

Démonstration du théorème 0.3. dans le cas réduit. On reprend la partie précédente avec des estimations plus précises.

Rappel : inégalité de Landau et Shepp [5].

THEOREME 3.4. Si C est une partie convexe de $\mathbb{R}^N$ on lui associe le nombre réel t tel que $\gamma_N(C) = \Phi(t)$ et on suppose que t est positif. Alors pour tout nombre réel $r \ge 1$ on a :

3.4.1. $\gamma_N(rC) \ge \Phi(rt)$.

Si c et r sont réels avec $(c > \alpha_o \ , \ r \ge 1)$ l'inégalité 0.4.0 :

$$g(r\,c) \ \le \ r\,g(c) \ ,$$

a pour conséquence l'inclusion

$$V_{r\,c} \supset r\,V_c \ .$$

On en déduit l'inégalité

$$G(r\,c) \;\geq\; \gamma_N(r\,V_c) \;.$$

Si de plus on suppose que $G(c) = \gamma_N(V_c) = \Phi(t) > \frac{1}{2}$, on a alors par le théorème 3.4. l'inégalité

$$G(r\,c) \;\geq\; \Phi(r\,t) \;.$$

Ici a,b et t sont des nombres réels qui vérifient

$$a > b,\; G(b) > \frac{1}{2},\; G(b) = \Phi(t) \;,$$

nécessairement b est positif, on prend $r = a/b$ dans l'inégalité précédente, elle s'écrit alors

$$G(a) \;\geq\; \Phi(a\,t/b) \;.$$

Par ailleur, pour tout élément x de S_a l'inclusion :

$$V_a \subset \{z : < z|\, n_x > \;\leq\; c_x\}$$

implique l'inégalité :

$$G(a) \leq \Phi(c_x) \;.$$

En rassemblant toutes ces inégalités on obtient la suivante :

3.5.1. $\forall\, x \in S_a,\ \forall\, a \in \mathbb{R},\ \forall\, b \in \mathbb{R},\quad a > b,\ b = \Phi(t) > \frac{1}{2},\ c_x \geq at/b \;.$

L'inégalité 3.5.1. permet de minorer la distance $d(x,V_b)$ d'un point x sur S_a à l'ensemble V_b. En effet, on reprend 2.0.2. :

2.0.2. $C_x \leq a.d(x,V_b) \;/\; (a-b) \;,$

avec 3.5.1. on a pour tout élément x de S_a l'inégalité

$$d(x,V_b) \geq (a-b)t/b = at/b - t \;.$$

A fortiori si z est un élément de $\mathbb{R}^N - V_a$ on a

$$d(z,V_b) \geq at/b - t \;,$$

et cela permet de remplacer les intégrales sur $[t, +\infty[$ des membres de gauches de 3.3.1. et 3.3.2. par les mêmes prises sur $[\frac{at}{b}, +\infty[$. On obtient respectivement

3.5.2. $G'(a) \le \int_{at/b}^{+\infty} (a-b)^{-1}(u-t)(a(a-b)^{-1}(u-t) + 1)d\Phi(u)$,

et

3.5.3. $D^{+}G'(a) \le \int_{at:b}^{+\infty} (a-b)^{-2}(u-t)^2(a^2(a-b)^{-2}(u-t)^2 + \frac{10}{3})\, d\Phi(u)$,

pour tous nombres réels, a,b avec $a \ge b$ et $G(b) = \Phi(t) > \frac{1}{2}$. Pour obtenir les expressions finales du théorème 0.3. on procède de la façon suivante. Puisque le rapport $\Phi(u)/(1-\Phi(T))T \exp -T(u-T)$ est décroissant sur $[T, +\infty[$ et que l'on a :

$$\int_T^{\infty} \Phi'(u)du = \int_T^{\infty} (1-\Phi(T))T \exp - T(u-T)du \quad ,$$

pour toute fonction croissante h on a l'inégalité :

$$\int_T^{\infty} h(u)d\,\Phi(u) \le (1-\Phi(T))T \int_T^{\infty} h(u) \exp- T(u-T)du \quad .$$

On a donc pour tout nombre entier k :

$$\int_{at/b}^{\infty} (u-t)^k dd\Phi(u) \le (1-\Phi(at/b))(at/b) \int_{at/b}^{\infty} (u-t)^k \exp- \frac{at}{b}(u- \frac{at}{b})du$$

$$= (1-\Phi(at/b))(\frac{a-b}{b} .t)^k \sum_{j=0}^{k} \frac{k!}{(k-j)!} \alpha^j \quad ,$$

si on pose $\alpha = b^2 a^{-1}(a-b)^{-2} t^{-2}$.

On obtient ainsi de 3.5.2. les inégalités :

$$G'(a) \le (1 - \Phi(at/b))((1+2\alpha + 2\alpha^2)a \frac{t^2}{b^2} + (1+\alpha| \frac{t}{b})$$

$$\le (1 - \Phi(at/b))((1+4\alpha + 2\alpha^2)a$$

$$\le (1 - \Phi(at/b))((1+4\alpha + 2\alpha^2)a \frac{t^2}{b^2} + (1+\alpha) \frac{t}{b})$$

$$= (1 - \Phi(at/b))((1+2\alpha)a \frac{t}{b} + 1)(1+\alpha) \frac{t}{b}$$

de même qu'a partir de 3.5.3. :

$$D^{+}G'(a) \le (1 - \Phi(at/b))((1+4\alpha + 12\alpha^2 + 24\alpha^3)\frac{a^2t^4}{b^4} + \frac{10}{3}(1+2\alpha + 2\alpha^2)\frac{t^2}{b^2})$$

$$\le (1 - \Phi(at/b))((1+10\alpha + \frac{58}{4}\alpha^2 + \frac{200}{4}\alpha^3 + 141\,\alpha^4) + 3(1+3\alpha+\frac{9}{4}\alpha^2)\frac{t^2}{b^2}$$

$$= (1 - \Phi(at/b))((1 + \frac{7}{\alpha}\alpha)^2 \frac{a^2t^2}{b^2} + 3)(1 + \frac{3}{2}\alpha)^2 \frac{t^2}{b^2} .$$

Cela achêve la démonstration du théorème 0.3. pour G et marque la fin de la troisième étape.

4. Quatrième étape :

Le nombre entier N étant plus grand que 3 , f_N est la fonction convexe dans $\mathbb{R}^N$ donnée par

$$f_N(x) = \mathrm{Sup}(< z_j | x > + c_j \; ; \; j = 1,2,\ldots,m(N)) ,$$

avec $c_j \geq 0$ pour tout j . Le lemme suivant permet d'approcher f_N par des fonctions auxquelles s'appliquent les résultats précédents.

LEMME 4.1. On suppose que les c_j , pour $j = 1,\ldots,m$ sont strictement positifs. Pour tout nombre réel r strictement positif, il existe une fonction $g = g_r$, convexe, de la classe $C^2(\mathbb{R}^N,\mathbb{R})$ qui vérifie les propriétés suivantes

4.1.1. $\forall\, x \in \mathbb{R}^N$, $f_N(x) \leq g(x) \leq f_N(x) + r(\|x\| + 1)$

4.1.2. $\forall\, x \in \mathbb{R}^N$, $\forall\, u \geq 1$, $g(u\,x) \leq u\,g(x)$.

Démonstration du lemme 4.1. : On rappelle d'abord un résultat classique sur l'approximation des ensembles convexes que l'on ne démontre pas ici.

THEOREME 4.2. Si A est une partie convexe de $\mathbb{R}^n$ $(n \geq 3)$ alors pour tout r réel, strictement positif, il existe une partie convexe $A(r)$ dans $\mathbb{R}^n$ dont la fonction d'appui est analytique et qui vérifie

4.2.1. $A \subset A(r) \subset A + r\,B(0,1)$,

où $B(0,1)$ est la boule unité de $\mathbb{R}^n$.

On pose pour tout $(x,t) \in \mathbb{R}^N \times \mathbb{R}$, $f_N(x,t) = \mathrm{Sup}(< z_j | x > + c_j t \; ; \; 1 \leq j \leq m)$ et on applique le théorème 4.2. en prenant pour A l'enveloppe convexe de l'ensemble $\{(z_j,c_j) \; ; \; 1 \leq j \leq m\}$ dans $\mathbb{R}^N \times \mathbb{R}$. On note $g = g_r$ la fonction d'appui du convexe $A(r)$ obtenu grâce au théorème 4.2. Les inclusions de 4.2.1.

fournissent les inégalités suivantes :

$$f_N(x,t) \le g(x,t) \le f_N(x,t) + r(\|x\|^2 + 1)^{\frac{1}{2}} \quad .$$

On prend $t = 1$ et on pose $g(x) = g(x,1)$, on obtient alors 4.1.1. L'inégalité 4.1.2. est vérifiée si r est assez petit pour que l'on ait

$$A(r) \subset \mathbb{R}^N \times \{t \ge 0\} \; ,$$

c'est possible, car on suppose $c_j > 0$ pour tout j.
Cela démontre le lemme 4.1.

La proposition suivante est alors un corollaire du théorème 4.2.

PROPOSITION 4.3. Pour tout $\epsilon > 0$, il existe une fonction f_ϵ, convexe, de la classe $C^2(\mathbb{R}^N, \mathbb{R})$ vérifiant l'inégalité 4.1.2. et telle que l'on ait

4.3.1. $\forall\, a \in \mathbb{R}, \; |\gamma_N \{x \in \mathbb{R}^N, f_\epsilon(a) < a\} - \gamma_N\{x \in \mathbb{R}^N, f_N(x) < a\}| < \epsilon$.

Démonstration de la proposition 4.3.: On peut évidemment supposer que tous les C_j sont strictement positifs. Soit K une boule bornée de $\mathbb{R}^N$ telle que, pour tout borélien $B \in \mathcal{B}(\mathbb{R}^N)$, on ait $\gamma_N(K \cap B) \ge \gamma_N(B) - \epsilon/4$; on choisit un nombre réel η tel que, pour tout réel a,

$$|\gamma_N(K \cap \{f_N(x) < a - \eta\}) - \gamma_N\{K \cap \{f_N(x) < a\}| < \epsilon/2$$

puis un nombre réel r, positif, assez petit pour avoir

$$r \operatorname{Sup}(\|x\| + 1 \; ; \; x \in K) < \eta \quad .$$

Grâce au lemme 4.1. il existe alors une fonction f_ϵ ayant les propriétés voulues et vérifiant pour tout $a \in \mathbb{R}$

$$\begin{aligned} |\gamma_N\{f_\epsilon(x) < a\} - \gamma_N\{f_N(x) < a\}| &\le \epsilon/2 + |\gamma_N(\{f_\epsilon(x) < a\} \cap K) - \gamma_N(\{f_N(x) < a\} \cap K)| \\ &\le \epsilon/2 + |\gamma_N(\{f_N(x) < a - \eta\} \cap K) - \gamma_N(\{f_N(x) < a\} \cap K)| \\ &\le \epsilon \quad . \end{aligned}$$

La proposition 4.3. s'en suit.

Application : Fixons une suite $\epsilon = (\epsilon(N)\ ;\ N \in \mathbb{N})$ de nombres réels positifs décroissant vers zéro. A tout $N \geq 3$, on associe par la proposition 4.3. une fonction $f_{\epsilon(N)}$, convexe, de classe $C^2(\mathbb{R}^N, \mathbb{R})$, vérifiant les inégalités 4.1.2. et 4.1.3., à laquelle s'applique donc le théorème 0.2. sous sa forme réduite. On note $F_{N,\epsilon}$ la fonction de répartition correspondante, c'est la fonction définie par

$$\forall\, a \in \mathbb{R},\quad F_{N,\epsilon}(a) = \gamma_N\{f_{\epsilon(N)}(x) \leq a\}\ .$$

On sait que la suite $(F_N\ ;\ N \in \mathbb{N})$ tend vers F en tout point de continuité de F ; grâce à l'inégalité 4.3.1. il en va de même pour la suite $(F_{N,\epsilon}\ ;\ N \in \mathbb{N})$. Soit b un nombre réel strictement plus grand que α_o, on lui associe pour chaque N entier le nombre réel t_N tel que $F_N(b) = \Phi(t_N)$; pour tout N, t_N est minoré par le nombre réel strictement positif $\Phi^{-1}(F(b))$. On va en déduire l'existence d'un minorant pour la suite $(t_N^\epsilon\ ;\ N \in \mathbb{N})$ définie par :

$$\forall\, N \in \mathbb{N},\quad F_{N,\epsilon}(b) = \Phi(t_N^\epsilon)\ .$$

En effet puisque l'on a :

$$\forall\, b > a_o,\ t_N^\epsilon = \Phi^{-1}(F_{N,\epsilon}(b)) \geq \Phi^{-1}(F_N(b) - \epsilon(N)) \geq \Phi^{-1}(F(b) - \epsilon(N))\ ,$$

il existe un nombre entier N_o tel que :

$$\forall\, N \geq N_o,\quad t_N^\epsilon \geq \Phi^{-1}(F(b) - \epsilon(N_o)) > -\infty\ .$$

Du coup, par le théorème 0.2., pour tout intervalle $[a_1, a_2]$ inclus dans l'ensemble $]a_o, +\infty[$, il existe un nombre entier N_o et des nombres réels m_1, m_2 qui vérifient :

$$\forall\, N \geq N_o\ ,\ \forall\, b, b_1, b_2 \in [a_1, a_2]\ ,\ b_1 < b_2\ ,$$

$$0 \leq F'_{N,\epsilon}(b) \leq m_1\ ,\ |F'_{N,\epsilon}(b_2) - F'_{N,\epsilon}(b_1)| < m_2(b_2 - b_1)\ .$$

Par conséquent, si on note $V_{a_1}^{a_2}$ la variation totale sur l'intervalle $[a_1, a_2]$ on a les inégalités :

$$V_{a_1}^{a_2} F'_{N,\epsilon} \leq V_{a_1}^{a_2} m_1 b + V_{a_1}^{a_2} (m_2 b - F'_{N,\epsilon}(b)) \leq 2\, m_2(a_2 - a_1) + m_1 \ .$$

Cela implique que la suite $(F'_{N,\epsilon}\ ;\ N \in \mathbb{N})$ est uniformément bornée dans l'espace des fonctions à variation bornée sur $[a_1,a_2]$. Il existe donc une suite extraite $(F'_{N_k,\epsilon}\ ;\ k \in \mathbb{N})$ et une fonction W à variation bornée sur l'intervalle $[a_1,a_2]$ telles qu'en tout point de continuité de W (et donc p.s.) on ait

$$\lim_{k \to \infty} F'_{N_k,\epsilon}(b) = W(b) \ .$$

Si b_1 et b_2 sont des points de continuité de F, on a les égalités :

$$F(b_2) - F(b_1) = \lim_{k\to\infty} F_{N_k,\epsilon}(b_1) = \lim_{k\to\infty} \int_{b_1}^{b^2} F'_{N_k,\epsilon}(b)\,db = \int_{b_1}^{b_2} W(b)\,db \ .$$

Par suite F est absolument continue et sur l'intervalle $[a_1,a_2]$, F' coïncide presque surement avec W : F est absolument continue et sa dérivée, définie à un ensemble de mesure nulle près est à variation bornée sur tout intervalle compact inclus dans $]a_o, +\infty[$.

La fonction F est donc continue sur l'intervalle $]a_o, +\infty[$. Il en découle que pour tout nombre réel b dans $]a_o, +\infty[$ on a :

$$\lim_{N\to\infty} t_N^{\epsilon} = t \ ,$$

on en déduit le théorème 0.2. pour F.

Le théorème 0.3. se montre de la même manière.

Le théorème 0.1. est une conséquence immédiate du théorème 0.2.

La démonstration de ces trois théorèmes est achevée.

<u>Conclusion</u> : Comme nous avons essayé de le souligner au cours de cet exposé, les inégalités de Borell et de Landau et Shepp sont les points clefs de la démonstration de Tsirel'son. De ce fait son domaine est limité aux seules mesures gaussiennes. Cependant, un cadre naturel pour l'étude de la régularité de la densité de la loi d'une semi-norme d'un vecteur aléatoire à valeur dans un espace

mesurable est celui des mesures convexes introduites par C. Borell dans [2] . En effet, ainsi que le prouve Hoffmann-Jorgensen dans [4] th. 3.1. p 74,l'énoncé d'Ylvisaker [7] est pour de telles mesures une conséquence directe de leur définition.

REFERENCES
-:-:-:-:-:-

[1] BORELL C. : The Brunn-Minkowski inequality in Gauss space, Inv. Math. 30, 1975, p. 207-216.

[2] BORELL C. : Convex measure on locally convexe spaces, Ark. Math. 120, 1974, p; 390 - 408 .

[3] FERNIQUE X. : Régularité des trajectoires des fonctions aléatoires gaussiennes, Lect. Notes Math. 480, 1975, p. 1-96.

[4] HOFFMANN-JORGENSEN : Probability in B-spaces. Aarhus universität Lect. Notes Ser. 48 .

[5] LANDAU H.J. et SHEPP L.A. : On the supremum of a gaussian process, Sankhya Ser. A, 32, 1971, P. 369-378.

[6] TSIREL'SON V.S. : The density of the maximum of a gaussian process, Theory of probability and Ap., 1975, 847-856.

[7] YLVISAKER N.D. : The expected number of zeros of a stationary gaussian process. Ann. Math. Stat. 36, 1043-1046 .

SUR LA LOI DU LOGARITHME ITERE DANS LES ESPACES REFLEXIFS

Bernard HEINKEL

Il est bien connu que dans les espaces de Banach de dimension infinie la loi du logarithme itéré prend deux formes voisines : la forme compacte (LLIC) et la forme bornée (LLIB) . La première est une propriété de compacité forte et la seconde une propriété de bornitude . La question suivante découle naturellement de cette double forme que prend la loi du logarithme itéré : ≪ Pour quelles topologies plus faibles que celle de la norme la LLIB peut-elle également se traduire comme une propriété de compacité ? ≫ J. Kuelbs a donné des réponses générales de caractère abstrait à cette question (cf [5] Theorem 3.2 et Corollary 3.3) , pour les v.a. fortement de carré intégrable . La difficulté d'utilisation des projections en dimension finie des v.a. considérées semblait rendre illusoire tout espoir de donner des réponses plus précises à la question précédente . Or tout récemment V. Goodman , J. Kuelbs et J. Zinn [3] ont réussi à utiliser de façon optimale les projections en dimension finie pour établir des conditions nécessaires et suffisantes pour la LLIB et la LLIC dans les espaces de Hilbert . Leurs raisonnements typiquement hilbertiens laissaient néanmoins penser que l'utilisation des moments faibles d'une v.a. permettrait de préciser la LLIB pour d'autres espaces de Banach dans lesquels ≪ les suites de v.a. suffisamment régulières ont de bonnes propriétés de convergence presque sûre ≫ . Les espaces réflexifs sont de cette nature ; nous allons nous restreindre à ces espaces et montrer comment l'utilisation des moments faibles d'une v.a. permet de préciser à quel point la LLIB est une propriété de compacité faible.

Rappelons tout d'abord quelques notations.

Soit (B , $\| \ \|$) un espace de Banach réel séparable et réflexif.

Considérons X une v.a. centrée à valeurs dans B et désignons par (X_n , $n \in \mathbb{N}$) une suite de copies indépendantes de X. Pour tout entier n on note :

$$S_n(X) = X_1 + X_2 + \dots + X_n$$

On définit d'autre part la suite de réels positifs (a_n , $n \in \mathbb{N}$) :

$$a_n = \sqrt{2n\, LLn} \quad ,$$

où :

$$\forall x > 0 \, , \, LLx = \mathrm{Log}\,(\,\sup\,(\,e\,,\,\mathrm{Log}\,x\,)\,)\,.$$

<u>On dit que X vérifie la LLIB si :</u>

$$P\{\,\sup\,(\,\|S_n(X)\|\,/\,a_n\,,\,n \in \mathbb{N}\,) < +\infty\,\} = 1\,.$$

On se propose d'établir le critère suivant pour la LLIB :

THEOREME : <u>Soit X une v.a. symétrique à valeurs dans un espace de Banach réel séparable et réflexif</u> (B , $\| \ \|$) . <u>Cette v.a. X vérifie la LLIB si et seulement si les deux conditions suivantes sont vérifiées :</u>

i) <u>La v.a. X est faiblement de carré intégrable.</u>

ii) <u>Pour toute suite</u> (α_n , $n \in \mathbb{N}$) <u>de réels positifs telle que :</u>

$$\lim_{n \to +\infty} \alpha_n = +\infty \, ,$$

<u>on a :</u>

a) $P\{\,\sup\,(\,\|S_n(Y)\|\,/\,a_n\,,\,n \in \mathbb{N}\,) < +\infty\,\} = 1$,

b) <u>la suite</u> ($S_n(Z)\,/\,a_n$, $n \in \mathbb{N}$) <u>converge faiblement presque sûrement vers 0</u> ,

<u>où</u> $S_n(Y)$ <u>et</u> $S_n(Z)$ <u>désignent les sommes de rang n associées aux deux suites de v.a. :</u>

$$Y_k = X_k \, I_{(\, \| X_k \| \leq \alpha_k \,)}$$

$$Z_k = X_k \, I_{(\, \| X_k \| > \alpha_k \,)} .$$

Démonstration :

La condition (ii) et encore réalisée pour une seule suite (α_n , $n \in \mathbb{N}$) suffit pour que X vérifie la LLIB .

Il est bien connu d'autre part que la condition (i) est nécessaire pour que X vérifie la LLIB .

Il reste donc à établir qu'une v.a. symétrique X vérifiant la LLIB satisfait à (ii) .

Fixons une suite (α_n , $n \in \mathbb{N}$) de réels positifs telle que :

$$\lim_{n \to +\infty} \alpha_n = +\infty .$$

Par indépendance des X_k il existe un réel $t > 0$ tel que :

$$(1) \qquad \sum_{n \in \mathbb{N}} P\{ \| (S_{2^{n+1}} - S_{2^n})(X) / a_{2^n} \| > t \} < +\infty .$$

Par symétrie on en déduit :

$$(2) \qquad \sum_{n \in \mathbb{N}} P\{ \| (S_{2^{n+1}} - S_{2^n})(Y) / a_{2^n} \| > t \} < +\infty ,$$

et finalement :

$$P\{ \sup (\| S_n (Y) / a_n \| , n \in \mathbb{N}) < +\infty \} = 1 .$$

Montrons à présent que la suite ($S_n (Z) / a_n$, $n \in \mathbb{N}$) converge faiblement presque sûrement vers 0 .

Pour cela on pose pour tout entier n :

$$\gamma_n = S_{2^n} (Z) / a_{2^n}$$

et on commence par établir que la suite (γ_n , $n \in \mathbb{N}$) converge vers 0 faiblement presque sûrement .

Remarquons tout d'abord que :

$$P \{ \sup (\| Y_n \| , n \in \mathbb{N}) < +\infty \} = 1 .$$

Par application d'un résultat classique de J. Hoffmann - Jørgensen ([4] , Corollary 3.4) on en déduit :

(3) $\quad E \sup (\| Y_n \| , n \in \mathbb{N}) < +\infty .$

Désignons par $\mathcal{G}_n$ la tribu engendrée par les v.a. X_1 , X_2 , ... , X_{2^n} et par T l'ensemble des temps d'arrêt bornés relatifs à la suite croissante de tribus ($\mathcal{G}_n$, $n \in \mathbb{N}$) .

Nous allons établir que ((Y_n , $\mathcal{G}_n$) , $n \in \mathbb{N}$) est un amart faible tel que :

(4) $\quad \lim_T E (Y_\tau) = 0$ dans la topologie faible .

L'espace B étant réflexif la convergence faible presque sûre vers 0 de la suite (Y_n , $n \in N$) découlera immédiatement des propriétés (3) et (4) par application d'un théorème de A. Brunel et L. Sucheston [2] .

Soit $f \in B'$. Pour tout entier k , on décompose la v.a. $f (Z_k)$ de la facon suivante :

$$f (Z_k) = u_k + v_k$$

où :

$$u_k = f (Z_k) I_{(| f (Z_k) | \leq \sqrt{k / LLk})}$$

$$v_k = f (Z_k) I_{(| f (Z_k) | > \sqrt{k / LLk})}$$

Remarquons déjà :

$$| S_{2^n} (v) / a_{2^n} | \leq \sqrt{S_{2^n} (v^2) / 2^n} . \sqrt{\sum_{k \in \{1,\dots,2^n\}} I_{(|f(Z_k)| > \sqrt{k / LLk})}}$$

Une application de la loi forte des grands nombres et du lemme de Kronecker implique la convergence presque sûre vers 0 de la suite ($S_{2^n} (v) / a_{2^n}$, $n \in \mathbb{N}$) (voir [7] démonstration du Théorème 4.3 pour des détails) .

Montrons que de même la suite ($S_{2^n} (u) / a_{2^n}$, $n \in \mathbb{N}$) converge presque sûrement vers 0 . Pour établir ce résultat on utilisera la propriété d'intégrabilité exponentielle suivante [9] :

LEMME : <u>Soient</u> $\xi_1 , \ldots , \xi_n$ <u>n v.a.r. indépendantes , centrées , de carré intégrable . Pour tout</u> $j = 1 , \ldots , n$ <u>on pose :</u>

$$s_j^2 = \sigma^2 (S_j (\xi)) .$$

<u>On suppose qu'il existe n constantes positives</u> $c_1 , \ldots , c_n$, <u>telles que :</u>

i) $0 < c_1 s_1 \leq c_2 s_2 \leq \ldots \leq c_n s_n$

ii) $\forall\, j = 1 , \ldots , n \quad P \{ \xi_j \leq c_j s_j \} = 1$.

<u>On désigne de plus par g la fonction de</u> $\mathbb{R}^+$ <u>dans</u> $\mathbb{R}^+$ <u>définie par :</u>

$$g (x) = (e^x - 1 - x) / x^2$$

<u>Alors on a pour tout</u> $t > 0$:

$$E \exp (t S_n (\xi) / s_n) \leq \exp (t^2 g (c_n t)) \quad .$$

Par construction des v.a. u_k on a :

$$\lim_{n \to +\infty} \sigma^2 (S_{2^n} (u) / \sqrt{2^n}) = 0 .$$

Soit $\varepsilon > 0$. Par application du lemme précédent on remarque qu'il existe un entier N tel que :

$$\forall\, n > N \quad P \{ | S_{2^n} (u) / a_{2^n} | > \varepsilon \} \leq 2 / (n \operatorname{Log} 2)^2$$

On a donc :

$$\forall\, \varepsilon > 0 \quad \sum_{n \in \mathbb{N}} P \{ | S_{2^n} (u) / a_{2^n} | > \varepsilon \} < +\infty ,$$

d'où l'on déduit la convergence presque sûre vers 0 de la suite $(S_{2^n} (u) / a_{2^n} , n \in \mathbb{N})$.

On a donc finalement :

$$(5) \qquad \lim_{n \to +\infty} f (\gamma_n) = 0 \quad \text{p.s.}$$

Le résultat de J. Hoffmann - Jørgensen déjà utilisé plus haut permet d'en déduire :

(6) $\quad E \sup (| f(\gamma_n) | , n \in \mathbb{N}) < +\infty$.

Un théorème de D. C. Austin , G. A. Edgar et A. Ionescu - Tulcea ([1] Corollary 1) permet de déduire des propriétés (5) et (6) que ($f(\gamma_n)$, $n \in \mathbb{N}$, $\mathcal{G}_n$) est un amart réel . On a donc :

$$\lim_T E (f(\gamma_T)) = 0 .$$

Ce résultat étant vrai pour toute $f \in B'$, on a donc établi que la suite (γ_n , $n \in \mathbb{N}$) converge faiblement presque sûrement vers 0 .

On en déduit par un raisonnement classique (cf [8] Theorem 3.4.1) :

$$\lim_{n \to +\infty} S_n(Z) / a_n = 0 \text{ faiblement p.s.}$$

et ceci achève la démonstration du théorème .

Remarque :

Le théorème que nous venons d'établir donne un critère pour la LLIB dans le cas symétrique . Cette restriction n'est pas gênante car X vérifie la LLIB si et seulement si X - X' la vérifie , X' étant une copie indépendante de X (cf [6] fin de la démonstration du Théorème 3.1 pour une justification de ce fait) .

Références

[1] AUSTIN D. G. , EDGAR G. A. , IONESCU - TULCEA A. : Pointwise convergence in terms of expectations
Z. Wahr. verw. Geb. 30 (1974) p. 17 - 26

[2] BRUNEL A. , SUCHESTON L. : Sur les amarts faibles à valeurs vectorielles
C. R. Acad. Sci. Paris 282 , Sér. A (1976) p. 1011 - 1014

[3] GOODMAN V. , KUELBS J. , ZINN J. : Some results on the LIL in Banach space with applications to weighted empirical processes
(1980) à paraître dans Annals of Probability

[4] HOFFMANN - JØRGENSEN J. : Sums of independent Banach space valued random variables
Studia Math 52 (1974) p. 159 - 186

[5] KUELBS J. : The law of the iterated logarithm and related strong convergence theorems for Banach space valued random variables
Ecole d'été de Probabilités de St Flour 5 - 1975
Lecture Notes in Math 539 , p.224 - 314

[6] KUELBS J. : Some exponential moments of sums of independent random variables
T.A.M.S. 240 (1978) p. 145 - 162

[7] PISIER G. : Le théorème de la limite centrale et la loi du logarithme itéré dans les espaces de Banach
Séminaire Maurey - Schwartz 1975 - 76 , exposés n° 3 et 4

[8] STOUT W. F. : Almost sure convergence
(1974) Academic Press , New York

[9] TEICHER H. : Generalized exponential bounds , iterated logarithm and strong laws
Z. Wahr. verw. Geb. 48 (1979) p. 293 - 307

Bernard HEINKEL

Institut de Recherche Mathématique Avancée

7 , Rue René Descartes

67084 STRASBOURG Cédex

LA LOI DU LOGARITHME ITERE POUR LES VARIABLES ALEATOIRES PREGAUSSIENNES A VALEURS DANS UN ESPACE DE BANACH A NORME REGULIERE

Michel LEDOUX

Les variables aléatoires prégaussiennes constituent une classe privilégiée de variables aléatoires dans l'étude de la propriété de limite centrale en dimension infinie. Mais le caractère prégaussien n'est pas réservé au seul théorème de la limite centrale et le comportement en logarithme itéré des variables aléatoires prégaussiennes mérite une égale attention. Nous nous proposons, dans cette note, de résoudre la question de la loi du logarithme itéré pour les variables aléatoires prégaussiennes à valeurs dans un espace de Banach réel séparable à norme deux fois directionnellement dérivable de dérivée seconde bornée et lipschitzienne en dehors de l'origine.

Soient $(\Omega, \mathcal{F}, P)$ un espace probabilisé et X une variable aléatoire (v.a.) à valeurs dans un espace de Banach réel séparable $(B, \|.\|)$ muni de sa tribu borélienne $\mathcal{B}$. Désignons par $(X_n)_{n \in \mathbb{N}}$ une suite de copies indépendantes de X et notons, pour tout entier n,

$$S_n(X) = X_1 + \ldots + X_n$$

et

$$a_n = (2n L_2 n)^{\frac{1}{2}} ,$$

où L_2 est la fonction sur $\mathbb{R}_+$ définie par $L_2 x = \mathrm{Log}(\max(e, \mathrm{Log}\, x))$.

Nous dirons que la v.a. X satisfait au théorème de la limite centrale si la suite $\left(\frac{S_n(X)}{n^{\frac{1}{2}}}\right)_{n \in \mathbb{N}}$ converge en loi dans $(B, \mathcal{B})$. Nous dirons que X satisfait à la loi du logarithme itéré bornée si, presque sûrement (p.s.),

$$\lim_{n\to\infty} \sup \frac{\|S_n(X)\|}{a_n} < \infty ;$$

elle satisfait à la loi compacte s'il existe une partie compacte convexe symétrique $K(X)$ de B telle que, p.s.,

$$\lim_{n\to\infty} d(\frac{S_n(X)}{a_n}, K(X)) = 0 \quad \text{et} \quad C(\frac{S_n(X)}{a_n}) = K(X)$$

où $d(x,K(X)) = \inf\{\|x-y\| , y \in K(X)\}$ et $C(\frac{S_n(X)}{a_n})$ est l'ensemble des valeurs d'adhérence de la suite $(\frac{S_n(X)}{a_n})_{n\in\mathbb{N}}$. L'ensemble $K(X)$ est connu habituellement sous le nom de boule unité de l'espace autoreproduisant associé à la covariance de X.

S'il est aisé de vérifier, en présence de la propriété de logarithme itéré bornée (qui, en dimension infinie, est une notion strictement plus faible que celle de loi compacte), que $C(\frac{S_n(X)}{a_n})$ est une partie p.s. non aléatoire $A(X)$ de $K(X)$, il est par contre beaucoup plus difficile de connaître la nature exacte de cet ensemble. La conjecture en ce domaine est une loi que l'on pourrait baptiser du 0-1 et qui consisterait en l'alternative $A(X) = \emptyset$ ou $A(X) = K(X)$; en cas de réponse positive, il resterait encore à déterminer en quelles circonstances $A(X)$ est vide ou non. Ce dernier problème a été résolu récemment par J. Kuelbs ([9]) dans les espaces de Banach possédant la propriété (A) : un espace de Banach réel séparable B vérifie la propriété (A) si sa norme $\|.\|$ est 2 fois directionnellement dérivable de dérivée seconde bornée et lipschitzienne d'ordre $\alpha > 0$ en dehors de l'origine. Nous renvoyons le lecteur aux travaux de J. Kuelbs ([7], [8]) pour les définitions précises et les propriétés d'un tel espace. Notons simplement qu'un tel espace est de type 2 ([8]) et que les espaces $L^p = L^p(T,\mathcal{T},\tau)$, où $(T,\mathcal{T},\tau)$ est un espace mesuré, satisfont à la propriété (A) avec $\alpha = 1$ si $p = 2$ ou $p \geq 3$ et $\alpha = p-2$ pour $2 < p < 3$.

Voici maintenant le théorème de J. Kuelbs ([9]) ; il complète, de manière définitive, la loi du logarithme itéré dans les espaces de Hilbert ([4]).

THEOREME 1. Soit X une v.a. à valeurs dans un espace de Banach réel séparable $(B,\|.\|)$ possédant la propriété (A) ; si X satisfait à la loi du logarithme itéré bornée, alors $C(\frac{S_n(X)}{a_n}) = K(X)$ p.s..

Fixons à présent notre attention sur les v.a. prégaussiennes qui constituent l'objet de ce travail. Une v.a. X à valeurs dans un espace de Banach B telle que pour tout élément f du dual B' de B, $E\{f(X)\} = 0$ et $E\{f^2(X)\} < \infty$, est dite prégaussienne s'il existe une v.a. gaussienne centrée $G(X)$ dans B de même structure de covariance, c'est-à-dire telle que, pour tous $f,g \in B'$,

$$E\{f(X)g(X)\} = E\{f(G(X))g(G(X))\} .$$

Bien entendu, une v.a. qui vérifie le théorème de la limite centrale est préguassienne. Des propriétés élémentaires de $K(X)$ ([4], Lemma 2.1), nous retenons l'égalité $K(X) = K(G(X))$ et en conséquence la compacité de $K(X)$. La proposition suivante regroupe quelques unes des propriétés essentielles des v.a. prégaussiennes.

PROPOSITION 2. Si X et Y sont deux v.a. à valeurs dans B telles que pour tout élément f de B', $E\{f^2(Y)\} \leq E\{f^2(X)\}$, et si X est prégaussienne, alors Y est également prégaussienne. De plus l'espace PG des v.a. prégaussiennes à valeurs dans B est un sous-espace vectoriel de l'espace des v.a. sur B.

Démonstration. Des propriétés usuelles de comparaison entre les vecteurs gaussiens ([3]), nous déduisons que la v.a. gaussienne $G(Y)$ construite à partir de la covariance de Y est effectivement dans B ; ceci justifie la première affirmation de la proposition. La deuxième en est une conséquence immédiate puisque, pour établir le caractère linéaire de PG, il suffit de vérifier que la somme de deux v.a. prégaussiennes X et Y est encore prégaussienne. C'est évident si X et Y sont indépendantes ; dans le cas contraire, l'inégalité triviale

$$E\{f^2(X+Y)\} \le 2(E\{f^2(X)\} + E\{f^2(Y)\})$$

permet de construire deux copies indépendantes X' et Y' de X et Y telles que

$$E\{f^2(X+Y)\} \le 2\,E\,\{f^2(X'+Y')\} = E\{f^2(2^{\frac{1}{2}}(X'+Y'))\} ,$$

et la conclusion s'obtient, comme annoncé, du premier point.

Dans un travail récent, généralisant des résultats de G. Pisier et J. Zinn dans les espaces $L^p(2 \le p < \infty)$ ([11]) , V. Goodman, J. Kuelbs et J. Zinn ont résolu la question du théorème de la limite centrale pour les v.a. prégaussiennes à valeurs dans un espace de Banach possédant la propriété (A) ([4]) ; leur théorème s'énonce :

THEOREME 3. Une v.a. X à valeurs dans un espace de Banach réel séparable $(B, \|.\|)$ possédant la propriété (A) satisfait au théorème de la limite centrale si et seulement si elle est prégaussienne et

$$\text{(1)} \qquad \lim_{t \to \infty} t^2 P\{\|X\| > t\} = 0 .$$

En outre, la suite $\left(\frac{S_n(X)}{n^{\frac{1}{2}}}\right)_{n \in \mathbb{N}}$ est bornée en probabilité si et seulement si la v.a. X est prégaussienne et

$$\text{(2)} \qquad \sup_{t \in \mathbb{R}_+} t^2 P\{\|X\| > t\} < \infty .$$

Du théorème de liaison entre les propriétés de limite centrale et de logarithme itéré ([4], [5]), on déduit immédiatement qu'une v.a. prégaussienne X à valeurs dans un espace de Banach vérifiant (A) satisfait à la loi du logarithme itéré compacte (resp. bornée) si elle vérifie (1) (resp. (2)) et

$$\text{(3)} \qquad E\{\frac{\|X\|^2}{L_2\|X\|}\} < \infty .$$

Au mois d'août de cette année, le Professeur J. Kuelbs nous a signalé le théorème suivant, qui renforce ce dernier résultat concernant la loi du logarithme itéré.

THEOREME 4. Soit X une v.a. prégaussienne à valeurs dans un espace de Banach réel séparable $(B,\|.\|)$ possédant la propriété (A) ; on suppose que X vérifie la condition d'intégrabilité (3) et que, pour tout t assez grand,

$$P\{\|X\| > t\} \leq \frac{\varphi(t)}{t^2}$$

où φ est une fonction croissante sur $\mathbb{R}_+$ telle que

$$\sup_{t \in \mathbb{R}_+} \frac{[\mathrm{Log}(L_2 t)]^2 \varphi(t)}{L_2 t} < \infty ;$$

alors X satisfait à la loi du logarithme itéré compacte.

Nous nous proposons à présent d'énoncer la solution complète de la loi du logarithme itéré pour les v.a. prégaussiennes à valeurs dans un espace possédant la propriété (A) ; cet énoncé caractérise la loi du logarithme itéré pour les v.a. prégaussiennes à partir de la seule condition d'intégrabilité (3) et précise donc, dans les espaces possédant la propriété (A), la relation entre le théorème de la limite centrale et la loi du logarithme itéré.

THEOREME 5. (Voir remarque finale). Une v.a. prégaussienne X à valeurs dans un espace de Banach réel séparable $(B,\|.\|)$ possédant la propriété (A) satisfait à la loi du logarithme itéré compacte si et seulement si elle vérifie la condition (3) ; en particulier, la loi bornée est équivalente à la loi compacte. En outre, si X est symétrique et vérifie (3), pour toute suite croissante non bornée $(b_n)_{n \in \mathbb{N}}$ de réels positifs,

$$\lim_{n \to \infty} \frac{1}{a_n} \sum_{j=1}^{n} \theta_j = 0 \quad \text{p.s.}$$

où l'on a posé, pour tout entier n et tout $j \in I(n) = \{2^n,\ldots,2^{n+1}-1\}$,

$$\theta_j = X_j \, I_{\{\|X_j\| > b_{2^n}\}} .$$

<u>Démonstration</u>. Nous nous restreignons au cas d'une v.a. X symétrique, le cas général s'en déduisant par symétrisation. Pour tout entier n et tout

$j \in I(n)$, posons

$$\xi_j = X_j \, I_{\{\|X_j\| \le a_{2^n}\}}$$

et

$$\eta_j = X_j \, I_{\{\|X_j\| > a_{2^n}\}} .$$

En vertu du lemme de Borel-Cantelli et de la condition d'intégrabilité sur X ,

$$\lim_{n \to \infty} \frac{1}{a_n} \sum_{j=1}^{n} \eta_j = 0 \quad \text{p.s.} ,$$

ce qui, joint à un argument de symétrie, nous assurera dans un premier temps la propriété de logarithme itéré bornée si nous exhibons une constante positive finie M telle que la série de terme général $P\{\|\sum_{j \in I(n)} \xi_j\| > 2Ma_{2^n}\}$ soit convergente. Justifions en quelques mots cette affirmation ; d'après l'inégalité de Lévy ,

$$P\{\sup_{k \in I(n)} \|\sum_{j=2^n}^{k} \xi_j\| > 2Ma_{2^n}\} \le 2P\{\|\sum_{j \in I(n)} \xi_j\| > 2Ma_{2^n}\} ,$$

et donc, par le lemme de Borel-Cantelli,

$$\sup_{n \in \mathbb{N}} \sup_{k \in I(n)} \frac{1}{a_{2^n}} \|\sum_{j=2^n}^{k} \xi_j\| < \infty \quad \text{p.s.} .$$

Soit à présent un entier n , $2^i \le n < 2^{i+1}$; on a

$$\frac{1}{a_n} \|\sum_{j=1}^{n} \xi_j\| \le \sum_{k=o}^{i-1} \frac{a_{2^k}}{a_{2^i}} \left(\frac{1}{a_{2^k}} \|\sum_{j \in I(k)} \xi_j\|\right) + \sup_{k \in I(i)} \frac{1}{a_{2^i}} \|\sum_{j=2^i}^{k} \xi_j\| ,$$

d'où l'on déduit, pour presque tout $\omega \in \Omega$, l'existence d'une constante $C_1(\omega)$ telle que

$$\frac{1}{a_n} \|\sum_{j=1}^{n} \xi_j(\omega)\| \le C_1(\omega)[1 + \sum_{k=o}^{i-1} (2^{k/2 - i/2})] \le 4C_1(\omega) .$$

En vue d'évaluer la probabilité $P\{\|\sum_{j \in I(n)} \xi_j\| > 2Ma_{2^n}\}$, nous nous reportons à l'inégalité (2.7) de [7] (ou plus précisément à sa démonstration) qui fournit une constante $C_2 = C_2(M)$, uniforme en n , telle que

$$P\{\|\sum_{j\in I(n)} \xi_j\| > 2M a_{2^n}\} \le P\{\|G(\xi_{2^n})\| > M(2L_2 2^n)^{\frac{1}{2}}\}$$

$$+ C_2 2^n E\{(\frac{\|\xi_{2^n}\|}{a_{2^n}})^{2+\alpha} + (\frac{\|G(\xi_{2^n})\|}{a_{2^n}})^{2+\alpha}\}$$

où $G(\xi_{2^n})$ est une v.a. gaussienne de même covariance que ξ_{2^n}. Il est aisé d'observer que

$$\sum_{n\in\mathbb{N}} 2^n E\{(\frac{\|\xi_{2^n}\|}{a_{2^n}})^{2+\alpha}\} \le C_3 E\{\frac{\|X\|^2}{L_2\|X\|}\},$$

si bien que la propriété de logarithme itéré bornée résultera de la convergence de la série de terme général

$$P\{\|G(\xi_{2^n})\| > M(2L_2 2^n)^{\frac{1}{2}}\} + 2^n E\{(\frac{\|G(\xi_{2^n})\|}{a_{2^n}})^{2+\alpha}\} ;$$

or, pour tout entier n et tout réel $t>0$, l'inégalité de T.W. Anderson ([1], également citée dans [4] et [8]) nous montre que

$$P\{\|G(\xi_{2^n})\| > t\} \le P\{\|G(X)\| > t\} ,$$

où $G(X)$ est une v.a. gaussienne à valeurs dans B de même structure de covariance que X. La convergence souhaitée se déduit alors sans peine de l'intégrabilité gaussienne ([2]) et d'un bon choix de M.

En vue d'atteindre la propriété de logarithme itéré compacte, nous notons $\Phi(x)$ une fonction de Young équivalente asymptotiquement à $\frac{x^2}{L_2 x}$ et $\|.\|_\Phi$ la norme d'Orlicz associée. Nous venons d'injecter l'espace PG des v.a. prégaussiennes Z de B muni de la norme $(E\{\|G(Z)\|^2\})^{\frac{1}{2}} + \|Z\|_\Phi$ dans l'espace des v.a. Z à valeurs dans B telles que

$$E\{\sup_{n\in\mathbb{N}} \frac{\|S_n(Z)\|}{a_n}\} < \infty$$

([10], Proposition 2.2) ; le graphe de cette injection étant fermé, nous déduisons du théorème du même nom l'existence d'une constante positive finie

C_4 telle que pour toute v.a. Z à valeurs dans B ,

$$E\{\sup_{n\in\mathbb{N}} \frac{\|S_n(Z)\|}{a_n}\} \le C_4[(E\{\|G(Z)\|^2\})^{\frac{1}{2}} + \|Z\|_\Phi] ,$$

le second membre étant éventuellement infini. Considérons à présent une v.a. prégaussienne X telle que $\|X\|_\Phi < \infty$; par le théorème de convergence des martingales vectorielles, nous construisons une suite croissante $(\mathcal{F}_k)_{k\in\mathbb{N}}$ de sous-tribus finies de $\mathcal{F}$ engendrant la tribu $X^{-1}(\mathcal{B})$ et telle que, si

$$X_k = E\{X|\mathcal{F}_k\} \ (X_o = E\{X|\mathcal{F}_o\} = E\{X\} = 0) ,$$

on ait

$$\lim_{k\to\infty} \|X - X_k\|_\Phi = 0 .$$

Pour tout entier k , posons $Y_k = X_{k+1} - X_k$; nous déduisons d'un petit jeu sur les espérances conditionnelles l'égalité

$$E\{f(X)g(X)\} = \sum_{k\in\mathbb{N}} E\{f(Y_k)g(Y_k)\}$$

pour tous $f,g \in B'$. En conséquence, si $(G(Y_k))_{k\in\mathbb{N}}$ désigne une suite de v.a. gaussiennes indépendantes telle que pour tout entier k , $G(Y_k)$ possède la même covariance que Y_k , la série $\sum_{k\in\mathbb{N}} G(Y_k)$ a même loi que $G(X)$.
Le caractère gaussien des v.a. $G(Y_k)$ et $G(X)$ et les théorèmes d'intégrabilité classiques des sommes de v.a. indépendantes ([6]) donnent ainsi

$$\lim_{k\to\infty} E\{\|\sum_{j\ge k} G(Y_j)\|^2\} = 0 .$$

Regroupant nos convergences, nous choisissons, pour tout réel ε strictement positif, un entier k tel que

$$(E\{\|\sum_{j\ge k} G(Y_j)\|^2\})^{\frac{1}{2}} + \|X-X_k\|_\Phi \le \frac{\varepsilon}{2C_4} ,$$

de sorte que ,

$$E\{\sup_{n\in\mathbb{N}} \frac{\|S_n(X - X_k)\|}{a_n}\} \le \varepsilon$$

puisque $\sum_{j\ge k} G(Y_j)$ constitue une version de $G(X - X_k)$; nous concluons à la loi du logarithme itéré compacte en vertu du théorème d'approximation de G. Pisier ([10], Théorème 3.1).

Nous justifions à présent la seconde affirmation du théorème 5. A nouveau, la démonstration se réduit, en raison d'un argument de symétrie et du lemme de Borel-Cantelli, à établir, pour tout réel ε strictement positif, la convergence de la série de terme général

$$P\{\|\sum_{j\in I(n)} \theta'_j\| > 2\varepsilon a_{2^n}\} \text{ où, si } j\in J(n) ,$$

$$\theta'_j = X_j I_{\{b_{2^n} < \|X_j\| \le a_{2^n}\}} .$$

Une répétition des arguments précédents nous permet de nous limiter à l'étude de la série de terme général $P\{\|G(\theta'_{2^n})\| > \varepsilon(2L_2 2^n)^{\frac{1}{2}}\}$ où $G(\theta'_{2^n})$ est une v.a. gaussienne de même covariance que θ'_{2^n}.

La première étape va consister à déduire de la compacité de $K(X)$ l'intégrabilité uniforme de la famille de v.a. $f^2(X)$, f parcourant la boule unité de B' ; cette déduction repose essentiellement sur la formule

$$\sup\{(E\{f^2(X)\})^{\frac{1}{2}}, \|f\|_{B'} \le 1\} = \sup\{\|x\|, x\in K(X)\}$$

intrinsèque à la construction de $K(X)$. Pour tout réel $c>0$, notons X_c la v.a. $X I_{\{\|X\|>c\}}$; on a

$$\lim_{c\to\infty} \sup_{\|f\|_{B'}\le 1} E\{f^2(X)I_{\{|f(X)|>c\}}\} \le \lim_{c\to\infty} \sup_{\|f\|_{B'}\le 1} E\{f^2(X_c)\}$$

$$\le \limsup_{c\to\infty} (\sup_{x\in K(X_c)} \|x\|^2) .$$

Nous procédons par l'absurde en supposant non nulle cette dernière limite ; cette hypothèse fournit un réel δ strictement positif et une suite non bornée $(c_n)_{n\in\mathbb{N}}$ de réels positifs ainsi qu'une suite $(x_n)_{n\in\mathbb{N}}$ d'éléments de B tels que, pour tout entier n , $x_n \in K(X_{c_n})$ et $\|x_n\| \ge 2\delta$. Un élément x_n de $K(X_{c_n})$ est de la forme

$$x_n = E\{\psi_n X_{c_n}\}$$

où ψ_n est une v.a. de la boule unité de $L^2(\Omega, \mathfrak{F}, P ; \mathbb{R})$; mais l'égalité

$$x_n = E\{\psi_n X_{c_n}\} = E\{(\psi_n I_{\{\|X\| > c_n\}})X\}$$

prouve que x_n appartient également à $K(X)$. La compacité de $K(X)$ permet d'extraire de la suite $(x_n)_{n \in \mathbb{N}}$ une sous-suite $(x_n)_{n \in \mathbb{N}_1}$ convergeant vers un élément x de $K(X)$ de norme plus grande que 2δ.

Il existe ainsi une forme linéaire f sur B telle que $f(x) > \delta$ et un sous-ensemble strictement dénombrable $\mathbb{N}_2$ de $\mathbb{N}_1$ tel que $f(x_n) \geq \delta$ pour tout entier n de $\mathbb{N}_2$. La contradiction s'obtient alors de l'inégalité de Schwarz

$$\delta \leq f(x_n) = E\{\psi_n f(X_{c_n})\} \leq (E\{f^2(X) I_{\{\|X\| > c_n\}}\})^{\frac{1}{2}}$$

et du théorème de la convergence dominée.

Cette uniforme intégrabilité détermine un entier $n_o = n_o(\varepsilon)$ tel que

$$\sigma^2 = \sup\{E\{f^2(X) I_{\{\|X\| > b_{2^{n_o}}\}}\}, \|f\|_{B'} \leq 1\} < \varepsilon^2 .$$

Nous notons à présent $G(\theta_{2^{n_o}})$ une v.a. gaussienne de B de même covariance que $\theta_{2^{n_o}}$, de sorte que, en vertu de l'inégalité de T.W. Anderson,

$$P\{\|G(\theta'_{2^n})\| > \varepsilon(2L_2 2^n)^{\frac{1}{2}}\} \leq P\{\|G(\theta_{2^{n_o}})\| > \varepsilon(2L_2 2^n)^{\frac{1}{2}}\}$$

pour tout $n \geq n_o$. Or, par séparabilité de B, la v.a. $\exp(\beta\|G(\theta_{2^{n_o}})\|^2)$ est intégrable pour tout $\beta < \frac{1}{2\sigma^2}$ ([3], Théorème 1.3.3) ; choisissant alors $\frac{1}{2\varepsilon^2} < \beta < \frac{1}{2\sigma^2}$, la série considérée initialement est convergente et ainsi s'achève la démonstration du théorème.

Notre travail serait incomplet sans l'exemple d'une v.a. prégaussienne à valeurs dans un espace de Banach possédant la propriété (A) satisfaisant à la loi du logarithme itéré mais ne vérifiant pas le théorème de la limite centrale ; l'exemple que nous présentons est inspiré d'un exemple de V. Goodman, J. Kuelbs et J. Zinn ([4], Paragraphe 7).

Pour tout entier r , définissons la quantité 2_r^k par la récurrence $2_o^k = k$ et $2_r^k = 2^{2_{r-1}^k}$. Définissons en outre, pour $r \geq 3$, deux suites indépendantes $(\delta_j)_{j \geq 1}$ et $(Z_j)_{j \geq 1}$ de v.a. réelles telles que $\delta_i \delta_j = 0$ si $i \neq j$,

$$P\{\delta_j = 1\} = \frac{1}{2_{r-2}^j} \quad \text{et} \quad P\{\delta_j = 0\} = 1 - P\{\delta_j = 1\} ,$$

Z_j est symétrique et

$$Z_j^2 = \begin{cases} 2_r^k & \text{avec probabilité } \dfrac{2_{r-2}^j}{2_{r-2}^k \, 2_r^k} I_{\{j \leq 2_{r-2}^k\}} \quad (k \geq 1) , \\ 0 & \text{ailleurs.} \end{cases}$$

Considérons à présent la v.a. X à valeurs dans ℓ^p $(2 < p < \infty)$ définie par

$$X = \sum_{j \geq 1} \delta_j Z_j e_j$$

où $(e_j)_{j \geq 1}$ désigne la base canonique de ℓ^p ; nous notons $\|.\|_p$ la norme dc ℓ^p de sorte que

$$\|X\|_p = \Big(\sum_{j \geq 1} \delta_j |Z_j|^p \Big)^{1/p} .$$

Compte tenu des théorèmes 3 et 5, les trois propriétés suivantes suffisent à notre contre-exemple :

a) $E\{\frac{\|X\|_p^2}{L_2\|X\|_p}\} < \infty$;

b) $\sup_{t \in \mathbb{R}_+} t^2 P\{\|X\|_p > t\} < \infty$ mais $t^2 P\{\|X\|_p > t\}$ ne tend pas vers 0 quand t tend vers l'infini ;

c) $\sum_{j \geq 1} (E\{|\delta_j Z_j|^2\})^{p/2} < \infty$, ce qui est équivalent, d'après [12], à dire que X est prégaussienne.

Le calcul fondamental pour vérifier ces trois propriétés est le suivant ; pour tout entier $k \geq 1$,

$$P\{\|X\|_p^2 = 2_r^k\} = \sum_{j\geq 1} P\{\delta_j = 1 , Z_j^2 = 2_r^k\}$$

$$= \sum_{j\geq 1} \frac{1}{2_{r-2}^j} \cdot \frac{2_{r-2}^j}{2_{r-2}^k \, 2_r^k} I_{\{j \leq 2_{r-2}^k\}} = \frac{1}{2_r^k} .$$

On a alors, et dans ce qui va suivre $C(r)$, $C'(r)$ et $C''(r)$ sont des constantes positives finies ne dépendant que de $r \geq 3$,

a) $E\{\frac{\|X\|_p^2}{L_2\|X\|_p}\} \leq C(r) \sum_{k\geq 1} \frac{2_r^k}{2_{r-2}^k} \cdot \frac{1}{2_r^k} < \infty$;

b) soit $2_r^k \leq t < 2_r^{k+1}$; on a

$$P\{\|X\|_p^2 > t\} = P\{\|X\|_p^2 \geq 2_r^{k+1}\} = \sum_{i\geq k+1} \frac{1}{2_r^i} ,$$

et donc,

$$\frac{1}{2_r^{k+1}} \leq P\{\|X\|_p^2 > t\} \leq \frac{C'(r)}{2_r^{k+1}} ,$$

d'où ce deuxième point ;

c) $E\{\delta_j Z_j^2\} = \frac{1}{2_{r-2}^j} \sum_{k\geq 1} 2_r^k \cdot \frac{2_{r-2}^j}{2_{r-2}^k \, 2_r^k} I_{\{j \leq 2_{r-2}^k\}} \leq \frac{C''(r)}{j}$,

et par conséquent ,

$$\sum_{j\geq 1} (E\{\delta_j Z_j^2\})^{p/2} \leq \sum_{j\geq 1} (\frac{C''(r)}{j})^{p/2} < \infty \text{ car } p > 2 .$$

Remarque finale :

Nous venons d'apprendre que J. Kuelbs a découvert indépendamment notre théorème 5 ; sa démonstration, dont nous ignorons le contenu, figurera dans un article actuellement en préparation.

REFERENCES

[1] T.W. ANDERSON (1955). The integral of a symmetric unimodal function over a symmetric convex set and some probability inequalities. Proc. Amer. Math. Soc. 6, p. 170-176.

[2] X. FERNIQUE (1970). Intégrabilité des vecteurs gaussiens. C.R. Acad. Sc. Paris, Série A 270, p. 1698-1699.

[3] X. FERNIQUE (1974). Régularité des trajectoires des fonctions aléatoires gaussiennes. Ecole d'été de Probabilités de St-Flour 1974. Lecture Note in Math. 480, p. 1-96.

[4] V. GOODMAN, J. KUELBS, J. ZINN (1980). Some results on the law of the iterated logarithm in Banach space with applications to weighted empirical processes. A paraître in Ann. Prob.

[5] B. HEINKEL (1979). Relation entre théorème central limite et loi du logarithme itéré dans les espaces de Banach. Z. Wahr. verw. Geb. 49, p. 211-220.

[6] J. HOFFMANN-JØRGENSEN (1976). Probability in Banach spaces. Ecole d'été de Probabilités de St-Flour 1976. Lecture Notes in Math. 598, p. 1-186.

[7] J. KUELBS (1974). An inequality for the distribution of a sum of certain Banach space valued random variables. Studia Math. 52, p. 69-87.

[8] J. KUELBS (1975). The law of the iterated logarithm and related strong convergence theorems for Banach space valued random variables. Ecole d'été de Probabilités de St-Flour 1975. Lecture Notes in Math. 539, p. 225-314.

[9] J. KUELBS (1981). Some results on the cluster set $C(\{\frac{S_n}{a_n}\})$. Preprint.

[10] G. PISIER (1975). Le théorème de la limite centrale et la loi du logarithme itéré dans les espaces de Banach. Séminaire Maurey-Schwartz 1975-1976, exposés 3 et 4.

[11] G. PISIER, J. ZINN (1978). On the limit theorems for random variables with values in the spaces L_p $(2 \leq p < \infty)$. Z. Wahr. verw. Geb. 41, p. 289-304.

[12] N.V. VAKHANIA (1965). Sur une propriété des répartitions normales dans les espaces ℓ^p $(1 \leq p < \infty)$ et H. C.R. Acad. Sc. Paris, Série A 260, p. 1334-1336.

<u>Correction au Séminaire XV</u>. H. Perez Bercoff m'a signalé une erreur, dont je suis responsable (ayant imaginé cette << simplification >> à l'argument classique de Doob) dans le travail de R. Sidibé, p. 635, ℓ. 18. L'argument << par convergence uniforme pour tout λ réel >> ne s'applique pas, car on ignore encore si la fonction $X_{\cdot}(\omega)$ est p.s. <u>bornée</u>. Voici la vraie démonstration. Soit H_t^λ la martingale $\genfrac{}{}{0pt}{}{\mathfrak{R}}{\mathfrak{I}}(e^{i\lambda X_t}/\varphi_t(\lambda))$, et soit $M_\lambda([a,b],t,.)$ le nombre de ses montées sur $[a,b]$, aux points rationnels de l'intervalle $[0,t]$. D'après l'inégalité de Doob, $\int_I E[M_\lambda]d\lambda<\infty$ pour tout intervalle borné I. D'après Fubini , $M_\lambda([a,b],t,.)<\infty$ pour <u>presque tout</u> λ , d'où l'on déduit que pour presque tout ω, $e^{i\lambda X_t(\omega)}$ a des limites le long des rationnels pour <u>presque tout</u> λ . Cela suffit à justifier l'argument suivant par Riemann-Lebesgue, et le théorème.

(P.A. Meyer).

<u>Sém. XV, p. 116</u> . Une référence existe (communiquée par W. Darling, que je remercie) : H. TOTOKI. A Method of construction of measures in function space and its applications to stochastic processes. Mem. Fac. Sci. Kyushu Univ. 15, 1961, p. 178-190.

Vol. 759: R. L. Epstein, Degrees of Unsolvability: Structure and Theory. XIV, 216 pages. 1979.

Vol. 760: H.-O. Georgii, Canonical Gibbs Measures. VIII, 190 pages. 1979.

Vol. 761: K. Johannson, Homotopy Equivalences of 3-Manifolds with Boundaries. 2, 303 pages. 1979.

Vol. 762: D. H. Sattinger, Group Theoretic Methods in Bifurcation Theory. V, 241 pages. 1979.

Vol. 763: Algebraic Topology, Aarhus 1978. Proceedings, 1978. Edited by J. L. Dupont and H. Madsen. VI, 695 pages. 1979.

Vol. 764: B. Srinivasan, Representations of Finite Chevalley Groups. XI, 177 pages. 1979.

Vol. 765: Padé Approximation and its Applications. Proceedings, 1979. Edited by L. Wuytack. VI, 392 pages. 1979.

Vol. 766: T. tom Dieck, Transformation Groups and Representation Theory. VIII, 309 pages. 1979.

Vol. 767: M. Namba, Families of Meromorphic Functions on Compact Riemann Surfaces. XII, 284 pages. 1979.

Vol. 768: R. S. Doran and J. Wichmann, Approximate Identities and Factorization in Banach Modules. X, 305 pages. 1979.

Vol. 769: J. Flum, M. Ziegler, Topological Model Theory. X, 151 pages. 1980.

Vol. 770: Séminaire Bourbaki vol. 1978/79 Exposés 525-542. IV, 341 pages. 1980.

Vol. 771: Approximation Methods for Navier-Stokes Problems. Proceedings, 1979. Edited by R. Rautmann. XVI, 581 pages. 1980.

Vol. 772: J. P. Levine, Algebraic Structure of Knot Modules. XI, 104 pages. 1980.

Vol. 773: Numerical Analysis. Proceedings, 1979. Edited by G. A. Watson. X, 184 pages. 1980.

Vol. 774: R. Azencott, Y. Guivarc'h, R. F. Gundy, Ecole d'Eté de Probabilités de Saint-Flour VIII-1978. Edited by P. L. Hennequin. XIII, 334 pages. 1980.

Vol. 775: Geometric Methods in Mathematical Physics. Proceedings, 1979. Edited by G. Kaiser and J. E. Marsden. VII, 257 pages. 1980.

Vol. 776: B. Gross, Arithmetic on Elliptic Curves with Complex Multiplication. V, 95 pages. 1980.

Vol. 777: Séminaire sur les Singularités des Surfaces. Proceedings, 1976-1977. Edited by M. Demazure, H. Pinkham and B. Teissier. IX, 339 pages. 1980.

Vol. 778: SK1 von Schiefkörpern. Proceedings, 1976. Edited by P. Draxl and M. Kneser. II, 124 pages. 1980.

Vol. 779: Euclidean Harmonic Analysis. Proceedings, 1979. Edited by J. J. Benedetto. III, 177 pages. 1980.

Vol. 780: L. Schwartz, Semi-Martingales sur des Variétés, et Martingales Conformes sur des Variétés Analytiques Complexes. XV, 132 pages. 1980.

Vol. 781: Harmonic Analysis Iraklion 1978. Proceedings 1978. Edited by N. Petridis, S. K. Pichorides and N. Varopoulos. V, 213 pages. 1980.

Vol. 782: Bifurcation and Nonlinear Eigenvalue Problems. Proceedings, 1978. Edited by C. Bardos, J. M. Lasry and M. Schatzman. VIII, 296 pages. 1980.

Vol. 783: A. Dinghas, Wertverteilung meromorpher Funktionen in ein- und mehrfach zusammenhängenden Gebieten. Edited by R. Nevanlinna and C. Andreian Cazacu. XIII, 145 pages. 1980.

Vol. 784: Séminaire de Probabilités XIV. Proceedings, 1978/79. Edited by J. Azéma and M. Yor. VIII, 546 pages. 1980.

Vol. 785: W. M. Schmidt, Diophantine Approximation. X, 299 pages. 1980.

Vol. 786: I. J. Maddox, Infinite Matrices of Operators. V, 122 pages. 1980.

Vol. 787: Potential Theory, Copenhagen 1979. Proceedings, 1979. Edited by C. Berg, G. Forst and B. Fuglede. VIII, 319 pages. 1980.

Vol. 788: Topology Symposium, Siegen 1979. Proceedings, 1979. Edited by U. Koschorke and W. D. Neumann. VIII, 495 pages. 1980.

Vol. 789: J. E. Humphreys, Arithmetic Groups. VII, 158 pages. 1980.

Vol. 790: W. Dicks, Groups, Trees and Projective Modules. IX, 127 pages. 1980.

Vol. 791: K. W. Bauer and S. Ruscheweyh, Differential Operators for Partial Differential Equations and Function Theoretic Applications. V, 258 pages. 1980.

Vol. 792: Geometry and Differential Geometry. Proceedings, 1979. Edited by R. Artzy and I. Vaisman. VI, 443 pages. 1980.

Vol. 793: J. Renault, A Groupoid Approach to C*-Algebras. III, 160 pages. 1980.

Vol. 794: Measure Theory, Oberwolfach 1979. Proceedings 1979. Edited by D. Kölzow. XV, 573 pages. 1980.

Vol. 795: Séminaire d'Algèbre Paul Dubreil et Marie-Paule Malliavin. Proceedings 1979. Edited by M. P. Malliavin. V, 433 pages. 1980.

Vol. 796: C. Constantinescu, Duality in Measure Theory. IV, 197 pages. 1980.

Vol. 797: S. Mäki, The Determination of Units in Real Cyclic Sextic Fields. III, 198 pages. 1980.

Vol. 798: Analytic Functions, Kozubnik 1979. Proceedings. Edited by J. Ławrynowicz. X, 476 pages. 1980.

Vol. 799: Functional Differential Equations and Bifurcation. Proceedings 1979. Edited by A. F. Izé. XXII, 409 pages. 1980.

Vol. 800: M.-F. Vignéras, Arithmétique des Algèbres de Quaternions. VII, 169 pages. 1980.

Vol. 801: K. Floret, Weakly Compact Sets. VII, 123 pages. 1980.

Vol. 802: J. Bair, R. Fourneau, Etude Géometrique des Espaces Vectoriels II. VII, 283 pages. 1980.

Vol. 803: F.-Y. Maeda, Dirichlet Integrals on Harmonic Spaces. X, 180 pages. 1980.

Vol. 804: M. Matsuda, First Order Algebraic Differential Equations. VII, 111 pages. 1980.

Vol. 805: O. Kowalski, Generalized Symmetric Spaces. XII, 187 pages. 1980.

Vol. 806: Burnside Groups. Proceedings, 1977. Edited by J. L. Mennicke. V, 274 pages. 1980.

Vol. 807: Fonctions de Plusieurs Variables Complexes IV. Proceedings, 1979. Edited by F. Norguet. IX, 198 pages. 1980.

Vol. 808: G. Maury et J. Raynaud, Ordres Maximaux au Sens de K. Asano. VIII, 192 pages. 1980.

Vol. 809: I. Gumowski and Ch. Mira, Recurences and Discrete Dynamic Systems. VI, 272 pages. 1980.

Vol. 810: Geometrical Approaches to Differential Equations. Proceedings 1979. Edited by R. Martini. VII, 339 pages. 1980.

Vol. 811: D. Normann, Recursion on the Countable Functionals. VIII, 191 pages. 1980.

Vol. 812: Y. Namikawa, Toroidal Compactification of Siegel Spaces. VIII, 162 pages. 1980.

Vol. 813: A. Campillo, Algebroid Curves in Positive Characteristic. V, 168 pages. 1980.

Vol. 814: Séminaire de Théorie du Potentiel, Paris, No. 5. Proceedings. Edited by F. Hirsch et G. Mokobodzki. IV, 239 pages. 1980.

Vol. 815: P. J. Slodowy, Simple Singularities and Simple Algebraic Groups. XI, 175 pages. 1980.

Vol. 816: L. Stoica, Local Operators and Markov Processes. VIII, 104 pages. 1980.